Acesse

www.moderna.com.br/ac/livro

e siga as instruções para ter acesso aos conteúdos exclusivos do

Livro Digital

CÓDIGO DE ACESSO:

A 00105 MATCOPR4E 6 18332

12107901 MAT COMPREENSAO E PRATICA 6 ED4

Faça apenas um cadastro. Ele será válido para:

MODERNA Richmond SANTILLANA ESPAÑOL

CB124734

ÊNIO SILVEIRA
Engenheiro mecânico pela Universidade Federal do Ceará – UFC
Engenheiro elétrico pela Universidade de Fortaleza – Unifor
Diretor pedagógico do Sistema ATS de Ensino
Professor de Matemática e Física em escolas particulares do estado do Ceará
Autor da obra *Matemática* (1º ao 5º ano do Ensino Fundamental),
publicada pela Editora Moderna

CLÁUDIO MARQUES
Supervisor pedagógico do Sistema ATS de Ensino
Professor e assessor de Matemática em escolas particulares
de Ensino Fundamental do estado do Ceará
Autor da obra *Matemática* (1º ao 5º ano do Ensino Fundamental),
publicada pela Editora Moderna

Matemática
Compreensão e prática
6

4ª edição

CÓPIA NÃO AUTORIZADA É CRIME
ABDR
ASSOCIAÇÃO BRASILEIRA DE DIREITOS REPROGRÁFICOS
RESPEITE O DIREITO AUTORAL

MODERNA

© Ênio Silveira, Cláudio Marques, 2017

MODERNA

Coordenação editorial: Mara Regina Garcia Gay
Edição de texto: Everton José Luciano, Daniel Vitor Casartelli Santos, Marco Alexandre Garcia Sandrini, Roberto Paulo de Jesus Silva
Preparação de texto: Denise Ceron
Gerência de *design* e produção gráfica: Sandra Botelho de Carvalho Homma
Coordenação de produção: Everson de Paula
Suporte administrativo editorial: Maria de Lourdes Rodrigues (coord.)
Coordenação de *design* e projetos visuais: Marta Cerqueira Leite
Projeto gráfico: Mariza de Souza Porto
Capa: Douglas Rodrigues José
Foto: DKart/Getty Images
Coordenação de arte: Carolina de Oliveira Fagundes
Edição de arte: Camila Ferreira Leite
Editoração eletrônica: Estação das Teclas
Edição de infografia: Luiz Iria, Priscilla Boffo, Otávio Cohen
Ilustrações de vinhetas: Shutterstock
Coordenação de revisão: Elaine C. del Nero
Revisão: Ana Paula Felippe, Cárita Negromonte, Denise Almeida, Leandra Trindade, Nancy H. Dias, Viviane T. Mendes
Coordenação de pesquisa iconográfica: Luciano Baneza Gabarron
Pesquisa iconográfica: Carol Böck, Maria Marques
Coordenação de *bureau*: Rubens M. Rodrigues
Tratamento de imagens: Denise Feitoza Maciel, Joel Aparecido, Luiz Carlos Costa, Marina M. Buzzinaro
Pré-impressão: Alexandre Petreca, Denise Feitoza Maciel, Everton L. de Oliveira, Marcio H. Kamoto, Vitória Sousa
Coordenação de produção industrial: Wendell Monteiro
Impressão e acabamento: Log&Print Gráfica e Logística S.A.
CNPJ: 66.079.609/0001-06
Rua Joana Foresto Storani, 676 - Distrito Industrial
Vinhedo/SP - CEP: 13280-000
Lote: 252583

Dados Internacionais de Catalogação na Publicação (CIP)
(Câmara Brasileira do Livro, SP, Brasil)

Silveira, Ênio
Matemática : compreensão e prática / Ênio Silveira, Cláudio Marques. – 4. ed. – São Paulo : Moderna, 2017.
Obra em 4 v. para alunos do 6º ao 9º ano.
Suplementado por manual do professor.
Bibliografia.

1. Matemática (Ensino fundamental) I. Marques, Cláudio. II. Título.

17-05793 CDD-372.7

Índices para catálogo sistemático:
1. Matemática : Ensino fundamental 372.7

ISBN 978-85-16-10790-1 (LA)
ISBN 978-85-16-10791-8 (LP)

Reprodução proibida. Art. 184 do Código Penal e Lei 9.610 de 19 de fevereiro de 1998.
Todos os direitos reservados

EDITORA MODERNA LTDA.
Rua Padre Adelino, 758 – Belenzinho
São Paulo – SP – Brasil – CEP 03303-904
Vendas e Atendimento: Tel. (0_ _11) 2602-5510
Fax (0_ _11) 2790-1501
www.moderna.com.br
2018
Impresso no Brasil

1 3 5 7 9 10 8 6 4 2

Apresentação

Caro aluno,

Ideias, por mais brilhantes e elaboradas que sejam, só adquirem um sentido maior quando encontram aplicação no dia a dia.

A Matemática jamais deve ser vista como problema, mas sim como solução. Ela nos conduz por caminhos aparentemente tortuosos ou inacessíveis, abrindo atalhos, encurtando distâncias e superando obstáculos. Ela está para você, estudante, assim como a bússola está para o navegante.

Este livro pretende instigá-lo, caro leitor, a buscar novas respostas para antigas indagações, a simplificar o complexo, a trazer o pensamento abstrato para o universo real. Enfim, ele o convida a projetar o mundo futuro com base em experiências do passado.

Em cada página estudada, tarefa resolvida ou exercício solucionado, você perceberá que a Matemática é uma ferramenta poderosa que nos ajuda a desvendar os enigmas que a vida propõe.

Na educação, as informações são o meio, e a formação, o fim. Nosso objetivo ao escrever **Matemática: compreensão e prática** foi contribuir com o desenvolvimento das suas potencialidades, e não, simplesmente, inundar sua mente com fórmulas matemáticas. Desse modo, acreditamos que chegaremos juntos ao saber científico, que não se esgota em si mesmo, mas nos impulsiona para novas descobertas.

Os autores

Reprodução proibida. Art.184 do Código Penal e Lei 9.610 de 19 de fevereiro de 1998.

Aos meus pais,
Isaías, Maria Amélia (in memoriam)
Ênio Silveira

A Letícia, Beatriz e Allan,
meus amores, fonte de toda inspiração,
minha gratidão e dedicação.
Cláudio Marques

Estrutura de capítulo

Cada volume está dividido em 12 capítulos, organizados de acordo com esta estrutura:

Páginas de abertura
O conteúdo do capítulo é explorado inicialmente em duas páginas de abertura, compostas de uma imagem e do boxe "É hora de observar e discutir".

É hora de observar e discutir
Boxe composto de atividades que incentivam a reflexão sobre o conteúdo que será trabalhado, considerando o conhecimento obtido em capítulos ou em anos anteriores.

Apresentação dos conteúdos
Os conteúdos são apresentados de forma clara e direta.

Trocando ideias
Situação introdutória sobre o conteúdo abordado no capítulo.

Conteúdo digital
Ícone com indicação de conteúdo digital, como animações, vídeos, atividades, áudio, simulador e jogo.

Um pouco de história
Contextualização do conteúdo na história da Matemática.

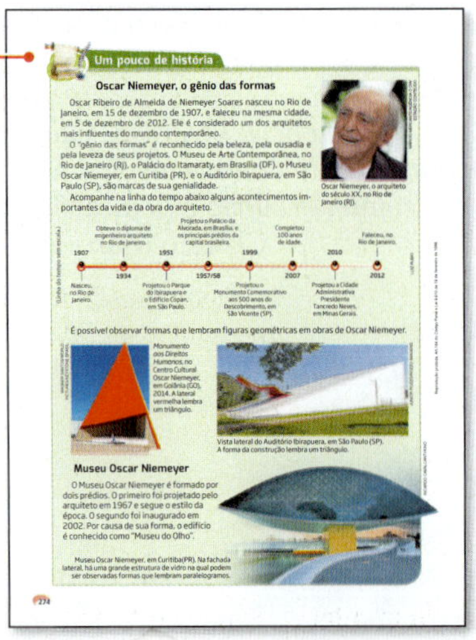

Curiosidade
Informações que ilustram o conteúdo abordado no capítulo.

Lendo e aprendendo
Texto que explica e enriquece o conteúdo principal.

Reprodução proibida. Art.184 do Código Penal e Lei 9.610 de 19 de fevereiro de 1998.

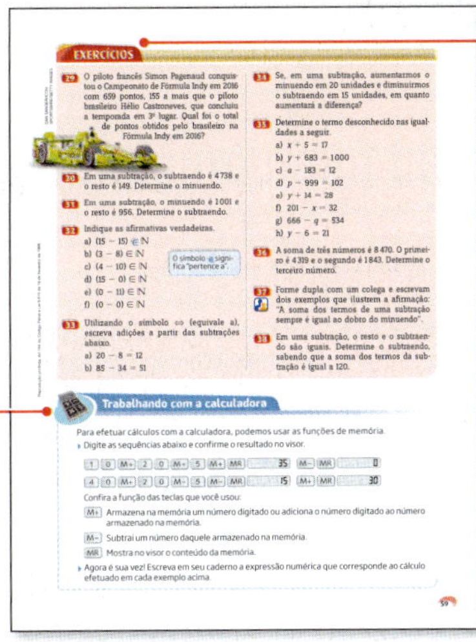

Trabalhando com a calculadora

Ensina a manusear e a trabalhar com a calculadora. Apresenta atividades simples, relacionadas ao conteúdo.

Exercícios

Após cada conteúdo estudado, são propostos exercícios com nível de dificuldade crescente. Alguns deles abordam o cálculo mental e o trabalho com a calculadora. Outros propõem a discussão e a resolução em duplas. Os ícones ajudarão a identificar esses exercícios.

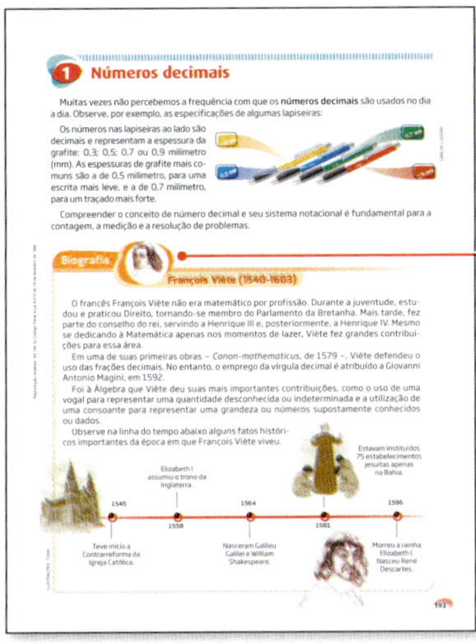

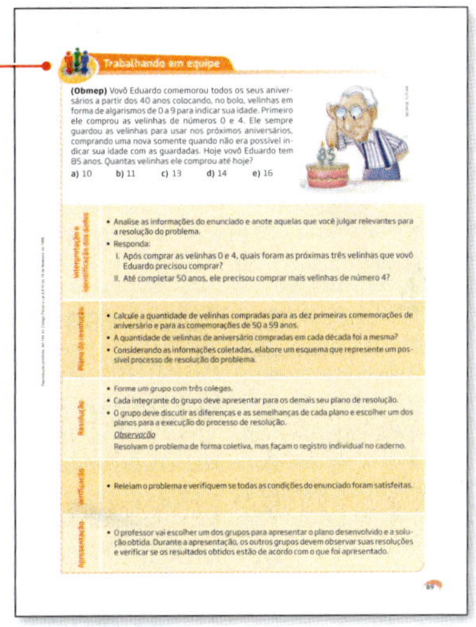

Trabalhando em equipe

Em todos os capítulos, há uma proposta de atividade para incentivar a participação coletiva dos alunos na resolução de situações-problema.

Biografia

Traz dados sobre a vida de um matemático importante e relaciona sua obra ao conteúdo do capítulo. Uma linha do tempo ajuda o aluno a localizar o momento histórico em que esse matemático viveu.

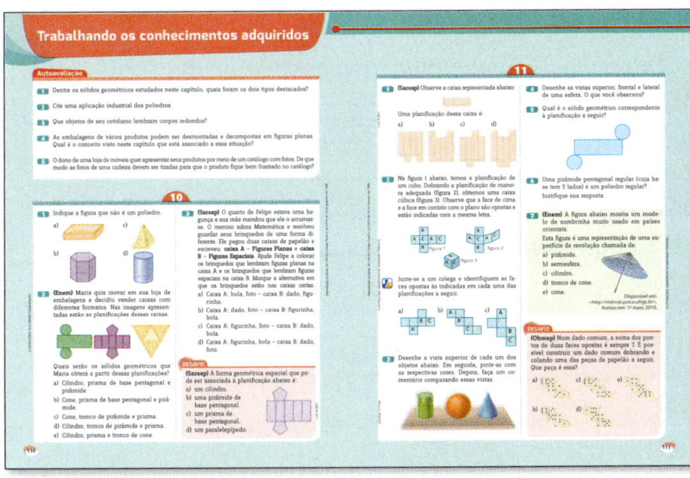

Trabalhando os conhecimentos adquiridos

Atividades que, no final de cada capítulo, abordam todo o conteúdo apresentado. A seção é dividida em duas partes:

- *Autoavaliação* — atividades que possibilitam que você avalie o que aprendeu nesse capítulo;
- *Tarefa* — explora o conteúdo por meio de atividades com diferentes níveis de dificuldade, incluindo atividades "Desafio" e algumas do Enem.

Ícones utilizados na obra

Dupla | Calculadora | Desafio | Cálculo mental | Educação financeira | Grupo

Reprodução proibida. Art.184 do Código Penal e Lei 9.610 de 19 de fevereiro de 1998.

Sumário

Reprodução proibida. Art.184 do Código Penal e Lei 9.610 de 19 de fevereiro de 1998.

CAPÍTULO 4

Múltiplos e divisores 112

Reprodução proibida. Art.184 do Código Penal e Lei 9.610 de 19 de fevereiro de 1998.

CAPÍTULO 5

Frações 146

CAPÍTULO 6

Números decimais 190

CAPÍTULO 7

Porcentagem 216

CAPÍTULO 8

Possibilidades e Estatística 230

CAPÍTULO 9

Figuras geométricas planas 246

Reprodução proibida. Art.184 do Código Penal e Lei 9.610 de 19 de fevereiro de 1998.

CAPÍTULO 10

Medidas de comprimento e de tempo 280

CAPÍTULO 11

Medidas de superfície e de volume 302

Reprodução proibida. Art.184 do Código Penal e Lei 9.610 de 19 de fevereiro de 1998.

CAPÍTULO 12

Medidas de capacidade e de massa 328

Conteúdo digital

O livro apresenta diferentes objetos educacionais digitais.

Conteúdo digital

- Animações
- Vídeos
- Atividades
- Áudio
- Simulador
- Jogo

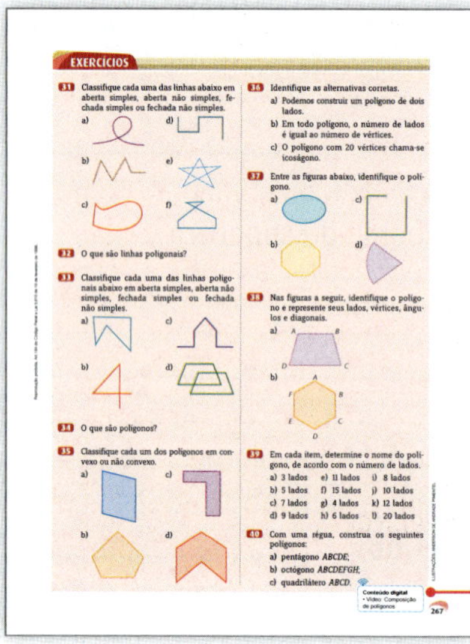

Conteúdo digital Ícone com indicação de conteúdo digital – Vídeo.

Conteúdo digital Ícone com indicação de conteúdo digital – Jogo.

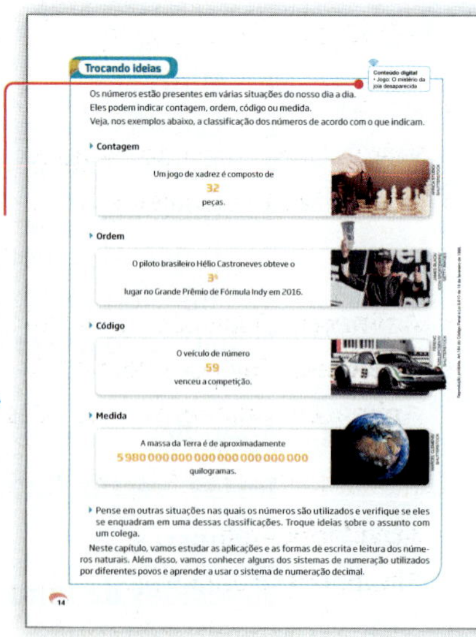

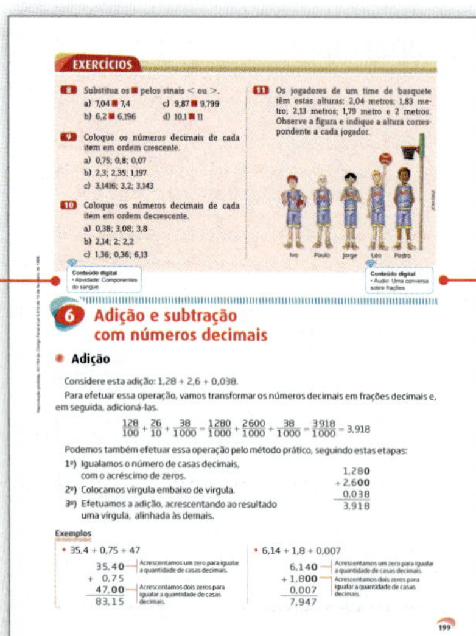

Conteúdo digital Ícone com indicação de conteúdo digital – Atividade.

Conteúdo digital Ícone com indicação de conteúdo digital – Áudio.

Reprodução proibida. Art.184 do Código Penal e Lei 9.610 de 19 de fevereiro de 1998.

Sumário do conteúdo digital

Reprodução proibida. Art.184 do Código Penal e Lei 9.610 de 19 de fevereiro de 1998.

CAPÍTULO 1

Números naturais e sistemas de numeração

É hora de observar e discutir

O 22º título do Grêmio Recreativo Escola de Samba Portela, do Rio de Janeiro (RJ), foi conquistado em 2017 com o enredo *Quem nunca sentiu o corpo arrepiar ao ver esse rio passar*, desenvolvido pelo carnavalesco Paulo Barros. Com esse samba-enredo sobre os rios do mundo, a escola representou, nos 700 metros da passarela do samba, uma relação histórica entre a humanidade e os rios, passando por lendas e religiões.

Observe no quadro algumas informações referentes a esse desfile:

Portela – dados do desfile de 2017	
Cores	Azul e branco
Enredo	*Quem nunca sentiu o corpo arrepiar ao ver esse rio passar*
Alas	31
Carros alegóricos	6
Componentes	3 400

Dados obtidos em: <http://g1.globo.com/rio-de-janeiro/carnaval/2017/noticia/portela-e-a-campea-do-carnaval-2017-do-rio.ghtml>. Acesso em: 14 mar. 2017.

Agora, responda às questões:

- Qual dos números apresentados acima indica ordem e quais indicam quantidade?
- O que o número 2017, que aparece no texto e no título do quadro, indica?
- Podemos medir diferentes grandezas, como tempo, comprimento, massa, temperatura e área. No texto acima, qual é a grandeza correspondente ao número 700?

MARCELLO DIAS/FUTURA PRESS

Desfile do Grêmio Recreativo Escola de Samba Portela, no Rio de Janeiro (RJ), 2017.

Trocando ideias

Conteúdo digital
• Jogo: O mistério da joia desaparecida

Os números estão presentes em várias situações do nosso dia a dia.
Eles podem indicar contagem, ordem, código ou medida.
Veja, nos exemplos abaixo, a classificação dos números de acordo com o que indicam.

Contagem

Um jogo de xadrez é composto de
32
peças.

AFRICA STUDIO/ SHUTTERSTOCK

Ordem

O piloto brasileiro Hélio Castroneves obteve o
3º
lugar no Grande Prêmio de Fórmula Indy em 2016.

JAMES BLACK/ ICON SPORTSWIRE/ GETTY IMAGES

Código

O veículo de número
59
venceu a competição.

FERENC SZELEPCSENYI/ SHUTTERSTOCK

Medida

A massa da Terra é de aproximadamente
5 980 000 000 000 000 000 000 000
quilogramas.

MARCEL CLEMENS/ SHUTTERSTOCK

- Pense em outras situações nas quais os números são utilizados e verifique se eles se enquadram em uma dessas classificações. Troque ideias sobre o assunto com um colega.

Neste capítulo, vamos estudar as aplicações e as formas de escrita e leitura dos números naturais. Além disso, vamos conhecer alguns dos sistemas de numeração utilizados por diferentes povos e aprender a usar o sistema de numeração decimal.

Reprodução proibida. Art.184 do Código Penal e Lei 9.610 de 19 de fevereiro de 1998.

1 Sistemas de numeração

Há milhares de anos, para registrar pequenas quantidades, os seres humanos faziam marcas em pedras, ossos e pedaços de madeira. Com o passar do tempo, sentiram necessidade de registrar quantidades cada vez maiores, e esse método passou a ser inviável. Agruparam, então, os objetos e criaram símbolos e regras para facilitar a representação das quantidades.

Ao conjunto de símbolos e regras utilizados para representar números dá-se o nome de **sistema de numeração**. Diversas civilizações, como a egípcia, a romana e a babilônica, elaboraram sistemas de numeração.

Um pouco de história

A origem dos números

Há milhares de anos, os seres humanos moravam em grutas e cavernas para se proteger dos animais selvagens, da chuva e do frio.

Foram encontrados, em escavações arqueológicas, ossos, pedras e pedaços de madeira de 30 mil anos atrás com marcas – evidências das primeiras indicações de quantidade. Para registrar a pesca de quatro peixes, por exemplo, as pessoas daquela época faziam quatro marcas em uma vara ou quatro riscos em um osso. Dessa maneira, representavam cada peixe pescado, estabelecendo a correspondência um a um.

WAGNER WILLIAM

De acordo com alguns estudos, além de objetos (pedras, cordas, ossos etc.), os seres humanos pré-históricos usavam os dedos das mãos e outras partes do corpo para contar.

Reprodução proibida. Art.184 do Código Penal e Lei 9.610 de 19 de fevereiro de 1998.

2 Sistema de numeração egípcio

A civilização egípcia teve início por volta de 3200 a.C., no nordeste da África, às margens do rio Nilo. Os antigos egípcios registravam quantidades utilizando sete símbolos. Veja quais eram esses símbolos e o valor correspondente a cada um:

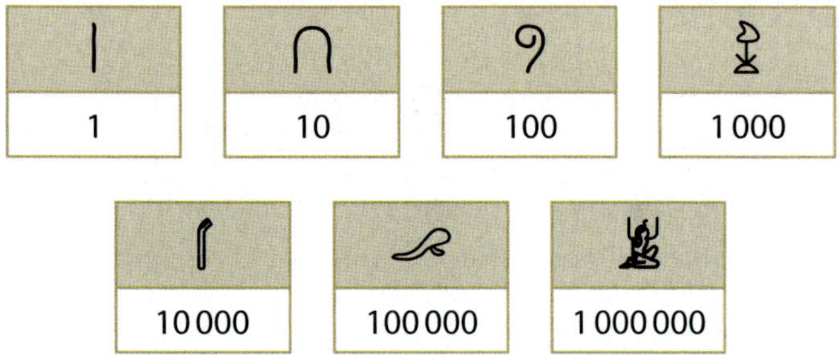

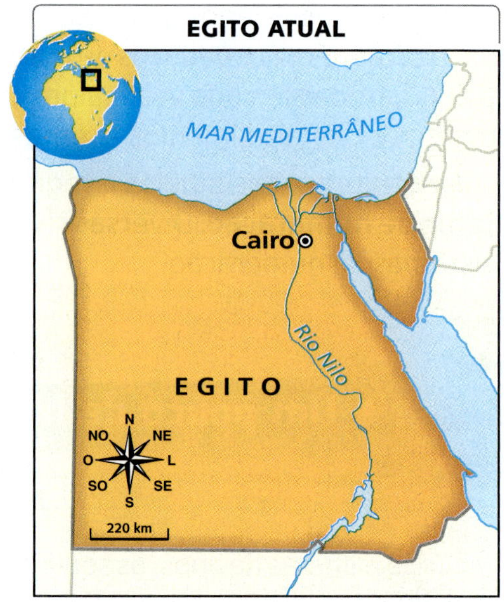

ANDERSON DE ANDRADE PIMENTEL

Mapa do território atual do Egito. Elaborado com base em: Graça Maria Lemos Ferreira. *Atlas geográfico*: espaço mundial. São Paulo: Moderna, 2013. p. 81.

Para representar os números, os egípcios usavam o processo aditivo. Desse modo, o valor do número formado correspondia à soma dos valores de cada símbolo representado.

Exemplos

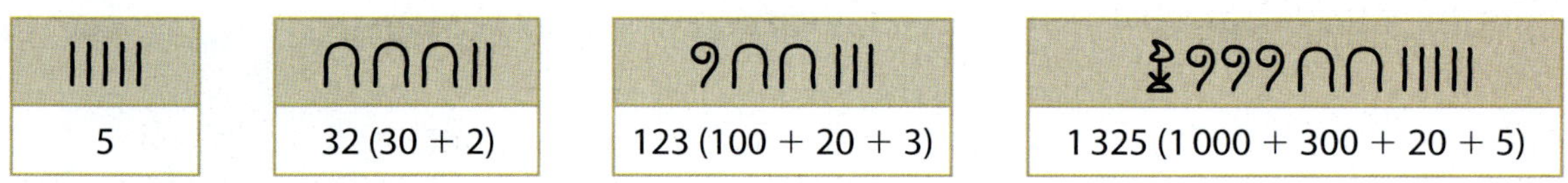

No sistema de numeração egípcio:

- Não havia símbolo que correspondesse ao zero.
- Cada símbolo podia ser repetido até nove vezes.

- Os valores correspondentes a cada símbolo eram sempre adicionados, não importando a ordem em que os símbolos estavam escritos.

ILUSTRAÇÕES: GUILHERME CASAGRANDI

Reprodução proibida. Art.184 do Código Penal e Lei 9.610 de 19 de fevereiro de 1998.

Curiosidade

A escrita numérica dos povos antigos

Observe, no quadro abaixo, como alguns povos, na Antiguidade, registravam a escrita dos números 1, 2, 3, 4, 5, 6, 7, 8, 9, 10 e 100.

	Egípcios	Babilônios	Maias	Chineses	Gregos
1	𓏺	𒁹	𝋡	一	α
2	𓏻	𒈫	𝋢	二	β
3	𓏼	𒐈	𝋣	三	γ
4	𓏽	𒐉	𝋤	四	δ
5	𓏾	𒐊	𝋥	五	ε
6	𓏿	𒐋	𝋦	六	ζ
7	𓐀	𒐌	𝋧	七	ξ
8	𓐁	𒐍	𝋨	八	η
9	𓐂	𒐎	𝋩	九	θ
10	𓎆	𒌋	𝋪	十	ι
100	𓍢	𒁹𒌋𒌋𒌋𒌋	𝋠	百	ρ

ILUSTRAÇÕES GUILHERME CASAGRANDI

Conteúdo digital
- Jogo: Números naturais e sistemas de numeração

Reprodução proibida. Art.184 do Código Penal e Lei 9.610 de 19 de fevereiro de 1998.

Lendo e aprendendo

Código de barras

O código de barras é uma representação gráfica de dados numéricos ou alfanuméricos. A decodificação, ou seja, a leitura dos dados é realizada por um tipo de *scanner*, o leitor de código de barras. Os dados capturados nessa leitura óptica são compreendidos pelo computador, que os converte em letras ou números. O código de barras evoluiu muito nos últimos anos e ganhou uma segunda dimensão.

O código de barras bidimensional, conhecido como código QR (sigla do nome em inglês *Quick Response* – "Resposta rápida"), pode ser facilmente escaneado usando celulares modernos equipados com câmera.

YULIA GLAM/ SHUTTERSTOCK

8 377280 372647

Código de barras padrão composto de 13 dígitos.

REPRODUÇÃO

Link para a página principal da Editora Moderna em código QR.

EXERCÍCIOS

1 Escreva, no caderno, três situações do dia a dia em que você utiliza números.

2 Os números têm quatro importantes funções:

- contar (**C**);
- medir (**M**);
- ordenar (**O**);
- codificar (**Cd**).

Leia o texto a seguir e classifique em **C**, **M**, **O** ou **Cd** os números selecionados nos itens a seguir, de acordo com suas funções.

> Em uma partida que durou **234** minutos, o suíço Stan Wawrinka venceu o US Open, na quadra **1**, ao derrotar o sérvio Novak Djokovic, conquistando seu **3º** **Grand Slam**. Wawrinka, agora, possui **um** título em US Open.

a) **1**

b) **234**

c) **3º**

d) **um**

Grand Slam
Nome usado para designar os quatro eventos mais importantes de tênis do ano. São eles: o Australian Open (Austrália), o Torneio de Roland-Garros (França), o Torneio de Wimbledon (Inglaterra) e o US Open (EUA).

JEWEL SAMAD/AFP

Stan Wawrinka, vencedor do US Open, 2016.

3 Escreva com símbolos egípcios:

a) o ano em que você nasceu;

b) sua altura expressa em centímetros;

c) o número de alunos da sua turma;

d) o ano atual.

4 Sobre o sistema de numeração egípcio, responda:

a) Quantos símbolos eram utilizados?

b) Quantas vezes os símbolos podiam ser repetidos?

c) Havia símbolo para o zero?

d) A ordem em que os símbolos eram escritos diferenciava o número?

5 Indique as alternativas corretas.

a) 153 → 𓍢∩∩∩∩∩|||

b) 99 → ∩∩∩∩∩∩∩∩∩

c) 1 695 → 𓆼∩∩∩∩∩∩𓍢𓍢𓍢𓍢𓍢𓍢𓍢𓍢𓍢|||||

d) 100 000 → 𓁨

e) 11 → |||||||||||

f) 35 → ∩|||∩||∩

g) 41 → 𓍢𓍢𓍢|||||||||||

h) 41 → 𓍢𓍢𓍢𓍢|

i) 40 001 → 𓍢|𓍢
𓍢𓍢

ILUSTRAÇÕES GUILHERME CASAGRANDI

6 Leia o texto abaixo:

> Jorge Amado (1912-2001) foi um dos mais famosos escritores brasileiros e ocupou a cadeira 23 da Academia Brasileira de Letras. Sua obra foi editada em 55 países e traduzida para 49 idiomas e dialetos.

Escreva os números apresentados no texto usando o sistema de numeração egípcio.

RICARDO AZOURY/OLHAR IMAGEM

Academia Brasileira de Letras, no Rio de Janeiro (RJ).

7 Utilize os símbolos egípcios para representar os números a seguir.

a) 136

b) 2 345

c) 10 234

d) 10 111

e) 100 010

f) 1 000 100

Reprodução proibida. Art.184 do Código Penal e Lei 9.610 de 19 de fevereiro de 1998.

3 Sistema de numeração romano

O sistema de numeração romano foi utilizado na Europa por mais de mil anos, em consequência da extensão do Império Romano.

ANDERSON DE ANDRADE PIMENTEL

Extensão máxima do Império Romano, em 117 d.C.

IMAGEBROKER/ALAMY/GLOW IMAGES

Detalhe da fachada de um dos museus de Berlim, Alemanha.

O sistema de numeração romano ainda é utilizado:

- no mostrador de alguns relógios;
- na indicação de capítulos e volumes de livros;
- na designação de séculos;
- na designação, em ordem cronológica, de papas e reis de mesmo nome;
- na numeração de títulos, capítulos, seções e incisos de leis.

KAREN ROACH/ SHUTTERSTOCK

V&V/SHUTTERSTOCK

No sistema de numeração romano há sete símbolos, que correspondem a letras maiúsculas do alfabeto latino. Observe:

Quatro símbolos fundamentais	I	X	C	M
	1	10	100	1 000
Três símbolos secundários	V	L	D	
	5	50	500	

GEORGE TUTUMI

Nesse sistema de numeração:

- Não existe símbolo correspondente ao zero.
- Os símbolos fundamentais podem ser repetidos até três vezes, e seus valores são adicionados.

I = 1	X = 10	C = 100	M = 1000
II = 2	XX = 20	CC = 200	MM = 2000
III = 3	XXX = 30	CCC = 300	MMM = 3000

- Uma letra colocada à direita de outra de valor igual ou maior indica a soma de seus valores.

VII = 5 + 1 + 1 = 7

XXVIII = 10 + 10 + 5 + 1 +1 + 1 = 28

CLXXXVI = 100 + 50 + 10 + 10 + 10 + 5 + 1 = 186

CCLXV = 100 + 100 + 50 + 10 + 5 = 265

MMMDCCL = 1000 + 1000 + 1000 + 500 + 100 + 100 + 50 = 3750

- Uma letra colocada à esquerda de outra de maior valor indica a subtração dos respectivos valores.

IV = 5 − 1 = 4	XL = 50 − 10 = 40	CD = 500 − 100 = 400
IX = 10 − 1 = 9	XC = 100 − 10 = 90	CM = 1000 − 100 = 900

Porém, só podemos escrever:

- **I** antes de **V** e **X**;
- **X** antes de **L** e **C**;
- **C** antes de **D** e **M**.

- Um traço horizontal colocado sobre um número equivale a multiplicar o seu valor por mil, dois traços equivalem a multiplicar o seu valor por um milhão, e assim sucessivamente.

$\overline{V} = 5 \times 1000 = 5000$

$\overline{LX} = 60 \times 1000 = 60000$

$\overline{\overline{XXXV}} = 35 \times 1000000 = 35000000$

$\overline{\overline{XIX}}\,\overline{CD} = 19 \times 1000000 + 400 \times 1000 = 19400000$

Reprodução proibida. Art.184 do Código Penal e Lei 9.610 de 19 de fevereiro de 1998.

EXERCÍCIOS

8 Responda às questões.

a) Quais eram os símbolos usados pelos romanos para escrever os números?

b) Quais são os símbolos que podem ser repetidos seguidamente no sistema de numeração romano?

c) O número XL tem o mesmo valor que o número LX?

d) O que acontece com o valor do número VII quando colocamos um traço horizontal sobre ele?

9 Represente os números a seguir de acordo com o sistema de numeração romano.

a) 146	g) 1047
b) 523	h) 2673
c) 652	i) 4536
d) 796	j) 5689
e) 869	k) 10499
f) 973	l) 3000000

10 No sistema de numeração romano há algum símbolo para representar o número zero?

11 Passe os números a seguir do sistema de numeração romano para o nosso sistema de numeração usual.

Observe que, nestes casos, sempre aparecerá o zero na representação usual.

a) XXX

b) CVIII

c) DCV

d) MCC

12 Reescreva os itens a seguir no seu caderno usando o sistema de numeração romano.

a) Luís Quinze

b) Ano 34

c) Capítulo 20

d) Século vinte e um

e) Papa Pio Doze

f) Dom Pedro Segundo

g) Papa Bento Dezesseis

h) Dom João Sexto

i) Papa João Paulo Segundo

13 Represente os números a seguir de acordo com o nosso sistema de numeração usual.

a) LXXXIX	g) MCDLII
b) CDLXI	h) MMDCXXX
c) DLXXXV	i) CCXXIV
d) DCCXLIX	j) $\overline{XI}CXXXVI$
e) DCCCLXXVI	k) $\overline{\overline{IV}}CVII$
f) CMXIX	l) CMXLIV

14 Observe o placar de um jogo realizado entre Grécia e Roma e, em seguida, responda às questões.

DOUGLAS FRANCHIN

a) Quem venceu a partida?

b) Escreva o placar da partida usando o nosso sistema de numeração usual.

15 Escreva a idade de todos os membros de sua família usando o sistema de numeração romano. Não se esqueça de escrever a sua idade também.

16 Para realizar esta atividade, forme dupla com um colega e procedam desta maneira:

a) Primeiro, cada um copia no seu caderno estas frases:

- Carlos possui 75 carrinhos em sua coleção.
- Ana leu um livro de 169 páginas.
- A caixa-d'água comporta 2650 litros.

Depois, um dos colegas substitui os números por símbolos romanos, e o outro, por símbolos egípcios.

b) Agora, escrevam as principais vantagens de um sistema em relação ao outro.

Reprodução proibida. Art.184 do Código Penal e Lei 9.610 de 19 de fevereiro de 1998.

4 Os números naturais

Os números são usados em diferentes situações. Observe como eles aparecem no artigo abaixo.

> **Jovens artistas ministram oficina de pintura com os pés e a boca em São Paulo**
>
> Jovens pintores ministraram nessa quarta-feira (**15**) uma oficina de pintura com os pés e a boca no Memorial da Inclusão, na zona oeste da capital paulista. [...]
>
> Uma das telas [...] estava exposta no mesmo salão onde era realizada a oficina, em uma mostra de **29** obras retratando monumentos e locais icônicos da cidade de São Paulo. [...]
>
> MELLO, Daniel. Jovens artistas ministram oficina de pintura com os pés e a boca em São Paulo. *Agência Brasil*, 16 fev. 2017. Disponível em: <http://agenciabrasil.ebc.com.br/cultura/noticia/2017-02/jovens-artistas-ministram-oficina-de-pintura-com-os-pes-e-boca-em-sao-paulo>. Acesso em: 16 fev. 2017.

CARLOS ANGEL/BARCROFT MEDIA/GETTY IMAGES

Reprodução proibida. Art.184 do Código Penal e Lei 9.610 de 19 de fevereiro de 1998.

Os números 15 e 29, destacados no texto, são exemplos de **números naturais**.

Iniciando pelo zero e acrescentando sempre uma unidade, obtemos a sequência dos números naturais:

DOUGLAS FRANCHIN

Os números naturais dessa sequência formam o conjunto de números denominado **conjunto dos números naturais**, que pode ser assim representado:

$$\mathbb{N} = \{0, 1, 2, 3, 4, 5, 6, 7, 8, 9, ...\}$$

Observando a sequência dos números naturais, verificamos que:

- O **sucessor** de um número natural é obtido pelo acréscimo de uma unidade a ele.

  Todo número natural tem um sucessor, pois a sequência dos números naturais é infinita.

Exemplos

- O sucessor de 0 é 1, pois: $0 + 1 = 1$.
- O sucessor de 99 é 100, pois: $99 + 1 = 100$.

De modo geral, dado um número natural n, seu sucessor é $(n + 1)$.

> A letra n representa um número qualquer do conjunto dos números naturais. Por isso, podemos dizer que a regra para encontrar o sucessor de um número natural é válida para todos os números desse conjunto.

- Por ser o menor dos números naturais, o zero não é sucessor de nenhum outro número natural.
- Todo número natural, com exceção do zero, tem um **antecessor**. Para obter o antecessor de um número, subtraímos dele uma unidade.

Exemplos

- O antecessor de 10 é 9, pois: $10 - 1 = 9$
- O antecessor de 50 é 49, pois: $50 - 1 = 49$

De modo geral, dado um número natural n, com $n \neq 0$, seu antecessor é $(n - 1)$.

Observações

1 As palavras **sucessivo** e **consecutivo** têm o mesmo significado que "sucessor". Assim:
- o sucessivo de 89 é 90;
- o consecutivo de 1175 é 1176.

2 As palavras **precedente** e **antecedente** têm o mesmo significado que "antecessor". Assim:
- o precedente de 32 é 31;
- o antecedente de 101 é 100.

Reprodução proibida. Art.184 do Código Penal e Lei 9.610 de 19 de fevereiro de 1998.

Números pares e números ímpares

O professor Carlos escreveu no quadro a sequência dos números naturais pares e a dos números naturais ímpares. Veja:

- Sequência dos números naturais pares:
  0, 2, 4, 6, 8, 10, 12, 14, 16, 18, 20, ...
- Sequência dos números naturais ímpares:
  1, 3, 5, 7, 9, 11, 13, 15, 17, 19, 21, ...

Ao observar as sequências escritas pelo professor, os alunos notaram que:

- os números pares são números naturais que terminam em 0, 2, 4, 6 ou 8;
- os números ímpares são números naturais que terminam em 1, 3, 5, 7 ou 9.

GEORGE TUTUMI

Número e numeral

Número é a ideia de quantidade que nos vem à mente quando contamos, ordenamos e medimos. **Numeral** é toda representação de um número, seja ela escrita, falada ou digitada. Para representar um número, podemos utilizar diferentes numerais.

O **número** de rodas do jipe-robô *Curiosity*, por exemplo, pode ser representado de várias maneiras.

- Por meio de **palavras** denominadas numerais:
  - seis (numeral da língua portuguesa);
  - *six* (numeral da língua inglesa);
  - *sechs* (numeral da língua alemã).
- Por meio de **símbolos** também chamados de numerais:
  - 6 (numeral indo-arábico);
  - VI (numeral romano);
  - |||||| (numeral egípcio).

GUILHERME CASAGRANDI

JPL-CALTECH/NASA

O jipe-robô *Curiosity* pousou na superfície de Marte em agosto de 2012, após uma viagem de 567 milhões de quilômetros e quase nove meses.

Cuidado!

Não confunda **número**, **numeral** e **algarismo**. Observe os exemplos:

- O numeral 4 567 representa uma quantidade (número) e é escrito com os algarismos 4, 5, 6 e 7.
- Minha **senha** bancária é formada por quatro algarismos, e não por quatro números.

Senha
Cadeia de caracteres que autoriza o acesso a um conjunto de operações em um sistema de computadores ou em equipamentos computadorizados.

Reprodução proibida. Art.184 do Código Penal e Lei 9.610 de 19 de fevereiro de 1998.

EXERCÍCIOS

17 Responda às questões.

a) Qual é o menor número natural?

b) Qual é o sucessor do zero?

c) Todo número natural tem sucessor?

18 Escreva, no seu caderno, o sucessor e o antecessor dos números naturais a seguir.

a) 199 c) 9 999

b) 1 001 d) 50 000

19 Escreva três números naturais consecutivos, sabendo que o maior deles é:

a) 16; b) 100; c) 699.

20 Um número natural é representado por $y + 3$. Como podemos representar seu antecessor?

21 Um número natural é representado por $k + 7$. Como podemos representar seu sucessor?

22 Qual é o precedente do maior número natural par de três algarismos?

23 Qual é o sucessivo do menor número natural ímpar de cinco algarismos?

24 Observe a sequência abaixo e responda.

1, 2, 4, 7, 11, 16, 22, ...

Qual é o próximo número dessa sequência?

25 Escreva, no seu caderno, três números naturais ímpares consecutivos, entre os quais o menor seja a.

5 Igualdade e desigualdade

TM RIO 2016

Logotipo dos Jogos Olímpicos do Rio de Janeiro (RJ), 2016.

Os Jogos Olímpicos foram criados com o intuito de incentivar a integração entre os povos por meio de diferentes modalidades esportivas. Os primeiros Jogos Olímpicos modernos aconteceram em 1896, em Atenas, na Grécia. Em 2016, os Jogos foram realizados no Rio de Janeiro (RJ), no Brasil.

A tabela abaixo apresenta os cinco países que mais conquistaram medalhas nos Jogos Olímpicos do Rio.

País	Ouro	Prata	Bronze	Total
Estados Unidos	46	37	38	121
Reino Unido	27	23	17	67
China	26	18	26	70
Rússia	19	18	19	56
Alemanha	17	10	15	42

Dados obtidos em: <http://www.olympic.org/olympic-results>. Acesso em: 17 fev. 2017.

SERGIO MORAES/REUTERS/LATINSTOCK

Cerimônia de abertura dos Jogos Olímpicos do Rio de Janeiro (RJ), 2016.

Reprodução proibida. Art.184 do Código Penal e Lei 9.610 de 19 de fevereiro de 1998.

Com base nos dados da tabela podemos afirmar que:

- A China obteve 26 medalhas de bronze e a Rússia, 19; 26 é maior que 19. Escrevemos $26 > 19$ (lemos: "vinte e seis **é maior que** dezenove").
- A Alemanha obteve 10 medalhas de prata e 17 medalhas de ouro; 10 é menor que 17. Escrevemos $10 < 17$ (lemos: "dez **é menor que** dezessete").
- Os Estados Unidos obtiveram 46 medalhas de ouro e a China, 26; 46 é diferente de 26. Escrevemos $46 \neq 26$ (lemos: "quarenta e seis **é diferente de** vinte e seis").

As relações acima são chamadas de relações de **desigualdade**.

DOUGLAS FRANCHIN

Observação

Utilizando os símbolos $\leqslant$ (lemos: "**menor ou igual a**") e $\geqslant$ (lemos: "**maior ou igual a**"), podemos combinar as relações de igualdade e desigualdade. Veja:

- Sendo n um número natural com $n \geqslant 9$, os possíveis valores para n são 9, 10, 11, 12, ...
- Sendo x um número natural com $x \leqslant 5$, os possíveis valores para x são 5, 4, 3, 2, 1 ou 0.

EXERCÍCIOS

26 Utilizando o sinal $<$ (menor que), escreva, no seu caderno, os números em ordem crescente.

a) 76, 54, 82

b) 32, 26, 18

c) 9, 14, 7

27 Utilizando o sinal $>$ (maior que), escreva, no seu caderno, os números em ordem decrescente.

a) 49, 78, 18

b) 13, 49, 34

c) 103, 42, 98

28 Se $a = b$ e $b \neq c$, que relação podemos estabelecer entre a e c?

29 Escreva, no seu caderno, como são lidas as relações abaixo.

a) $5 > 3$

b) $8 \neq 10$

c) $7 = 7$

d) $15 < 20$

e) $a \leqslant b$

f) $m \geqslant n$

30 Maurício, Carlos e Paulo são jogadores de basquete. Carlos é mais alto que Maurício, e Paulo é mais baixo que Maurício. Qual deles é o mais baixo?

GEORGE TUTUMI

31 Sendo n um número natural, determine os possíveis valores de n quando:

a) $n > 5$;

b) $n \geqslant 8$;

c) $n < 3$;

d) $n \leqslant 6$.

Reprodução proibida. Art.184 do Código Penal e Lei 9.610 de 19 de fevereiro de 1998.

6 A reta numérica e os números naturais

Para visualizar melhor a sequência dos números naturais, vamos representá-la em uma linha chamada de **reta numérica**. Observe:

- Traçamos uma reta e marcamos o ponto *O* (origem).

- À direita de *O*, marcamos segmentos consecutivos com a mesma medida, determinando os pontos *A*, *B*, *C*, *D*, ...

- Aos pontos *O*, *A*, *B*, *C*, *D*, ..., fazemos corresponder os números naturais 0, 1, 2, 3, 4, ..., respectivamente.

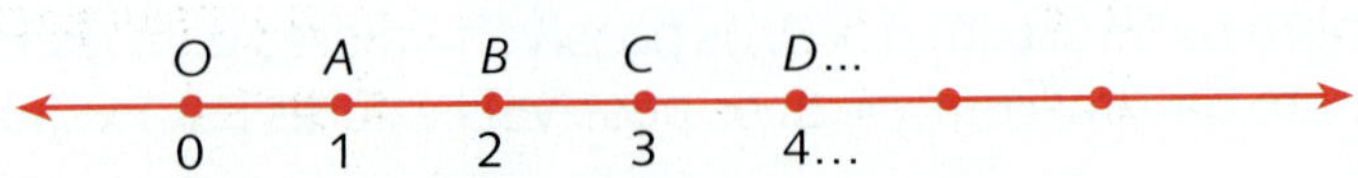

ILUSTRAÇÕES: LUIZ RUBIO

Observe que existe uma correspondência entre os números naturais e os pontos marcados na reta. Representamos os números naturais 0, 2, 5 e 6 na reta numérica desta maneira:

LUIZ RUBIO

Com base na reta numérica, podemos afirmar que:

- Um número é **maior que** (>) outro número quando é representado **à direita** deste.

Exemplo

$5 > 2$

- Um número é **menor que** (<) outro quando é representado **à esquerda** deste.

Exemplo

$2 < 6$

Observação

A régua graduada lembra parte de uma reta numérica cuja distância entre os pontos que representam números naturais consecutivos é 1 centímetro.

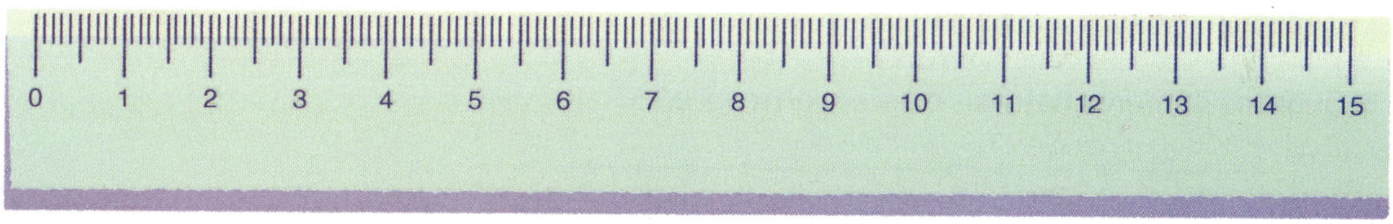

DOUGLAS FRANCHIN

Reprodução proibida. Art.184 do Código Penal e Lei 9.610 de 19 de fevereiro de 1998.

EXERCÍCIOS

32 Desenhe, no seu caderno, uma reta numérica e registre os números 0, 3, 5 e 7.

33 Observe a reta numérica:

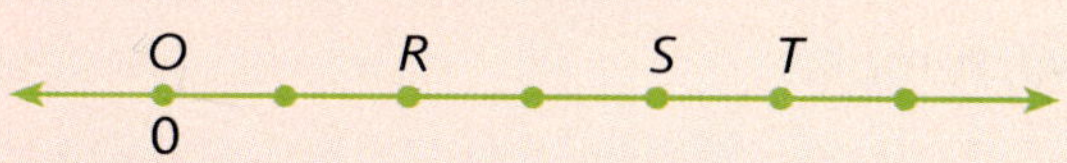

Escreva, em seu caderno, o número natural que corresponde a cada letra.

a) R b) S c) T

34 Observe a reta numérica:

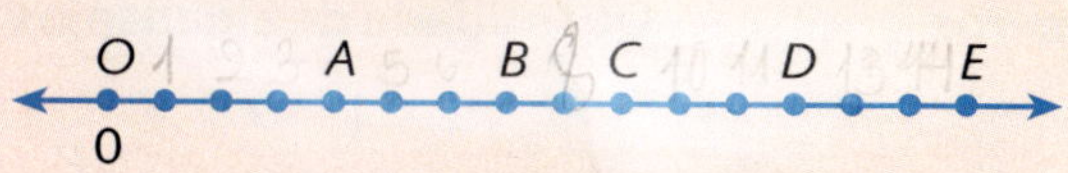

Indique o ponto que representa cada um dos valores abaixo.

a) 9 c) 4

b) 12 d) 15

35 Observe a reta numérica em que a, b e c representam números naturais correspondentes aos pontos A, B e C:

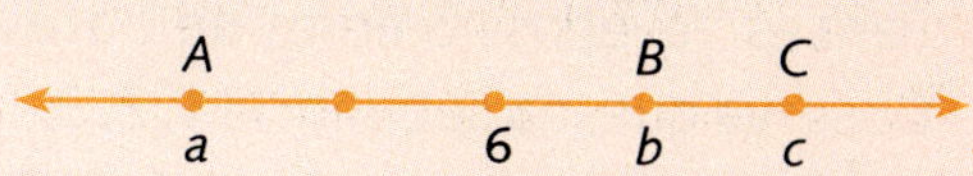

Assinale as afirmações verdadeiras.

a) $a > 6$ d) $c > b$

b) $b > 6$ e) $c < a$

c) $6 < c$ f) $b > a$

36 Localize os números naturais p, q e r na reta numérica abaixo seguindo as dicas.

1) p e r são pares. 3) $q > 4$ e $r > 4$

2) $p < 3$ 4) $r < 7$ e $q < 6$

ILUSTRAÇÕES: GUILHERME CASAGRANDI

Quantidade de números naturais e algarismos em uma sequência numérica

Com o auxílio da reta numérica, podemos determinar a quantidade de números naturais:

- **de** um número natural **até** outro número natural;
- **entre** dois números naturais.

Observe os exemplos a seguir.

- Quantos números naturais existem **de** 3 **até** 8?

Podemos verificar, por meio de uma contagem, que existem seis números naturais de 3 a 8.

Para responder à pergunta, também podemos proceder desta maneira:

$(8 - 3) + \mathbf{1} = 6$

Adicionamos uma unidade para compensar o fato de que, na subtração (8 − 3), o número 3 foi eliminado na contagem.

- Quantos números naturais existem **entre** 3 **e** 13?

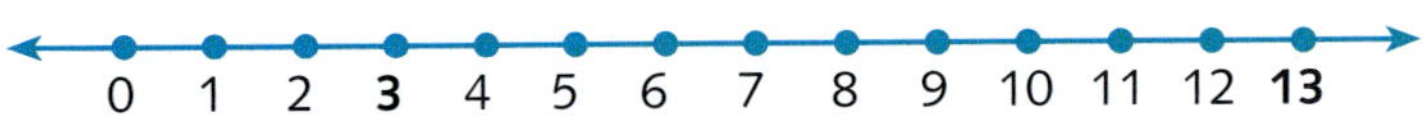

Verificamos, por meio de uma contagem, que existem nove números naturais entre 3 e 13.

Para responder à pergunta, também podemos proceder desta maneira:

$(13 - 3) - \mathbf{1} = 9$

Subtraímos uma unidade para compensar o fato de que, na subtração (13 − 3), o número 13 foi incluído na contagem.

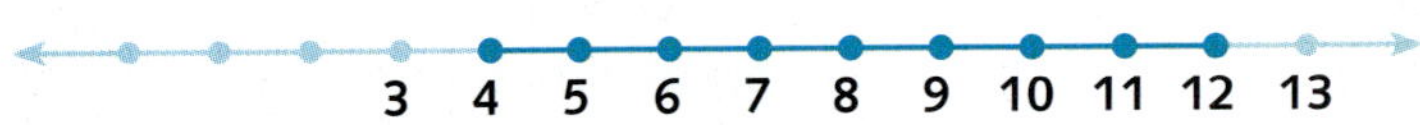

- Para escrever os números **de** 1 **até** 250, quantos algarismos utilizamos?

Observe que, na sequência 1, 2, 3, ..., 249, 250, temos:

- números de um algarismo: 1, 2, 3 ..., 9
- números de dois algarismos: 10, 11, 12, 13, ..., 99
- números de três algarismos: 100, 101, 102, ..., 250

Assim, podemos verificar que:

	Quantidade de números	Quantidade de algarismos
De 1 a 9	$(9 - 1) + 1 = 9$	$9 \times 1 = 9$
De 10 a 99	$(99 - 10) + 1 = 90$	$90 \times 2 = 180$
De 100 a 250	$(250 - 100) + 1 = 151$	$151 \times 3 = 453$
Total	250	642

Portanto, utilizamos 642 algarismos para escrever os números de 1 até 250.

ILUSTRAÇÕES: LUIZ RUBIO

Reprodução proibida. Art.184 do Código Penal e Lei 9.610 de 19 de fevereiro de 1998.

EXERCÍCIOS

37 Quantos números naturais existem de 25 até 50?

38 Quantos números naturais existem entre 30 e 48?

39 Para numerar de 5 até 50:

a) quantos números naturais escrevemos?

b) quantos algarismos escrevemos?

40 Quantos números naturais de dois algarismos existem?

41 Quantos números naturais de três algarismos existem?

42 Paulo assumiu um novo projeto na sua empresa e passou a trabalhar duas horas extras por dia. O projeto teve início no dia 12 e foi até o dia 25 do mesmo mês. Quantas horas extras Paulo trabalhou nesse projeto?

43 Observe a sequência abaixo e responda: qual é o próximo número dessa sequência?

9, 16, 25, 36, ...

44 Quantos algarismos escrevemos para representar todos os números de 35 até 186?

45 Quantos algarismos são necessários para numerar as 500 páginas de um livro?

46 Para escrever de 200 até 1 002, quantos algarismos são necessários?

47 Fazendo uma pesquisa na internet sobre aquecimento global, Luís encontrou uma reportagem completa sobre o assunto, com mais de 200 páginas. Dessa pesquisa, ele imprimiu da página 35 até a 178. Quantas páginas foram impressas?

Reprodução proibida. Art.184 do Código Penal e Lei 9.610 de 19 de fevereiro de 1998.

7 Sistema de numeração decimal

O sistema de numeração mais utilizado atualmente é o **indo-arábico**. As regras desse sistema foram inventadas pelos hindus, e os árabes o levaram para a Europa no século XIII; daí o nome "indo-arábico".

Como esse sistema é decimal, também o chamamos de **sistema de numeração decimal**. Nele são utilizados os símbolos 0, 1, 2, 3, 4, 5, 6, 7, 8 e 9, denominados **algarismos**. A palavra *algarismo* tem origem no nome do matemático árabe Mohammed ibu-Musa al-Khowarizmi. Ele foi responsável pela introdução desse sistema de numeração na Europa e pelos estudos iniciais de Álgebra.

Esse sistema é posicional. Com apenas 10 símbolos podemos representar qualquer número natural, o que não ocorre com o sistema egípcio, em que, por exemplo, para representar o valor 100 000 000 é preciso repetir 100 vezes o símbolo , que vale 1 000 000.

GUILHERME CASAGRANDI

ORIGEM E DIFUSÃO DO SISTEMA DE NUMERAÇÃO INDO-ARÁBICO

ANDERSON DE ANDRADE PIMENTEL

Elaborado com base em: Graça Maria Lemos Ferreira. *Atlas geográfico*: espaço mundial. São Paulo: Moderna, 2013. p. 10-11.

TOMA

Mohammed ibu-Musa al-Khowarizmi, responsável por difundir as regras do sistema criado pelos hindus.

O sistema de numeração decimal obedece a algumas regras e orientações:

- Existe um símbolo que representa a ausência de quantidade: o zero.

Um pouco de história

A origem do zero

Por mais de 15 séculos os matemáticos babilônicos ignoraram o zero. Por causa disso, eles não tinham como diferenciar, por exemplo, os números 5 230, 52 300 e 523 000, o que causava certa confusão.

Pouco a pouco, eles foram percebendo que, para evitar confusão nas representações numéricas, precisavam representar o "nada" por "alguma coisa". O símbolo que serviria graficamente para marcar a ausência das unidades de certa ordem seria o zero.

Finalmente, no século III a.C., os matemáticos criaram o zero babilônico, o mais antigo da história. Esse zero, no entanto, não foi concebido como quantidade, ou seja, "como número nulo".

Entre os séculos III e IV d.C., os maias fizeram a mesma descoberta ( ); mas, assim como o babilônico, o zero maia era impróprio à prática de operações aritméticas e não deu origem a desenvolvimentos matemáticos.

Até o final do século VI, o zero hindu tinha por única função preencher os "vazios" provocados pelas unidades em falta nas representações numéricas, orais ou escritas. No entanto, os matemáticos da Índia conseguiram mudar essa situação rapidamente: em menos de meio século, esse conceito já significava indistintamente "vazio" ou "nada", incorporando o sentido que atribuímos hoje à "quantidade nula" ou ao "número zero".

Reprodução proibida. Art.184 do Código Penal e Lei 9.610 de 19 de fevereiro de 1998.

- A contagem de grupos com menos de 10 elementos é feita por meio da associação do número de elementos de determinado grupo a um algarismo indo-arábico. Observe:

BULD/SHUTTERSTOCK

→ **3** bicicletas →

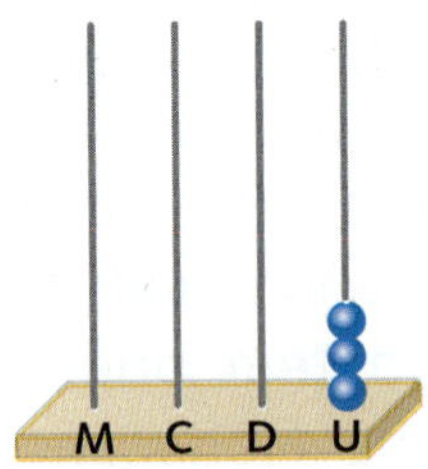

representação de 3 unidades no ábaco

NATTIKA/SHUTTERSTOCK

→ **9** morangos →

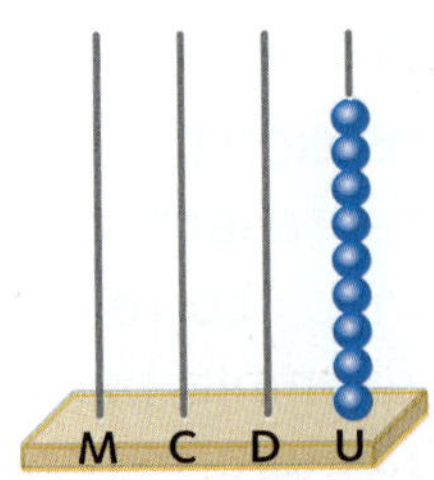

representação de 9 unidades no ábaco

GUILHERME CASAGRANDI

- É possível representar um grupo de 10 elementos assim:

KOLA-KOLA/SHUTTERSTOCK

10 canetas

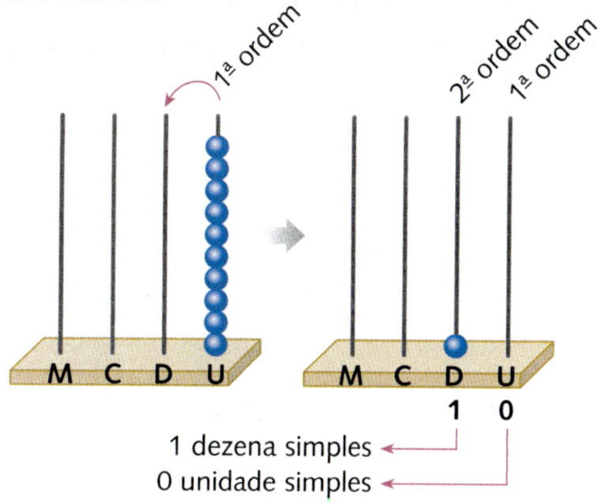

GUILHERME CASAGRANDI

Observe que 10 unidades de 1ª ordem correspondem a 1 unidade de 2ª ordem, ou seja, 1 dezena corresponde a 10 unidades.

- A contagem de grupos com mais de 10 e menos de 100 elementos é feita pela associação do número de elementos de determinado grupo a um número de dois algarismos, por meio da notação posicional. Observe:

GUILHERME CASAGRANDI

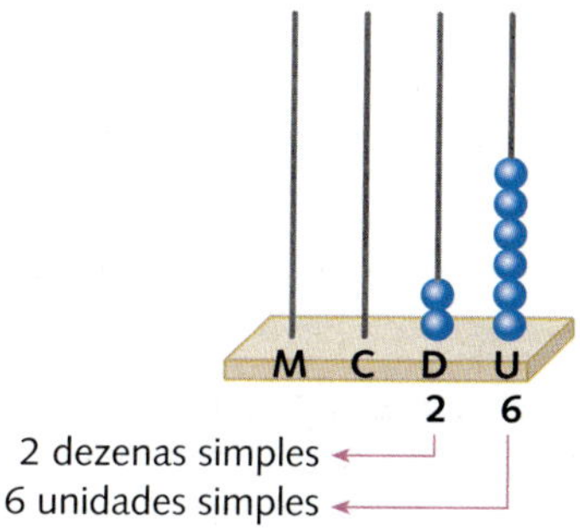

$2 \times 10 + 6 = 26$

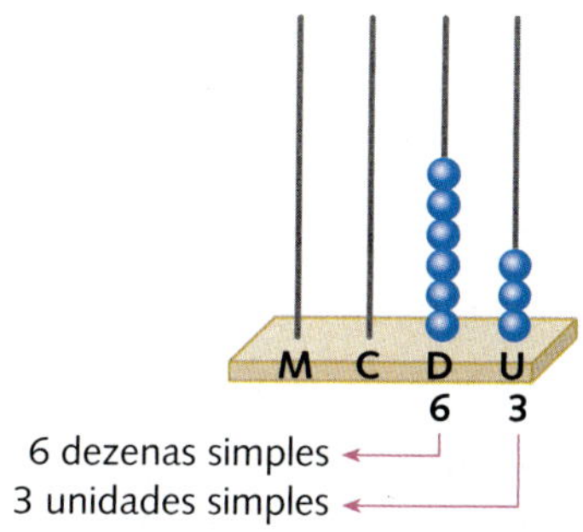

$6 \times 10 + 3 = 63$

EDUARDO FRANCISCO

É importante destacar o **valor posicional** do algarismo 6 nos dois números estudados:

26	O valor posicional do algarismo 6 é 6.

63	O valor posicional do algarismo 6 é 60.

- Como $100 = 9 \times 10 + 9 + 1$, é possível representar um grupo com 100 elementos assim:

GUILHERME CASAGRANDI

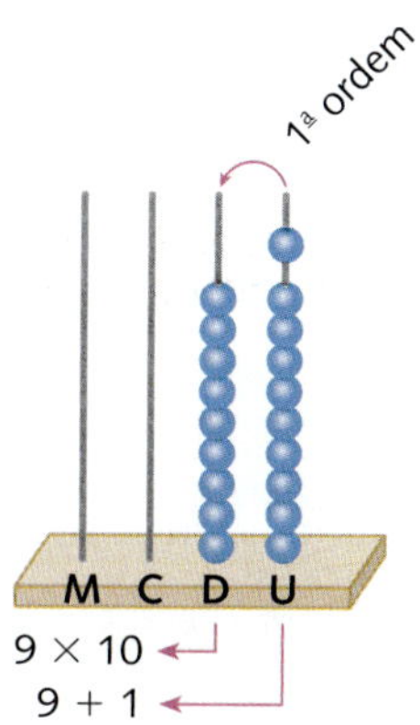

$9 \times 10 + 9 + 1 = 100$

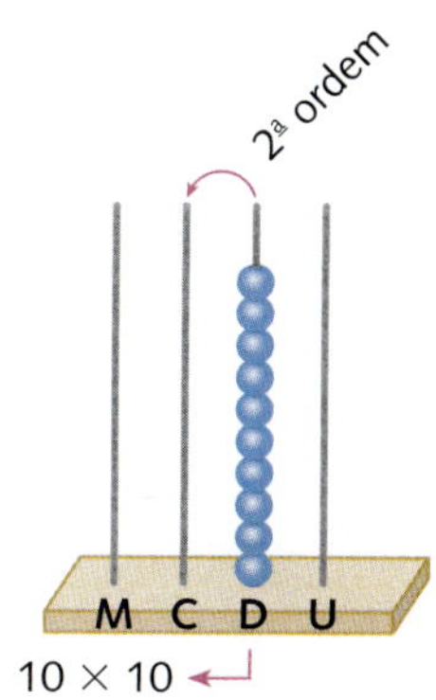

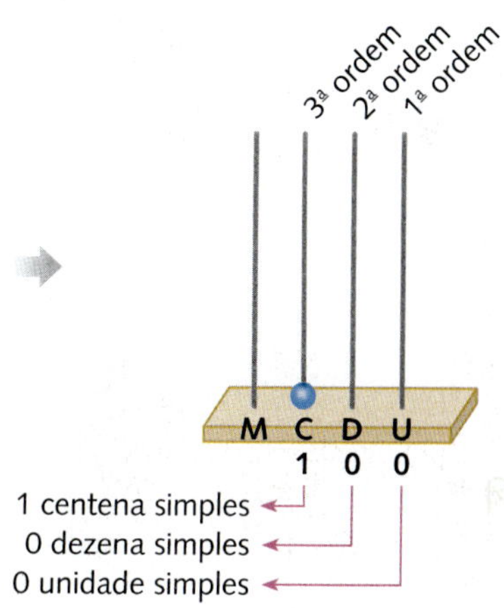

Observe que 10 unidades de 2ª ordem correspondem a 1 unidade de 3ª ordem, ou seja, 1 centena corresponde a 10 dezenas.

Reprodução proibida. Art.184 do Código Penal e Lei 9.610 de 19 de fevereiro de 1998.

- A contagem de grupos com mais de 100 e menos de 1 000 elementos é feita pela associação do número de elementos de determinado grupo a um número de três algarismos, por meio da notação posicional. Observe:

GUILHERME CASAGRANDI

3 2 5

3 centenas simples
2 dezenas simples
5 unidades simples

$3 \times 100 + 2 \times 10 + 5 = 325$

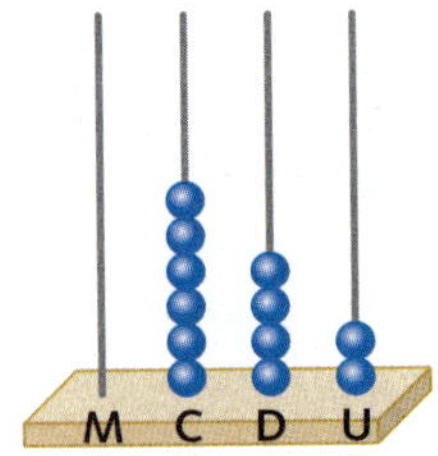

6 4 2

6 centenas simples
4 dezenas simples
2 unidades simples

$6 \times 100 + 4 \times 10 + 2 = 642$

Um pouco de história

O ábaco

TI SANTI/SHUTTERSTOCK

O ábaco era um instrumento de cálculo muito utilizado pelos antigos gregos e romanos. Posteriormente, ele foi aperfeiçoado pelos chineses e japoneses. O instrumento é chamado de *suan-pan* na China e *soroban* no Japão.

Ao longo da história, diferentes tipos de ábaco foram inventados. Em um dos modelos mais simples, a correspondência é feita com contas móveis dispostas em fileiras paralelas, que representam as unidades, as dezenas, as centenas etc. O ábaco facilita tanto o registro dos objetos quanto a leitura das contagens.

Lembre-se de que nosso sistema de numeração é posicional, ou seja, um mesmo algarismo representa quantidades diferentes, dependendo da posição que ele ocupa no número.

Na contagem de grupos com 1 000 ou mais elementos, devemos escrever os algarismos agrupados em **classes**, considerando que cada classe é formada por três ordens, definidas da direita para a esquerda. Observe:

12ª ordem: centenas de bilhão	11ª ordem: dezenas de bilhão	10ª ordem: unidades de bilhão	9ª ordem: centenas de milhão	8ª ordem: dezenas de milhão	7ª ordem: unidades de milhão	6ª ordem: centenas de milhar	5ª ordem: dezenas de milhar	4ª ordem: unidades de milhar	3ª ordem: centenas	2ª ordem: dezenas	1ª ordem: unidades
4ª classe: bilhões			3ª classe: milhões			2ª classe: milhares			1ª classe: unidades simples		

À esquerda da classe dos bilhões são representadas a dos trilhões, a dos quatrilhões, a dos quintilhões, a dos sextilhões, e assim por diante.

Exemplos

- **5478** → É formado por cinco unidades de milhar, quatro centenas, sete dezenas e oito unidades.

$5478 = 5000 + 400 + 70 + 8$ → Observe o valor posicional de cada algarismo.

ou

$5478 = 5 \times 1000 + 4 \times 100 + 7 \times 10 + 8$

Quadro de ordens			
4ª	3ª	2ª	1ª
5	4	7	8

- **63042** → É formado por seis dezenas de milhar, três unidades de milhar, quatro dezenas e duas unidades.

$63042 = 60000 + 3000 + 40 + 2$ → Observe o valor posicional de cada algarismo.

ou

$63042 = 6 \times 10000 + 3 \times 1000 + 4 \times 10 + 2$

Quadro de ordens				
5ª	4ª	3ª	2ª	1ª
6	3	0	4	2

- **723132** → É formado por sete centenas de milhar, duas dezenas de milhar, três unidades de milhar, uma centena, três dezenas e duas unidades.

$723132 = 700000 + 20000 + 3000 + 100 + 30 + 2$ → Observe o valor posicional de cada algarismo.

ou

$723132 = 7 \times 100000 + 2 \times 10000 + 3 \times 1000 + 1 \times 100 + 3 \times 10 + 2$

Quadro de ordens					
6ª	5ª	4ª	3ª	2ª	1ª
7	2	3	1	3	2

Reprodução proibida. Art.184 do Código Penal e Lei 9.610 de 19 de fevereiro de 1998.

Base de um sistema de numeração

Existem infinitos números naturais. Para ler e escrever cada um deles, devemos utilizar palavras e símbolos, de acordo com determinadas regras. O conjunto de tais regras constitui um **sistema de numeração**.

Hoje usamos o **sistema de numeração decimal**. De acordo com esse sistema, a contagem é feita agrupando os objetos de 10 em 10. Porém, existem situações em que recorremos a agrupamentos diferentes de 10 para contar. Por exemplo:

- **em dúzias**

JULIA IVANTSOVA/SHUTTERSTOCK

Bananas, ovos, laranjas etc. costumam ser agrupados de **12** em **12** (em dúzias).

- **em grupos de 60**

MTKANG/SHUTTERSTOCK

A contagem do tempo, desde os antigos babilônios, é feita de **60** em **60** (60 segundos correspondem a 1 minuto, e 60 minutos correspondem a 1 hora).

Em uma contagem, o número de elementos do agrupamento é chamado de **base**. Assim, na contagem de bananas, ovos e laranjas é comum usarmos a base 12; já na contagem do tempo utilizamos a base 60. Os computadores digitais operam no sistema binário (base 2), isto é, todas as informações são armazenadas ou processadas no computador com a utilização de apenas dois algarismos: 0 e 1.

EXERCÍCIOS

48 Identifique, em cada item, o número representado no ábaco.

a) 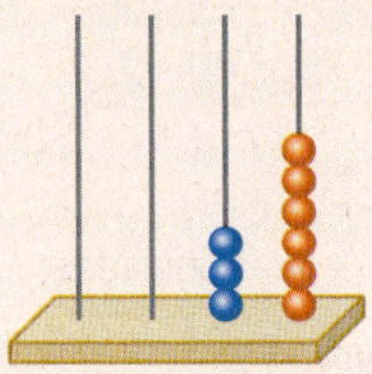

d) 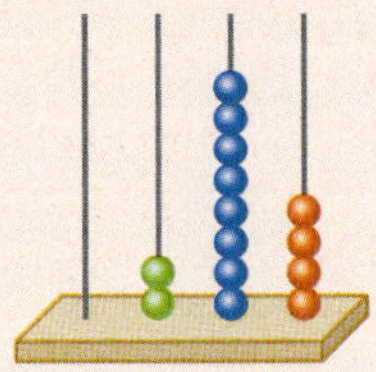

b) 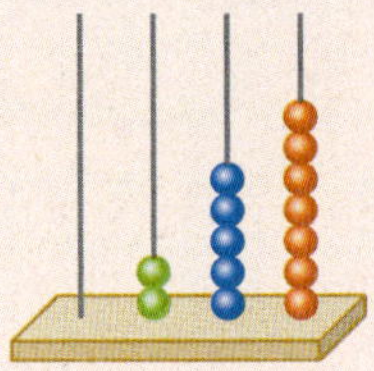

e) 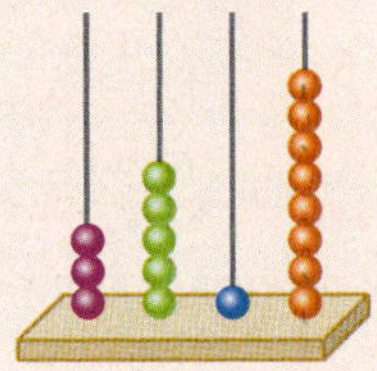

c) 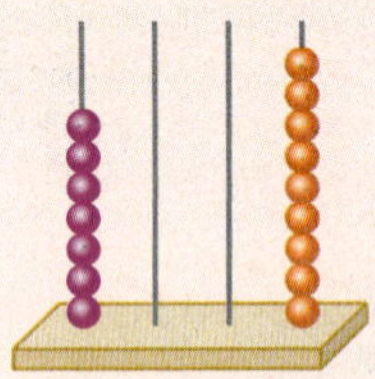

f) 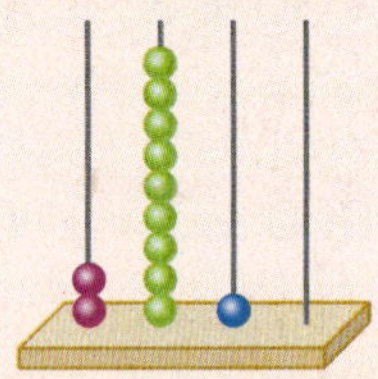

GUILHERME CASAGRANDI

49 Para facilitar a contagem de uma grande quantidade de ovos, eles foram separados em grupos de meia dúzia. Qual foi a base utilizada nessa contagem?

50 Quando contamos garrafas de refrigerante em caixas com duas dúzias, em qual base fazemos essa contagem?

51 Escreva, no seu caderno, o número formado por:

a) sete centenas mais cinco dezenas mais três unidades;

b) oito unidades de milhar mais cinco centenas mais seis dezenas;

c) uma dezena de milhar mais sete dezenas;

d) duas unidades de milhão mais seis centenas de milhar mais nove dezenas mais oito unidades;

e) três dezenas de milhão mais quatro centenas de milhar mais sete centenas mais três dezenas.

52 Usando os algarismos 2, 6 e 8, sem repeti-los, escreva, no seu caderno, seis diferentes números de três algarismos.

53 Quando contamos folhas de papel em pacotes de 100 unidades, em qual base fazemos essa contagem?

54 Na contagem do tempo (segundos, minutos e horas), qual é a base utilizada?

55 Determine o número formado por:

a) $(5 \times 100) + (7 \times 10) + 8$

b) $(7 \times 1000) + (8 \times 100) + (9 \times 10) + 5$

c) $(2 \times 10\,000) + (5 \times 1000) +$
$+ (4 \times 100) + (3 \times 10) + 8$

d) $(5 \times 100\,000) + (8 \times 1000) +$
$+ (5 \times 100) + 3$

e) $(3 \times 1\,000\,000) + (4 \times 10\,000) + (5 \times 10)$

56 Observe o número abaixo e responda.

9 678

a) Quantas ordens tem esse número?

b) Qual é o algarismo da quarta ordem?

c) Qual é o algarismo que representa a ordem das centenas?

d) Qual é o algarismo que representa a maior ordem?

e) Quantas classes tem esse número?

57 O senhor Luís contou os limões que havia levado à feira para vender. Para cada grupo de 10 limões, ele fez um traço. Terminada a contagem, sobraram seis limões em cima da mesa e estas marcas no papel:

GEORGE TUTUMI

Quantos limões ele levou para a feira?

Reprodução proibida. Art.184 do Código Penal e Lei 9.610 de 19 de fevereiro de 1998.

58 As décadas são contadas em agrupamentos de 10 anos. Assim, 36 anos correspondem a três décadas e seis anos. Escreva, no seu caderno, de forma semelhante, o correspondente a:

a) 22 anos;

b) 50 anos;

c) 69 anos.

59 Em um campeonato de lançamento de dardos, Pedro lançou 15 dardos, atingindo o disco conforme a figura abaixo.

GEORGE TUTUMI

Quantos pontos Pedro obteve?

60 Utilizando uma calculadora simples, responda.

a) Quantos algarismos cabem no visor da sua calculadora?

b) Qual é o maior número natural com algarismos diferentes que sua calculadora comporta?

61 Indique, em cada figura, a base de contagem que foi utilizada.

a) 

b) 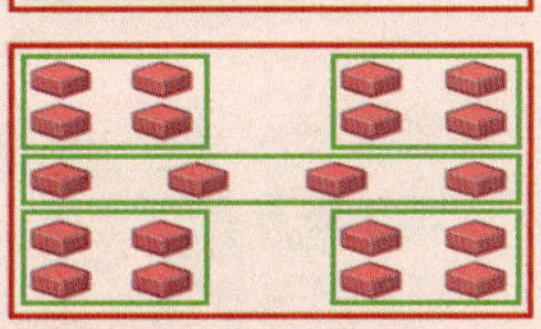

c) 

d) 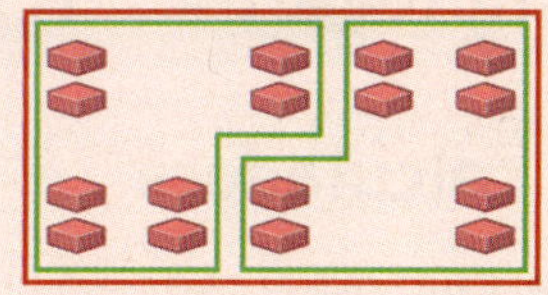

GUILHERME CASAGRANDI

62 As semanas são contadas em agrupamentos de sete dias. Assim, 20 dias correspondem a duas semanas e seis dias.

GEORGE TUTUMI

Escreva, de forma semelhante, o correspondente a:

a) 15 dias; b) 56 dias; c) 217 dias.

63 Use uma calculadora para efetuar as operações abaixo.

a) ON 4 5 + 3 2 =

b) ON 1 0 0 0 − 9 9 7 =

c) ON 1 × 3 5 × 1 0 =

d) ON 7 2 ÷ 9 =

64 Decompondo o número 2 548, obtemos: 2 000 + 500 + 40 + 8

Com uma calculadora, conferimos a decomposição do número 2 548.

Se digitarmos:

2 0 0 0 + 5 0 0 +

4 0 + 8 =

o visor mostrará:

2548

Agora repita esse procedimento com os números abaixo, conferindo a decomposição.

a) 8 957

b) 68 005

Reprodução proibida. Art.184 do Código Penal e Lei 9.610 de 19 de fevereiro de 1998.

Um pouco de história

A calculadora

FRENCH SCHOOL, (17TH CENTURY)/ ARCHIVES CHARMET/BRIDGEMAN IMAGES/ KEYSTONE BRASIL – CONSERVATÓRIO NACIONAL DE ARTES E OFÍCIOS, PARIS

La pascaline (1642).

A calculadora, cujo precursor é o ábaco, é um instrumento utilizado para realizar operações aritméticas. A primeira calculadora manual que se conhece, *La pascaline*, foi inventada por Blaise Pascal (1623-1662) em 1642. Essa invenção encontra-se no Conservatório de Artes e Ofícios de Paris.

Filho de Etienne Pascal (matemático) e de Antoinette Begon, Blaise Pascal nasceu em Clermont-Ferrand, na França, e foi um extraordinário filósofo e matemático. Com a transferência do pai para Rouen, Pascal, que o acompanhou, realizou as primeiras pesquisas no campo da Física, chegando à dedução de 32 proposições de Geometria estabelecidas por Euclides (c. 300 a.C.).

BRANDS OF THE WORLD

- 1623
- 1636 – É fundada a Universidade de Harvard.
- 1642
- 1643 – Nasce Isaac Newton e morre Galileu Galilei.
- Na França, Luís XIV sobe ao trono.
- 1644 – Evangelista Torricelli inventa o barômetro.
- 1658 – O astronômo, físico e matemático holandês Huygens utiliza o mecanismo dos pêndulos para regular relógios.
- 1662 – É fundada a Royal Society, destinada à promoção das ciências.

JOSÉ LUÍS JUHAS

Posteriormente, em 1694, Gottfried Leibniz (1646-1716) projetou um aparelho que multiplicava por adições repetidas. Em 1822, Charles Babbage (1791-1871) construiu uma pequena máquina de somar e, em 1833, concebeu uma máquina de subtração, precursora do computador digital.

Na maioria das calculadoras modernas, encontramos estas teclas:

Tecla	Função	Tecla	Função
ON	Liga	√	Calcula a raiz quadrada
CE ou AC	Apaga valores do visor	%	Calcula a porcentagem
OFF	Desliga	=	Indica o resultado
+	Adiciona	M+	Indica memória mais
–	Subtrai	M–	Indica memória menos
×	Multiplica	MRC	Lê a memória
÷	Divide	•	Representa a vírgula

SERGIGN/SHUTTERSTOCK

Reprodução proibida. Art.184 do Código Penal e Lei 9.610 de 19 de fevereiro de 1998.

8 Leitura e escrita de um número natural

Saber ler e escrever números pode ser muito útil na hora de preencher cheques, reconhecer e distinguir valores etc.

Para ler um número:

1º) separamos o número em classes;

2º) lemos, da esquerda para a direita, o número formado em cada classe, seguido do nome da classe.

Exemplos

- 6 034 270
  - 270 → 200 + 70 (duzentos e setenta)
  - 034 → 30 + 4 (trinta e quatro) mil
  - 6 → 6 (seis) milhões

  Lemos: "seis milhões, trinta e quatro mil, duzentos e setenta".

GEORGE TUTUMI

- 1 019 316 017
  - 017 → 10 + 7 (dezessete)
  - 316 → 300 + 10 + 6 (trezentos e dezesseis) mil
  - 019 → 10 + 9 (dezenove) milhões
  - 1 → 1 (um) bilhão

  Lemos: "um bilhão, dezenove milhões, trezentos e dezesseis mil e dezessete".

Reprodução proibida. Art.184 do Código Penal e Lei 9.610 de 19 de fevereiro de 1998.

Observação

Quando todas as ordens de uma classe são formadas por zero, não lemos essa classe. Observe um exemplo:

8 000 321
- 321 → 300 + 20 + 1 (trezentos e vinte e um)
- 8 → 8 (oito) milhões

Lemos: "oito milhões, trezentos e vinte e um".

De modo inverso, se conhecemos a leitura de um número, podemos escrevê-lo usando algarismos. Observe:

▸ setenta e três mil, seiscentos e oitenta e dois

Milhares		Unidades simples		
7	3	6	8	2

→ 73 682

▸ dois bilhões, treze milhões, quinhentos e seis

Bilhões	Milhões			Milhares			Unidades simples		
2	0	1	3	0	0	0	5	0	6

→ 2 013 000 506

Um número natural pode ser representado de várias maneiras.

Vamos considerar, por exemplo, o número 8 515 767, que corresponde, aproximadamente, à superfície do Brasil em quilômetro quadrado.

Podemos representá-lo:

- com algarismos: 8 515 767;
- com palavras: oito milhões, quinhentos e quinze mil, setecentos e sessenta e sete;
- com algarismos e palavras: 8 milhões, 515 mil e 767;
- por meio da decomposição: $8\,000\,000 + 500\,000 + 10\,000 + 5\,000 + 700 + 60 + 7$ ou $8 \times 1\,000\,000 + 5 \times 100\,000 + 1 \times 10\,000 + 5 \times 1\,000 + 7 \times 100 + 6 \times 10 + 7$.

Elaborado com base em: Graça Maria Lemos Ferreira. *Atlas geográfico*: espaço mundial. São Paulo: Moderna, 2013. p. 119.

ILUSTRAÇÃO: GEORGE TUTUMI.
MAPA: ANDERSON DE ANDRADE PIMENTEL

Reprodução proibida. Art. 184 do Código Penal e Lei 9.610 de 19 de fevereiro de 1998.

Observações

1 Para facilitar a leitura de números naturais grandes, a **mídia** costuma apresentá-los de forma abreviada, usando uma vírgula. Veja:

> Segundo a ONU, em 2014 havia no mundo 1,8 bilhão de jovens na faixa etária dos 10 aos 24 anos.

1,8 bilhão corresponde a um bilhão e oitocentos milhões ou 1 800 000 000.

Mídia
Conjunto dos meios de comunicação de massa.

2 Em alguns textos a palavra **milhão** é substituída por **mi**, e a palavra **bilhão**, por **bi**. Observe:

> A população do Brasil deve chegar a 233 **mi** de pessoas em 2050, segundo projeções da ONU.

233 **mi** correspondem a duzentos e trinta e três **milhões** ou 233 000 000.

> De acordo com **estimativas** da ONU, na Terra haverá 9,6 **bi** de pessoas no ano 2050.

9,6 **bi** correspondem a nove **bilhões** e seiscentos milhões ou 9 600 000 000.

Estimativa
Cálculo feito para obter um resultado aproximado.

Lendo e aprendendo

O que é um cheque?

Cheque é uma ordem de pagamento. Pode ser recebido na agência em que o emitente mantém conta ou depositado em outra agência, para ser compensado e creditado na conta do correntista.

REPRODUÇÃO

Leia algumas informações disponíveis no *site* do Banco Central do Brasil a respeito da emissão de cheques:

- **Cheque ao portador** — o cheque só pode ser emitido ao portador (sem indicação do beneficiário) até o valor de R$ 100,00.
- **Cheque nominal** — a partir de R$ 100,00, o emitente é obrigado a indicar o nome do beneficiário (pessoa ou empresa a quem está efetuando o pagamento). O cheque nominal só poderá ser pago pelo banco mediante identificação do beneficiário ou de pessoa por ele indicada no verso do cheque (endosso), ou ainda pelo sistema de compensação, caso seja depositado.
- **Cheque cruzado** — tanto o cheque ao portador quanto o nominal podem ser cruzados, com a colocação de dois traços paralelos, em sentido diagonal, na frente do documento. Nesse caso, só será pago através de depósito em conta corrente.
- **Cheque administrativo** — é o cheque emitido pelo próprio banco. Pode ser comprado pelo cliente em qualquer agência bancária. O banco o emite em nome de quem o cliente efetuará o pagamento.
- **Cheque especial** — assim denominado porque o banco concede um limite de crédito para saque quando cliente não dispõe de fundos. O cheque especial é concedido ao cliente mediante contrato firmado previamente.
- **Cheque pré-datado** — pela lei, um cheque é pagável quando é apresentado ao banco, mesmo que tenha sido emitido com data posterior. Assim, se um cheque pré-datado for apresentado para pagamento antes do dia previsto, o banco terá de pagá-lo ou devolvê-lo por falta de fundos. Caso isso ocorra, o correntista poderá ser prejudicado.
  [...]
- **Cheque sem fundos** — o cheque poderá ser devolvido quando o emitente não tiver fundos suficientes para seu pagamento. [...]

Texto elaborado com base em: FAQ: cheques. *Banco Central do Brasil*. Disponível em: <http://www.bcb.gov.br>. Acesso em: 23 fev. 2017.

EXERCÍCIOS

65 Escreva, no seu caderno, como se leem os números abaixo.

a) 345 c) 3 437 008 e) 18 540 035
b) 8 950 d) 5 050 000 f) 95 013 600

66 Escreva os números a seguir no seu caderno usando algarismos indo-arábicos.

a) quinhentos e trinta mil e oitenta
b) novecentos e doze mil e trezentos
c) noventa milhões, dezesseis mil e oito
d) dois bilhões, doze milhões e cem mil
e) cem bilhões, duzentos e cinquenta milhões e cinquenta

67 Lucas digitou as teclas 7, 6, 5, 4, 3, 2 e 1, nessa ordem, em sua calculadora. Escreva como se lê o número que Lucas obteve no visor da calculadora.

Reprodução proibida. Art.184 do Código Penal e Lei 9.610 de 19 de fevereiro de 1998.

68 Daniel efetuou, em um caixa eletrônico, o pagamento das contas de água, energia, telefone, aluguel e condomínio. O valor da conta de água era igual a quarenta e cinco reais. Veja o valor das demais contas e escreva por extenso essas quantias.

Energia elétrica .... R$ 86,00

Telefone .... R$ 107,00

Aluguel .... R$ 850,00

Condomínio .... R$ 222,00

- Qual das despesas acima pode ser reduzida com hábitos de economia?

69 O Tiranossauro Rex viveu há 145 000 000 de anos, e o Triceratops, há 67 000 000 de anos. Escreva esses números por extenso e, depois, responda: qual desses dinossauros habitou a Terra primeiro?

WAGNER WILLIAM

70 Desenhe, no seu caderno, um cheque como o do modelo do boxe "Lendo e aprendendo" da página 39. Em seguida, preencha-o observando estas exigências: deverá ser um cheque cruzado e nominal à sua escola no valor de R$ 176,00.

- Quais as vantagens da utilização de um cheque? Quais as desvantagens?
- Por que um cheque cruzado é mais seguro para o emitente?

71 Escreva, no seu caderno, os números destacados nas frases abaixo usando **mi** para milhões e **bi** para bilhões.

a) A abertura dos Jogos Olímpicos do Rio de Janeiro, em 2016, foi vista por mais de 2 000 000 000 de pessoas.

b) De acordo com uma pesquisa, 63 000 000 de pessoas assistiram ao menos a um minuto dos Jogos Olímpicos do Rio de Janeiro, em 2016.

72 Leia atentamente o texto abaixo.

> Em uma cidade foram reciclados durante um ano os seguintes materiais: papel (110 248 080 kg), vidro (45 230 196 kg) e plástico (7 500 420 kg).

Agora, responda:

a) De que materiais foram reciclados menos de 50 milhões de quilogramas?

b) De que material foram reciclados mais de 100 milhões de quilogramas?

c) Escreva um pequeno texto sobre a importância da reciclagem de resíduos.

GEORGE TUTUMI

Reprodução proibida. Art.184 do Código Penal e Lei 9.610 de 19 de fevereiro de 1998.

Trabalhando em equipe

1 Forme dupla com um colega e sigam as instruções.

a) Cada um deverá escrever uma senha com três letras e quatro algarismos ou **dígitos**.

b) Justifiquem um para o outro a razão da escolha da senha e respondam: daqui a uma semana, vocês serão capazes de se lembrar da senha que escolheram?

c) Façam uma pesquisa sobre o uso de senhas e os cuidados necessários em sua aplicação. Depois, escrevam um pequeno texto a respeito do que descobriram.

2 Com o auxílio de uma calculadora, responda às questões a seguir.

a) Quantos anos você já viveu?

b) Quantos meses?

c) Quantos dias?

d) Quantas horas?

Junte-se a um colega e comparem os resultados obtidos.

Dígito
Qualquer dos algarismos indo-arábicos de 0 a 9.

Trabalhando os conhecimentos adquiridos

Autoavaliação

1 Este capítulo aborda os números naturais. Quais são as quatro funções (usos) desses números?

2 Com qual(is) das quatro funções listadas na questão anterior você mais utiliza os números naturais no dia a dia?

3 Que sistemas de numeração você conhece?

4 Relacione cada conceito à sua definição.

Conceito	Definição
A) Sucessor de um número natural	I) É obtido pela subtração de uma unidade desse número.
B) Antecessor de um número natural diferente de zero	II) Terminam em 0, 2, 4, 6 ou 8.
C) Números consecutivos	III) É obtido pelo acréscimo de uma unidade a esse número.
D) Números pares	IV) Terminam em 1, 3, 5, 7 ou 9.
E) Números ímpares	V) Dois ou mais números naturais em sequência imediata.

Reprodução proibida. Art.184 do Código Penal e Lei 9.610 de 19 de fevereiro de 1998.

1

1 As três mais importantes pirâmides do Egito são as de Quéops, Quéfren e Miquerinos, que medem, respectivamente, 146 metros, 143 metros e 62 metros de altura.

SCULPIES/SHUTTERSTOCK

Pirâmides de Quéops, Quéfren e Miquerinos, em Gizé, Egito.

Utilizando símbolos egípcios, escreva a representação dos números correspondentes à altura de cada pirâmide.

2 Reescreva o texto trocando os símbolos indo-arábicos pelos romanos.

> Em 1876, Alexander Graham Bell inventou o telefone e, em 1879, Thomas Edison inventou a lâmpada elétrica incandescente.

3 Escreva no caderno:

a) o antecessor e o sucessor de 519;

b) o antecessor e o sucessor do maior número natural de três algarismos;

c) o sucessor do sucessor de 1000;

d) todos os números de três algarismos diferentes que podem ser formados com os algarismos 4, 5 e 6.

DESAFIO

Considere o número natural 1234. Efetuando todas as trocas possíveis de seus algarismos, pode-se formar certa quantidade de números naturais de quatro algarismos, como 2341 e 1342. No caderno, escreva todos esses números em ordem crescente e, depois, responda às questões.

a) Qual é o primeiro número?

b) Qual é o último número?

c) Qual é o total de números?

1 Escreva o:

a) sucessor de 205;

b) precedente de 1500;

c) antecedente de 95;

d) antecedente de 409;

e) consecutivo ímpar de 479;

f) antecessor de 799.

2 Usando os algarismos 8, 1 e 6, escreva, no seu caderno, todos os números possíveis de dois algarismos diferentes.

3 Desenhe, no seu caderno, uma reta numérica e indique os seis primeiros números ímpares.

4 Quantos números naturais existem de 135 a 198, **incluídos** esses números?

5 Quantos números naturais existem de 123 a 987, **excluídos** esses números?

6 Um artista foi contratado para numerar as 185 páginas de uma filatelia, recebendo R$ 2,00 por algarismo desenhado. Quanto ele deverá receber pelo trabalho?

JOSÉ LUIZ JUHAS

Filatelia é uma coleção de selos postais, do grego ***fila*** (amigos) e ***telos*** (selo).

- Você lembra de algum serviço prestado por um profissional na sua residência? Se sim, qual?
- Após receber o trabalho do artista, o cliente deve efetuar o pagamento do serviço prestado e pedir um recibo. Qual é a utilidade desse recibo?

7 Apresentamos a seguir o número de habitantes dos seis estados mais populosos do Brasil, em 2016, de acordo com estimativas do Instituto Brasileiro de Geografia e Estatística (IBGE).

Estado	Habitantes
São Paulo	44 749 699
Minas Gerais	20 997 560
Rio de Janeiro	16 635 996
Bahia	15 276 566
Rio Grande do Sul	11 286 500
Paraná	11 242 720

Disponível em: <http://www.ibge.gov.br/estadosat/index.php>. Acesso em: 21 fev. 2017.

THOMAS LA MELA/SHUTTERSTOCK

a) Quais são os três estados mais populosos do Brasil?

b) Qual é o estado mais populoso do Nordeste?

c) Em qual dos números apresentados acima o algarismo 5 tem valor posicional 5 000 000?

d) Escreva em um quadro de ordens o número que representa a população do Paraná.

e) O estado em que você mora tem mais ou menos que 5 milhões de habitantes?

DESAFIO

Para numerar as páginas de um livro, foram usados 816 algarismos. Determine o número de páginas desse livro.

Reprodução proibida. Art.184 do Código Penal e Lei 9.610 de 19 de fevereiro de 1998.

1 Quantas vezes usamos o algarismo 2 para escrever todos os números de:

a) 1 a 50?

b) 1 a 100?

c) 1 a 200?

d) 1 a 300?

2 Quantos algarismos são necessários para numerar as 180 páginas de um livro?

3 Determine o número de algarismos necessários para escrever todos os números naturais de 57 a 1130.

4 Escreva, no seu caderno, o número formado por:

a) uma dezena de milhar mais cinco centenas mais três unidades;

b) sete unidades de milhão mais sete dezenas mais uma unidade.

5 Em 2015, o Instituto Brasileiro de Geografia e Estatística (IBGE) fez uma nova medição da altitude do pico da Neblina e constatou que tinha 2 995,30 metros de altitude. Se tranformarmos essa medida, de metros em centímetros, obteremos 299 530 centímetros.

RICARDO AZOURY/PULSAR IMAGENS

Pico da Neblina, em Santa Isabel do Rio Negro (AM), 2012.

Em relação ao número 299 530, responda:

a) Quantas ordens tem esse número?

b) Quantas classes tem esse número?

c) Qual é o algarismo que representa a 5ª ordem?

d) Qual é o valor absoluto do algarismo da 6ª ordem?

e) Qual é o valor posicional do algarismo 5 nesse número?

6 Leia o texto a seguir.

> O monte Everest, localizado na cordilheira do Himalaia, no Nepal, é a montanha mais alta do mundo, com 8 848 metros em relação ao nível do mar.
> O pico da Neblina, localizado na serra do Imeri, no Amazonas, é o ponto mais alto do Brasil, com 3 014 metros acima do nível do mar.

Agora, responda às questões.

a) No número 8 848, qual é o valor posicional:
- do algarismo da 3ª ordem?
- do algarismo da 4ª ordem?

b) No número 3 014, qual é o valor posicional:
- do algarismo da 3ª ordem?
- do algarismo da 4ª ordem?

7 Responda em seu caderno à pergunta da folha abaixo.

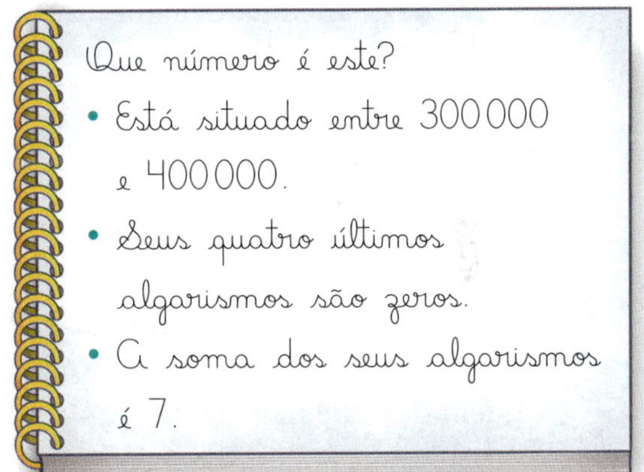

GEORGE TUTUMI

DESAFIO

Leia atentamente a questão e determine a única alternativa correta.

O algarismo das unidades de um número de dois algarismos é m, e o algarismo das dezenas é n. Colocando um algarismo p à direita desse número, obtém-se um novo número, que é:

a) $100n + 100m + p$

b) $n + m + p$

c) $10n + m + p$

d) $1000n + 100m + p$

e) $100n + 10m + p$

Reprodução proibida. Art.184 do Código Penal e Lei 9.610 de 19 de fevereiro de 1998.

1 Escreva como se leem os números destacados a seguir.

a) A região Sudeste do Brasil tem **924 511** quilômetros quadrados de área.

b) O *Homo sapiens* viveu há **160 000** anos.

JOSÉ LUIZ JUHAS

c) Em 2016, a população total do Brasil era de, aproximadamente, **206 081 000** habitantes.

d) Um ano-luz corresponde a **9 460 800 000 000** quilômetros.

e) Em 2016, a frota de automóveis no Brasil era de aproximadamente **49 823 000** automóveis.

2 O número 327 940 000 corresponde, em quilômetro, à distância média de Marte ao Sol.

Responda às questões.

a) Quantas ordens tem esse número?

b) Quantas classes tem esse número?

c) Qual é o algarismo que representa a ordem das centenas de milhar?

d) Qual é o valor posicional do algarismo 7?

e) Qual é o valor absoluto do algarismo 4?

f) Qual é o algarismo de maior valor posicional?

3 Escreva, no seu caderno, como se lê o número que aparece no quadro abaixo.

GEORGE TUTUMI

4 Escreva, no seu caderno, com algarismos indo-arábicos, o número dezessete bilhões, cinco milhões e noventa.

5 Determine o valor correspondente a 40 meias centenas.

6 Copie, no seu caderno, os ábacos abaixo e pinte as contas para representar o número sugerido.

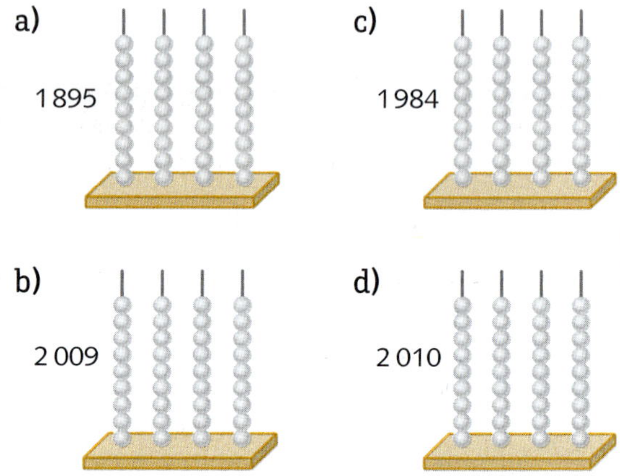

GUILHERME CASAGRANDI

7 Ao lançar um dado cinco vezes, Júlio obteve estes resultados:

Lançamento	Número de pontos
1º	1
2º	3
3º	4
4º	6
5º	2

Com os números obtidos e sem repetir nenhum deles, escreva:

a) o maior número possível;

b) o menor número possível;

c) o maior número que tenha o algarismo 1 na ordem das centenas;

d) um número maior que 43 200 que tenha 6 como algarismo das unidades.

DESAFIO

Quantas centenas existem em meio milhão?

Reprodução proibida. Art.184 do Código Penal e Lei 9.610 de 19 de fevereiro de 1998.

1 **(Enem)** A classificação de um país no quadro de medalhas nos Jogos Olímpicos depende do número de medalhas de ouro que obteve na competição, tendo como critério de desempate o número de medalhas de prata seguido do número de medalhas de bronze conquistadas. Nas Olimpíadas de 2004, o Brasil foi o décimo sexto colocado no quadro de medalhas, tendo obtido 5 medalhas de ouro, 2 de prata e 3 de bronze. Parte desse quadro de medalhas é reproduzida a seguir.

Classificação	País	Medalhas de ouro	Medalhas de prata	Medalhas de bronze	Total de medalhas
8º	Itália	10	11	11	32
9º	Coreia do sul	9	12	9	30
10º	Grã-Bretanha	9	9	12	30
11º	Cuba	9	7	11	27
12º	Ucrânia	9	5	9	23
13º	Hungria	8	6	3	17

Disponível em: <http://www.quadroademedalhas.com.br>. Acesso em: 5 abr. 2010 (adaptado).

Se o Brasil tivesse obtido mais 4 medalhas de ouro, 4 de prata e 10 de bronze, sem alterações no número de medalhas dos demais países mostrados no quadro, qual teria sido a classificação brasileira no quadro de medalhas das Olimpíadas de 2004?

a) 13º b) 12º c) 11º d) 10º e) 9º

2 **(Enem)** João decidiu contratar os serviços de uma empresa por telefone através do SAC (Serviço de Atendimento ao Consumidor). O atendente ditou para João o número de protocolo de atendimento da ligação e pediu que ele anotasse. Entretanto, João não entendeu um dos algarismos ditados pelo atendente e anotou o número 1 3 _ 9 8 2 0 7, sendo que o espaço vazio é o do algarismo que João não entendeu.

De acordo com essas informações, a posição ocupada pelo algarismo que falta no número de protocolo é a de:

a) centena
b) dezena de milhar
c) centena de milhar
d) milhão
e) centena de milhão

3 Leia o texto a seguir.

> Os sistemas de escrita numérica mais antigos que se conhecem são o dos egípcios e o dos babilônios, que datam aproximadamente do ano 3500 a.C. Os egípcios usavam um sistema de agrupamento simples, com base 10.
>
> Texto: Valéria Ostete Jammis. Luchetta. (21/10/2000) Cajou, Florian. *A history of Mathematical Notations.* Dover Publications INC: New York, 1993.

Para eles, um traço vertical valia 1; o número 10 era representado por um osso de calcanhar invertido 𓎆; o 100, por um laço 𓍢; e o 1000, por uma flor de lótus 𓆼.

Outros números eram escritos com a combinação desses símbolos.

Os números abaixo estão escritos em símbolos egípcios.

- 𓆼𓆼𓍢𓍢𓎆𓎆𓎆||||||
- 𓆼𓍢𓎆𓎆||

Em símbolos atuais, os números podem ser escritos, respectivamente, por:

a) 2 223 e 1 222
b) 1 222 e 6 322
c) 2 236 e 1 122
d) 2 336 e 1 222

GUILHER CASAGRANDI

DESAFIO

(Enem) O medidor de energia elétrica de uma residência, conhecido por "relógio de luz", é constituído de quatro pequenos relógios, cujos sentidos de rotação estão indicados conforme a figura:

Disponível em: <http://www.enersul.com.br>. Acesso em: 26 abr. 2010.

ANDERSON DE ANDRADE PIMENTEL

A medida é expressa em kWh. O número obtido na leitura é composto por 4 algarismos. Cada posição do número é formada pelo último algarismo ultrapassado pelo ponteiro.

O número obtido pela leitura em kWh, na imagem, é:

a) 2 614
b) 3 624
c) 2 715
d) 3 725
e) 4 162

Reprodução proibida. Art. 184 do Código Penal e Lei 9.610 de 19 de fevereiro de 1998.

CAPÍTULO 2

Operações com números naturais

ALEXANDRE MACIEIRA/TYBA

É hora de observar e discutir

O Aquário Marinho do Rio de Janeiro (AquaRio) tem 26 mil metros quadrados de área construída e 4 500 metros cúbicos de água divididos em 28 tanques. O aquário abriga 8 mil animais de 350 espécies diferentes. É um local de visitação pública, 100% privado, moderno e multifuncional de educação, pesquisa, conservação, lazer, entretenimento e cultura. O AquaRio recebe, em média, 4 mil visitantes por dia.

Agora, responda:

- Sabendo que uma piscina olímpica tem 50 metros de comprimento, 25 metros de largura e 2 metros de profundidade, podemos afirmar que a água contida em duas dessas piscinas é suficiente para encher o aquário marinho? Por quê?
- Quantos visitantes, em média, o AquaRio recebe em 5 dias de funcionamento?

ILUSTRAÇÕES: IGOR RAS

Interior do Aquário Marinho do Rio de Janeiro (AquaRio), no Porto Maravilha, Rio de Janeiro (RJ), 2016.

Trocando ideias

No nosso dia a dia, há situações que podem ser resolvidas por meio das operações de adição, subtração, multiplicação e divisão.

Leia o problema abaixo.

- Pedro foi a uma loja de brinquedos e comprou um helicóptero, um caminhão e um jipe.

SERGEY MIRONOV/SHUTTERSTOCK

NIKOLAI TSVETKOV/SHUTTERSTOCK

TIM RIDLEY/DORLING KINDERSLEY/GETTY IMAGES

- Veja no quadro abaixo o preço de alguns brinquedos que havia na loja. Depois, responda às questões.

Produto	Valor em real
Trem	35
Trator	55
Helicóptero	65
Moto	20
Jipe	45
Caminhão	100
Carro de corrida	50

a) Qual foi o valor total da compra? Que operação você utilizou para obter a resposta?

b) Se ele realizou o pagamento em três parcelas iguais, qual foi o valor de cada prestação? Que operação você utilizou para obter a resposta?

c) Pedro usou uma nota de R$ 100,00 para pagar a primeira parcela. Quanto ele recebeu de troco? Que operação você utilizou para obter a resposta?

d) Antes da compra, ele havia definido um limite para seus gastos de R$ 80,00 por parcela. Considerando esse limite, que brinquedo ele poderia ter adicionado à compra?

e) Se o limite de cada parcela fosse R$ 90,00, qual dos brinquedos ele poderia ter adicionado à compra? Explique.

f) Por que é importante fazer uma pesquisa de preços antes de realizar compras?

g) Por que, eventualmente, parcelamos algumas compras?

Neste capítulo, vamos ampliar nossos conhecimentos sobre **operações com números naturais**.

Reprodução proibida. Art.184 do Código Penal e Lei 9.610 de 19 de fevereiro de 1998.

1 Adição com números naturais

Observe o total de pontos conquistados pelos cinco pilotos de Fórmula 1 mais bem posicionados no Mundial de Construtores de 2016.

Posição	Piloto	Pontos
1ª	 Nico Rosberg	385
2ª	 Lewis Hamilton	380
3ª	 Daniel Ricciardo	256
4ª	 Sebastian Vettel	212
5ª	 Max Verstappen	204

ALEMANHA E INGLATERRA: BRILLIANTIST STUDIO/SHUTTERSTOCK; AUSTRÁLIA: MAXIMUMVECTOR/SHUTTERSTOCK; FRANÇA: EPS10J/SHUTTERSTOCK

Dados obtidos em: <https://www.formula1.com/en/results.html/2016/drivers.html>. Acesso em: 9 maio 2017.

Qual foi o total de pontos alcançado pelos pilotos que conquistaram as três primeiras posições?

Para obter essa resposta, devemos **juntar** quantidades, ou seja, efetuar a operação denominada **adição**.

Veja ao lado como obter esse total.

$$\begin{array}{r l} 385 & \leftarrow \text{parcela} \\ 380 & \leftarrow \text{parcela} \\ +\ 256 & \leftarrow \text{parcela} \\ \hline 1\,021 & \leftarrow \text{soma ou total} \end{array}$$

Note que, nessa adição, os números 385, 380 e 256 são as **parcelas**, e 1 021 é a **soma** (ou o total).

Reprodução proibida. Art. 184 do Código Penal e Lei 9.610 de 19 de fevereiro de 1998.

Outra ideia da adição é a de **acrescentar** uma quantidade a outra. A situação a seguir exemplifica essa ideia.

Uma equipe de Fórmula 1 tinha 50 pontos. Seus pilotos conquistaram, então, o 1º e o 2º lugares em uma corrida, obtendo, respectivamente, 25 e 18 pontos. Qual passou a ser o total de pontos da equipe após essas conquistas?

GEORGE TUTUMI

Para responder à pergunta, podemos efetuar esta adição:

$$25 + 18 = 43$$

Depois, **acrescentamos** 43 a 50, efetuando a adição 50 + 43.

$$50 + 43 = 93$$

Concluímos, portanto, que a equipe passou a ter 93 pontos.

EXERCÍCIOS

1 Calcule as somas a seguir.

a) 48 + 97
b) 608 + 345
c) 1 956 + 9 541
d) 2 000 + 1 001
e) 9 876 + 13 786
f) 14 637 + 5 363

2 Observe a igualdade 100 + 50 = 150 e responda às questões.

a) Qual é a operação realizada?
b) Quais são as parcelas?
c) Qual é a soma?

3 Calcule:

a) 1 840 + 13 + 630 + 9 080
b) 3 650 + 5 995 + 7 036 + 1 857
c) 5 070 + 18 036 + 45 500 + 6 789
d) 3 543 + 5 783 + 9 999 + 16 734

4 Com base nos valores aproximados do quadro abaixo, calcule a área total, em quilômetro quadrado (km^2), da Região Sul do Brasil.

Estado	Área (km^2)
Paraná	199 308
Santa Catarina	95 738
Rio Grande do Sul	281 738

Dados obtidos em: <http://www.ibge.gov.br>. Acesso em: 9 maio 2017.

5 Observe a tabela com as seis cidades mais populosas do Brasil.

Cidade	População
São Paulo	12 038 175
Rio de Janeiro	6 498 837
Brasília	2 977 216
Salvador	2 938 092
Fortaleza	2 609 716
Belo Horizonte	2 513 451

Dados obtidos em: <http://www.cidades.ibge.gov.br>. Acesso em: 9 maio 2017.

Calcule a população das cidades:

a) do Sudeste listadas na tabela;
b) do Nordeste listadas na tabela.

6 Quando Laerte nasceu, o pai dele tinha 28 anos. Atualmente, Laerte tem 18 anos. Determine a soma das idades de Laerte e de seu pai hoje.

7 Determine a soma de todos os números de três algarismos diferentes que podem ser formados com os algarismos 3, 4 e 5.

8 O menor de três números consecutivos é 549. Determine a soma desses números.

9 Observe o quadro de pontos de uma gincana e responda às questões.

Nome \ Etapa	1ª	2ª	3ª
Júlio	3 650	5 995	7 036
Marcelo	3 543	2 786	9 999
Antônio	4 119	3 830	8 678

a) Quantos pontos Júlio obteve nas três etapas?
b) Algum dos três participantes conquistou mais de 17 mil pontos nessa gincana?
c) Quem obteve mais pontos nessa gincana?

10 Observe na tabela abaixo a área dos seis continentes do mundo.

Continentes	Área (km^2)
Ásia	44 990 779
América	42 209 248
África	30 303 262
Antártida	14 000 000
Europa	10 366 240
Oceania	8 531 840

Dados obtidos em: *Calendario Atlante de Agostini*. Novara: Istituto Geografico de Agostini, 2010.

Qual é a área total, em quilômetro quadrado, desses seis continentes juntos? Sabendo que a superfície total da Terra é de aproximadamente 510 milhões de quilômetros quadrados, podemos afirmar que mais da metade da superfície terrestre está coberta por água?

Reprodução proibida. Art. 184 do Código Penal e Lei 9.610 de 19 de fevereiro de 1998.

2 Algumas propriedades da adição

Veja algumas propriedades da adição.

Propriedade comutativa

- Adicione mentalmente: 12 + 28 28 + 12
  - Que resultados você obteve?
  - O que você percebeu?
- Escolha outros dois números naturais e, em seu caderno, escreva uma adição cujas parcelas sejam esses números. Depois, escreva outra adição trocando a ordem das parcelas. Finalmente, calcule o resultado das duas adições. O que você observou?

Em uma adição de números naturais, a ordem das parcelas não altera a soma.

Reprodução proibida. Art. 184 do Código Penal e Lei 9.610 de 19 de fevereiro de 1998.

Propriedade associativa

- Vamos efetuar 8 + 12 + 10 associando as parcelas de dois modos.

$(8 + 12) + 10 = 20 + 10 = 30$ $8 + (12 + 10) = 8 + 22 = 30$

- Escolha três outros números naturais. Adicione, em seu caderno, a soma dos dois primeiros números com o terceiro. Em seguida, adicione o primeiro número com a soma dos dois últimos. O que você observou?

Em uma adição de três ou mais números naturais, podemos associar as parcelas de diferentes modos sem alterar a soma.

Elemento neutro

- Adicione mentalmente: 58 + 0 0 + 45
  - Que resultados você obteve?
  - O que você percebeu?

O **zero**, quando adicionado a outro número natural qualquer, resulta sempre nesse outro número. Ou seja, o zero como parcela da adição não altera o valor da soma. Por isso, ele é chamado de **elemento neutro da adição**.

Observação

Nas três situações anteriores, realizamos adições em que as parcelas são números naturais. Note que as somas também são números naturais.

EXERCÍCIOS

11 Calcule:

a) $16 + 35 + 14 + 15$

b) $(16 + 14) + (35 + 15)$

- Você achou mais fácil determinar a soma do item **a** ou a do item **b**? Explique.

12 Utilizando as propriedades comutativa e associativa, resolva as adições da maneira que julgar mais simples.

a) $26 + 30 + 4 + 20$

b) $33 + 12 + 7 + 0 + 8$

13 Se $a + b = 80$, qual é o valor de $(a + 10) + (b + 20)$?

14 Por que o zero é o elemento neutro da adição?

15 Reúna-se com um colega para resolver o problema a seguir.

Breno foi a uma loja de brinquedos e comprou seis miniaturas. Vejam a lista dessas miniaturas e o preço de cada uma.

Casa	R$ 11,00
Avião	R$ 18,00
Carro	R$ 16,00
Navio	R$ 24,00
Soldado	R$ 7,00
Trem	R$ 19,00

Utilizando propriedades da adição, cada um de vocês deverá sugerir um modo de obter o total dessa compra. Depois, determinem um modo comum de resolução que considerem ser o mais simples e apresentem-no aos demais colegas da classe.

Agora, respondam:

- Os preços dos brinquedos listados no quadro estão caros ou baratos?
- Quando podemos afirmar que um objeto é caro?

Conteúdo digital
- Atividade: Quadrado mágico

3 Subtração com números naturais

Observe no esquema abaixo a representação da altura, em metro (m), de cinco dos prédios mais altos do Brasil.

Mansão Margarida Costa Pinto 154 m Salvador (BA) — **Ipês** 158 m São Paulo (SP) — **Rio Sul Center** 163 m Rio de Janeiro (RJ) — **Edifício Itália** 165 m São Paulo (SP) — **Mirante do Vale** 170 m São Paulo (SP)

ILUSTRAÇÕES: LUIZ RUBIO

Dados obtidos em: <http://www.terra.com.br/economia/infograficos/predios-mais-altos-do-brasil>. Acesso em: 2 mar. 2017.

Reprodução proibida. Art.184 do Código Penal e Lei 9.610 de 19 de fevereiro de 1998.

Qual é a **diferença** na altura dos dois maiores prédios representados no esquema?

Para resolver esse problema, vamos usar a ideia de **comparar** uma medida com outra:

170	−	165	=	5
Mirante do Vale (170 m)		Edifício Itália (165 m)		A diferença de altura entre o Mirante do Vale e o Edifício Itália é de 5 m.

Chamamos a operação realizada de **subtração**.
Veja ao lado o nome de seus termos.

$$\begin{array}{r} 170 \\ -\ 165 \\ \hline 5 \end{array}$$

- 170 ← **minuendo**
- 165 ← **subtraendo**
- 5 ← **resto** ou **diferença**

Na subtração, além da ideia de comparar, estão presentes as ideias de **completar** e **tirar**. Veja exemplos:

Exemplos	Ideia envolvida
Luís tem 52 figurinhas. Quantas figurinhas faltam para ele completar uma centena?	Completar
Ana tinha 5 blusas e doou 3 delas. Com quantas blusas Ana ficou?	Tirar

Observação

Uma subtração em $\mathbb{N}$ só pode ser efetuada quando o minuendo é maior ou igual ao subtraendo. Assim, a operação:

- $5 - 2$ é possível em $\mathbb{N}$, pois $5 > 2$.
- $6 - 6$ é possível em $\mathbb{N}$, pois $6 = 6$.
- $3 - 7$ não é possível em $\mathbb{N}$, pois $3 < 7$.

Reprodução proibida. Art.184 do Código Penal e Lei 9.610 de 19 de fevereiro de 1998.

Lendo e aprendendo

Medidores de eletricidade

Todo mês, as companhias fornecedoras de energia elétrica enviam "contas de luz" para os consumidores.

Para o registro do consumo e consequente faturamento, as empresas distribuidoras costumam utilizar dois tipos de medidor:

- o **medidor de ponteiros**, composto de quatro ou cinco pequenos relógios;
- o **medidor ciclométrico**, no qual o registro de consumo é numérico e aparece diretamente no visor.

Periodicamente, a empresa distribuidora visita o local onde está o medidor e registra o consumo. Desse total, subtrai o valor verificado na leitura anterior, obtendo, assim, o consumo registrado no período (normalmente um mês). Ou seja:

(leitura atual) − (leitura anterior) = consumo do período

Dados obtidos em: <http://www.energia.sp.gov.br>. Acesso em: 2 mar. 2017.

LITTLEMISS/SHUTTERSTOCK

Medidor de ponteiros.

STEPHEN MULCAHEY/SHUTTERSTOCK

Medidor ciclométrico.

Observe estas contas:

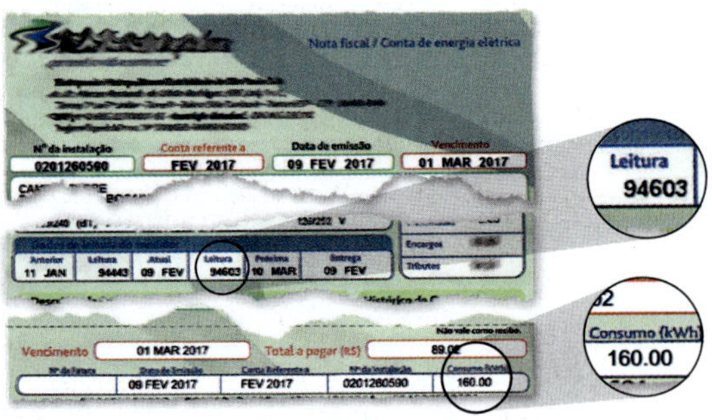

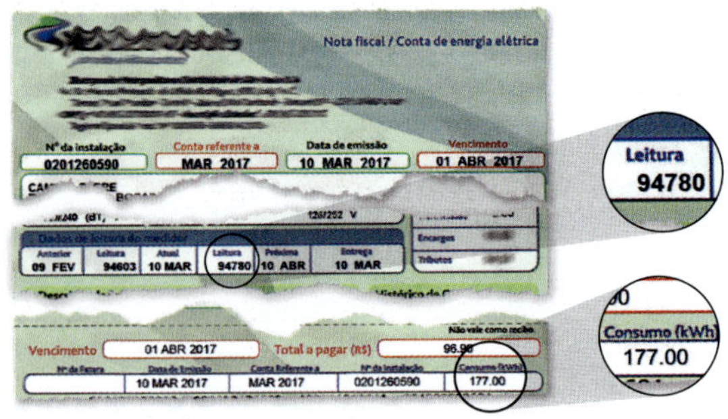

REPRODUÇÃO

Notamos que o consumo entre os dias 9 de fevereiro e 10 de março em quilowatt-hora (kWh) é a diferença entre as duas leituras:

$$94\,780 - 94\,603 = 177$$

EXERCÍCIOS

16 Calcule o resultado das subtrações. Lembre-se de que nem sempre é possível efetuar uma subtração entre dois números naturais.

a) 189 − 86

b) 856 − 799

c) 654 − 830

d) 1 050 − 867

e) 2 160 − 3 000

f) 5 555 − 888

- Quando é possível efetuar uma subtração entre dois números naturais?

17 Responda às questões.

a) Qual é a diferença entre dois números iguais?

b) Qual é a diferença entre dois números pares e consecutivos?

c) Podemos dizer que a propriedade comutativa é válida para a subtração?

18 Paulo nasceu em julho de 1993. Que idade ele terá em agosto de 2025?

19 Efetue as subtrações a seguir.

a) 67 056 − 9 453

b) 136 917 − 85 862

c) 235 000 − 196 417

d) 76 432 − 65 321

20 Quantos anos você completará no ano 2030?

21 A tabela a seguir mostra a área, em metro quadrado (m^2), de algumas das maiores ilhas brasileiras. Determine a diferença entre a área das duas maiores ilhas citadas.

Ilha	Área (m^2)
Marajó (PA)	50 000
Caviana de Fora (PA)	4 968
Mexiana (PA)	1 534
São Luís (MA)	518
Maracá (AP)	463

Dados obtidos em: <http://www.ibge.gov.br>. Acesso em: 2 mar. 2017.

DELFIM MARTINS/PULSAR IMAGENS

Ilha de Marajó (PA).

22 Para pagar o celular que comprou em uma loja, Luís deu ao vendedor R$ 300,00. Calcule o preço desse aparelho, sabendo que Luís recebeu R$ 25,00 de troco.

Agora, responda às perguntas abaixo.

a) Você prefere receber o troco de uma compra em cédulas ou em moedas? Por quê?

b) Qual é a importância de colocar as moedas em circulação?

Reprodução proibida. Art.184 do Código Penal e Lei 9.610 de 19 de fevereiro de 1998.

23 Salvador (BA), Fortaleza (CE) e Recife (PE) são as três cidades mais populosas do Nordeste. Efetue os cálculos e verifique se a população total dessas cidades é superior a 7 milhões de habitantes.

Cidade	População
Salvador	2 938 092
Fortaleza	2 609 716
Recife	1 625 583

Dados obtidos em: <http://www.cidades.ibge.gov.br>. Acesso em: 2 mar. 2017.

J. L. BULCÃO/PULSAR IMAGENS

Praia de Boa Viagem em Recife (PE).

24 Calcule mentalmente o resultado das subtrações.

a) 189 − 29
b) 768 − 59
c) 974 − 101
d) 2 358 − 202

25 Criptografia é a arte de escrever em caracteres secretos ou palavras de uma língua que não é compreendida por todos. Decifre o criptograma abaixo e registre o valor de cada letra, sabendo que cada uma delas indica um algarismo, que letras iguais representam algarismos iguais e que letras diferentes representam algarismos diferentes.

$$\begin{array}{r} 3A76 \\ -\ CBA1 \\ \hline 1C9B \end{array}$$

26 O minuendo de uma subtração é 360. O subtraendo e o resto são iguais. Calcule o subtraendo.

27 Encontra-se no acervo da Biblioteca Nacional (BN) do Rio de Janeiro (RJ) um exemplar raríssimo da 1ª edição do tratado *Harmonices mundi* (Harmonia do mundo), do astrônomo, astrólogo e matemático alemão Johannes Kepler (1571-1630), datado de 1619. Localizamos também na BN a 1ª edição do *Traité élémentaire de Chimie* (Tratado elementar de Química), de Antoine Laurent Lavoisier (1743-1794), publicado em 1789.

BIBLIOTECAS DO INSTITUTO SMITHSONIAN, WASHINGTON

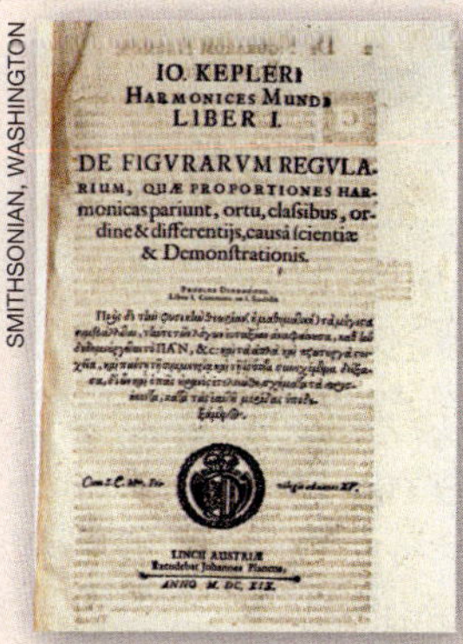

Harmonices mundi, 1619.

BIBLIOTECA NACIONAL DA FRANÇA, PARIS

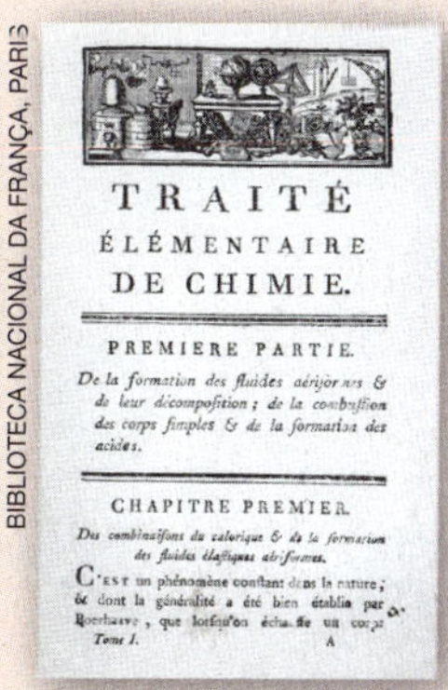

Traité élémentaire de Chimie, 1789.

Desde a publicação do *Harmonices mundi* até a publicação do *Traité élémentaire de Chimie* transcorreram quantos anos? Esse tempo corresponde a quantas décadas?

28 O Brasil terminou o ano de 2015 com o nono maior **Produto Interno Bruto** (PIB) do mundo, o equivalente a 1 772 589 000 000 de dólares. O Reino Unido, com 2 849 345 000 000 de dólares, ocupou a quinta posição no *ranking*. Utilizando uma calculadora, determine, em milhões de dólares, a diferença entre esses dois valores.

Faça uma pesquisa e responda às questões abaixo.

a) Qual é o instituto responsável por calcular o PIB brasileiro?

b) No ano de 2014, o PIB do Brasil foi maior que o PIB da Argentina?

Produto Interno Bruto

Representa a soma, em valores monetários, de todos os bens e serviços produzidos em determinado local (país, estado ou cidade) durante um período determinado (mês, trimestre, ano etc.).

Reprodução proibida. Art.184 do Código Penal e Lei 9.610 de 19 de fevereiro de 1998.

Lendo e aprendendo

Criptografia: o sigilo das informações dos cartões e da internet

A palavra **criptografia** tem origem grega. Ela é formada pelos termos *kryptós* ("escondido") e *gráphein* ("escrita").

Trata-se de uma escrita codificada que somente o emissor e o receptor da mensagem devem conseguir interpretar. Atualmente a criptografia é bastante utilizada na internet para garantir o sigilo das informações enviadas. Grande parte do avanço da criptografia se deve à matemática, utilizada para estudar e traçar estratégias que tornem as codificações mais complexas e difíceis de serem interpretadas por *hackers*, pessoas que tentam obter informações alheias na rede mundial de computadores sem consentimento.

ULRICH BAUMGARTEN/GETTY IMAGES

Nos cartões de crédito e débito com *chip*, o banco de dados é armazenado de forma criptografada. Quando o usuário digita a senha, o cartão faz um cruzamento de dados entre o *chip* e a máquina do estabelecimento para conferir os dados.

Um pouco de história

A palavra **cálculo** tem origem no latim e significa "pedra".

Acompanhe, na linha do tempo, a invenção dos primeiros instrumentos utilizados como calculadoras.

2000 a.C. Foi inventado o **ábaco**.

GEORGE TUTUMI

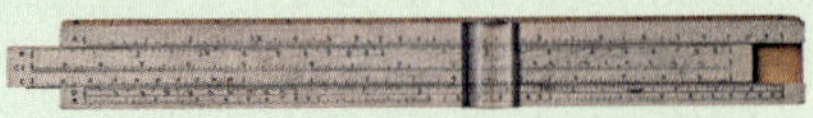

1622 **Régua de cálculo**, desenvolvida por William Ougthtred

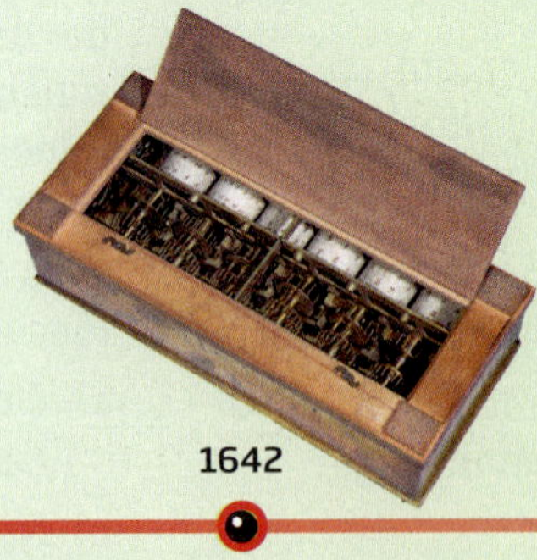

1642 **Pascalina**, desenvolvida por Blaise Pascal. Considerada a primeira máquina de somar, consistia em uma caixa com rodas dentadas que, conforme se encaixavam, produziam os cálculos

1694 **Calculadora de Leibniz**. Muito parecida com a de Pascal, a calculadora desenvolvida por Gottfried Leibniz realizava as quatro operações (adição, subtração, multiplicação e divisão) e ainda extraía a raiz quadrada. Foi antecessora direta das calculadoras manuais

DE CIMA PARA BAIXO EM SENTIDO HORÁRIO: PHOTODISC/GETTY IMAGES; FRENCH SCHOOL (17TH CENTURY)/ARCHIVES CHARMET/BRIDGEMAN IMAGES/KEYSTONE BRASIL – CONSERVATÓRIO NACIONAL DE ARTES E OFÍCIOS, PARIS; AKG-IMAGES/LATINSTOCK

Reprodução proibida. Art.184 do Código Penal e Lei 9.610 de 19 de fevereiro de 1998.

4 Relação fundamental da subtração

Paula comprou um sapato por R$ 83,00. Como pagamento, deu uma cédula de R$ 100,00 e recebeu R$ 17,00 de troco.

Ela poderia conferir o troco de duas maneiras:

- por meio de uma subtração:

R$ 100,00	−	R$ 83,00	=	R$ 17,00
valor pago		preço do objeto		troco
100	−	83	=	17
minuendo		subtraendo		diferença

- por meio de uma adição:

R$ 17,00	+	R$ 83,00	=	R$ 100,00
troco		preço do objeto		valor pago
17	+	83	=	100
diferença		subtraendo		minuendo

Observe que a diferença é o número que devemos somar ao subtraendo para obter o minuendo. Ou seja:

$$100 - 83 = 17 \Leftrightarrow 17 + 83 = 100$$

O símbolo ⇔ significa "equivale a".

Daí, podemos escrever a **relação fundamental da subtração**:

> minuendo − subtraendo = diferença ⇔ diferença + subtraendo = minuendo

Assim, para verificar se uma subtração está correta, podemos fazer uma adição. Veja:

- 370 − 120 = 250, pois: 250 + 120 = 370
- 1 000 − 400 = 600, pois: 600 + 400 = 1 000

Por isso, dizemos que a adição e a subtração são **operações inversas**. Observe os exemplos:

- 3 → (+ 5) → 8; 8 → (5 −) → 3
- 16 → (+ 11) → 27; 27 → (11 −) → 16
- 30 → (+ 28) → 58 → (+ 15) → 73; 73 → (15 −) → 58 → (28 −) → 30

Reprodução proibida. Art. 184 do Código Penal e Lei 9.610 de 19 de fevereiro de 1998.

Observações

1 Na subtração, não vale a propriedade comutativa.

Exemplo

$7 - 5 = 2$, mas $5 - 7$ não existe em $\mathbb{N}$.

2 Na subtração, não vale a propriedade associativa.

Exemplo

$10 - (5 - 2) = 10 - 3 = 7$

$(10 - 5) - 2 = 5 - 2 = 3$

$10 - (5 - 2) \neq (10 - 5) - 2$

3 Na subtração, o resto não se altera quando adicionamos ou subtraímos o mesmo número ao minuendo e ao subtraendo.

Exemplo

- $10 - 4 = 6$ → (+3) (+3) → $13 - 7 = 6$
- $10 - 4 = 6$ → (−2) (−2) → $8 - 2 = 6$

Cálculo do termo desconhecido em uma igualdade

Podemos utilizar qualquer letra minúscula do nosso alfabeto (x, y, n, por exemplo) para representar o **termo desconhecido**.

Na busca desse termo, recorremos à relação fundamental da subtração e a algumas propriedades já conhecidas.

Reprodução proibida. Art. 184 do Código Penal e Lei 9.610 de 19 de fevereiro de 1998.

Observe os exemplos a seguir.

▸ Determine o valor de y na igualdade: $y - 9 = 15$.

Solução

$y - 9 = 15 \Leftrightarrow 15 + 9 = y$ ← relação fundamental da subtração

$24 = y$ ou $y = 24$

Logo, o valor de y é 24.

DOUGLAS FRANCHIN

▸ Determine o valor de n na igualdade: $22 - n = 5$.

Solução

$22 - n = 5 \Leftrightarrow 5 + n = 22$

$n = 22 - 5$

$n = 17$

Logo, o valor de n é 17.

▸ Determine o valor de x na igualdade: $x + 17 = 25$.

Solução

$x + 17 = 25 \Leftrightarrow 25 - 17 = x$

$8 = x$ ou $x = 8$

Logo, o valor de x é 8.

EXERCÍCIOS

DAN SANGER/ICON SPORTSWIRE/GETTY IMAGES

29 O piloto francês Simon Pagenaud conquistou o Campeonato de Fórmula Indy em 2016 com 659 pontos, 155 a mais que o piloto brasileiro Hélio Castroneves, que concluiu a temporada em 3º lugar. Qual foi o total de pontos obtidos pelo brasileiro na Fórmula Indy em 2016?

30 Em uma subtração, o subtraendo é 4 738 e o resto é 149. Determine o minuendo.

31 Em uma subtração, o minuendo é 1 001 e o resto é 956. Determine o subtraendo.

32 Indique as afirmativas verdadeiras.

a) $(15 - 15) \in \mathbb{N}$

b) $(3 - 8) \in \mathbb{N}$

c) $(4 - 10) \in \mathbb{N}$

d) $(15 - 0) \in \mathbb{N}$

e) $(0 - 11) \in \mathbb{N}$

f) $(0 - 0) \in \mathbb{N}$

O símbolo $\in$ significa "pertence a".

33 Utilizando o símbolo $\Leftrightarrow$ (equivale a), escreva adições a partir das subtrações abaixo.

a) $20 - 8 = 12$

b) $85 - 34 = 51$

34 Se, em uma subtração, aumentarmos o minuendo em 20 unidades e diminuirmos o subtraendo em 15 unidades, em quanto aumentará a diferença?

35 Determine o termo desconhecido nas igualdades a seguir.

a) $x + 5 = 17$

b) $y + 683 = 1000$

c) $a - 183 = 12$

d) $p - 999 = 102$

e) $y + 14 = 28$

f) $201 - x = 32$

g) $666 - q = 534$

h) $y - 6 = 21$

36 A soma de três números é 8 470. O primeiro é 4 319 e o segundo é 1 843. Determine o terceiro número.

37 Forme dupla com um colega e escrevam dois exemplos que ilustrem a afirmação: "A soma dos termos de uma subtração sempre é igual ao dobro do minuendo".

38 Em uma subtração, o resto e o subtraendo são iguais. Determine o subtraendo, sabendo que a soma dos termos da subtração é igual a 120.

Reprodução proibida. Art.184 do Código Penal e Lei 9.610 de 19 de fevereiro de 1998.

Trabalhando com a calculadora

Para efetuar cálculos com a calculadora, podemos usar as funções de memória.

- Digite as sequências abaixo e confirme o resultado no visor.

[1] [0] [M+] [2] [0] [M+] [5] [M+] [MR] visor: 35 [M−] [MR] visor: 0

[4] [0] [M+] [2] [0] [M−] [5] [M−] [MR] visor: 15 [M+] [MR] visor: 30

Confira a função das teclas que você usou:

[M+] Armazena na memória um número digitado ou adiciona o número digitado ao número armazenado na memória.

[M−] Subtrai um número daquele armazenado na memória.

[MR] Mostra no visor o conteúdo da memória.

- Agora é sua vez! Escreva em seu caderno a expressão numérica que corresponde ao cálculo efetuado em cada exemplo acima.

6 Multiplicação com números naturais

Observe as situações a seguir.

Situação 1

Roberto é professor de dança de salão e está preparando uma apresentação de gafieira. Todos os alunos vão participar, formando 8 casais. Quantos alunos vão participar dessa apresentação?

O total de alunos pode ser determinado por uma **adição de parcelas iguais**:

$$2 + 2 + 2 + 2 + 2 + 2 + 2 + 2 = 16$$

Logo, 16 alunos vão participar dessa apresentação.

Para simplificar o registro dessa operação, fazemos:

$8 \times 2 = 16$ ← Lemos: "oito vezes dois é igual a dezesseis".

Chamamos essa operação de **multiplicação**. Os números 8 e 2 são os **fatores**, e 16, o **produto**.

	2	← fator
×	8	← fator
	16	← produto

Exemplos

- $\underbrace{12 + 12 + 12 + 12}_{\text{4 parcelas}} = \mathbf{4} \times 12 = 48$
- $\underbrace{20 + 20 + 20}_{\text{3 parcelas}} = \mathbf{3} \times 20 = 60$
- $\underbrace{3 + 3 + 3 + 3 + 3 + 3 + 3}_{\text{7 parcelas}} = \mathbf{7} \times 3 = 21$

Reprodução proibida. Art.184 do Código Penal e Lei 9.610 de 19 de fevereiro de 1998.

ILUSTRAÇÕES: GEORGE TUTUMI

Observações

1 Para indicar uma multiplicação, podemos utilizar um ponto ($\cdot$) no lugar do sinal de vezes ($\times$).

Exemplos

- $8 \times 2 = 16$ ou $8 \cdot 2 = 16$
- $4 \times 12 = 48$ ou $4 \cdot 12 = 48$

2 A multiplicação de qualquer número natural por 1 tem como produto o próprio número.

Exemplos

- $6 \cdot 1 = 6$
- $8 \cdot 1 = 8$
- $a \cdot 1 = a$

3 A multiplicação de qualquer número natural por zero tem como resultado zero.

Exemplos

- $7 \cdot 0 = 0$
- $9 \cdot 0 = 0$
- $b \cdot 0 = 0$

Reprodução proibida. Art.184 do Código Penal e Lei 9.610 de 19 de fevereiro de 1998.

Situação 2

Lúcio coleciona figurinhas de animais do Brasil ameaçados de extinção.

Observe como as figurinhas estão dispostas em uma das páginas do álbum de Lúcio. Quantas figurinhas há nessa página?

Não há necessidade de contar individualmente as figurinhas, pois em cada fileira há a mesma quantidade de figurinhas. Esse tipo de organização é conhecido por **disposição retangular**.

Nesse caso, há 4 fileiras com 3 figurinhas em cada uma.

Para determinar o total de figurinhas, fazemos $4 \cdot 3$ ou $3 \cdot 4$, obtendo 12.

Logo, há 12 figurinhas nessa página.

Exemplo

Para determinar o total de brigadeiros que há na bandeja podemos fazer:

$$3 \cdot 5 = 15$$

ou

$$5 \cdot 3 = 15$$

Logo, há 15 brigadeiros na bandeja.

ILUSTRAÇÕES: DOUGLAS FRANCHIN

Situação 3

Carlos tem 2 calções e 5 camisetas para participar das aulas de tênis.

De quantas maneiras diferentes ele pode se vestir para participar dessas aulas?

Para encontrar a resposta é necessário determinar todas as **possibilidades** que existem. Observe o esquema abaixo, que representa a situação.

Como há 2 calções e, para cada um, há 5 camisetas, o total de possibilidades é dado por:

$$2 \cdot 5 = 10$$

Podemos pensar, ainda, em 5 camisetas e, para cada uma, 2 calções, ou seja, $5 \cdot 2 = 10$.

Logo, Carlos pode se vestir de 10 maneiras diferentes para ir às aulas de tênis.

Exemplo

Em uma lanchonete são oferecidos 4 sabores de suco (laranja, cajá, morango e uva) e 3 tipos de sanduíche (natural, queijo e misto).

Se Ana escolher um suco e um sanduíche nessa lanchonete, de quantas maneiras diferentes poderá lanchar?

Conteúdo digital
• Animação: Possibilidade

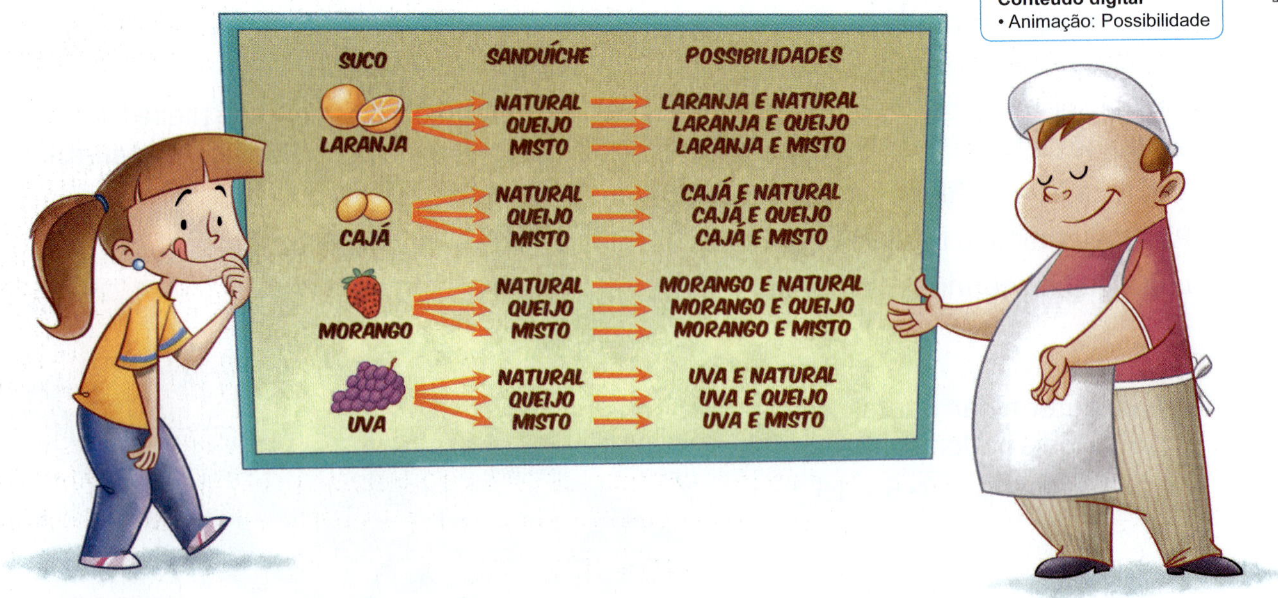

Ana poderá lanchar de 12 maneiras diferentes.

ILUSTRAÇÕES: GEORGE TUTUMI

Reprodução proibida. Art.184 do Código Penal e Lei 9.610 de 19 de fevereiro de 1998.

Observação

No exemplo anterior, realizamos um esquema com todas as combinações possíveis de lanche para Ana.

Esse esquema, que facilita a resolução de problemas envolvendo raciocínio multiplicativo, é denominado **árvore de possibilidades**.

Situação 4

Cada garrafão como o da figura contém 20 litros de água.

Quantos litros de água contêm 3 garrafões iguais a esse? E 4 garrafões?

Podemos resolver essa situação com base na ideia de **proporção** direta, relacionando a quantidade total de água com a quantidade de água que há em um garrafão.

© ICPIX_HK/ALAMY/ LATINSTOCK

×3	1 garrafão →	20 litros	×3
	3 garrafões →	**60 litros**	
×4	1 garrafão →	20 litros	×4
	4 garrafões →	**80 litros**	

Portanto, 3 garrafões contêm 60 litros de água, e 4 garrafões, 80 litros.

Exemplo

Com R$ 28,00 compro 3 miniaturas de carro. Quanto vou pagar por 15 dessas miniaturas?

SJO/ISTOCK PHOTOS/ GETTY IMAGES

ISTOCK PHOTOS/ GETTY IMAGES

PUREEYEPHOTO/ISTOCK PHOTOS/GETTY IMAGES

×5	R$ 28,00 →	3 miniaturas	×5
	R$ 140,00 →	15 miniaturas	

Se compararmos a quantidade de carros (3 e 15), verificaremos que 15 é **quíntuplo** (5 vezes) de 3. Assim, o preço de 15 miniaturas deverá ser **5 vezes** o preço de 3 miniaturas. Observe:

$$5 \cdot 28 = 140$$

Logo, vou pagar R$ 140,00 por 15 miniaturas.

ILUSTRAÇÕES: GEORGE TUTUMI

Reprodução proibida. Art.184 do Código Penal e Lei 9.610 de 19 de fevereiro de 1998.

EXERCÍCIOS

44 Represente cada uma das adições por uma multiplicação.

a) $8 + 8 + 8 + 8$

b) $1 + 1 + 1$

c) $9 + 9 + 9 + 9 + 9 + 9$

d) $a + a + a + a$

e) $0 + 0 + 0 + 0 + 0$

45 Escreva em forma de adição as multiplicações abaixo.

a) $4 \cdot 3$

b) $2 \cdot 10$

c) $5 \cdot a$

d) $6 \cdot n$

e) $3 \cdot 7$

f) $4 \cdot 0$

46 Em uma loja de materiais esportivos há 36 caixas com 12 bolas de pingue-pongue em cada uma. Podemos calcular o total de bolas nessa loja fazendo apenas uma operação.

a) Que operação é essa?

b) Que nome podemos dar aos números 36 e 12 nessa operação?

c) Qual é o resultado dessa operação?

47 Utilize a multiplicação para determinar a quantidade de tijolos da ilustração abaixo.

GUILHERME CASAGRANDI

48 Efetue as multiplicações abaixo.

a) $35 \cdot 16$

b) $179 \cdot 45$

c) $850 \cdot 101$

d) $89 \cdot 242$

e) $367 \cdot 51$

f) $1003 \cdot 55$

g) $123 \cdot 478$

h) $1600 \cdot 178$

i) $4389 \cdot 1307$

j) $3290 \cdot 32$

49 Calcule mentalmente o resultado de cada multiplicação.

a) Dobro de duas centenas.

b) Triplo de meio milhar.

c) Quádruplo de uma dúzia.

d) Quíntuplo de 17.

50 Observe o Setor A do estacionamento de uma indústria automobilística.

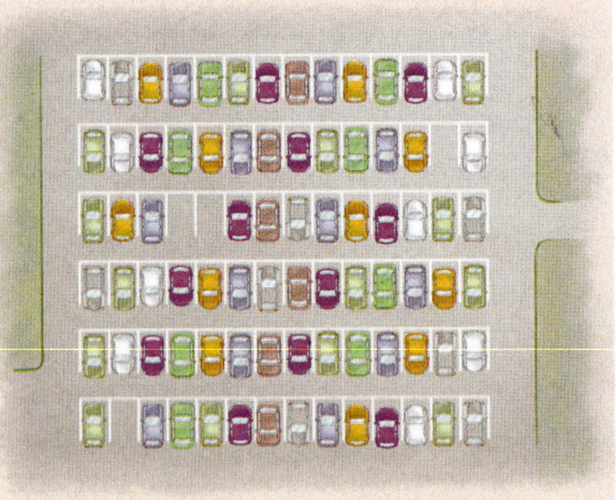

GEORGE TUTUMI

Agora, responda:

a) Qual é o total de vagas do setor?

b) Quantos automóveis estão estacionados?

51 Calcule mentalmente cada multiplicação e registre os resultados.

a) $17 \cdot 10$

b) $85 \cdot 100$

c) $19 \cdot 0$

d) $174 \cdot 1000$

e) $9 \cdot 8 \cdot 0$

f) $59 \cdot 1000$

g) $1043 \cdot 10$

h) $75 \cdot 10\,000$

O que podemos observar nas multiplicações realizadas?

52 Calcule:

$546 + 546 + 546 + 546 + 546 + 546 +$
$+ 546 + 546 + 546$

53 Segundo cálculos de uma empresa de distribuição de água, uma torneira gotejando representa 46 litros de água desperdiçada por dia. Ao final de 90 dias, quantos litros de água terão sido desperdiçados?

54 Observe o esquema de uma pista utilizada para provas de atletismo com barreiras. Determine, em metro, a extensão dessa pista considerando que as medidas dadas são em metro.

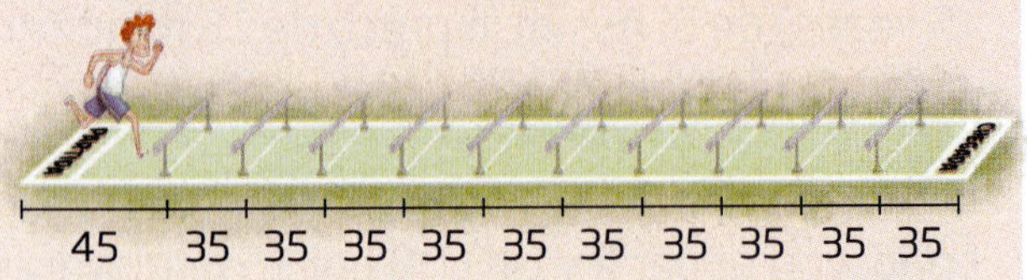

GEORGE TUTUMI

Reprodução proibida. Art.184 do Código Penal e Lei 9.610 de 19 de fevereiro de 1998.

55 O TRX 420 Fourtrax percorre, em média, 20 quilômetros com 1 litro de combustível e vem equipado com um tanque com capacidade de 14 litros. Supondo que o tanque de combustível esteja cheio, qual é a distância máxima que esse veículo pode percorrer sem reabastecer?

PETER BISCHOFF/STRINGER/GETTY IMAGES

TRX 420 Fourtrax é um veículo utilizado para o lazer *off-road* e para trabalho em fazenda, campo de mineração e vigilância.

56 Efetue as multiplicações a seguir, observando o que elas apresentam de curioso.

a) 37 · 3
b) 37 · 6
c) 37 · 9
d) 37 · 12
e) 37 · 15
f) 37 · 18
g) 37 · 21
h) 37 · 24

- Agora, um desafio para você: determine o produto 37 · 2700, sem efetuar o cálculo.

57 O *Jetlev* é um equipamento com propulsão de água, movido por um motor de 220 cavalos de potência que suga e bombeia 3700 litros de água por minuto através de um longo tubo. Ligado a ele, estão dois jatos fixados em um colete que é fixado nas costas do praticante dessa atividade esportiva. Quantos litros o motor desse equipamento bombeia em 30 minutos?

KEVORK DJANSEZIAN/GETTY IMAGES

Dean O'Malley voa de Jetlev no porto de Newport Beach, na Califórnia em 2012.

58 De quantas formas diferentes é possível pintar as três faixas da figura abaixo, usando, sem repetir, as cores vermelha, verde e azul? Desenhe, em seu caderno, todas as possibilidades.

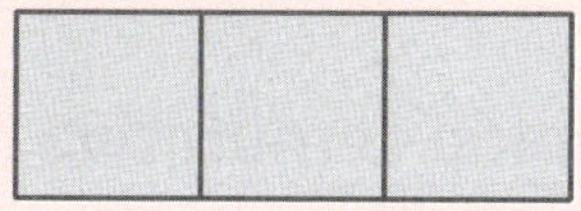

ANDERSON DE ANDRADE PIMENTEL

59 Bruno foi a uma loja de roupas e sapatos e comprou estes itens:

- uma bermuda branca, uma azul e outra vermelha;
- uma camiseta amarela, uma lilás, uma verde e outra cinza;
- um par de tênis branco e um par preto.

De quantas maneiras diferentes Bruno poderá se vestir utilizando esses itens?

60 O quadro abaixo apresenta alguns dados sobre potência e consumo de energia (em quilowatt-hora) de quatro aparelhos elétricos.

Aparelho	Potência (watt)	Uso diário (hora)	Consumo mensal (30 dias)
micro-ondas	1 200	1	36
ferro de passar	1 000	1	■
computador	150	2	■
aparelho de som	50	2	■

Veja como calcular o consumo mensal do micro-ondas em quilowatt-hora.

Para calcular o **consumo diário**, em watt-hora (Wh), fazemos:

$1200 \text{ W} \cdot 1 \text{ h} = 1200 \text{ Wh}$

Para calcular o **consumo mensal**, em watt-hora, fazemos:

$1200 \text{ Wh} \cdot 30 = 36\,000 \text{ Wh}$

Para obter o consumo mensal em kWh (quilowatt-hora), fazemos:

$36\,000 \text{ Wh} : 1000 = 36 \text{ kWh}$

Agora, copie o quadro e substitua corretamente os ■, calculando o consumo mensal, em quilowatt-hora, dos demais aparelhos elétricos.

Reprodução proibida. Art.184 do Código Penal e Lei 9.610 de 19 de fevereiro de 1998.

7 Algumas propriedades da multiplicação

Vamos conhecer algumas propriedades da multiplicação.

Propriedade comutativa

- Calcule mentalmente: $7 \cdot 8$ $8 \cdot 7$
  - Que resultados você obteve?
  - O que você percebeu?
- Escolha outros dois números naturais e multiplique um pelo outro. Em seguida, multiplique os mesmos números trocando a ordem dos fatores. O que você observou?

> Em uma multiplicação de dois números naturais, a ordem dos fatores não altera o produto.

Reprodução proibida. Art.184 do Código Penal e Lei 9.610 de 19 de fevereiro de 1998.

Propriedade associativa

- Calcule mentalmente: $(6 \cdot 2) \cdot 3$ $6 \cdot (2 \cdot 3)$
  - Que resultados você obteve?
  - O que você percebeu?
- Escreva três outros números naturais e multiplique o produto dos dois primeiros pelo terceiro. Em seguida, multiplique o primeiro número pelo produto dos dois últimos. O que você observou?

> Em uma multiplicação com mais de dois números naturais, podemos associar os fatores de modos diferentes sem alterar o produto.

Elemento neutro

- Calcule mentalmente: $1 \cdot 25$ $34 \cdot 1$
  - Que resultados você obteve?
  - O que você percebeu?

- Escreva alguns números naturais. Depois, multiplique cada um desses números por 1. O que você observou?

O número **1**, quando multiplicado por outro número natural qualquer, resulta sempre nesse outro número, ou seja, o 1 como fator da multiplicação não altera o valor do produto. Por isso, ele é chamado de **elemento neutro da multiplicação**.

Propriedade distributiva

O painel ao lado é composto de quadradinhos vermelhos e azuis.

O número de quadradinhos vermelhos pode ser obtido por meio da multiplicação de 6 por 8, e o número de quadradinhos azuis, por meio da multiplicação de 6 por 5.

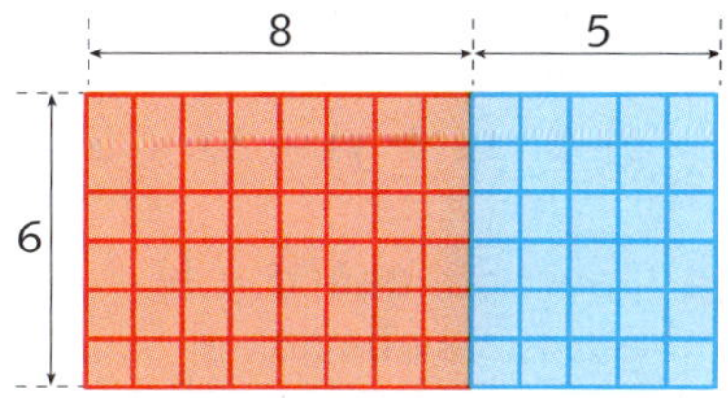

GUILHERME CASAGFANDI

Como o número total de quadradinhos do painel é igual ao número de quadradinhos vermelhos mais o número de quadradinhos azuis, temos:

$$6 \cdot 13 = 6 \cdot (8 + 5) = 6 \cdot 8 + 6 \cdot 5$$

Podemos observar que a multiplicação foi distribuída pelas parcelas de um dos fatores; depois, foram adicionados os resultados. Nesse caso, foi aplicada a **propriedade distributiva da multiplicação** em relação à adição.

Exemplos

- $4 \cdot (6 + 8) = 4 \cdot 6 + 4 \cdot 8 = 24 + 32 = 56$
- $10 \cdot (7 + 3) = 10 \cdot 7 + 10 \cdot 3 = 70 + 30 = 100$

Essa propriedade também pode ser aplicada à subtração.

Exemplos

- $8 \cdot (5 - 3) = 8 \cdot 5 - 8 \cdot 3 = 40 - 24 = 16$
- $15 \cdot (7 - 4) = 15 \cdot 7 - 15 \cdot 4 = 105 - 60 = 45$

Para multiplicar um número natural por uma adição (ou subtração) com dois ou mais termos, podemos multiplicar esse número por cada um dos termos da adição (ou subtração) e adicionar (ou subtrair) os resultados obtidos.

Representando números naturais por a, b e c, podemos escrever:

- $a \cdot (b + c) = a \cdot b + a \cdot c$ ← propriedade distributiva da multiplicação em relação à adição
- $a \cdot (b - c) = a \cdot b - a \cdot c$ ← propriedade distributiva da multiplicação em relação à subtração

JOSÉ LUÍS JUHAS

Reprodução proibida. Art. 184 do Código Penal e Lei 9.610 de 19 de fevereiro de 1998.

EXERCÍCIOS

61 Identifique a propriedade da multiplicação utilizada em cada uma das igualdades a seguir.

a) $6 \cdot 7 = 7 \cdot 6$

b) $8 \cdot 1 = 1 \cdot 8$

c) $5 \cdot (3 + 2) = 5 \cdot 3 + 5 \cdot 2$

d) $9 \cdot (7 - 2) = 9 \cdot 7 - 9 \cdot 2$

e) $(3 \cdot 4) \cdot 5 = 3 \cdot (4 \cdot 5)$

f) $m \cdot n = n \cdot m$

g) $5 \cdot (x + y) = 5x + 5y$

62 Sabendo que $a \cdot b = 60$, responda às questões abaixo.

a) Qual é o valor de $b \cdot a$?
- Qual é a propriedade utilizada para justificar essa resposta?

b) Qual é o valor de $1 \cdot a \cdot b$?
- Qual é a propriedade utilizada para justificar essa resposta?

c) Qual é o valor de $a \cdot (b \cdot 5)$?
- Qual é a propriedade utilizada para justificar essa resposta?

63 Para facilitar o cálculo da multiplicação $2 \cdot 37 \cdot 50$, podemos fazer $2 \cdot 50 \cdot 37$. Que propriedade da multiplicação utilizamos?

64 Calcule mentalmente:

a) $25 \cdot 37 \cdot 4$

b) $50 \cdot 26 \cdot 2$

c) $1 \cdot 2 \cdot 3 \cdot 4 \cdot 5$

d) $137 \cdot 25 \cdot 4$

e) $100 \cdot 375 \cdot 2$

65 Para facilitar o cálculo da multiplicação $30 \cdot 17$, podemos fazer $30 \cdot (10 + 7)$. Que propriedade da multiplicação utilizamos? Que resultado obtemos?

66 Observe a igualdade $307 \cdot a = 307$ e responda às questões.

a) Qual é o valor de a?

b) Qual é a propriedade da multiplicação que se aplica a essa situação?

67 Em cada item, aplique a propriedade distributiva da multiplicação.

a) $5 \cdot (8 + 2)$

b) $a \cdot (b - c)$

c) $(m + n) \cdot 5$

d) $(8 - 3) \cdot 4$

e) $10 \cdot (20 + 30)$

f) $(b - c) \cdot 7$

g) $(5 - c) \cdot a$

68 Calcule, conforme o modelo:

$5 \cdot a + 7 \cdot a = (5 + 7) \cdot a = 12 \cdot a$

a) $7 \cdot x + 8 \cdot x$

b) $4 \cdot m + 2 \cdot m + 3 \cdot m$

c) $7 \cdot p + 3 \cdot p + p$

d) $9 \cdot y - 4 \cdot y$

e) $12 \cdot b - 5 \cdot b$

f) $13 \cdot c + 15 \cdot c + 7 \cdot c$

69 Com uma calculadora, confira se as igualdades são verdadeiras e identifique a propriedade utilizada em cada item.

a) $530 \cdot 23 = 23 \cdot 530$

b) $(759 \cdot 50) \cdot 2 = 759 \cdot (50 \cdot 2)$

70 Observe a figura:

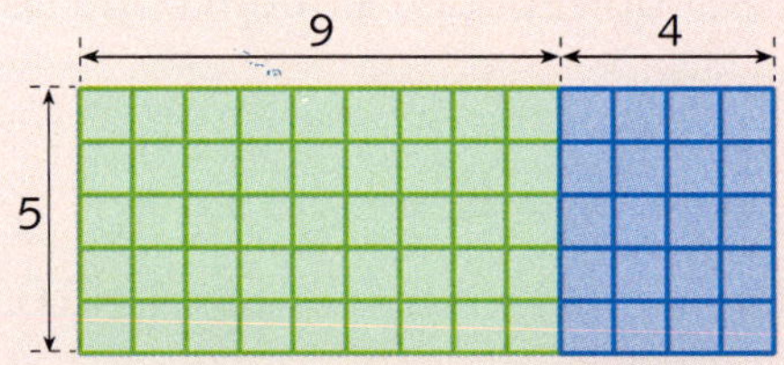

GUILHERME CASAGRANDI

Determine o número de quadradinhos:

a) multiplicando o número de linhas pelo número de quadradinhos de cada linha;

b) verificando o número de quadradinhos verdes e de quadradinhos azuis e adicionando esses dois números.

Com base nos resultados que você obteve utilizando os dois processos, escreva a igualdade que justifica a propriedade distributiva da multiplicação.

Conteúdo digital
- Jogo: Calculadora quebrada 1

Reprodução proibida. Art.184 do Código Penal e Lei 9.610 de 19 de fevereiro de 1998.

8 Divisão de números naturais

Veja as situações a seguir.

Situação 1

Gisele resolveu colocar seus 15 bombons em embalagens, cada uma com 3 bombons.

RICARDO SIWIEC/CID

JOSÉ LUÍS JUHAS

Observe que os bombons foram **repartidos** ou **distribuídos igualmente** em cinco embalagens:

FOTOS: RICARDO SIWIEC/CID

Reprodução proibida. Art.184 do Código Penal e Lei 9.610 de 19 de fevereiro de 1998.

Chamamos essa operação de **divisão**.

$15 : 3 = 5$ ← Lemos: "quinze dividido por três é igual a cinco".

A ideia associada a essa divisão é a de **repartir igualmente**.

Na divisão exata $a : b = c$, com $b \neq 0$, denominamos:

- a → **dividendo**
- b → **divisor**
- c → **quociente**

dividendo : divisor = quociente

Dados dois números naturais, a e b, em uma certa ordem, dividir o primeiro pelo segundo significa encontrar um terceiro número que, quando multiplicado pelo segundo, tenha como resultado o primeiro número dado.

Exemplos

- $55 : 5 = 11$, pois $11 \cdot 5 = 55$
- $42 : 6 = 7$, pois $7 \cdot 6 = 42$

Verificamos, assim, que a **divisão** é a **operação inversa da multiplicação**.

Situação 2

Um feirante tem 480 laranjas para vender e vai colocá-las em sacos com 12 unidades (uma dúzia) cada um. Quantos sacos o feirante utilizará para armazenar todas as laranjas?

Queremos saber quantos grupos de 12 podem ser formados com 480 laranjas. Para isso, devemos fazer a divisão 480 : 12.

$$\begin{array}{r|l} 480 & 12 \\ \hline -48 & 40 \\ 00 & \end{array}$$

Dividendo → 480; Divisor → 12; Quociente → 40; Resto → 00

Logo, o feirante utilizará 40 sacos.

Nesse caso, usamos a divisão para descobrir **quantas vezes** uma quantidade **cabe** em outra.

Observações

1 Nem sempre podemos realizar a divisão exata em $\mathbb{N}$.

Exemplo

$(7:2) \notin \mathbb{N}$, pois não existe nenhum número natural que, multiplicado por 2, dê 7.

2 Não existe a divisão de um número natural não nulo por zero.

Exemplo

5 : 0 é **impossível**, pois não há nenhum número natural que, multiplicado por zero, dê 5.

3 A divisão de zero por qualquer número diferente de zero é sempre zero.

Exemplos

- $0:3=0$, pois $0 \cdot 3=0$
- $0:8=0$, pois $0 \cdot 8=0$
- $0:20=0$, pois $0 \cdot 20=0$
- se $a \neq 0$, $0:a=0$, pois $0 \cdot a=0$

4 A divisão de qualquer número por 1 tem como resultado o próprio número.

Exemplos

- $5:1=5$, pois $5 \cdot 1=5$
- $9:1=9$, pois $9 \cdot 1=9$
- $38:1=38$, pois $38 \cdot 1=38$
- $a:1=a$, pois $a \cdot 1=a$

Cuidado!

Verifique que 0 : 0 é **indeterminado**, ou seja, apresenta infinitos resultados, pois todo número natural multiplicado por 0 dá 0.

Reprodução proibida. Art.184 do Código Penal e Lei 9.610 de 19 de fevereiro de 1998.

EXERCÍCIOS

71 Nas divisões abaixo, substitua corretamente os ■.

a) 20 : 5 = 4, pois 4 · ■ = 20
b) 80 : 16 = 5, pois ■ · 16 = 80
c) 36 : 18 = 2, pois ■ · ■ = 36

72 Observe a igualdade 120 : 5 = 24 e responda às questões.

a) Qual é a operação realizada?
b) Qual é o dividendo?
c) Qual é o divisor?
d) Qual é o quociente?

73 Efetue as divisões:

a) 156 : 12
b) 2 047 : 89
c) 78 320 : 88
d) 320 : 64
e) 6 890 : 65
f) 9 025 : 95
g) 900 : 25
h) 10 032 : 8
i) 107 160 : 235
j) 1 728 : 36
k) 169 632 : 72
l) 164 304 : 326

74 Calcule mentalmente:

a) 13 500 : 100
b) 4 030 : 10
c) 8 000 : 10
d) 31 000 : 10
e) 80 900 : 100
f) 750 000 : 1 000

75 Qual é o quociente da divisão de 0 por 0? Justifique sua resposta.

76 Qual é o quociente da divisão de 8 por 0? Justifique sua resposta.

77 Uma produção de 3 875 quilogramas de açúcar deverá ser colocada em sacos de 5 quilogramas cada um. Quantos sacos serão enchidos?

78 Determine as divisões que podem ser efetuadas em $\mathbb{N}$.

a) 75 : 2
b) 0 : 5
c) 430 : 430
d) 80 : 4
e) 300 : 22
f) 1 : 8

79 Um colégio foi construído em uma área de 6 000 metros quadrados. Dividindo essa área em três partes iguais, uma delas ficou livre e, em cada uma das outras duas partes, foram construídas 25 salas de aula. Qual é a área de cada sala de aula?

80 Luís comprou um violão por R$ 560,00. Deu R$ 180,00 de entrada e pagou o restante em duas parcelas iguais. Qual foi o valor de cada parcela?

81 Um caminhão transporta 24 432 refrigerantes em caixas que contêm duas dúzias de garrafas cada. Quantas caixas há nesse caminhão?

JOSÉ LUÍS JUHAS

82 Em 8 640 minutos, quantas horas há? E quantos dias?

Lembre-se de que um dia tem 24 horas e uma hora tem 60 minutos.

83 As tuneladoras são máquinas utilizadas na escavação de túneis com secção transversal circular. Essas máquinas são usadas na abertura de túneis de 3 a 15 metros de diâmetro. Com uma dessas tuneladoras foi feita uma escavação subterrânea ao longo de 2 400 metros de extensão em 800 horas de trabalho dessa máquina. Quantos metros foram escavados por hora nesse serviço?

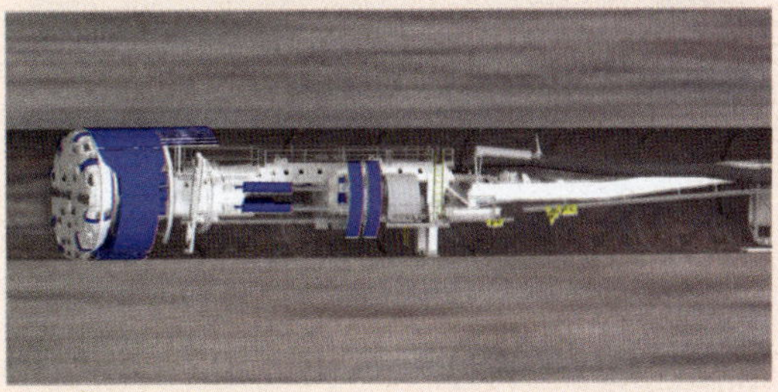

CORTESIA THE ROBBINS COMPANY

Tuneladora.

84 Reúna-se com um colega e resolvam o problema.

A luz emitida pelo Sol viaja no vácuo a 300 000 quilômetros por segundo. Sabendo que o Sol está a aproximadamente 150 000 000 de quilômetros da Terra, calculem a quantidade de segundos que a luz do Sol demora para chegar à Terra.

Reprodução proibida. Art.184 do Código Penal e Lei 9.610 de 19 de fevereiro de 1998.

9 Divisão exata

Sabemos que $30:5=6$, pois $6\cdot 5=30$. Essas sentenças têm o mesmo significado, ou seja, são equivalentes.

Assim, nas divisões exatas, temos:

> dividendo : divisor = quociente ⇔ quociente · divisor = dividendo

Vamos observar que:

- A divisão não é uma operação comutativa.

Exemplo

$20:4=5\in\mathbb{N}$
4 : 20 não é possível em $\mathbb{N}$
→ $20:4\neq 4:20$

- A divisão não é uma operação associativa.

Exemplo

$(24:4):2=6:2=3$
$24:(4:2)=24:2=12$
→ $(24:4):2\neq 24:(4:2)$

- A divisão não possui elemento neutro.

Por meio do exemplo abaixo, podemos verificar que o número 1 não é elemento neutro da divisão:

$8:1=8$, mas $1:8$ não existe em $\mathbb{N}$.

DOUGLAS FRANCHIN

- É válida a propriedade distributiva da divisão exata (à direita) em relação à adição e à subtração.

Exemplos

- $(16+12):4=28:4=7$
  $(16+12):4=16:4+12:4=4+3=7$
  → $(16+12):4=16:4+12:4$
- $(21-15):3=6:3=2$
  $(21-15):3=(21:3)-(15:3)=7-5=2$
  → $(21-15):3=(21:3)-(15:3)$

- O quociente de uma divisão exata não se altera quando se multiplica (ou se divide) o dividendo e o divisor por um mesmo número diferente de zero.

Exemplos

- $40:8=5$ → (× 2, × 2) → $80:16=5$
- $40:8=5$ → (: 2, : 2) → $20:4=5$

Reprodução proibida. Art.184 do Código Penal e Lei 9.610 de 19 de fevereiro de 1998.

Cálculo de um número desconhecido em uma igualdade

Vamos determinar um número desconhecido em uma igualdade aplicando as propriedades já conhecidas. Observe os exemplos abaixo.

- Determine o valor de y na igualdade $y : 4 = 20$.

Solução

$y : 4 = 20 \Leftrightarrow 20 \cdot 4 = y$ ← relação fundamental da divisão exata

$80 = y$ ou $y = 80$

Logo, o valor de y é 80.

- Determine o valor de x na igualdade $x \cdot 5 = 75$.

Solução

$x \cdot 5 = 75 \Leftrightarrow 75 : 5 = x$

$15 = x$ ou $x = 15$

Logo, o valor de x é 15.

- Determine o valor de n na igualdade $60 : n = 12$.

Solução

$60 : n = 12 \Leftrightarrow 12 \cdot n = 60$

$n = 60 : 12$

$n = 5$

Logo, o valor de n é 5.

- Em uma divisão exata, o quociente é 18 e o divisor é 15. Qual é o dividendo?

Solução

dividendo : divisor = quociente

$x : 15 = 18 \Leftrightarrow 18 \cdot 15 = x$

$270 = x$ ou $x = 270$

Logo, o dividendo é 270.

Reprodução proibida. Art.184 do Código Penal e Lei 9.610 de 19 de fevereiro de 1998.

EXERCÍCIOS

85 Em uma divisão exata, o quociente é 13 e o divisor é 51. Qual é o dividendo?

86 Em uma divisão exata, o dividendo é 3 302 e o quociente é 13. Qual é o divisor?

87 Indique as sentenças verdadeiras.

a) $5 : 0 = 0$
b) $80 : (2 + 4) = 80 : 2 + 80 : 4$
c) $6 : 2 = 2 : 6$
d) $(24 : 4) : 6 = 24 : (4 : 6)$
e) $0 : 5 = 0$
f) $(20 + 36) : 4 = 20 : 4 + 36 : 4$
g) $a : a = 1, a \neq 0$

88 O que acontece com o quociente de uma divisão exata quando multiplicamos o dividendo por 4 e dividimos o divisor por 2?

89 Determine o termo desconhecido nas igualdades abaixo.

a) $9 \cdot x = 54$
b) $132 \cdot y = 1056$
c) $y \cdot 7 = 84$
d) $64 : b = 4$
e) $4096 : y = 32$
f) $15 \cdot n = 105$
g) $m : 7 = 13$
h) $z : 86 = 17$

90 Pensei em um número, multipliquei-o por 17 e obtive 1 836. Em que número eu pensei?

91 Escolhi dois números que não têm entre seus algarismos nenhum zero. Multipliquei um pelo outro e obtive como resultado 1 milhão. Que números eu utilizei nessa multiplicação?

10 Expressões numéricas com as quatro operações

No cálculo de uma expressão numérica, as operações indicadas devem ser efetuadas nesta ordem:

1º) multiplicações e divisões;

2º) adições e subtrações.

Se, em uma mesma expressão numérica, há multiplicação e divisão (ou adição e subtração), devemos efetuar as operações na ordem em que aparecem.

Exemplos

- $30 : 2 \cdot 3 =$
  $= \mathbf{15} \cdot 3 = 45$
- $5 - 1 + 4 =$
  $= \mathbf{4} + 4 = 8$

Há expressões em que aparecem sinais de associação. Nesse caso, devemos resolver as operações nesta ordem:

1º) as que estiverem entre parênteses ( );

2º) as que estiverem entre colchetes [ ];

3º) as que estiverem entre chaves { }.

Exemplos

- $(24 - 12) : 2 \cdot 3 =$
  $= \mathbf{12} : 2 \cdot 3 =$
  $= \mathbf{6} \cdot 3 = 18$
- $100 + 60 : (9 - 5 + 2) \cdot 2 =$
  $= 100 + 60 : (\mathbf{4} + 2) \cdot 2 =$
  $= 100 + 60 : \mathbf{6} \cdot 2 =$
  $= 100 + \mathbf{10} \cdot 2 =$
  $= 100 + \mathbf{20} = 120$
- $30 - \{20 - 4 \cdot [30 - (8 + 4) \cdot 2] : 2\} =$
  $= 30 - \{20 - 4 \cdot [30 - \mathbf{12} \cdot 2] : 2\} =$
  $= 30 - \{20 - 4 \cdot [30 - \mathbf{24}] : 2\} =$
  $= 30 - \{20 - 4 \cdot \mathbf{6} : 2\} =$
  $= 30 - \{20 - \mathbf{24} : 2\} =$
  $= 30 - \{20 - \mathbf{12}\} =$
  $= 30 - \mathbf{8} = 22$

Reprodução proibida. Art.184 do Código Penal e Lei 9.610 de 19 de fevereiro de 1998.

EXERCÍCIOS

92 Resolva as expressões numéricas.

a) $5 + 6 \cdot 4$

b) $(5 + 6) \cdot 4$

c) $10 + 8 \cdot 4 - 15$

d) $200 - 3 \cdot 60 + 8$

e) $(18 - 15 : 5 + 3) \cdot 4$

f) $8 : 4 : 2 \cdot 5 + 20$

g) $(100 - 4 \cdot 7) : (20 : 4 - 3)$

h) $\{[13 - (3 \cdot 2 + 1)] + 3 + (5 \cdot 2 - 4 : 2)\}$

i) $(20 + 24 : 4 + 4) : 10$

j) $[(21 : 7) \cdot (3 : 1) + 6] - [(7 \cdot 6) : (5 - 2)]$

93 Copie as expressões substituindo os ■ pelos sinais aritméticos (+, −, ·, :), de modo que as igualdades fiquem corretas.

a) (6 ■ 6 ■ 6) ■ 6 = 3

b) 6 ■ [(6 ■ 6) ■ 6] = 6

c) [(6 ■ 6) ■ 6] ■ 6 = 7

d) (6 ■ 6) ■ (6 ■ 6) = 37

e) [(6 ■ 6) ■ 6] ■ 6 = 78

f) (6 ■ 6 ■ 6) ■ 6 = 210

g) {[6 ■ (6 ■ 6)]} ■ 6 = 12

h) {[6 ■ (6 ■ 6)]} ■ 6 = 252

11 Divisão não exata

Considere a divisão: $\begin{array}{r|l} 38 & 7 \\ \hline & ? \end{array}$

Observe que não existe nenhum número natural que, ao ser multiplicado por 7, dê como resultado 38.

O número natural que, ao ser multiplicado por 7, origina o produto mais próximo e menor que 38 é 5. Vejamos:

$5 \cdot 7 = 35$

$35 < 38$

$38 - 35 = 3$

Portanto, temos uma divisão **não exata** (ou aproximada), com quociente igual a 5 e resto igual a 3. Observe:

dividendo (D) → 38 | 7 ← divisor (d)

resto (r) → 3 | 5 ← quociente (q)

$$\begin{array}{r|l} 38 & 7 \\ \hline 3 & 5 \end{array}$$

Relação fundamental da divisão

Na divisão anterior, observamos que: $38 = 5 \cdot 7 + 3$.

Chamamos essa igualdade de **relação fundamental da divisão**.

> dividendo = quociente · divisor + resto ou $D = q \cdot d + r$

Nos casos das divisões não exatas, sempre devemos considerar o resto da divisão no uso da relação fundamental da divisão.

Exemplo

- Em uma divisão, o quociente é 6, o divisor é 15 e o resto é 4. Qual é o dividendo?

  Solução

  Com base na relação fundamental da divisão, temos:

  $\begin{array}{r|l} D & 15 \\ \hline 4 & 6 \end{array} \longrightarrow D = (6 \cdot 15) + 4 = 90 + 4 = 94$

  Logo, o dividendo é 94.

Determinação do divisor e do quociente na divisão não exata

Considerando a relação fundamental da divisão, verificamos que, para determinar o divisor (ou quociente) de uma divisão não exata, conhecidos os demais termos da divisão, devemos:

1º) subtrair do dividendo o resto;

2º) dividir o resultado obtido pelo quociente (ou divisor).

Reprodução proibida. Art.184 do Código Penal e Lei 9.610 de 19 de fevereiro de 1998.

Exemplos

- Em uma divisão, o dividendo é 73, o quociente é 5 e o resto é 3. Qual é o divisor?

Solução

$\begin{array}{r|l} 73 & d \\ \hline 3 & 5 \end{array}$ $\quad$ $\begin{array}{r} 73 \\ -\ 3 \\ \hline 70 \end{array}$ $\quad$ $\begin{array}{r|l} 70 & 5 \\ \hline 0 & 14 \end{array}$ $\quad$ Logo, o divisor é 14.

- Em uma divisão, o dividendo é 171, o divisor é 23 e o resto é 10. Qual é o quociente?

Solução

$\begin{array}{r|l} 171 & 23 \\ \hline 10 & q \end{array}$ $\quad$ $\begin{array}{r} 171 \\ -\ 10 \\ \hline 161 \end{array}$ $\quad$ $\begin{array}{r|l} 161 & 23 \\ \hline 0 & 7 \end{array}$ $\quad$ Logo, o quociente é 7.

O maior resto possível

Observe as divisões abaixo, cujo divisor é 4.

$\begin{array}{r|l} 4 & 4 \\ \hline \mathbf{0} & 1 \end{array}$ $\quad$ $\begin{array}{r|l} 5 & 4 \\ \hline \mathbf{1} & 1 \end{array}$ $\quad$ $\begin{array}{r|l} 6 & 4 \\ \hline \mathbf{2} & 1 \end{array}$ $\quad$ $\begin{array}{r|l} 7 & 4 \\ \hline \mathbf{3} & 1 \end{array}$

$\begin{array}{r|l} 8 & 4 \\ \hline \mathbf{0} & 2 \end{array}$ $\quad$ $\begin{array}{r|l} 9 & 4 \\ \hline \mathbf{1} & 2 \end{array}$ $\quad$ $\begin{array}{r|l} 10 & 4 \\ \hline \mathbf{2} & 2 \end{array}$ $\quad$ $\begin{array}{r|l} 11 & 4 \\ \hline \mathbf{3} & 2 \end{array}$ $\quad$ $\begin{array}{r|l} 12 & 4 \\ \hline \mathbf{0} & 3 \end{array}$

Nessas divisões:

- o resto é sempre menor que o divisor;
- o maior resto encontrado é 3, ou seja, uma unidade menor que o divisor.

De modo geral:

> Se em uma divisão o divisor for *d*, **o maior resto possível** será $d - 1$.

Observações

1 Em uma divisão que apresenta resto diferente de zero, dizemos que o quociente é **aproximado por falta**. Veja um exemplo ao lado.

$\begin{array}{r|l} 36 & 5 \\ \hline 1 & 7 \end{array}$ ← quociente aproximado por falta

2 Quando se multiplicam (ou se dividem) o dividendo e o divisor por um número diferente de zero, o **quociente não se altera, mas o resto fica multiplicado (ou dividido)** por esse número. Veja um exemplo ao lado.

$\begin{array}{r|l} 26 & 6 \\ \hline 2 & 4 \end{array}$ $\xrightarrow{\times 10}$ $\begin{array}{r|l} 260 & 60 \\ \hline 20 & 4 \end{array}$ O quociente não se altera, e o resto fica multiplicado por 10.

Para facilitar a operação, sempre que possível, **cancelamos** a mesma quantidade de **zeros** do dividendo e do divisor, sem alterar o quociente. Cancelar a mesma quantidade de zeros no dividendo e no divisor significa dividir ambos os termos por 10, 100, 1000, ...

Exemplos

- $\begin{array}{r|l} 12\not{0} & 4\not{0} \\ \hline 0 & 3 \end{array}$
- $\begin{array}{r|l} 150\not{0} & 5\not{0} \\ \hline 0 & 30 \end{array}$
- $\begin{array}{r|l} 75\not{0}\not{0} & 5\not{0}\not{0} \\ \hline 0 & 15 \end{array}$

Reprodução proibida. Art.184 do Código Penal e Lei 9.610 de 19 de fevereiro de 1998.

Cuidado!

Em uma divisão, ao cancelar os zeros do dividendo e do divisor, não devemos nos esquecer de que, apesar de o quociente não se alterar, o resto precisa receber a mesma quantidade dos "zeros cortados". Veja:

$$\begin{array}{r|l} 150\not{0} & 32\not{0} \\ \cline{2-2} 22 & \ \ 4 \end{array}$$

O quociente é 4. O resto, porém, deve ser acrescido de um zero. Então, nesse exemplo, temos: $q = 4$ e $r = 220$.

EXERCÍCIOS

94 Determine o quociente e o resto de cada uma das divisões abaixo.

a) 37 : 15
b) 108 : 32
c) 2 332 : 41
d) 20 870 : 200
e) 5 600 : 95
f) 17 890 : 100
g) 1 847 : 28
h) 15 940 : 130
i) 14 518 : 50

95 Em uma divisão, o divisor é 13, o quociente é 8 e o resto é 6. Qual é o dividendo?

96 Em uma divisão, o dividendo é 78, o quociente é 5 e o resto é 3. Qual é o divisor?

97 Junte-se a um colega e resolvam o problema.
Luíza quer dividir 528 por 132 utilizando a calculadora, mas há um problema: das teclas das operações só funciona a da subtração. Como Luíza deverá fazer o cálculo para obter o resultado da divisão?

98 Em uma divisão não exata, o divisor é 5. Quais são os possíveis restos?

99 O resto de uma divisão é 6, e o divisor tem um só algarismo. Determine a soma dos possíveis divisores.

100 Em uma divisão, o quociente é 62, o divisor é 12 e o resto é o maior possível. Qual é o dividendo?

101 Em uma divisão, o dividendo é igual a 4 500 centenas e o resto é igual a duas dúzias. Determine o divisor, sabendo que o quociente é 12.

102 Efetue a divisão de 60 000 por 1 800, determinando o quociente e o resto.

103 Determine o número que, dividido por 26, tem quociente 18 e o maior resto possível.

104 Determine o quociente **aproximado por falta** nas divisões a seguir.

a) 185 : 12
b) 800 : 70
c) 35 000 : 1 700

105 Um colégio tem 540 alunos e pretende dividi-los em grupos de 37 pessoas para um desfile.

a) Quantos grupos completos serão formados?
b) Quantos alunos seriam necessários para completar mais um grupo?

106 Em uma divisão, o divisor é 18 e o resto é 7. Qual é o maior número que podemos adicionar ao dividendo sem alterar o quociente?

107 Junte-se a um colega e resolvam o problema.
A carga máxima permitida em um elevador é 500 quilogramas. Qual é o número mínimo de viagens necessárias para que uma pessoa com 75 quilogramas possa transportar 45 caixas de 30 quilogramas cada uma?

JOSÉ LUÍS JUHAS

Reprodução proibida. Art. 184 do Código Penal e Lei 9.610 de 19 de fevereiro de 1998.

12 Potenciação com números naturais

Observe a multiplicação abaixo, em que todos os **fatores** são **iguais**.

$$5 \cdot 5 \cdot 5 \cdot 5 = 625$$

Podemos indicar esse produto de modo abreviado:

$$5 \cdot 5 \cdot 5 \cdot 5 = \mathbf{5^4} = 625$$

A operação efetuada é denominada **potenciação**.

JOSÉ LUÍS JUHAS

> Dados dois números naturais, a e n (com $n > 1$), a expressão a^n representa um produto de n fatores iguais ao número a, ou seja:
>
> $$a^n = \underbrace{a \cdot a \cdot a \cdot a \cdot a \cdot \ldots \cdot a}_{n \text{ fatores}}$$

Em uma potenciação, denominamos:

- **base** - o número que se repete;
- **expoente** - o número de fatores iguais;
- **potência** - o resultado da operação.

No exemplo acima, temos:

$\mathbf{5^4} = 625$ (5: base; 4: expoente; 625: potência)

Observe outros exemplos:

- $4^3 = 4 \cdot 4 \cdot 4 = 64$
- $2^5 = 2 \cdot 2 \cdot 2 \cdot 2 \cdot 2 = 32$

Leitura de potências

- **Expoente 2** (lemos: "ao quadrado")

Exemplo

$3^2 = 3 \cdot 3 = 9$

Lemos: "três elevado ao quadrado ou o quadrado de três".

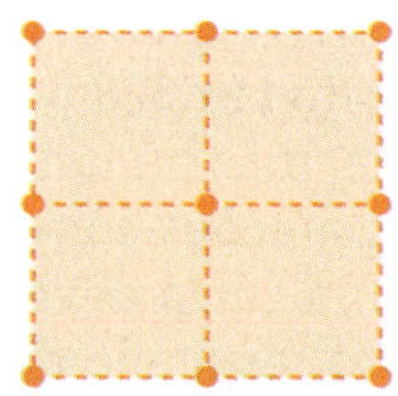

- **Expoente 3** (lemos: "ao cubo")

Exemplo

$2^3 = 2 \cdot 2 \cdot 2 = 8$

Lemos: "dois elevado ao cubo ou o cubo de dois".

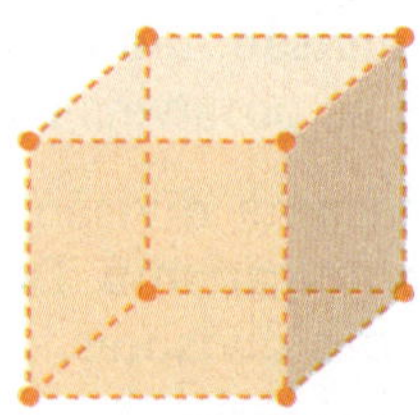

ANDERSON DE ANDRADE PIMENTEL

- **Expoentes 4, 5, 6, ...** (lemos: "quarta potência, quinta potência, sexta potência, ...")

Exemplos

- 7^4 ← Lemos: "sete elevado à quarta potência ou a quarta potência de sete".
- 6^5 ← Lemos: "seis elevado à quinta potência ou a quinta potência de seis".
- c^6 ← Lemos: "c elevado à sexta potência ou a sexta potência de c".

Reprodução proibida. Art.184 do Código Penal e Lei 9.610 de 19 de fevereiro de 1998.

Observe:

- Toda potência de base 1 é igual a 1.

Exemplos

- $1^3 = 1 \cdot 1 \cdot 1 = 1$
- $1^5 = 1 \cdot 1 \cdot 1 \cdot 1 \cdot 1 = 1$
- $1^a = 1, a \in \mathbb{N}$

- Toda potência de base 10 é igual ao número formado pelo algarismo 1 seguido de tantos zeros quantas forem as unidades do expoente.

Exemplos

- $10^1 = 10$
- $10^3 = 10 \cdot 10 \cdot 10 = 1\,000$
- $10^5 = 10 \cdot 10 \cdot 10 \cdot 10 \cdot 10 = 100\,000$

Reprodução proibida. Art.184 do Código Penal e Lei 9.610 de 19 de fevereiro de 1998.

Curiosidade

A velocidade da luz

É comum, principalmente em Física, exprimir os grandes números em potência de 10.

Exemplo

velocidade da luz:
300 000 quilômetros por segundo $= 3 \cdot 10^5$ quilômetros por segundo

- Um número natural é considerado um **quadrado perfeito** quando é o produto de dois números naturais iguais.

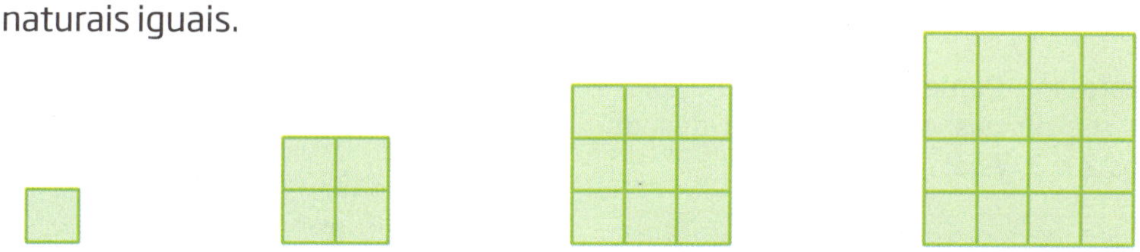

$1 \cdot 1$ → 1 | $2 \cdot 2$ → 4 | $3 \cdot 3$ → 9 | $4 \cdot 4$ → 16

ANDERSON DE ANDRADE PIMENTEL

Os números 1, 4, 9 e 16 são exemplos de quadrados perfeitos.

Decomposição de um número utilizando potências de 10

Considere os números 54, 857 e 56 948. Decompondo-os e aplicando potências de 10, podemos escrever:

- $54 = 50 + 4 = 5 \cdot 10 + 4$
- $857 = 800 + 50 + 7 = 8 \cdot 100 + 5 \cdot 10 + 7 = 8 \cdot 10^2 + 5 \cdot 10 + 7$
- $56\,948 = 50\,000 + 6\,000 + 900 + 40 + 8 = 5 \cdot 10^4 + 6 \cdot 10^3 + 9 \cdot 10^2 + 4 \cdot 10 + 8$

EXERCÍCIOS

108 Escreva, em cada item, as potências em forma de produto e calcule.

a) 3^4
b) 4^3
c) 5^2
d) 2^5
e) 10^3
f) 1^6

109 Calcule:

a) o quadrado de 13;
b) a quarta potência de 4;
c) o cubo de 7;
d) a quinta potência de 3.

110 Escreva como se leem as potências abaixo.

a) 9^3
b) 7^2
c) 10^4
d) 3^6
e) 13^5
f) 200^7

111 Calcule as potências.

a) 1^{200}
b) 10^4
c) 11^2
d) 2^{10}
e) 16^2
f) 7^4
g) 15^2
h) 2^7
i) 4^5
j) 6^2
k) 3^3
l) 20^2
m) 0^5
n) 8^3
o) 13^2
p) 14^2
q) 17^2
r) 6^4

112 O professor Daniel escreveu no quadro duas sequências com potências dos números 2 e 3. Veja:

GEORGE TUTUMI

Que números deveriam ser colocados nos quadrinhos?

113 Utilizando uma calculadora, calcule o valor de x, sendo $x = 2^5 - 5^2$.

114 Escreva os números a seguir em potências de 10.

a) 600 000
b) 4 500 000
c) 8 000 000 000
d) 8 700

115 Expresse, em potência de 10, o número de cubinhos que formam o cubo maior da figura.

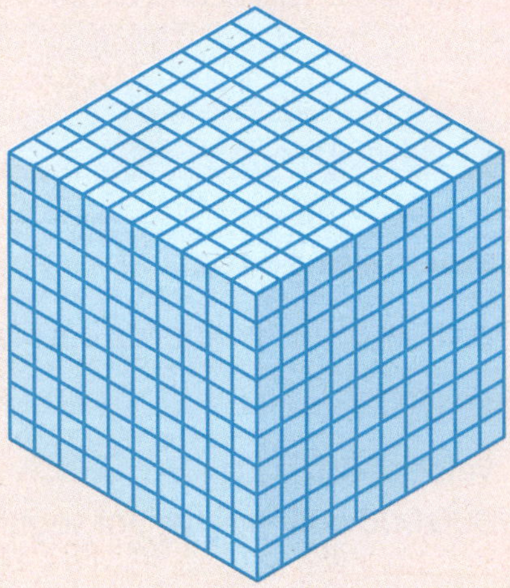

ANDERSON DE ANDRADE PIMENTEL

116 Calcule mentalmente as potências.

a) 10^5
b) 10^2
c) 10^7
d) $8 \cdot 10^2$
e) $52 \cdot 10^3$

117 Decomponha os números utilizando potências de 10.

a) 78
b) 938
c) 4 078
d) 4 489
e) 13
f) 7 952
g) 60 000
h) 41 520

Reprodução proibida. Art.184 do Código Penal e Lei 9.610 de 19 de fevereiro de 1998.

13 Propriedades da potenciação

Produto de potências de mesma base

Considere o produto $2^3 \cdot 2^4$. Observe que:

$$2^3 \cdot 2^4 = \underbrace{2 \cdot 2 \cdot 2}_{2^3} \cdot \underbrace{2 \cdot 2 \cdot 2 \cdot 2}_{2^4} = 2^7$$

Assim: $2^3 \cdot 2^4 = 2^{3+4} = 2^7$.

Podemos estabelecer que:

> Para multiplicar potências de mesma base, devemos conservar a base e somar os expoentes, ou seja, se a, m e $n \in \mathbb{N}$:
>
> $$a^m \cdot a^n = a^{m+n}$$

Exemplos

- $3^5 \cdot 3^4 = 3^{5+4} = 3^9$
- $5 \cdot 5^3 \cdot 5^2 = 5^{1+3+2} = 5^6$

Divisão de potências de mesma base

Considere o quociente $3^9 : 3^7$.

Como $3^9 = 3^2 \cdot 3^7$, temos:

$$3^9 : 3^7 = 3^2 \cdot \underline{3^7 : 3^7} = 3^2 \cdot \underline{1} = 3^2$$

Assim: $3^9 : 3^7 = 3^{9-7} = 3^2$.

Podemos estabelecer que:

> Para dividir potências de mesma base, não nula, devemos conservar a base e subtrair os expoentes, ou seja, se a, m e $n \in \mathbb{N}$, com $a \neq 0$ e $m \geq n$:
>
> $$a^m : a^n = a^{m-n}$$

Exemplos

- $7^9 : 7^3 = 7^{9-3} = 7^6$
- $11^4 : 11 = 11^{4-1} = 11^3$

Reprodução proibida. Art.184 do Código Penal e Lei 9.610 de 19 de fevereiro de 1998.

Potência de potência

Considere a potência $(2^4)^3$. Observe que:

$$(2^4)^3 = 2^4 \cdot 2^4 \cdot 2^4 = 2^{4+4+4} = 2^{12}$$

Assim: $(2^4)^3 = 2^{4 \cdot 3} = 2^{12}$.

Podemos estabelecer que:

> Para elevar uma potência a um novo expoente, devemos conservar a base e multiplicar os expoentes, ou seja, se a, m e $n \in \mathbb{N}$:
>
> $$(a^m)^n = a^{m \cdot n}$$

Exemplos

- $(3^5)^6 = 3^{5 \cdot 6} = 3^{30}$
- $(17^2)^{10} = 17^{2 \cdot 10} = 17^{20}$

Reprodução proibida. Art.184 do Código Penal e Lei 9.610 de 19 de fevereiro de 1998.

Distributiva da potenciação em relação à multiplicação

Considere a expressão $(2 \cdot 3 \cdot 4)^3$. Observe que:

$$(2 \cdot 3 \cdot 4)^3 = (2 \cdot 3 \cdot 4) \cdot (2 \cdot 3 \cdot 4) \cdot (2 \cdot 3 \cdot 4) = 2 \cdot 2 \cdot 2 \cdot 3 \cdot 3 \cdot 3 \cdot 4 \cdot 4 \cdot 4 = 2^3 \cdot 3^3 \cdot 4^3$$

Assim: $(2 \cdot 3 \cdot 4)^3 = 2^3 \cdot 3^3 \cdot 4^3$.

Podemos estabelecer que:

> Para elevar um produto a um expoente, devemos elevar cada fator a esse expoente, ou seja, se a, b, c e $n \in \mathbb{N}$:
>
> $$(a \cdot b \cdot c)^n = a^n \cdot b^n \cdot c^n$$

Exemplos

- $(3 \cdot 5 \cdot 7)^2 = 3^2 \cdot 5^2 \cdot 7^2$
- $(3 \cdot 7^2 \cdot 11^3)^5 = 3^5 \cdot (7^2)^5 \cdot (11^3)^5 = 3^5 \cdot 7^{10} \cdot 11^{15}$

Cuidado!

Observe os cálculos:

$2^3 + 2^7 = 8 + 128 = 136$

$2^{3+7} = 2^{10} = 1\,024$

Assim, podemos concluir que $a^m + a^n \neq a^{m+n}$, com a, m e $n \in \mathbb{N}$.

O mesmo ocorre com:

- $a^m - a^n \neq a^{m-n}$
  $5^3 - 5^2 \neq 5^{3-2}$
  $125 - 25 \neq 5^1$
  $100 \neq 5$
- $(a^m)^n \neq a^{m^n}$
  $(2^1)^3 \neq 2^{1^3}$
  $2^3 \neq 2^1$
  $8 \neq 2$
- $(a + b)^n \neq a^n + b^n$
  $(2 + 1)^2 \neq 2^2 + 1^2$
  $3^2 \neq 4 + 1$
  $9 \neq 5$
- $(a - b)^n \neq a^n - b^n$
  $(3 - 2)^3 \neq 3^3 - 2^3$
  $1^3 \neq 27 - 8$
  $1 \neq 19$

Com o auxílio das propriedades da potenciação, podemos entender e estender a definição de potência para os casos de expoente 1 e de expoente 0.

DOUGLAS FRANCHIN

Expoente 1

Considere o quociente $2^4 : 2^3$. Observe que:

$$\left.\begin{array}{l} 2^4 : 2^3 = 16 : 8 = 2 \\ 2^4 : 2^3 = 2^{4-3} = 2^1 \end{array}\right\} 2^1 = 2$$

Podemos estabelecer que:

> Todo número natural elevado ao expoente 1 é igual a ele mesmo, ou seja, se $a \in \mathbb{N}$:
>
> $$a^1 = a$$

Exemplos

- $8^1 = 8$
- $1\,200^1 = 1\,200$

Expoente zero

Considere o quociente $2^5 : 2^5$. Observe que:

$$\left.\begin{array}{l} 2^5 : 2^5 = 32 : 32 = 1 \\ 2^5 : 2^5 = 2^{5-5} = 2^0 \end{array}\right\} 2^0 = 1$$

Podemos estabelecer que:

> Todo número natural não nulo elevado ao expoente zero é igual a 1, ou seja, se $a \in \mathbb{N}$, com $a \neq 0$:
>
> $$a^0 = 1$$

Exemplos

- $9^0 = 1$
- $1\,000^0 = 1$

Observação

À expressão 0^0 não se atribui sentido matemático.

Reprodução proibida. Art.184 do Código Penal e Lei 9.610 de 19 de fevereiro de 1998.

Curiosidade

O problema do jogo de xadrez

JOSÉ LUÍS JUHAS

No livro *O homem que calculava*, Malba Tahan conta uma antiga lenda em que Lahur Sessa ofereceu ao rei Iadava, senhor de Taligana, o jogo de xadrez por ele inventado. O monarca, encantado com o maravilhoso presente, quis dar a Sessa uma recompensa. Então, o inventor fez o seguinte pedido ao rei: um grão de trigo pela 1ª casa do tabuleiro, dois pela 2ª casa, quatro pela 3ª casa, oito pela 4ª casa, e assim sucessivamente, sempre dobrando o número de grãos da casa anterior, até a 64ª casa. O rei chegou à conclusão de que seria impossível atender o pedido do sábio inventor, pois o número de grãos era 18 446 744 073 709 551 615, o que correspondia a $2^{64} - 1$. Malba Tahan concluiu em seu livro que a Terra inteira, sendo semeada de norte a sul, com uma colheita por ano, só poderia produzir a quantidade de trigo que exprimia a dívida do rei no fim de 450 séculos.

Fonte: Malba Tahan. *O homem que calculava*. Rio de Janeiro: Record, 2009.

Reprodução proibida. Art. 184 do Código Penal e Lei 9.610 de 19 de fevereiro de 1998.

EXERCÍCIOS

118 Reduza as expressões a uma só potência, aplicando as propriedades da potenciação.

a) $8^5 \cdot 8^7$
b) $5 \cdot 5^4 \cdot 5^7$
c) $10^9 : 10^6$
d) $a^3 \cdot a^8 \cdot a^2$
e) $8^m : 8^n \ (m \geqslant n)$
f) $(6^5 \cdot 6^4) : 6^3$

119 Reduza a uma só potência:

a) $(2^3)^5$
b) $(a^4)^3$
c) $(3^6)^0$
d) $(9^1)^8$
e) $(2^2)^7$
f) $(10^2)^5$

120 Aplique a propriedade distributiva da potenciação em cada item.

a) $(2 \cdot 5 \cdot 7)^2$
b) $(2^4 \cdot 3 \cdot 5^2)^3$
c) $(m^5 \cdot n^6)^3$
d) $(5 \cdot 11^2)^2$

121 Calcule as potências.

a) 10^6
b) 100^1
c) 1^{30}
d) 5^4
e) $2\,001^0$
f) 0^1

122 Reduza as expressões a uma só potência, aplicando as propriedades da potenciação conhecidas.

a) $a^{10} : a$
b) $(a^4 \cdot a^2 \cdot a)^5$
c) 5^{3^3}
d) $[(k^2)^3]^4$
e) $(10^1)^0$
f) $[(9^8 \cdot 9^1)^3]^4$

123 Utilizando uma calculadora, determine $x - y$ e $x + y$. Dados: $x = 2^{2^3}$ e $y = (2^2)^3$.

14 Radiciação de números naturais

Já sabemos, pela potenciação, que $7^2 = 49$. Agora, vamos estudar a operação que permite determinar o número que, elevado ao quadrado, dá resultado 49.

Essa operação é a inversa da potenciação e é denominada **radiciação**.

Utilizamos o símbolo $\sqrt{\ }$ para representar a radiciação. Observe:

$$\sqrt[2]{49} = 7$$

índice da raiz → 2; radical → $\sqrt{\ }$; radicando → 49; raiz → 7

Lemos: "raiz quadrada de quarenta e nove".

Observe outros exemplos:

- $\sqrt[3]{27} = 3$, pois: $3^3 = 27$
  Lemos: "raiz cúbica de vinte e sete".
- $\sqrt[4]{625} = 5$, pois: $5^4 = 625$
  Lemos: "raiz quarta de seiscentos e vinte e cinco".

Logo, se $a \in \mathbb{N}$ e $n \in \mathbb{N}$, com $n \neq 0$ e $n \neq 1$, temos: $\sqrt[n]{a} = b \Leftrightarrow b^n = a$

Observações

1 Quando o índice da raiz é 2, podemos omiti-lo. Por exemplo: $\sqrt[2]{16} = \sqrt{16}$.

2 Em $\mathbb{N}$, só existe raiz quadrada de um número se ele é quadrado de outro número.

Exemplos

- $\sqrt{18} \notin \mathbb{N}$, pois 18 não é quadrado de nenhum número natural.
- $\sqrt{64} \in \mathbb{N}$, pois 64 é quadrado de 8.

O símbolo $\notin$ significa "não pertence".

Reprodução proibida. Art.184 do Código Penal e Lei 9.610 de 19 de fevereiro de 1998.

EXERCÍCIOS

124 Observe a igualdade $\sqrt[3]{64} = 4$ e responda às questões.

a) Qual é a operação efetuada?

b) Que número é o radicando?

c) Que número é o índice?

d) Que número é a raiz?

125 Copie as sentenças, em seu caderno, substituindo corretamente os ■.

a) $\sqrt{36} =$ ■, pois: $6^2 = 36$

b) $\sqrt{100} = 10$, pois: $■^2 = 100$

c) $\sqrt[3]{125} =$ ■, pois: $■^3 = 125$

d) $\sqrt[3]{1000} =$ ■, pois: $■^3 =$ ■

e) $\sqrt[4]{81} =$ ■, pois: $■^4 =$ ■

126 Muitas calculadoras apresentam a tecla [√]. Para determinar, por exemplo, a $\sqrt{81}$, digite 81 e aperte a tecla [√]. Utilizando uma calculadora, determine a raiz quadrada de:

a) 144;

b) 121;

c) 256;

d) 169.

127 Escreva como se leem as raízes a seguir.

a) $\sqrt{16}$

b) $\sqrt[3]{27}$

c) $\sqrt{144}$

d) $\sqrt[4]{16}$

e) $\sqrt[5]{1024}$

f) $\sqrt[6]{15625}$

128 Descubra o número correspondente a cada ■.

a) $\sqrt{■} = 37$

b) $\sqrt{■} = 53$

c) $\sqrt{■} = 111$

d) $\sqrt{■} = 100$

15 Expressões numéricas com números naturais

Agora, vamos estudar expressões numéricas envolvendo todas as operações com números naturais que estudamos até aqui. As operações devem ser efetuadas nesta ordem:

1º) potenciações e radiciações (na ordem em que aparecem);

2º) multiplicações e divisões (na ordem em que aparecem);

3º) adições e subtrações (na ordem em que aparecem).

Vale lembrar que, em expressões com sinais de associação, estes devem ser eliminados nesta ordem: parênteses, colchetes e chaves.

Exemplos

- $8^3 - \sqrt{81} : 3 =$
  $= 512 - 9 : 3 =$
  $= 512 - 3 =$
  $= 509$

- $(2^7 \cdot 2^4)^2 : (2^3)^7 =$
  $= (2^{11})^2 : 2^{21} =$
  $= 2^{22} : 2^{21} =$
  $= 2$

- $5^3 + (\sqrt{64} - 3) \cdot 2 =$
  $= 125 + (8 - 3) \cdot 2 =$
  $= 125 + 5 \cdot 2 =$
  $= 125 + 10 =$
  $= 135$

- $3^2 \cdot \{\sqrt{25} + [3 + (10 : 2)]\} =$
  $= 9 \cdot \{5 + [3 + 5]\} =$
  $= 9 \cdot \{5 + 8\} =$
  $= 9 \cdot 13 =$
  $= 117$

Reprodução proibida. Art.184 do Código Penal e Lei 9.610 de 19 de fevereiro de 1998.

EXERCÍCIOS

129 Calcule o valor das expressões.

a) $20 - (1^4 \cdot 6 + 2^3)$

b) $(2^4 - 3 \cdot 4) : 2 + 5^2 : 5$

c) $10^2 : 5^2 + 5^0 \cdot 2^2 - 2^3$

d) $\{6^2 + 2 \cdot [2^3 + 2 \cdot (3^2 \cdot 1^3)] - 2^5\} \cdot 5^0$

e) $55 - (\sqrt{9} \cdot \sqrt{4} + 1)^2 +$
$+ (4^2 + 3^2) : 5^2 - 1^6$

130 Calcule o valor de $A + B$ sabendo que:
$A = (3 \cdot 2 - 1)^2$ e
$B = (2^2 + 1) \cdot (5 + 2^3)$

131 Reúna-se com um colega, resolvam o problema abaixo e justifiquem a resposta.

Pensem em um algarismo maior que zero. Multipliquem-no por 3 e acrescentem 1 ao resultado. Multipliquem o novo resultado por 3 e somem o produto com o algarismo em que vocês pensaram. O resultado terminará em 3. Eliminem o 3.

JOSÉ LUÍS JUHAS

Trabalhando em equipe

(Obmep) Vovô Eduardo comemorou todos os seus aniversários a partir dos 40 anos colocando, no bolo, velinhas em forma de algarismos de 0 a 9 para indicar sua idade. Primeiro ele comprou as velinhas de números 0 e 4. Ele sempre guardou as velinhas para usar nos próximos aniversários, comprando uma nova somente quando não era possível indicar sua idade com as guardadas. Hoje vovô Eduardo tem 85 anos. Quantas velinhas ele comprou até hoje?

a) 10 **b)** 11 **c)** 13 **d)** 14 **e)** 16

GEORGE TUTUMI

Interpretação e identificação dos dados

- Analise as informações do enunciado e anote aquelas que você julgar relevantes para a resolução do problema.
- Responda:
  I. Após comprar as velinhas 0 e 4, quais foram as próximas três velinhas que vovô Eduardo precisou comprar?
  II. Até completar 50 anos, ele precisou comprar mais velinhas de número 4?

Plano de resolução

- Calcule a quantidade de velinhas compradas para as dez primeiras comemorações de aniversário e para as comemorações de 50 a 59 anos.
- A quantidade de velinhas de aniversário compradas em cada década foi a mesma?
- Considerando as informações coletadas, elabore um esquema que represente um possível processo de resolução do problema.

Resolução

- Forme um grupo com três colegas.
- Cada integrante do grupo deve apresentar para os demais seu plano de resolução.
- O grupo deve discutir as diferenças e as semelhanças de cada plano e escolher um dos planos para a execução do processo de resolução.

  Observação

  Resolvam o problema de forma coletiva, mas façam o registro individual no caderno.

Verificação

- Releiam o problema e verifiquem se todas as condições do enunciado foram satisfeitas.

Apresentação

- O professor vai escolher um dos grupos para apresentar o plano desenvolvido e a solução obtida. Durante a apresentação, os outros grupos devem observar suas resoluções e verificar se os resultados obtidos estão de acordo com o que foi apresentado.

Reprodução proibida. Art.184 do Código Penal e Lei 9.610 de 19 de fevereiro de 1998.

Trabalhando os conhecimentos adquiridos

Autoavaliação

1 Quais foram as operações com números naturais estudadas neste capítulo?

2 Escreva um problema que seja resolvido pelo cálculo 32 + 27.

3 A propriedade comutativa é válida para a adição, mas não para a subtração. Explique por que isso ocorre e justifique sua resposta com um exemplo.

4 Identifique as situações a seguir que correspondem a problemas que envolvem proporção:

a) Em uma sorveteria, estão disponíveis 6 sabores de sorvete e 2 sabores de calda (chocolate e caramelo). Dessa maneira, é possível escolher 12 possibilidades diferentes, sendo um sabor de sorvete e uma calda.

b) Um ingresso de cinema custa R$ 12,00. Então, 3 ingressos custam R$ 36,00.

c) Para uma receita de bolo, são usados 4 ovos. Para fazer meia receita, serão necessários 2 ovos.

d) Uma cantina italiana oferece 3 tipos de massa e 3 tipos de molho (ao sugo, bolonhesa e branco). Assim, é possível montar 9 pratos diferentes, compostos de um tipo de massa e um tipo de molho.

5 Em uma divisão não exata, qual é a relação entre o resto da divisão e o divisor?

6

1 Alexandre e Ísis fizeram uma viagem. A passagem aérea de ida e de volta de cada um deles custou R$ 560,00. A diária completa em apartamento duplo custou R$ 280,00. Ao todo, eles gastaram R$ 3 080,00 com passagens e hospedagem. Quantos dias o casal ficou hospedado?

Antes de viajar, devemos fazer uma pesquisa de preços de passagens aéreas e hotéis. Você conhece algum aplicativo que possa ajudá-lo nessa pesquisa?

2 Responda às questões.

a) Qual é o quociente da divisão de zero por 10?

b) Qual é o quociente da divisão de 10 por zero?

3 Utilizando uma calculadora, efetue a divisão de 8 por 0. Qual é o resultado obtido no visor da máquina?

4 Um caminhão pode transportar no máximo 15 000 quilogramas. Em uma viagem ele transportou 96 caixas de 80 quilogramas e 35 caixas de 104 quilogramas. Quantos quilogramas de carga ainda podem ser transportados por esse caminhão, nessa viagem?

DESAFIO

(Obmep) Stephani multiplicou 111 por 111 e somou os algarismos do resultado. Qual é o valor dessa soma?

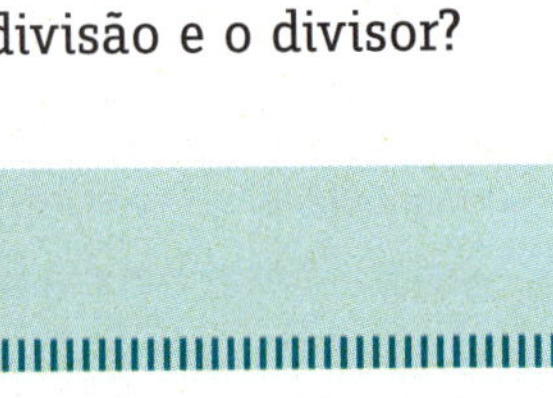

GEORGE TUTUMI

a) 5
b) 6
c) 9
d) 11
e) 12

Reprodução proibida. Art.184 do Código Penal e Lei 9.610 de 19 de fevereiro de 1998.

Reprodução proibida. Art.184 do Código Penal e Lei 9.610 de 19 de fevereiro de 1998.

1 Resolva as questões abaixo.

a) Em uma divisão, o quociente é 120, o divisor é 9 e o resto é o maior possível. Calcule o dividendo.

b) Em uma caixa como a da figura abaixo, Leonardo distribuiu bolinhas de gude. Na primeira casa, ele colocou uma bolinha e, em cada uma das casas seguintes, o dobro do número de bolinhas da anterior. Quantas bolinhas Leonardo colocou na oitava casa?

JOSÉ LUÍS JUHAS

c) Alice pensou em um número, multiplicou-o por 3 e somou 13 ao resultado, obtendo 52. Em que número ela pensou?

2 Determine:

a) três números consecutivos cuja soma seja 192;

b) três números pares e consecutivos cuja soma seja 312;

c) dois números ímpares e consecutivos cuja soma seja 176.

3 Descubra a lógica dos números no interior do triângulo abaixo e substitua corretamente cada ■.

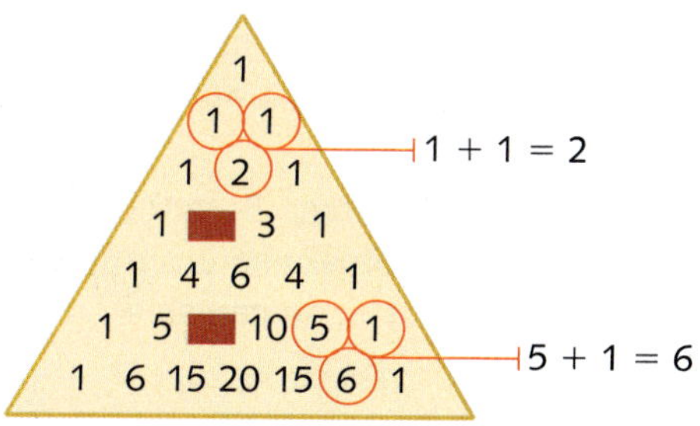

GUILHERME CASAGRANDI

4 Em uma calculadora, tecle:

4 × 4 = = = =

Agora, responda:

a) Qual foi o número final obtido?

b) O que ocorreu cada vez que você digitou a tecla = ?

Repita o mesmo procedimento utilizando o número 5. Que número você obteve?

5 Resolva as questões a seguir.

a) Adicionando 80 ao triplo de um número, obtemos 137. Qual é esse número?

b) Determine os três últimos algarismos do produto: $P = 1 \cdot 2 \cdot 3 \cdot ... \cdot 17 \cdot 18$

c) Em uma rua, há 42 postes de iluminação, e a distância entre dois deles é 45 metros. Sabendo que o primeiro poste e o último ficam a 10 metros das extremidades da rua, determine, em metro, a medida do comprimento dessa rua.

6 Um parque eólico é formado por 102 aerogeradores (geradores de energia elétrica movidos pela força do vento). Supondo que cada aerogerador tem capacidade para produzir 500 mil watts de energia, quantos watts, no total, esse parque eólico pode produzir?

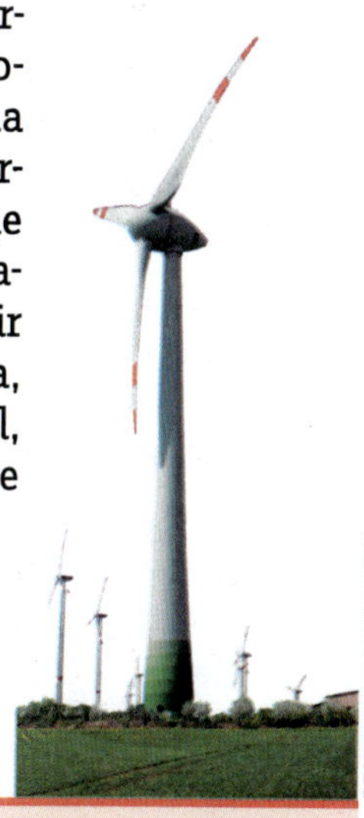

BESTWEB/SHUTTERSTOCK

DESAFIO

Um matemático que nasceu, viveu e morreu no século XIX, quando indagado sobre o ano de seu nascimento, respondeu: "Eu tinha x anos de idade no ano x^2". Em que ano ele nasceu?

1 Resolva as questões a seguir.

a) Calcule a diferença entre o dobro do cubo de 8 e o triplo do quadrado de 17.

b) O quociente de uma divisão é 315. Se dividirmos o divisor por 3, qual será o novo quociente?

c) Em uma divisão, o divisor é 72, o quociente é 25 e o resto é o maior possível. Qual é o dividendo?

d) Qual é o maior número que podemos somar a 723 sem alterar o quociente de sua divisão por 13?

2 Resolva as questões abaixo.

a) O preço para pagamento à vista de um aparelho de som é R$ 800,00. Rui, porém, preferiu pagar o aparelho em três prestações iguais de R$ 395,00. Responda:

- Que quantia Rui pagou de juro (importância cobrada por unidade de tempo, pelo empréstimo de dinheiro)?
- Você sabe por que, muitas vezes, o preço à vista de um produto é menor que o preço total parcelado desse mesmo produto?
- Na sua opinião, seria mais vantajoso para Rui adquirir o aparelho de som à vista?

b) Admitindo que João seja capaz de assentar 576 tijolos em 8 horas e que Afonso possa assentar 468 tijolos em 6 horas, pergunta-se: quantos tijolos esses dois pedreiros podem assentar juntos em 4 horas?

c) Joaquim queria presentear cada um dos seus 7 netos com R$ 320,00. Verificou, porém, que faltavam R$ 180,00. Qual era a quantia que Joaquim possuía?

d) Duas pessoas têm quantias iguais. A primeira dá R$ 800,00 à segunda. Quanto uma pessoa passa a ter a mais que a outra?

3 Determine:

a) a soma dos quadrados dos números 6 e 8;

b) o quadrado da soma dos números 6 e 8.

4 Entre os números 4, 8, 25, 40, 64, 80, 121 e 225, identifique os que são chamados de quadrados perfeitos.

5 Resolva as questões a seguir.

a) Em uma divisão, o divisor é 325 e o resto é 210. Qual é o maior valor que podemos adicionar ao dividendo sem alterar o quociente?

b) Lia propôs este desafio a Márcia: "Tenho R$ 153,00 na carteira, em igual número de cédulas de R$ 2,00, R$ 5,00 e R$ 10,00. Quantas cédulas tenho de cada valor?

6 Uma cisterna tem um vazamento que provoca uma perda inicial de 4 litros de água em 20 minutos. O vazamento foi aumentando da seguinte maneira: a cada 20 minutos seguintes a quantidade de água que vazava era o dobro da quantidade anterior. Após 1 hora e 20 minutos do início do vazamento, qual foi a quantidade total de água perdida?

GEORGE TUTUMI

7 Um negociante adquiriu 375 litros de certo produto por R$ 4 450,00. Considerando que pelo transporte foram pagos R$ 9,00 por litro e que o negociante deseja ter um lucro de R$ 1 925,00, por quanto ele deve vender um litro do produto?

8 Antônio recebeu um prêmio no valor de R$ 700,00. Clóvis recebeu um prêmio, pago durante 7 dias, da seguinte forma:

- R$ 1,00 no primeiro dia,
- R$ 3,00 no segundo dia,
- R$ 9,00 no terceiro dia,
- R$ 27,00 no quarto dia, e assim por diante.

Considerando o valor total, quem recebeu o maior prêmio?

DESAFIO

Uma fábrica de fósforos usa estas definições: **caixa** (conjunto de 45 fósforos); **maço** (conjunto com 10 caixas) e **pacote** (conjunto com 12 maços).

Dividindo 13 pacotes, 5 maços, 8 caixas e 22 fósforos por 8, obtém-se um número p de pacotes, m de maços, c de caixas e f de fósforos. Determine $p + m + c + f$.

Reprodução proibida. Art.184 do Código Penal e Lei 9.610 de 19 de fevereiro de 1998.

1 Resolva as questões abaixo.

a) Sabendo que 2 maçãs valem 3 peras e que meia dúzia de peras vale 8 laranjas, quantas maçãs devo trocar por meia dúzia de laranjas?

b) Um tubo com 20 comprimidos tem massa igual a 50 gramas. O mesmo tubo com 8 comprimidos tem 38 gramas. Qual é a massa de um tubo e de um comprimido?

2 Um número é quadrado perfeito quando podemos representá-lo assim:

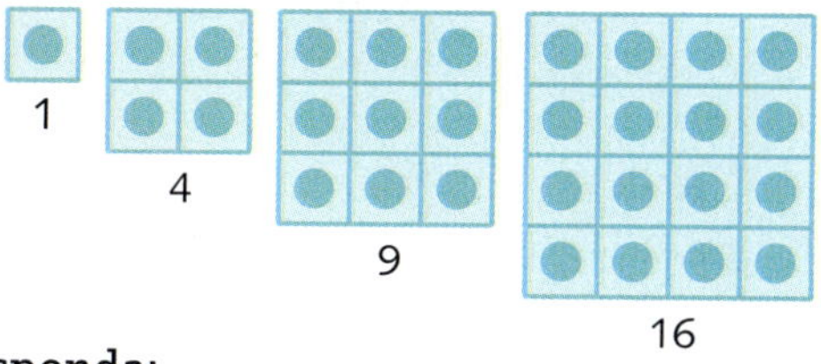

ANDERSON DE ANDRADE PIMENTEL

Responda:

a) Quais são os dois números quadrados perfeitos seguintes?

b) Quais são os números quadrados perfeitos situados entre 150 e 250?

3 Resolva as questões a seguir.

a) Adicionando 60 ao quíntuplo de um número, obtemos 85. Qual é esse número?

b) A soma de um número com o triplo do seu antecessor é 57. Qual é esse número?

4 Se $2^{10} = 1024$, qual é o valor de 2^9? E de 2^{11}?

5 **(Enem)**

A disparidade de volume entre os planetas é tão grande que seria possível colocá-los uns dentro dos outros. O planeta Mercúrio é o menor de todos. Marte é o segundo menor: dentro dele cabem três Mercúrios. Terra é o único com vida: dentro dela cabem sete Martes. Netuno é o quarto maior: dentro dele cabem 58 Terras. Júpiter é o maior dos planetas: dentro dele cabem 23 Netunos.

Revista Veja. Ano 41, nº 26, 25 jun. 2008 (adaptado).

Seguindo o raciocínio proposto, quantas Terras cabem dentro de Júpiter?

a) 406
b) 1334
c) 4002
d) 9338
e) 28014

6 **(Enem)** Jogar baralho é uma atividade que estimula o raciocínio. Um jogo tradicional é a Paciência, que utiliza 52 cartas. Inicialmente são formadas sete colunas com as cartas. A primeira coluna tem uma carta, a segunda tem duas cartas, a terceira tem três cartas, a quarta tem quatro cartas, e assim sucessivamente até a sétima coluna, a qual tem sete cartas, e o que sobra forma o monte, que são as cartas não utilizadas nas colunas.

A quantidade de cartas que forma o monte é:

a) 21.
b) 24.
c) 26.
d) 28.
e) 31.

7 **(Enem)** Nos *shopping centers* costumam existir parques com vários brinquedos e jogos. Os usuários colocam créditos em um cartão, que são descontados por cada período de tempo de uso dos jogos. Dependendo da pontuação da criança no jogo, ela recebe um certo número de tíquetes para trocar por produtos nas lojas dos parques.

Suponha que o período de uso de um brinquedo em certo *shopping* custa R$ 3,00 e que uma bicicleta custa 9200 tíquetes.

Para uma criança que recebe 20 tíquetes por período de tempo que joga, o valor, em reais, gasto com créditos para obter a quantidade de tíquetes para trocar pela bicicleta é:

a) 153.
b) 460.
c) 1218.
d) 1380.
e) 3066.

DESAFIO

Observe o esquema abaixo e calcule, efetuando apenas uma multiplicação, a soma de todos os números naturais de 1 a 100.

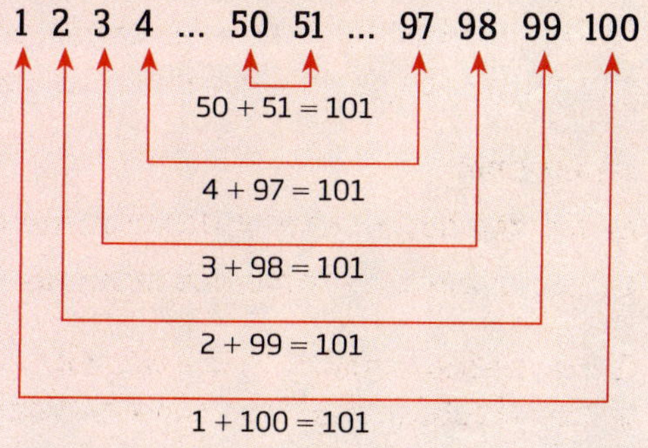

Reprodução proibida. Art.184 do Código Penal e Lei 9.610 de 19 de fevereiro de 1998.

CAPÍTULO 3

Figuras geométricas espaciais

É hora de observar e discutir

O treinamento funcional é constituído de exercícios que têm relação direta com as atividades diárias das pessoas.

Com movimentos naturais, como pular, agachar, correr, girar, puxar e empurrar, nesse tipo de treinamento, trabalham-se condicionamento, força, resistência, equilíbrio, flexibilidade e agilidade. Os acessórios utilizados são cordas, elásticos, hastes, discos, bolas e cones, entre outros. Com a prática do treinamento funcional, os indivíduos com baixo condicionamento físico, além de desenvolver a consciência corporal, previnem lesões cardiovasculares, podem reduzir o percentual de gordura e definir os músculos. Os atletas profissionais, por sua vez, trabalham desde a musculatura profunda até a coordenação motora com essa prática sistemática. Observe a imagem e faça o que se pede.

- Os objetos utilizados no treinamento funcional dos atletas lembram que sólidos geométricos?
- Cite objetos do cotidiano que tenham forma parecida com a dos objetos apresentados na fotografia.

DANIEL MIHAILESCU/AFP

Time de futebol durante treinamento funcional em estádio localizado em Bucareste, Romênia. O treinamento funcional simula as exigências de uma partida.

Trocando ideias

Estão presentes em nosso dia a dia elementos da natureza, objetos e construções de diferentes formas. A Terra, por exemplo, lembra uma esfera; uma árvore conífera, como o próprio nome sugere, lembra um cone; as colunas de um templo grego lembram cilindros.

BARNABY CHAMBERS/SHUTTERSTOCK

Terra.

SEANSCOTT/ROOM/GETTY IMAGES

Conífera.

LAGUI/SHUTTERSTOCK

Templo de Hefesto, em Atenas, Grécia.

▸ Que formas você observa nas construções das imagens abaixo?

RYAN KOOPMANS/ARCAID IMAGES/ALAMY/GLOW IMAGES

Palácio da Paz e Reconciliação, em Astana, Cazaquistão.

GEORG STELZNER/IMAGEBROKER/GLOW IMAGES

Westhafen Tower, em Hessen, Alemanha.

ROBERT MATTON AB/ALAMY/GLOW IMAGES

Ericsson Globe, em Estocolmo, Suécia.

Para responder a questões como essa, vamos estudar, neste capítulo, algumas figuras que apresentam formas como as que aparecem nas imagens acima, chamadas de **figuras geométricas espaciais**.

Reprodução proibida. Art.184 do Código Penal e Lei 9.610 de 19 de fevereiro de 1998.

1 Sólidos geométricos

Nas indústrias são utilizados diferentes tipos de embalagem para acondicionar os mais diversos produtos, como alimentos, bebidas e perfumes.

Em geral, são feitos estudos prévios sobre a capacidade e o melhor formato das embalagens para que contenham certa quantidade de produto. As formas desses recipientes lembram **sólidos geométricos** – assunto deste capítulo.

Embalagens que lembram sólidos geométricos.

① STUDIOSHOTS/ALAMY/GLOW IMAGES; ② ESB PROFESSIONAL/SHUTTERSTOCK; ③ PAULO MANZI; ④ ALISTAIR HEAP/ALAMY/GLOW IMAGES; ⑤ VIDUX/SHUTTERSTOCK

Reprodução proibida. Art.184 do Código Penal e Lei 9.610 de 19 de fevereiro de 1998.

Um pouco de história

O início da Geometria

Os seres humanos sempre procuraram entender e explicar os fenômenos da natureza por meio de desenhos, medidas e anotações. O desafio de traduzir as formas irregulares da natureza e descobrir relações entre elas favoreceu o desenvolvimento da Geometria (em grego, *geo* significa "terra", e *metria*, "medida").

A Geometria estudada hoje teve origem há milhares de anos, quando importantes matemáticos deram os primeiros passos na descoberta desse ramo da Matemática.

Várias civilizações antigas, como a egípcia, a babilônica, a assíria, a hindu e a chinesa, fizeram diversas descobertas nessa área.

Os egípcios desenvolveram uma geometria de uso cotidiano, aplicada à demarcação de terras e às técnicas de construção. Os conhecimentos geométricos dessa civilização foram aplicados, por exemplo, na construção das famosas pirâmides do Egito.

Na Grécia, o matemático Euclides (século IV-século III a.C.) organizou, por volta de 300 a.C., uma obra denominada *Os elementos*, em que todos os conhecimentos da época foram ordenados em 13 fascículos.

TOMA

Representação de Euclides.

Pirâmides de Quéops, Quéfren e Miquerinos, no planalto de Gizé, próximo à cidade do Cairo, Egito.

KENNETH GARRETT/NATIONAL GEOGRAPHIC/GETTY IMAGES

Em Geometria, **sólido** é uma figura geométrica **tridimensional** e não oca, ou seja, maciça.

Observando, de todas as posições possíveis, um objeto representado por um sólido geométrico, a parte visível dele constitui sua **superfície**.

Veja alguns exemplos de sólidos geométricos:

> **Tridimensional**
> Apresenta três dimensões: comprimento, largura e altura.
>
> **Superfície**
> Imagine a superfície de um sólido geométrico como se fosse uma casca muito fina que o envolvesse.

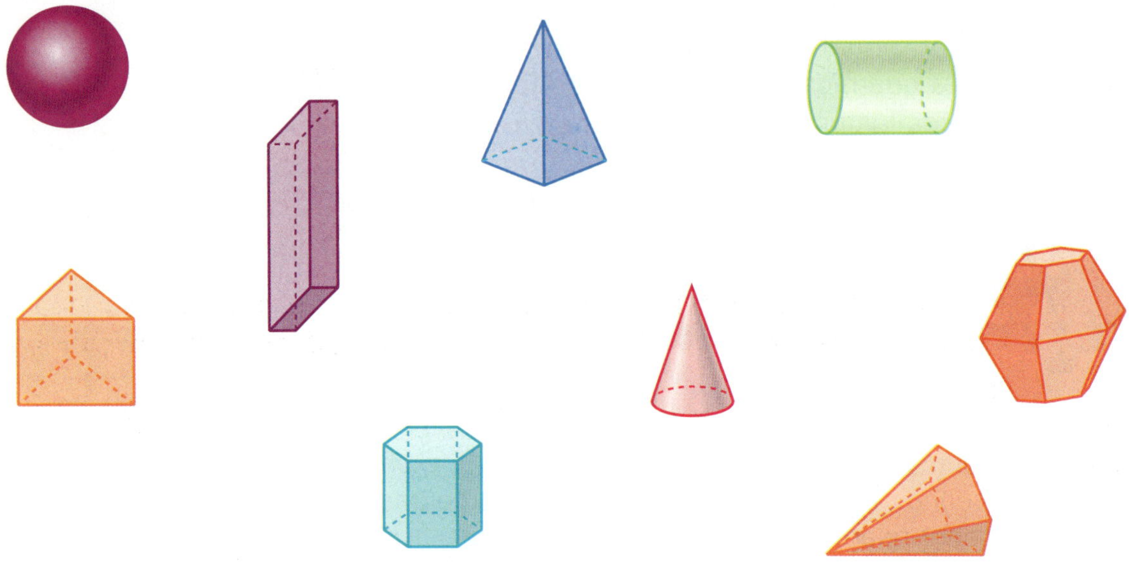

Esses sólidos podem ser separados em dois grupos: **poliedros** e **corpos redondos**.

Poliedros

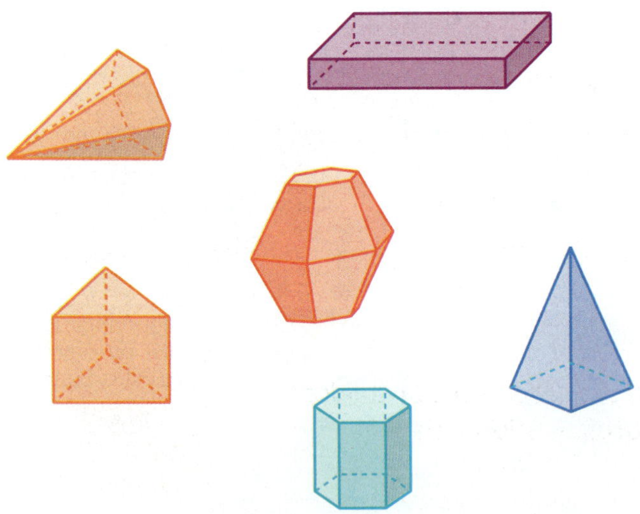

Corpos redondos

ILUSTRAÇÕES: GUILHERME CASAGRANDI

A superfície dos poliedros é formada apenas por partes planas (chamadas de face). Já a dos corpos redondos apresenta pelo menos uma parte arredondada, ou seja, não plana.

Reprodução proibida. Art.184 do Código Penal e Lei 9.610 de 19 de fevereiro de 1998.

2 Poliedros

Vamos conhecer melhor as partes que formam um poliedro.

Em qualquer poliedro, podemos encontrar estes elementos:

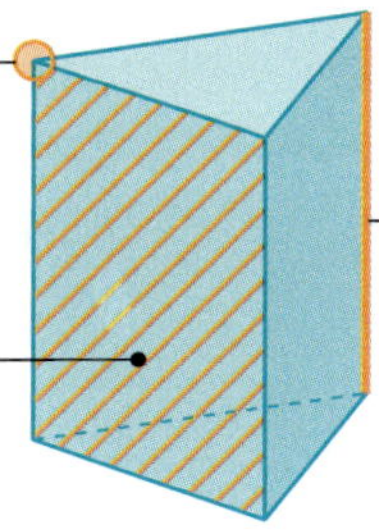

Cada região que forma a superfície de um poliedro é chamada **face**. O segmento comum a duas faces é chamado **aresta**, e os pontos de encontro das arestas são chamados **vértices**.

Observe esta figura:

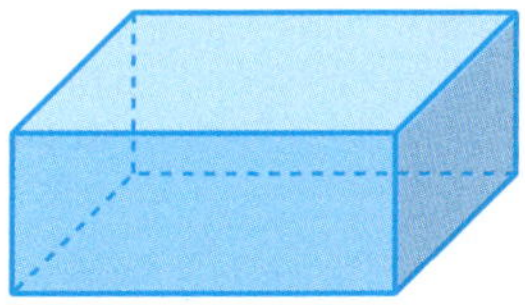

Esse poliedro recebe o nome de **bloco retangular** ou **paralelepípedo reto-retângulo**. Nele, podemos observar:

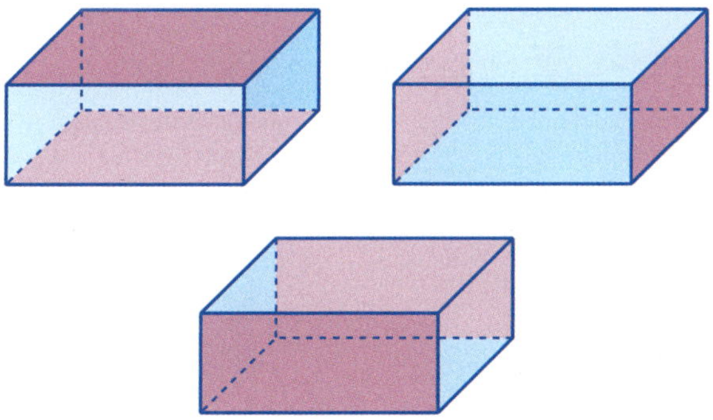
6 faces

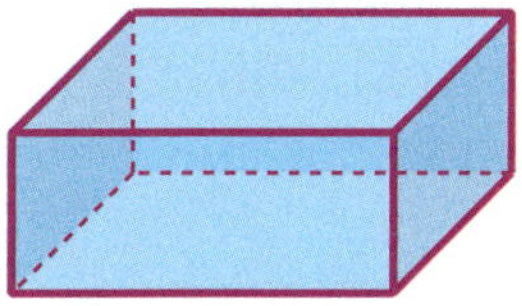
12 arestas

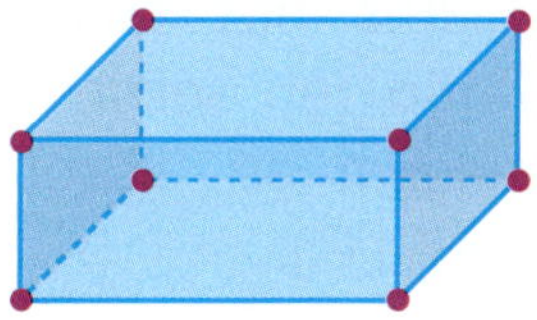
8 vértices

Observações

1 O cubo – um poliedro muito conhecido – é um caso especial de bloco retangular, em que as medidas de todas as arestas são iguais.

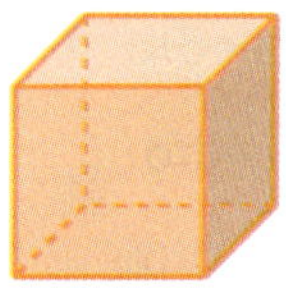

2 Em outro exemplo de poliedro, a pirâmide de base quadrada, podemos distinguir cinco faces (quatro triangulares e uma quadrada, chamada de **base**), cinco vértices e oito arestas.

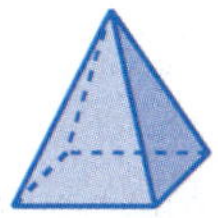

Reprodução proibida. Art.184 do Código Penal e Lei 9.610 de 19 de fevereiro de 1998.

ILUSTRAÇÕES: GUILHERME CASAGRANDI

Prismas e pirâmides

Prismas

Os sólidos ao lado são denominados prismas. As faces hachuradas em cada prisma são as **bases**, e as demais são as **faces laterais**. Em cada prisma, as bases são idênticas.

prisma de base quadrada

prisma de base triangular

Pirâmides

Os sólidos ao lado são denominados pirâmides. A face hachurada em cada pirâmide é a **base**, e as demais são as **faces laterais**.

Nas pirâmides, todas as faces laterais têm forma triangular. Já a base pode assumir formas triangulares, retangulares, pentagonais etc.

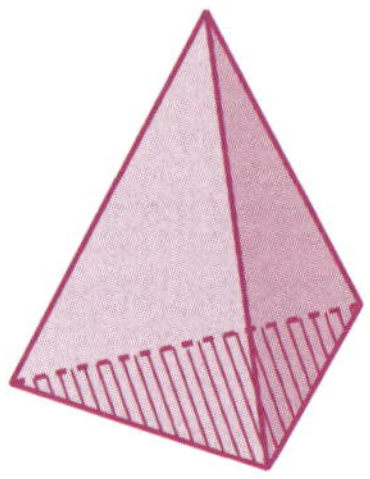

pirâmide de base triangular ou tetraedro

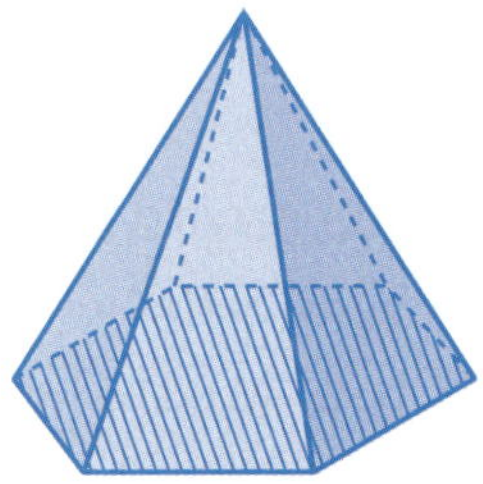

pirâmide de base hexagonal

Poliedros de Platão

Os poliedros cujas faces são formadas por figuras idênticas são chamados de **poliedros regulares**. Existem apenas cinco poliedros regulares (conhecidos desde o século VI a.C.), representados ao lado.

Os poliedros regulares são casos particulares dos chamados **poliedros de Platão** (ou sólidos platônicos), em homenagem ao filósofo grego Platão (427-347 a.C.).

Os gregos associavam elementos da natureza aos poliedros regulares. Observe:

Poliedro	Elemento da natureza
Tetraedro	Fogo
Hexaedro	Terra
Octaedro	Ar
Dodecaedro	Universo
Icosaedro	Água

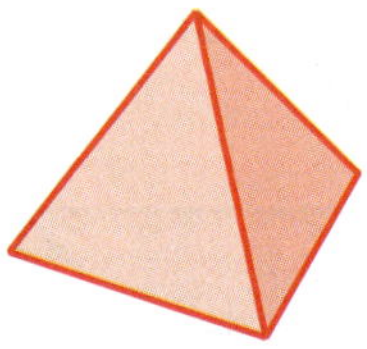

tetraedro regular (4 faces)

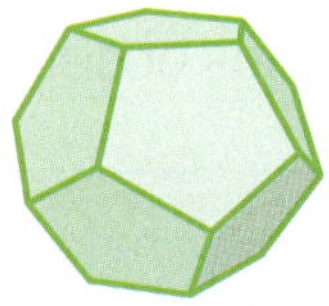

dodecaedro regular (12 faces)

hexaedro regular ou cubo (6 faces)

icosaedro regular (20 faces)

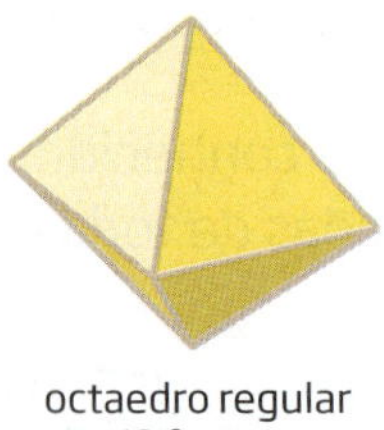

octaedro regular (8 faces)

Representação de Platão.

ILUSTRAÇÕES: GUILHERME CASAGRANDI

TOMA

Reprodução proibida. Art.184 do Código Penal e Lei 9.610 de 19 de fevereiro de 1998.

Curiosidade

O cubo gigante do Zabeel Park

O artista David Harber projetou e construiu três grandes esculturas no Zabeel Park, em Dubai, Emirados Árabes. Uma dessas esculturas é o cubo gigante composto de 6 faces e 384 painéis de cobre e aço inoxidável. Esse cubo foi concebido em homenagem ao jogo de xadrez árabe.

DAVID HARBER LTD.

Cubo gigante no Zabeel Park, em Dubai, Emirados Árabes.

Reprodução proibida. Art.184 do Código Penal e Lei 9.610 de 19 de fevereiro de 1998.

3 Corpos redondos

Corpos redondos são sólidos geométricos cuja superfície apresenta alguma parte arredondada. Observe os exemplos.

ILUSTRAÇÕES: LUIZ RUBIO

Observe alguns elementos do cilindro, do cone e da esfera.

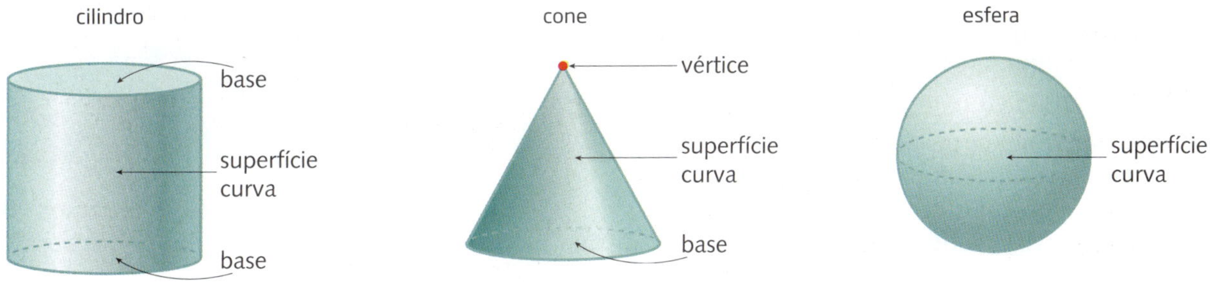

EXERCÍCIOS

1 Qual é o nome do sólido geométrico que você associaria a cada uma das imagens?

a) 
SYDA PRODUCTIONS/ SHUTTERSTOCK

b) 
COMSTOCK/ STOCKBYTE/ GETTY IMAGES

c) 
GITAN100/ SHUTTERSTOCK

d) 
MALEWITCH/ SHUTTERSTOCK

e) 
KTSDESIGN/SCIENCE PHOTO LIBRARY/ GETTY IMAGES

f) 
JANUSZ PIENKOWSKI/ SHUTTERSTOCK

2 Escreva uma semelhança e uma diferença entre:

a) um prisma e um cilindro;

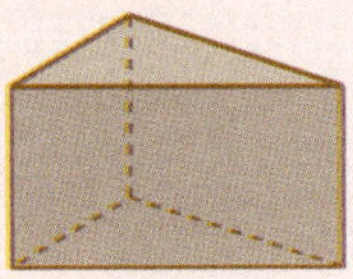

b) uma pirâmide e um cone.

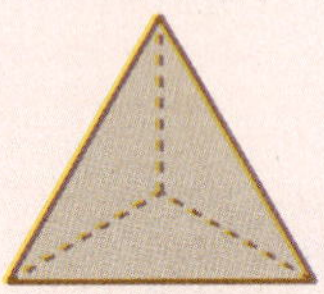

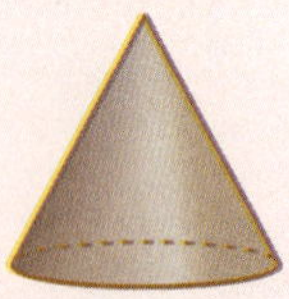

3 Determine o número de faces, arestas e vértices de cada figura a seguir.

a) 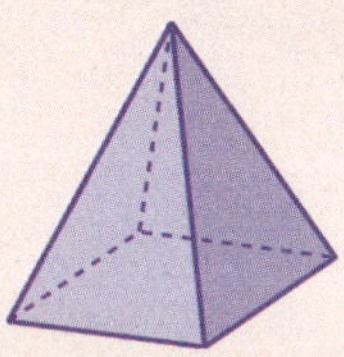

b) 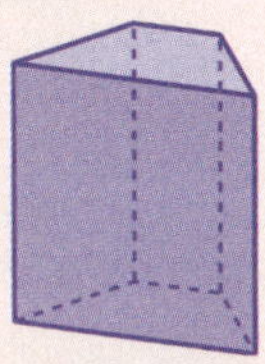

ILUSTRAÇÕES: LUIZ RUBIO

4 Imagine que Paula vá friccionar a haste do pirulito nas palmas de suas mãos, fazendo-o girar.

O movimento do pirulito remete à imagem de um sólido geométrico.
Qual é esse sólido?

GEORGE TUTUMI

5 Observe a figura abaixo, que representa um prisma, e responda às questões.

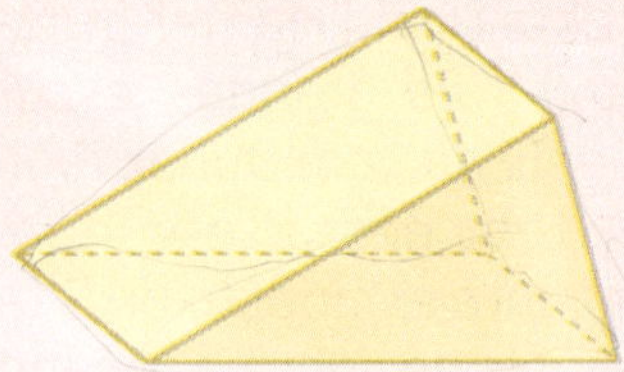

a) Na figura, há:
- quantas faces?
- quantas arestas?
- quantos vértices?
- quantos triângulos e quadriláteros?

b) Qual é a figura que representa a base desse prisma?

6 A **relação de Euler** relaciona o número de faces (F) com o número de arestas (A) e o número de vértices (V).

$$V + F = A + 2$$

Copie o quadro no caderno e complete-o, verificando a relação de Euler.

Poliedro regular	Número de vértices	Número de faces	Número de arestas
Tetraedro	■	■	■
Hexaedro	■	■	■
Octaedro	■	■	■
Dodecaedro	■	■	■
Icosaedro	■	■	■

O que podemos concluir sobre a relação de Euler com base na tabela?

7 Observe a obra e responda.

COURTESY OF THE ARTIST AND MARGARET THATCHER PROJECTS, NEW YORK

Carlitos (2008), escultura de Carlos Estrada Vega.

Quantos paralelepípedos retângulos de cor única compõem o cubo dessa obra?

Reprodução proibida. Art.184 do Código Penal e Lei 9.610 de 19 de fevereiro de 1998.

4 Planificação da superfície de sólidos geométricos

Robério adora panetone. A caixa do panetone que ele comprou tem a forma de um sólido geométrico.

Depois de comer o panetone, ele cortou a caixa pelas arestas, com cuidado. Assim, obteve a planificação da caixa. Veja como ficou:

GEORGE TUTUMI

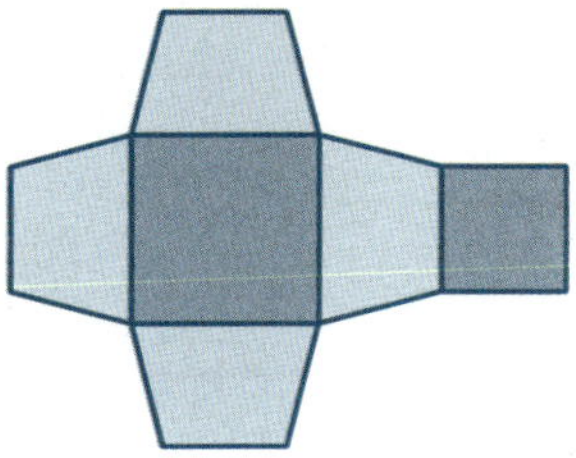

LUIZ RUBIO

Reprodução proibida. Art.184 do Código Penal e Lei 9.610 de 19 de fevereiro de 1998.

Observe, a seguir, uma forma planificada da superfície de alguns sólidos geométricos.

Prisma de base triangular

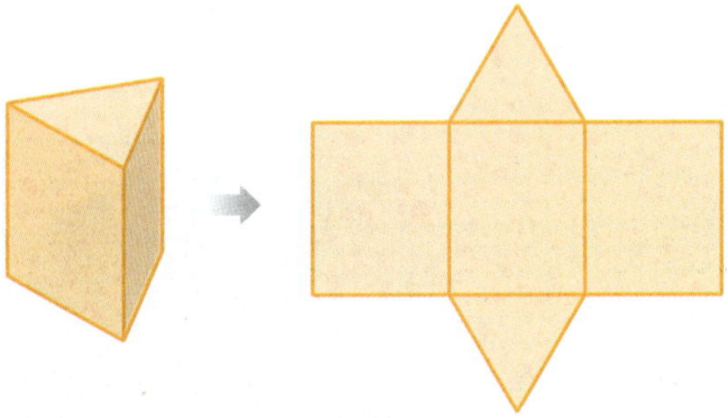

Pirâmide de base pentagonal

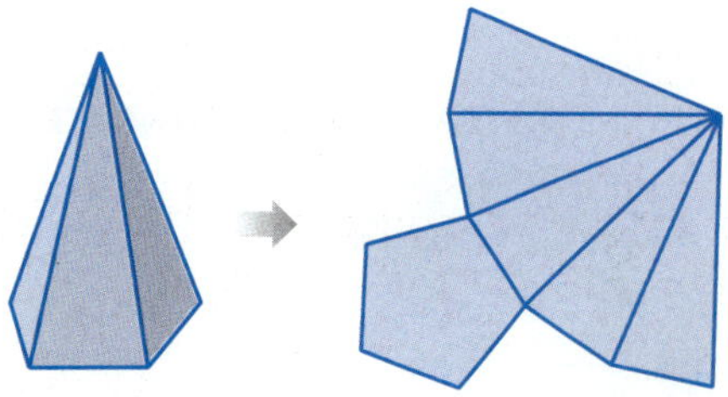

Cilindro

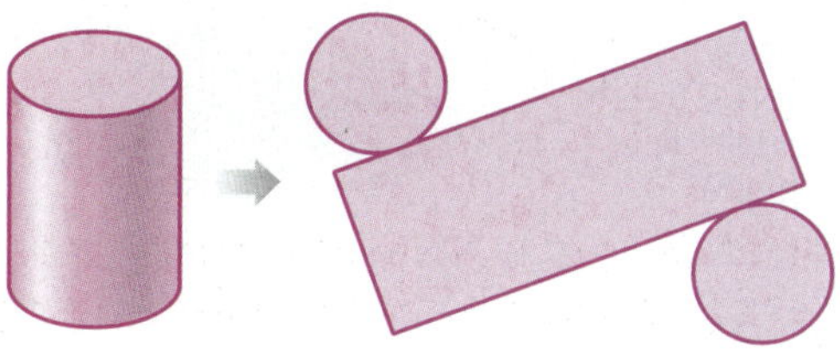

Cone

ILUSTRAÇÕES: GUILHERME CASAGRANDI

Poliedros regulares

Tetraedro

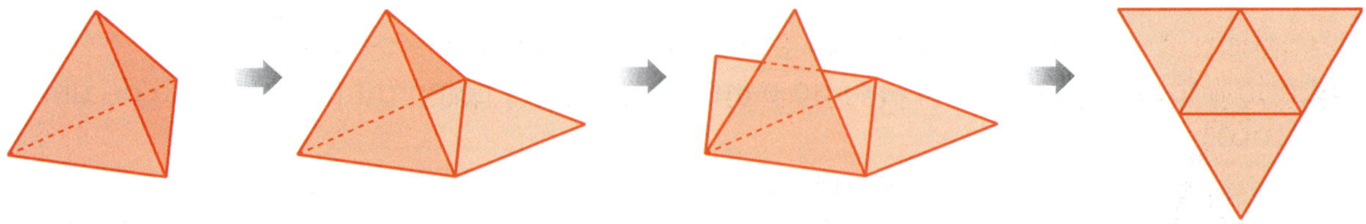

Cubo

Octaedro

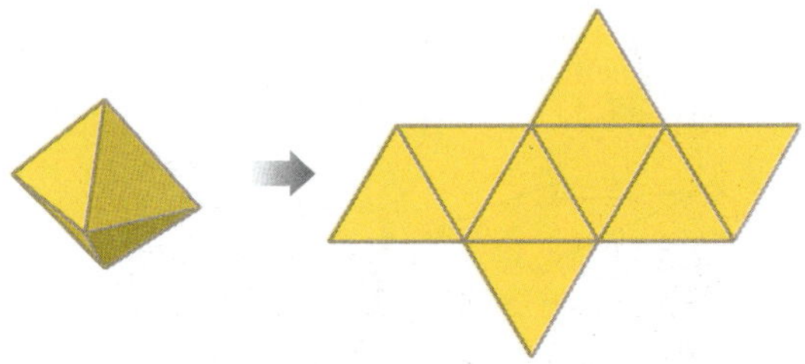

ILUSTRAÇÕES: GUILHERME CASAGRANDI

Dodecaedro

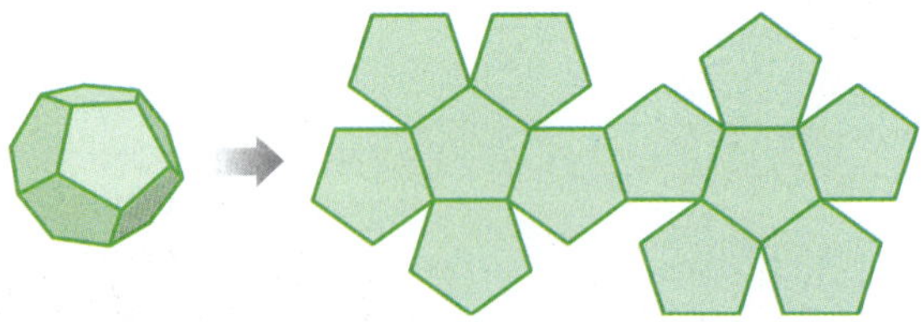

Icosaedro

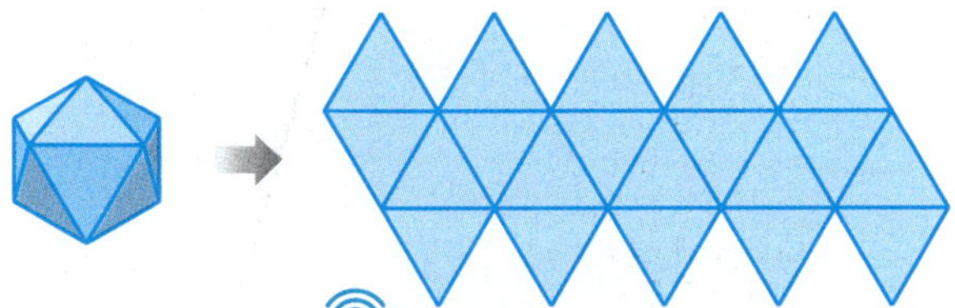

Conteúdo digital
- Animação: Poliedros regulares

Reprodução proibida. Art.184 do Código Penal e Lei 9.610 de 19 de fevereiro de 1998.

Observação

A planificação da superfície da esfera é impossível, ainda que existam algumas representações gráficas aproximadas, como o mapa abaixo. Observe:

ANDERSON DE ANDRADE PIMENTEL

Elaborado com base em: IBGE. *Divisão dos continentes*. Disponível em: <http://7a12.ibge.gov.br/images/7a12/mapas/mundo/continentes.pdf>. Acesso em: 2 abr. 2017.

Representação do globo terrestre em superfície plana.

ERGONOMAL/SHUTTERSTOCK

Globo terrestre.

5 Vistas

Ana, Davi e Marcos observaram o objeto sobre a mesa e o desenharam.
Veja o desenho que cada um fez da parte que viu do objeto.

visão de Ana

visão de Davi

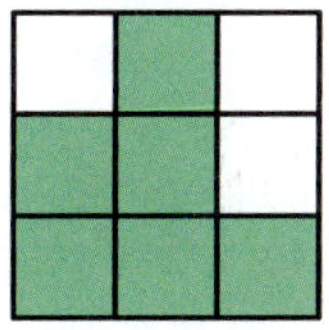

visão de Marcos

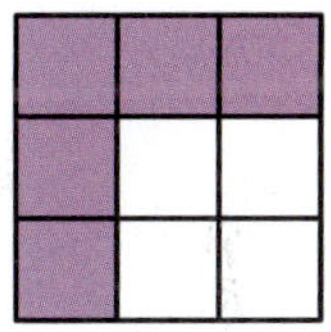

GUILHERME CASAGRANDI

Reprodução proibida. Art.184 do Código Penal e Lei 9.610 de 19 de fevereiro de 1998.

De acordo com a posição em que estavam, Ana, Davi e Marcos tinham diferentes vistas do objeto.

ILUSTRAÇÕES: GEORGE TUTUMI

Trabalhando em equipe

Forme dupla com um colega e respondam às perguntas a seguir.

- Em Geometria Espacial, como é chamada a forma da latinha de refrigerante?
- Suponha que uma latinha de refrigerante tenha 330 mililitros de capacidade. Quantas dessas latinhas seriam necessárias para obter, pelo menos, 1 litro de refrigerante? (Lembre-se de que 1 litro equivale a 1 000 mililitros.)

EXERCÍCIOS

8 Desenhe a planificação da superfície de uma embalagem com a forma de bloco retangular. Na planificação, pinte com a mesma cor duas faces opostas do bloco, isto é, que não tenham aresta comum. Em seguida, responda: há só uma planificação possível?

9 Desenhe as vistas superior, frontal e lateral da figura abaixo.

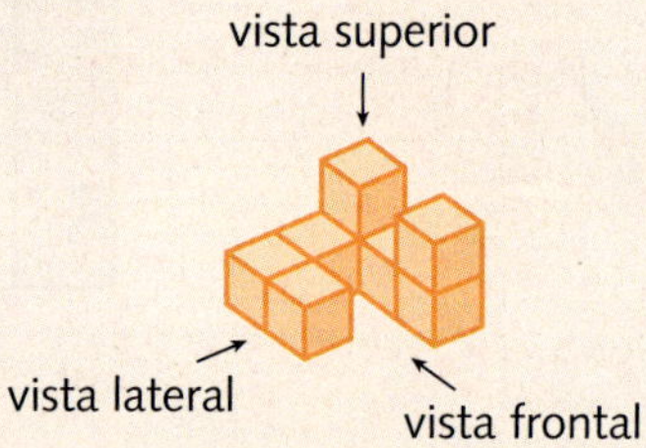

10 Allan montou um cubo por meio da planificação da sua superfície.

Identifique esse cubo.

a) 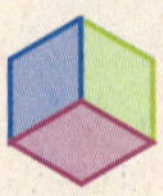

c) 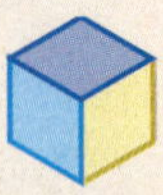

b) 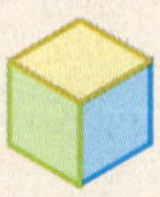

d) 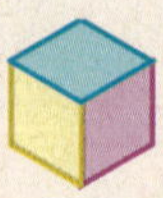

11 Faça a planificação de um sólido geométrico seguindo estas orientações:

1ª) Pegue uma caixa pequena de creme dental e desmonte-a cuidadosamente.

2ª) Apoie-a sobre uma folha de caderno e trace seu contorno.

3ª) Trace pontilhados nas linhas que delimitam as faces dessa caixa.

4ª) Acrescente abas (prolongamentos, geralmente dobráveis) nas laterais, para a colagem da caixa.

12 Observe as figuras e identifique as que são planificações da superfície de um cubo.

a) 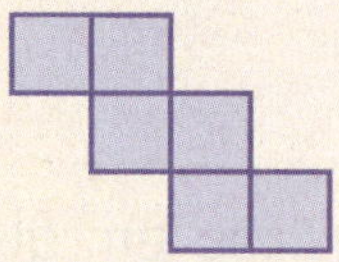

d) 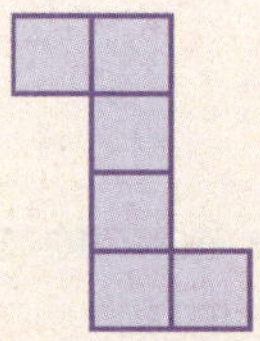

b) 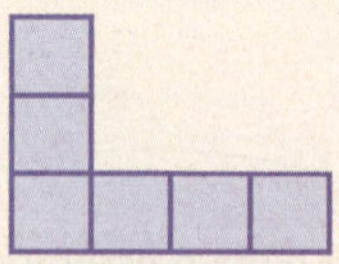

e) 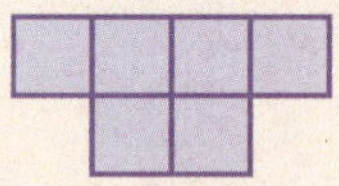

c) 

f) 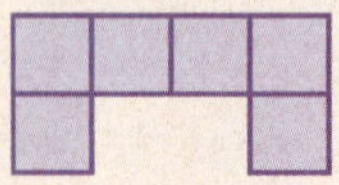

Desenhe a planificação da superfície de um cubo diferente das que você identificou nas figuras acima.

Reprodução proibida. Art.184 do Código Penal e Lei 9.610 de 19 de fevereiro de 1998.

ILUSTRAÇÕES: ANDERSON DE ANDRADE PIMENTEL

Trabalhando em equipe

(Enem) Conforme regulamento da Agência Nacional de Aviação Civil (Anac), o passageiro que embarcar em voo doméstico poderá transportar bagagem de mão, contudo a soma das dimensões da bagagem (altura + comprimento + largura) não pode ser superior a 115 cm.

A figura mostra planificação de uma caixa que tem a forma de um paralelepípedo retângulo.

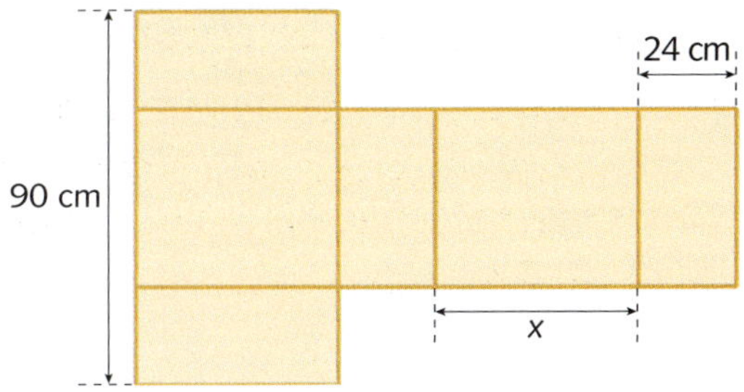

LUIZ RUBIO

O maior valor possível para x, em centímetros, para que a caixa permaneça dentro dos padrões permitidos pela Anac é:

a) 25. **b)** 33. **c)** 42. **d)** 45. **e)** 49.

Interpretação e identificação dos dados

- Leia o enunciado da questão e procure relacioná-lo à figura dada.
- Responda:
  I. Quantas dimensões foram indicadas diretamente na figura?
  II. Com base nas informações da figura, é possível encontrar todas as medidas necessárias?

Plano de resolução

- Calcule a dimensão indicada de forma indireta na figura.
- Considerando as informações fornecidas no texto da questão e na figura, elabore um esquema que represente um possível processo de resolução do problema.

Resolução

- Junte-se a um colega. Avaliem o plano de resolução de cada um e representem uma das resoluções.
- Unam-se a outra dupla e discutam as diferenças e as semelhanças entre os planos escolhidos pelas duas duplas. Com base na análise das estratégias, executem o processo de resolução.

  Observação

  Resolvam o problema de forma coletiva, mas façam o registro individual no caderno.

Verificação

- Releiam o problema e verifiquem se todas as condições do enunciado foram satisfeitas.

Apresentação

- A Anac disponibiliza em seu *site* uma cartilha com orientações aos passageiros sobre bagagens: <http://www2.anac.gov.br/dicasanac/pdf/novo/anac_panfleto_bagagem.pdf> (acesso em: 2 mar. 2017). Acessem o *site* e elaborem algumas ilustrações sobre três informações relevantes presentes na cartilha. Essas ilustrações poderão ser divulgadas para a comunidade escolar.

Reprodução proibida. Art.184 do Código Penal e Lei 9.610 de 19 de fevereiro de 1998.

Curiosidade

Bolas históricas

As bolas de futebol estão cada vez mais coloridas e tecnológicas, mas a mais famosa de todas é composta de partes que lembram polígonos regulares de couro, costurados à mão. Ela foi utilizada na Copa do Mundo de Futebol de 1970 e seu modelo ainda é reproduzido no mundo todo.

Você sabia?
Nos 32 anos em que bolas feitas com pentágonos e hexágonos foram usadas em copas do mundo a seleção brasileira foi campeã **três vezes** (1970, 1994 e 2002).

1930

Antigamente, bolas de diferentes modelos podiam ser usadas na mesma partida. A final da Copa do Uruguai, em 1930, começou a ser disputada com uma bola da seleção argentina e terminou com a bola da foto acima, levada pela seleção uruguaia.

Muitas bolas de futebol da primeira metade do século XX eram feitas de tiras de couro com bordas arredondadas, como esta usada na final da Copa da França em 1938.

1938

Fontes: FIFA. *Copas do Mundo da Fifa*. Disponível em: <http:// quality.fifa.com/pt/Bolas-de-Futebol/Fatos-do-futebol/As-bolasde-futebol-da-Copa-do-Mundo-FIFA/>; *The New York Times*. The evolution of the World Cup ball. Disponível em: <www.nytimes.com/interactive/2014/06/13/sports/worldcup/world-cup-balls.html>. Acesso em: 28 fev. 2017.

BOLAS DE FUTEBOL: JENS HEILMANN FOTOGRAFIE; FUNDO: ZELJKO RADOJKO/SHUTTERSTOCK

As partes que lembram polígonos que cobrem as bolas abaixo poderiam formar uma figura plana, como a que se vê ao lado.

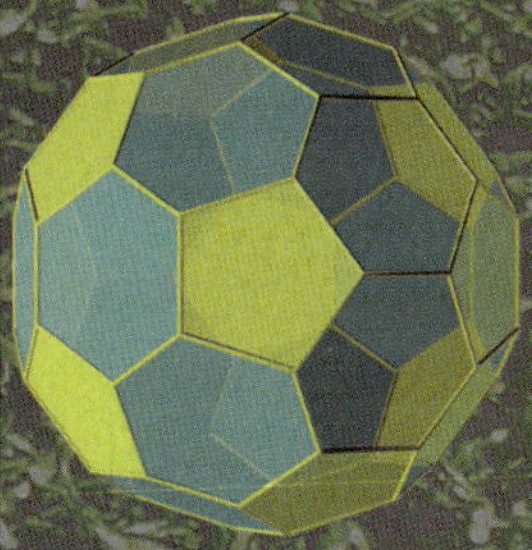

Esses 32 polígonos planos compõem uma figura geométrica com três dimensões, chamada de icosaedro truncado.

1970

Na Copa do México, em 1970, foi apresentado o modelo mais usado na história da competição: a primeira bola com polígonos regulares, 12 pentágonos pretos e 20 hexágonos brancos.

O padrão de cores mudou, mas o modelo não: até sua despedida do campeonato, na Copa da Coreia e do Japão, em 2002, a bola de futebol com 32 gomos foi usada em nove edições da competição e se tornou o modelo mais popular do mundo.

2002

Trabalhando os conhecimentos adquiridos

Autoavaliação

1 Dentre os sólidos geométricos estudados neste capítulo, quais foram os dois tipos destacados?

2 Cite uma aplicação industrial dos poliedros.

3 Que objetos de seu cotidiano lembram corpos redondos?

4 As embalagens de vários produtos podem ser desmontadas e decompostas em figuras planas. Qual é o conceito visto neste capítulo que está associado a essa situação?

5 O dono de uma loja de móveis quer apresentar seus produtos por meio de um catálogo com fotos. De que modo as fotos de uma cadeira devem ser tiradas para que o produto fique bem ilustrado no catálogo?

10

1 Indique a figura que não é um poliedro.

a) 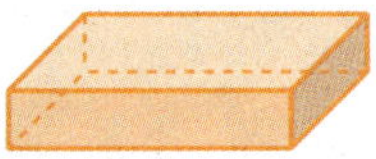

c) 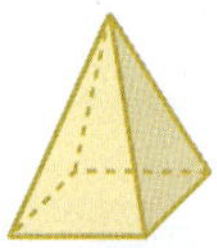

b) 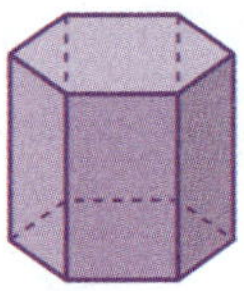

d) 

2 **(Enem)** Maria quis inovar em sua loja de embalagens e decidiu vender caixas com diferentes formatos. Nas imagens apresentadas estão as planificações dessas caixas.

ILUSTRAÇÕES: GUILHERME CASAGRANDI

Quais serão os sólidos geométricos que Maria obterá a partir dessas planificações?

a) Cilindro, prisma de base pentagonal e pirâmide.
b) Cone, prisma de base pentagonal e pirâmide.
c) Cone, tronco de pirâmide e prisma.
d) Cilindro, tronco de pirâmide e prisma.
e) Cilindro, prisma e tronco de cone.

3 **(Saresp)** O quarto de Felipe estava uma bagunça e sua mãe mandou que ele o arrumasse. O menino adora Matemática e resolveu guardar seus brinquedos de uma forma diferente. Ele pegou duas caixas de papelão e escreveu: **caixa A – Figuras Planas** e **caixa B – Figuras Espaciais**. Ajude Felipe a colocar os brinquedos que lembram figuras planas na caixa A e os brinquedos que lembram figuras espaciais na caixa B. Marque a alternativa em que os brinquedos estão nas caixas certas.

a) Caixa A: bola, foto – caixa B: dado, figurinha.
b) Caixa A: dado, foto – caixa B: figurinha, bola.
c) Caixa A: figurinha, foto – caixa B: dado, bola.
d) Caixa A: figurinha, bola – caixa B: dado, foto.

DESAFIO

(Saresp) A forma geométrica espacial que pode ser associada à planificação abaixo é:

a) um cilindro.
b) uma pirâmide de base pentagonal.
c) um prisma de base pentagonal.
d) um paralelepípedo.

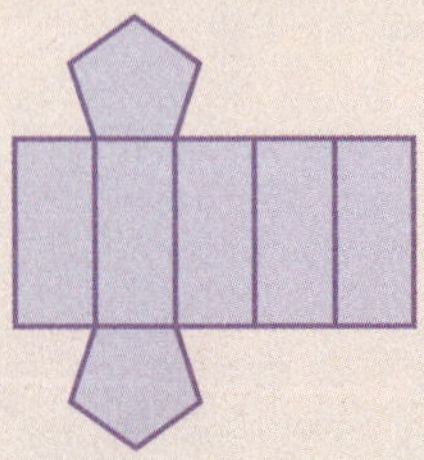

LUIZ RUBIO

Reprodução proibida. Art.184 do Código Penal e Lei 9.610 de 19 de fevereiro de 1998.

1 **(Saresp)** Observe a caixa representada abaixo:

Uma planificação dessa caixa é:

a) b) c) d)

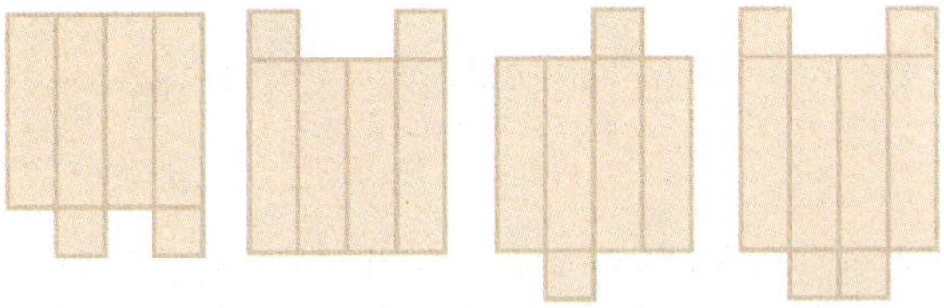

LUIZ RUBIO

2 Na figura 1 abaixo, temos a planificação de um cubo. Dobrando a planificação de maneira adequada (figura 2), obtemos uma caixa cúbica (figura 3). Observe que a face de cima e a face em contato com o plano são opostas e estão indicadas com a mesma letra.

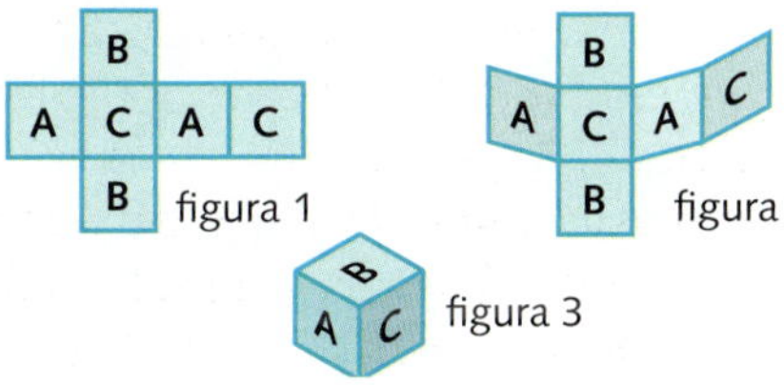

figura 1 figura 2 figura 3

Junte-se a um colega e identifiquem as faces opostas às indicadas em cada uma das planificações a seguir.

a)

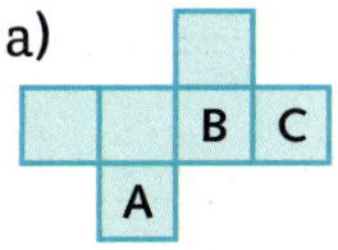

b)

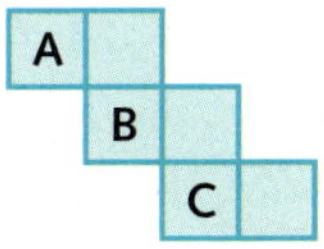

c)

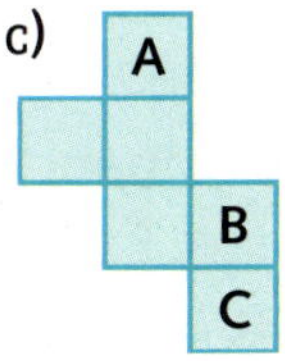

ILUSTRAÇÕES: ANDERSON DE ANDRADE PIMENTEL

3 Desenhe a vista superior de cada um dos objetos abaixo. Em seguida, pinte-as com as respectivas cores. Depois, faça um comentário comparando essas vistas.

GEORGE TUTUMI

4 Desenhe as vistas superior, frontal e lateral de uma esfera. O que você observou?

5 Qual é o sólido geométrico correspondente à planificação a seguir?

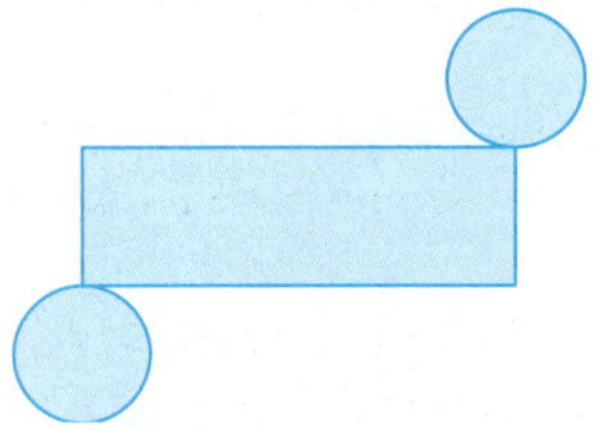

6 Uma pirâmide pentagonal regular (cuja base tem 5 lados) é um poliedro regular? Justifique sua resposta.

7 **(Enem)** A figura abaixo mostra um modelo de sombrinha muito usado em países orientais.

Esta figura é uma representação de uma superfície de revolução chamada de:

a) pirâmide.
b) semiesfera.
c) cilindro.
d) tronco de cone.
e) cone.

Disponível em: <http://mdmat.psico.ufrgs.br>. Acesso em: 1º maio 2010.

ILUSTRAÇÕES: ANDERSON DE ANDRADE PIMENTEL

DESAFIO

(Obmep) Num dado comum, a soma dos pontos de duas faces opostas é sempre 7. É possível construir um dado comum dobrando e colando uma das peças de papelão a seguir. Que peça é essa?

a)

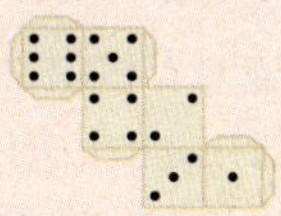

c)

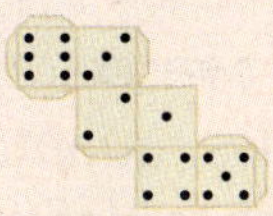

e)

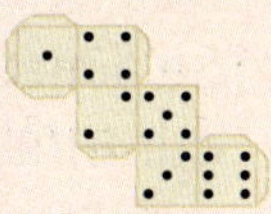

b)

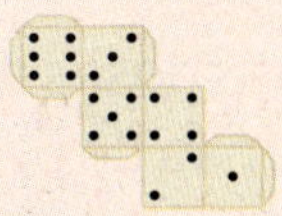

d)

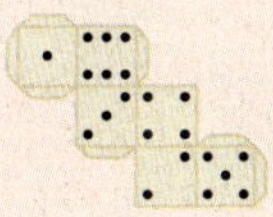

Reprodução proibida. Art.184 do Código Penal e Lei 9.610 de 19 de fevereiro de 1998.

CAPÍTULO 4

Múltiplos e divisores

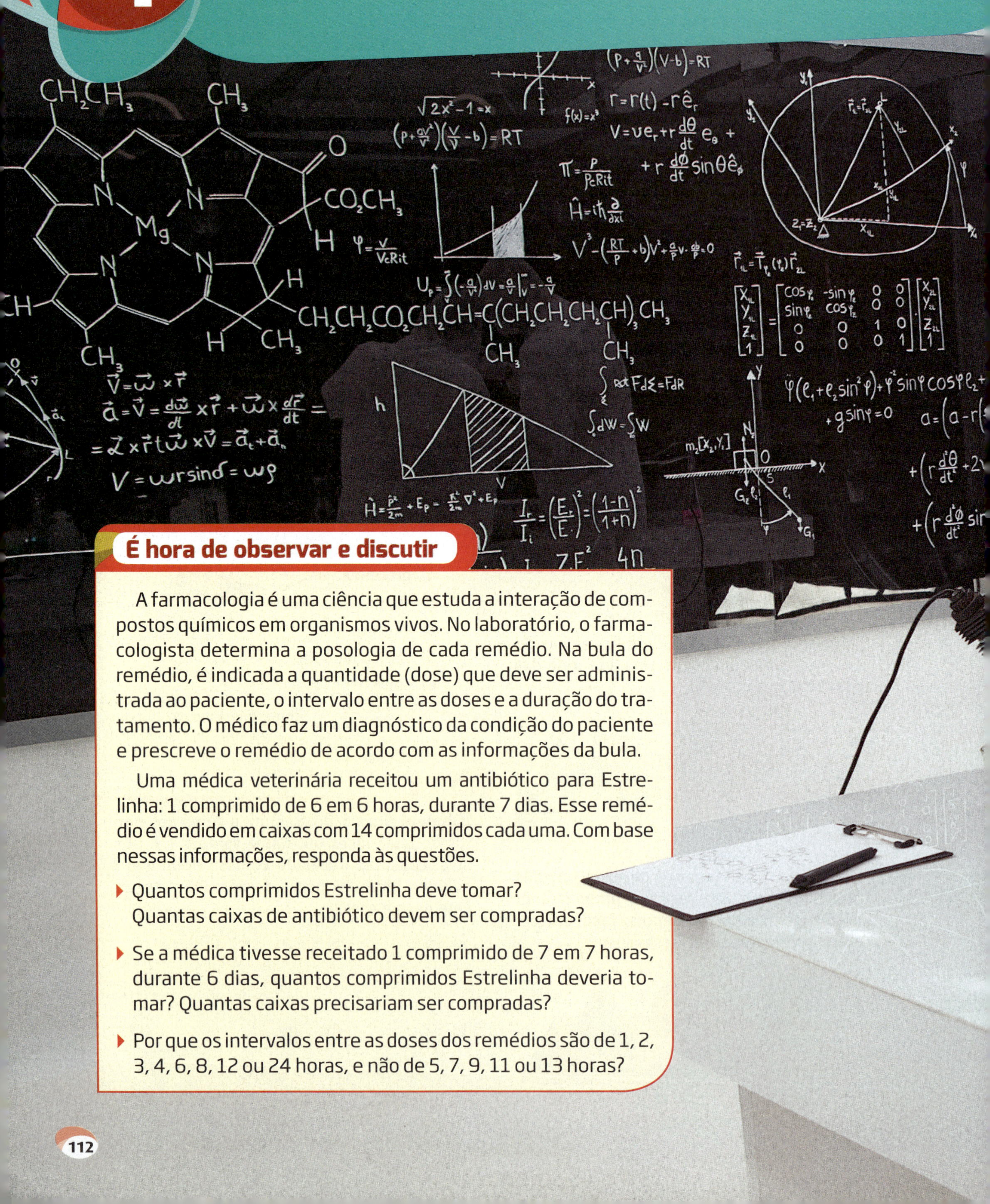

É hora de observar e discutir

A farmacologia é uma ciência que estuda a interação de compostos químicos em organismos vivos. No laboratório, o farmacologista determina a posologia de cada remédio. Na bula do remédio, é indicada a quantidade (dose) que deve ser administrada ao paciente, o intervalo entre as doses e a duração do tratamento. O médico faz um diagnóstico da condição do paciente e prescreve o remédio de acordo com as informações da bula.

Uma médica veterinária receitou um antibiótico para Estrelinha: 1 comprimido de 6 em 6 horas, durante 7 dias. Esse remédio é vendido em caixas com 14 comprimidos cada uma. Com base nessas informações, responda às questões.

- Quantos comprimidos Estrelinha deve tomar?
  Quantas caixas de antibiótico devem ser compradas?
- Se a médica tivesse receitado 1 comprimido de 7 em 7 horas, durante 6 dias, quantos comprimidos Estrelinha deveria tomar? Quantas caixas precisariam ser compradas?
- Por que os intervalos entre as doses dos remédios são de 1, 2, 3, 4, 6, 8, 12 ou 24 horas, e não de 5, 7, 9, 11 ou 13 horas?

COMANICIU DAN/SHUTTERSTOCK

No laboratório podem ser realizadas diversas pesquisas.

Trocando ideias

Conteúdo digital
- Animação: Divisibilidade: múltiplos e divisores

GEORGE TUTUMI

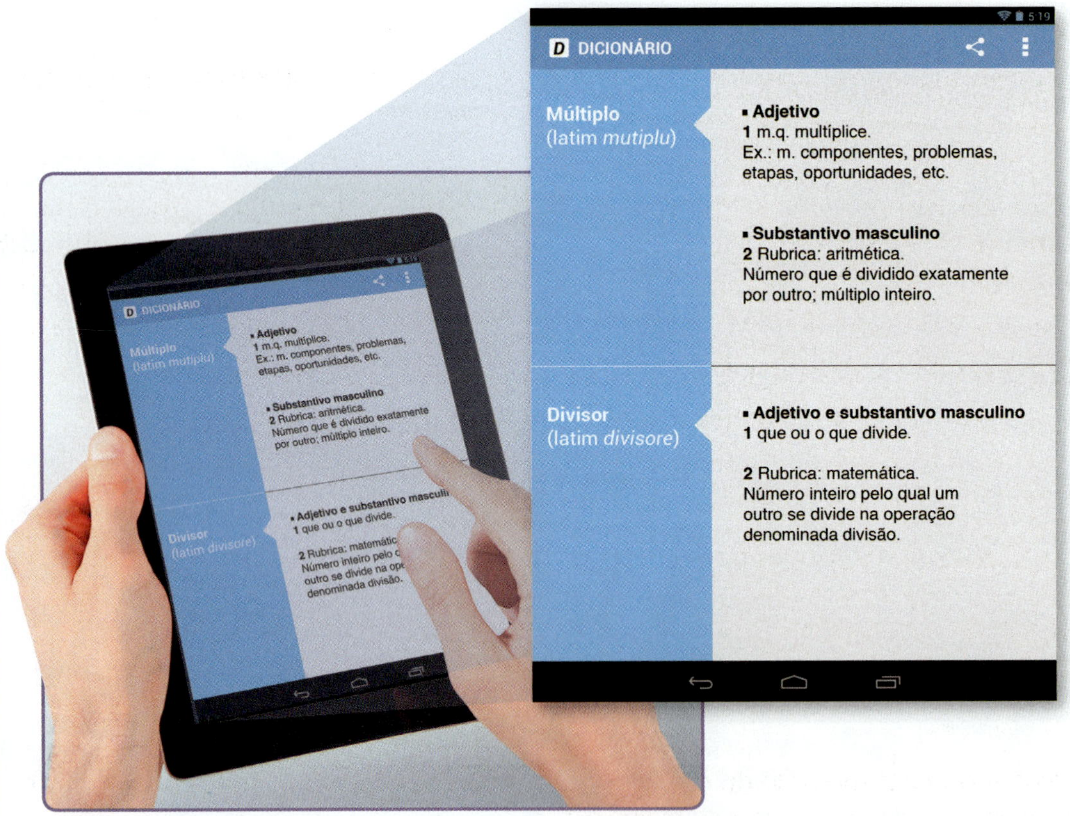

BLOOMUA/SHUTTERSTOCK

Fonte: *Dicionário eletrônico Houaiss da língua portuguesa*. Rio de Janeiro: Objetiva, 2009.

▸ A que operação matemática está relacionada a palavra **múltiplo**? E a palavra **divisor**?

Neste capítulo, vamos estudar os múltiplos e os divisores de vários números, além de aprender a determinar o máximo divisor comum (mdc) e o mínimo múltiplo comum (mmc).

Reprodução proibida. Art.184 do Código Penal e Lei 9.610 de 19 de fevereiro de 1998.

1 Múltiplos de um número natural

Observe, no quadro abaixo, as tabuadas do 7, do 9 e do 23.

×	0	1	2	3	4	5	6	7	8	9	10
7	0	7	14	21	28	35	42	49	56	63	70
9	0	9	18	27	36	45	54	63	72	81	90
23	0	23	46	69	92	115	138	161	184	207	230

A tabuada é obtida por meio da multiplicação dos números 7, 9 e 23 pela sucessão dos números naturais: 0, 1, 2, 3, 4, ...

Os números 0, 7, 14, 21, 28, ..., obtidos pela tabuada do 7, são múltiplos de 7. Essa é a sequência dos múltiplos de 7.

Reprodução proibida. Art.184 do Código Penal e Lei 9.610 de 19 de fevereiro de 1998.

Múltiplo de um número natural é o produto desse número por um número natural qualquer.

Observe que, na sequência dos múltiplos de 7, as reticências indicam que a sequência não termina: somando 7 a 28, obtemos 35; somando 7 a 35, obtemos 42, e assim por diante. Observe que é **padrão** a sequência aumentar de "7 em 7".

Padrão
Característica que se repete ou modelo que é seguido.

Veja outros exemplos:

- 0, 9, 18, 27, 36, ... são múltiplos de 9. Essa é a sequência dos múltiplos de 9.
- 0, 23, 46, 69, 92, ... são múltiplos de 23. Essa é a sequência dos múltiplos de 23.

Observações

1 Todo número natural é múltiplo dele mesmo. Veja:

- $6 \cdot 1 = 6$ → 6 é múltiplo de 6.
- $15 \cdot 1 = 15$ → 15 é múltiplo de 15.
- $57 \cdot 1 = 57$ → 57 é múltiplo de 57.

2 Não existe o maior múltiplo de um número natural. A sequência dos múltiplos de um número natural, diferente de zero, é infinita.

É fácil verificar se um número é múltiplo de outro. Veja os exemplos a seguir.

- O número 72 é múltiplo de 6?

Para responder a essa pergunta, devemos efetuar a divisão de 72 por 6. Observe:

```
                  72 | 6
divisão exata →    0   12
```

Como a divisão é exata, podemos afirmar que 72 é **divisível** por 6 ou que 72 é **múltiplo** de 6, pois $6 \cdot 12 = 72$.

> Um número natural *a* é **múltiplo** de um número natural *b*, diferente de zero, quando *a* é **divisível** por *b*.

- O número 270 é múltiplo de 16?

$$\begin{array}{r|l} 270 & 16 \\ \hline 110 & 16 \\ 14 & \end{array}$$

14 ← divisão não exata

Como a divisão não é exata, podemos afirmar que 270 **não é múltiplo** de 16.

Observações

1 O zero só tem um múltiplo: o próprio zero. Veja:

- $0 \cdot 0 = 0$
- $0 \cdot 1 = 0$
- $0 \cdot 2 = 0$

2 O zero, porém, é múltiplo de todos os números. Veja:

- $5 \cdot 0 = 0$ → 0 é múltiplo de 5.
- $12 \cdot 0 = 0$ → 0 é múltiplo de 12.
- $85 \cdot 0 = 0$ → 0 é múltiplo de 85.

3 Podemos falar em múltiplo de zero porque existem multiplicações por zero. Porém, não podemos falar que um número é divisível por zero, uma vez que não existe divisão por zero.

EXERCÍCIOS

1 Quais são os cinco menores múltiplos de 17?

2 Digite, na calculadora, as teclas [2] [3] [+]. Você vai visualizar o número 23. Em seguida, digite sucessivamente a tecla [=].

a) Quais são os quatro primeiros números que aparecem no visor?

b) Qual é a particularidade desses números?

3 Escreva:

a) os quatro menores múltiplos de 15;

b) os três múltiplos de 9 compreendidos entre 10 e 40;

c) os quatro múltiplos de 11 compreendidos entre 25 e 70;

d) os múltiplos de 7 maiores que 50 e menores que 80;

e) os múltiplos de 16 compreendidos entre 151 e 201.

4 Determine os dois múltiplos consecutivos de 9 cuja soma é 279.

5 Responda às questões a seguir.

a) O número 1 628 é múltiplo de 127?

b) O número 345 é múltiplo de 7?

c) O número 1 445 é múltiplo de 17?

d) Dos números 147, 385, 504 e 7 401, quais são múltiplos de 21?

e) Quais são os múltiplos de 26 compreendidos entre 280 e 340?

f) Qual é o menor número natural que devemos somar a 68 para obter um múltiplo de 13?

6 O número 3 192 é múltiplo de 7? Depois de 3 192, qual é o próximo número natural divisível por 7?

Reprodução proibida. Art.184 do Código Penal e Lei 9.610 de 19 de fevereiro de 1998.

2 Divisores de um número natural

Considere estas divisões exatas:

$6:1 = 6$ — 6 é divisível por 1. / 1 é divisor de 6.

$6:3 = 2$ — 6 é divisível por 3. / 3 é divisor de 6.

$6:2 = 3$ — 6 é divisível por 2. / 2 é divisor de 6.

$6:6 = 1$ — 6 é divisível por 6. / 6 é divisor de 6.

Os números 1, 2, 3 e 6 são denominados **divisores** ou **fatores** de 6.
Podemos afirmar que:

> Se a divisão de um número natural por outro, não nulo, é exata, o segundo número é **divisor** do primeiro.

Observe estas divisões:

135 | 15	176 | 18	322 | 23
0 9	14 9	0 14
divisão exata	divisão não exata	divisão exata

Podemos afirmar que:

- 15 é divisor de 135;
- 18 **não** é divisor de 176;
- 23 é divisor de 322.

Reprodução proibida. Art.184 do Código Penal e Lei 9.610 de 19 de fevereiro de 1998.

Observações

1 O zero não é divisor de nenhum número.
Por exemplo:

$$5:0 = ?$$

Note que não existe nenhum número que, multiplicado por zero, dê 5 como resultado.

2 Todo número natural, não nulo, é divisor dele mesmo.

- $6:6 = 1$ → 6 é divisor de 6.
- $8:8 = 1$ → 8 é divisor de 8.
- $15:15 = 1$ → 15 é divisor de 15.

3 O número 1 é divisor de todos os números naturais.

- $8:1 = 8$ → 1 é divisor de 8.
- $12:1 = 12$ → 1 é divisor de 12.
- $20:1 = 20$ → 1 é divisor de 20.

EXERCÍCIOS

7 Efetue as divisões para verificar se o número 600 é divisível por:

a) 12; c) 18; e) 36;
b) 15; d) 24; f) 90.

8 Escreva:

a) todos os divisores de 30;
b) os divisores de 72 compreendidos entre 10 e 30;
c) os divisores ímpares de 40;
d) os divisores pares de 40.

9 Responda às questões abaixo.

a) Qual é o maior divisor de qualquer número não nulo?
b) Qual é o menor divisor de qualquer número?
c) O número 1 é divisor de qualquer número natural?
d) O número 0 é divisível por todos os outros números naturais?
e) Quais são os números que, divididos por 2, deixam resto 1?

10 Escreva:

a) o maior número de três algarismos divisível por 2;
b) os três maiores divisores de 32;
c) os fatores de 96 compreendidos entre 10 e 25.

11 Determine dois submúltiplos (fatores) de 24 compreendidos entre 5 e 10.

12 Determine o maior número de três algarismos divisível por 23.

13 Qual é o menor número que devemos adicionar a 1 657 para torná-lo um múltiplo de 100?

14 Classifique as afirmações abaixo em verdadeiras (V) ou falsas (F).

a) 2 é divisor de 1 154.
b) 7 é divisor de 185.
c) 3, 5, 9 e 10 são divisores de 810.
d) 2, 3, 9 e 100 são divisores de 117.

15 Junte-se a um colega, leiam a questão e resolvam-na.

A professora escreveu em um quadro os divisores de 12 e os divisores de 36 em ordem crescente. Em seguida, uniu alguns desses divisores. Observe:

GEORGE TUTUMI

Que conclusões sugerem os registros da professora?

16 Responda:

a) 14 é divisor de 196?
b) 16 é divisor de 500?
c) 32 é divisor de 288?
d) 60 é divisor de 60 000?
e) 8 é divisor de 74?

17 Copie a figura abaixo no caderno, substituindo os ■ pelos divisores de 36, de modo que cada número seja divisor daquele que vem depois da seta. Mas atenção: não pode haver repetição dos números!

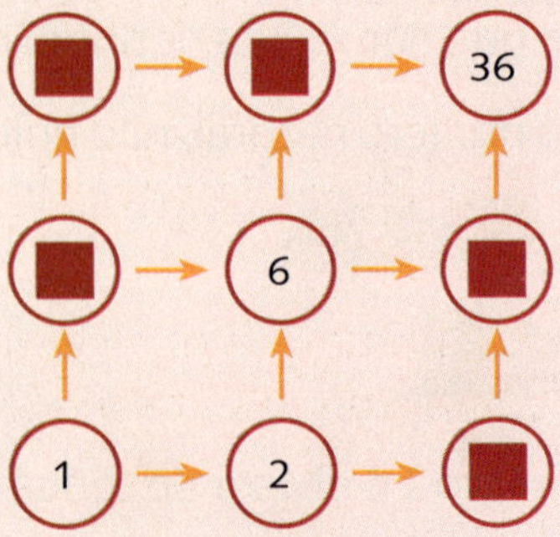

18 Determine o algarismo ★ de modo que o número 18★3 seja divisível por 2. Como você explicaria sua resposta para um colega?

Reprodução proibida. Art.184 do Código Penal e Lei 9.610 de 19 de fevereiro de 1998.

3 Critérios de divisibilidade

Para verificar se um número é divisível por outro, costuma-se efetuar uma divisão geralmente trabalhosa.

Existem, porém, alguns critérios de divisibilidade que permitem verificar rapidamente se um número é divisível por outro, sem efetuar a divisão.

Tais critérios estão relacionados a padrões, regularidades. Provavelmente você já observou um padrão: todo número par é divisível por 2.

A seguir, vamos apresentar alguns **critérios de divisibilidade** obtidos pela observação desses padrões.

Divisibilidade por 2

Um número natural é divisível por 2 quando é par, ou seja, quando termina em um algarismo par (0, 2, 4, 6 ou 8).

Exemplos

- 12 é divisível por 2, porque é par (termina em 2).
- 360 é divisível por 2, porque é par (termina em 0).
- 137 não é divisível por 2, porque não é par.

Reprodução proibida. Art.184 do Código Penal e Lei 9.610 de 19 de fevereiro de 1998.

Divisibilidade por 3

Um número natural é divisível por 3 quando a soma dos seus algarismos é divisível por 3.

Exemplos

- 207 é divisível por 3, pois a soma de seus algarismos é 9 $(2 + 0 + 7)$, e 9 é divisível por 3.
- 7 458 é divisível por 3, pois a soma de seus algarismos é 24 $(7 + 4 + 5 + 8)$, e 24 é divisível por 3.
- 1 438 não é divisível por 3, pois a soma de seus algarismos é 16 $(1 + 4 + 3 + 8)$, e 16 não é divisível por 3.

Divisibilidade por 4

Um número natural, maior ou igual a 100, é divisível por 4 quando termina em 00 ou quando o número formado pelos seus dois últimos algarismos é divisível por 4.

Exemplos

- 1 800 é divisível por 4, pois termina em 00.
- 4 116 é divisível por 4, pois 16 (os dois últimos algarismos à direita) é divisível por 4.
- 3 850 não é divisível por 4, pois não termina em 00, e 50 não é divisível por 4.

Lendo e aprendendo

Ano bissexto

Um ano é o intervalo de tempo correspondente a uma revolução da Terra em torno do Sol.

Poucas décadas antes de Cristo, já se acreditava que a Terra levava 365 dias e 6 horas para dar uma volta em torno do Sol. Assim, para compensar essas 6 horas adicionais no calendário, o imperador Júlio César determinou, em 45 a.C., que de quatro em quatro anos haveria o dia 29 de fevereiro, e o ano teria 366 dias (daí o termo "bissexto", pois o número 6 aparece duas vezes em 366). Os anos bissextos são divisíveis por 4.

GEORGE TUTUMI

Na verdade, o tempo exato correspondente a um ano é 365 dias, 5 horas, 48 minutos e 47 segundos. Com o arredondamento desse tempo para 366 dias, a cada 400 anos haveria uma diferença acumulada de três dias. Para compensar essa distorção, foram eliminados alguns anos cujo número é divisível por 4. Assim, entre os números que terminam em 00, passaram a ser considerados bissextos apenas os que são divisíveis por 400.

Exemplos

- 2000 foi ano bissexto, pois 2 000 é divisível por 4 e por 400.
- 2200 não será ano bissexto, pois 2 200 é divisível por 4, mas não é divisível por 400.

Reprodução proibida. Art.184 do Código Penal e Lei 9.610 de 19 de fevereiro de 1998.

Divisibilidade por 5

Um número natural é divisível por 5 quando o algarismo das unidades é zero (0) ou 5.

Exemplos

- 405 é divisível por 5, porque o algarismo das unidades é 5.
- 340 é divisível por 5, porque o algarismo das unidades é 0.
- 513 não é divisível por 5, pois o algarismo das unidades não é 0 nem 5.

Divisibilidade por 6

Um número natural é divisível por 6 quando é divisível por 2 e também por 3.

Exemplos

- 312 é divisível por 6, porque é divisível por 2 (par) e por 3 ($3 + 1 + 2 = 6$).
- 5 214 é divisível por 6, porque é divisível por 2 (par) e por 3 ($5 + 2 + 1 + 4 = 12$).
- 716 não é divisível por 6, porque, apesar de ser divisível por 2 (par), não é divisível por 3 ($7 + 1 + 6 = 14$).

EXERCÍCIOS

19 Copie, no caderno, o quadro abaixo e marque com **X** os divisores de cada número.

Números \ Divisores	2	3	4	5	6
216					
678					
745					
1 224					
3 206					
6 272					
9 316					

20 Escreva o menor número de três algarismos divisível por:

a) 2;
b) 3;
c) 4;
d) 5;
e) 6.

21 Dos números a seguir, determine os que são divisíveis, ao mesmo tempo, por 2 e 5.

a) 805
b) 160
c) 420
d) 1 837
e) 5 000
f) 803

22 Determine as afirmativas corretas.

a) Todo número divisível por 6 é também divisível por 2.
b) Todo número par é divisível por 5.
c) Nenhum número ímpar é divisível por 2.
d) Todo número divisível por 4 é também divisível por 2.

23 Dado o número de três algarismos: $5k6$, pergunta-se:

a) Esse número é divisível por 5?
b) Por que valores devemos substituir k para obter um número divisível por 3?

24 Qual é o menor número que devemos subtrair do número 5 178 para obter um número divisível, ao mesmo tempo, por 2 e por 5?

25 Determine os anos da linha do tempo que são bissextos.

26 Escreva:

a) o menor número de quatro algarismos diferentes divisível por 3;
b) o maior número de três algarismos divisível por 5;
c) o menor número de três algarismos divisível, ao mesmo tempo, por 2, 3 e 5;
d) o maior número de três algarismos divisível, ao mesmo tempo, por 3 e 4.

27 Um número de quatro algarismos é representado por: $1\,23n$.

Determine os valores de n para que esse número seja divisível por:

a) 2; b) 3; c) 4; d) 5; e) 6.

28 Escreva o menor número que devemos somar a 763 para obter um número divisível por:

a) 3;
b) 5;
c) 2 e 3 ao mesmo tempo.

29 O número 12 345 678 910 é divisível por 4? E por 5?

30 Com um colega, explique por que todos os números de três algarismos iguais são divisíveis por 3.

31 Determine o maior número de quatro algarismos diferentes que seja:

a) divisível por 2 e por 3;
b) divisível por 2, mas não por 3;
c) divisível por 3, mas não por 2;
d) não divisível por 2 nem por 3.

Reprodução proibida. Art.184 do Código Penal e Lei 9.610 de 19 de fevereiro de 1998.

Divisibilidade por 8

Um número natural é divisível por 8 quando termina em 000 ou quando o número formado pelos três últimos algarismos é divisível por 8.

Exemplos

- 7 000 é divisível por 8, pois termina em 000.
- 56 104 é divisível por 8, pois 104 (três últimos algarismos) é divisível por 8.
- 78 164 não é divisível por 8, pois 164 não é divisível por 8.

Divisibilidade por 9

Um número natural é divisível por 9 quando a soma dos valores absolutos de seus algarismos é divisível por 9.

Exemplos

- 6 435 é divisível por 9, pois a soma de seus algarismos é 18 (6 + 4 + 3 + 5), e 18 é divisível por 9.
- 34 869 não é divisível por 9, pois a soma de seus algarismos é 30 (3 + 4 + 8 + 6 + 9), e 30 não é divisível por 9.

Reprodução proibida. Art.184 do Código Penal e Lei 9.610 de 19 de fevereiro de 1998.

Divisibilidade por 10

Um número natural é divisível por 10 quando termina em zero (0).

Exemplos

- 70 é divisível por 10, porque termina em 0.
- 5 805 não é divisível por 10, porque não termina em 0.

DOUGLAS FRANCHIN

Divisibilidade por 11

Um número natural é divisível por 11 quando a diferença entre a soma dos valores absolutos de seus algarismos de ordem ímpar e a soma dos valores absolutos de seus algarismos de ordem par é divisível por 11.

Exemplos

- 87 549 é divisível por 11.

  Observe:

Número:	8	7	5	4	9
	↓	↓	↓	↓	↓
Ordem:	5ª	4ª	3ª	2ª	1ª

Soma dos valores absolutos dos algarismos de ordem ímpar: $9 + 5 + 8 = 22$
Soma dos valores absolutos dos algarismos de ordem par: $4 + 7 = 11$

$22 - 11 = 11$

11 é divisível por 11.

- 439 087 é divisível por 11.

Observe:

Soma dos valores absolutos dos algarismos de ordem ímpar: $7 + 0 + 3 = 10$
Soma dos valores absolutos dos algarismos de ordem par: $8 + 9 + 4 = 21$

$10 - 21 = ?$

Como o minuendo é menor que o subtraendo, acrescenta-se o menor múltiplo de 11 (diferente de zero) ao minuendo, para que a subtração possa ser realizada. Veja:

$10 + 11 = 21$

Assim, $21 - 21 = 0$.

Como zero é divisível por 11, o número 439 087 é divisível por 11.

Divisibilidade por 12

Um número natural é divisível por 12 quando é divisível por 3 e também por 4. Lembre-se de que: $12 = 3 \cdot 4$.

Exemplos

- 720 é divisível por 12, porque é divisível por 3 ($7 + 2 + 0 = 9$) e por 4 (20 é divisível por 4).
- 870 não é divisível por 12, porque é divisível por 3 ($8 + 7 + 0 = 15$), mas não é divisível por 4 (70 não é divisível por 4).

Reprodução proibida. Art.184 do Código Penal e Lei 9.610 de 19 de fevereiro de 1998.

Divisibilidade por 15

Um número natural é divisível por 15 quando é divisível por 3 e também por 5. Lembre-se de que: $15 = 3 \cdot 5$.

Exemplos

- 105 é divisível por 15, porque é divisível por 3 ($1 + 0 + 5 = 6$) e por 5 (termina em 5).
- 530 não é divisível por 15, porque é divisível por 5 (termina em 0), mas não é divisível por 3 ($5 + 3 + 0 = 8$).

Divisibilidade por 25

Um número natural é divisível por 25 quando seus dois algarismos finais são 00, 25, 50 ou 75.

Exemplos

- 300 é divisível por 25.
- 425 é divisível por 25.
- 750 é divisível por 25.
- 975 é divisível por 25.
- 1 505 não é divisível por 25.

EXERCÍCIOS

32 Qual é o maior número de seis algarismos divisível por 10?

33 Copie, no caderno, o quadro abaixo e marque com **X** os divisores de cada número.

Números \ Divisores	8	9	10	11	12	15	25
1672							
1200							
545							
8371							
6000							

34 Considere os números 450, 660, 768, 860 e 960.

a) Quais deles são divisíveis por 12?

b) Quais deles são divisíveis por 15?

35 Utilizando uma calculadora, determine, entre os números abaixo, o que não é divisível por 11.

a) 81719

b) 100001

c) 638198

d) 740000

36 Qual é o maior número de três algarismos divisível por 8?

37 Substitua as letras A e B no número $4A\,47B$ a fim de obter um número divisível, ao mesmo tempo, por 2, 5, 9 e 10.

38 Substitua as letras A e B no número $5A\,38B$ para obter um número divisível, ao mesmo tempo, por 5, 9 e 10.

39 Qual é o menor número que se deve somar a 1528 para obter um número divisível por 25?

40 Qual é o menor número divisível por 9, formado apenas pelo algarismo 4?

41 Pedro deseja comprar carros em miniatura em um número maior que 50 e menor que 90. Quantos desses carros ele deve comprar se pretende reparti-los, em quantidades iguais, entre ele e seus oito irmãos?

AGUS D. LAKSONO/ ALAMY/GLOW IMAGES

4 Número 1, números primos e números compostos

Vamos considerar o conjunto dos números naturais: $\mathbb{N} = \{0, 1, 2, 3, 4, 5, 6, 7, 8, 9, \ldots\}$.

Podemos verificar que:

- 0 é divisível por qualquer número diferente de zero;
- 1 é divisível apenas por 1;
- 2 é divisível por 1 e 2;
- 3 é divisível por 1 e 3;
- 4 é divisível por 1, 2 e 4;
- 5 é divisível por 1 e 5;
- 6 é divisível por 1, 2, 3 e 6;
- 7 é divisível por 1 e 7;
- 8 é divisível por 1, 2, 4 e 8;
- 9 é divisível por 1, 3 e 9.

Além disso, podemos observar que:

- 1 é divisor de qualquer número, ou seja, qualquer número é divisível por 1.
- alguns números naturais, como 2, 3, 5 e 7, têm exatamente dois divisores: o número 1 e o próprio número; eles são chamados de **números primos**.

> Um número natural é **primo** quando tem somente dois divisores distintos: o número 1 e o próprio número.

- existem números naturais, como 4, 6, 8 e 9, que têm mais de dois divisores distintos; eles são chamados de **números compostos**.

> Um número diferente de zero é **composto** quando tem mais de dois divisores distintos.

Os números compostos podem ser escritos como um produto de números primos.

Exemplos

- $8 = 2 \cdot 2 \cdot 2$
- $9 = 3 \cdot 3$
- $12 = 2 \cdot 2 \cdot 3$

Reprodução proibida. Art.184 do Código Penal e Lei 9.610 de 19 de fevereiro de 1998.

Observações

1. O número 1 não é primo nem composto, pois tem apenas um divisor: ele mesmo. O número 0 não é primo nem composto, pois tem infinitos divisores.
2. O único número primo par é o 2.
3. A palavra **primo** significa "primeiro". Os números primos são "os primeiros", pois outros números podem ser escritos a partir deles por meio de multiplicações.

Reconhecimento de um número primo

Para verificar se um número é primo, devemos dividi-lo pelos sucessivos números primos 2, 3, 5, 7, 11, 13, 17, 19, 23, ..., até obter:

- uma divisão exata; nesse caso, podemos afirmar que o número é **composto**;
- uma divisão não exata, com quociente menor ou igual ao divisor; nesse caso, podemos afirmar que o número é **primo**.

Exemplos

- Vamos verificar se o número 67 é primo.

  Observe as divisões abaixo.

67	2	67	3	67	5	67	7	67	11
07	33	07	22	17	13	4	9	1	6
1	$33 > 2$	1	$22 > 3$	2	$13 > 5$		$9 > 7$		$6 < 11$

Note que, na divisão por 11, o quociente 6 é menor que o divisor e a divisão não é exata. Então, podemos afirmar que o número 67 é **primo**.

- Vamos verificar se o número 667 é primo.

Como 667 não é divisível por 2, por 3 e por 5, vamos começar a dividir o número 667 pelos próximos números primos. Veja:

667 ÷ 7: quociente 95, resto 2 (95 > 7)

667 ÷ 11: quociente 60, resto 7 (60 > 11)

667 ÷ 13: quociente 51, resto 4 (51 > 13)

667 ÷ 17: quociente 39, resto 4 (39 > 17)

667 ÷ 23: quociente 29, resto 0 (divisão exata)

Como a divisão por 23 é exata, podemos afirmar que o número 667 **não é primo**.

Foi o matemático grego Eratóstenes quem realizou a distribuição ordenada dos primeiros números primos da sequência dos números naturais. Essa operação recebeu o nome de **crivo de Eratóstenes**. O método era simples: os números eram dispostos em ordem crescente, eliminando-se os números compostos. Dessa forma, os restantes eram os números primos.

Vamos obter os números primos de 1 a 50 pelo crivo de Eratóstenes:

1º) Eliminamos o número 1, pois já sabemos que ele não é primo.

2º) Circulamos o número 2 e riscamos seus múltiplos, que são números compostos.

3º) Circulamos o número 3 e riscamos seus múltiplos.

4º) Continuamos esse processo com os números que ainda não foram riscados até que não haja mais números a serem riscados ou circulados.

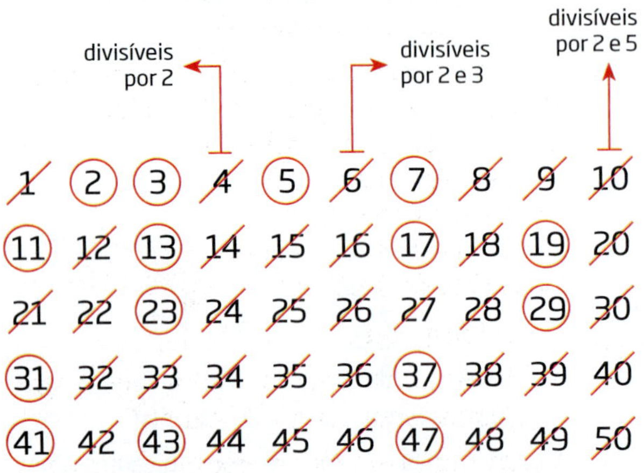

Os números circulados na sequência de 1 a 50 são números primos.

Curiosidade

Observe a seguir a lista dos números primos menores que 1 000.

2	3	5	7	11	13
17	19	23	29	31	37
41	43	47	53	59	61
67	71	73	79	83	89
97	101	103	107	109	113
127	131	137	139	149	151
157	163	167	173	179	181
191	193	197	199	211	223
227	229	233	239	241	251
257	263	269	271	277	281
283	293	307	311	313	317
331	337	347	349	353	359
367	373	379	383	389	397
401	409	419	421	431	433
439	443	449	457	461	463
467	479	487	491	499	503
509	521	523	541	547	557
563	569	571	577	587	593
599	601	607	613	617	619
631	641	643	647	653	659
661	673	677	683	691	701
709	719	727	733	739	743
751	757	761	769	773	787
797	809	811	821	823	827
829	839	853	857	859	863
877	881	883	887	907	911
919	929	937	941	947	953
967	971	977	983	991	997

Reprodução proibida. Art.184 do Código Penal e Lei 9.610 de 19 de fevereiro de 1998.

Um pouco de história

Eratóstenes (276-194 a.C.)

Nascido em Cirene, o grego Eratóstenes fez pesquisas em várias áreas do conhecimento, como astronomia, geografia e matemática. Ele trabalhou na famosa biblioteca de Alexandria, no antigo Egito.

A mais famosa contribuição de Eratóstenes à geografia e à ciência foi a medida da circunferência da Terra, efetuada com surpreendente exatidão para a época. Ele encontrou essa medida com base na diferença de latitude entre as cidades de Siene (hoje Assuã) e de Alexandria, no Egito.

Entre os matemáticos, Eratóstenes é bastante conhecido por ter inventado o célebre Crivo de Eratóstenes, um método sistemático para determinação dos números primoss. Acompanhe na linha do tempo abaixo alguns acontecimentos históricos importantes da época em que Eratóstenes viveu.

Representação de Eratóstenes.

ILUSTRAÇÕES: TOMA

264 a.C. — Teve início a Primeira Guerra Púnica (entre Cartago e Roma pelo controle da Sicília).

cerca de 230 a.C. — Data aproximada da criação do crivo de Eratóstenes.

212 a.C. — Morte de Arquimedes.

210 a.C. — Teve início a construção da Grande Muralha da China.

Representação de Arquimedes.

Trecho da Grande Muralha da China em 1906.

POPPERFOTO/GETTY IMAGES

EXERCÍCIOS

42 Quais dos números abaixo são primos?

a) 81
b) 227
c) 463
d) 101
e) 559
f) 977
g) 808
h) 585
i) 342

43 Escreva todos os números primos menores que 30.

44 De acordo com o modelo, escreva os números abaixo como produtos de números primos.

$$10 = 2 \cdot 5$$

a) 14
b) 35
c) 70
d) 42
e) 50
f) 100

45 Responda às questões abaixo.

a) Quais são os divisores de um número primo?
b) Qual é o único número par que é primo?
c) Qual é o maior número primo de dois algarismos?
d) Qual é o menor número primo de três algarismos?

46 O número 323 é primo? Justifique sua resposta.

47 Determine a soma de todos os números ímpares e não primos entre 20 e 50.

48 Quais são os números primos maiores que 100 e menores que 200, nos quais o algarismo das dezenas é par e maior que o algarismo das unidades?

49 Adriano lembra-se da senha de seu cartão de crédito como o produto do maior número primo de dois algarismos pelo menor número primo de três algarismos. Qual é a senha do cartão de crédito de Adriano?

GEORGE TUTUMI

Agora, responda:

a) Por que utilizamos senha nos pagamentos com cartão de crédito?
b) Crie uma senha de quatro dígitos para um cartão de crédito. Que cuidados você deve ter com essa senha?

5 Decomposição em fatores primos

Todo número natural composto pode ser representado por meio de uma multiplicação de dois ou mais fatores. Veja:

$$60 = 2 \cdot 30 \qquad 60 = 2 \cdot 5 \cdot 6 \qquad 60 = 2 \cdot 5 \cdot 2 \cdot 3$$

Temos acima três **fatorações** do número 60.

Note que, em $60 = 2 \cdot 5 \cdot 2 \cdot 3$, todos os fatores são primos. Essa igualdade pode ser escrita também como $60 = 2^2 \cdot 3 \cdot 5$. Realizamos, assim, a **fatoração completa** do número 60.

Observe, a seguir, três maneiras de decompor o número 72 em um produto de fatores primos.

$$72 = 4 \cdot 18 = 2 \cdot 2 \cdot 2 \cdot 3 \cdot 3 = 2^3 \cdot 3^2$$

$$72 = 6 \cdot 12 = 2 \cdot 3 \cdot 2 \cdot 2 \cdot 3 = 2^3 \cdot 3^2$$

$$72 = 8 \cdot 9 = 2 \cdot 2 \cdot 2 \cdot 3 \cdot 3 = 2^3 \cdot 3^2$$

EDUARDO FRANCISCO

Nessas três decomposições, o produto de fatores primos é o mesmo. Assim, $2^3 \cdot 3^2$ é a **decomposição em fatores primos** do número 72.

Utilizando um procedimento prático, podemos decompor números maiores. Vamos apresentá-lo por meio de exemplos.

Exemplos

- Vamos decompor o número 420 em fatores primos.

420	2	Iniciamos dividindo o número 420 pelo seu menor divisor primo, que é 2. 2 é o menor divisor primo de 420.
(:2) 210	2	2 é o menor divisor primo de 210.
(:2) 105	3	Não sendo possível dividir 105 por 2, vamos dividi-lo pelo próximo divisor primo, que é 3. 3 é o menor divisor primo de 105.
(:3) 35	5	Não sendo possível dividir 35 por 3, vamos dividi-lo pelo próximo divisor primo, que é 5. 5 é o menor divisor primo de 35.
(:5) 7	7	Não sendo possível dividir 7 por 5, vamos dividi-lo pelo próprio 7, que é primo. 7 é o menor divisor primo de 7.
(:7) 1		

$$420 = 2 \cdot 2 \cdot 3 \cdot 5 \cdot 7$$

$$420 = 2^2 \cdot 3 \cdot 5 \cdot 7$$

Terminamos esse processo quando obtemos o quociente 1. A coluna da direita apresenta os fatores primos de 420.

Observe que utilizamos os números primos em ordem crescente por opção, mas poderíamos dispô-los em qualquer ordem.

Reprodução proibida. Art.184 do Código Penal e Lei 9.610 de 19 de fevereiro de 1998.

- Vamos, agora, decompor os números 360 e 1 386 em fatores primos utilizando o mesmo procedimento.

360	2
180	2
90	2
45	3
15	3
5	5
1	

$360 = 2 \cdot 2 \cdot 2 \cdot 3 \cdot 3 \cdot 5$

$360 = 2^3 \cdot 3^2 \cdot 5$

1 386	2
693	3
231	3
77	7
11	11
1	

$1\,386 = 2 \cdot 3 \cdot 3 \cdot 7 \cdot 11$

$1\,386 = 2 \cdot 3^2 \cdot 7 \cdot 11$

Cálculo da raiz quadrada de um número

Por meio da decomposição de um número em fatores primos, podemos determinar a sua raiz quadrada, quando esta for exata.

Exemplo

Vamos determinar a raiz quadrada de 400.

400	2
200	2
100	2
50	2
25	5
5	5
1	

Assim:

$400 = 2 \cdot 2 \cdot 2 \cdot 2 \cdot 5 \cdot 5$

DOUGLAS FRANCHIN

Aplicando as propriedades comutativa e associativa da multiplicação, temos:

$400 = (2 \cdot 2 \cdot 5) \cdot (2 \cdot 2 \cdot 5)$

$400 = 20 \cdot 20 = 20^2$

Logo, $\sqrt{400} = 20$, pois $20 \cdot 20 = 400$ ou $20^2 = 400$.

Processo prático: $400 = 2^4 \cdot 5^2$ (expoentes $:2$)

$\sqrt{400} = 2^2 \cdot 5^1 = 20$

Observe outros exemplos em que é usado o processo prático:

- $144 = 2^4 \cdot 3^2$ (expoentes $:2$) → $\sqrt{144} = 2^2 \cdot 3^1 = 12$
- $2\,401 = 7^4$ (expoente $:2$) → $\sqrt{2\,401} = 7^2 = 49$
- $1\,225 = 5^2 \cdot 7^2$ (expoentes $:2$) → $\sqrt{1\,225} = 5^1 \cdot 7^1 = 35$
- $9\,604 = 2^2 \cdot 7^4$ (expoentes $:2$) → $\sqrt{9\,604} = 2^1 \cdot 7^2 = 98$

Observação

Para que um número tenha raiz quadrada exata, é preciso que todos os expoentes dos fatores da sua decomposição sejam números pares.

Reprodução proibida. Art.184 do Código Penal e Lei 9.610 de 19 de fevereiro de 1998.

6 Determinação dos divisores de um número

Podemos determinar todos os divisores de um número por meio de um processo prático. Observe, na determinação dos divisores de 60, a sequência do processo.

1º) Decompomos o número em fatores primos.

60	2
30	2
15	3
5	5
1	

2º) Traçamos um segmento vertical à direita da decomposição obtida e escrevemos 1 (divisor de todos os números) no alto, um pouco acima do primeiro fator primo.

		1
60	2	
30	2	
15	3	
5	5	
1		

3º) Multiplicamos cada fator primo pelos divisores anteriores e escrevemos os produtos ao lado de cada fator. Não repetimos os divisores obtidos mais de uma vez.

		1
60	2	2 (2·1)
30	2	4 (2·2)
15	3	3, 6, 12 (3·1, 3·2, 3·4)
5	5	5, 10, 20, 15, 30, 60 (5·1, 5·2, 5·4, 5·3, 5·6, 5·12)
1		

Logo, os divisores de 60 são 1, 2, 3, 4, 5, 6, 10, 12, 15, 20, 30 e 60.

Podemos indicar os divisores de 60 assim: D(60) = {1, 2, 3, 4, 5, 6, 10, 12, 15, 20, 30, 60}.

Os divisores primos de 60 são 2, 3 e 5; os divisores compostos são 4, 6, 10, 12, 15, 20, 30 e 60.

Determinação da quantidade de divisores de um número

Muitas vezes precisamos saber apenas **quantos divisores** tem um número, sem que seja necessário determiná-los.

Para isso, podemos usar uma importante regra matemática: a **lei do expoente**.

Assim, para determinar a quantidade de divisores de um número usando a lei do expoente, devemos obedecer a esta sequência:

1º) Fatorar o número dado.

2º) Adicionar 1 a cada expoente dos fatores primos obtidos.

3º) Multiplicar os resultados.

Reprodução proibida. Art.184 do Código Penal e Lei 9.610 de 19 de fevereiro de 1998.

Exemplo

Vamos determinar a quantidade de divisores do número 90.

$$90 = 2 \cdot 3^2 \cdot 5 = 2^1 \cdot 3^2 \cdot 5^1$$

$$\downarrow$$

$$(1 + 1) \cdot (2 + 1) \cdot (1 + 1) = 2 \cdot 3 \cdot 2 = 12$$

Logo, o número 90 tem 12 divisores.

Podemos justificar o acréscimo de uma unidade no expoente de cada fator por conta dos fatores de expoente zero (2^0, 3^0 e 5^0), que também participam do cálculo dos divisores de um número.

Cuidado!

A lei do expoente só pode ser utilizada quando o produto é composto exclusivamente de fatores primos.

No caso de $40 = 5 \cdot 8$, não podemos utilizar a lei do expoente sobre esse produto, pois o número 8 não é primo.

Aplicação correta:

$$40 = 5 \cdot 8 = 5^1 \cdot 2^3$$

$$\downarrow$$

$$(1 + 1) \cdot (3 + 1)$$

$$2 \cdot 4 = 8$$

Curiosidade

Números perfeitos

Os gregos chamavam de número perfeito o número natural cuja soma de seus divisores próprios (excluído o próprio número) coincidisse com ele.

Exemplos

Números perfeitos	Divisores próprios	Soma dos divisores próprios
6	1, 2 e 3	$1 + 2 + 3 = 6$
28	1, 2, 4, 7 e 14	$1 + 2 + 4 + 7 + 14 = 28$

Reprodução proibida. Art.184 do Código Penal e Lei 9.610 de 19 de fevereiro de 1998.

7 Fatores, múltiplos e divisores de um número natural

Conhecendo a fatoração completa de um número natural, podemos tirar conclusões a respeito de sua divisibilidade e de seus divisores, assim como saber se ele é ou não múltiplo de outro número. Observe que, por meio da fatoração completa do número 60, podemos chegar a algumas conclusões.

$60 = 2^2 \cdot 3 \cdot 5$ —

- 60 é múltiplo de 15, pois $3 \cdot 5$ é 15, que é fator de 60.
- 60 é divisível por 12, pois $2^2 \cdot 3$ é 12, que é fator de 60.
- 60 não é divisível por 21, pois 21 é $3 \cdot 7$, e 7 não é fator de 60.

- Um número é divisor de outro quando seus fatores primos são **comuns** a esse outro número, com expoentes **iguais** ou **menores**.

Exemplos

- 12 é divisor de 72.

$72 = 2 \cdot 2 \cdot 2 \cdot 3 \cdot 3 = \mathbf{2^3 \cdot 3^2}$

$12 = 2 \cdot 2 \cdot 3 = \mathbf{2^2 \cdot 3}$

O número 12 tem fatores primos comuns ao número 72 com expoentes menores.

- 40 não é divisor de 70.

$70 = \mathbf{2 \cdot 5} \cdot 7$

$40 = \mathbf{2^3 \cdot 5}$

O número 40 tem fatores primos comuns ao número 70; entretanto, o fator 2 do número 40 tem expoente superior ao expoente do fator 2 do número 70.

▸ Um número é divisível por outro (múltiplo) quando contém **todos** os fatores primos desse outro com expoentes **iguais** ou **maiores**.

Exemplos

- 252 é divisível por 18.

$252 = 2^2 \cdot 3^2 \cdot 7$

$18 = 2 \cdot 3^2$

252 contém todos os fatores primos de 18 (com expoentes iguais ou maiores).

- 2 520 não é divisível por 54.

$2\,520 = 2^3 \cdot 3^2 \cdot 5 \cdot 7$

$54 = 2 \cdot 3^3$

Embora 2 520 contenha todos os fatores primos de 54, um deles (3) tem expoente menor que o apresentado no mesmo fator primo do número 54.

EXERCÍCIOS

50 Escreva a fatoração completa dos números abaixo.

a) 96　c) 1 024　e) 2 870
b) 324　d) 1 260　f) 3 575

51 Escreva o número cuja forma fatorada seja igual a:

a) $2^2 \cdot 3 \cdot 7$;　c) $2^4 \cdot 7$;
b) $2^3 \cdot 3^2 \cdot 5$;　d) $2 \cdot 7^2 \cdot 11$.

52 Quais são os divisores comuns a 30 e 140?

53 Determine todos os divisores dos números a seguir.

a) 50　c) 288　e) 1 800
b) 90　d) 496　f) 4 000

Qual deles é um número perfeito?

54 Quantos divisores têm os números *A*, *B* e *C*? (Use a lei do expoente.)

a) $A = 2^3 \cdot 3^2$　c) $C = 2^3 \cdot 5^2 \cdot 7$
b) $B = 2 \cdot 3^2 \cdot 5$

55 Utilizando a decomposição em fatores primos, determine:

a) $\sqrt{36}$　b) $\sqrt{529}$　c) $\sqrt{2025}$　d) $\sqrt{4356}$

56 Dado o número $A = 2^3 \cdot 5^2 \cdot 7$, pergunta-se:

a) Qual é o número *A*?
b) Qual é o maior divisor primo de *A*?
c) Quantos divisores tem *A*?
d) Qual é o maior divisor composto de *A*?

57 É possível determinar a raiz quadrada de 1 200 utilizando o processo da decomposição em fatores primos? Justifique sua resposta.

58 Utilizando a decomposição em fatores primos, determine o menor número, não nulo, pelo qual se deve multiplicar 3 675 para obter um número divisível por 490.

59 Sendo $A = 2^3 \cdot 3 \cdot 5^2$ e $B = 2^n \cdot 5$, determine o maior valor possível de *n* para que *B* seja divisor de *A*.

60 Todo quadrado perfeito par tem raiz par? Justifique sua resposta.

Reprodução proibida. Art.184 do Código Penal e Lei 9.610 de 19 de fevereiro de 1998.

8 Máximo divisor comum (mdc)

Vamos considerar os números 12, 18 e 24 e seus respectivos divisores.

Números	Divisores
12	**1**, **2**, **3**, 4, **6** e 12
18	**1**, **2**, **3**, **6**, 9 e 18
24	**1**, **2**, **3**, 4, **6**, 8, 12 e 24

DOUGLAS FRANCHIN

Os números 1, 2, 3 e 6 são os **divisores comuns** de 12, 18 e 24.

Observe que 6 é o **maior divisor comum** (mdc) dos números 12, 18 e 24, o que indicamos assim: mdc (12, 18, 24) = 6.

Então:

> Dados dois ou mais números naturais diferentes de zero, denomina-se **máximo divisor comum (mdc)** desses números o maior dos seus divisores comuns.

A seguir, vamos estudar dois processos para o cálculo do mdc de dois ou mais números.

Reprodução proibida. Art.184 do Código Penal e Lei 9.610 de 19 de fevereiro de 1998.

Decomposição em fatores primos

Esse processo baseia-se no critério de divisibilidade de um número por outro, estudado neste capítulo.

Na determinação do mdc de dois ou mais números pelo processo da decomposição em fatores primos, devemos obedecer a esta sequência:

1º) Decompomos os números em fatores primos.

2º) Multiplicamos os **fatores primos comuns**, cada um deles elevado ao menor expoente. O produto obtido é o maior divisor comum (mdc).

Exemplo

Vamos determinar o mdc de 120, 200 e 420.

Decompondo esses números em fatores primos, temos:

$120 = \mathbf{2}^3 \cdot 3^1 \cdot \mathbf{5}^1$

$200 = \mathbf{2}^3 \cdot \mathbf{5}^2$

$420 = \mathbf{2}^2 \cdot 3^1 \cdot \mathbf{5}^1 \cdot 7^1$

Os menores expoentes dos fatores comuns 2 e 5 são 2 e 1, respectivamente.

Logo, mdc (120, 200, 420) = $2^2 \cdot 5^1 = 20$.

Divisões sucessivas (ou algoritmo de Euclides)

Nesse processo, efetuamos várias divisões até chegar a uma divisão exata. O divisor dessa divisão é o mdc.

Procedimento:

1º) Dividimos o **maior** número pelo **menor**.

2º) Se a divisão for exata, o maior divisor comum será o menor deles. Se a divisão não for exata, dividiremos o menor pelo resto e assim sucessivamente. Quando obtivermos um resto zero, o último divisor será o mdc procurado.

Essas divisões sucessivas podem ser efetuadas por meio de um dispositivo prático denominado **algoritmo de Euclides**, em homenagem ao matemático grego Euclides de Alexandria, que viveu no século III a.C.

Exemplo

Vamos determinar o mdc de 120 e 25.

Efetuamos a divisão 120 : 25.

	4			← quocientes
120	25			← divisores
20				← restos

Como a divisão foi inexata com resto 20, efetuamos 25 : 20.

	4	1		← quocientes
120	25	20		← divisores
20	5			← restos

A divisão ainda não é exata; tem resto 5. Assim, efetuamos 20 : 5.

	4	1	4	← quocientes
120	25	20	5	← divisores
20	5	0		← restos

↑ divisão exata (resto 0)

DOUGLAS FRANCHIN

Como a divisão é exata, concluímos que 5 é o mdc de 120 e 25.

No cálculo do mdc de três números, podemos determinar o mdc dos dois maiores e, em seguida, determinar o mdc do resultado obtido com o menor número.

Observamos ainda que:

- Quando o mdc de dois ou mais números naturais for igual a 1, esses números serão **primos entre si**.

Exemplo

4 e 9 são primos entre si, pois mdc (4, 9) = 1.

Mas cuidado! É errado pensar que números primos entre si sejam, necessariamente, números primos. Por exemplo, 12 e 25 são números compostos, mas primos entre si.

- Dois números naturais consecutivos são sempre **primos entre si**.

Exemplo

7 e 8, 16 e 17, 30 e 31 são pares de números primos entre si.

Reprodução proibida. Art.184 do Código Penal e Lei 9.610 de 19 de fevereiro de 1998.

- Sendo a e b números **primos entre si**, se um número for divisível por a e por b, também será divisível por $\boldsymbol{a \cdot b}$.

Exemplos

- Se um número é divisível por 3 e por 4, também é divisível por 12.
- Se um número é divisível por 9 e por 11, também é divisível por 99.

- Dados dois ou mais números, se o menor deles é divisor de todos os outros, é também o mdc dos números dados.

Exemplo

Vamos encontrar o mdc de 9, 18 e 45.

$9 = \mathbf{3}^2$

$18 = 2 \cdot \mathbf{3}^2$ — mdc (9, 18, 45) = 9

$45 = \mathbf{3}^2 \cdot 5$

- Multiplicando ou dividindo dois ou mais números por certo número (diferente de zero), seu maior divisor comum ficará multiplicado ou dividido por esse número.

Exemplo

Seja mdc (18, 12) = 6. Multiplicando 18 e 12 por 2, temos:

mdc (36, 24) = 12 (o mdc também ficou duplicado)

Reprodução proibida. Art. 184 do Código Penal e Lei 9.610 de 19 de fevereiro de 1998.

EXERCÍCIOS

61 Dados os números 24 e 40, determine:

a) os divisores de 24;

b) os divisores de 40;

c) os divisores comuns de 24 e 40;

d) o maior divisor comum de 24 e 40.

62 Calcule mentalmente o mdc dos números:

a) 50 e 100; c) 72 e 216;

b) 16 e 80; d) 20 e 100.

63 Calcule, pela decomposição em fatores primos, o mdc dos números abaixo.

a) 40 e 64 c) 40, 70 e 90

b) 80, 100 e 120 d) 576 e 96

64 Sendo $P = 2^3 \cdot 3 \cdot 5^2$, $A = 2 \cdot 3^2 \cdot 7$ e $Z = 2^4 \cdot 3^3 \cdot 5$, calcule o mdc (P, A, Z).

65 Utilizando o algoritmo de Euclides (processo das divisões sucessivas), calcule o mdc dos números a seguir.

a) 36 e 45 c) 120, 300 e 540

b) 1000 e 850 d) 240, 180, 72 e 54

66 Verifique se os números 16 e 25 são primos entre si.

67 Qual é o mdc de dois números consecutivos?

68 Determine os dois números maiores que 5 e menores que 10, não primos, porém primos entre si.

69 Dois números primos entre si são multiplicados por 28. Qual é o mdc dos dois produtos obtidos?

70 O mdc de dois números é 18. Se dividirmos cada um deles por 3, qual será o mdc dos novos números?

71 Um número é o dobro do outro, e o mdc entre eles é 13. Determine os dois menores números que satisfazem essa afirmação.

72 O número 36 é divisível por 6 e por 4, mas não é divisível por $6 \cdot 4$. Explique por quê.

9 Mínimo múltiplo comum (mmc)

Vamos considerar os números 2, 3 e 4 e seus respectivos múltiplos.

Números	Múltiplos
2	**0**, 2, 4, 6, 8, 10, **12**, ...
3	**0**, 3, 6, 9, **12**, 15, 18, ...
4	**0**, 4, 8, **12**, 16, 20, **24**, ...

DOUGLAS FRANCHIN

Os **múltiplos comuns** de 2, 3 e 4 são: 0, 12, 24, 36, 48, ...

Observe que **12** é o **menor múltiplo comum** (mmc), diferente de zero, dos números 2, 3 e 4, o que indicamos assim: mmc (2, 3, 4) = 12.

Desta maneira:

> Dados dois ou mais números naturais diferentes de zero, denomina-se **mínimo múltiplo comum** (**mmc**) desses números o menor dos seus múltiplos comuns diferente de zero.

A seguir, vamos estudar dois processos para o cálculo do mmc de dois ou mais números.

Decomposição em fatores primos

Esse processo baseia-se no critério de divisibilidade de um número por outro, estudado neste capítulo.

Na determinação do mmc de dois ou mais números pelo processo da decomposição em fatores primos, devemos obedecer a esta sequência:

1º) Decompomos os números em fatores primos.

2º) Multiplicamos os **fatores primos comuns** e **não comuns**, cada um deles elevado ao seu maior expoente. O produto obtido é o menor múltiplo comum (mmc).

Exemplo

Vamos determinar o mmc de 12, 20 e 24.

Decompondo esses números em fatores primos, temos:

$12 = 2^2 \cdot \mathbf{3}^1$

$20 = 2^2 \cdot \mathbf{5}^1$

$24 = \mathbf{2}^3 \cdot 3^1$

Os maiores expoentes dos fatores 2, 3 e 5 são 3, 1 e 1, respectivamente.

Logo, mmc (12, 20, 24) = $2^3 \cdot 3^1 \cdot 5^1 = 120$.

Reprodução proibida. Art.184 do Código Penal e Lei 9.610 de 19 de fevereiro de 1998.

Decomposição simultânea

Na determinação do mmc de dois ou mais números pelo processo da decomposição simultânea, devemos obedecer a esta sequência:

1º) Decompomos simultaneamente os números dados em fatores primos.

2º) Determinamos o produto dos fatores primos obtidos.

Exemplo

Vamos determinar o mmc de 12, 18 e 30.

12, 18, 30	2	← Dividimos todos os números por 2.
6, 9, 15	2	← Dividimos apenas o número 6 por 2.
3, 9, 15	3	← Dividimos todos os números por 3.
1, 3, 5	3	← Dividimos apenas o número 3 por 3.
1, 1, 5	5	← Dividimos apenas o número 5 por 5.
1, 1, 1		

$$\text{mmc}\,(12, 18, 30) = 2^2 \cdot 3^2 \cdot 5 = 4 \cdot 9 \cdot 5 = 180$$

Logo, mmc $(12, 18, 30) = 180$.

Observamos que:

- O mmc de dois ou mais números primos entre si é o produto obtido entre eles.

Exemplo

Vamos determinar o mmc de 5 e 12.

5, 12	2
5, 6	2
5, 3	3
5, 1	5
1, 1	

$$\text{mmc}\,(5, 12) = 2^2 \cdot 3 \cdot 5 = \underline{12 \cdot 5} = 60$$

12 e 5 são primos entre si.

Portanto, mmc $(5, 12) = 60$.

- Dados dois ou mais números naturais, diferentes de zero, se o maior deles for múltiplo do(s) outro(s), será o mmc desses números.

Exemplo

Vamos determinar o mmc de 5, 10 e 20.

5, 10, 20	2
5, 5, 10	2
5, 5, 5	5
1, 1, 1	

$$\text{mmc}\,(5, 10, 20) = 2^2 \cdot 5 = \underline{20}$$

20 é múltiplo de 5 e 10.

Logo, mmc $(5, 10, 20) = 20$.

Reprodução proibida. Art.184 do Código Penal e Lei 9.610 de 19 de fevereiro de 1998.

- Multiplicando ou dividindo dois ou mais números por certo número, diferente de zero, seu mínimo múltiplo comum ficará multiplicado ou dividido por esse número.

Exemplo

Vamos determinar o mmc de 12 e 15 e o mmc de 24 e 30.

× 2 × 2

$$\begin{array}{rr|l} 12, & 15 & 2 \\ 6, & 15 & 2 \\ 3, & 15 & 3 \\ 1, & 5 & 5 \\ 1, & 1 & \end{array} \qquad \begin{array}{rr|l} 24, & 30 & 2 \\ 12, & 15 & 2 \\ 6, & 15 & 2 \\ 3, & 15 & 3 \\ 1, & 5 & 5 \\ 1, & 1 & \end{array}$$

mmc (12, 15) = 60 mmc (24, 30) = 120

× 2

10 Relação entre o mdc e o mmc de dois números

Observe as decomposições dos números 12 e 15:

$12 = 2^2 \cdot 3^1$

$15 = 3^1 \cdot 5^1$

Determinando o mdc e o mmc desses números, obtemos:

mdc (12, 15) = 3

mmc (12, 15) = $2^2 \cdot 3 \cdot 5 = 60$

Podemos verificar que:

$$\underbrace{12 \cdot 15}_{180} = \underbrace{\text{mdc}(12, 15) \cdot \text{mmc}(12, 15)}_{3 \cdot 60 = 180}$$

O produto de dois números diferentes de zero é igual ao produto do seu máximo divisor comum pelo seu mínimo múltiplo comum. Ou seja:

$$a \cdot b = \text{mdc}\,(a, b) \cdot \text{mmc}\,(a, b)$$

Observe que no exemplo acima o mdc contém os fatores comuns com os menores expoentes, enquanto o mmc contém os fatores não comuns e os comuns com os maiores expoentes. Reunindo todos eles em um produto, obtemos o produto dos dois números.

Reprodução proibida. Art.184 do Código Penal e Lei 9.610 de 19 de fevereiro de 1998.

EXERCÍCIOS

73 Determine:

a) os múltiplos de 15;

b) os múltiplos de 20;

c) os múltiplos comuns de 15 e 20;

d) o mmc de 15 e 20, excluído o zero.

74 Calcule mentalmente o mmc de:

a) 4 e 6;   c) 15 e 45;

b) 10 e 20;   d) 50 e 100.

75 Determine, pela decomposição em fatores primos, o mmc de:

a) 18, 27 e 45;   c) 120, 132 e 20;

b) 18, 30 e 48;   d) 150, 300 e 375.

76 Calcule o mmc entre os números:

$A = 2^3 \cdot 3 \cdot 5$, $B = 2^3 \cdot 5 \cdot 7$ e

$C = 2 \cdot 3 \cdot 5 \cdot 7$.

77 Qual é o mmc de dois números primos entre si?

78 Calcule mentalmente o mmc $(4a, 4b)$, sabendo que mmc $(a, b) = 30$.

79 Usando o processo da decomposição simultânea em fatores primos, determine o mmc dos números abaixo.

a) 90 e 120   c) 120, 300 e 450

b) 45, 54 e 72   d) 20, 40, 50 e 200

80 O mdc de dois números é 24, o mmc é 504, e um dos números é 168. Calcule o outro número.

81 O mmc de dois números primos entre si é 600, e um dos números é 24. Determine o outro número.

82 O mdc de dois números é 18, e o mmc deles é 504. Determine os dois números, sabendo que o menor deles decomposto em fatores primos é igual a $2^3 \cdot 3^2$.

Reprodução proibida. Art.184 do Código Penal e Lei 9.610 de 19 de fevereiro de 1998.

11 Exercícios envolvendo mdc e mmc

A seguir, vamos analisar alguns exercícios que envolvem aplicações de mdc e mmc.

- O mdc de dois números é 12, e os quocientes encontrados nas divisões sucessivas são 1, 3 e 2. Quais são esses números?

Solução

Observe o esquema:

	1	3	2	← quocientes
			12	← divisores
		0		← restos

Vamos proceder na ordem inversa da empregada no método das divisões sucessivas. Para determinar cada novo divisor, multiplicamos o quociente pelo divisor da coluna anterior e somamos o produto com o resto. Assim:

	1	3	2
		24	12
	12	0	

Primeiro divisor procurado:
$2 \cdot 12 + 0 = 24$

		1	3	2
		84	24	12
	24	12	0	

Segundo divisor procurado:
$3 \cdot 24 + 12 = 84$

		1	3	2
	108	84	24	12
	24	12	0	

Terceiro divisor procurado:
$1 \cdot 84 + 24 = 108$

Logo, os números são 108 e 84.

- Sendo $A = 2^4 \cdot 3^n \cdot 7$, $B = 2^m \cdot 3^3 \cdot 5$, e $C = 2^3 \cdot 3$ o mdc de A e B, determine m e n.

Solução

Sabemos que o mdc de dois ou mais números é formado pelos fatores comuns desses números (2 e 3, nesse caso) com os menores expoentes (3 e 1, nesse caso).

Verificamos, então, que $m = 3$ e $n = 1$.

- Qual é a maior medida do comprimento que uma trena deve ter para ficar contida exatamente um número inteiro de vezes nas dimensões de uma quadra de futebol de salão com 42 metros de comprimento e 22 metros de largura?

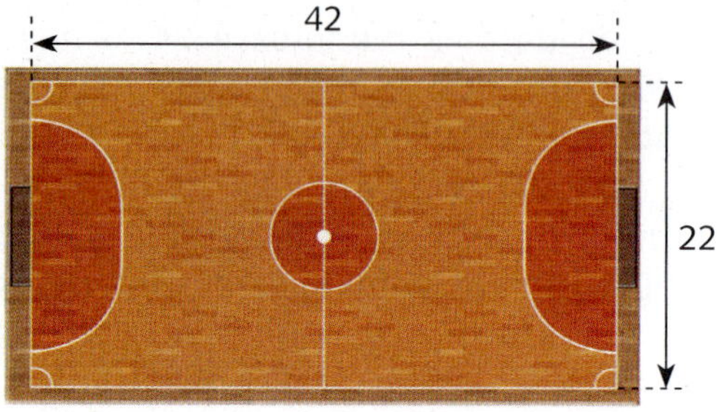

ANDERSON DE ANDRADE PIMENTEL

Solução

Como mdc (42, 22) = 2, a maior medida do comprimento que a trena deve ter é 2 metros, pois 2 é o maior divisor comum de 42 e 22.

- Encontre o menor número que, dividido sucessivamente por 10, 12 e 15, dê divisões não exatas, cujo resto seja sempre 7.

Solução

O menor número divisível, ao mesmo tempo, por 10, 12 e 15 é 60, pois mmc (10, 12, 15) = 60. Porém, sendo as divisões não exatas (resto igual a 7), conclui-se que o número é $60 + 7 = 67$.

- Determine os menores números, diferentes de zero, pelos quais devemos multiplicar 36 e 54 a fim de obter produtos iguais.

Solução

Basta determinar o mmc (36, 54), que é 108, e depois efetuar as divisões:

$108 : 36 = 3$

$108 : 54 = 2$

Então, devemos multiplicar 36 por 3 e 54 por 2, obtendo o produto 108 em ambos os casos.

- Três navios fazem o mesmo percurso entre dois portos: o primeiro, de 8 em 8 dias; o segundo, de 12 em 12 dias; o terceiro, de 18 em 18 dias.

Tendo partido juntos do porto de origem em certo dia do mês, após quantos dias sairão juntos novamente?

Solução

Como mmc (8, 12, 18) = 72, podemos afirmar que após 72 dias esses navios partirão juntos novamente.

DOUGLAS FRANCHIN

Reprodução proibida. Art.184 do Código Penal e Lei 9.610 de 19 de fevereiro de 1998.

EXERCÍCIOS

83 Copie o esquema no caderno, substituindo corretamente os ■.

	3	3	1	2
■	■	■	■	15
■	■	■	0	

84 Substitua a e b por algarismos tais que o mdc de $2^a \cdot 3^2 \cdot 5^2$ e $2^3 \cdot 5^b \cdot 7^2$ seja 100.

85 Determine os dois menores números, diferentes de zero, pelos quais devemos multiplicar 60 e 78 a fim de obter produtos iguais.

86 Quer-se dividir três peças de tecido que medem, respectivamente, 180 metros, 216 metros e 288 metros em partes iguais e do maior tamanho possível. Qual é a medida de cada uma dessas partes?

87 Uma pessoa tem quatro barras de ferro com estas medidas de comprimento: 15 metros, 25 metros, 30 metros e 35 metros. Cortando-as em pequenas barras de mesma medida de comprimento e do maior tamanho possível, sem inutilizar nenhum pedaço, quantas pequenas barras essa pessoa obterá? Qual será o tamanho de cada uma delas?

88 Duas ciclistas saem no mesmo instante do ponto de partida de uma pista circular. A primeira dá uma volta em 120 segundos, e a outra, em 135 segundos. Calcule, em minutos, o tempo que elas levarão para se encontrar novamente.

89 Determine os dois menores números pelos quais devemos dividir 204 e 96 a fim de obter quocientes iguais.

90 Sendo $A = 2^5 \cdot 3^a \cdot 5^b$, $B = 2^c \cdot 3^7$ e $C = 2^7 \cdot 3^8 \cdot 5^2$ o mmc de A e B, determine a, b e c.

91 De um terminal urbano, partem ônibus para o bairro A de 18 em 18 minutos, para o bairro B de 12 em 12 minutos e para o bairro C de 10 em 10 minutos. Sabendo que às 10 horas partiram ônibus dessas três linhas, responda: a que horas eles partirão juntos novamente?

DOUGLAS FRANCHIN

92 Um tenente, um sargento e um cabo estão de serviço hoje. Daqui a quantos dias estarão de serviço novamente juntos, se o tenente reveza seu turno de 12 em 12 dias, o sargento, de 8 em 8 dias, e o cabo, de 6 em 6 dias?

93 Calcule o menor número natural que, aumentado em 23 unidades, pode ser divisível, simultaneamente, por 15, 14 e 40.

94 Determine todos os números compreendidos entre 1 000 e 4 000 que sejam divisíveis, ao mesmo tempo, por 75, 150 e 180.

Conteúdo digital
- Atividade: Múltiplos e divisores

Trabalhando em equipe

Forme dupla com um colega e releiam atentamente o tópico "Divisores de um número natural", na página 117. Em seguida, respondam às perguntas abaixo, justificando suas respostas.

- Podemos afirmar que 23 é divisível por 23?
- Podemos afirmar que zero é divisível por 6?
- Podemos afirmar que 18 é divisível por zero?

Reprodução proibida. Art.184 do Código Penal e Lei 9.610 de 19 de fevereiro de 1998.

Trabalhando os conhecimentos adquiridos

Autoavaliação

1 Reescreva as orações com a palavra ou expressão adequada, escolhida entre as possibilidades dadas.

a) Um (múltiplo/divisor) de um número natural é o produto desse número por um número natural qualquer.

b) Um número natural, diferente de zero, é (primo/composto) quando tem mais de dois divisores distintos.

c) O conjunto dos múltiplos de um número natural diferente de zero é (finito/infinito).

d) O maior divisor de um número natural é (o número 1/ele mesmo).

2 Qual é a vantagem de conhecer alguns critérios de divisibilidade?

3 2022 será um ano bissexto? Explique.

4 O que significa decompor um número composto em fatores primos?

5 Resolva os problemas a seguir.

a) (PUC-SP) Numa linha de produção, certo tipo de manutenção é feita na máquina A a cada 3 dias, na máquina B, a cada 4 dias, e na máquina C, a cada 6 dias. Se no dia 2 de dezembro foi feita a manutenção nas três máquinas, após quantos dias as máquinas receberão manutenção no mesmo dia?

b) (Fuvest-SP) No alto da torre de uma emissora de televisão, duas luzes "piscam" com frequências diferentes. A primeira "pisca" 15 vezes por minuto e a segunda "pisca" 10 vezes por minuto. Se num certo instante, as luzes piscam simultaneamente, após quantos segundos elas voltarão a "piscar simultaneamente"?

a) 12
b) 10
c) 20
d) 15
e) 30

Reprodução proibida. Art.184 do Código Penal e Lei 9.610 de 19 de fevereiro de 1998.

12

1 Escreva os múltiplos de 13.

2 Quais são os quatro menores múltiplos de 36?

3 Determine os divisores de 120 menores que 20.

4 Dos números:

a) 136, 200, 187, 104 e 520, determine os divisíveis por 4;

b) 300, 216, 335, 400 e 420, determine os divisíveis por 6;

c) 124, 440, 2 306, 2 000 e 11 024, determine os divisíveis por 8;

d) 1 430, 8 324, 7 667 e 9 372, determine os divisíveis por 11;

e) 144, 184, 312, 924 e 16 344, determine os divisíveis por 12.

DESAFIO

Determine o maior número de três algarismos divisível por 5 e por 9.

1 Determine n de modo que o número $34\,n27$ seja divisível por 9.

2 Qual é o menor múltiplo de 33 superior a 400?

3 Dado o número $3\,a7b$, substitua a e b por algarismos a fim de obter um número divisível por 3, 5, 9 e 10.

4 Determine a e b de modo que o número $7a5\,9b2$ seja divisível por 8 e por 9.

5 Qual é o menor número de três algarismos divisível, ao mesmo tempo, por 5 e por 9?

6 Escreva o menor número de três algarismos que seja divisível por 2, 3, 4 e 9.

7 Qual é o menor múltiplo de 18 superior a 400?

8 Quais são os dois múltiplos consecutivos de 5 cuja soma é 165?

9 Escreva o menor número de quatro algarismos diferentes divisível por 2, 3, 5, 9 e 10.

10 Sem efetuar a divisão, verifique se o número 382745 é divisível por 45. Justifique sua resposta.

11 Qual é o maior número de quatro algarismos diferentes, divisível por 2 e por 5, cuja soma dos valores absolutos de seus algarismos é 24?

12 Qual é o maior número de três algarismos divisível por 3, mas não divisível por 9?

13 Determine a quantidade de múltiplos de 8 maiores que 100 e menores que 200.

14 Qual é o menor número que se deve subtrair de 94080 para obter um múltiplo de 9?

15 Qual é o maior número de cinco algarismos diferentes divisível por 2, 3, 5, 9 e 10?

16 Qual é o maior número par, de quatro algarismos diferentes, divisível por 5, cuja soma dos valores absolutos de seus algarismos é 19?

17 Após consulta, a médica de Sandra prescreveu:

- **I.** vitamina injetável (caixa com 3 ampolas) – realizar uma aplicação de 36 em 36 horas;
- **II.** colírio – pingar uma gota em cada olho de 12 em 12 horas durante uma semana;
- **III.** anti-inflamatório (caixa com 8 comprimidos) – tomar 1 comprimido de 8 em 8 horas.

Sandra iniciou o tratamento tomando a injeção, pingando o colírio e tomando o comprimido às 8 horas de uma segunda-feira. Quando ela voltará a tomar os três remédios no mesmo horário?

GEORGE TUTUMI

DESAFIO

Alice tem uma coleção de miniaturas de animais pré-históricos. Dispondo-os em grupos de 5, sobram dois. Dispondo-os em grupos de 9, sobra apenas um. Determine quantas são as miniaturas, sabendo que a coleção de Alice tem menos de 50 unidades.

DOUGLAS FRANCHIN

Reprodução proibida. Art.184 do Código Penal e Lei 9.610 de 19 de fevereiro de 1998.

1 Decomponha os números a seguir em fatores primos.

a) 1800 b) 5600 c) 4096

2 Qual é o número cuja forma fatorada é $3^4 \cdot 5 \cdot 11^2$?

3 Determine todos os divisores de 240.

4 Determine quantos divisores possui o número $2^3 \cdot 5 \cdot 7^2 \cdot 11$.

5 Determine os divisores primos e compostos do número 100.

6 Quais são os divisores de 504 maiores que 100 e menores que 200?

7 Qual é o número que, quando fatorado, tem como resultado $2^5 \cdot 3 \cdot 5$?

8 Determine os divisores comuns a 60 e 90.

9 Quais são os três maiores divisores comuns de 704 e 512?

10 O número 3^x tem 10 divisores. Qual é o valor de x?

11 O número $2^3 \cdot 5^a$ tem 12 divisores. Qual é o valor de a?

12 Qual é o menor número que se deve somar a 4786 para obter um múltiplo de 11?

13 Diga se o número 899 é primo e justifique sua afirmação.

14 Dos números abaixo, determine qual é primo.

a) 123 b) 160 c) 169 d) 181

15 Dê a fatoração completa do número 5400.

16 Dado o número $B = 2^5 \cdot 7$, responda às questões.

a) Qual é o número B?

b) Quantos divisores tem B?

17 Usando a lei do expoente, diga quantos divisores tem o número 720.

18 Sem efetuar a multiplicação, dê a fatoração completa do produto $240 \cdot 504$.

19 Determine o maior número que possa ser escrito na forma $2^x \cdot 3^y$ e tenha 15 divisores.

20 Dados os números $A = 2^7 \cdot 3^8 \cdot 5$ e $B = 2^3 \cdot 3^5 \cdot 5^2$, responda: A é múltiplo de B? Justifique.

21 Dados os números $A = 2^3 \cdot 3^4 \cdot 7 \cdot 13$ e $B = 2^5 \cdot 3^2 \cdot 5 \cdot 11$, pergunta-se: qual é o menor número pelo qual se deve multiplicar A para obter um número divisível por B?

22 Determine o menor número que apresente exatamente 12 divisores e tenha somente 3, 5 e 7 como fatores primos.

23 Dado o número $2^3 \cdot 3^2 \cdot 5$, calcule seu maior divisor de dois algarismos.

24 Determine o número que tem esta decomposição em fatores primos: $2^2 \cdot 3^3 \cdot 7$.

25 O número N tem 27 divisores e pode ser escrito na forma $N = 9 \cdot 10^m$. Qual é o número N?

26 Qual é o menor número pelo qual se deve multiplicar 210 a fim de obter um número divisível por 126?

27 Quantos divisores possui o número: $N = 1 \cdot 2 \cdot 3 \cdot 4 \cdot 5 \cdot 6 \cdot 7 \cdot 8 \cdot 9 \cdot 10$?

DESAFIO

(UEL-PR) Três ciclistas percorrem um circuito saindo todos ao mesmo tempo, do mesmo ponto, e com o mesmo sentido. O primeiro faz o percurso em 40 s, o segundo em 36 s e o terceiro em 30 s. Com base nessas informações, depois de quanto tempo os três ciclistas se reencontrarão novamente no ponto de partida, pela primeira vez, e quantas voltas terá dado o primeiro, o segundo e o terceiro ciclistas, respectivamente?

a) 5 minutos, 10 voltas, 11 voltas e 13 voltas.

b) 6 minutos, 9 voltas, 10 voltas e 12 voltas.

c) 7 minutos, 10 voltas, 11 voltas e 12 voltas.

d) 8 minutos, 8 voltas, 9 voltas e 10 voltas.

e) 9 minutos, 9 voltas, 11 voltas e 12 voltas.

Reprodução proibida. Art.184 do Código Penal e Lei 9.610 de 19 de fevereiro de 1998.

1 Na determinação do mdc de dois números pelas divisões sucessivas, obteve-se este esquema:

	3	1	2	5
■	■	■	■	7
■	■	■	0	

Copie esse esquema no caderno, substituindo corretamente os ■.

2 O mdc de dois números é 39. Qual será o mdc do triplo desses números?

3 Quais são os dois menores números pelos quais devemos dividir 132 e 144 para obter o mesmo quociente?

4 Verifique se os números 49 e 64 são primos entre si.

5 Substitua as letras a e b por expoentes tais que o mmc de $2^a \cdot 3 \cdot 5^2$ e $2^2 \cdot 3^b$ seja 3600.

6 Um número maior que 2000 e menor que 3000 foi sucessivamente dividido por 12, por 25 e por 45. Nas três divisões, o resto foi sempre 8. Determine esse número.

7 Três rolos de arame farpado têm, respectivamente, 168 metros, 264 metros e 312 metros. Deseja-se cortá-los em partes do mesmo comprimento, de modo que cada parte seja a maior possível. Qual será:

a) o comprimento de cada parte?

b) o número total de partes?

8 Os restos das divisões de 247 e 315 por um certo número n são 7 e 3, respectivamente. Os restos das divisões de 167 e 213 por um outro número m são 5 e 3, respectivamente. Determine o valor máximo da soma $m + n$.

9 De uma estação rodoviária, saem ônibus de 3 em 3 horas para a cidade A, de 5 em 5 horas para a cidade B e de 6 em 6 horas para a cidade C. No dia 1º de março, às 10 horas, os ônibus saíram juntos. Em que dia os ônibus sairão juntos novamente? Em que horário?

10 O mmc de dois números primos entre si é 221. Se um desses números é 13, qual é o outro?

11 Determine os menores números pelos quais se devem multiplicar, respectivamente, 63 e 42 a fim de obter produtos iguais.

12 Um jardineiro tem um número de rosas compreendido entre 200 e 400. Juntando-as em grupos de 6, de 10 ou de 12, sempre restam quatro rosas. Porém, reunindo-as em grupos de 8, não resta nenhuma. Quantas rosas o jardineiro tem?

MARGO HARRISON/SHUTTERSTOCK

13 **(Enem)** Um armazém recebe sacos de açúcar de 24 kg para que sejam empacotados em embalagens menores. O único objeto disponível para pesagem é uma balança de dois pratos, sem os pesos metálicos.

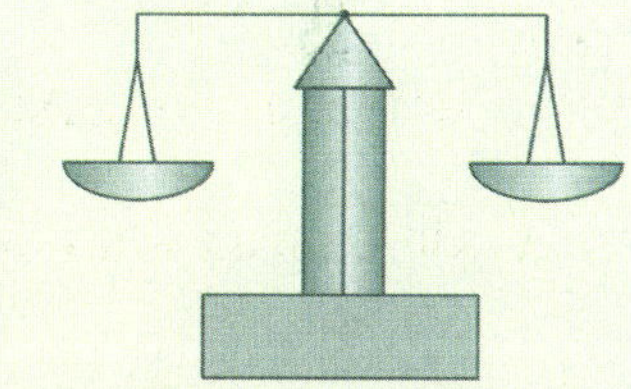

ERICSON GUILHERME LUCIANO

- Realizando uma única pesagem, é possível montar pacotes de:

a) 3 kg.

b) 4 kg.

c) 6 kg.

d) 8 kg.

e) 12 kg.

- Realizando exatamente duas pesagens, os pacotes que podem ser feitos são os de:

a) 3 kg e 6 kg.

b) 3 kg, 6 kg e 12 kg.

c) 6 kg, 12 kg e 18 kg.

d) 4 kg e 8 kg.

e) 4 kg, 6 kg e 8 kg.

DESAFIO

O mdc de dois números é 19, e os quatro quocientes encontrados na pesquisa, pelo algoritmo de Euclides, são os menores possíveis. Quais são os dois números?

Reprodução proibida. Art.184 do Código Penal e Lei 9.610 de 19 de fevereiro de 1998.

CAPÍTULO 5

Frações

É hora de observar e discutir

Faltam apenas cinco peças para concluir a montagem do quebra-cabeça ao lado. Responda:

- Que fração representa a parte ainda não montada do quebra-cabeça?
- Que fração representa a parte já montada do quebra-cabeça?

Considerada o maior felino das Américas, a onça-pintada é encontrada em quase todos os biomas, com exceção do Pampa, em que ela foi extinta.
O animal sofre com a destruição do seu *habitat* e com a perseguição dos caçadores, pois sua pele tem muito valor no mercado mundial. Ela é caçada também por fazendeiros, pois ataca os rebanhos em busca de alimento.

Trocando ideias

No dia a dia, as frações são utilizadas para expressar quantidades e medidas que não podem ser indicadas por números naturais.

Observe alguns exemplos:

- Comi **dois sextos** de uma *pizza*.

- Meu carro gastou **três quartos** do combustível na viagem.
- A **quarta parte** dos alunos da minha sala já viajou de avião.

- Gastei **um terço** da quantia que recebi.
- Já percorri **um quinto** da distância.

Em todos esses casos, utilizamos **números fracionários**.

▸ Liste algumas situações do seu dia a dia em que utiliza números fracionários.

Neste capítulo, vamos ampliar nossos conhecimentos sobre números fracionários.

ILUSTRAÇÕES: RONALDO BARATA

Reprodução proibida. Art.184 do Código Penal e Lei 9.610 de 19 de fevereiro de 1998.

1 A ideia de número fracionário

Acompanhe as informações do texto a seguir.

A seleção brasileira masculina de futebol encerrou sua participação, em 2016, nas eliminatórias para a Copa do Mundo da Rússia, vencendo o Peru por 2 a 0. Até a 12ª rodada dessa competição, o Brasil conquistou $\frac{3}{4}$ dos pontos disputados, com vitórias em $\frac{2}{3}$ dos jogos. O atacante Neymar marcou $\frac{1}{7}$ dos gols da seleção.

LEONARDO FERNANDEZ/ATINCONTENT/GETTY IMAGES

Jogadores da seleção brasileira de futebol após vencerem o time do Peru por 2 a 0, no estádio Nacional, em Lima, pela 12ª rodada das eliminatórias para a Copa do Mundo de 2018.

No texto acima, podemos observar representações matemáticas como $\frac{3}{4}$, $\frac{2}{3}$ e $\frac{1}{7}$. Esses números são chamados de **números fracionários** ou **frações**. Eles representam uma ou mais partes de um inteiro e são usados para indicar quantidade. Por exemplo: na afirmação "O Brasil conquistou 27 dos 36 pontos disputados até a 12ª rodada", 27 corresponde a $\frac{3}{4}$ de 36.

Acompanhe mais uma situação em que utilizamos frações.

Bruno pretende dividir uma folha de cartolina em cinco partes iguais.

A folha corresponde a um inteiro.

Cada parte corresponde a **um quinto** da unidade ou à **quinta parte** da folha.

Representamos matematicamente essa quantidade por $\frac{1}{5}$ (lemos: "um quinto").

Bruno utilizou três dessas partes em um trabalho escolar. A parte da cartolina que ele usou corresponde a **três quintos** do inteiro.

RONALDO BARATA

Representamos matematicamente essa quantidade por $\frac{3}{5}$ (lemos: "três quintos").

Nessa situação, em que consideramos uma ou mais partes iguais de um objeto que representa a unidade, também está presente a ideia de número fracionário.

Reprodução proibida. Art. 184 do Código Penal e Lei 9.610 de 19 de fevereiro de 1998.

Observe alguns exemplos.

- A figura representa o inteiro dividido em quatro partes iguais, e uma das partes foi colorida de rosa.

  Representamos a parte rosa por $\frac{1}{4}$ (lemos: "um quarto").

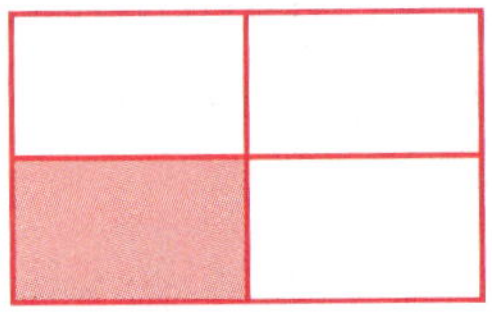

- A figura representa um inteiro, que foi dividido em seis partes iguais, e cinco partes foram coloridas de azul.

  Representamos a parte azul por $\frac{5}{6}$ (lemos: "cinco sextos").

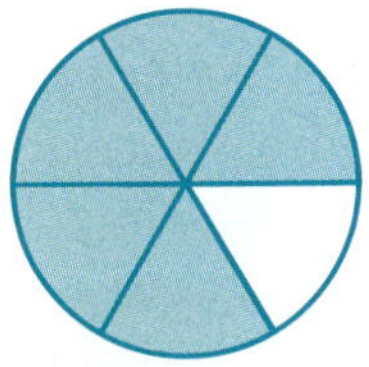

- A figura representa um inteiro dividido em oito partes iguais, e três partes foram coloridas de verde.

  Representamos a parte verde por $\frac{3}{8}$ (lemos: "três oitavos").

LIUSTRAÇÕES: LUIZ RUBIO

De modo geral, podemos dizer que:

> Dois números naturais ***a*** e ***b***, com $b \neq 0$, quando escritos na forma $\frac{a}{b}$, representam uma fração, na qual:
> - ***b*** (denominador) indica a quantidade de partes iguais em que o inteiro foi dividido;
> - ***a*** (numerador) indica a quantidade de partes do inteiro que foram consideradas.

O numerador e o denominador são os **termos da fração**.

Exemplo

$\frac{5}{7}$ ← **numerador** (5) / ← **denominador** (7) — 5 e 7 são os termos da fração.

O traço de fração indica uma divisão.

Cuidado!

Toda fração pode ser representada, de modo geral, por $\frac{a}{b}$, com $a \in \mathbb{N}$ e $b \in \mathbb{N}$ $(b \neq 0)$.

De acordo com essa definição, $\frac{5}{0}$, $\frac{7}{0}$, $\frac{8}{0}$ e $\frac{0}{0}$ **não são** frações.

Curiosidade

Termos da fração

A nomenclatura usada para indicar os termos de uma fração tem origem no latim. Veja:

- *Numeratus* (numerador) significa "contar".
- *Denominatus* (denominador) significa "dar nomes".

Reprodução proibida. Art. 184 do Código Penal e Lei 9.610 de 19 de fevereiro de 1998.

Um pouco de história

Na Antiguidade, os egípcios utilizavam frações unitárias, isto é, frações obtidas tomando somente uma parte de um inteiro dividido em partes iguais. A fração $\frac{2}{3}$ era a única exceção.

MUSEU BRITÂNICO, LONDRES

Papiro de Rhind, documento egípcio que data de 1650 a.C., no qual aparecem frações unitárias.

Observe estas representações utilizadas pelos egípcios:

Para representar o número 1, os egípcios utilizavam o desenho de uma boca aberta: 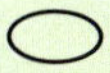

As frações com numeradores diferentes de 1 eram expressas como a soma de duas ou mais frações com numeradores iguais a 1.

Veja a representação de $\frac{3}{4}$:

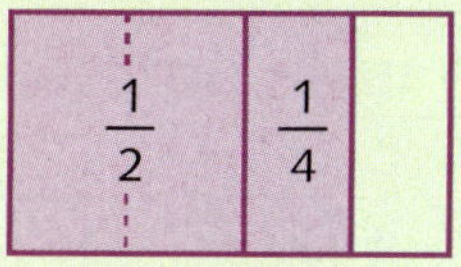

$\rightarrow \frac{3}{4} = \frac{1}{2} + \frac{1}{4} \rightarrow$

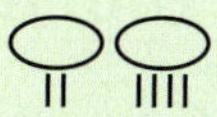

representação de $\frac{3}{4}$

A partir do século XIII, as frações passaram a ser representadas como fazemos hoje, com uma barra separando um par de números (o numerador e o denominador).

ILUSTRAÇÕES: LUIZ RUBIO

Reprodução proibida. Art.184 do Código Penal e Lei 9.610 de 19 de fevereiro de 1998.

EXERCÍCIOS

1 Escreva a fração que representa a parte laranja de cada uma das figuras abaixo.

a) 

b) 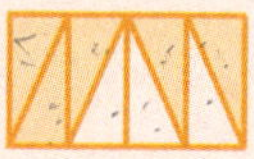

c) 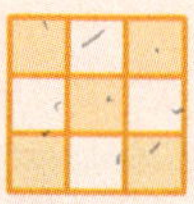

d) 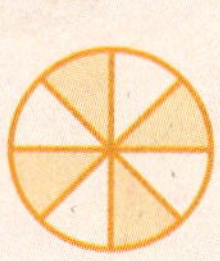

e) 

f) 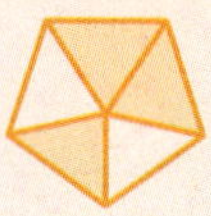

LUIZ RUBIO

2 Represente graficamente as frações abaixo.

a) $\frac{3}{7}$

b) $\frac{8}{8}$

c) $\frac{2}{3}$

d) $\frac{4}{5}$

3 Responda às questões.

a) Que fração do dia são 7 horas? E 12 horas?

b) Que fração da semana representam 5 dias? E 7 dias?

c) Que fração do ano representa um bimestre? E um semestre?

4 Paulo retirou quatro peças de um cubo formado por diversos cubinhos iguais. Observe a figura:

RONALDO BARATA

Que fração do cubo ele retirou? Que fração do cubo sobrou?

2 Leitura de frações

Na leitura de uma fração, pronunciamos inicialmente o numerador e, em seguida, o termo correspondente ao denominador, que recebe um nome especial. Observe:

Frações com denominador de 2 a 9

Denominador	2	3	4	5	6	7	8	9
Lemos	meio	terço	quarto	quinto	sexto	sétimo	oitavo	nono

Exemplos

- $\frac{2}{3}$ → Lemos: "dois terços".
- $\frac{1}{6}$ → Lemos: "um sexto".

Frações com denominador que é uma potência de base 10

Denominador	10	100	1 000	10 000	...
Lemos	décimo	centésimo	milésimo	décimo de milésimo	...

Exemplos

- $\frac{3}{10}$ → Lemos: "três décimos".
- $\frac{17}{1\,000}$ → Lemos: "dezessete milésimos".

As frações cujo denominador é uma potência de base 10 são chamadas **frações decimais**.

Nos demais casos

Lemos o numerador e, em seguida, o denominador acrescido da palavra **avos**, que significa "divisão em partes iguais".

Exemplos

- $\frac{13}{30}$ → Lemos: "treze trinta avos".
- $\frac{9}{200}$ → Lemos: "nove duzentos avos".

Reprodução proibida. Art.184 do Código Penal e Lei 9.610 de 19 de fevereiro de 1998.

EXERCÍCIO

5 Escreva, no caderno, como se leem as frações abaixo.

a) $\frac{3}{7}$ d) $\frac{212}{100}$ g) $\frac{1}{6}$ j) $\frac{4}{10}$ m) $\frac{11}{8}$ p) $\frac{19}{10\,000}$

b) $\frac{5}{100}$ e) $\frac{9}{13}$ h) $\frac{7}{200}$ k) $\frac{3}{17}$ n) $\frac{20}{51}$ q) $\frac{7}{15}$

c) $\frac{9}{2}$ f) $\frac{15}{1\,000}$ i) $\frac{5}{9}$ l) $\frac{1}{500}$ o) $\frac{50}{16}$ r) $\frac{8}{7}$

3 Comparando frações com o inteiro

Luís e seus amigos dividiram duas tortas em três pedaços iguais cada uma e comeram quatro pedaços.

RONALDO BARATA

Considerando cada torta como uma unidade, temos:

- Luís e seus amigos comeram $\frac{4}{3}$ de torta.
- A fração $\frac{4}{3}$ é maior que a unidade $\left(1 + \frac{1}{3}\right)$.

Chamamos a fração $\frac{4}{3}$ de **fração imprópria**.

Fração imprópria é aquela cujo numerador é maior ou igual ao denominador ou é zero.

Exemplos

- $\frac{7}{4}$
- $\frac{3}{2}$
- $\frac{9}{8}$

Uma fração imprópria cujo numerador é múltiplo do denominador recebe o nome de **fração aparente**. Ela representa um número natural.

Exemplos

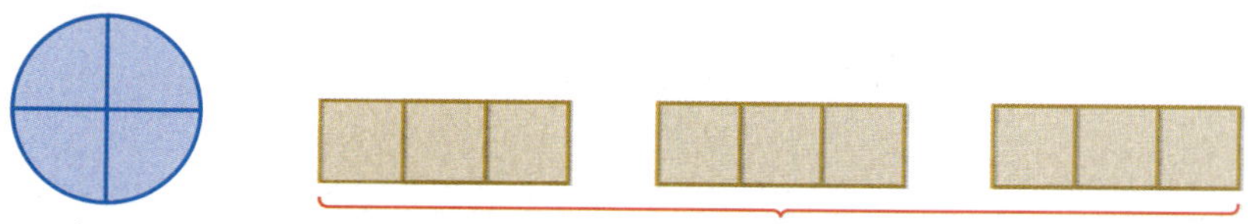

$\frac{4}{4} = 1$ $\frac{9}{3} = 3$

LUIZ RUBIO

Uma fração cujo numerador é diferente de zero e é menor que o denominador recebe o nome de **fração própria**, ou seja, é menor que o inteiro.

Exemplos

- $\frac{1}{3}$
- $\frac{5}{7}$
- $\frac{8}{9}$

Reprodução proibida. Art.184 do Código Penal e Lei 9.610 de 19 de fevereiro de 1998.

Temos ainda:

- Uma fração indica a divisão do numerador pelo denominador.

Exemplos

$\frac{8}{2} = 4$, ou seja, $8 : 2 = 4$

- Todo número natural pode ser representado por uma fração de denominador igual a 1.

Exemplos

- $\frac{9}{1} = 9$
- $\frac{18}{1} = 18$
- $\frac{1}{1} = 1$

- As frações aparentes representam sempre números naturais. São, portanto, numerais de números naturais.

Exemplos

- $\frac{6}{6} = 1$
- $\frac{70}{7} = 10$
- $\frac{16}{8} = 2$

- As frações cujos denominadores são potências de 10 denominam-se **frações decimais**.

Exemplos

- $\frac{7}{10}$
- $\frac{13}{100}$
- $\frac{1}{1000}$

Reprodução proibida. Art.184 do Código Penal e Lei 9.610 de 19 de fevereiro de 1998.

EXERCÍCIOS

6 Identifique as frações impróprias.

a) $\frac{9}{5}$
b) $\frac{1}{6}$
c) $\frac{7}{4}$
d) $\frac{19}{6}$
e) $\frac{3}{17}$
f) $\frac{1}{10}$

7 Indique as sentenças verdadeiras.

a) Fração aparente é aquela cujo numerador é múltiplo do denominador.
b) Toda fração aparente é igual a 1.
c) Todo número natural pode ser representado por uma fração aparente.
d) A divisão de 5 por 7 pode ser representada pela fração $\frac{5}{7}$.

8 Determine o número natural que corresponde às frações impróprias aparentes a seguir.

a) $\frac{6}{1}$
b) $\frac{28}{4}$
c) $\frac{100}{5}$
d) $\frac{20}{20}$
e) $\frac{12}{3}$
f) $\frac{100}{10}$

9 Identifique as frações decimais.

a) $\frac{7}{20}$
b) $\frac{5}{10}$
c) $\frac{75}{1000}$
d) $\frac{13}{500}$
e) $\frac{17}{8}$
f) $\frac{17}{600}$

10 Que fração representa o quebra-cabeça completo na página de abertura deste capítulo?

4 Número misto

Bruna tinha duas barras de chocolate. Cada uma delas estava dividida em quatro partes iguais, como na ilustração abaixo.

Bruna ficou com sete dessas partes e deu a outra para sua irmã.

Uma barra de chocolate representa uma unidade. A fração correspondente à parte de Bruna é $\frac{7}{4}$, ou seja, uma barra inteira mais $\frac{3}{4}$ da outra barra.

DOUGLAS FRANCHIN

LUIZ RUBIO

Observe:

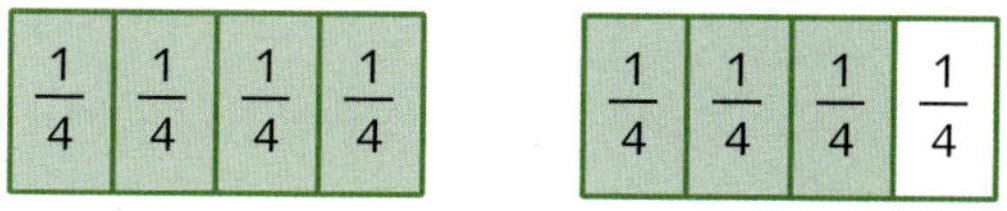

$\frac{4}{4}$ representa 1 unidade $\qquad \frac{3}{4}$

$$\frac{7}{4} = 1 + \frac{3}{4} \text{ ou, simplesmente, } 1\frac{3}{4}$$

A representação $1\frac{3}{4}$ é composta de uma parte inteira e de uma parte fracionária; por isso, é denominada **número misto**.

$1\frac{3}{4}$ → Lemos: "um inteiro e três quartos".

parte inteira ← 1

$\frac{3}{4}$ → **parte fracionária**

Reprodução proibida. Art.184 do Código Penal e Lei 9.610 de 19 de fevereiro de 1998.

Veja outro exemplo:

LUIZ RUBIO

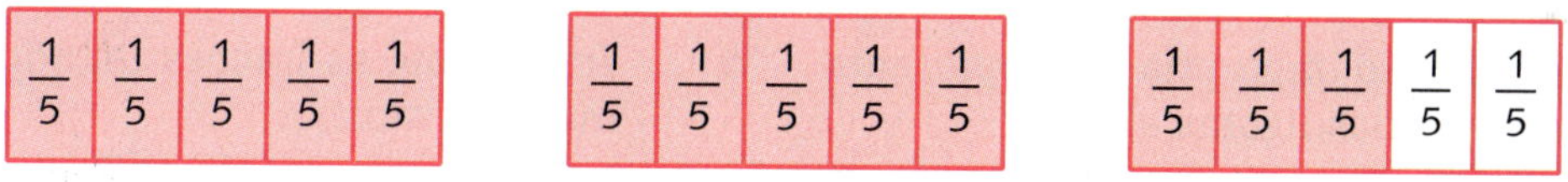

$\frac{5}{5}$ representa 1 unidade. $\qquad \frac{5}{5}$ representa 1 unidade. $\qquad \frac{3}{5}$

A figura acima pode ser representada na forma mista e na forma de fração imprópria. Observe:

- forma mista: $1 + 1 + \frac{3}{5} = 2\frac{3}{5}$ → Lemos: "dois inteiros e três quintos".
- fração imprópria: $\frac{5}{5} + \frac{5}{5} + \frac{3}{5} = \frac{5 + 5 + 3}{5} = \frac{13}{5}$

Transformação de uma fração imprópria em número misto (extração de inteiros)

Vamos transformar a fração imprópria $\frac{17}{6}$ em número misto.

$$\frac{17}{6} = \frac{6}{6} + \frac{6}{6} + \frac{5}{6} = 2\frac{5}{6}$$

($\frac{6}{6}$ → 1 inteiro; $\frac{6}{6}$ → 1 inteiro)

Podemos utilizar uma divisão para efetuar essa transformação. Veja:

$$\begin{array}{r|l} 17 & 6 \\ \hline 5 & 2 \end{array} \longrightarrow \frac{17}{6} = 2\frac{5}{6}$$

Representa a parte restante. (5)

Representa a parte inteira. (2)

Transformação de um número misto em fração imprópria

Vamos transformar o número misto $3\frac{1}{7}$ em fração imprópria.

$$3\frac{1}{7} = \underbrace{\frac{7}{7} + \frac{7}{7} + \frac{7}{7}}_{\text{3 inteiros}} + \frac{1}{7} = \frac{22}{7}$$

Podemos utilizar uma multiplicação seguida de uma adição para efetuar essa transformação. Veja:

parte inteira (3) · denominador (7) + numerador (1)

$$3\frac{1}{7} = \frac{3 \cdot 7 + 1}{7} = \frac{22}{7}$$

mesmo denominador

EXERCÍCIOS

11 Escreva a fração imprópria que representa a parte verde das figuras abaixo.

a) 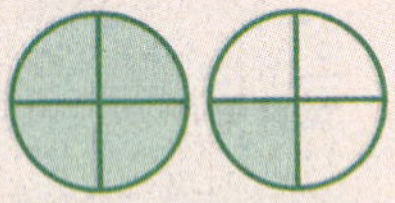

b) 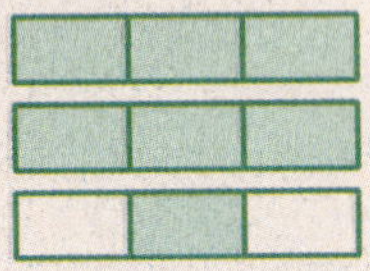

c) 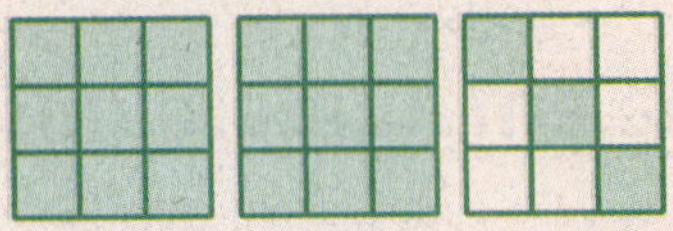

LUIZ RUBIO

12 Transforme os números mistos em frações impróprias.

a) $2\frac{1}{5}$

b) $13\frac{7}{10}$

c) $9\frac{1}{20}$

d) $4\frac{3}{7}$

e) $9\frac{17}{100}$

f) $2\frac{1}{1000}$

13 Transforme as frações impróprias em números mistos.

a) $\frac{11}{5}$

b) $\frac{108}{17}$

c) $\frac{9}{4}$

d) $\frac{37}{8}$

e) $\frac{125}{12}$

f) $\frac{103}{25}$

14 Responda às questões abaixo.

a) Um ano tem 12 meses. Que fração do ano corresponde a 19 meses?

b) Um dia tem 24 horas. Que fração do dia representam 70 horas?

15 Responda às questões a seguir no caderno.

a) Qual é a fração de denominador 5 igual a duas unidades?

b) Qual é a fração de denominador 6 igual a cinco unidades?

c) Qual é a fração de numerador 50 igual a cinco unidades?

Reprodução proibida. Art.184 do Código Penal e Lei 9.610 de 19 de fevereiro de 1998.

5 Frações equivalentes

Veja a fração que corresponde à parte pintada de lilás de cada um dos retângulos.

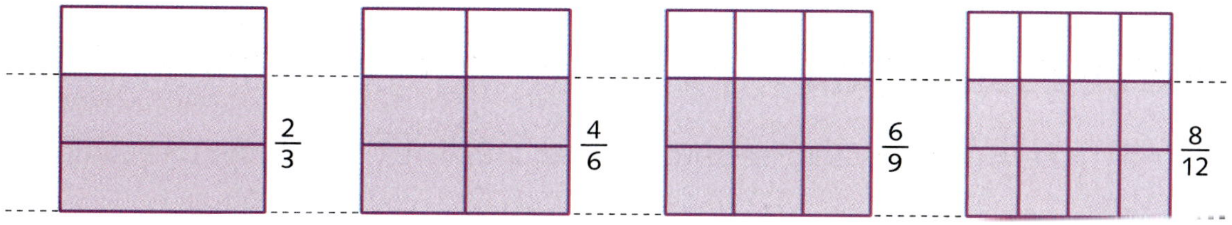

LUIZ RUBIO

As frações $\frac{2}{3}$, $\frac{4}{6}$, $\frac{6}{9}$ e $\frac{8}{12}$ representam a mesma parte do retângulo.

Por esse motivo, dizemos que essas frações são **equivalentes**, ou seja, $\frac{2}{3} = \frac{4}{6} = \frac{6}{9} = \frac{8}{12}$.

Frações que representam a mesma parte de um inteiro são chamadas de **frações equivalentes**.

Reprodução proibida. Art.184 do Código Penal e Lei 9.610 de 19 de fevereiro de 1998.

Propriedade fundamental das frações

Multiplicando ou dividindo o numerador e o denominador de uma fração por um mesmo número natural diferente de zero, obtemos uma fração equivalente à fração inicial.

Vamos multiplicar e dividir, por exemplo, o numerador e o denominador da fração $\frac{4}{6}$ por 2.

$$\left.\begin{array}{l} \frac{4}{6} = \frac{4 \cdot 2}{6 \cdot 2} = \frac{8}{12} \\ \frac{4}{6} = \frac{4 \div 2}{6 \div 2} = \frac{2}{3} \end{array}\right\} \frac{4}{6} = \frac{8}{12} = \frac{2}{3}$$

RONALDO BARATA

Veja a representação das frações $\frac{4}{6}$, $\frac{8}{12}$ e $\frac{2}{3}$ por meio de figuras:

$\frac{4}{6}$ $\frac{8}{12}$ $\frac{2}{3}$

LUIZ RUBIO

De modo geral, temos esta propriedade:

> Multiplicando ou dividindo os termos de uma fração por um mesmo número natural diferente de zero, obtém-se uma fração equivalente à fração inicial. Essa é a **propriedade fundamental das frações**.

Classe de equivalência

Considere a fração $\frac{1}{2}$. Multiplicando seus termos por 1, 2, 3, 4, ..., obtemos, de acordo com a propriedade fundamental, frações equivalentes a $\frac{1}{2}$. Assim:

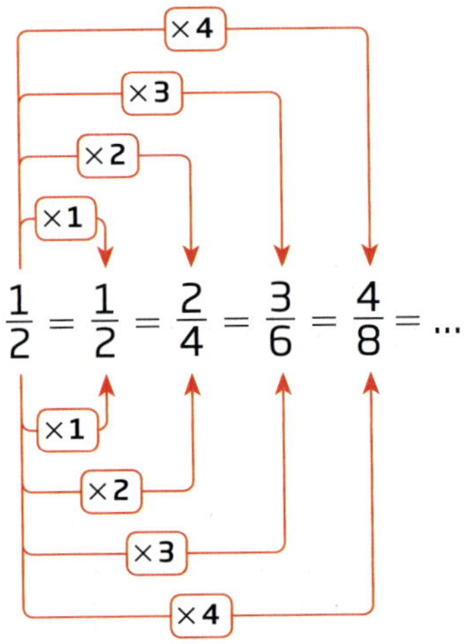

As frações $\frac{1}{2}, \frac{2}{4}, \frac{3}{6}$ e $\frac{4}{8}$, por exemplo, são equivalentes a $\frac{1}{2}$, ou seja, representam a **classe de equivalência** da fração $\frac{1}{2}$.

> As frações equivalentes a uma fração constituem a classe de equivalência dessa fração.

Observe no quadro abaixo outros exemplos.

Frações	Frações equivalentes (classe de equivalência)
$\frac{1}{3}$	$\frac{1}{3}, \frac{2}{6}, \frac{3}{9}, \frac{4}{12}, ...$
$\frac{3}{4}$	$\frac{3}{4}, \frac{6}{8}, \frac{9}{12}, \frac{12}{16}, ...$
$\frac{4}{5}$	$\frac{4}{5}, \frac{8}{10}, \frac{12}{15}, \frac{16}{20}, ...$
$\frac{5}{6}$	$\frac{5}{6}, \frac{10}{12}, \frac{15}{18}, \frac{20}{24}, ...$

Reprodução proibida. Art.184 do Código Penal e Lei 9.610 de 19 de fevereiro de 1998.

Lendo e aprendendo

Frações e porcentagem

Economizar água é um hábito saudável. Atualmente, a falta de água é uma das grandes preocupações da humanidade. Se não modificarmos nossos hábitos, a escassez de água para o consumo vai nos afetar seriamente.

LUIS MOURA/ESTADÃO CONTEÚDO

Represa de Atibainha, em Nazaré Paulista (SP), 2014.

Reprodução proibida. Art.184 do Código Penal e Lei 9.610 de 19 de fevereiro de 1998.

Em uma pesquisa sobre consumo de água residencial, verificou-se que, de 100 litros gastos por dia, 50 litros eram utilizados na higiene pessoal.

Podemos representar a relação de 50 litros por 100 litros em uma fração com denominador 100, ou seja, $\frac{50}{100}$.

Podemos também representar a fração $\frac{50}{100}$ na forma de porcentagem, utilizando o símbolo **%**: 50% (lemos: "cinquenta por cento").

Outros exemplos:

- 15% (lemos: "quinze por cento") – significa que consideramos 15 partes de um total de 100 partes.
- 98% (lemos: "noventa e oito por cento") – significa que consideramos 98 partes de um total de 100 partes.

Podemos escrever na forma de porcentagem algumas frações. Veja o exemplo:

- Breno possui uma revendedora de carros usados com 25 carros, dos quais 9 de cor prata, ou seja, $\frac{9}{25}$ desses carros são de cor prata.

Multiplicando o numerador e o denominador da fração $\frac{9}{25}$ por 4, obtemos:

$$\frac{9}{25} = \frac{9 \cdot 4}{25 \cdot 4} = \frac{36}{100}$$

A fração $\frac{36}{100}$, que tem denominador 100, é equivalente a $\frac{9}{25}$.

Portanto, 36% dos carros da revendedora de Breno são de cor prata.

EXERCÍCIOS

16 Represente graficamente as frações abaixo demonstrando que elas são equivalentes.

a) $\frac{4}{5}$ e $\frac{12}{15}$

b) $\frac{3}{8}$ e $\frac{6}{16}$

c) $\frac{1}{2}$ e $\frac{4}{8}$

d) $\frac{4}{5}$ e $\frac{8}{10}$

17 Determine a classe de equivalência das frações abaixo.

a) $\frac{1}{3}$

b) $\frac{3}{5}$

c) $\frac{4}{3}$

d) $\frac{5}{9}$

18 Escreva uma fração equivalente a:

a) $\frac{3}{4}$, cujo numerador seja 15;

b) $\frac{8}{48}$, cujo numerador seja 2;

c) $\frac{2}{3}$, cujo denominador seja 27;

d) $\frac{6}{20}$, cujo denominador seja 50.

19 Determine a fração equivalente a $\frac{5}{7}$ cuja soma dos termos seja 60.

20 Determine a fração equivalente a $\frac{6}{11}$ cuja diferença dos termos seja 45.

21 Escreva as três primeiras frações da classe de equivalência de $\frac{8}{12}$.

22 Determine a fração equivalente a $\frac{3}{8}$ cuja diferença entre os termos seja 40.

23 Determine o valor do $\blacksquare$ a fim de obter frações equivalentes em cada um dos itens.

a) $\frac{2}{3} = \frac{\blacksquare}{30}$

b) $\frac{36}{40} = \frac{\blacksquare}{20}$

c) $\frac{20}{25} = \frac{16}{\blacksquare}$

d) $\frac{7}{9} = \frac{35}{\blacksquare}$

e) $\frac{\blacksquare}{5} = \frac{9}{45}$

f) $\frac{3}{\blacksquare} = \frac{75}{100}$

24 Utilize uma calculadora para descobrir o valor de $\blacksquare$ em: $\frac{\blacksquare}{35} = \frac{714}{3\,570}$

25 Determine x para que os pares de frações sejam equivalentes.

a) $\frac{x}{7} = \frac{2}{14}$

b) $\frac{4}{5} = \frac{32}{x}$

c) $\frac{16}{20} = \frac{40}{x}$

d) $\frac{x}{8} = \frac{5}{1}$

26 O nível de bateria de um *smartphone* indica 75% da carga total. Que fração corresponde a essa porcentagem de carga?

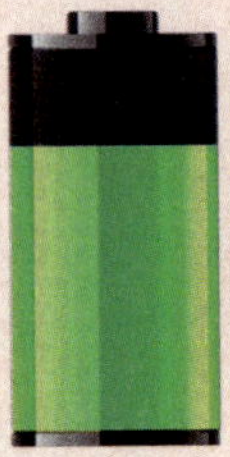

ANDREA VOLPICELLI/ SHUTTERSTOCK

27 Determine a fração equivalente a $3\frac{1}{4}$ cujo numerador seja 78.

28 Que valores devemos atribuir às letras x e y para que $\frac{x}{35}$ seja equivalente a $\frac{3}{15}$ e a fração $\frac{4}{y}$ seja equivalente a $\frac{1}{7}$?

Reprodução proibida. Art.184 do Código Penal e Lei 9.610 de 19 de fevereiro de 1998.

Reprodução proibida. Art.184 do Código Penal e Lei 9.610 de 19 de fevereiro de 1998.

6 Simplificação de frações

Considere a fração $\frac{10}{20}$. Podemos obter uma fração equivalente a essa dividindo ambos os termos por 2. Veja ao lado.

$$\frac{10}{20} = \frac{5}{10} \quad (:2)$$

Quando dividimos os termos de uma fração por um divisor comum, simplificamos a fração, ou seja, obtemos uma fração equivalente mais "simples".

> **Simplificar uma fração** significa obter uma fração equivalente com termos menores que os iniciais.

Observe que a fração $\frac{5}{10}$ ainda pode ser simplificada: $\frac{5}{10} = \frac{1}{2}$ $(:5)$

A fração $\frac{1}{2}$, porém, não pode ser simplificada, pois seus termos são primos entre si (não têm nenhum divisor comum, com exceção da unidade). Essa fração é, portanto, **irredutível**.

> **Frações irredutíveis** são aquelas cujos termos são primos entre si.

$\frac{5}{8}$ também é uma fração irredutível, pois 5 e 8 são primos entre si.

Processos de simplificação

Divisões sucessivas

Podemos dividir sucessivamente o numerador e o denominador da fração por fatores comuns até obtermos uma fração cujos termos sejam números primos entre si.

Exemplo

Vamos simplificar a fração $\frac{36}{54}$ até obtermos uma fração irredutível.

$$\frac{36}{54} \overset{:2}{=} \frac{18}{27} \overset{:3}{=} \frac{6}{9} \overset{:3}{=} \frac{2}{3}$$

Logo, $\frac{2}{3}$ é a forma irredutível da fração $\frac{36}{54}$.

Máximo divisor comum (mdc)

Podemos dividir os termos da fração pelo seu mdc.

Exemplo

Vamos simplificar a mesma fração $\left(\frac{36}{54}\right)$ do exemplo anterior.

	1	2
54	36	18
18	0	

mdc (54, 36) = 18 → $\frac{36}{54} = \frac{2}{3}$ $(:18)$

Logo, $\frac{2}{3}$ é a forma irredutível da fração $\frac{36}{54}$.

EXERCÍCIOS

29 Simplifique as frações a seguir, por meio de divisões sucessivas, até torná-las irredutíveis.

a) $\frac{8}{24}$ c) $\frac{32}{80}$ e) $\frac{80}{20}$

b) $\frac{20}{100}$ d) $\frac{18}{60}$ f) $\frac{90}{100}$

30 Pelo processo das divisões sucessivas, torne irredutíveis as frações abaixo. Em seguida, indique a que corresponde à fração $\frac{6}{10}$.

a) $\frac{25}{20}$ c) $\frac{80}{48}$ e) $\frac{210}{30}$

b) $\frac{24}{300}$ d) $\frac{50}{72}$ f) $\frac{9}{15}$

31 Simplifique as frações a seguir, pelo processo do mdc.

a) $\frac{35}{140}$ c) $\frac{128}{1024}$ e) $\frac{606}{808}$

b) $\frac{129}{215}$ d) $\frac{200}{240}$ f) $\frac{250}{875}$

32 Em 2016, o Grêmio, time do Rio Grande do Sul, sagrou-se pentacampeão da Copa do Brasil. No período de 2001 a 2016, os times do Rio de Janeiro ganharam 4 títulos e os de São Paulo, 7.

Jogadores do Grêmio durante comemoração do título de pentacampeão da Copa do Brasil, em Porto Alegre (RS), 2016.

ELDIO SUZANO/IMAGO/ZUMA PRESS/GLOW IMAGES

Que fração representa o número de títulos conquistados pelos times de São Paulo em relação ao número de títulos disputados nesse período? Que fração irredutível representa o número de títulos conquistados pelos times do Rio de Janeiro em relação ao número de títulos disputados nesse período?

Reprodução proibida. Art.184 do Código Penal e Lei 9.610 de 19 de fevereiro de 1998.

7 Redução de frações a um mesmo denominador

Considere as frações:

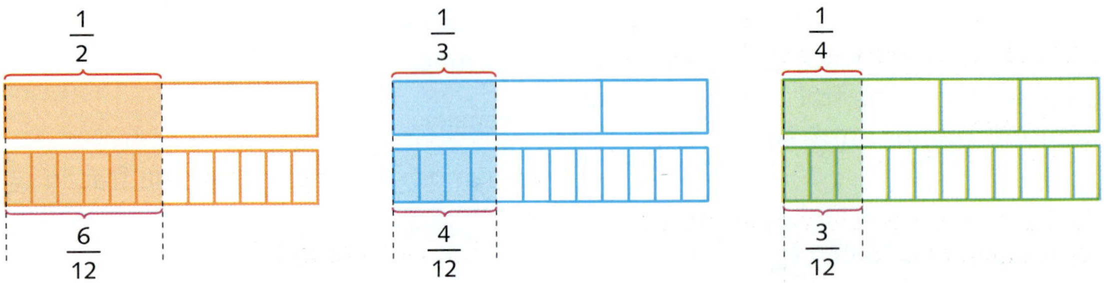

ANDERSON DE ANDRADE PIMENTEL

As frações $\frac{1}{2}$, $\frac{1}{3}$ e $\frac{1}{4}$ são **equivalentes**, respectivamente, a $\frac{6}{12}$, $\frac{4}{12}$ e $\frac{3}{12}$, que têm o mesmo denominador. Assim, temos:

$\frac{1}{2}, \frac{1}{3}, \frac{1}{4}$ (frações originais com denominadores diferentes)

$\downarrow \quad \downarrow \quad \downarrow$

$\frac{6}{12}, \frac{4}{12}, \frac{3}{12}$ (frações equivalentes às originais com o mesmo denominador)

Processo prático

Observe a aplicação do processo prático em um exercício.

- Vamos reduzir ao menor denominador comum as frações $\frac{3}{4}, \frac{1}{6}, \frac{5}{12}$ e $\frac{7}{15}$.

1º) Determinamos o mmc dos denominadores: mmc $(4, 6, 12, 15) = 60$.

2º) Dividimos o mmc (60) pelos denominadores das frações (1ª etapa). Depois, multiplicamos o quociente obtido em cada caso pelo numerador da fração correspondente (2ª etapa).

Frações originais (denominadores diferentes)	1ª etapa	2ª etapa	Frações equivalentes às originais (denominadores iguais)
$\frac{3}{4}$	$60 : \mathbf{4} = 15$	$15 \cdot \mathbf{3} = 45$	$\frac{3}{4} = \frac{\mathbf{45}}{\mathbf{60}}$ (× 15 / × 15)
$\frac{1}{6}$	$60 : \mathbf{6} = 10$	$10 \cdot \mathbf{1} = 10$	$\frac{1}{6} = \frac{\mathbf{10}}{\mathbf{60}}$ (× 10 / × 10)
$\frac{5}{12}$	$60 : \mathbf{12} = 5$	$5 \cdot \mathbf{5} = 25$	$\frac{5}{12} = \frac{\mathbf{25}}{\mathbf{60}}$ (× 5 / × 5)
$\frac{7}{15}$	$60 : \mathbf{15} = 4$	$4 \cdot \mathbf{7} = 28$	$\frac{7}{15} = \frac{\mathbf{28}}{\mathbf{60}}$ (× 4 / × 4)

Assim, determinamos as frações $\frac{45}{60}, \frac{10}{60}, \frac{25}{60}$ e $\frac{28}{60}$, que têm o mesmo denominador e são equivalentes, respectivamente, a $\frac{3}{4}, \frac{1}{6}, \frac{5}{12}$ e $\frac{7}{15}$.

EXERCÍCIO

33 Reduza as frações abaixo ao menor denominador comum.

a) $\frac{1}{2}, \frac{1}{3}, \frac{1}{4}$

b) $\frac{1}{2}, \frac{3}{4}, \frac{5}{6}$

c) $2, \frac{7}{10}, \frac{11}{20}$

d) $\frac{5}{4}, \frac{9}{8}, 6$

e) $\frac{7}{12}, \frac{5}{24}, \frac{10}{18}$

f) $\frac{7}{10}, \frac{9}{20}, \frac{11}{25}$

g) $\frac{5}{6}, \frac{7}{8}, \frac{11}{10}$

h) $\frac{7}{10}, \frac{8}{100}, \frac{9}{1000}$

Curiosidade

Número racional

A palavra **racional** vem do latim *ratio*, que significa "divisão". Observe que a palavra *rateio* tem o significado de "dividir". Número racional é todo número que pode ser escrito na forma fracionária $\left(\frac{a}{b}, \text{com } b \neq 0\right)$.

Assim, $\frac{2}{1}, \frac{9}{3}, \frac{0}{5}, \frac{1}{5}, \frac{7}{4}$ e $\frac{17}{30}$ são números racionais.

Reprodução proibida. Art.184 do Código Penal e Lei 9.610 de 19 de fevereiro de 1998.

8 Comparação de frações

Comparar duas frações que estão relacionadas a uma mesma unidade significa estabelecer uma relação de igualdade ou de desigualdade entre elas.

Observe estes exemplos:

- Qual fração é maior: $\frac{3}{7}$ ou $\frac{5}{7}$?

  Observe a representação geométrica de cada fração.

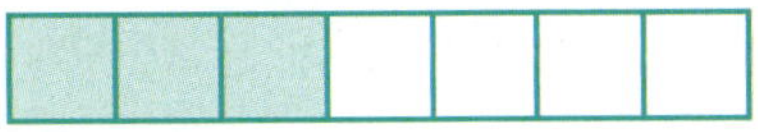

$\frac{3}{7}$

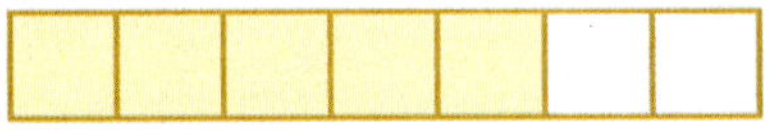

$\frac{5}{7}$

LUIZ RUBIO

Por meio das representações, verificamos que $\frac{5}{7} > \frac{3}{7}$, pois $5 > 3$.

> Se duas frações têm o mesmo denominador, a maior é aquela que tem o maior numerador.

- Escreva em ordem crescente estas frações: $\frac{2}{5}$, $\frac{3}{4}$ e $\frac{1}{2}$.

  Antes de comparar as frações, precisamos reduzi-las ao mesmo denominador.
  Como mmc $(5, 4, 2) = 20$, temos:

$\frac{2}{5} = \frac{8}{20}$ $\frac{3}{4} = \frac{15}{20}$ $\frac{1}{2} = \frac{10}{20}$

Assim, concluímos que, como $\frac{8}{20} < \frac{10}{20} < \frac{15}{20}$, então $\frac{2}{5} < \frac{1}{2} < \frac{3}{4}$. (Colocamos as frações na ordem crescente.)

> Se duas frações têm denominadores diferentes, devemos reduzi-las ao mesmo denominador para, em seguida, compará-las.

Observação

Quando várias frações têm o mesmo numerador, a maior delas é a que apresenta menor denominador.

Exemplo

Coloque em ordem crescente estas frações: $\frac{5}{7}$, $\frac{5}{4}$, $\frac{5}{9}$ e $\frac{5}{3}$

maior fração: menor denominador → $\frac{5}{3}$

menor fração: $\frac{5}{9}$ ← maior denominador

Assim: $\frac{5}{9} < \frac{5}{7} < \frac{5}{4} < \frac{5}{3}$

Reprodução proibida. Art.184 do Código Penal e Lei 9.610 de 19 de fevereiro de 1998.

EXERCÍCIOS

34 Compare as frações.

a) $\frac{2}{5}$ e $\frac{5}{7}$

b) $5\frac{2}{5}$ e $\frac{27}{5}$

c) $\frac{16}{3}$ e $\frac{14}{2}$

d) $\frac{16}{35}$ e $\frac{1}{2}$

35 Coloque as frações em ordem crescente.

a) $\frac{1}{3}, \frac{7}{3}, \frac{5}{3}$

b) $\frac{1}{3}, \frac{1}{2}, \frac{1}{8}$

36 Coloque as frações em ordem decrescente.

a) $\frac{3}{4}, \frac{17}{4}, \frac{9}{4}$

b) $\frac{1}{2}, \frac{5}{12}, \frac{4}{3}, \frac{1}{6}$

37 Coloque as frações em ordem crescente, utilizando o sinal $<$ (menor que).

a) $\frac{7}{8}, \frac{7}{3}, \frac{7}{5}, \frac{7}{10}$

b) $\frac{1}{8}, \frac{11}{12}, \frac{2}{15}, \frac{7}{20}$

38 Coloque as frações em ordem decrescente, utilizando o sinal $>$ (maior que).

a) $\frac{8}{9}, \frac{1}{9}, \frac{7}{9}, \frac{4}{9}$

b) $\frac{11}{4}, \frac{11}{7}, \frac{11}{9}, \frac{11}{2}$

39 Luís e Pedro recebem, por mês, a mesma quantia. Luís gasta $\frac{3}{4}$ do seu salário, e Pedro, $\frac{2}{3}$. Quem gasta mais?

9 Adição e subtração de frações

Frações com denominadores iguais

No terreno que comprou, Felipe construiu uma casa e uma piscina e gramou o restante. Na figura, a parte pintada de laranja representa a casa, a parte pintada de azul representa a piscina e a parte pintada de verde representa o gramado. Que fração do terreno representa a casa e a piscina juntas? Que fração do terreno representa a parte gramada?

LUIZ RUBIO

Observe que cada quadradinho corresponde a $\frac{1}{24}$ do terreno. Logo:

- Fração que representa o terreno: $\frac{24}{24}$
- Fração que representa a casa: $\frac{6}{24}$
- Fração que representa a piscina: $\frac{1}{24}$

A casa e a piscina juntas correspondem a 7 ou (6 + 1) quadradinhos.

A fração que representa a casa e a piscina juntas é dada por: $\frac{6}{24} + \frac{1}{24} = \frac{7}{24}$

O gramado corresponde a 17 ou (24 − 7) quadradinhos.

A fração que representa a parte gramada, portanto, é dada por: $\frac{24}{24} - \frac{7}{24} = \frac{17}{24}$

> Em uma adição ou subtração de frações cujos denominadores são iguais, adicionamos ou subtraímos os numeradores e conservamos os denominadores.

Reprodução proibida. Art.184 do Código Penal e Lei 9.610 de 19 de fevereiro de 1998.

Frações com denominadores diferentes

Observe o gráfico que Beatriz fez com base em uma pesquisa sobre as causas dos incêndios ocorridos no verão de 2017 em uma floresta.

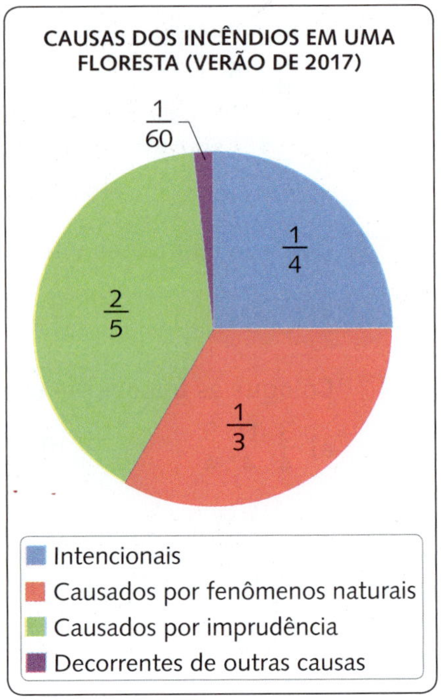

Dados obtidos por Beatriz.

LUIZ RUBIO

- Que fração dos incêndios nessa floresta foram causados pela ação humana, isto é, por imprudência ou por intenção no verão de 2017?

Para responder a essa pergunta, efetuamos uma adição de frações:

$$\frac{2}{5} + \frac{1}{4}$$

Como as frações têm denominadores diferentes, precisamos encontrar, inicialmente, frações equivalentes a $\frac{2}{5}$ e $\frac{1}{4}$ cujos denominadores sejam iguais.

$$\frac{2}{5} \xrightarrow{\times 4} \frac{8}{20} \quad \text{e} \quad \frac{1}{4} \xrightarrow{\times 5} \frac{5}{20}$$

$$\frac{2}{5} = \frac{8}{20} \quad \text{e} \quad \frac{1}{4} = \frac{5}{20}$$

Assim: $\frac{2}{5} + \frac{1}{4} = \frac{8}{20} + \frac{5}{20} = \frac{13}{20}$

Portanto, $\frac{13}{20}$ dos incêndios foram causados pela ação humana nessa floresta.

- Que fração dos incêndios representa a diferença entre os causados por fenômenos naturais e os intencionais?

Para responder a essa pergunta, efetuamos uma subtração de frações:

$$\frac{1}{3} - \frac{1}{4}$$

Como as frações têm denominadores diferentes, precisamos encontrar, inicialmente, frações equivalentes a $\frac{1}{3}$ e $\frac{1}{4}$ cujos denominadores sejam iguais.

$$\frac{1}{3} \xrightarrow{\times 4} \frac{4}{12} \quad \text{e} \quad \frac{1}{4} \xrightarrow{\times 3} \frac{3}{12}$$

$$\frac{1}{3} = \frac{4}{12} \quad \text{e} \quad \frac{1}{4} = \frac{3}{12}$$

Assim: $\frac{1}{3} - \frac{1}{4} = \frac{4}{12} - \frac{3}{12} = \frac{1}{12}$

Reprodução proibida. Art.184 do Código Penal e Lei 9.610 de 19 de fevereiro de 1998.

Portanto, $\frac{1}{12}$ dos incêndios representa a diferença entre os incêndios causados por fenômenos naturais e os intencionais.

> Em uma adição ou subtração de frações cujos denominadores são diferentes, encontramos frações equivalentes às iniciais, com um mesmo denominador, e em seguida adicionamos ou subtraímos essas frações.

Exemplos

- $\frac{1}{3} + \frac{2}{15} + \frac{1}{6} = \frac{10}{30} + \frac{4}{30} + \frac{5}{30} = \frac{19}{30}$
- $3 - \frac{5}{6} = \frac{3}{1} - \frac{5}{6} = \frac{18}{6} - \frac{5}{6} = \frac{13}{6}$
- $\frac{2}{3} + \frac{1}{6} - \frac{3}{4} = \frac{8}{12} + \frac{2}{12} - \frac{9}{12} = \frac{1}{12}$
- $2\frac{1}{5} + \frac{2}{3} = \frac{11}{5} + \frac{2}{3} = \frac{33}{15} + \frac{10}{15} = \frac{43}{15}$

EXERCÍCIOS

40 Calcule, simplificando o resultado quando possível.

a) $\frac{2}{9} + \frac{5}{9}$

b) $\frac{3}{4} + \frac{1}{5}$

c) $2\frac{3}{5} + 1\frac{6}{7}$

d) $\frac{2}{6} + \frac{1}{6} + \frac{5}{6}$

e) $\frac{1}{7} + \frac{3}{5} + \frac{9}{14}$

f) $1\frac{2}{11} + \frac{7}{10}$

g) $7 + \frac{2}{9}$

h) $\frac{1}{5} + 2 + \frac{7}{8}$

41 Calcule, simplificando o resultado quando possível.

a) $\frac{5}{6} - \frac{2}{6}$

b) $\frac{7}{8} - \frac{4}{9}$

c) $4\frac{1}{8} - \frac{9}{7}$

d) $\frac{7}{8} - \frac{1}{8}$

e) $3 - \frac{14}{5}$

f) $2\frac{1}{5} - 1\frac{1}{6}$

g) $\frac{3}{4} - \frac{1}{6}$

h) $3\frac{2}{5} - \frac{1}{7}$

42 Sendo $A = 3$, $B = 3\frac{5}{7}$ e $C = 2\frac{1}{5}$, determine $A + B - C$.

43 Se derramarmos, em um mesmo recipiente, o conteúdo dos três recipientes, que quantidade de líquido obteremos?

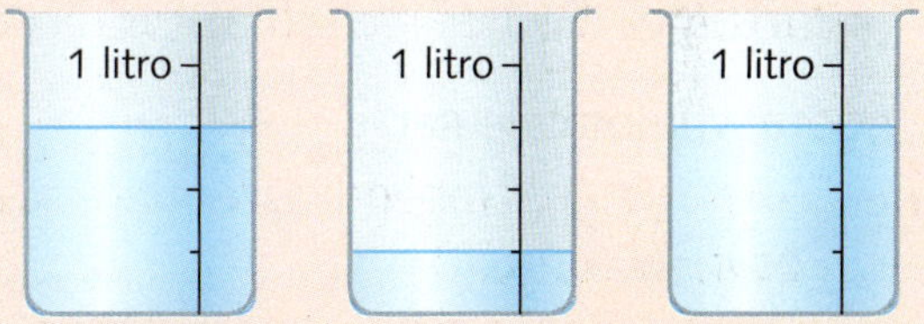

LUIZ RUBIO

44 Observe estas importantes igualdades envolvendo números mistos:

- $4 + \frac{3}{5} = 4\frac{3}{5}$
- $2\frac{3}{4} + \frac{5}{8} = 2 + \left(\frac{3}{4} + \frac{5}{8}\right)$
- $3\frac{1}{2} + 2\frac{1}{2} = (3 + 2) + \left(\frac{1}{2} + \frac{1}{2}\right) =$
  $= 5 + 1 = 6$

Agora, efetue:

a) $5\frac{1}{2} + 3\frac{1}{2}$

b) $3\frac{4}{5} + 7\frac{1}{5}$

Conteúdo digital
• Jogo: Fractio

Reprodução proibida. Art.184 do Código Penal e Lei 9.610 de 19 de fevereiro de 1998.

10 Multiplicação de frações

Multiplicação de um número natural por uma fração

Em uma indústria é produzido o mesmo número de peças por dia, de segunda a sexta-feira. A cada dia é fabricado $\frac{1}{5}$ do total de peças que ficam prontas em uma semana. Em certa semana com feriados na quinta e na sexta-feira, que fração do total semanal foi produzida nessa indústria?

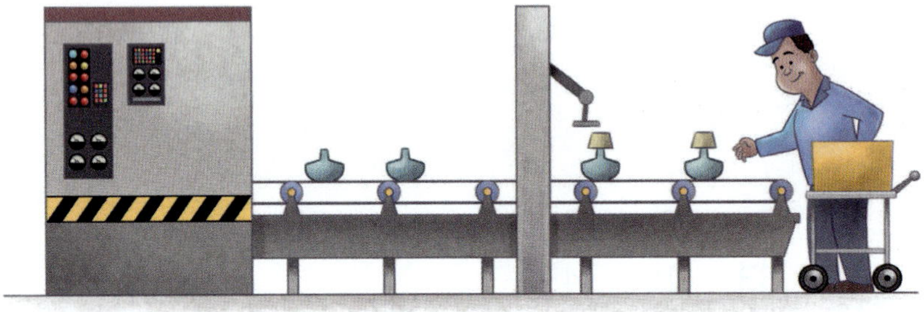

GEORGE TUTUMI

Para responder a essa pergunta, podemos fazer:

$$\frac{1}{5} + \frac{1}{5} + \frac{1}{5} = 3 \cdot \frac{1}{5} = \frac{3 \cdot 1}{5} = \frac{3}{5}$$

Portanto, em três dias foram produzidos $\frac{3}{5}$ do total de peças semanal.

Multiplicação de duas frações

Agora, vamos calcular $\frac{4}{5} \cdot \frac{1}{2}$.

A parte verde representa $\frac{1}{2}$ da figura.

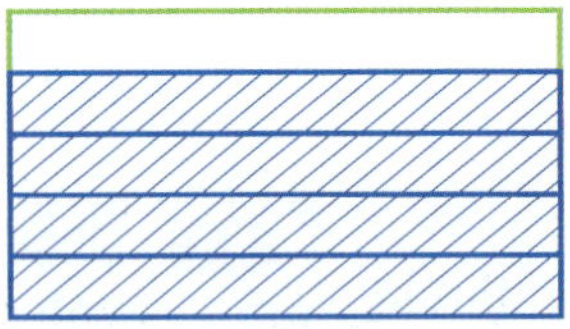

A parte hachurada representa $\frac{4}{5}$ da figura.

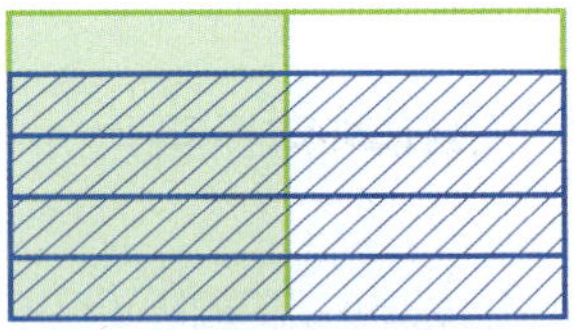

Juntando as figuras, percebemos que a parte hachurada e também verde corresponde a $\frac{4}{5} \cdot \frac{1}{2}$ e representa $\frac{4}{10}$ da figura.

LUIZ RUBIO

De acordo com as figuras, podemos verificar que: $\frac{4}{5} \cdot \frac{1}{2} = \frac{4 \cdot 1}{5 \cdot 2} = \frac{4}{10}$

> O produto de dois números na forma de fração é um número na forma de fração que tem como numerador o produto dos numeradores e como denominador o produto dos denominadores.

Reprodução proibida. Art.184 do Código Penal e Lei 9.610 de 19 de fevereiro de 1998.

Exemplos

- $\frac{5}{4} \cdot \frac{3}{11} = \frac{5 \cdot 3}{4 \cdot 11} = \frac{15}{44}$
- $\frac{3}{7} \cdot \frac{2}{9} = \frac{6}{63} = \frac{2}{21}$ (numerador e denominador $: 3$)
- $\frac{1}{2} \cdot \frac{3}{5} \cdot \frac{7}{10} = \frac{1 \cdot 3 \cdot 7}{2 \cdot 5 \cdot 10} = \frac{21}{100}$
- $\frac{5}{6} \cdot \frac{6}{5} = \frac{30}{30} = 1$
- $3\frac{1}{4} \cdot \frac{1}{3} = \frac{13}{4} \cdot \frac{1}{3} = \frac{13}{12} = 1\frac{1}{12}$
- $2\frac{1}{5} \cdot \frac{5}{11} = \frac{11}{5} \cdot \frac{5}{11} = \frac{55}{55} = 1$

Inverso de uma fração

Observe os exemplos:

- $\frac{2}{3} \cdot \frac{3}{2} = \frac{6}{6} = 1$
- $7 \cdot \frac{1}{7} = \frac{7}{7} = 1$

Quando o produto de duas frações é igual a 1, dizemos que essas frações são inversas uma da outra. Assim:

- $\frac{2}{3}$ é a fração inversa de $\frac{3}{2}$.
- $\frac{3}{2}$ é a fração inversa de $\frac{2}{3}$.
- A fração inversa de $\frac{1}{7}$ é $\frac{7}{1}$ ou 7.
- A fração inversa de 7 é $\frac{1}{7}$.

O inverso de uma fração $\frac{a}{b}$ é a fração $\frac{b}{a}$ (com $a \neq 0$ e $b \neq 0$).

Observações

1 Na prática, substituímos a preposição "de" pelo sinal de multiplicação.

Exemplos

- $\frac{3}{4}$ de $7 = \frac{3}{4} \cdot 7 = \frac{21}{4}$
- $\frac{1}{2}$ de $\frac{5}{7} = \frac{1}{2} \cdot \frac{5}{7} = \frac{5}{14}$

2 Não existe inverso do número zero.

Reprodução proibida. Art.184 do Código Penal e Lei 9.610 de 19 de fevereiro de 1998.

Cancelamento

O cancelamento é uma técnica utilizada para facilitar a determinação de um produto. Vamos estudar dois casos:

- **1º caso:** quando existem fatores iguais no numerador e no denominador.

Exemplos

- $\frac{2}{\cancel{3}_1} \cdot \frac{\cancel{3}^1}{7} = \frac{2}{7}$ — O fator 3 do numerador da segunda fração foi cancelado com o fator 3 do denominador da primeira fração. Ambos foram divididos por 3.
- $\frac{\cancel{5}^1}{\cancel{4}_1} \cdot \frac{3}{\cancel{5}_1} \cdot \frac{\cancel{4}^1}{19} = \frac{3}{19}$ — Os fatores 4 e 5 dos numeradores foram cancelados com os fatores 4 e 5 dos denominadores.

- **2º caso:** quando existem múltiplos de um mesmo número no numerador e no denominador.

Exemplos

- $\frac{\cancel{4}^2}{9} \cdot \frac{7}{\cancel{6}_3} = \frac{2 \cdot 7}{9 \cdot 3} = \frac{14}{27}$ — 4 e 6 são múltiplos de 2. Ambos foram divididos por 2.
- $\frac{\cancel{24}^1}{\cancel{21}_3} \cdot \frac{\cancel{49}^7}{\cancel{60}_2} \cdot \frac{\cancel{30}^1}{\cancel{72}_3} = \frac{1 \cdot 7 \cdot 1}{3 \cdot 2 \cdot 3} = \frac{7}{18}$ — 21 e 49 são múltiplos de 7. Ambos foram divididos por 7. 30 e 60 são múltiplos de 30. Ambos foram divididos por 30. 24 e 72 são múltiplos de 24. Ambos foram divididos por 24.

EXERCÍCIOS

45 Determine os produtos, simplificando o resultado, quando possível.

a) $3 \cdot \frac{2}{7}$ b) $4 \cdot \frac{3}{5}$ c) $\frac{6}{7} \cdot 8$ d) $5 \cdot 3\frac{1}{5}$

46 Efetue as multiplicações, simplificando o resultado, quando possível.

a) $\frac{3}{4} \cdot \frac{7}{9}$
b) $1\frac{4}{7} \cdot \frac{14}{13}$
c) $\frac{5}{4} \cdot \frac{8}{15} \cdot \frac{1}{2}$
d) $2\frac{1}{5} \cdot \frac{35}{33}$
e) $\frac{1}{3} \cdot \frac{27}{15}$
f) $\frac{2}{3} \cdot \frac{10}{4} \cdot \frac{9}{15}$
g) $\frac{7}{9} \cdot \frac{3}{2} \cdot 0$
h) $1\frac{3}{7} \cdot \frac{63}{40}$

47 Determine:

a) a fração inversa de $\frac{7}{8}$;
b) a fração inversa de $\frac{231}{385}$ em sua forma irredutível;
c) $\frac{15}{100}$ de 300;
d) $\frac{20}{100}$ de 450.

48 Calcule:

a) $\frac{3}{4}$ de 20;
b) $\frac{5}{6}$ de $\frac{8}{15}$;
c) $\frac{16}{5}$ de 30;
d) $\frac{7}{10}$ de $\frac{5}{14}$;
e) $\frac{3}{4}$ de $2\frac{1}{6}$;
f) $\frac{2}{5}$ de $\frac{6}{8}$ de $\frac{5}{6}$.

49 Efetue, utilizando o cancelamento:

a) $\frac{3}{5} \cdot \frac{5}{7}$
b) $\frac{1}{2} \cdot \frac{8}{9} \cdot 2\frac{1}{4}$
c) $\frac{36}{50} \cdot \frac{30}{72} \cdot \frac{10}{40}$
d) $\frac{7}{11} \cdot \frac{11}{28}$
e) $\frac{3}{5} \cdot \frac{14}{9} \cdot \frac{10}{49}$
f) $\frac{45}{60} \cdot \frac{90}{18} \cdot \frac{4}{5} \cdot \frac{20}{30}$

50 Determine:

a) o triplo de $\frac{7}{15}$;
b) o dobro de $\frac{5}{8}$;
c) $\frac{4}{7}$ de $\frac{3}{4}$ de $\frac{14}{9}$ de 21;
d) $\frac{8}{9}$ de $\frac{9}{10}$ de $\frac{10}{8}$ de 1000.

Reprodução proibida. Art.184 do Código Penal e Lei 9.610 de 19 de fevereiro de 1998.

11 Divisão de frações

Divisão de um número natural por uma fração

Marília tinha duas barras iguais de chocolate. Ela dividiu cada uma dessas barras em 4 pedaços iguais, entregando cada pedaço a uma colega de sala. Quantas colegas receberam pedaços desses chocolates?

Inicialmente, dividimos cada barra em 4 partes iguais. Cada uma dessas partes corresponde a $\frac{1}{4}$ de uma barra de chocolate.

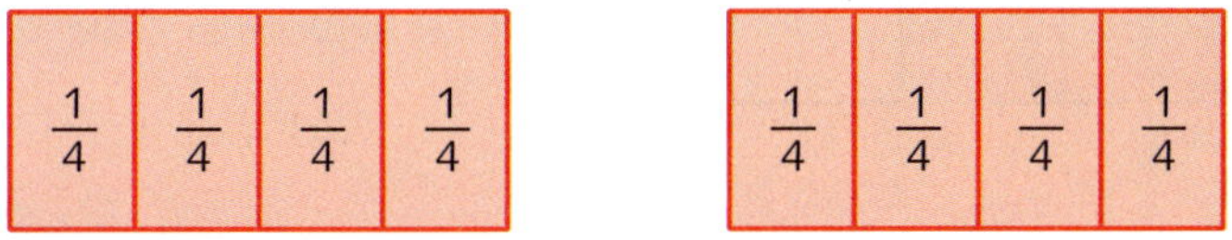

Observando a ilustração, percebemos que $\frac{1}{4}$ de uma barra de chocolate cabe oito vezes em duas barras de chocolate:

$$\frac{1}{4} \text{ cabe 8 vezes em 2, ou seja, } 2 : \frac{1}{4} = 8$$

Observe que $2 \cdot 4 = 8$.

(4 → "fração inversa de $\frac{1}{4}$")

Dividir por $\frac{1}{4}$ é o mesmo que multiplicar por 4 e dividir por 1, ou seja, multiplicar pela função inversa, que é $\frac{4}{1}$.

Portanto, 8 colegas receberam pedaços das barras de chocolates.

Divisão de uma fração por um número natural

Qual é a metade de $\frac{1}{3}$?

Para responder a essa pergunta, observe a ilustração a seguir.

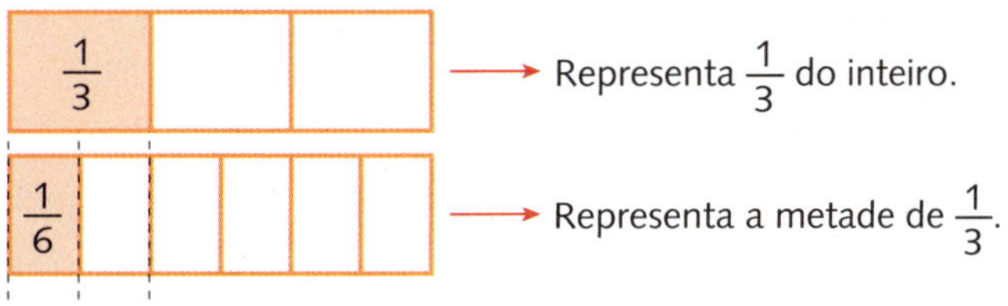

Verificamos que $\frac{1}{6}$ é a **metade** de $\frac{1}{3}$:

$$\frac{1}{3} : 2 = \frac{1}{6}$$

Verifique que $\frac{1}{3} \cdot \frac{1}{2} = \frac{1}{6}$.

($\frac{1}{2}$ → "fração inversa de 2")

Dividir por 2 é o mesmo que multiplicar por $\frac{1}{2}$, que é a fração inversa de 2.

Logo, a metade de $\frac{1}{3}$ é $\frac{1}{6}$.

Reprodução proibida. Art.184 do Código Penal e Lei 9.610 de 19 de fevereiro de 1998.

ILUSTRAÇÕES: LUIZ RUBIO

Divisão de uma fração por outra fração

Qual é o quociente da divisão de $\frac{3}{5}$ por $\frac{1}{10}$?

A operação consiste em determinar quantas vezes $\frac{1}{10}$ cabe em $\frac{3}{5}$.

Observe a ilustração:

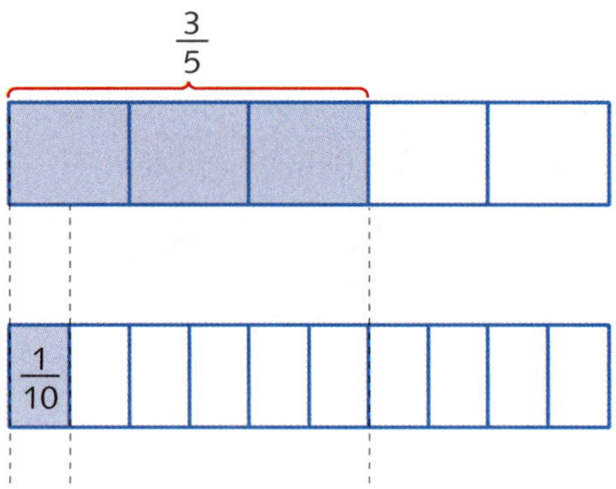

LUIZ RUBIO

Percebemos que $\frac{1}{10}$ cabe **seis vezes** em $\frac{3}{5}$.

Assim:

$$\frac{3}{5} : \frac{1}{10} = 6$$

Verifique que $\frac{3}{5} \cdot \frac{10}{1} = \frac{30}{5} = 6$

"fração inversa de $\frac{1}{10}$" (referente a $\frac{10}{1}$)

Dividir por $\frac{1}{10}$ é o mesmo que multiplicar por 10, que é a fração inversa de $\frac{1}{10}$.

Logo, o quociente de $\frac{3}{5}$ por $\frac{1}{10}$ é 6.

> Na divisão de uma fração por outra, multiplicamos a primeira pela fração inversa da segunda.

Exemplos

- $\frac{3}{5} : \frac{7}{9} = \frac{3}{5} \cdot \frac{9}{7} = \frac{27}{35}$
- $2 : \frac{3}{5} = 2 \cdot \frac{5}{3} = \frac{10}{3} = 3\frac{1}{3}$

Reprodução proibida. Art.184 do Código Penal e Lei 9.610 de 19 de fevereiro de 1998.

Observações

1 Toda divisão de dois números naturais (com divisor diferente de zero) pode ser escrita em forma fracionária. Observe os exemplos:

- $2:3=\frac{2}{3}$
- $5:7=\frac{5}{7}$

2 A divisão de $\frac{a}{b}$ $(b \neq 0)$ por $\frac{c}{d}$ $(d \neq 0)$ pode ser assim representada: $\frac{a}{b}:\frac{c}{d}=\frac{\frac{a}{b}}{\frac{c}{d}}$. Observe:

- $\frac{3}{4}:\frac{2}{5}=\frac{\frac{3}{4}}{\frac{2}{5}}$

3 Quando multiplicamos ou dividimos o numerador de uma fração por um número natural diferente de zero, o valor da fração fica multiplicado (ou dividido) por esse número. Observe:

- $\frac{8}{2}=4$ → (numerador × 3; resultado × 3) → $\frac{24}{2}=12$
- $\frac{8}{2}=4$ → (numerador : 2; resultado : 2) → $\frac{4}{2}=2$

Reprodução proibida. Art.184 do Código Penal e Lei 9.610 de 19 de fevereiro de 1998.

EXERCÍCIOS

51 Efetue as divisões, simplificando o resultado, quando possível.

a) $4:\frac{1}{2}$ d) $\frac{2}{9}:1\frac{1}{3}$ g) $10:\frac{2}{5}$

b) $60:\frac{3}{8}$ e) $\frac{1}{2}:4$ h) $\frac{3}{8}:5$

c) $\frac{2}{5}:\frac{1}{6}$ f) $\frac{7}{2}:\frac{2}{5}$ i) $2\frac{3}{4}:\frac{11}{5}$

52 Eneias preparou um refresco da seguinte forma: misturou $\frac{3}{4}$ de litro de suco de acerola com $\frac{3}{4}$ de litro de suco de laranja. Adicionou mais $\frac{3}{4}$ de litro de leite condensado e $\frac{1}{4}$ de litro de suco de limão. Bateu tudo no liquidificador e serviu o refresco em dez taças. Que fração do litro caberá, no máximo, em cada taça?

53 Calcule:

a) $\frac{\frac{2}{7}}{\frac{3}{5}}$ b) $\frac{10}{\frac{2}{5}}$ c) $\frac{3\frac{1}{7}}{1\frac{1}{2}}$ d) $\frac{1}{\frac{1}{6}}$

54 Um aquecedor solar residencial tem um grande reservatório de água para uso na cozinha e em cinco banheiros. Sabendo que $\frac{1}{3}$ dessa capacidade é utilizado na cozinha, que fração seria disponibilizada para cada banheiro, supondo que os cinco tenham igual consumo?

55 Observe os exemplos abaixo.

- $\frac{6}{2}=3$ → (denominador × 3; resultado : 3) → $\frac{6}{6}=1$
- $\frac{6}{2}=3$ → (denominador : 2; resultado × 2) → $\frac{6}{1}=6$

Agora, responda:
O que ocorre quando multiplicamos ou dividimos o denominador de uma fração por um número natural, diferente de zero?

56 O que acontece com o valor de uma fração quando multiplicamos seu numerador por 5 e dividimos seu denominador por 2?

12 Potenciação e raiz quadrada de frações

De acordo com a Companhia de Saneamento Básico do Estado de São Paulo (Sabesp), o consumo de água de um chuveiro elétrico é equivalente a $\frac{1}{3}$ do consumo de água de uma ducha. Conforme dados divulgados pela Sabesp, ao fechar o chuveiro enquanto se ensaboa, uma pessoa consome cerca de $\frac{1}{3}$ de água do que consumiria normalmente. Assim, o consumo de água utilizando o chuveiro elétrico nas condições citadas passa a ser $\frac{1}{3}$ de $\frac{1}{3}$ do consumo de água da ducha, ou seja, $\frac{1}{9}$.

Podemos escrever: $\left(\frac{1}{3}\right)^2 = \frac{1}{3} \cdot \frac{1}{3} = \frac{1^2}{3^2} = \frac{1}{9}$

> Para elevar uma fração a determinado expoente, devemos elevar o numerador e o denominador a esse expoente.

Reprodução proibida. Art.184 do Código Penal e Lei 9.610 de 19 de fevereiro de 1998.

Exemplos

- $\left(\frac{2}{5}\right)^4 = \frac{2}{5} \cdot \frac{2}{5} \cdot \frac{2}{5} \cdot \frac{2}{5} = \frac{2^4}{5^4} = \frac{16}{625}$
- $\left(1\frac{2}{5}\right)^3 = \left(\frac{7}{5}\right)^3 = \frac{7^3}{5^3} = \frac{343}{125} = 2\frac{93}{125}$

As definições utilizadas para os números naturais também são válidas para os números na forma de fração. Assim:

- Toda potência de expoente 1 é igual à própria base.

Exemplos

- $\left(\frac{1}{7}\right)^1 = \frac{1}{7}$
- $\left(\frac{13}{4}\right)^1 = \frac{13}{4}$

- Toda potência de expoente zero e base diferente de zero é igual a 1.

Exemplos

- $\left(\frac{3}{5}\right)^0 = 1$
- $\left(\frac{200}{7}\right)^0 = 1$

Raiz quadrada

Você já aprendeu o que é raiz quadrada de um número natural e como podemos representá-la. Veja:

- $\sqrt{16} = 4$, pois $4^2 = 16$.
- $\sqrt{25} = 5$, pois $5^2 = 25$.
- $\sqrt{144} = 144$, pois $12^2 = 144$.

Com números na forma de fração trabalhamos da mesma maneira. Observe:

- $\sqrt{\frac{25}{36}} = \frac{5}{6}$, pois $\left(\frac{5}{6}\right)^2 = \frac{25}{36}$.

Exemplos

- $\sqrt{\frac{9}{4}} = \frac{3}{2}$, pois $\left(\frac{3}{2}\right)^2 = \frac{9}{4}$.
- $\sqrt{\frac{121}{81}} = \frac{11}{9}$, pois $\left(\frac{11}{9}\right)^2 = \frac{121}{81}$.

13 Expressões numéricas

O cálculo de expressões numéricas envolvendo números na forma de fração segue a mesma ordem estudada para o cálculo das expressões numéricas com números naturais:

1º) potenciações e radiciações, na ordem em que aparecem;

2º) multiplicações e divisões, na ordem em que aparecem;

3º) adições e subtrações, na ordem em que aparecem.

Quando, nas expressões, aparecem sinais de associação, estes devem ser resolvidos na seguinte ordem:

1º) parênteses ( )

2º) colchetes [ ]

3º) chaves { }

Reprodução proibida. Art.184 do Código Penal e Lei 9.610 de 19 de fevereiro de 1998.

Exemplos

- $\frac{2}{3} - \frac{1}{4} \cdot \frac{3}{5} + \left(\frac{1}{2}\right)^3 =$

$= \frac{2}{3} - \frac{1}{4} \cdot \frac{3}{5} + \mathbf{\frac{1}{8}} =$

$= \frac{2}{3} - \mathbf{\frac{3}{20}} + \frac{1}{8} =$ $\quad \frac{2}{3} \overset{\times 20}{=} \frac{40}{60}$ e $\frac{3}{20} \overset{\times 3}{=} \frac{9}{60}$

$= \frac{40}{60} - \frac{9}{60} + \frac{1}{8} =$

$= \mathbf{\frac{31}{60}} + \frac{1}{8} =$ $\quad \frac{31}{60} \overset{\times 2}{=} \frac{62}{120}$ e $\frac{1}{8} \overset{\times 15}{=} \frac{15}{120}$

$= \frac{62}{120} + \frac{15}{120} =$

$= \frac{77}{120}$

- $\left\{\sqrt{\frac{1}{4}}+\left[\left(\frac{1}{5}+\frac{1}{10}:\frac{1}{4}\right)+\left(\frac{3}{5}\right)^2\right]\right\}-\frac{23}{50}=$

$=\left\{\frac{1}{2}+\left[\left(\frac{1}{5}+\frac{1}{10}:\frac{1}{4}\right)+\frac{9}{25}\right]\right\}-\frac{23}{50}=$

$=\left\{\frac{1}{2}+\left[\left(\frac{1}{5}+\frac{1}{\cancel{10}_5}\cdot\frac{\cancel{4}^2}{1}\right)+\frac{9}{25}\right]\right\}-\frac{23}{50}=$

$=\left\{\frac{1}{2}+\left[\left(\frac{1}{5}+\frac{2}{5}\right)+\frac{9}{25}\right]\right\}-\frac{23}{50}=$

$=\left\{\frac{1}{2}+\left[\frac{3}{5}+\frac{9}{25}\right]\right\}-\frac{23}{50}=$

$\frac{3}{5}=\frac{15}{25}$ (×5)

$=\left\{\frac{1}{2}+\left[\frac{15}{25}+\frac{9}{25}\right]\right\}-\frac{23}{50}=$

$=\left\{\frac{1}{2}+\frac{24}{25}\right\}-\frac{23}{50}=$

$\frac{1}{2}=\frac{25}{50}$ (×25) e $\frac{24}{25}=\frac{48}{50}$ (×2)

$=\left\{\frac{25}{50}+\frac{48}{50}\right\}-\frac{23}{50}=$

$=\frac{73}{50}-\frac{23}{50}=\frac{50}{50}=1$

EXERCÍCIOS

57 Calcule:

a) $\left(\frac{3}{5}\right)^2$

b) $\left(\frac{1}{2}\right)^4$

c) $\left(\frac{8}{3}\right)^1$

d) $\left(\frac{4}{5}\right)^2$

e) $\left(3\frac{1}{2}\right)^2$

f) $\left(\frac{2}{3}\right)^3$

g) $\left(\frac{2}{7}\right)^0$

h) $\left[\left(\frac{1}{2}\right)^4\right]^2$

i) $\left(2\frac{1}{2}\right)^0$

58 Calcule:

a) $\sqrt{\frac{9}{64}}$

b) $\sqrt{\frac{16}{25}}$

c) $\sqrt{\frac{1}{81}}$

d) $\sqrt{\frac{49}{100}}$

e) $\sqrt{1\frac{9}{16}}$

f) $\sqrt{\frac{144}{169}}$

59 Calcule o valor das expressões.

a) $\frac{5}{6}+\frac{1}{2}\cdot\frac{3}{4}$

b) $5-\frac{7}{4}\cdot\frac{1}{2}$

c) $\frac{2}{3}\cdot\frac{1}{5}+2\frac{1}{4}$

d) $2\frac{1}{9}+\frac{4}{5}\cdot 2$

e) $\frac{3}{5}+\frac{2}{9}:\frac{2}{3}$

f) $\frac{2}{7}\cdot\frac{3}{5}-\frac{1}{8}:\frac{5}{6}$

g) $\frac{3}{4}+\frac{5}{9}:\frac{1}{6}$

h) $\frac{1}{2}-\frac{1}{5}:2$

60 Resolva as expressões a seguir.

a) $\left(\frac{2}{3}-\frac{1}{8}\cdot\frac{4}{7}\right):\frac{2}{7}\cdot\frac{4}{9}$

b) $3\frac{1}{5}+2\frac{1}{9}-\frac{2}{3}:\frac{4}{9}$

c) $3\frac{2}{5}:\left(2\frac{1}{3}+1\frac{5}{7}\right)$

d) $\left(3+\frac{2}{3}\right)\cdot\frac{4}{11}+3:\frac{1}{2}\cdot\frac{3}{22}+5$

e) $4+\left\{2\cdot 3\left[2+5\cdot\frac{2}{6}\cdot\left(1-\frac{2}{5}\right)\right]\right\}$

f) $\frac{27}{100}:\left\{\frac{11}{4}-\left[\frac{3}{2}+\left(\frac{1}{2}+\frac{1}{4}\right)\right]\right\}$

g) $\left(1-\frac{1}{2}\right)^2:\left[\left(1-\frac{3}{4}\right)^2\cdot 8+\left(\frac{1}{2}\right)^2\right]$

h) $\left\{\left[1-\left(\frac{3}{8}\cdot\frac{2}{3}:\frac{1}{3}\right)\right]+\frac{5}{2}-\left(\frac{1}{10}\right)^0\right\}$

i) $\sqrt{\left(1-\frac{1}{3}\right)-\frac{2}{9}}:\sqrt{\frac{1}{9}}$

j) $\left\{\left(\frac{3}{2}\right)^3-\frac{5}{8}\cdot\left[\left(\frac{2}{11}+\frac{1}{33}\cdot 3\right)+\left(\frac{1}{2}\right)^2\right]\right\}$

k) $\left[\left(\frac{3}{4}\right)^2+\sqrt{\frac{1}{64}}\right]:\frac{11}{16}$

Reprodução proibida. Art.184 do Código Penal e Lei 9.610 de 19 de fevereiro de 1998.

14 Problemas envolvendo frações

A seguir, vamos analisar seis problemas típicos envolvendo frações.

Não se esqueça de que, na solução de problemas com frações, o todo pode ser representado por qualquer fração de numerador e denominador iguais.

Exemplo

Uma pizza inteira pode ser representada por:

$\frac{2}{2}$ ou $\frac{3}{3}$ ou $\frac{4}{4}$ ou $\frac{5}{5}$ ou $\frac{6}{6}$ ou $\frac{7}{7}$ ou $\frac{8}{8}$ ... $\frac{12}{12}$ ... etc.

1º problema

Ana quer comprar um bolo que custa R$ 60,00.

a) Quanto custa $\frac{1}{3}$ desse bolo?

b) Quanto custam $\frac{5}{6}$ desse bolo?

ILUSTRAÇÕES: WALDOMIRO NETO

Solução

a) Vamos representar o bolo (**o todo**) pela fração $\frac{3}{3}$:

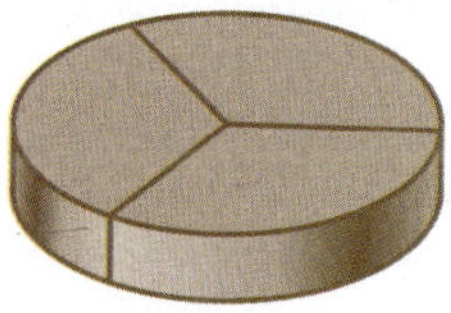

$\frac{3}{3}$ ⟶ R$ 60,00

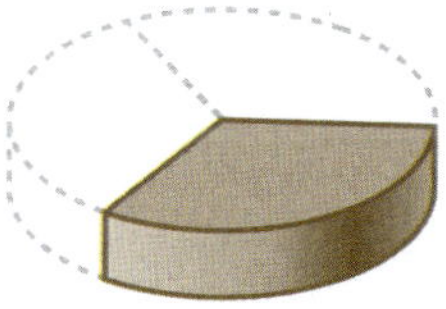

$\frac{1}{3}$ ⟶ R$ 60,00 : 3 = R$ 20,00

Logo, $\frac{1}{3}$ do bolo custa R$ 20,00.

Outra forma de resolver esse problema é calculando $\frac{1}{3}$ de 60:

$\frac{1}{3} \cdot 60 = \frac{60}{3} = 20$

b) Vamos representar o bolo (**o todo**) pela fração $\frac{6}{6}$:

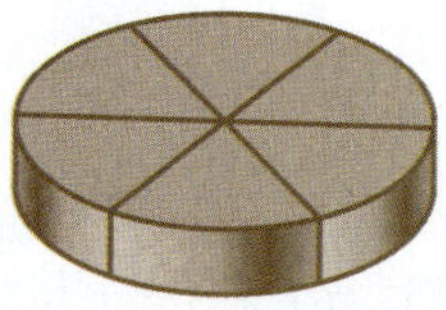

$\frac{6}{6}$ ⟶ R$ 60,00

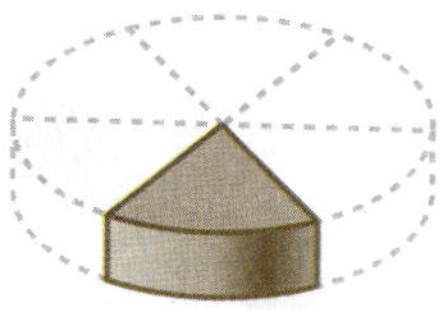

$\frac{1}{6}$ ⟶ R$ 60,00 : 6 = R$ 10,00

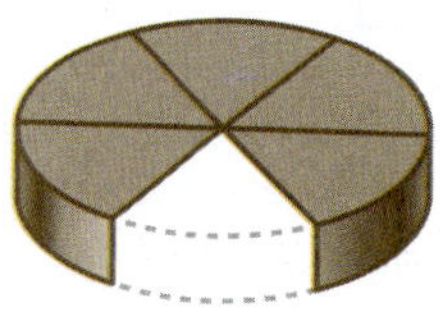

$\frac{5}{6}$ ⟶ R$ 10,00 · 5 = R$ 50,00

ANDERSON DE ANDRADE PIMENTEL

Logo, $\frac{5}{6}$ do bolo custam R$ 50,00.

Outra forma de resolver o problema é calculando $\frac{5}{6}$ de 60:

$\frac{5}{6} \cdot 60 = \frac{300}{6} = 50$

Reprodução proibida. Art.184 do Código Penal e Lei 9.610 de 19 de fevereiro de 1998.

EXERCÍCIOS

61 Calcule $\frac{2}{5}$ de 325.

62 Um reservatório contém 2 400 litros. Quantos litros cabem em $\frac{3}{4}$ desse reservatório?

63 Veículos elétricos não emitem poluentes, como o monóxido de carbono, nem gases de efeito estufa, como o dióxido de carbono, além de contribuir para a diminuição da poluição sonora. Considerando que com apenas uma carga, um carro elétrico tem **autonomia** para percorrer 160 quilômetros, quantos quilômetros esse veículo pode percorrer com $\frac{3}{4}$ de carga?

DONG LIU/SHUTTERSTOCK

Veículo elétrico.

Autonomia
Distância que o veículo pode percorrer até o término da sua carga.

64 Marcela comprou uma dúzia de ovos e vai usar $\frac{1}{6}$ para fazer um bombocado. Quantos ovos ela vai usar?

65 Uma betoneira transporta 5 000 quilogramas de concreto. Na sua primeira entrega, despejou $\frac{7}{20}$ da carga total. Quantos quilogramas de concreto restaram na betoneira?

66 A turma do 6º ano é formada por 42 alunos, e $\frac{5}{7}$ deles já estão aprovados. Quantos alunos ainda não estão aprovados?

67 Em uma caixa, há meio cento de laranjas. Se retirarmos $\frac{2}{5}$ dessas laranjas, quantas laranjas sobrarão na caixa?

ILUSTRAÇÕES: GEORGE TUTUMI

Reprodução proibida. Art.184 do Código Penal e Lei 9.610 de 19 de fevereiro de 1998.

2º problema

Um alpinista escalou $\frac{3}{4}$ de uma montanha, o que corresponde a 1 200 metros. Qual é a distância total a ser escalada?

Solução

A fração $\frac{3}{4}$ corresponde a 1 200 metros.

1200 m

400	400	400		$\frac{3}{4}$	⟶ 1 200 metros
400				$\frac{1}{4}$	⟶ 1 200 metros : 3 = 400 metros
400	400	400	400	$\frac{4}{4}$	⟶ 400 metros · 4 = 1 600 metros

Logo, a distância total a ser escalada é 1 600 metros.

EXERCÍCIOS

68 Se $\frac{3}{4}$ do percurso da casa de Rodrigo ao colégio equivalem a 15 quilômetros, qual é o total do percurso?

69 Da quantia que recebo mensalmente, aplico $\frac{3}{7}$ em caderneta de poupança, o que corresponde a R$ 360,00. Qual é a quantia total que recebo mensalmente?

Agora, responda:

- Você sabe o que é uma caderneta de poupança? Você tem uma?
- Quais são as vantagens de ter uma caderneta de poupança?

70 Para encher $\frac{2}{5}$ de uma piscina são necessários 60 000 litros de água. Qual é a capacidade total dessa piscina?

71 A atleta tcheca Barbora Špotáková, recordista mundial no arremesso de dardo, conquistou o ouro nos Jogos Olímpicos de Londres, na Inglaterra, em 2012. Determine o valor aproximado desse recorde, sabendo que $\frac{6}{7}$ dele correspondem a 60 metros.

Reprodução proibida. Art.184 do Código Penal e Lei 9.610 de 19 de fevereiro de 1998.

3º problema

Juntam-se num recipiente dois líquidos imiscíveis (que não se misturam). O líquido *A* ocupa $\frac{2}{7}$ do volume total, e o líquido *B* corresponde a 50 mililitros. Qual é o volume total dessa mistura?

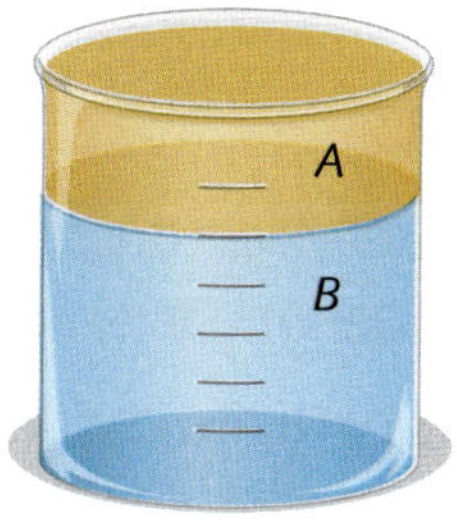

Solução

O líquido *A* corresponde a $\frac{2}{7}$ do volume total.

O líquido *B* corresponde a $\frac{5}{7}$ do volume total, pois: $\frac{7}{7} - \frac{2}{7} = \frac{5}{7}$

Assim:

$\frac{5}{7} \longrightarrow$ 50 mililitros

$\frac{1}{7} \longrightarrow$ 50 mililitros : 5 = 10 mililitros

$\frac{7}{7} \longrightarrow$ 10 mililitros · 7 = 70 mililitros

Logo, o volume total dessa mistura é 70 mililitros.

ILUSTRAÇÕES: ERICSON GUILHERME LUCIANO

EXERCÍCIOS

72 A uma festa de aniversário compareceram $\frac{3}{5}$ dos convidados. Determine o número de convidados, sabendo que faltaram 74 pessoas.

73 André comprou $\frac{5}{9}$ de uma coleção de livros. Ainda falta adquirir 12 volumes para completá-la. Quantos volumes há nessa coleção?

74 Júnior atingiu $\frac{6}{7}$ da pontuação máxima em uma prova de surfe. Determine a pontuação máxima da prova, sabendo que faltaram 22 pontos para Júnior atingi-la.

75 Quando falta energia elétrica, Helena utiliza um pequeno gerador. Com $\frac{3}{5}$ da potência elétrica do gerador, é possível manter as lâmpadas da casa acesas. Os 800 watts restantes fazem funcionar a geladeira, o ventilador e a televisão. Qual é a potência total do gerador?

76 Nas primeiras cinco voltas e meia da prova de Keirin, que correspondem a $\frac{11}{16}$ dessa prova, os atletas pedalam atrás de uma bicicleta motorizada, a *pace bike*, que dita o ritmo até que eles cheguem aos 45 quilômetros por hora. Após esse momento, a *pace bike* sai da pista e os ciclistas disputam a medalha nos 625 metros restantes. A prova completa de Keirin é disputada em quantos metros?

PHIL WALTER/GETTY IMAGES

Prova de Keirin durante os Jogos Olímpicos de Londres, Inglaterra, 2012. Essa prova de ciclismo olímpico é disputada apenas por homens.

4º problema

Um pedestre percorre, inicialmente, $\frac{4}{9}$ de uma avenida. Em seguida, percorre mais $\frac{1}{3}$ da mesma avenida, e ficam faltando 200 metros para ele chegar ao final dela. Qual é a medida do comprimento da avenida?

Solução

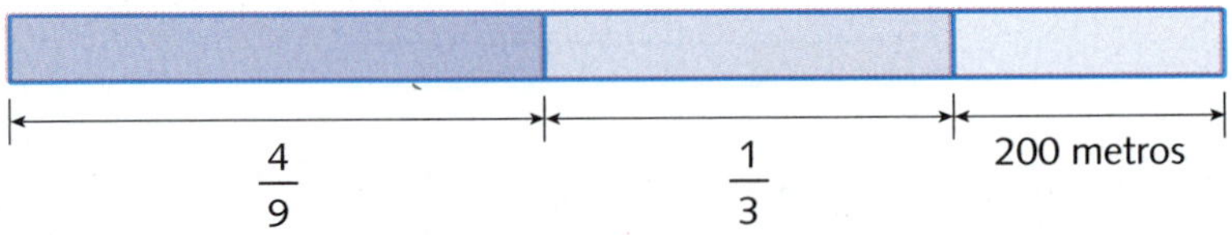

ANDERSON DE ANDRADE PIMENTEL

Calculando a fração que representa o percurso já realizado, temos: $\frac{4}{9} + \frac{1}{3} = \frac{4}{9} + \frac{3}{9} = \frac{7}{9}$

Logo, podemos dizer que os 200 metros que ainda faltam correspondem, em fração, a:

$$\frac{9}{9} - \frac{7}{9} = \frac{2}{9}$$

Assim: $\frac{2}{9} \longrightarrow$ 200 metros $\qquad \frac{1}{9} \longrightarrow$ 200 metros : 2 = = 100 metros $\qquad \frac{9}{9} \longrightarrow$ 100 metros · 9 = = 900 metros

Logo, a medida do comprimento da avenida é 900 metros.

EXERCÍCIOS

77 Gastei $\frac{1}{7}$ do meu salário com alimentação e $\frac{2}{5}$ com as demais despesas. Que fração do meu salário corresponde ao que gastei?

Mensalmente são pagas algumas despesas em sua casa. Cite três delas.

78 Lino é entregador de revistas. Pela manhã, ele entregou $\frac{1}{5}$ das revistas a serem distribuídas hoje. À tarde, entregou mais $\frac{1}{3}$ do total. Restam, ainda, 14 revistas para entregar à noite. Qual é o total de revistas que Lino deve entregar hoje?

79 Allan recebeu um prêmio e resolveu dividi-lo desta maneira: deu $\frac{1}{4}$ para os seus familiares; doou $\frac{1}{8}$ para uma instituição de caridade; aplicou $\frac{3}{8}$ na poupança; gastou os R$ 90 000,00 restantes em uma viagem. Qual foi o valor total do prêmio?

Agora, responda:

- Você já fez alguma doação para uma instituição de caridade? Acha importante? Por quê?

80 A Dra. Beatriz recebeu diversos processos para analisar. Nos dois primeiros dias analisou, respectivamente, $\frac{1}{6}$ e $\frac{3}{4}$ do total. Restam ainda 10 processos a serem analisados. Qual era o total de processos, inicialmente?

81 Em uma prova de triatlo, o vencedor utilizou $\frac{1}{5}$ do tempo na prova de natação, $\frac{7}{15}$ do tempo na prova de ciclismo e os 35 minutos restantes na prova de corrida. Qual foi o tempo utilizado pelo vencedor nessa prova?

ACTION PLUS SPORTS/ALAMY/ GLOW IMAGES

Participantes de prova de triatlo durante os Jogos Olímpicos do Rio de Janeiro (RJ), 2016.

82 No pomar da chácara Aquiraz, $\frac{2}{5}$ das árvores são limoeiros, $\frac{1}{3}$ são jabuticabeiras, $\frac{1}{10}$ são mangueiras, e há 220 laranjeiras. Determine o número total de árvores desse pomar.

Reprodução proibida. Art.184 do Código Penal e Lei 9.610 de 19 de fevereiro de 1998.

5º problema

Fábio foi fazer uma trilha. Em um primeiro momento, ele percorreu $\frac{1}{4}$ dela. Depois, percorreu mais $\frac{2}{9}$ do que restou. Ainda faltam 1 400 metros para ele chegar ao final da trilha. Qual é o comprimento total dessa trilha?

WALDOMIRO NETO

Solução

$\frac{1}{4} \longrightarrow$ parte percorrida por Fábio

$\frac{4}{4} - \frac{1}{4} = \frac{3}{4} \longrightarrow$ parte que falta percorrer

Fábio percorreu $\frac{2}{9}$ **do que restou**. Então, $\frac{2}{9}$ de $\frac{3}{4}$ correspondem a: $\frac{\overset{1}{\cancel{2}}}{\underset{3}{\cancel{9}}} \cdot \frac{\overset{1}{\cancel{3}}}{\underset{2}{\cancel{4}}} = \frac{1}{6}$

Calculando a fração correspondente ao percurso que Fábio já percorreu, temos:

$\mathbf{\frac{1}{4}} + \mathbf{\frac{1}{6}} = \frac{3}{12} + \frac{2}{12} = \frac{5}{12}$

Assim, a fração que falta percorrer é: $\frac{12}{12} - \frac{5}{12} = \frac{7}{12}$

$\frac{7}{12} \longrightarrow$ 1 400 metros

$\frac{1}{12} \longrightarrow$ 1 400 metros : 7 = = 200 metros

$\frac{12}{12} \longrightarrow$ 200 metros · 12 = = 2 400 metros

Logo, o comprimento total da trilha é 2 400 metros.

Trabalhando em equipe

Forme dupla com um colega e releiam o texto da seção "Um pouco de história", na página 151.

Em seguida, registrem no caderno a forma como um egípcio escreveria as frações $\frac{5}{6}$ e $\frac{7}{8}$.

6º problema

Em um reservatório há uma torneira capaz de enchê-lo em 2 horas e outra torneira que pode enchê-lo em 3 horas. Com as duas torneiras abertas simultaneamente, depois de quanto tempo o reservatório estará cheio?

Solução

A primeira torneira enche o reservatório em 2 horas. Logo, enche $\frac{1}{2}$ do reservatório em **1 hora**.

A segunda torneira enche o reservatório em 3 horas. Logo, enche $\frac{1}{3}$ do reservatório em **1 hora**.

Em **1 hora**, as duas torneiras juntas enchem: $\frac{1}{2} + \frac{1}{3} = \frac{3}{6} + \frac{2}{6} = \frac{5}{6}$

Então:

$\frac{5}{6} \longrightarrow$ 1 hora = 60 minutos

$\frac{1}{6} \longrightarrow$ 60 minutos : 5 = = 12 minutos

$\frac{6}{6} \longrightarrow$ 12 minutos · 6 = = 72 minutos

Logo, as duas torneiras juntas encherão o reservatório em 72 minutos ou em 1 hora e 12 minutos.

EXERCÍCIOS

83 Gastei $\frac{1}{5}$ do meu salário com alimentação e $\frac{3}{4}$ do que sobrou com as demais despesas. Restaram-me ainda R$ 200,00. Qual é o meu salário?

Agora, responda:

- O que é salário mínimo?
- Qual é o valor atual do salário mínimo?

84 João foi à feira e, em uma banca de frutas, gastou $\frac{1}{3}$ da quantia que levava. Em seguida, gastou $\frac{2}{5}$ do que sobrou na compra de verduras e ainda ficou com R$ 54,00. Quanto João gastou na feira?

DOUGLAS FRANCHIN

85 Uma pessoa consegue fazer um trabalho em 24 horas, e outra pessoa, em 30 horas. Em quanto tempo as duas pessoas, juntas, farão o trabalho?

86 Um porco consome um saco de milho em 8 dias. Uma galinha leva 24 dias para consumir a mesma quantidade de milho. Quantos dias são necessários para que os dois animais consumam juntos um saco de milho?

87 Três pedreiros efetuam um trabalho em 4 dias. O primeiro pedreiro pode realizar sozinho o mesmo trabalho em 9 dias. O segundo pedreiro é capaz de completar o trabalho, sozinho, em 12 dias. Quantos dias, trabalhando sozinho, o terceiro pedreiro leva para executar a mesma tarefa?

88 Em um tanque há uma torneira capaz de enchê-lo em 15 horas. Outra torneira pode enchê-lo em 10 horas. O ralo é capaz de esvaziá-lo em 24 horas. Com as duas torneiras e o ralo simultaneamente abertos, em quanto tempo o tanque ficará cheio?

Reprodução proibida. Art.184 do Código Penal e Lei 9.610 de 19 de fevereiro de 1998.

Trabalhando em equipe

(Enem) A música e a matemática se encontram na representação dos tempos das notas musicais, conforme a figura ao lado.

Um compasso é uma unidade musical composta por determinada quantidade de notas musicais em que a soma das durações coincide com a fração indicada como fórmula do compasso. Por exemplo, se a fórmula de compasso for $\frac{1}{2}$, poderia ter um compasso ou com duas semínimas ou uma mínima ou quatro colcheias, sendo possível a combinação de diferentes figuras. Um trecho musical de oito compassos, cuja fórmula é $\frac{3}{4}$, poderia ser preenchido com:

a) 24 fusas.
b) 3 semínimas.
c) 8 semínimas.
d) 24 colcheias e 12 semínimas.
e) 16 semínimas e 8 semicolcheias.

Semibreve	𝅝	1
Mínima	𝅗𝅥	$\frac{1}{2}$
Semínima	𝅘𝅥	$\frac{1}{4}$
Colcheia	𝅘𝅥𝅮	$\frac{1}{8}$
Semicolcheia	𝅘𝅥𝅯	$\frac{1}{16}$
Fusa	𝅘𝅥𝅰	$\frac{1}{32}$
Semifusa	𝅘𝅥𝅱	$\frac{1}{64}$

LUIZ RUBIO

Interpretação e identificação dos dados

- Identifique a definição de compasso no enunciado do problema.
- Verifique os exemplos citados no enunciado que ajudam a compreender o problema.

Plano de resolução

- Releia o enunciado da questão e calcule o valor de 8 compassos de $\frac{3}{4}$ cada um.
- Calcule o valor de 24 fusas, observando a figura reproduzida no enunciado.
- Considerando as informações do enunciado e o cálculo efetuado para 24 fusas, elabore um esquema que represente um possível processo de resolução do problema.

Resolução

- Junte-se a um colega.
- Cada integrante da dupla deve apresentar seu plano de resolução ao outro.
- Após a discussão sobre as estratégias, executem o processo de resolução.

<u>*Observação*</u>

Resolvam o problema de forma coletiva, mas façam o registro individual no caderno.

Verificação

- Releiam o problema e verifiquem se todas as condições do enunciado foram satisfeitas.

Apresentação

- Assistam ao trecho do episódio "Matemática e música", da série *Arte & Matemática*, produzida pela TV Cultura. (O episódio está disponível em: <www.youtube.com/watch?v=Webi8E6P-fc>. Acesso em: 16 mar. 2017.) Em seguida, escrevam um parágrafo sobre a relação entre música e matemática. Os textos de todas as duplas poderão ser expostos na sala de aula.

Reprodução proibida. Art.184 do Código Penal e Lei 9.610 de 19 de fevereiro de 1998.

Trabalhando os conhecimentos adquiridos

Autoavaliação

1 Escreva três frações: uma própria, outra aparente e outra imprópria não aparente. Em seguida, identifique o numerador e o denominador. Depois, responda: quais delas podem ser escritas na forma de número misto?

DOUGLAS FRANCHIN

2 Escreva uma fração imprópria não aparente e três frações equivalentes a ela. Em seguida, escreva todas na forma de número misto e compare-os. O que você pode dizer da parte inteira desses números mistos? E das partes fracionárias?

3 Qual é a relação entre frações e porcentagem?

4 O que é uma fração irredutível?

5 Copie os quadros abaixo, anotando uma dica para a resolução de cada operação.

Adição e subtração de frações	
de mesmo denominador	**de denominadores diferentes**

Multiplicação	
de um número natural por uma fração	**de duas frações**

Divisão	
de um número natural por uma fração	**de duas frações**

Potenciação de frações	Raiz quadrada de frações

Reprodução proibida. Art.184 do Código Penal e Lei 9.610 de 19 de fevereiro de 1998.

1 Que fração representa a parte colorida da figura?

2 Que fração do sólido *B* o sólido *A* representa?

sólido *A* sólido *B*

ILUSTRAÇÕES: LUIZ RUBIO

Reprodução proibida. Art.184 do Código Penal e Lei 9.610 de 19 de fevereiro de 1998.

3 Na turma do 6º ano há 40 alunos. Certo dia, faltaram 3 alunos. Que fração da turma os alunos presentes nesse dia representavam?

4 Copie os itens substituindo cada ■ pelo símbolo $>$, $<$ ou $=$.

a) $\frac{2}{5}$ ■ $\frac{5}{7}$

b) $5\frac{2}{5}$ ■ $\frac{27}{5}$

c) $\frac{6}{7}$ ■ $\frac{4}{9}$

d) $\frac{16}{3}$ ■ $\frac{14}{2}$

e) $\frac{16}{35}$ ■ $\frac{1}{2}$

f) $3\frac{5}{8}$ ■ $2\frac{1}{9}$

5 Transforme os números mistos em frações impróprias.

a) $1\frac{4}{5}$

b) $13\frac{1}{3}$

c) $2\frac{3}{17}$

d) $4\frac{3}{100}$

e) $9\frac{11}{7}$

f) $10\frac{1}{10}$

6 Transforme as frações impróprias em números mistos.

a) $\frac{121}{8}$

b) $\frac{143}{18}$

c) $\frac{107}{9}$

d) $\frac{492}{7}$

e) $\frac{473}{26}$

f) $\frac{236}{39}$

g) $\frac{1001}{50}$

h) $\frac{920}{33}$

7 Substitua o ■ a fim de obter frações equivalentes.

a) $\frac{8}{3} = \frac{40}{■}$

b) $\frac{2}{5} = \frac{26}{■}$

c) $\frac{3}{7} = \frac{■}{21}$

d) $\frac{6}{8} = \frac{9}{■}$

8 Simplifique as frações abaixo.

a) $\frac{27}{81}$

b) $\frac{90}{540}$

c) $\frac{80}{1000}$

d) $\frac{32}{160}$

e) $\frac{82}{128}$

f) $\frac{65}{91}$

9 Das frações $\frac{9}{15}$, $\frac{18}{50}$, $\frac{37}{111}$ e $\frac{5}{302}$, indique a que é equivalente a $\frac{1}{3}$.

10 Simplifique o máximo que puder a fração $\frac{360}{540}$, usando o mdc.

11 Qual das frações abaixo é diferente das outras?

$$\frac{4}{5}, \frac{40}{50}, \frac{12}{15}, \frac{8}{10}, \frac{37}{45}, \frac{28}{35}$$

12 Determine a fração da superfície total do retângulo que o desenho ocupa.

GEORGE TUTUMI

13 Observe as igualdades:

$$\frac{8}{10} = \frac{\cancel{6} + 2}{\cancel{6} + 4} = \frac{2}{4} = \frac{1}{2}$$

Esse raciocínio está certo? Justifique sua resposta.

DESAFIO

Um aluno dorme 8 horas, estuda 10 horas e brinca 6 horas por dia. Que fração do dia ele passa acordado?

1 Copie esta figura no caderno e pinte uma parte correspondente a $\frac{2}{5}$ da superfície do triângulo *ABC*.

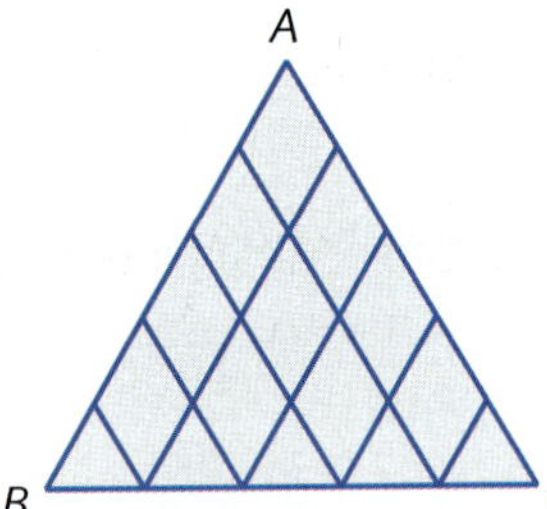

LUIZ RUBIO

2 Represente geometricamente os números mistos.

a) $1\frac{3}{7}$

b) $2\frac{3}{4}$

c) $3\frac{1}{2}$

d) $2\frac{7}{8}$

3 Extraia os inteiros da fração $\frac{39}{7}$.

4 Qual é a fração equivalente à unidade de numerador 12?

5 Determine a fração equivalente a $\frac{8}{20}$ cujo numerador seja 44.

6 Determine a fração equivalente a $\frac{3}{7}$ cuja soma dos termos seja 60.

7 Coloque as frações em ordem decrescente.

a) $\frac{5}{6}, \frac{3}{4}, \frac{7}{8}$

b) $\frac{12}{15}, \frac{7}{10}, \frac{1}{6}$

c) $2\frac{1}{4}, \frac{11}{5}, 3$

d) $\frac{7}{4}, \frac{7}{12}, \frac{7}{2}, \frac{7}{1}$

8 Se afirmarmos que $\frac{4}{5}$ é menor que $\frac{8}{25}$ porque $4 < 8$ e $5 < 25$, nosso raciocínio estará correto? Justifique sua resposta.

9 Na última eleição, os candidatos Paulo, Pedro e José obtiveram, respectivamente, $\frac{1}{5}$, $\frac{2}{8}$ e $\frac{2}{9}$ do total dos votos. Qual dos três candidatos foi o mais votado?

WALDOMIRO NETO

10 Qual é a fração de denominador 24 que está entre $\frac{2}{3}$ e $\frac{3}{4}$?

11 Joaquim resolveu dividir R$ 6 000,00 entre seus três filhos desta forma:

- o mais novo deve receber $\frac{1}{2}$ do total;
- o do meio deve receber $\frac{1}{3}$ do total;
- o mais velho deve receber $\frac{1}{4}$ do total.

Essa divisão é possível? Justifique sua resposta.

Agora, responda:

- Se você recebesse uma quantia em dinheiro, como a utilizaria?
- Qual a vantagem de economizar dinheiro?

12 Podemos afirmar que a parte verde da figura representa seus $\frac{2}{3}$?

LUIZ RUBIO

13 Determine a fração que não se altera quando somamos 21 ao numerador e 35 ao denominador.

DESAFIO

Encontre as frações equivalentes a $\frac{4}{9}$ e $\frac{5}{9}$, de modo que o denominador da primeira seja igual ao numerador da segunda e que tenham os menores termos possíveis.

Reprodução proibida. Art.184 do Código Penal e Lei 9.610 de 19 de fevereiro de 1998.

1 Observe como efetuamos uma adição de frações na calculadora:

PHOTASTIC/SHUTTERSTOCK

$\frac{1}{4} + \frac{3}{4}$

[1] [÷] [4] [M+] [3] [÷] [4] [M+] [MRC]

ANDERSON DE ANDRADE PIMENTEL

Qual é o resultado encontrado?

2 Em um cruzeiro de férias, $\frac{2}{5}$ dos passageiros são europeus, $\frac{1}{6}$ é asiático e $\frac{1}{15}$ é africano. Os demais passageiros são brasileiros. Que fração dos viajantes representam os brasileiros?

NAN728/SHUTTERSTOCK

3 Quantos copos com capacidade de $\frac{1}{6}$ de litro podemos encher com 10 latinhas de $\frac{1}{3}$ de litro?

4 Letícia gastou metade do seu salário em uma viagem. Com $\frac{1}{6}$ do valor que sobrou, ela comprou um vestido. Que fração do salário ela já gastou? Que fração ainda resta?

5 O carrinho abaixo foi produzido na escala $\frac{1}{16}$, ou seja, todas as suas dimensões são 16 vezes menores que as do carro original. Se o carro em miniatura possui 25 centímetros de comprimento, qual é a medida do comprimento do carro original? (Lembre-se de que 1 metro é igual a 100 centímetros.)

KLAUDIA FAFEREK-JAWORSKA/ALAMY/GLOW IMAGES

6 Calcule a soma de $\frac{3}{4}$ de $\frac{5}{6}$ com $\frac{3}{5}$ de $\frac{4}{6}$.

7 Determine uma fração equivalente a $3\frac{1}{4}$ cujo numerador seja 78.

8 Para formar 25 décimos são necessários quantos milésimos?

9 Um automóvel percorreu $\frac{1}{4}$ da distância entre duas cidades e depois mais $\frac{1}{3}$ dessa distância, atingindo assim 490 quilômetros. Qual é a distância entre as duas cidades?

10 Considere que $\frac{2}{5}$ de $\frac{3}{4}$ de um número são 108. Calcule esse número.

11 Um trem percorreu $\frac{4}{13}$ do seu percurso e fez uma parada. Em seguida, percorreu mais 112 quilômetros, completando, assim, $\frac{2}{3}$ do percurso total. Quanto mede o percurso todo?

12 Um atacadista possuía 2 600 sacas de arroz. Ele vendeu $\frac{4}{13}$ dessas sacas a um primeiro freguês. Do que sobrou, vendeu $\frac{1}{3}$ a um segundo freguês. Então, novamente do que sobrou, vendeu $\frac{3}{10}$ a um terceiro freguês. Quantas sacas restaram?

DESAFIO

Quantos pedaços iguais a $\frac{1}{9}$ de um bolo você precisa comprar para dar $\frac{2}{3}$ do bolo a Ricardo e um bolo inteiro a Rômulo? (Utilize um diagrama para a solução.)

Reprodução proibida. Art.184 do Código Penal e Lei 9.610 de 19 de fevereiro de 1998.

1 Efetue as operações abaixo, simplificando quando possível.

a) $2\frac{1}{3} + 1\frac{3}{4}$

b) $\frac{1}{2} + \frac{1}{5} - \frac{3}{6}$

c) $8 - \frac{7}{2}$

d) $\frac{7}{2} - 1\frac{1}{8}$

2 Efetue as operações a seguir.

a) $\frac{13}{2} + \frac{1}{100} - \frac{7}{50}$

b) $\frac{2}{5} + \frac{3}{4} - \frac{1}{6}$

c) $5\frac{1}{7} + 3\frac{1}{4} - 2\frac{1}{2}$

d) $\frac{5}{3} - \frac{7}{6} - \frac{1}{10}$

3 Calcule o valor das expressões.

a) $\frac{4}{7} - \left\{\frac{5}{7} - \left[\frac{8}{7} - \left(\frac{9}{7} - \frac{3}{7}\right)\right]\right\}$

b) $12\frac{5}{8} + 18\frac{15}{16} + 37\frac{31}{32}$

4 Em quanto $\frac{35}{6}$ excedem meia unidade?

5 Efetue as operações a seguir, simplificando-as quando possível.

a) $\frac{25}{30} \cdot \frac{7}{14} \cdot \frac{3}{55} \cdot \frac{11}{9}$

b) $1\frac{11}{15} \cdot 2\frac{4}{13}$

c) $3\frac{2}{5} : \frac{3}{10}$

d) $\frac{100}{4} \cdot \frac{50}{72} \cdot \frac{6}{50} \cdot \frac{20}{25}$

6 Determine:

a) $\frac{4}{5}$ de 420;

b) a metade de $\frac{3}{7}$;

c) $\frac{3}{4}$ de 640;

d) $\frac{2}{3}$ de $\frac{3}{4}$ de $\frac{2}{7}$.

7 Calcule:

a) $\dfrac{\frac{1}{2}}{\frac{3}{8}}$

b) $\dfrac{6}{\frac{1}{4}}$

c) $\dfrac{2 + \frac{1}{3}}{\frac{3}{2} - 1}$

d) $\dfrac{2}{1 + \dfrac{2}{\frac{1}{3}}}$

e) $5 - \dfrac{2}{1 - \dfrac{1}{\frac{5}{2}}}$

f) $\dfrac{1}{2 + \dfrac{1}{3 + \frac{1}{4}}}$

8 Determine:

a) $\frac{30}{100}$ de 200;

b) 25% de 60;

c) $\frac{2}{100}$ de 50;

d) 20% de 50.

9 Calcule o valor das expressões.

a) $\frac{3}{4} + \frac{1}{5}$ de 20

b) $\left(\frac{2}{5} + \frac{3}{4} \cdot \frac{1}{8}\right) \cdot 1\frac{1}{79}$

c) $\left\{\left[\left(3 + \frac{2}{3}\right) \cdot \frac{3}{11} + 3 : \frac{1}{2}\right] \cdot \frac{3}{21} + 5\right\}$

10 Na figura ao lado que fração do triângulo maior o triângulo menor representa?

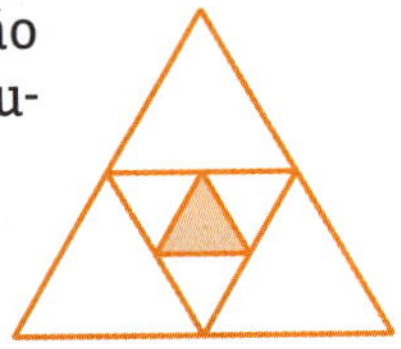

LUIZ RUBIO

11 Calcule:

a) $\left[\left(\frac{1}{2}\right)^2\right]^3$

b) $\left[\left(\frac{1}{2}\right)^3\right]^2$

c) $\sqrt{1 - \frac{5}{9}}$

d) $\sqrt{2 + \frac{14}{25}}$

12 Resolva as expressões abaixo.

a) $\left\{2 \cdot 4 - \left[4 + 3 \cdot \frac{2}{5} \cdot \left(1 - \frac{2}{5}\right)\right]\right\}$

b) $\left[\left(\frac{2}{3} : \frac{1}{12} + 2\right) : \left(\frac{1}{10}\right)^2 - 10^3\right]$

c) $\left(\frac{3}{2}\right)^2 + \left[3\frac{1}{3} - 3\frac{1}{4} + \left(\frac{1}{2}\right)^3\right]$

d) $2\frac{1}{3} \cdot \frac{3}{4} : \frac{7}{12} + \frac{4}{8} : \frac{7}{27} \cdot \frac{7}{9}$

13 Resolva as expressões a seguir.

a) $\dfrac{\frac{2}{3} + \frac{1}{5} : 3}{1 - \dfrac{1}{4 - \frac{3}{2}}}$

b) $\left(\dfrac{\frac{1}{2} + \frac{1}{3} + \frac{1}{6}}{\frac{1}{2} + \frac{2}{3}}\right)$

DESAFIO

Que número devemos subtrair do denominador da fração $\frac{3}{28}$ para que ela fique quadruplicada?

Reprodução proibida. Art.184 do Código Penal e Lei 9.610 de 19 de fevereiro de 1998.

1 Em uma prova de corrida de aventura, a equipe vencedora percorreu $\frac{9}{20}$ do percurso total no primeiro dia e $\frac{2}{5}$ no segundo dia. Sabendo que ainda faltam 6 quilômetros a serem percorridos, determine o percurso total.

PIERRE VERDY/AFP

Participantes da Maratona do Deserto do Saara, em Merzouga, Marrocos.

2 Retirou-se de um barril $\frac{1}{4}$ do líquido que ele continha. Em seguida, retirou-se mais 21 litros do barril, que ficou com $\frac{3}{5}$ da medida do volume inicial. Qual era a medida do volume inicial desse barril?

3 Para pintar $\frac{3}{4}$ de sua casa, Luís gastou 60 galões de tinta. Quantos galões ele utilizaria para pintar $\frac{7}{8}$ da casa?

DOUGLAS FRANCHIN

4 O líquido contido em uma vasilha ocupa $\frac{5}{8}$ da sua capacidade. Se forem acrescentados 21 litros à vasilha, esta ficará cheia. Qual é a capacidade da vasilha?

5 Lena foi à feira e, na banca de frutas, gastou $\frac{1}{3}$ da quantia que possuía. Em seguida, gastou $\frac{2}{5}$ do que sobrou com verduras e ainda ficou com R$ 42,00. Quanto Lena levou para a feira?

Agora responda às perguntas abaixo.

- Em um orçamento doméstico são considerados os gastos com alimentação. Na sua opinião, os gastos com alimentação representam uma grande fração do orçamento?
- Frutas e verduras devem fazer parte dos gastos com alimentação. Por quê?

6 Para dividir a fração $\frac{16}{3}$ por 32, um aluno subtraiu 14 do numerador. Por que número ele deveria dividir o denominador para acertar o resultado?

7 **(Enem)** Um professor dividiu a lousa da sala de aula em quatro partes iguais. Em seguida, preencheu 75% dela com conceitos e explicações, conforme a figura seguinte.

Algum tempo depois, o professor apagou a lousa por completo e, adotando um procedimento semelhante ao anterior, voltou a preenchê-la, mas, dessa vez, utilizando 40% do espaço dela. Uma representação possível para essa segunda situação é:

a) 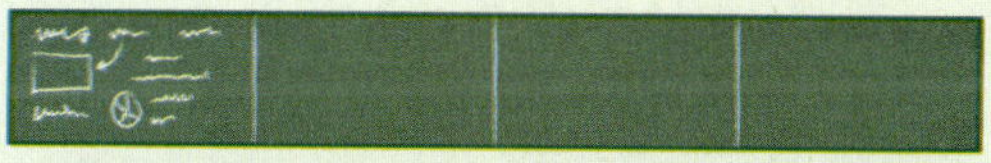

b) 

c) 

d) 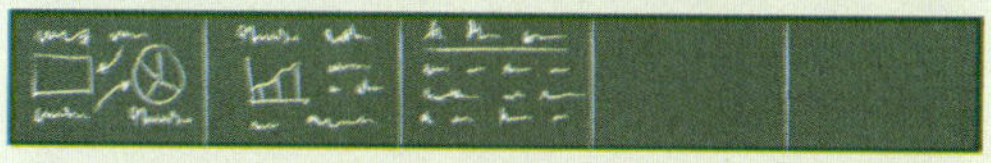

e) 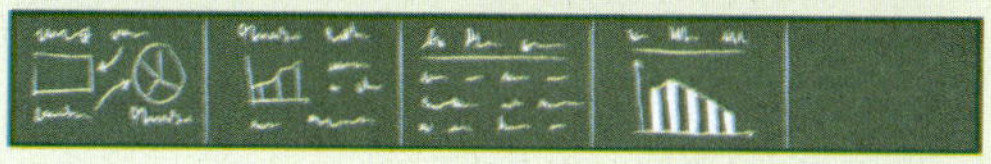

LUIZ RUBIO

DESAFIO

Uma torneira aberta enche $\frac{4}{5}$ de uma piscina em 4 horas. Existe um vazamento que esvazia $\frac{4}{7}$ dessa piscina em 4 horas. Então, estando a piscina vazia, se a torneira for aberta às 8 horas da manhã, a quantidade de água na piscina ao meio-dia corresponderá a que fração da capacidade total?

Reprodução proibida. Art.184 do Código Penal e Lei 9.610 de 19 de fevereiro de 1998.

CAPÍTULO 6

Números decimais

LEON NEAL/AFP

É hora de observar e discutir

O *14-Bis* foi a primeira máquina mais pesada que o ar a voar com propulsão própria, na cidade de Paris, na França, em 23 de outubro de 1906. Esse avião foi construído e pilotado pelo brasileiro Alberto Santos Dumont (1873-1932). A réplica foi construída pelo coronel da Aeronáutica Danilo Fuchs e tem 9,68 metros de comprimento e 11,2 metros de envergadura (dimensão máxima transversal da ponta de uma asa à ponta da outra).

Responda:

- Que números foram utilizados para representar as dimensões dessa réplica do *14-Bis*?
- Esses números são naturais?

Réplica do *14-Bis* durante a abertura dos Jogos Olímpicos do Rio de Janeiro (RJ), em 5 de agosto de 2016.

Trocando ideias

Observe os desenhos de um carro com a representação de suas principais dimensões, em metro.

As dimensões do carro que aparece nas imagens são representadas por números com vírgula, ou seja, números na forma decimal.

- Em que outras situações do cotidiano você nota a utilização de números na forma decimal?
- Observando as dimensões apresentadas, responda:
  a) Qual é o menor número?
  b) Qual é o maior número?

Neste capítulo, vamos estudar os números decimais, suas representações geométricas e operações que os envolvem.

Reprodução proibida. Art.184 do Código Penal e Lei 9.610 de 19 de fevereiro de 1998.

1 Números decimais

Muitas vezes não percebemos a frequência com que os **números decimais** são usados no dia a dia. Observe, por exemplo, as especificações de algumas lapiseiras:

Os números nas lapiseiras ao lado são decimais e representam a espessura da grafite: 0,3; 0,5; 0,7 ou 0,9 milímetro (mm). As espessuras de grafite mais comuns são a de 0,5 milímetro, para uma escrita mais leve, e a de 0,7 milímetro, para um traçado mais forte.

CARLOS LUVIZARI

Compreender o conceito de número decimal e seu sistema notacional é fundamental para a contagem, a medição e a resolução de problemas.

Reprodução proibida. Art.184 do Código Penal e Lei 9.610 de 19 de fevereiro de 1998.

Biografia

François Viète (1540-1603)

O francês François Viète não era matemático por profissão. Durante a juventude, estudou e praticou Direito, tornando-se membro do Parlamento da Bretanha. Mais tarde, fez parte do conselho do rei, servindo a Henrique III e, posteriormente, a Henrique IV. Mesmo se dedicando à Matemática apenas nos momentos de lazer, Viète fez grandes contribuições para essa área.

Em uma de suas primeiras obras – *Canon-mathematicus*, de 1579 –, Viète defendeu o uso das frações decimais. No entanto, o emprego da vírgula decimal é atribuído a Giovanni Antonio Magini, em 1592.

Foi à Álgebra que Viète deu suas mais importantes contribuições, como o uso de uma vogal para representar uma quantidade desconhecida ou indeterminada e a utilização de uma consoante para representar uma grandeza ou números supostamente conhecidos ou dados.

Observe na linha do tempo abaixo alguns fatos históricos importantes da época em que François Viète viveu.

- **1545** – Teve início a Contrarreforma da Igreja Católica.
- **1558** – Elizabeth I assumiu o trono da Inglaterra.
- **1564** – Nasceram Galileu Galilei e William Shakespeare.
- **1581** – Estavam instituídos 75 estabelecimentos jesuítas apenas na Bahia.
- **1596** – Morreu a rainha Elizabeth I. Nasceu René Descartes.

ILUSTRAÇÕES: TOMA

Veja, nos quadros abaixo, a representação de algumas frações decimais (com denominadores potências de 10) na forma de números decimais.

Fração decimal	Número decimal
$\frac{1}{10}$	0,1
$\frac{1}{100}$	0,01
$\frac{1}{1\,000}$	0,001
$\frac{1}{10\,000}$	0,0001

Fração decimal	Número decimal
$\frac{5}{10}$	0,5
$\frac{5}{100}$	0,05
$\frac{5}{1\,000}$	0,005
$\frac{5}{10\,000}$	0,0005

Fração decimal	Número decimal
$\frac{117}{10}$	11,7
$\frac{117}{100}$	1,17
$\frac{117}{1\,000}$	0,117
$\frac{117}{10\,000}$	0,0117

Nos números decimais, a **vírgula** separa a **parte inteira** da **parte decimal**.

Exemplos

- 0,001
  - 001 → parte decimal
  - 0 → parte inteira
- 1,17
  - 17 → parte decimal
  - 1 → parte inteira
- 0,0005
  - 0005 → parte decimal
  - 0 → parte inteira
- 11,7
  - 7 → parte decimal
  - 11 → parte inteira

Reprodução proibida. Art.184 do Código Penal e Lei 9.610 de 19 de fevereiro de 1998.

Curiosidade

Michael Phelps: o maior atleta olímpico de todos os tempos

O nadador estadunidense Michael Phelps encerrou sua carreira olímpica no Rio de Janeiro (RJ), em 2016. Phelps conquistou 28 medalhas em Jogos Olímpicos: 23 de ouro, 3 de prata e 2 de bronze.

O corpo de Phelps é particularmente propício para a natação. Ele tem braços excepcionalmente compridos, com **envergadura** de 2,01 metros, desproporcionais para sua altura de 1,93 metro. Seus pés têm aproximadamente 29,8 centímetros, o que equivale a calçados brasileiros de número 48.

IAN MACNICOL/GETTY IMAGES

Michael Phelps comemorando a medalha de ouro na prova 4 por 100 nado livre nos Jogos Olímpicos do Rio de Janeiro (RJ), 2016.

> **Envergadura**
> Distância entre as pontas dos dedos médios, com os braços abertos em ângulo reto com o corpo.

2 Leitura dos números decimais

No sistema de numeração decimal, cada algarismo da parte inteira ou da parte decimal ocupa uma posição ou ordem. Observe:

parte inteira			parte decimal					
centenas	dezenas	unidades	décimos	centésimos	milésimos	décimos de milésimo	centésimos de milésimo	milionésimos

Processo de leitura

Como já vimos, lemos a parte inteira, seguida da parte decimal acompanhada das palavras:

- décimos → quando houver uma casa decimal;
- centésimos → quando houver duas casas decimais;
- milésimos → quando houver três casas decimais;
- décimos de milésimo → quando houver quatro casas decimais;
- centésimos de milésimo → quando houver cinco casas decimais, e assim sucessivamente.

Quando a parte inteira do número decimal é zero, lemos apenas a parte decimal.

Exemplos

- 1,2 → Lemos: "um inteiro e dois décimos".
- 23,456 → Lemos: "vinte e três inteiros e quatrocentos e cinquenta e seis milésimos".
- 0,79 → Lemos: "setenta e nove centésimos".
- 0,917 → Lemos: "novecentos e dezessete milésimos".

Observações

1 Podemos ler um número decimal de outras formas. Observe a seguir as formas de leitura do número 4,64.
- Leitura convencional: quatro inteiros e sessenta e quatro centésimos.
- Outras formas de leitura: quatrocentos e sessenta e quatro centésimos; quatro inteiros, seis décimos e quatro centésimos; quatro vírgula sessenta e quatro.

2 Todo número natural pode ser escrito na forma decimal. Para isso, basta colocar a vírgula após o último algarismo e acrescentar zero(s).

Exemplos

- 7 = 7,0 = 7,00
- 38 = 38,0 = 38,00

Curiosidade

Vírgula ou ponto?

O uso da vírgula para separar a parte inteira da parte decimal de um número é adotada em alguns países, mas não é a única forma possível. Nos países de línguas francesa e portuguesa, utiliza-se a vírgula. Já nos países de língua inglesa é usado o ponto. Geralmente, nas calculadoras e na balança digital, usamos o ponto para separar a parte inteira da parte decimal.

JEAN DIAZ

Reprodução proibida. Art.184 do Código Penal e Lei 9.610 de 19 de fevereiro de 1998.

3 Transformações entre números decimais e frações decimais

Transformação de números decimais em frações decimais

Observe os números decimais abaixo.

- $0{,}8 \Rightarrow \frac{8}{10}$ → Lemos: "oito décimos".
- $0{,}65 \Rightarrow \frac{65}{100}$ → Lemos: "sessenta e cinco centésimos".
- $5{,}36 \Rightarrow \frac{536}{100}$ → Lemos: "quinhentos e trinta e seis centésimos".
- $0{,}047 \Rightarrow \frac{47}{1\,000}$ → Lemos: "quarenta e sete milésimos".

Verificamos a seguinte correspondência entre os números e as frações decimais:

- $0{,}8 = \frac{8}{10}$ — 0,8: 1 casa decimal; 10: 1 zero
- $0{,}65 = \frac{65}{100}$ — 0,65: 2 casas decimais; 100: 2 zeros
- $5{,}36 = \frac{536}{100}$ — 5,36: 2 casas decimais; 100: 2 zeros
- $0{,}047 = \frac{47}{1\,000}$ — 0,047: 3 casas decimais; 1 000: 3 zeros

Um número decimal é igual à fração representada pelo número sem a vírgula, como numerador, e o algarismo 1, seguido de tantos zeros quantas forem as casas decimais, como denominador.

JEAN DIAZ

Transformação de frações decimais em números decimais

Observe as igualdades entre frações decimais e números decimais:

- $\frac{15}{10} = 1{,}5$ — 10: 1 zero; 1,5: 1 casa decimal
- $\frac{31}{100} = 0{,}31$ — 100: 2 zeros; 0,31: 2 casas decimais
- $\frac{7}{1\,000} = 0{,}007$ — 1 000: 3 zeros; 0,007: 3 casas decimais
- $\frac{5\,825}{10\,000} = 0{,}5825$ — 10 000: 4 zeros; 0,5825: 4 casas decimais

Para transformar uma fração decimal em um número decimal, basta acrescentar ao numerador tantas casas decimais quantos forem os zeros do denominador.

Reprodução proibida. Art.184 do Código Penal e Lei 9.610 de 19 de fevereiro de 1998.

EXERCÍCIOS

1 Escreva por extenso os números decimais.

a) 0,7
b) 0,317
c) 0,0015
d) 5,69
e) 0,28
f) 7,038
g) 0,008
h) 12,0005

2 Utilize algarismos para escrever cada um dos números decimais abaixo.

a) sete inteiros e seis décimos
b) trinta e seis décimos de milésimo
c) setenta e oito centésimos
d) cento e vinte e seis décimos
e) vinte inteiros e quatro décimos

3 Converta os números decimais em frações decimais.

a) 0,76
b) 1,0005
c) 0,025
d) 12,7
e) 17,22
f) 50,06
g) 0,019
h) 0,8765

4 Converta as frações decimais em números decimais.

a) $\frac{2}{100}$
b) $\frac{13}{1000}$
c) $\frac{17}{10\,000}$
d) $\frac{75}{100}$
e) $\frac{57}{1000}$
f) $\frac{306}{10}$

5 Qual é a fração irredutível que representa o número 0,04?

Conteúdo digital
Jogo: Calculadora quebrada 2

Reprodução proibida. Art.184 do Código Penal e Lei 9.610 de 19 de fevereiro de 1998.

4 Decimais equivalentes

As figuras abaixo foram divididas em 10 e 100 partes iguais, respectivamente. Na figura da esquerda, foram pintadas quatro partes e, na da direita, 40 partes. Observe:

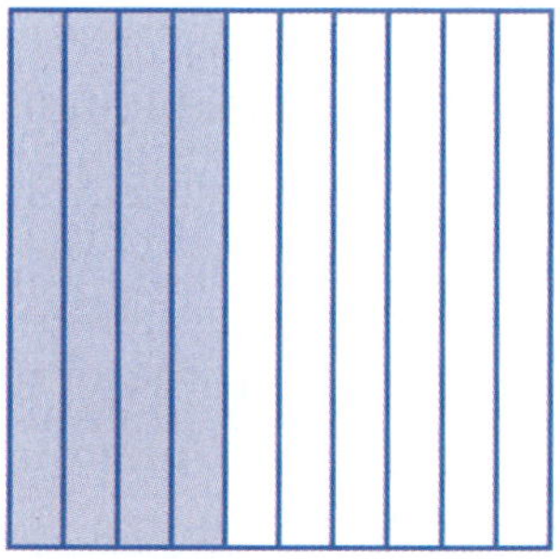

$\frac{4}{10} = 0{,}4$

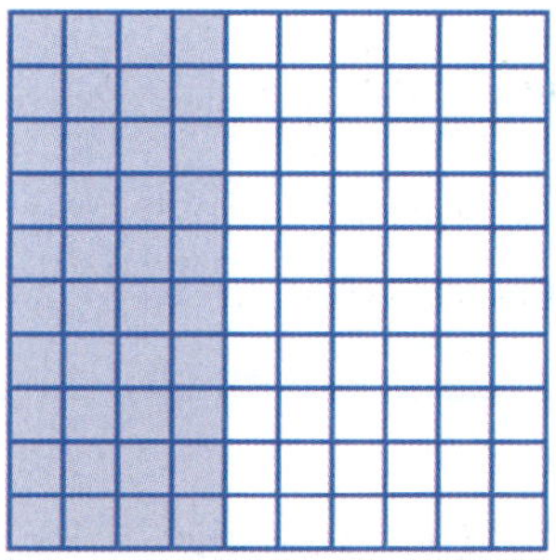

$\frac{40}{100} = 0{,}40$

LUIZ RUBIO

Verificamos que **0,4** representa o mesmo que **0,40**, ou seja, são **decimais equivalentes**.

Decimais equivalentes são aqueles que representam a mesma quantidade.

Exemplos

- 0,4 = 0,40 = 0,400 = 0,4000
- 7 = 7,0 = 7,00 = 7,000
- 2,5 = 2,50 = 2,500 = 2,5000
- 18,4 = 18,40 = 18,400 = 18,4000

JEAN DIAZ

Então, de acordo com a definição de decimais equivalentes e observando os exemplos:

> Um número decimal não se altera quando acrescentamos ou suprimimos um ou mais zeros à direita de sua parte decimal.

EXERCÍCIOS

6 Substitua os ■ pelos sinais = ou ≠.

a) 1,2 ■ 0,12
b) 15 ■ 15,00
c) 2,06 ■ 2,6
d) 3,6 ■ 3,60
e) 7 ■ 7,00
f) 0,17 ■ 0,17000
g) 16 ■ 160
h) 1,6 ■ 1,60

7 Responda:

a) A quantas unidades correspondem 70 décimos?
b) Quantos centésimos devemos adicionar a 4 décimos para obter uma unidade?

Reprodução proibida. Art.184 do Código Penal e Lei 9.610 de 19 de fevereiro de 1998.

5 Comparação de números decimais

Comparar dois números decimais significa estabelecer uma relação de igualdade ou de desigualdade entre eles.

Na comparação de dois números decimais, podemos analisar dois casos:

- **Quando as partes inteiras são diferentes**, o maior número é o que tem a maior parte inteira.

Exemplos

- 3,8 > 2,45, pois 3 > 2
- 10,6 > 9,685, pois 10 > 9

- **Quando as partes inteiras são iguais**, o maior número é o que tem a maior parte decimal.

É conveniente igualar, inicialmente, o número de casas decimais, acrescentando zeros, para depois comparar.

Exemplos

- 0,7 > 0,675 ou 0,7**00** > 0,675 (igualando as casas decimais), pois: 700 > 675
- 8,3 > 8,03 ou 8,3**0** > 8,03 (igualando as casas decimais), pois: 30 > 3

EXERCÍCIOS

8 Substitua os ■ pelos sinais $<$ ou $>$.

a) 7,04 ■ 7,4
b) 6,2 ■ 6,196
c) 9,87 ■ 9,799
d) 10,1 ■ 11

9 Coloque os números decimais de cada item em ordem crescente.

a) 0,75; 0,8; 0,07
b) 2,3; 2,35; 1,197
c) 3,1416; 3,2; 3,143

10 Coloque os números decimais de cada item em ordem decrescente.

a) 0,38; 3,08; 3,8
b) 2,14; 2; 2,2
c) 1,36; 0,36; 6,13

11 Os jogadores de um time de basquete têm estas alturas: 2,04 metros; 1,83 metro; 2,13 metros; 1,79 metro e 2 metros. Observe a figura e indique a altura correspondente a cada jogador.

JEAN DIAZ

Conteúdo digital
• Atividade: Componentes do sangue

Conteúdo digital
• Áudio: Uma conversa sobre frações

Reprodução proibida. Art.184 do Código Penal e Lei 9.610 de 19 de fevereiro de 1998.

6 Adição e subtração com números decimais

Adição

Considere esta adição: 1,28 + 2,6 + 0,038.

Para efetuar essa operação, vamos transformar os números decimais em frações decimais e, em seguida, adicioná-las.

$$\frac{128}{100}+\frac{26}{10}+\frac{38}{1000}=\frac{1280}{1000}+\frac{2600}{1000}+\frac{38}{1000}=\frac{3918}{1000}=3{,}918$$

Podemos também efetuar essa operação pelo método prático, seguindo estas etapas:

1º) Igualamos o número de casas decimais, com o acréscimo de zeros.

2º) Colocamos vírgula embaixo de vírgula.

3º) Efetuamos a adição, acrescentando ao resultado uma vírgula, alinhada às demais.

$$\begin{array}{r} 1{,}28\mathbf{0} \\ +\ 2{,}6\mathbf{00} \\ 0{,}038 \\ \hline 3{,}918 \end{array}$$

Exemplos

• 35,4 + 0,75 + 47

$$\begin{array}{r} 35{,}4\mathbf{0} \\ +\ \ 0{,}75 \\ 47{,}\mathbf{00} \\ \hline 83{,}15 \end{array}$$

35,4**0** — Acrescentamos um zero para igualar a quantidade de casas decimais.

47,**00** — Acrescentamos dois zeros para igualar a quantidade de casas decimais.

• 6,14 + 1,8 + 0,007

$$\begin{array}{r} 6{,}14\mathbf{0} \\ +\ 1{,}8\mathbf{00} \\ 0{,}007 \\ \hline 7{,}947 \end{array}$$

6,14**0** — Acrescentamos um zero para igualar a quantidade de casas decimais.

1,8**00** — Acrescentamos dois zeros para igualar a quantidade de casas decimais.

Subtração

Considere esta subtração: 3,97 − 2,013.

Para efetuar essa operação, vamos transformar os números decimais em frações decimais e, em seguida, subtraí-las: $\frac{397}{100} - \frac{2013}{1000} = \frac{3970}{1000} - \frac{2013}{1000} = \frac{1957}{1000} = 1{,}957$

Podemos também efetuar essa operação pelo método prático, seguindo estas etapas:

1º) Igualamos o número de casas decimais, com o acréscimo de zeros.

2º) Colocamos vírgula embaixo de vírgula.

3º) Efetuamos a subtração, acrescentando ao resultado uma vírgula, alinhada às demais.

$$\begin{array}{r} 3{,}97\mathbf{0} \\ -\,2{,}013 \\ \hline 1{,}957 \end{array}$$

Exemplos

- 17,2 − 5,146

$$\begin{array}{r} \scriptsize{1\ 9\ 10} \\ 17{,}\not{2}\not{0}\not{0} \\ -\ \ 5{,}146 \\ \hline 12{,}054 \end{array}$$

Acrescentamos dois zeros para igualar a quantidade de casas decimais.

- 9 − 0,987

$$\begin{array}{r} \scriptsize{8\ 9\ 9\ 10} \\ \not{9}{,}\not{0}\not{0}\not{0} \\ -\,0{,}987 \\ \hline 8{,}013 \end{array}$$

Acrescentamos três zeros para igualar a quantidade de casas decimais.

EXERCÍCIOS

12 Efetue as operações.

a) 0,9 + 3,5
b) 19,6 + 3,04 + 0,076
c) 17 + 4,32 + 0,006
d) 0,68 + 0,32 + 9
e) 3,2 + 11 + 6,78
f) 6,4 − 3,6
g) 2 − 0,5678
h) 17,6 − 17,594
i) 2,005 − 1,05
j) 559,2 − 49

13 Uma jarra estava cheia com $2\frac{3}{4}$ litros de um líquido. Foi retirado 0,375 litro. Quantos litros restaram na jarra?

14 Francisco tem 1,87 metro de altura, e Marcos, 1,91 metro. Qual é a diferença entre as duas alturas?

7 Multiplicação com números decimais

Considere esta multiplicação: 3,49 · 2,5

Para efetuar essa operação, vamos transformar os números decimais em frações decimais e, em seguida, multiplicá-las: $\frac{349}{100} \cdot \frac{25}{10} = \frac{8725}{1000} = 8{,}725$

Podemos também efetuar essa operação pelo método prático, seguindo estas etapas:

1º) Multiplicamos os dois números decimais como se fossem números naturais.

2º) Acrescentamos uma vírgula ao resultado, de modo que o número de casas decimais do produto seja igual à soma do número de casas decimais dos fatores.

$$\begin{array}{rl} 3{,}\mathbf{49} & \leftarrow \text{duas casas decimais} \\ \times\quad 2{,}\mathbf{5} & \leftarrow \text{uma casa decimal} \\ \hline 1745 & \\ +\,698 & \\ \hline 8{,}\mathbf{725} & \leftarrow \text{três casas decimais } (2 + 1 = 3) \end{array}$$

Reprodução proibida. Art.184 do Código Penal e Lei 9.610 de 19 de fevereiro de 1998.

Exemplo

$1{,}842 \cdot 0{,}013$

$$
\begin{array}{lr}
 & 1{,}\mathbf{842} \leftarrow \text{três casas decimais} \\
\times & 0{,}\mathbf{013} \leftarrow \text{três casas decimais} \\
\hline
 & 5526 \\
+ & 1842 \\
\hline
 & 0{,}\mathbf{023946} \leftarrow \text{seis casas decimais } (3 + 3 = 6)
\end{array}
$$

Agora, observe estas multiplicações:

- $2{,}684 \cdot 10 = \frac{2684}{1000} \cdot 10 = \frac{2684}{100} = 26{,}84$

A vírgula se desloca uma casa.

- $2{,}684 \cdot 100 = \frac{2684}{1000} \cdot 100 = \frac{2684}{10} = 268{,}4$

A vírgula se desloca duas casas.

- $2{,}684 \cdot 1000 = \frac{2684}{1000} \cdot 1000 = \frac{2684}{1} = 2684{,}0 = 2684$

A vírgula se desloca três casas.

Para multiplicar um número decimal por 10, 100, 1000, ..., basta deslocar a vírgula, respectivamente, uma, duas, três, ... casas **para a direita**.

Observação

Na multiplicação de um **número natural por um número decimal**, utilizamos o método prático da multiplicação. Nesse caso, o número de casas decimais do produto deve ser igual ao número de casas decimais do fator decimal.

Exemplo

- $5 \cdot 0{,}\mathbf{423} = 2{,}\mathbf{115}$

EXERCÍCIOS

15 Efetue as multiplicações.

a) $2{,}4 \cdot 3{,}5$
b) $8 \cdot 1{,}25$
c) $0{,}1 \cdot 0{,}01$
d) $5{,}12 \cdot 4{,}8$
e) $2{,}5 \cdot 2{,}5$
f) $0{,}8 \cdot 0{,}8 \cdot 0{,}8$
g) $12{,}6 \cdot 0{,}18$
h) $4 \cdot 1{,}2 \cdot 0{,}75$
i) $0{,}16 \cdot 0{,}0002$
j) $0{,}64 \cdot 0{,}25$

16 Calcule mentalmente as multiplicações.

a) $6{,}32 \cdot 10$
b) $6{,}702 \cdot 1000$
c) $0{,}0005 \cdot 100$
d) $3{,}145 \cdot 100$
e) $0{,}012 \cdot 1000$
f) $0{,}9 \cdot 100$
g) $0{,}09 \cdot 1000$
h) $12{,}14 \cdot 10\,000$

17 Determine:

a) o dobro de 3,64;
b) o triplo de 16,008.

18 Determine o valor das expressões.

a) $12{,}7 - (3{,}88 \cdot 0{,}5)$
b) $(0{,}2 \cdot 0{,}05) + 0{,}048$
c) $[0{,}35 - (0{,}18 \cdot 0{,}2)] - 0{,}03$
d) $[(4 - 0{,}8 \cdot 0{,}4) + 0{,}22]$

19 Determine $a - b$, sendo $a = 0{,}5 \cdot 0{,}12$ e $b = 0{,}25 \cdot 0{,}06$.

20 Determine $a \cdot b$, sendo $a = 2 - 0{,}35$ e $b = 2 + 0{,}35$.

21 Usando uma calculadora, determine o resultado das multiplicações.

a) $1{,}234 \cdot 5{,}678$
b) $98 \cdot 0{,}005$

Reprodução proibida. Art.184 do Código Penal e Lei 9.610 de 19 de fevereiro de 1998.

22 Luís tem uma miniatura de lancha com 1,03 metro de comprimento. O comprimento da lancha real corresponde a 15,2 vezes o comprimento da lancha em miniatura. Qual é o comprimento da lancha?

23 Para construir uma pista para seu trenzinho elétrico, Lucas comprou 13,85 metros de fio, a R$ 1,80 o metro. Quanto ele gastou na compra desse fio?

Agora responda:

- Você já saiu com seus pais para comprar algum brinquedo? Se sim, qual?
- O que você deve fazer antes de escolher um local para comprar um produto?

24 Em um terreno de 1000 metros quadrados foram construídas 8 salas de aula, com 40,25 metros quadrados cada uma. A área restante foi utilizada para lazer. Determine a área da região destinada ao lazer.

25 Ana comprou uma TV de 55 polegadas. A quantos centímetros corresponde essa medida? (1 polegada = 2,54 centímetros)

JR ROZZO

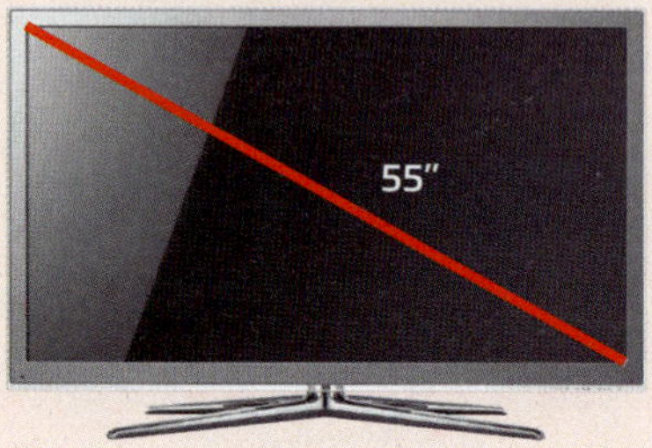

TV de 55" (lemos: "cinquenta e cinco polegadas").

Reprodução proibida. Art.184 do Código Penal e Lei 9.610 de 19 de fevereiro de 1998.

8 Divisão com números decimais

Vamos aprender a efetuar divisões com números decimais.

Divisão exata

Considere esta divisão: 1,4 : 0,05

Para efetuar essa operação, vamos transformar os números decimais em frações decimais e, em seguida, dividi-las.

$$\frac{14}{10} : \frac{5}{100} = \frac{14}{\cancel{10}_1} \cdot \frac{\cancel{100}^{2}}{\cancel{5}_1} = 28$$

Podemos também efetuar essa operação pelo método prático, seguindo estas etapas:

1ª) Igualamos o número de casas decimais do dividendo e do divisor, suprimindo as vírgulas.

2ª) Efetuamos a divisão dos números naturais obtidos.

1,4 : 0,05
1,40 : 0,05 ← Igualamos as casas decimais.
140 : 5 ← Suprimimos as vírgulas.

```
140 | 5
 40   28
  0
```

Logo, o quociente de 1,4 por 0,05 é 28.

Exemplos

- 6 : 0,015

6,**000** : 0,015 ← Igualamos as casas decimais.
6000 : 15 ← Suprimimos as vírgulas.

```
6000 | 15
 000   400
```

Logo, o quociente de 6 por 0,015 é 400.

- 4,096 : 1,6

4,096 : 1,6**00** ← Igualamos as casas decimais.

4 096 : 1600 ← Suprimimos as vírgulas.

```
4096 | 1600
 896    2
```

Observe que o quociente inteiro é 2, e o resto é 896.

Podemos prosseguir a divisão e determinar a parte decimal do quociente. Para isso, colocamos **uma vírgula** no quociente e acrescentamos **um zero** ao resto, uma vez que 896 unidades correspondem a 8 96**0** décimos.

```
4096  | 1600            4096  | 1600
 8960   2,      →        8960   2,5
                          960
```

Continuamos a divisão para determinar os centésimos e acrescentamos outro **zero** ao novo resto, uma vez que 960 décimos correspondem a 9 60**0** centésimos.

```
4096   | 1600
 8960    2,56
  9600
     0  ← A divisão é exata, pois o resto é zero.
```

Logo, o quociente de 4,096 por 1,6 é 2,56.

- 0,73 : 5

0,73 : 5,00 ← Igualamos o número de casas decimais.

73 : 500 ← Suprimimos as vírgulas.

```
73 | 500
     0
```

Podemos prosseguir a divisão, colocando uma vírgula no quociente e acrescentando um **zero** à direita do 3.

```
730   | 500
2300    0,146
 3000
    0
```

Logo, o quociente de 0,73 por 5 é 0,146.

Observação

Em algumas divisões, o acréscimo de um zero ao resto não é suficiente para tornar possível a operação. Nesse caso, devemos colocar um zero no quociente e acrescentar mais um zero ao resto.

Exemplo

2,346 : 2,3

```
2346 | 2300
 460   1,
```

Observe que 460 (décimos) é inferior ao divisor (2 300). Colocamos, então, um zero no quociente e acrescentamos mais um zero ao resto e continuamos a divisão.

```
2346  | 2300
 4600   1,02
    0
```

Logo, o quociente de 2,346 por 2,3 é 1,02.

Reprodução proibida. Art.184 do Código Penal e Lei 9.610 de 19 de fevereiro de 1998.

Agora, acompanhe estas divisões:

- $428{,}5 : 10 = \frac{4\,285}{10} : 10 = \frac{4\,285}{10} \cdot \frac{1}{10} = \frac{4\,285}{100} = 42{,}85$

A vírgula se desloca uma casa.

- $428{,}5 : 100 = \frac{4\,285}{10} : 100 = \frac{4\,285}{10} \cdot \frac{1}{100} = \frac{4\,285}{1\,000} = 4{,}285$

A vírgula se desloca duas casas.

- $428{,}5 : 1\,000 = \frac{4\,285}{10} : 1\,000 = \frac{4\,285}{10} \cdot \frac{1}{1\,000} = \frac{4\,285}{10\,000} = 0{,}4285$

A vírgula se desloca três casas.

> Para dividir um número decimal por 10, 100, 1 000, ..., basta deslocar a vírgula, respectivamente, uma, duas, três, ... casas **para a esquerda**.

Reprodução proibida. Art.184 do Código Penal e Lei 9.610 de 19 de fevereiro de 1998.

EXERCÍCIOS

26 Efetue as divisões.

a) 2,25 : 1,5
b) 0,09 : 0,008
c) 8,17 : 4
d) 0,08 : 0,002
e) 2,7 : 0,54
f) 15,475 : 1,25
g) 0,3 : 60
h) 90,1 : 2,5

27 O suco de laranja de uma indústria é vendido em embalagens de 1,25 litro ao preço de R$ 4,80 e em embalagens de 1,5 litro ao preço de R$ 5,40. É mais vantajoso ao comprador a embalagem de 1,25 litro ou a de 1,5 litro?

JEAN DIAZ

Agora, responda:

- Qual é a importância de comparar os preços de um produto em embalagens com diferentes capacidades?
- Como você explica promoções do tipo "leve 6 e pague 5"?

28 Calcule mentalmente as divisões.

a) 3,76 : 10
b) 0,6 : 100
c) 2 : 10 000
d) 152,4 : 100
e) 5,6 : 10 000
f) 38,2 : 1 000
g) 90,6 : 1 000
h) 576,4 : 100

29 Em uma fábrica de laticínios são produzidos 220 quilogramas de manteiga por dia. Essa quantidade de manteiga permite formar quantas embalagens de 0,25 quilograma por dia?

30 Calcule mentalmente as divisões.

a) 8 : 0,1
b) 26 : 0,001
c) 4,6 : 0,1
d) 79,36 : 0,001

31 Um artesão vende cada peça com três bonecos de barro ao preço de R$ 12,90. Carlos comprou 7 dessas peças com uma cédula de R$ 100,00.

a) Qual é o valor total da compra?
b) Quanto ele recebeu de troco?
c) Para comprar 8 peças, quanto Carlos deve acrescentar à quantia de R$ 100,00?

MARCOS ANDRÉ/OPÇÃO BRASIL IMAGENS

Bonecos de barro produzidos em Caruaru (PE). Esculturas como essas fazem parte da cultura nordestina.

Cédula de R$ 100,00.

BANCO CENTRAL DO BRASIL

32 Usando uma calculadora, determine o resultado das divisões.

a) 1,024 : 0,032
b) 8 : 0,004

Divisão não exata

Para efetuar uma divisão não exata, determinamos o quociente aproximado por falta ou por excesso.

Exemplo

A divisão de 66 por 21 não é exata; logo, vamos analisar os números múltiplos de 21 mais próximos de 66 para determinar o quociente:

$$\left.\begin{array}{l} 21 \cdot 3 = 63 \\ 21 \cdot 4 = 84 \end{array}\right\} \quad 63 < 66 < 84$$

Então:

$$\begin{array}{r|l} 66 & 21 \\ \hline & 3 \end{array} \leftarrow \text{quociente por } \textbf{falta}$$

$$\begin{array}{r|l} 66 & 21 \\ \hline & 4 \end{array} \leftarrow \text{quociente por } \textbf{excesso}$$

quocientes aproximados

Tomando o quociente 3 (por falta) ou 4 (por excesso), cometemos um erro menor que uma unidade, pois o quociente real encontra-se entre 3 e 4.

Logo:

$$\frac{63}{21} < \frac{66}{21} < \frac{84}{21} \Leftrightarrow 3 < \frac{66}{21} < 4$$

Assim, na divisão de 66 por 21, podemos afirmar que:

- 3 é o quociente aproximado por falta, **a menos de uma unidade**.
- 4 é o quociente aproximado por excesso, **a menos de uma unidade**.

Prosseguindo a divisão de 66 por 21, temos:

$$\begin{array}{r|l} 66 & 21 \\ \hline 3\mathbf{0} & 3{,}1 \\ 9 & \end{array} \leftarrow \text{divisão com aproximação de décimos}$$

Podemos afirmar que:

- 3,1 é o quociente aproximado por falta, **a menos de um décimo**.
- 3,2 é o quociente aproximado por excesso, **a menos de um décimo**.

Dando mais um passo nessa divisão, temos:

$$\begin{array}{r|l} 66 & 21 \\ \hline 3\mathbf{0} & 3{,}14 \\ 9\mathbf{0} & \\ 6 & \end{array} \leftarrow \text{divisão com aproximação de centésimos}$$

Podemos afirmar que:

- 3,14 é o quociente aproximado por falta, **a menos de um centésimo**;
- 3,15 é o quociente aproximado por excesso, **a menos de um centésimo**.

Reprodução proibida. Art.184 do Código Penal e Lei 9.610 de 19 de fevereiro de 1998.

Observações

1 São expressões sinônimas:
- "aproximação por falta com erro menor que 0,1" ou "aproximação de décimos";
- "aproximação por falta com erro menor que 0,01" ou "aproximação de centésimos", e assim sucessivamente.

2 Determinar um quociente com aproximação de décimos, centésimos ou milésimos significa interromper a divisão ao atingir a primeira, a segunda ou a terceira casa decimal do quociente, respectivamente.

Exemplos

- 13 : 7 = 1,8 → aproximação de décimos
- 13 : 7 = 1,85 → aproximação de centésimos
- 13 : 7 = 1,857 → aproximação de milésimos

Cuidado!

Devemos completar com zero(s) a(s) casa(s) do quociente necessária(s) para atingir a aproximação de uma divisão exata.

Exemplo

O quociente com aproximação de milésimos de 8 dividido por 3,2 é 2,5**00**.

```
 80   | 32
160     2,5
  0
```

Foram acrescentados dois zeros ao quociente para atingir a casa de milésimos.

Reprodução proibida. Art.184 do Código Penal e Lei 9.610 de 19 de fevereiro de 1998.

EXERCÍCIOS

33 Determine o quociente de 23 por 1,6, com aproximação de menos de uma unidade:

a) por falta;

b) por excesso.

34 Determine em cada item o quociente, com aproximação de décimos (menos de 0,1).

a) 17 : 12

b) 4,2 : 5,3

c) 0,25 : 2

d) 0,2 : 0,03

e) 8 : 23

f) 0,2 : 1,5

g) 100,4 : 56

h) 1 : 0,7

35 Determine em cada item o quociente, com aproximação de centésimos (menos de 0,01).

a) 17 : 6

b) 0,12 : 0,13

c) 6,8 : 23

d) 137 : 36

e) 36,4 : 8,9

f) 89,5 : 0,18

g) 25,8 : 0,39

h) 0,08 : 0,0015

36 Determine em cada item o quociente, com aproximação de milésimos (menos de 0,001).

a) 5 : 17

b) 1 : 0,56

c) 0,8 : 0,23

d) 54,2 : 0,5

37 Calcule o quociente de 2 por 2,3, com aproximação de milésimos por excesso.

9 Decimais exatos e dízimas periódicas

Toda fração pode ser transformada em número decimal, dividindo-se o numerador pelo denominador.

Exemplos

- Transforme $\frac{3}{4}$ em número decimal.

$$\begin{array}{l|l} 30 & 4 \\ \hline \;\;20 & 0{,}75 \\ \;\;\;\;0 & \end{array}$$

Logo, $\frac{3}{4}$ é igual a 0,75 (**decimal exato**).

- Transforme $\frac{1}{3}$ em número decimal.

$$\begin{array}{l|l} 10 & 3 \\ \hline \;\;10 & 0{,}333... \\ \;\;\;\;10 & \\ \;\;\;\;\;\;1 & \end{array}$$

Logo, $\frac{1}{3}$ é igual a 0,333... (**decimal não exato**).

- Transforme $\frac{5}{6}$ em número decimal.

$$\begin{array}{l|l} 50 & 6 \\ \hline \;\;20 & 0{,}8333... \\ \;\;\;\;20 & \\ \;\;\;\;\;\;20 & \\ \;\;\;\;\;\;\;\;2 & \end{array}$$

Logo, $\frac{5}{6}$ é igual a 0,8333... (**decimal não exato**).

Observe que, nas duas últimas transformações, as frações não possuem representação decimal exata:

- $\frac{1}{3} = 0{,}333...$
- $\frac{5}{6} = 0{,}8333...$

Conteúdo digital
- Animação: Números racionais na forma decimal e operações

Os números decimais em que há repetição periódica e infinita de um ou mais algarismos são chamados de **números decimais periódicos** ou **dízimas periódicas**.

Em uma dízima periódica, o(s) algarismo(s) que se repete(m) infinitamente constitui (constituem) o **período** da dízima.

Reprodução proibida. Art.184 do Código Penal e Lei 9.610 de 19 de fevereiro de 1998.

As dízimas podem ser classificadas em dois tipos:

- **Dízima periódica simples** – quando o período se apresenta logo após a vírgula.

Exemplos

- $\frac{1}{3} = 0,333...$ → período: 3
- $\frac{5}{9} = 0,555...$ → período: 5
- $\frac{4}{33} = 0,1212...$ → período: 12

- **Dízima periódica composta** – quando entre o período e a vírgula existe uma parte não periódica.

Exemplos

- $\frac{5}{6} = 0,8333...$ — período: 3; parte não periódica: 8
- $\frac{1039}{900} = 1,15444...$ — período: 4; parte não periódica: 15
- $\frac{61}{495} = 0,1232323...$ — período: 23; parte não periódica: 1

Curiosidade

Dízima

A palavra **dízima** vem de *dízimo*, originado do termo latino *decimu*, que significa "a décima parte".

Reprodução proibida. Art.184 do Código Penal e Lei 9.610 de 19 de fevereiro de 1998.

Observações

1 Consideramos parte não periódica de uma dízima o termo situado entre a vírgula e o período. Assim, excluímos o inteiro da parte não periódica.

2 Podemos representar uma dízima periódica de duas maneiras.
Exemplos:

- $0,555...$ ou $0,\overline{5}$
- $0,121212...$ ou $0,\overline{12}$
- $1,15444...$ ou $1,15\overline{4}$
- $2,333...$ ou $2,\overline{3}$
- $0,0222...$ ou $0,0\overline{2}$
- $0,1232323...$ ou $0,1\overline{23}$

EXERCÍCIOS

38 Converta as frações em números decimais e classifique-os em decimal exato, dízima periódica simples ou dízima periódica composta.

a) $\frac{2}{5}$ d) $\frac{59}{11}$ g) $\frac{1}{6}$ j) $\frac{5}{20}$

b) $\frac{3}{80}$ e) $\frac{14}{3}$ h) $\frac{39}{450}$ k) $\frac{3}{96}$

c) $\frac{15}{9}$ f) $\frac{17}{22}$ i) $\frac{2}{15}$ l) $\frac{1312}{99}$

39 Classifique os números em decimal exato, dízima periódica simples ou dízima periódica composta.

a) 0,333... c) 3,173737... e) 1,7

b) $0,\overline{7}$ d) 0,75 f) 2,1333...

40 Usando uma calculadora, transforme as frações em números decimais.

a) $\frac{2}{3}$ b) $\frac{2}{11}$ c) $\frac{232}{45}$ d) $\frac{1540}{9}$

10 Potenciação e raiz quadrada com números decimais

Potenciação

As potências em que a base é um número decimal e o expoente é um número natural seguem as mesmas regras da potenciação definidas para os números naturais.

Exemplos

- $(3,5)^2 = 3,5 \cdot 3,5 = 12,25$
- $(0,64)^1 = 0,64$
- $(0,4)^3 = 0,4 \cdot 0,4 \cdot 0,4 = 0,064$
- $(0,18)^0 = 1$

Radiciação

A raiz quadrada de um número decimal pode ser determinada transformando esse número em fração decimal.

Exemplos

- $\sqrt{0,36} = \sqrt{\frac{36}{100}} = \sqrt{\frac{6^2}{10^2}} = \frac{6}{10} = 0,6$
- $\sqrt{20,25} = \sqrt{\frac{2\,025}{100}} = \sqrt{\frac{45^2}{10^2}} = \frac{45}{10} = 4,5$
- $\sqrt{0,0144} = \sqrt{\frac{144}{10\,000}} = \sqrt{\frac{12^2}{10^4}} = \frac{12}{100} = 0,12$

Reprodução proibida. Art.184 do Código Penal e Lei 9.610 de 19 de fevereiro de 1998.

11 Expressões numéricas com números decimais

O cálculo de expressões numéricas com números decimais segue as mesmas regras aplicadas às expressões com números fracionários.

Em expressões com frações e números decimais, é conveniente transformar todos os termos em frações ou em números decimais.

Exemplo

$$0,05 + 0,2 \cdot 0,16 : 0,4 + \left(\frac{1}{2}\right)^2 =$$

$$= 0,05 + 0,2 \cdot 0,16 : 0,4 + \mathbf{\frac{1}{4}} =$$

transformado em número decimal

$$= 0,05 + \underline{0,2 \cdot 0,16} : 0,4 + \mathbf{0,25} =$$

$$= 0,05 + \underline{\mathbf{0,032} : 0,4} + 0,25 =$$

$$= 0,05 + \mathbf{0,08} + 0,25 = 0,38$$

EXERCÍCIOS

41 Calcule:

a) $(0,2)^3$
b) $(1,2)^2$
c) $(0,17)^0$
d) $(1,4)^3$
e) $(0,7)^2$
f) $(0,6)^3$
g) $(0,3)^4$
h) $(0,1)^5$

42 Determine a raiz quadrada de:

a) 0,64
b) 5,29
c) 1,69
d) 10,24

43 Com uma calculadora, determine:

a) $(2,05)^3$
b) $\sqrt{14,44}$
c) $\sqrt{0,0004}$

44 Resolva as expressões.

a) $2 - 0,6 : 4$
b) $4,4 : 0,01 - 400$
c) $(6,4 - 1,25 \cdot 4) : 0,5$
d) $13,5 : 6 + 0,75$
e) $2,4 - 8,6 \cdot 0,25$
f) $(4 - 1,6 \cdot 0,2) : 0,8$

45 Calcule o valor das expressões.

a) $(2 - 1,6)^2 + (0,3 + 0,5)^2$
b) $(5 - 4,4)^3 : (0,1)^2$
c) $(1,2)^2 + \sqrt{0,49}$
d) $(5,4 - 0,04) : 2 + (7,5 - 6,5)^2$
e) $\{3 + [6,2 : (0,05 + 0,01)^2]\} : 2$

Reprodução proibida. Art.184 do Código Penal e Lei 9.610 de 19 de fevereiro de 1998.

12 Problemas envolvendo números decimais

Acompanhe, a seguir, a solução de alguns problemas que envolvem números decimais.

JEAN DIAZ

- Júlio alugou um carro por um dia com estas condições: pagamento de R$ 56,00 no recebimento das chaves mais R$ 0,69 por quilômetro rodado. Ao devolver o carro, ele verificou que havia rodado 108 quilômetros. Quanto ele pagou pelo aluguel do veículo?

Solução

R$ 56,00 + 108 · R$ 0,69 = R$ 56,00 + R$ 74,52 = R$ 130,52

Logo, Júlio pagou R$ 130,52 pelo aluguel do veículo.

- Um carteiro recebeu toda a correspondência de seu setor para distribuir em três dias. No primeiro dia, ele distribuiu 0,75 das cartas; no segundo dia, $\frac{2}{9}$ da quantidade inicial recebida; no terceiro dia, as 10 cartas restantes. Calcule o total de cartas recebidas pelo carteiro na agência dos correios.

Solução

1º dia ⟶ $0{,}75 = \frac{75}{100} = \frac{3}{4}$ ⟵ Transformamos o número decimal em número fracionário.

2º dia ⟶ $\frac{2}{9}$

3º dia ⟶ 10 cartas restantes

Fração correspondente aos dois primeiros dias:

$$\frac{3}{4} + \frac{2}{9} = \frac{27}{36} + \frac{8}{36} = \frac{35}{36}$$

Fração correspondente ao terceiro dia:

$$\frac{36}{36} - \frac{35}{36} = \frac{1}{36}$$

Assim:

$\frac{1}{36}$ ⟶ 10 cartas $\qquad$ $\frac{36}{36}$ ⟶ 10 cartas · 36 = 360 cartas

Portanto, o carteiro recebeu 360 cartas.

JEAN DIAZ

Reprodução proibida. Art.184 do Código Penal e Lei 9.610 de 19 de fevereiro de 1998.

Trabalhando em equipe

Forme dupla com um colega, pesquisem e respondam:

- A quantos centímetros corresponde 0,5 metro?
- A quantos mililitros corresponde 0,5 litro?

EXERCÍCIOS

46 Andei 0,64 de uma rua e, em seguida, mais 0,26. Quantos milésimos faltam para eu chegar ao final da rua?

47 Um colégio tem 3 200 alunos. Os alunos internos representam 0,25 desse total. Quantos são os alunos externos?

48 Na lanchonete da Escola Cidade Feliz, um sanduíche custa R$ 3,20, e um suco, R$ 1,50. Na compra da promoção nº 1 (sanduíche + suco), há um desconto de R$ 0,40. Talita comprou cinco promoções nº 1 mais um suco extra e pagou com uma nota de R$ 50,00. Quanto ela recebeu de troco?

49 O passo de Ana mede 0,65 metro. Quantos metros ela terá percorrido depois de dar 2 200 passos?

50 Dividir um número por 0,02 corresponde a multiplicá-lo por quanto?

51 O terreno da casa de Geórgia tem 1 650 metros quadrados. A casa ocupa 0,38 do terreno. Qual é a área da residência?

52 No estádio de Pituaçu, em Salvador (BA), foram utilizadas placas solares formadas por 2 300 módulos fotovoltaicos de 0,174 kWp (quilowatts-pico: medida específica de potência para geração fotovoltaica). Essas placas foram instaladas na cobertura, nos vestiários e no estacionamento do estádio, tornando-o autossustentável em energia elétrica. Qual é a energia total gerada nesse estádio em quilowatt-pico?

CAROL GARCIA/GOVBA

Estádio de Pituaçu, em Salvador (BA).

53 A milha, unidade de medida inglesa e estadunidense de comprimento, equivale a aproximadamente 1,6 quilômetro. A quantos metros correspondem 2,5 milhas?

54 Com o auxílio da calculadora, determine o resultado destas multiplicações:

a) 1,2345679 · 0,18

b) 1,2345679 · 0,36

c) 1,2345679 · 0,45

Agora, descubra o valor de ■ em:

1,2345679 · ■ = 0,888888888

55 Para fazer esta atividade, pesquise os valores atuais do euro e do dólar em relação ao real. Copie o quadro abaixo no caderno, substituindo os ■ pelos dados coletados.

1 € (1 euro)	R$ ■
1 US$ (1 dólar)	R$ ■

a) Qual é o valor aproximado, em euros, de R$ 2 000,00, com base na cotação pesquisada?

b) Ao retornar de uma viagem a Washington, nos Estados Unidos, Luciana trocou os 550 dólares que lhe restaram por reais. Com base na cotação pesquisada, quantos reais Luciana recebeu?

Agora, responda:

- Se você for viajar para os Estados Unidos, que moeda utilizará nesse país?
- Se você for viajar para a França, a Alemanha ou a Itália, que moeda utilizará nesses países?
- Onde podemos trocar a nossa moeda pela moeda desses países?

56 A usina hidrelétrica de Itaipu fornece energia para o Brasil e para o Paraguai. Pelo Tratado de Itaipu (1973) essa energia deve ser dividida igualmente entre esses dois países. O gráfico a seguir mostra, por meio de números decimais, a utilização da energia produzida por Itaipu.

UTILIZAÇÃO DA ENERGIA PRODUZIDA NA USINA DE ITAIPU

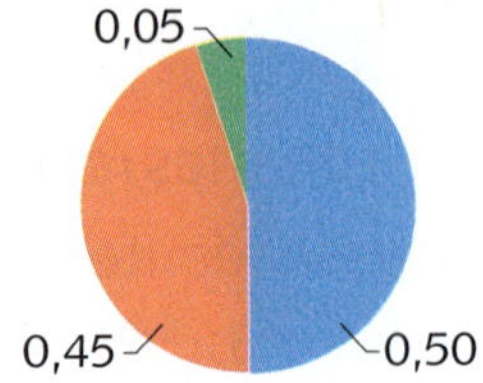

Dados obtidos em: <http://www.itaipu.gov.br>. Acesso em: 8 mar. 2017.

Supondo que a capacidade de geração é de 14 000 megawatts, responda:

a) Quantos megawatts são utilizados pelo Paraguai?

b) Quantos megawatts são disponibilizados pelo Paraguai para o Brasil?

c) Quantos megawatts são utilizados pelo Brasil?

57 Roberto comprou um carro bicombustível. Inicialmente, ele rodou 1000 quilômetros utilizando apenas gasolina (comprada por R$ 3,64 o litro). Depois, rodou mais 1000 quilômetros utilizando apenas etanol (comprado por R$ 2,86 o litro). No total, Roberto gastou R$ 658,84 em gasolina e R$ 606,32 em etanol.

a) Quantos litros ele utilizou de cada combustível?

b) Quantos quilômetros, aproximadamente, ele rodou com um litro de gasolina? E com um litro de etanol?

c) Quanto Roberto gastou, aproximadamente, para rodar 1 quilômetro com gasolina? E com etanol?

d) Qual combustível utilizado foi o mais eficiente?

Agora, responda:

- Por que devemos pesquisar o preço do litro de um mesmo combustível em diversos postos?
- Mesmo que a diferença entre os preços seja de centavos, podemos fazer uma grande economia ao optar pelo mais barato. Por quê?

Reprodução proibida. Art.184 do Código Penal e Lei 9.610 de 19 de fevereiro de 1998.

Trabalhando os conhecimentos adquiridos

Autoavaliação

1 Complete as frases, substituindo cada ■ por uma das palavras: décimo(s), centésimo(s) ou milésimo(s).

a) O número 4,53 pode ser lido como 4 inteiros e 53 ■.

b) O número 0,203 pode ser lido como 2 décimos e 3 ■.

c) O número 3,1 pode ser lido como 31 ■ ou como 3 inteiros e 1 ■.

2 Como devemos proceder para comparar números na forma decimal que tenham a mesma parte inteira?

3 Explique passo a passo como devemos efetuar a adição de dois números decimais quaisquer. Depois, dê um exemplo de resolução.

4 Explique como é possível determinar o número de casas decimais que o produto de 3,41 por 1,7 terá sem realizar o cálculo.

5 Em cada caso, determine a menor potência de 10 pela qual convém multiplicar o dividendo e o divisor para efetuar as divisões.

a) 8,448 : 4,884

b) 844,8 : 4,884

c) 84,48 : 48,84

d) 84,48 : 488,4

e) 8,448 : 488,4

f) 844,8 : 4884

6 Classifique os números decimais a seguir em decimais exatos ou dízimas periódicas.

a) 2,3

b) 45,666...

c) 1,030506

d) 0,131313...

e) $5,\overline{71}$

f) 15,888

7 O que é o período de uma dízima periódica? Dê um exemplo de dízima periódica com período de quatro algarismos.

Reprodução proibida. Art.184 do Código Penal e Lei 9.610 de 19 de fevereiro de 1998.

21

1 No lançamento do martelo, Paulo conseguiu atingir 46,37 metros, e Pedro, 52,23 metros. Qual é a diferença, em metro, entre os dois lançamentos?

2 Calcule mentalmente as multiplicações.

a) $12,16 \cdot 10$

b) $5,08 \cdot 10^2$

c) $0,037 \cdot 10^3$

d) $0,54 \cdot 10^5$

3 Sendo $r = 0,1$; $s = 0,2$ e $t = 0,05$, determine:

a) $2r + s + t$

b) $r \cdot s + 3t$

c) $t - 2r \cdot s$

d) $12r - 5s + 8t$

4 Determine o valor de k nas igualdades.

a) $8,7 - k = 3,56$

b) $4,2 \cdot k = 13,272$

c) $2k - 0,8 = 3,16$

d) $0,217 + k = 1,009$

DESAFIO

A quantos décimos corresponde o número misto $7\frac{1}{5}$?

1 Calcule o valor das expressões.

a) $\dfrac{1 + 0{,}2}{1 - 0{,}2}$

b) $\dfrac{0{,}02 \cdot 0{,}03}{0{,}001}$

c) $\dfrac{8 - 1{,}5 \cdot 2{,}4}{0{,}1 + 0{,}01}$

d) $\dfrac{\frac{7}{8} - 0{,}275}{4 \cdot 0{,}15}$

2 O arranha-céu Burj Khalifa, com 828 metros de altura e 163 andares, é o mais alto do mundo. Nele, há 900 apartamentos residenciais, mais de 50 elevadores e 49 andares de salas de escritório. Supondo que todos os andares tenham a mesma altura, determine a altura que foi destinada às salas de escritórios.

WOLFFPOWER/SHUTTERSTOCK

Edifício Burj Khalifa, em Dubai, Emirados Árabes Unidos, 2013.

3 Resolva:

$\dfrac{0{,}2 \cdot 0{,}7 - 4 \cdot 0{,}01}{0{,}5 \cdot 0{,}2}$

4 Utilizando o sinal > (maior que), escreva em ordem decrescente os números decimais.

a) 7,2; 7,198; 7,23

b) 0,04; 0,042; 0,039

c) 1,112; 1,1035; 1,121

5 Escreva na forma de fração irredutível.

a) 1,44

b) 0,0064

c) 6,25

d) 0,0125

6 Calcule o valor das expressões.

a) $(0{,}5)^2 \cdot (0{,}2)^3$

b) $(0{,}9)^2 : 0{,}027 + (1 - 0{,}3)^2$

c) $\sqrt{0{,}01} \cdot \sqrt{0{,}0025} : (0{,}5)^2$

7 Calcule o valor de $\left(1 - \dfrac{75}{100}\right)^2$.

8 Calcule o valor das expressões.

a) $(0{,}2)^3 + (0{,}16)^2$

b) $\dfrac{\frac{1}{5} + 5{,}5}{\sqrt{0{,}09}}$

9 Resolva as expressões.

a) $(1{,}44 : 0{,}3 - 0{,}2 : 0{,}5) \cdot 1{,}06$

b) $\left(2\dfrac{7}{45} \cdot \dfrac{9}{97}\right) : \left(15 : \dfrac{5}{9}\right)$

10 Por quanto se deve multiplicar a metade de 0,25 para obter a unidade como resultado?

11 Por qual número decimal devemos multiplicar 485 para obter 0,0485?

12 Dados $a = (1{,}2 : 0{,}5)^2$ e $b = (1{,}2 \cdot 0{,}5)^2$, calcule o valor de $a + b$.

13 Veja as ofertas do mercado onde Sandra vai comprar 3 litros de leite, 4 pacotes de biscoito, 3 potinhos de iogurte e $\frac{1}{4}$ de quilograma de azeitona.

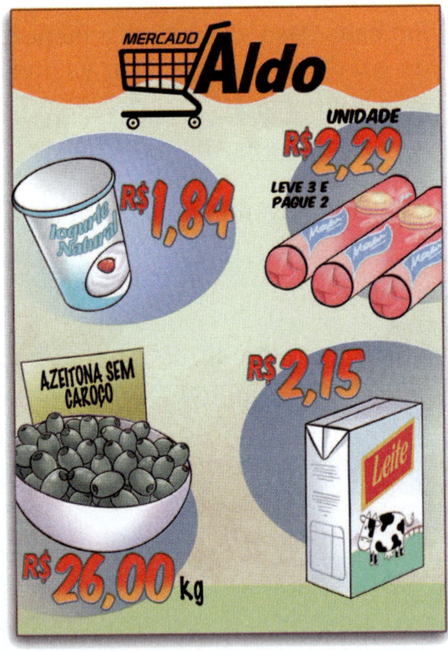

GEORGE TUTUMI

a) Se Sandra comprar 3 pacotes de biscoito, o valor da compra diminuirá?

b) Com R$ 25,00, Sandra conseguirá fazer a compra?

c) Se o dinheiro não for suficiente, elimine o produto mais barato e calcule o troco.

DESAFIO

Resolva: $\dfrac{\frac{3}{5} + 0{,}25 - 0{,}2}{\frac{3}{8} \cdot \frac{2}{3} : \frac{1}{3} + 2{,}5}$

Reprodução proibida. Art.184 do Código Penal e Lei 9.610 de 19 de fevereiro de 1998.

1 Na casa de André, o ferro elétrico tem 2,3 quilowatts de potência, e o chuveiro, 2,8 quilowatts. Sabendo que eles funcionam diariamente durante meia hora, responda: ao final de 30 dias, qual será o consumo total de energia dos dois aparelhos, em quilowatt-hora?

(consumo = potência · tempo (hora))

2 Possuo certa quantia em dinheiro, da qual 0,42 corresponde a R$ 294,00. Qual é essa quantia?

3 Daniel consegue transportar até 80,5 quilogramas de areia em seu carrinho. Quantas viagens, no mínimo, ele terá de realizar para transportar 1400 quilogramas de areia?

JEAN DIAZ

4 Pedro comeu 4 pães do tipo integral, com 80 gramas cada um. Na embalagem dos pães, estão indicadas as seguintes informações nutricionais:

Pão integral (100 gramas)		
Proteína	**Gordura**	**Carboidrato**
8,0 gramas	2,5 gramas	47 gramas

Com base no quadro, responda:

a) Quantos gramas de proteína Pedro ingeriu?

b) Para ingerir 16 gramas de gordura, quantos pães iguais ao que Pedro comeu uma pessoa deveria comer?

5 Na primeira etapa do ano, Paulo tirou as seguintes notas em Matemática: 3,0; 7,0; 6,0 e 5,0. Se o professor calculasse a média por meio da fórmula

$\dfrac{\text{nota 1} + \text{nota 2} + \text{nota 3} + \text{nota 4}}{4}$, qual seria a média de Paulo em Matemática?

6 Lena vendeu 15 canetas a R$ 3,80 cada uma e mais 12 cadernetas, recebendo um total de R$ 109,80. Qual é o preço de cada caderneta?

7 Uma distribuidora de bolas de pingue-pongue apresenta este quadro de preços:

Quantidade de bolas	Preço
Cinco dúzias	R$ 237,00
Uma centena	R$ 370,00

Ao optar pela compra de uma centena de bolas, quanto o consumidor economizaria, por unidade, em relação à compra de cinco dúzias do produto?

Agora, responda:

- Você já foi a uma loja em que são vendidas embalagens do mesmo produto com quantidades diferentes? Há variações no valor unitário?
- Ao adquirir uma grande quantidade de um produto, você acha possível negociar a diminuição do valor unitário com o vendedor?

8 **(Enem)** Lucas precisa estacionar o carro pelo período de 40 minutos, e sua irmã Clara também precisa estacionar o carro pelo período de 6 horas. O estacionamento Verde cobra R$ 5,00 por hora de permanência. O estacionamento Amarelo cobra R$ 6,00 por 4 horas de permanência e mais R$ 2,50 por hora ou fração de hora ultrapassada. O estacionamento Preto cobra R$ 7,00 por 3 horas de permanência e mais R$ 1,00 por hora ou fração de hora ultrapassada.

Os estacionamentos mais econômicos para Lucas e Clara, respectivamente, são:

a) Verde e Preto.
b) Verde e Amarelo.
c) Amarelo e Amarelo.
d) Preto e Preto.
e) Verde e Verde.

9 **(OBM)** Laurinha tinha em sua carteira somente notas de 10 reais e moedas de 10 centavos. Ela pagou uma conta de 23 reais com a menor quantidade possível de moedas. Quantas moedas ela usou?

a) 3 b) 6 c) 10 d) 23 e) 30

10 **(OBM)** Podemos afirmar que $0{,}1^2 + 0{,}2^2$ é igual a:

a) $\frac{1}{20}$. b) $\frac{1}{10}$. c) $\frac{1}{5}$. d) $\frac{1}{4}$. e) $\frac{1}{2}$.

DESAFIO

Calcule dois números decimais cuja soma seja 55,5 e cuja diferença seja 9,1.

Reprodução proibida. Art.184 do Código Penal e Lei 9.610 de 19 de fevereiro de 1998.

CAPÍTULO

7 Porcentagem

SATISFAÇÃO DO HOTEL
Número de hóspedes
22
33
45

Dados obtidos pelo gerente do hotel.

ESB PROFESSIONAL/SHUTTERSTOCK

LUIZ RUBIO

É hora de observar e discutir

Em um hotel foi feita uma pesquisa sobre o grau de satisfação dos hóspedes. Foram entrevistados 100 hóspedes, que classificaram o serviço do hotel em excelente, bom ou regular. O resultado obtido foi apresentado aos funcionários do hotel em uma reunião.

Observe a tabela e o gráfico acima e responda:

- Quantos hóspedes consideraram o hotel excelente ou bom? Podemos afirmar que a maioria dos hóspedes considerou o hotel excelente ou bom?
- Dos 100 hóspedes que participaram da pesquisa, quantos consideraram o hotel regular?

Trocando ideias

Neste capítulo, vamos estudar a **porcentagem** e algumas de suas aplicações.

Assim como os números naturais, as frações e os números decimais, as porcentagens também fazem parte do nosso cotidiano.

Observe:

- Na cena acima, que números aparecem na forma de porcentagem?
- Procure explicar os pensamentos da família representada na cena.
- Relacione situações do seu dia a dia que são representadas com porcentagens.

Reprodução proibida. Art.184 do Código Penal e Lei 9.610 de 19 de fevereiro de 1998.

1 Porcentagem

Leia o texto a seguir, que aborda a situação da água em nosso planeta:

> Cerca de **75%** da superfície da Terra é coberta por água. No entanto, mesmo com tanta água, enfrentaremos uma crise de abastecimento neste século.
>
> Estima-se que, por volta de 2050, quase 50% da população mundial estará vivendo em países com carência de água.
>
> De toda a água existente no planeta:
>
> - **97,5%** correspondem à água salgada;
> - **0,8%** corresponde à água doce disponível (lagos, rios, águas do subsolo);
> - **1,7%** corresponde à água doce indisponível (geleiras, neve, gelo e subsolos congelados).
>
> Dados obtidos em: Robin Clarke, Jannet King. *O atlas da água*: mapeamento completo do recurso mais precioso do planeta. São Paulo: Publifolha, 2005.

AURORA PHOTOS/ALAMY/GLOW IMAGES
Mar do Big Sur, nos Estados Unidos.

SETH LAZAR/ALAMY/GLOW IMAGES
Cataratas Vitória, no Zimbábue.

MARCO TERRANOVA/TYBA
Lagoa Azul, na Ilha Grande (RJ).

MARIO TAMA/GETTY IMAGES
Geleira Perito Moreno, na Argentina.

Reprodução proibida. Art.184 do Código Penal e Lei 9.610 de 19 de fevereiro de 1998.

No texto, os dados são apresentados na forma de porcentagem: 75%; 50%; 97,5%; 0,8%; 1,7%.

A ideia de porcentagem é a de representar partes de um total de 100 partes. Daí a leitura de o símbolo % ser "por cento".

Assim, podemos, por exemplo, dizer que:

- 75 partes de 100 partes da superfície da Terra são cobertas por água;
- 50 partes de 100 partes da população mundial viverão em países com carência de água por volta de 2050.

Exemplos

- O aumento do preço do combustível será de 8%.

  Então, a cada R$ 100,00 pagos em combustível, haverá um acréscimo de R$ 8,00.
- Na fazenda de Dário, 80% do gado é da raça **nelore**.

  Então, em cada grupo de 100 animais do rebanho de Dário, 80 são da raça nelore.

GEORGE TUTUMI

Nelore
Gado de origem indiana que se destaca pela rusticidade.

Sabemos que uma das ideias de número fracionário é a de considerar uma ou mais partes iguais de uma unidade. Assim, podemos escrever as porcentagens como frações de denominador 100 ou na forma decimal.

Observe os exemplos abaixo.

- 75% (lemos: "setenta e cinco por cento") ⟶ $75\% = \frac{75}{100} = 0,75$
- 1% (lemos: "um por cento") ⟶ $1\% = \frac{1}{100} = 0,01$
- 8% (lemos: "oito por cento") ⟶ $8\% = \frac{8}{100} = 0,08$
- 173% (lemos: "cento e setenta e três por cento") ⟶ $173\% = \frac{173}{100} = 1,73$
- 100% (lemos: "cem por cento") ⟶ $100\% = \frac{100}{100} = 1$

A representação de porcentagens, como 75%, 1%, 8%, 173% e 100%, pode ser chamada de **taxa percentual** ou **taxa centesimal**.

Reprodução proibida. Art.184 do Código Penal e Lei 9.610 de 19 de fevereiro de 1998.

Lendo e aprendendo

A porcentagem dos grupos sanguíneos

A porcentagem correspondente a cada grupo sanguíneo na população brasileira é aproximadamente igual à da população mundial, salvo em determinados grupos étnicos com pouca ou nenhuma miscigenação, como os dos indígenas, em que quase todos os indivíduos são do grupo O^+.

Os gráficos abaixo apresentam dados sobre os doadores de sangue no estado de São Paulo em 2016. Eles são chamados de gráficos de setores. De acordo com o primeiro gráfico, por exemplo, de cada grupo de 100 doadores, 43 são mulheres e 57 são homens.

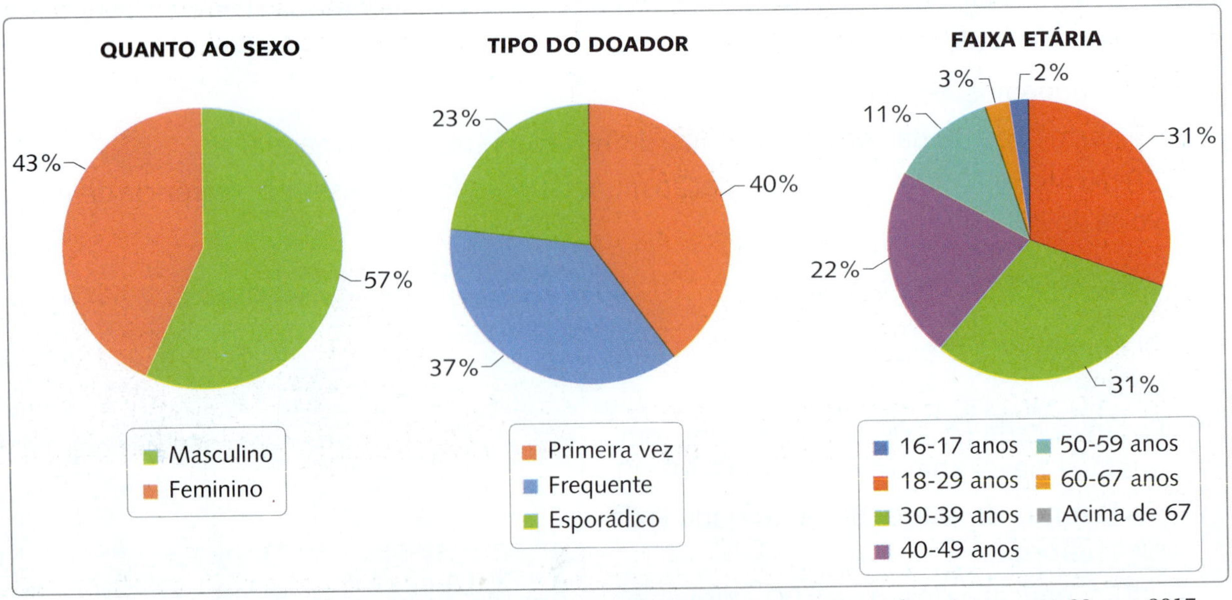

ERICSON GUILHERME LUCIANO

Dados obtidos em: <http://www.prosangue.sp.gov.br>. Acesso em: 23 mar. 2017.

EXERCÍCIOS

1 Explique, de forma resumida, o significado de cada uma das expressões a seguir.

a) O uso de cartões de crédito cresceu 10% em relação ao ano anterior.

b) A densidade demográfica (medida expressa pela relação entre a população e a superfície do território) daquela região aumentou 6%.

c) O número de artigos publicados por pesquisadores brasileiros cresceu 19% em apenas um ano.

d) O salário mínimo nacional de 2017 passou de R$ 880,00 para R$ 937,00, um reajuste de aproximadamente 6,5%.

e) Cautelosos, 39% dos consumidores dizem que vão gastar menos nesta Páscoa.

2 Escreva as frações na forma de taxa percentual.

a) $\frac{5}{100}$ d) $\frac{220}{100}$ g) $\frac{3}{4}$

b) $\frac{17}{100}$ e) $\frac{3\,750}{100}$ h) $\frac{1}{40}$

c) $\frac{60}{100}$ f) $\frac{1}{2}$ i) $\frac{8}{125}$

3 Represente as taxas percentuais na forma centesimal.

a) 52% c) 1% e) 235%

b) 61% d) 98% f) 1,5%

4 Escreva as frações na forma decimal.

a) $\frac{38}{100}$ c) $\frac{114}{100}$ e) $\frac{97}{100}$

b) $\frac{6}{100}$ d) $\frac{460}{100}$ f) $\frac{1}{100}$

Reprodução proibida. Art.184 do Código Penal e Lei 9.610 de 19 de fevereiro de 1998.

Cálculo de porcentagens

No exemplo a seguir vamos ver uma aplicação do cálculo de porcentagem de um número.

De acordo com um levantamento feito, 37% de determinada população dorme ao menos 8 horas por noite. De um total de 187 milhões de habitantes, quantas pessoas têm esse hábito?

Para solucionar esse problema, devemos aplicar a taxa percentual (37%) sobre o total de habitantes.

Assim:

$$37\% \text{ de } 187\,000\,000 = \frac{37}{1\cancel{00}} \cdot 187\,000\,0\cancel{00} =$$
$$= 69\,190\,000$$

Logo, 69 190 000 habitantes representam os 37% da população que dorme ao menos 8 horas por noite.

Curiosidade

Percentagem ou porcentagem?

Porcentagem origina-se de "por cento". **Percentagem** vem do latim *per centum*. Ambas as formas são corretas, porém **porcentagem** é a mais usual.

DOUGLAS FRANCHIN

O cálculo de porcentagem é obtido quando se aplica uma taxa percentual a determinado valor de certa grandeza.

Observe outros exemplos:

- Calcule 40% de 500.

Solução

40% de $500 = \frac{40}{1\cancel{00}} \cdot 5\cancel{00} = 200$

Logo, 200 é o valor procurado.

- Calcule 25% de 200 quilogramas.

Solução

25% de $200 = \frac{25}{1\cancel{00}} \cdot 2\cancel{00} = 50$

Logo, 50 quilogramas é o valor procurado.

Observações

1 Uma porcentagem nunca aparece isolada. Não tem sentido dizer apenas 30% ou 40%. Dizemos sempre 30% ou 40% de algum valor.

2 Para compreender porcentagens é necessário ter um conhecimento prévio sobre frações. Uma fração $\frac{a}{b}$, com $b \neq 0$, também pode ser escrita na forma de porcentagem.

Exemplos

- $\frac{1}{5} = \frac{20}{100} = 20\%$ (× 20 no numerador e × 20 no denominador)
- $\frac{3}{4} = 0{,}75 = \frac{75}{100} = 75\%$

3 Para calcular a porcentagem de um número na calculadora, podemos utilizar a tecla %.

Exemplo

40% de 120: 1 2 0 × 4 0 % 48

ILUSTRAÇÕES: ANDERSON DE ANDRADE PIMENTEL

Reprodução proibida. Art.184 do Código Penal e Lei 9.610 de 19 de fevereiro de 1998.

EXERCÍCIOS

5 Calcule as porcentagens.

a) 2% de 700 laranjas
b) 30% de 1200 alunos
c) 40% de 48 metros
d) 150% de R$ 600,00
e) 75% de 400 tijolos
f) 50% de 380

6 Rui comprou uma moto aquática por R$ 15 000,00. Deu 36% de entrada e dividiu o restante em quatro parcelas iguais. Qual foi o valor de cada parcela?

DOUGLAS FRANCHIN

7 Copie a figura ao lado no caderno e pinte a parte correspondente a 20% da sua superfície.

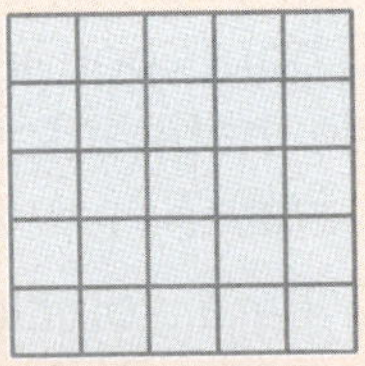

ANDERSON DE ANDRADE PIMENTEL

8 O Imposto Sobre Serviços (ISS) é uma taxa cobrada dos prestadores de serviços. A alíquota (percentual que incide sobre o valor a ser tributado) mínima é de 2% e a máxima, de 5%.

Sobre um valor de R$ 1 300,00, referente a um serviço prestado, a alíquota do ISS é de 5%. Qual é o valor em reais a ser pago de imposto?

Agora, responda:

- Na sua opinião, qual é a importância da cobrança de impostos? Faça uma pesquisa sobre os impostos embutidos no preço de um produto que você costuma comprar.

2 Problemas envolvendo porcentagem

Vamos estudar alguns tipos de problema que envolvem porcentagem.

Determinação de uma porcentagem

Já estudamos esse procedimento no cálculo de porcentagens. Observe o exemplo abaixo.

Vamos calcular 45% de R$ 3000,00. Para isso, vamos utilizar o mesmo procedimento que empregamos no cálculo de porcentagens.

Solução

$45\% = \frac{45}{100}$

45% de $3000 = \frac{45}{1\cancel{00}} \cdot 30\cancel{00} = 1350$

Logo, 45% de R$ 3000,00 correspondem a R$ 1350,00.

DOUGLAS FRANCHIN

Reprodução proibida. Art.184 do Código Penal e Lei 9.610 de 19 de fevereiro de 1998.

EXERCÍCIOS

9 Um jogador de futebol, durante um campeonato, cobrou 20 pênaltis. Dessas cobranças, 70% foram gols. Quantos gols de pênalti esse jogador fez?

GEORGE TUTUMI

10 O salário de Roberval era R$ 1420,00. Ele teve um aumento de 30%. De quanto foi o aumento em reais? Qual é o novo salário de Roberval?

11 O valor do condomínio do edifício onde André mora é R$ 480,00. Quem paga até o dia 10 de cada mês recebe um desconto de 12%. Qual é o valor a ser pago com esse desconto?

Agora, responda:

- Por que as pessoas que moram em apartamento pagam, mensalmente, um valor pelo condomínio? Essas pessoas podem fazer algo para reduzir esse valor?

12 O consumo de água engarrafada no mundo, que era de 72,6 bilhões de litros, cresceu 145% no último ano. A quantos litros de água corresponde o novo consumo?

13 Em certo mês, Netinho teve um lucro de R$ 4800,00 com seu restaurante. Ele destinou 25% desse valor para a compra de um letreiro luminoso. Quanto ele gastou com a compra do letreiro?

Agora, responda:

- O que é lucro? Como podemos calculá-lo?

14 Acompanhe quatro diferentes modos de obter 25% de 160 com uma calculadora.

1 6 0 × 2 5 ÷ 1 0 0 =
40

1 6 0 ÷ 1 0 0 × 2 5 =
40

1 6 0 × 2 5 % =
40

1 6 0 × 0 . 2 5 =
40

ANDERSON DE ANDRADE PIMENTEL

De qualquer um desses modos, obtemos 40 como resultado.

Agora é a sua vez!

Escolha um modo e determine:

a) 85% de 12000; b) 5,7% de 584.

Determinação do total (100%) com base em uma taxa percentual

Rubens saiu de sua casa para ir ao supermercado. Andou inicialmente 300 metros, o que corresponde a 15% do percurso total. Qual é a distância da casa de Rubens ao supermercado?

DOUGLAS FRANCHIN

Solução

$15\% = \frac{15}{100}$ ⟶ 300 metros

$1\% = \frac{1}{100}$ ⟶ 300 metros : 15 = 20 metros

$100\% = \frac{100}{100}$ ⟶ 20 metros · 100 = 2 000 metros

Logo, a distância da casa de Rubens ao supermercado é 2 000 metros.

Cuidado!

Observe esta situação:

Um funcionário recebia um salário de R$ 1 600,00. Teve um aumento e passou a receber R$ 4 800,00. Como o salário foi triplicado, poderíamos achar que o aumento foi de 300%, mas não foi.

Veja:

100%	⟶	R$ 1 600,00
+ 200%	⟶	R$ 3 200,00
300%	⟶	R$ 4 800,00

Logo, o aumento foi de 200% (300% − 100%).

Reprodução proibida. Art.184 do Código Penal e Lei 9.610 de 19 de fevereiro de 1998.

EXERCÍCIOS

15 Segundo uma pesquisa, 1 900 pessoas preferem o jornal A, o que corresponde a 38% dos entrevistados. Quantos foram os entrevistados?

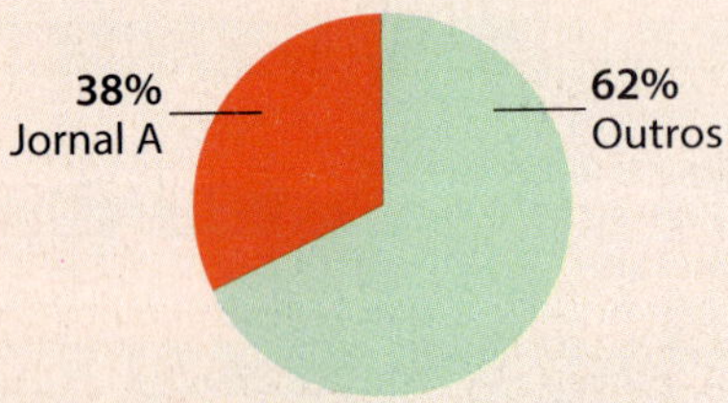

Dados obtidos pelos pesquisadores.

ANDERSON DE ANDRADE PIMENTEL

16 Por ter obtido notas baixas, Gisele perdeu R$ 18,00 de sua mesada, o que corresponde a 20% do que recebia. Qual era o valor da mesada de Gisele?

17 Em uma eleição, o candidato A obteve 640 mil votos, o que correspondeu a 32% dos eleitores. Quantos eram os eleitores?

18 Sabe-se que 32,5% de uma quantia corresponde a R$ 130,00. Qual é essa quantia?

19 O tenista suíço Roger Federer sagrou-se campeão do Aberto da Austrália em 2017, vencendo por 3 *sets* a 2 o tenista espanhol Rafael Nadal. Federer venceu 24 dos *games* disputados e Nadal, 20.

a) Qual é a porcentagem dos *sets* vencidos por Federer nessa partida?

b) Podemos afirmar que Federer venceu mais de 55% dos *games* disputados?

Roger Federer, em Melbourne, Austrália, 2017.

CAMERON SPENCER/GETTY IMAGES

A pontuação de uma partida de tênis é constituída de *games*. O jogador que vencer seis *games* fechará um *set*. Vencerá a partida o jogador que conseguir fechar dois *sets* primeiro, se a disputa for de até três *sets*, ou vencer três *sets*, em uma disputa de melhor de cinco *sets*.

20 Em uma turma, 80% dos alunos foram aprovados, 15%, reprovados, e os seis alunos restantes desistiram do curso. Quantos alunos havia na turma?

21 A conta de um jantar, incluídos os 10% da gorjeta da garçonete, foi R$ 385,00. Qual foi o valor da conta sem a gorjeta?

IAKOV FILMONOV/SHUTTERSTOCK

Agora, responda:

- A cobrança da gorjeta é opcional? Se você fosse bem atendido em um restaurante, daria gorjeta ao garçom?

Determinação da taxa percentual

O tangram é um quebra-cabeça chinês formado por 7 peças (5 triângulos, 1 quadrado e 1 paralelogramo). Utilizando todas essas peças, sem sobrepô-las, podemos formar várias figuras. O tangram representado ao lado foi dividido em 32 triângulos iguais. Eles ficaram distribuídos entre as peças desta forma:

Peça	1	2	3	4	5	6	7
Quantidade de triângulos	8	8	4	4	4	2	2

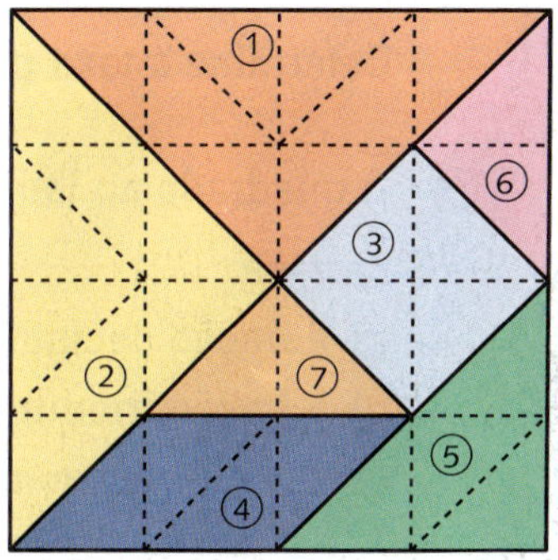

ANDERSON DE ANDRADE PIMENTEL

Reprodução proibida. Art.184 do Código Penal e Lei 9.610 de 19 de fevereiro de 1998.

Determine a taxa percentual correspondente ao número de triângulos de cada peça em relação ao total de triângulos do tangram.

Solução

Calculando as taxas percentuais correspondentes ao número de triângulos de cada peça, obtemos:

peça 1 → $\frac{8}{32} = 0{,}25 = 25\%$

peça 2 → $\frac{8}{32} = 0{,}25 = 25\%$

peça 3 → $\frac{4}{32} = 0{,}125 = 12{,}5\%$

peça 4 → $\frac{4}{32} = 0{,}125 = 12{,}5\%$

peça 5 → $\frac{4}{32} = 0{,}125 = 12{,}5\%$

peça 6 → $\frac{2}{32} = 0{,}0625 = 6{,}25\%$

peça 7 → $\frac{2}{32} = 0{,}0625 = 6{,}25\%$

EXERCÍCIOS

22 Em uma classe com 50 alunos, 8 foram reprovados. Qual é a taxa percentual dos alunos reprovados?

23 Angélica acertou 56 das 80 questões de um provão. Qual foi a taxa percentual de acerto dessa aluna?

24 O preço de um eletrodoméstico é R$ 600,00, mas há um desconto de R$ 150,00. Qual é a taxa percentual do desconto?

25 Observe, a seguir, o número de inscritos e o de aprovados para os cursos de Odontologia e Turismo em certa universidade.

	Odontologia	Turismo
Inscritos	400	300
Aprovados	60	75

Determine a taxa percentual de aprovação em cada um desses cursos.

26 O quadrado ao lado está dividido em três partes: verde, azul e amarela.

ANDERSON DE ANDRADE PIMENTEL

Escreva:

a) a fração decimal que representa cada parte;

b) a fração irredutível que representa cada parte;

c) a porcentagem que representa cada parte.

Reprodução proibida. Art.184 do Código Penal e Lei 9.610 de 19 de fevereiro de 1998.

27 Pedro consertou uma instalação hidráulica e, depois, emitiu uma nota referente ao serviço prestado. Observe o quadro:

Serviços hidráulicos	
1 metro de cano	R$ 6,00
1 torneira	R$ 84,00
Mão de obra	R$ 30,00
Total	R$ 120,00

Determine a porcentagem do custo da mão de obra em relação ao custo total do serviço.

Agora, responda:

- O que você entende por mão de obra?
- Na sua casa já foi feito algum serviço em que foi paga a mão de obra? Se sim, qual?

28 Sabendo que Paulo tem 6 anos e José, 8 anos, responda:

a) A idade de Paulo corresponde a que porcentagem da idade de José?

b) Há quatro anos, qual era essa porcentagem?

c) Daqui a dois anos, qual será essa porcentagem?

d) Daqui a quantos anos a porcentagem será igual a 90%?

29 No final do ano passado, Pedrinho tinha 1,40 metro de altura. No meio deste ano ele atingiu 1,47 metro. Qual foi a porcentagem de crescimento de Pedrinho nesse período?

Reprodução proibida. Art.184 do Código Penal e Lei 9.610 de 19 de fevereiro de 1998.

Trabalhando em equipe

Os alimentos se dividem, basicamente, em energéticos, reguladores e formadores. Existem ainda alguns alimentos que devem ser consumidos com moderação.

Junte-se a três colegas e, em seu caderno, copie o quadro abaixo. Com o auxílio da calculadora, complete o quadro dos grupos alimentares abaixo com o número de porções recomendadas para uma refeição saudável. Considerem que o número total de porções por dia é igual a 24. Atenção: alguns valores devem ser aproximados.

	Grupos de alimentos	Número de porções por dia	Porcentagem de cada grupo	Porcentagem total
Energéticos	Cereais, pães e tubérculos			33,34%
Reguladores	Hortaliças			25%
	Frutas e sucos de frutas		12,5%	
Formadores	Leguminosas	1		25%
	Leites, queijos e iogurtes	4		
	Carnes e ovos		8,33%	
Consumidos com moderação	Óleos e gorduras	2		16,66%
	Açúcares, balas, chocolates e salgadinhos		8,33%	

Trabalhando os conhecimentos adquiridos

Autoavaliação

1 Imagine que um amigo seu, por motivos pessoais, faltou às últimas aulas de Matemática e não aprendeu a calcular porcentagens. Escreva um bilhete para esse amigo explicando como calcular porcentagens. Não se esqueça de incluir exemplos.

2 Analise a afirmação: "Para calcular 10% de um valor qualquer, basta dividi-lo por 10". Essa afirmação é verdadeira? Explique.

24

1 O preço de um medicamento, que era R$ 12,00, teve aumento de 90% em um ano. Qual passou a ser o preço do medicamento após o aumento?

2 Na compra de um par de tênis obtive um desconto de 15%, que correspondeu a R$ 24,00. Quanto paguei pelo par de tênis?

3 Lívia deveria ter pagado a prestação do consórcio de seu carro, no valor de R$ 480,00, até o último dia do mês em curso. Como ela atrasou o pagamento, houve um acréscimo de 2% no valor da prestação. Quanto ela pagou?

4 Sérgio comprou um carrinho de sorvete por R$ 1400,00 e teve de vendê-lo com um prejuízo de 18%. Por quanto ele vendeu o carrinho?

5 As contas de energia elétrica, água e aluguel da casa de Eduardo corresponderam, em janeiro, a R$ 320,00, R$ 185,00 e R$ 740,00, respectivamente. Em fevereiro, sofreram os acréscimos da tabela abaixo. Qual foi o valor dessas mesmas despesas em fevereiro?

Aumento das tarifas

Despesa	Porcentagem de acréscimo
Energia elétrica	15%
Água	8%
Aluguel	12%

Dados obtidos por Eduardo.

ILUSTRAÇÕES: GEORGE TUTUMI

6 Você já sabe que:

- $10\% = \frac{10}{100} = \frac{1}{10}$ (a décima parte);
- $20\% = \frac{20}{100} = \frac{1}{5}$ (a quinta parte);
- $50\% = \frac{50}{100} = \frac{1}{2}$ (a metade).

Então, calcule mentalmente:

a) 10% de 80;
b) 20% de 300;
c) 50% de 1000.

7 Efetuar o aumento de um valor x de 35% é o mesmo que multiplicar esse valor por quanto?

Conteúdo digital
• Atividade: Promoção

DESAFIO

Na compra de um produto, ganhei 10% de desconto. Pedi um desconto a mais e consegui outros 20% de desconto. A quanto correspondeu o desconto total?

1 **(Enem)** Os dados do gráfico seguinte foram gerados a partir de dados colhidos no conjunto de seis regiões metropolitanas pelo Departamento Intersindical de Estatística e Estudos Socioeconômicos (Dieese).

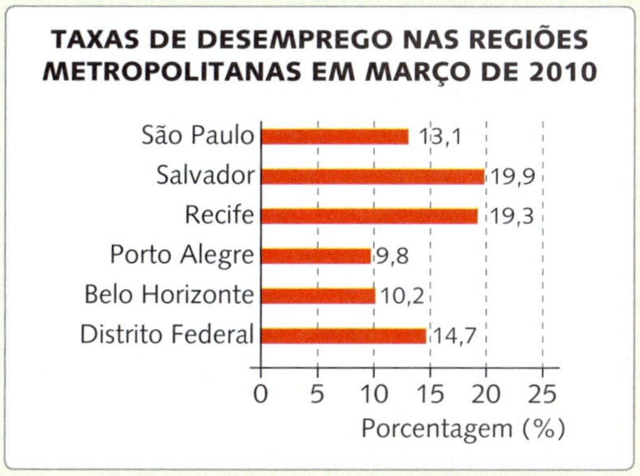

Disponível em: <http://g1.globo.com>. Acesso em: 28 abr. 2010 (adaptado).

Supondo que o total de pessoas pesquisadas na região metropolitana de Porto Alegre equivale a 250 000, o número de desempregados em março de 2010, nessa região, foi de:

a) 24 500.
b) 25 000.
c) 220 500.
d) 223 000.
e) 227 500.

2 **(Enem)** Os dados do gráfico foram coletados por meio da Pesquisa Nacional por Amostra de Domicílios.

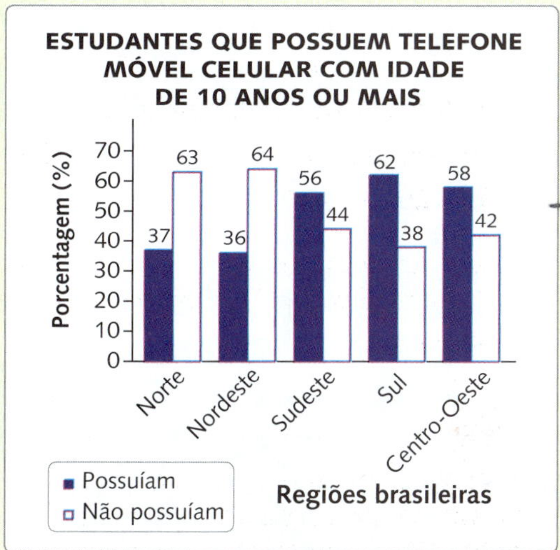

Fonte: IBGE. Disponível em: <www.ibge.gov.br>. Acesso em: 28 abr. 2010 (adaptado).

Supondo-se que, no Sudeste, 14 900 estudantes foram entrevistados nessa pesquisa, quantos deles possuíam telefone móvel celular?

a) 5 513
b) 6 556
c) 7 450
d) 8 344
e) 9 536

3 Determine 30% da quarta parte de 6 400.

4 Mariana paga mensalmente R$ 360,00 de taxa de condomínio. No mês passado ela atrasou o pagamento e teve de pagar essa taxa com acréscimo de 2% de multa. Qual foi o valor da multa? Qual foi o valor total pago por Mariana?

Agora, responda:

- Você sabe o que é uma multa? O que devemos fazer para evitar uma multa?

5 **(Enem)** Uma enquete, realizada em março de 2010, perguntava aos internautas se eles acreditavam que as atividades humanas provocam o aquecimento global. Eram três as alternativas possíveis e 279 internautas responderam à enquete, como mostra o gráfico.

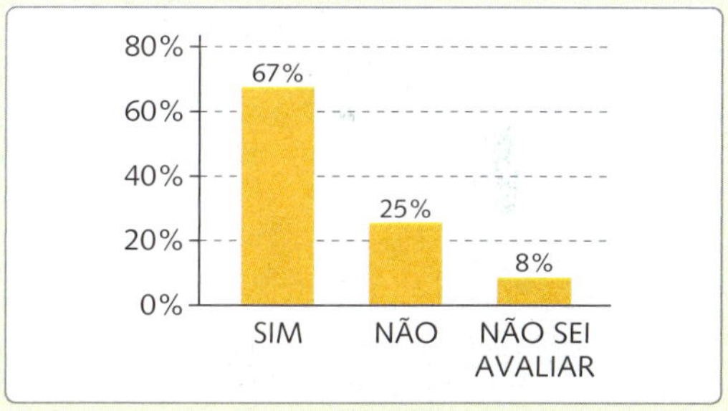

Época, ed. 619, 29 mar. 2010 (adaptado).

Analisando os dados do gráfico, quantos internautas responderam "NÃO" à enquete?

a) Menos de 23.
b) Mais de 23 e menos de 25.
c) Mais de 50 e menos de 75.
d) Mais de 100 e menos de 190.
e) Mais de 200.

DESAFIO

Determine a taxa percentual correspondente a: $(10\%)^2 - (5\%)^2$

Reprodução proibida. Art.184 do Código Penal e Lei 9.610 de 19 de fevereiro de 1998.

ILUSTRAÇÕES: ANDERSON DE ANDRADE PIMENTEL

CAPÍTULO

8 Possibilidades e Estatística

Grande Prêmio de Fórmula Indy de Phoenix, em Avondale, Estados Unidos, 2016.

BOBBY MCDUFFIE/ICON SPORTSWIRE/AP/GLOW IMAGES

É hora de observar e discutir

O quadro abaixo apresenta o número de pilotos de diferentes países que participaram do Campeonato de Fórmula Indy em 2016.

País	Austrália	Brasil	Canadá	Colômbia	Espanha	EUA
Número de pilotos	1	2	2	3	1	16

País	França	Grã-Bretanha	Itália	Japão	Nova Zelândia	Rússia
Número de pilotos	2	4	1	1	1	1

Dados obtidos em: <http://www.indycar.com/Stats>. Acesso em: 23 mar. 2017.

Agora, responda:

- Um piloto oceânico (nascido na Oceania) poderia vencer a competição?
- Que países da América do Sul, representados por seus pilotos, poderiam vencer essa competição? E da América do Norte?

Trocando ideias

Júlio e Carla estão brincando com um dado. Após cada lançamento feito por Júlio, Carla registra o número que aparece na face superior do dado. Eles sabem que existem seis resultados possíveis a cada lançamento: 1, 2, 3, 4, 5 ou 6.

Carla fez uma tabela com todos os resultados possíveis e a preencheu com o registro dos 25 lançamentos.

JOSÉ LUÍS JUHAS

- Qual foi a face que apareceu mais vezes nos 25 lançamentos?
- Se Júlio lançar o dado mais uma vez, poderemos saber que face aparecerá?

Neste capítulo, vamos estudar porcentagem, possibilidades, coleta e organização de dados em tabelas e gráficos e interpretação de dados em um gráfico.

Reprodução proibida. Art. 184 do Código Penal e Lei 9.610 de 19 de fevereiro de 1998.

1 Cálculo do número de possibilidades

Quando queremos escolher uma roupa para vestir, um filme no cinema ou o sabor de um sorvete, por exemplo, geralmente temos mais de uma possibilidade de escolha.

Observe as situações abaixo.

Situação 1

Cláudio dispõe de cartões com os algarismos 4, 5 e 6. Ele quer formar um número de três algarismos utilizando esses três cartões. Quais são as possibilidades que Cláudio tem para formar o número?

Cláudio pode dispor os três algarismos de seis formas:

ANDERSON DE ANDRADE PIMENTEL

DOUGLAS FRANCHIN

Portanto, Cláudio dispõe de seis possibilidades para formar o número.

Situação 2

Andressa tem duas caixas, cada uma com quatro bolas de cores distintas. Ela resolveu levar uma bola de cada caixa para o colégio. Quantos pares diferentes de bolas podem ser formados por Andressa?

JOSÉ LUÍS JUHAS

Podemos listar todas as possibilidades de pares com ajuda do esquema abaixo:

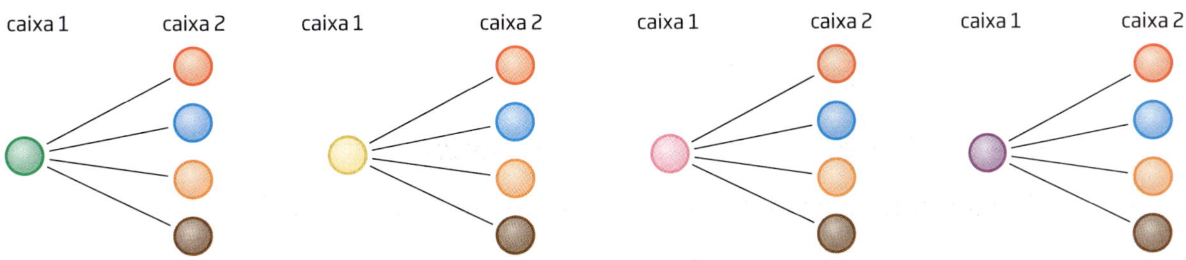

ANDERSON DE ANDRADE PIMENTEL

O esquema apresentado é chamado de **árvore de possibilidades**.

Portanto, Andressa pode formar 16 pares diferentes de bolas.

Reprodução proibida. Art.184 do Código Penal e Lei 9.610 de 19 de fevereiro de 1998.

EXERCÍCIOS

1 Observe a situação a seguir.

DOUGLAS FRANCHIN

Por que a menina da ilustração fez essa afirmação? Ela poderia afirmar com certeza?

2 Ana lançou um pequeno disco no interior de uma caixa. Veja:

DOUGLAS FRANCHIN

Copie as frases no caderno e classifique-as em: "muito provável" ou "pouco provável".

a) O disco cairá sobre a superfície azul.

b) O disco cairá sobre a superfície vermelha.

3 Em uma sorveteria são vendidos sorvetes de três sabores: chocolate, morango e baunilha. Faça uma árvore de possibilidades que mostre todos os tipos de sorvete de duas bolas que podem ser montados.

JOSÉ LUÍS JUHAS

4 Observe a figura abaixo.

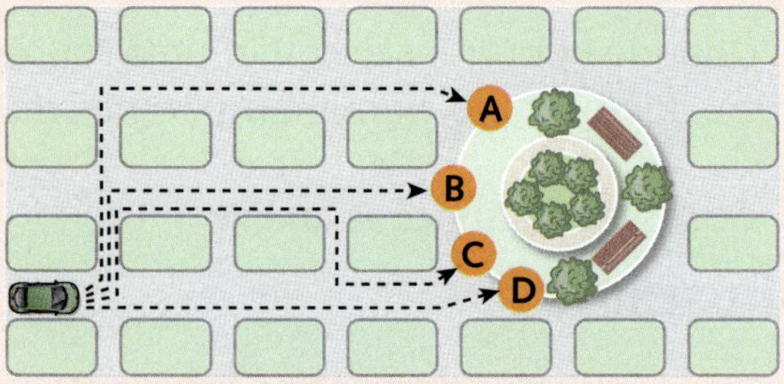

ANDERSON DE ANDRADE PIMENTEL

Agora, responda:

- Dos caminhos traçados, qual é o mais provável de ser utilizado pelo motorista do carro para chegar à praça? Justifique sua resposta.

5 Com os algarismos desta placa, quantos números de quatro algarismos diferentes podemos escrever?

FERNANDO FAVORETTO

6 Copie as bandeiras no caderno. Em seguida, pinte-as com diferentes possibilidades das cores azul, vermelha e amarela.

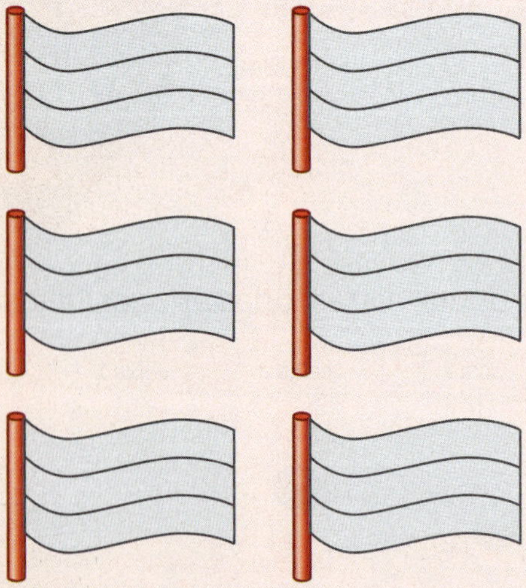

ANDERSON DE ANDRADE PIMENTEL

7 Determine todas as adições possíveis de dois números naturais cuja soma seja 6.

Reprodução proibida. Art.184 do Código Penal e Lei 9.610 de 19 de fevereiro de 1998.

2 Estatística

Nas notícias veiculadas em jornais, em revistas e na televisão, é comum a citação de números, bem como o uso de tabelas e gráficos.

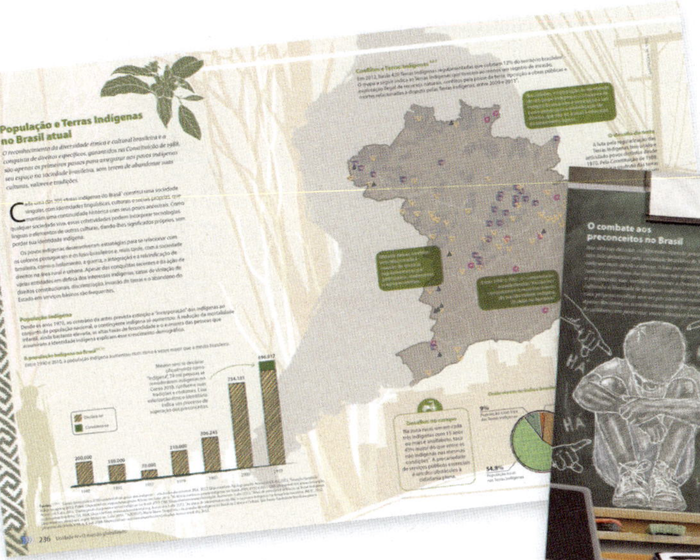

WILLIAM H. TACIRO/CARLOS EDUARDO OGAWA/MAURO CÉSAR BROSSO/ ISIS RIDÃO/FERNANDA FENCZ/APIS DESIGN INTEGRADO/PINGADO

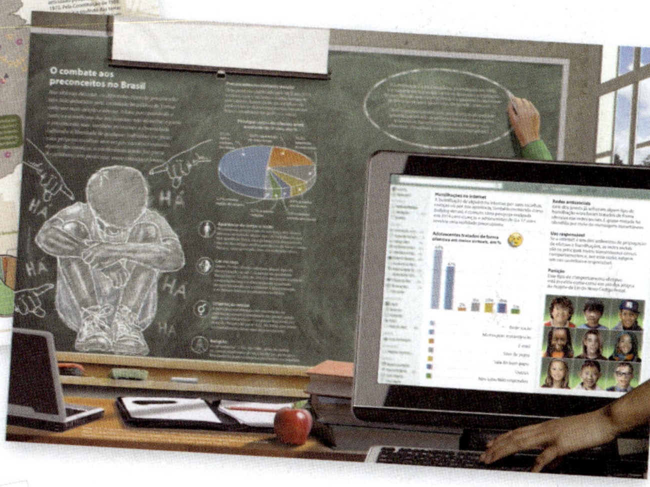

LUIZ IRIA/OTÁVIO COHEN/JONATAS MENDONÇA/ PRISCILLA BOFFO

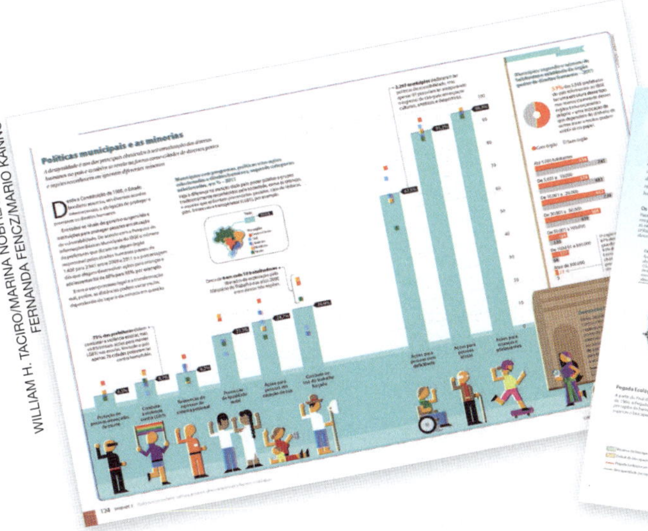

WILLIAM H. TACIRO/MARINA NOBRE/LUIZ SEIXAS/ FERNANDA FENCZ/MARIO KANNO

LUIZ IRIA/OTÁVIO COHEN/CÉSAR DELLORE/PRISCILLA BOFFO

Reprodução proibida. Art.184 do Código Penal e Lei 9.610 de 19 de fevereiro de 1998.

Tabelas e gráficos resultam de um trabalho que, em geral, envolve várias etapas, como:

1ª) coleta dos dados;

2ª) organização dos dados;

3ª) exposição dos dados em forma de tabelas e/ou gráficos.

A **Estatística** é o ramo da Matemática que se dedica a coletar e organizar dados referentes a diversos fenômenos para posterior análise e interpretação.

O processo estatístico

Observe a situação a seguir.

Juliana fez um levantamento estatístico, com os 20 alunos de sua turma, sobre as notas obtidas na prova de Matemática. Acompanhe a sequência utilizada por ela:

1º passo: coleta de dados

Juliana registrou no caderno o nome e a nota de Matemática de todos os alunos.

Aluno(a)	Nota	Aluno(a)	Nota
Antônio	6,0	Horácio	8,0
Abel	6,0	Juliana	6,0
Breno	3,0	Lúcia	4,0
Cláudia	5,0	Mariana	3,0
Dionísio	4,0	Mônica	10,0
Douglas	1,0	Nair	5,0
Edmilson	3,0	Otávio	9,0
Everaldo	9,0	Pedro	6,0
Fábio	9,0	Ricardo	6,0
Guilherme	8,0	Soraia	8,0

Reprodução proibida. Art.184 do Código Penal e Lei 9.610 de 19 de fevereiro de 1998.

2º passo: organização dos dados

Juliana dispôs todas as notas em ordem crescente.

Aluno(a)	Nota	Aluno(a)	Nota
Douglas	1,0	Juliana	6,0
Breno	3,0	Pedro	6,0
Edmilson	3,0	Ricardo	6,0
Mariana	3,0	Guilherme	8,0
Dionísio	4,0	Horácio	8,0
Lúcia	4,0	Soraia	8,0
Cláudia	5,0	Everaldo	9,0
Nair	5,0	Fábio	9,0
Abel	6,0	Otávio	9,0
Antônio	6,0	Mônica	10,0

ILUSTRAÇÕES: LUIZ RUBIO

3º passo: elaboração de uma tabela

Juliana montou uma tabela para registrar a quantidade de alunos que tirou cada nota e calcular a porcentagem correspondente ao total de alunos da turma. Assim, ela pôde analisar o desempenho dos alunos de sua classe na prova de Matemática.

Notas	Quantidade de alunos	Porcentagem
1,0	1	5%
3,0	3	15%
4,0	2	10%
5,0	2	10%
6,0	5	25%
8,0	3	15%
9,0	3	15%
10,0	1	5%
Total	20	100%

Dados obtidos por Juliana.

4º passo: elaboração de um gráfico

Juliana construiu o gráfico abaixo depois de organizar os dados.

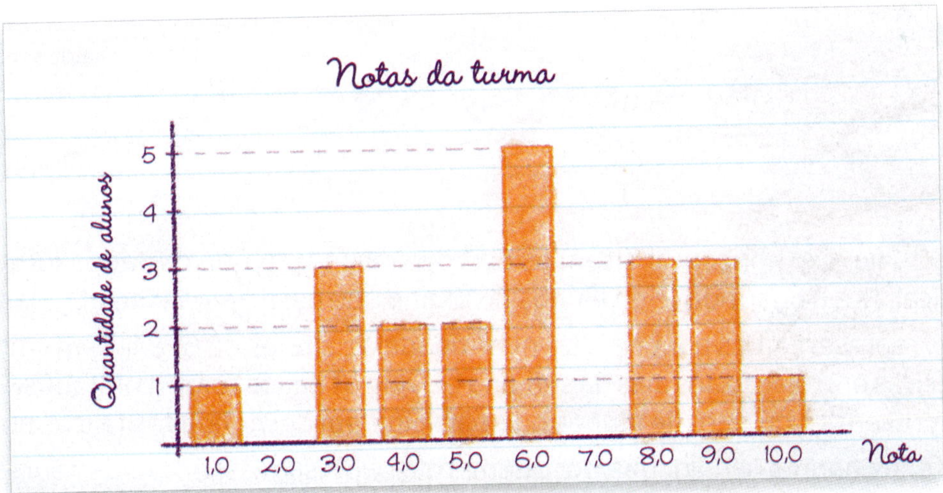

Dados obtidos por Juliana.

Com base na tabela e no gráfico, Juliana chegou a algumas **conclusões**:

- a menor nota da turma foi 1,0;
- a maior nota da turma foi 10,0;
- a nota que apareceu com mais **frequência** foi 6,0;
- trinta por cento (30%) dos alunos obtiveram nota inferior a 5,0;
- vinte por cento (20%) dos alunos obtiveram nota superior a 8,0.

Frequência
Número de vezes que um dado se repete em uma pesquisa.

ILUSTRAÇÕES: LUIZ RUBIO

Reprodução proibida. Art.184 do Código Penal e Lei 9.610 de 19 de fevereiro de 1998.

Gráficos estatísticos

Na situação anterior, Juliana construiu um gráfico estatístico denominado **gráfico de barras verticais**.

O gráfico estatístico é utilizado para apresentar dados, tornando mais fácil e rápida a compreensão do fato em estudo.

Vamos estudar alguns tipos de gráfico estatístico.

Gráfico de segmentos

Esse tipo de gráfico é usado para representar a variação de algum fato ao longo do tempo.

Exemplo

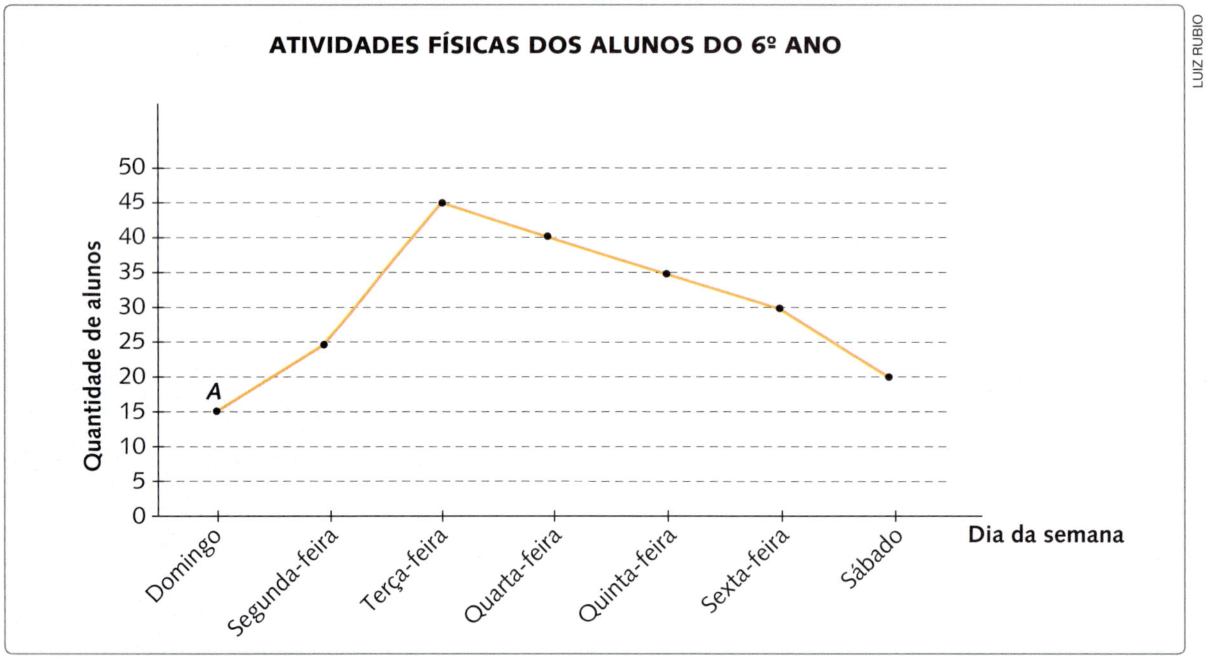

Dados obtidos pela escola.

Reprodução proibida. Art.184 do Código Penal e Lei 9.610 de 19 de fevereiro de 1998.

Observe que, no eixo horizontal, ficam os dias da semana em que os dados foram coletados. No eixo vertical, fica a quantidade de alunos do 6º ano que participaram de atividades físicas.

No gráfico, representamos por pontos a quantidade de alunos do 6º ano que participaram de atividades físicas em relação aos dias da semana em que os dados foram coletados. Por exemplo, o ponto *A* representa o número de alunos que participaram de atividades físicas no domingo.

Finalmente, os pontos são ligados por segmentos. Por isso, esse tipo de representação de dados recebe o nome de **gráfico de segmentos**.

Gráfico de barras verticais

Esse tipo de gráfico é utilizado principalmente para comparar informações.

Os dados são representados por retângulos, apoiados em uma linha horizontal. As bases dos retângulos, no eixo horizontal, devem ter a mesma largura, e a altura de cada um é proporcional ao valor da frequência que representa.

Exemplo

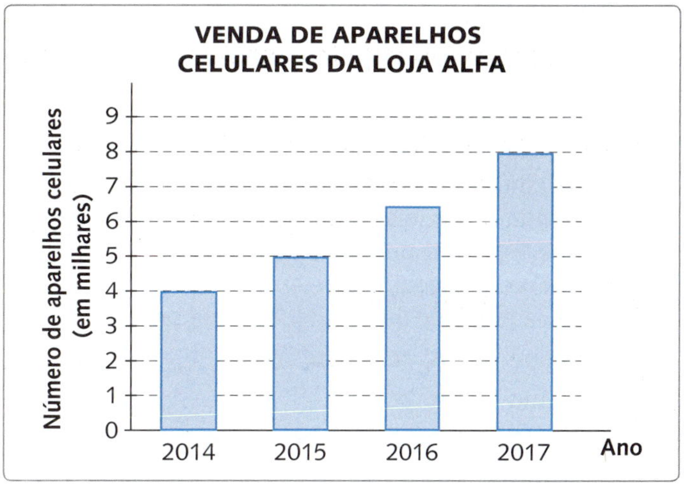

Dados obtidos pela loja Alfa.

Gráfico de barras horizontais

Esse gráfico tem a mesma finalidade do gráfico de colunas. Os dados são representados por retângulos, que ficam na direção horizontal (bases no eixo vertical).

Exemplo

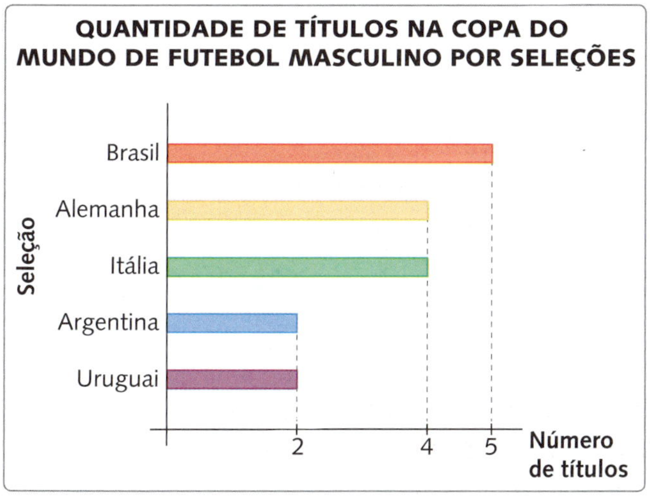

Dados obtidos em: <http:// www.fifa.com>. Acesso em: 21 mar. 2017.

BEN QUEENBOROUGH/BPI/REX/SHUTTERSTOCK

Jogadores da seleção da Alemanha durante comemoração do título de campeões da Copa do Mundo de Futebol, no estádio do Maracanã, Rio de Janeiro (RJ), 2014.

ILUSTRAÇÕES: LUIZ RUBIO

Reprodução proibida. Art.184 do Código Penal e Lei 9.610 de 19 de fevereiro de 1998.

Trabalhando em equipe

Forme dupla com um colega. Escolham um dos temas propostos abaixo (ou outro, se preferirem) e façam um levantamento estatístico parecido com o que Juliana fez com as notas da prova de Matemática nas páginas **236** e **237**.

- Idade dos colegas de sala
- Altura dos colegas de sala

EXERCÍCIOS

8 O professor de História resolveu fazer uma avaliação oral com cinco alunos. A cada resposta correta, ele colocava um ✗ ao lado do nome do aluno que acertava. Sabendo que o professor fez 10 perguntas a cada aluno, elabore uma tabela estatística que mostre a participação de cada um deles, com percentuais de erros e acertos. Não se esqueça de dar um título à sua tabela!

André ✗ ✗ ✗ ✗ ✗ ✗
Bruna ✗ ✗ ✗
Igor ✗ ✗ ✗ ✗ ✗ ✗ ✗ ✗ ✗
Carla ✗ ✗ ✗ ✗ ✗
Patrícia ✗ ✗ ✗ ✗ ✗ ✗ ✗

9 A tabela abaixo mostra a produção de uma montadora de carros esportivos durante seis meses.

Mês	Produção
Julho	60
Agosto	160
Setembro	210
Outubro	280
Novembro	420
Dezembro	100

Dados obtidos pela montadora de carros.

Construa um gráfico de segmentos que represente essa tabela.

10 Observe, na tabela abaixo, a quantidade de latas de alumínio utilizadas por uma indústria de sucos e refrigerantes, no período de 2014 a 2018.

Ano	Quantidade de latas de alumínio (em milhões)
2014	1 400
2015	1 600
2016	2 800
2017	3 800
2018	8 000

Dados obtidos pela indústria de sucos e refrigerantes.

Trace um gráfico de barras que represente esses dados.

Conteúdo digital
• Atividade: *Site de origami*

11 Observe o gráfico a seguir e responda às questões.

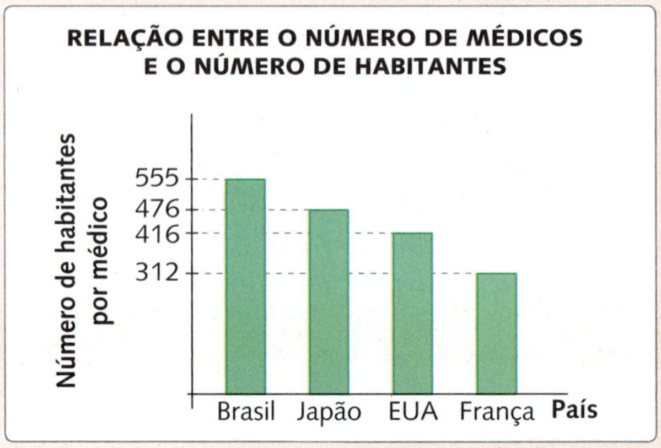

Dados obtidos em: <http://.cremesp.org.br>. Acesso em: 23 mar. 2017.

a) Dos países apresentados, qual oferece a melhor relação entre o número de médicos e o número de habitantes?

b) Na França, quantos médicos corresponderiam a 15 600 habitantes?

12 O gráfico abaixo representa o Produto Interno Bruto (PIB) de grandes potências mundiais em 2014.

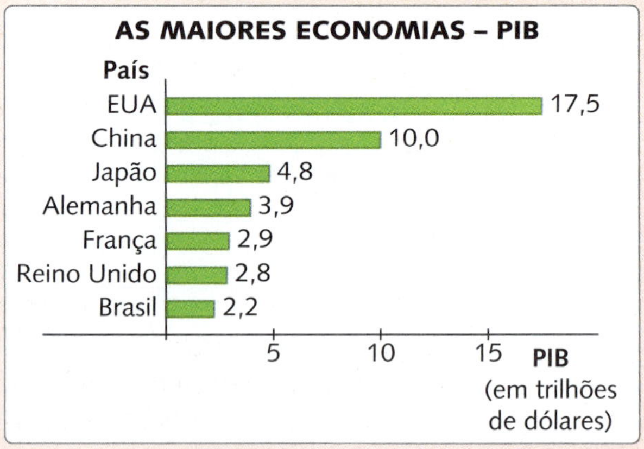

Dados obtidos em: <http://economia.terra.com.br/pib-mundial>. Acesso em: 3 fev. 2015.

Responda:

a) Qual foi o valor do PIB do Brasil, em trilhões de dólares?

b) Quantas vezes, aproximadamente, o PIB da China foi superior ao PIB do Japão?

c) A quantos bilhões de dólares corresponde o PIB da Alemanha?

Reprodução proibida. Art.184 do Código Penal e Lei 9.610 de 19 de fevereiro de 1998.

ILUSTRAÇÕES: LUIZ RUBIO

Trabalhando em equipe

(Enem) A figura ao lado apresenta dois gráficos com informações sobre as reclamações diárias recebidas e resolvidas pelo Setor de Atendimento ao Cliente (SAC) de uma empresa, em uma dada semana. O gráfico de linha tracejada informa o número de reclamações recebidas no dia, o de linha contínua é o número de reclamações resolvidas no dia. As reclamações podem ser resolvidas no mesmo dia ou demorar mais de um dia para serem resolvidas.

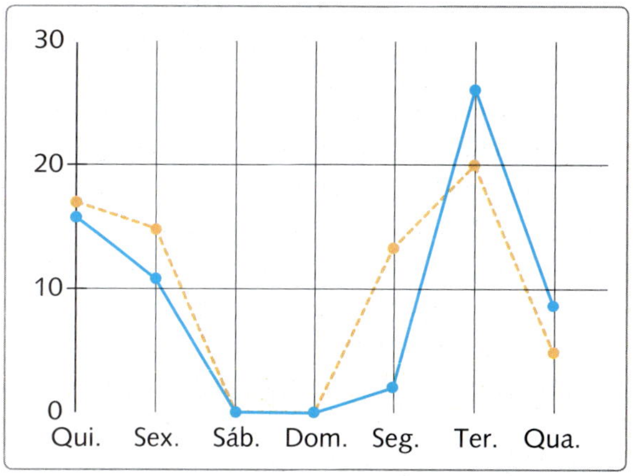

O gerente de atendimento deseja identificar os dias da semana em que o nível de eficiência pode ser considerado muito bom, ou seja, os dias em que o número de reclamações resolvidas excede o número de reclamações recebidas.

Disponível em: <educacao.globo.com/provas/enem-2012/questoes/163.html>. Acesso em: 22 mar. 2017.

O gerente de atendimento pôde concluir, baseado no conceito de eficiência utilizado na empresa e nas informações do gráfico, que o nível de eficiência foi muito bom na:

a) segunda e na terça-feira.
b) terça e na quarta-feira.
c) terça e na quinta-feira.
d) quinta-feira, no sábado e no domingo.
e) segunda, na quinta e na sexta-feira.

Interpretação e identificação dos dados

- Identifique as informações representadas nos eixos horizontal e vertical do gráfico.
- O gráfico apresenta duas linhas distintas: uma tracejada e outra contínua. O que essas linhas representam?

Plano de resolução

- Na quinta-feira, o número de reclamações recebidas foi maior ou menor que o número de reclamações resolvidas? Explique.
- Observando o gráfico, o que podemos concluir a respeito do sábado e do domingo?
- Elabore um plano de resolução explicitando suas estratégias.

Resolução

- Junte-se a três colegas.
- Cada integrante do grupo deve apresentar seu plano de resolução aos demais.
- Após a discussão sobre as estratégias, elaborem uma resolução única. Para isso, escolham um dos planos apresentados e organizem um processo de resolução.

  Observação

  Resolvam o problema de forma coletiva, mas façam o registro individual no caderno.

Reprodução proibida. Art.184 do Código Penal e Lei 9.610 de 19 de fevereiro de 1998.

Sapos, rãs e pererecas ameaçados de extinção

No mundo, existem mais de 5 mil espécies de sapos, rãs e pererecas, com enorme variedade de formas, hábitos e metabolismos. Mas essa riqueza biológica pode estar ameaçada por perturbações em seus hábitats.

Cerca de 800 espécies de sapos, rãs e pererecas vivem no território brasileiro, e 60% delas só existem aqui. Importantes por controlarem a população de insetos e outros invertebrados e servirem de comida a espécies de répteis, aves e mamíferos, esses anfíbios são sensíveis à redução das áreas de mata nativa pelas atividades do ser humano.

MATA ATLÂNTICA

ANDERSON DE ANDRADE PIMENTEL

Elaborado com base em: World Wildlife Fund. *Mata Atlântica, herança em perigo*. São Paulo: WWF Brasil, 2009.

O bioma mais ameaçado

No Brasil, todas as espécies ameaçadas de anuros, (grupo de anfíbios ao qual pertencem sapos, rãs e pererecas), vivem no domínio da Mata Atlântica. Essa incidência se deve ao fato de esse bioma ser rico em biodiversidade. No entanto, ele é também o mais devastado.

Observe nas ilustrações os nomes científicos de oito das espécies de anuros mais ameaçadas de extinção no território brasileiro, segundo o Ministério do Meio Ambiente.

Sapo Rã Perereca

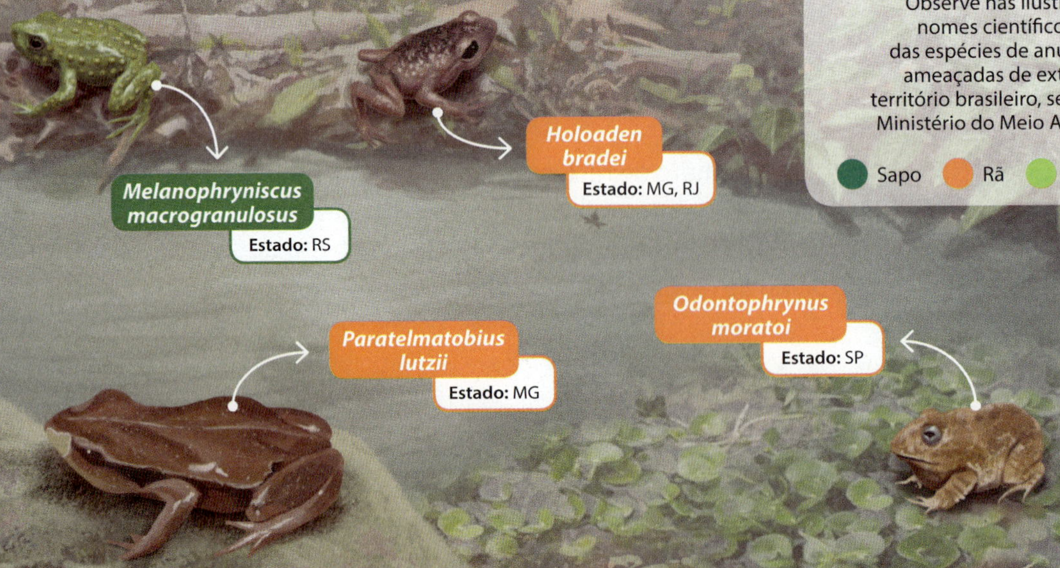

EBER EVANGELISTA

EXERCÍCIO

Complete a tabela ao lado informando quantas das oito espécies apresentadas vivem em cada região do Brasil. Preencha a terceira coluna com o valor percentual por região. Em seguida, elabore um gráfico de barras com as informações da tabela.

Região	Quantidade de espécies mais ameaçadas	Porcentagem aproximada de espécies mais ameaçadas
Sudeste		
Nordeste		
Sul		
Norte		
Centro-Oeste		
Total		

Fontes: SOS Mata Atlântica. Disponível em: <http://www.sosma.org.br>. Acesso em: 21 mar. 2017. IBAMA. *Projeto de Monitoramento do Desmatamento dos Biomas Brasileiros por Satélite*. Disponível em: <http://www.mma.gov.br/informma/item/9818-%C3%A1rea-da-mata-atl%C3%A2ntica-%C3%A9-habitada-por-70-da-popula%C3%A7%C3%A3o-brasileira>. Acesso em: 21 mar. 2017. Ministério do Meio Ambiente. *Livro vermelho da fauna brasileira ameaçada de extinção*. Brasília: Fundação Biodiversitas, 2008, v. 2, p. 291. Vanessa K. Verdade; Marianna Dixo; Felipe F. Curcio. Os riscos de extinção de sapos, rãs e pererecas em decorrência das alterações ambientais. *Estudos Avançados*. São Paulo, v. 24, n. 68, 2010. Disponível em: <http://dx.doi.org/10.1590/S0103-40142010000100014>. Acesso em: 21 mar. 2017.

Sapo, rã ou perereca?

Enquanto os sapos têm pernas curtas, pele rugosa e hábitos mais terrestres, as rãs têm pernas longas e pele lisa e preferem os riachos e as lagoas. As pererecas têm olhos salientes e apresentam ventosas nos dedos para aderir às árvores e à vegetação próxima aos ambientes aquáticos.

Ameaças no ar e na água

A pele fina e permeável e a dependência da água para o ciclo reprodutivo tornam sapos, rãs e pererecas suscetíveis aos poluentes lançados na água e no ar pelas atividades humanas.

Imagens ilustrativas e sem escala.

Trabalhando os conhecimentos adquiridos

Autoavaliação

1 Dos gráficos estatísticos estudados, quais são os que podem ser usados para representar a variação de um fato ao longo do tempo?

2 Quais são os tipos de gráfico mais usados para comparar informações?

26

1 Observe os dois dados abaixo e suas planificações.

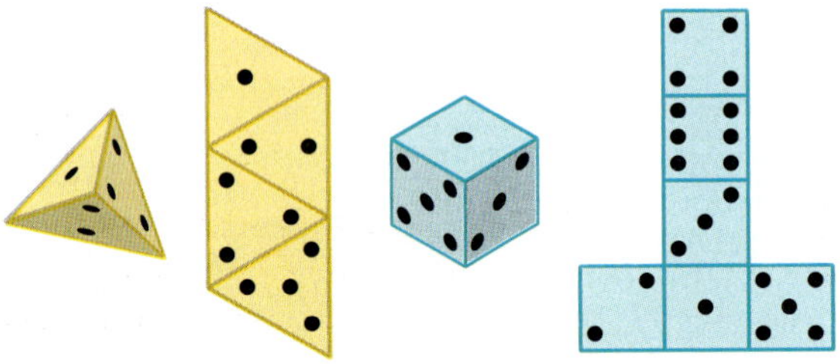

No caderno, complete a árvore de possibilidades do lançamento dos dois dados de uma vez.

(Observação: Ao lançar o dado de quatro faces, considere a face que cair voltada para baixo.)

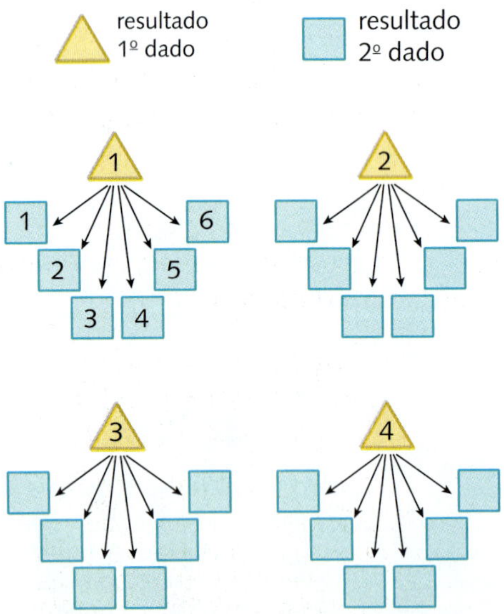

Em quantos casos obtemos soma 5? E soma 10?

2 As fichas azuis são de Ana, e as vermelhas, de Paula. Quem tem mais chance de ganhar a partida? Por quê?

DOUGLAS FRANCHIN

DESAFIO

O gráfico a seguir apresenta a variação do nível de emprego, em uma grande indústria, nos meses de janeiro a junho.

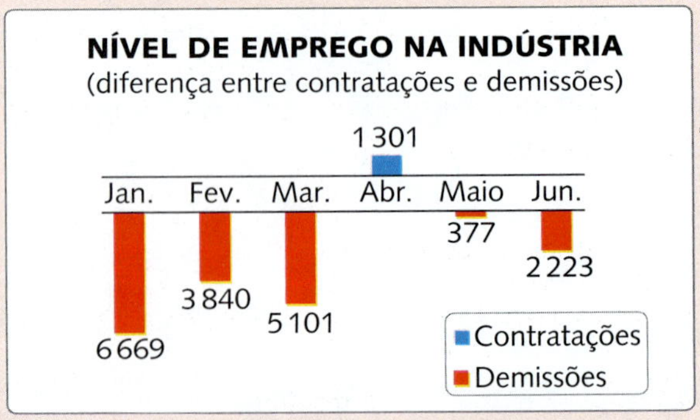

ILUSTRAÇÕES: LUIZ RUBIO

Dados obtidos pela indústria.

a) Qual foi o mês que apresentou crescimento no nível de emprego? E qual foi o que apresentou maior queda?

b) Quantos postos de trabalho foram fechados nessa indústria de janeiro a junho?

1 O que é **mais** provável em cada caso?

a) Fazer frio ou calor no verão?

b) Obter cara ou coroa ao lançar uma moeda?

c) Extrair uma ficha vermelha ou uma ficha azul de uma bolsa que contém 20 fichas vermelhas e 15 azuis?

2 Paulo saiu às 8 horas de sua casa e percorreu um total de 180 quilômetros até as 12 horas. Analise o gráfico e determine:

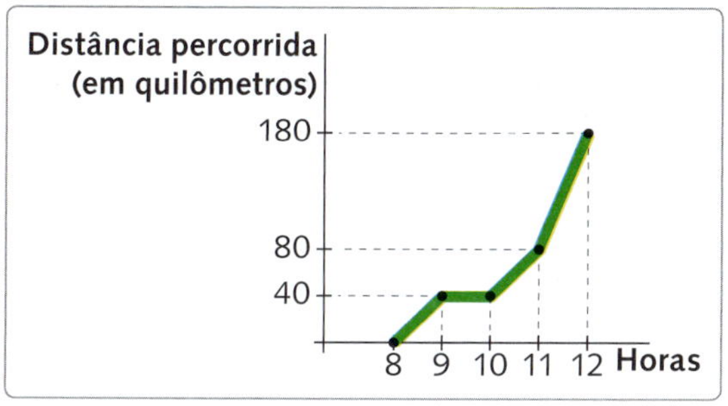

LUIZ RUBIO

Dados obtidos por Paulo.

a) quantos quilômetros ele percorreu entre 8 e 9 horas;

b) o que aconteceu entre 9 e 10 horas;

c) quantos quilômetros ele percorreu entre 10 e 12 horas.

3 **(Enem)** Para conseguir chegar a um número recorde de produção de ovos de Páscoa, as empresas brasileiras começam a se planejar para esse período com um ano de antecedência. O gráfico a seguir mostra o número de ovos de Páscoa produzidos no Brasil no período de 2005 a 2009.

LUIZ RUBIO

JOSÉ LUÍS JUHAS

Revista *Veja*. São Paulo: Abril, ano 42, ed. 2 107, n. 14.

De acordo com o gráfico, o biênio que apresentou maior produção acumulada foi:

a) 2004-2005.

b) 2005-2006.

c) 2006-2007.

d) 2007-2008.

e) 2008-2009.

4 Observe o gráfico das exportações e importações de certo país durante um semestre.

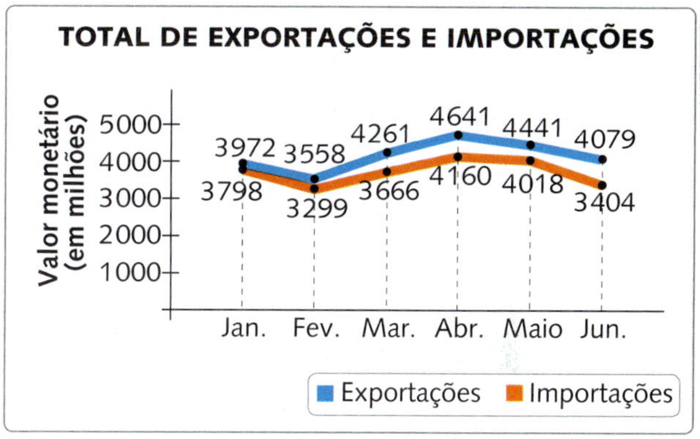

LUIZ RUBIO

Dados obtidos pelo governo do país.

a) Em que mês o país atingiu o maior índice de exportações? Qual foi o valor?

b) Em que mês o país obteve o melhor saldo (diferença entre o valor da exportação e o da importação) na balança comercial? Qual foi o valor?

Agora, responda:

- Você sabe o que são exportações e importações? Na sua opinião, por que elas são importantes para o país?

DESAFIO

Considerando a figura, crie uma questão que envolva possibilidades.

JOSÉ LUÍS JUHAS

Reprodução proibida. Art.184 do Código Penal e Lei 9.610 de 19 de fevereiro de 1998.

CAPÍTULO 9

Figuras geométricas planas

Prédio comercial Mr. Shan Business Offices, em Porto Alegre (RS), 2017.

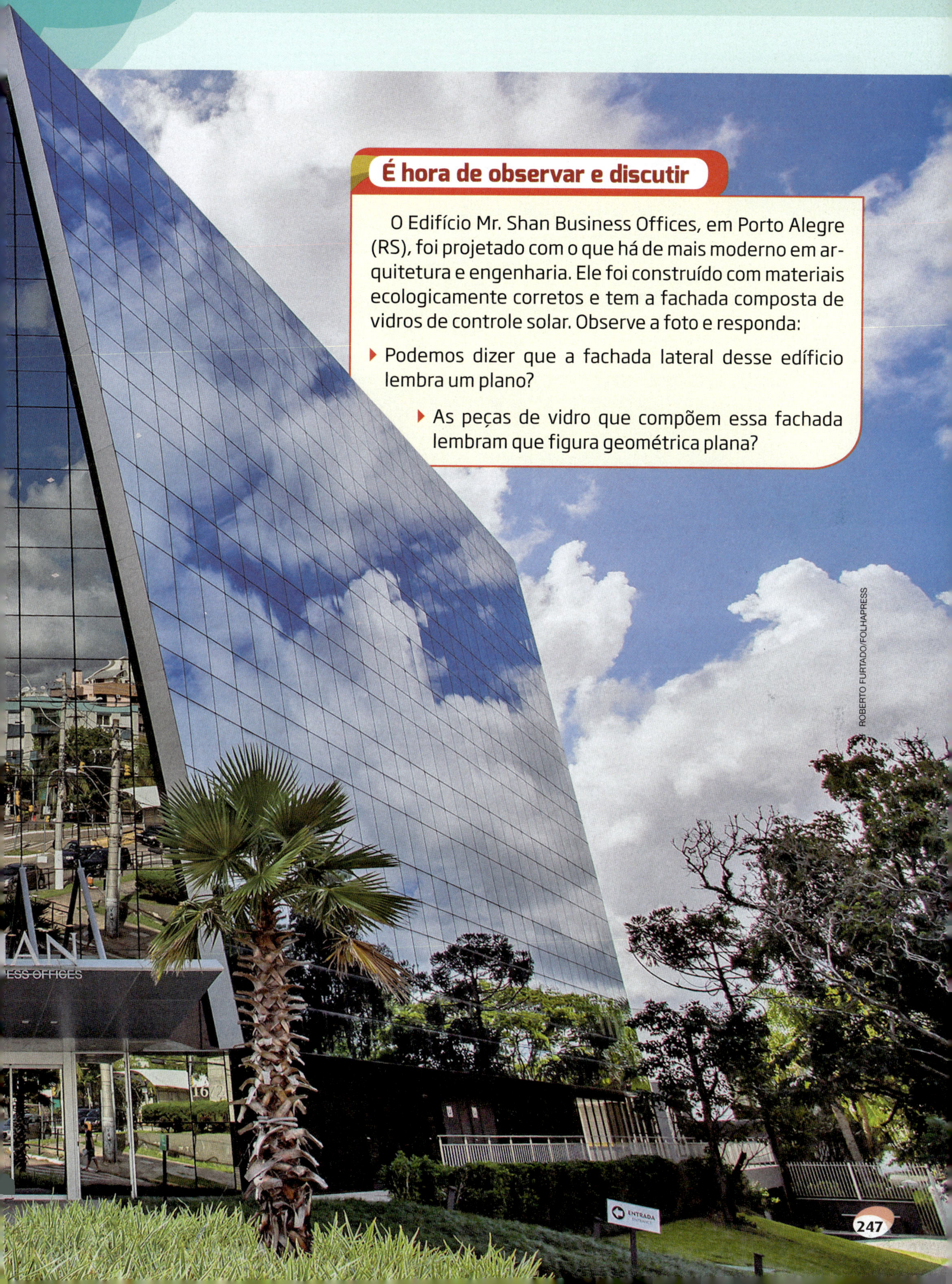

ROBERTO FURTADO/FOLHAPRESS

É hora de observar e discutir

O Edifício Mr. Shan Business Offices, em Porto Alegre (RS), foi projetado com o que há de mais moderno em arquitetura e engenharia. Ele foi construído com materiais ecologicamente corretos e tem a fachada composta de vidros de controle solar. Observe a foto e responda:

- Podemos dizer que a fachada lateral desse edifício lembra um plano?
    - As peças de vidro que compõem essa fachada lembram que figura geométrica plana?

Trocando ideias

Observe a figura:

EDUARDO FRANCISCO

Nessa figura podemos observar uma pista de pouso com faixas contínuas laterais, que indicam os limites da pista, e pequenas lâmpadas, que demarcam a parte central.

Ao aproximar a aeronave da pista, o piloto terá a ideia de um **plano** (pista), com **retas** (faixas contínuas) e **pontos** (lâmpadas).

O ponto, a reta e o plano não têm definição; podemos associá-los, de maneira intuitiva, a diferentes objetos e utilizá-los para compreender melhor as formas que nos cercam.

- Observando as fotos a seguir, a que ideia nos remetem:

a) as estrelas no céu?

b) as raias da piscina?

c) o piso?

MARCEL CLEMENS/SHUTTERSTOCK

MARIO SAVOIA/SHUTTERSTOCK

NOOLWLEE/SHUTTERSTOCK

Neste capítulo, vamos estudar algumas **figuras geométricas planas**.

Reprodução proibida. Art.184 do Código Penal e Lei 9.610 de 19 de fevereiro de 1998.

1 Representação de ponto, reta e plano

Observe o poliedro abaixo.

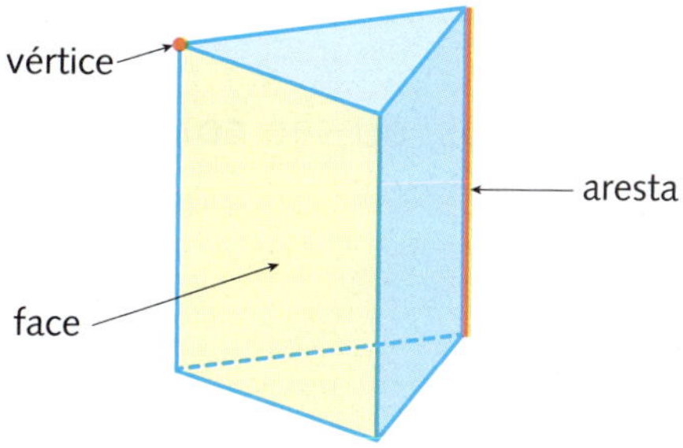

Nele podemos identificar os vértices, as arestas e as faces.

No encontro de três arestas temos um vértice, que é um ponto.

Para nomear os pontos, usamos as letras maiúsculas do nosso alfabeto; por exemplo: *A*, *B*, *C*.

Reprodução proibida. Art.184 do Código Penal e Lei 9.610 de 19 de fevereiro de 1998.

O prolongamento de uma aresta do poliedro nos dá a ideia de uma reta.

As retas não têm largura. Elas apresentam apenas direção e são ilimitadas nos dois sentidos. Para representá-las, utilizamos letras minúsculas do nosso alfabeto; por exemplo: *r*, *s*, *t*.

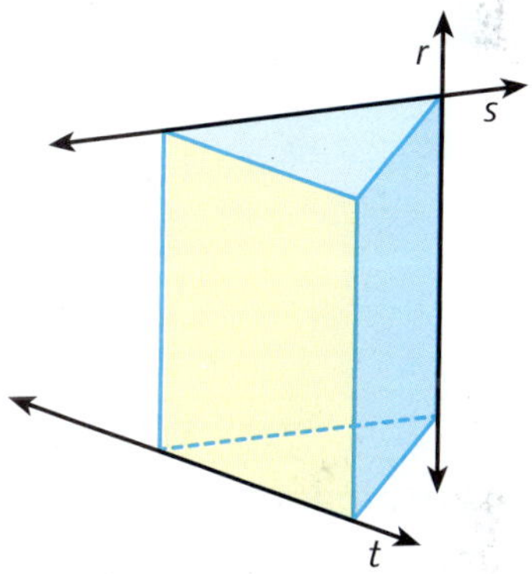

Ao representar uma reta, desenhamos apenas parte dela.

Uma reta que passa por dois pontos, *A* e *B*, pode ser assim representada:

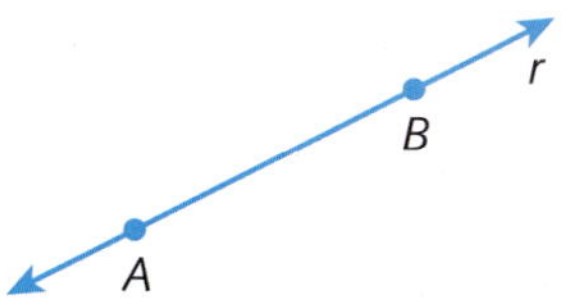

Indicamos: $\overleftrightarrow{AB}$ (lemos: "reta *AB*"). Podemos também indicá-la por $\overleftrightarrow{BA}$ ou por uma letra minúscula (*r*, por exemplo).

Além disso, temos:

- Por um ponto podem passar infinitas retas. Veja algumas:

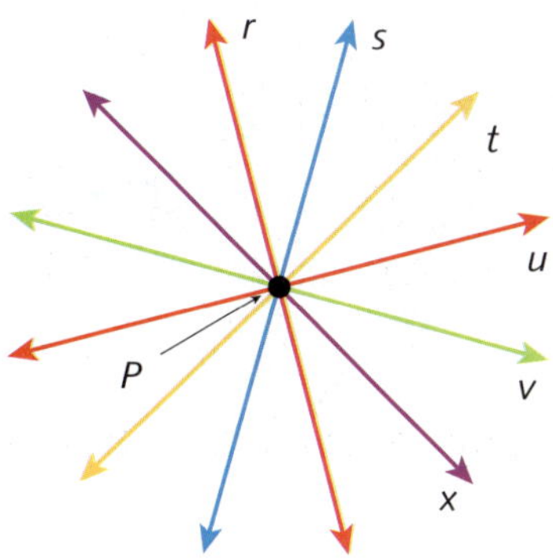

ILUSTRAÇÕES: LUIZ RUBIO

- Por dois pontos distintos passa uma única reta.

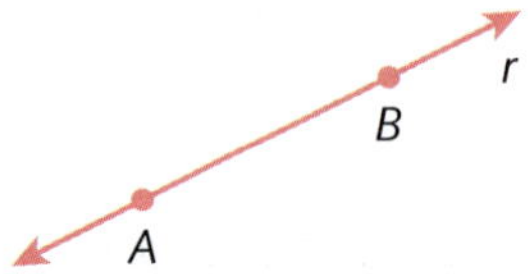

- Três ou mais pontos estão alinhados, ou são **colineares**, quando pertencem à mesma reta.

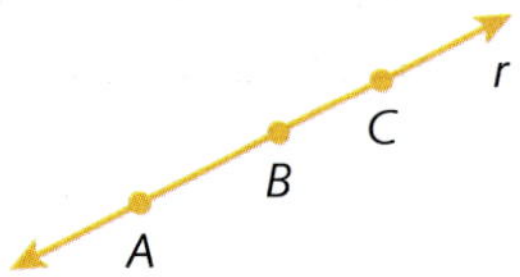

$A \in r$ ⟶ Lemos: "o ponto *A* pertence à reta *r*".
$B \in r$ ⟶ Lemos: "o ponto *B* pertence à reta *r*".
$C \in r$ ⟶ Lemos: "o ponto *C* pertence à reta *r*".

Agora, imagine a face amarela do poliedro prolongando-se indefinidamente.

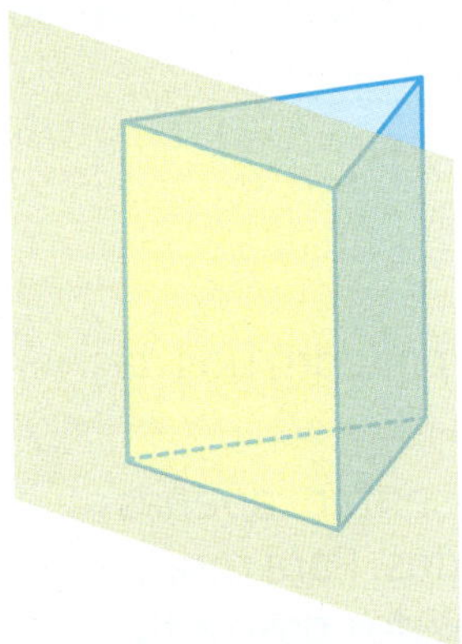

A face amarela do poliedro está contida em um plano. Os planos são representados por letras minúsculas do alfabeto grego; por exemplo, α (alfa), β (beta), γ (gama).

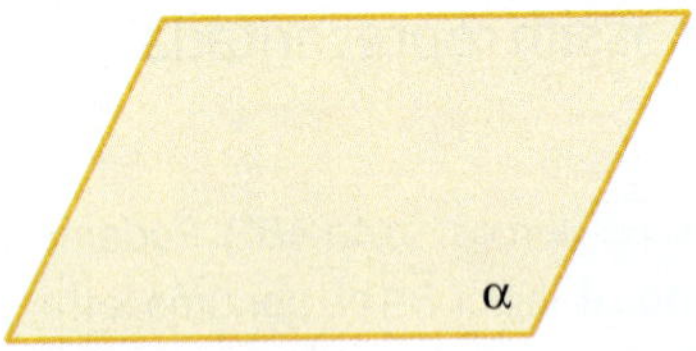

plano α

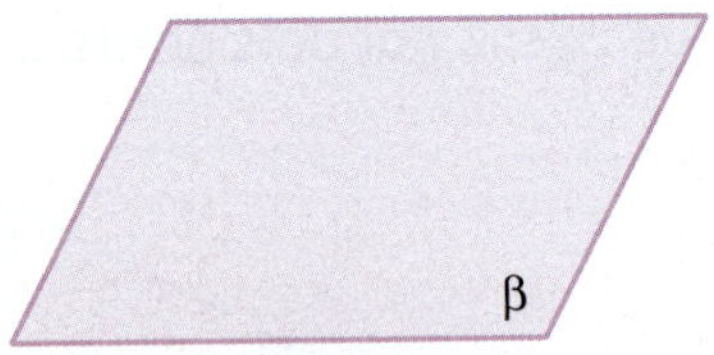

plano β

Embora o desenho que representa o plano tenha um contorno, o plano não tem fronteiras, ou seja, é ilimitado. Ao representar um plano, desenhamos apenas parte dele.

Observação

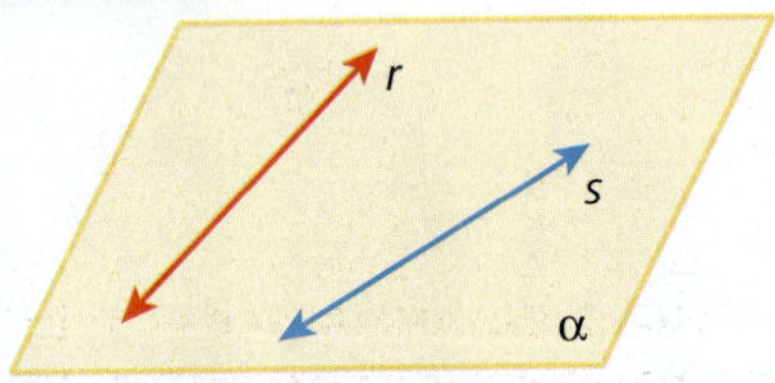

r e *s* são coplanares.

Duas ou mais retas contidas em um mesmo plano são **coplanares**.

$r \subset \alpha$ ⟶ Lemos: "a reta *r* está contida no plano α".
$s \subset \alpha$ ⟶ Lemos: "a reta *s* está contida no plano α".

ILUSTRAÇÕES: LUIZ RUBIO

Reprodução proibida. Art.184 do Código Penal e Lei 9.610 de 19 de fevereiro de 1998.

Curiosidade

Figuras geométricas planas

As figuras geométricas contidas em um plano (todos os pontos em um mesmo plano) são chamadas de **figuras geométricas planas**.

Tomemos como exemplo uma pirâmide apoiada em uma folha de papel. Ao contornar a face apoiada e pintar a figura que surge, observamos que todos os seus pontos estão no plano representado pela folha.

DOUGLAS FRANCHIN

EXERCÍCIOS

Reprodução proibida. Art.184 do Código Penal e Lei 9.610 de 19 de fevereiro de 1998.

1 Que ideia (ponto, reta ou plano) sugere:

a) um fio esticado?

b) o piso de uma sala?

c) a representação de uma cidade no mapa-múndi?

d) uma lousa?

e) o encontro de duas paredes?

2 Observe a figura e relacione os elementos que dão a ideia de ponto, reta e plano.

EDUARDO FRANCISCO

3 Marque dois pontos, *A* e *B*, e desenhe uma reta passando por eles. Tente traçar outra reta que também passe pelos pontos *A* e *B*. Essa segunda reta é diferente da anterior?

4 Copie as frases no caderno, substituindo corretamente os ■.

a) Uma reta que passa pelos pontos *M* e *N* pode ser assim representada: ■.

b) Por um ponto podem passar ■ retas.

c) Por dois pontos distintos passa ■ reta.

d) Três ou mais pontos que pertencem à mesma reta são chamados de ■.

5 Copie a figura no caderno e represente:

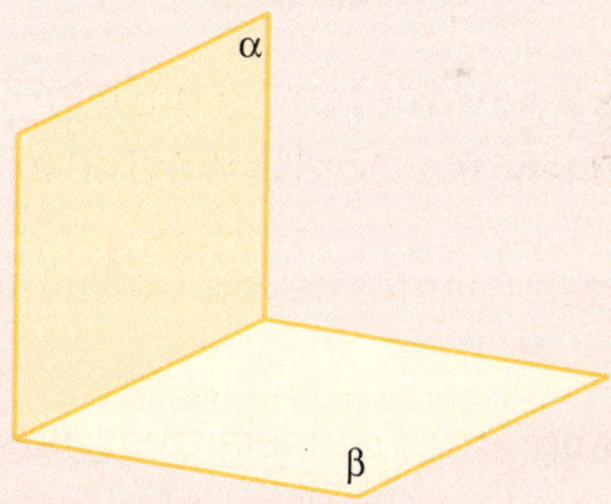

ILUSTRAÇÕES: LUIZ RUBIO

a) a reta $\overleftrightarrow{AB}$ no plano α;

b) a reta $\overleftrightarrow{CD}$ no plano β;

c) o ponto *E* no plano α;

d) o ponto *F* no plano β;

e) o ponto *G* que pertence aos planos α e β.

6 Observe a ilustração e responda à questão.

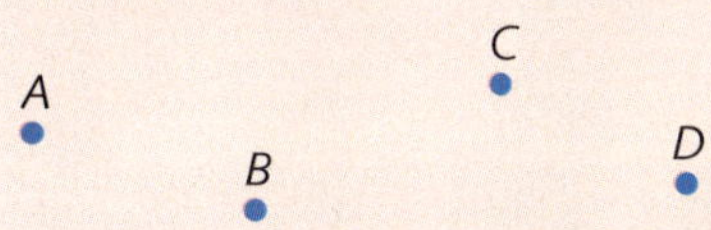

Quantas retas podemos traçar de modo que cada uma passe por dois desses pontos?

2 Semirreta e segmento de reta

Semirreta

Observe a reta *r* e os pontos *A*, *O* e *B* pertencentes a ela.

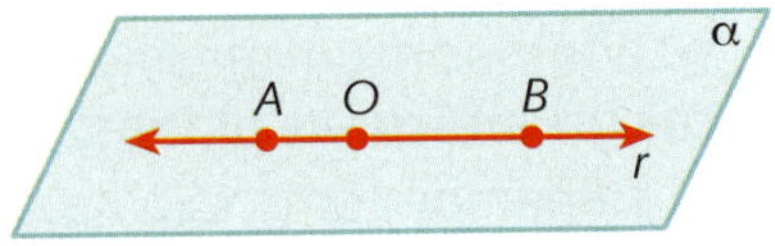

O ponto *O* da reta determina duas semirretas em *r*. Veja ao lado.

semirreta $\overrightarrow{OA}$ semirreta $\overrightarrow{OB}$

O ponto *O* é chamado de **origem** das semirretas.

Essas semirretas são indicadas por $\overrightarrow{OA}$ e $\overrightarrow{OB}$. A semirreta $\overrightarrow{OA}$ tem origem em *O* e passa pelo ponto *A* e a semirreta $\overrightarrow{OB}$ tem origem em *O* e passa pelo ponto *B*.

Segmento de reta

Tomemos a reta *r* e os pontos *A* e *B* distintos pertencentes a ela.

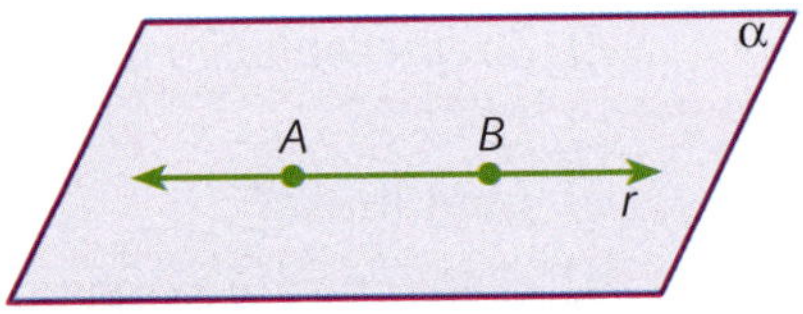

A parte da reta compreendida entre esses dois pontos, incluindo-os, é denominada **segmento de reta**.

Na reta *r*, temos o segmento de reta que une os pontos *A* e *B*:

O segmento de reta limitado por *A* e *B* pode ser assim representado: $\overline{AB}$ ou $\overline{BA}$.

Chamamos os pontos *A* e *B* de **extremidades** do segmento de reta.

Dois segmentos de reta podem ser assim relacionados:

- **Segmentos consecutivos:** possuem uma extremidade comum.

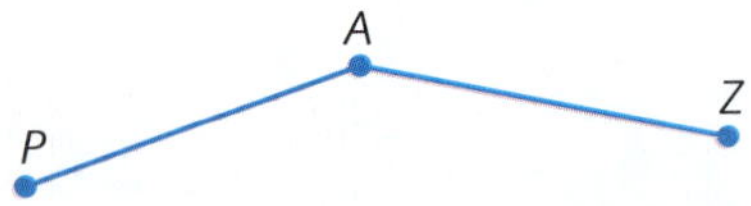

Os segmentos $\overline{PA}$ e $\overline{AZ}$ são consecutivos, pois possuem a extremidade *A* em comum.

- **Segmentos colineares:** possuem a mesma reta suporte.

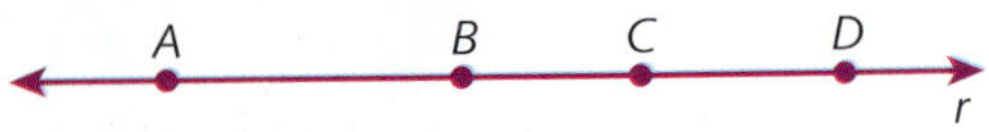

Os segmentos $\overline{AB}$ e $\overline{CD}$ são colineares, pois possuem a mesma reta suporte *r*.

- **Segmentos adjacentes:** são colineares, consecutivos e possuem somente uma extremidade comum.

Os segmentos $\overline{PA}$ e $\overline{AZ}$ são adjacentes.

ILUSTRAÇÕES: LUIZ RUBIO

Reprodução proibida. Art.184 do Código Penal e Lei 9.610 de 19 de fevereiro de 1998.

EXERCÍCIOS

7 Determine as semirretas representadas nas figuras.

a) 

b) 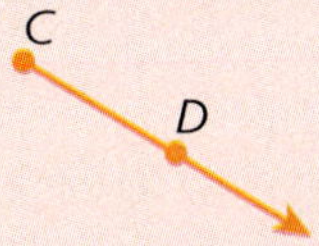

c) 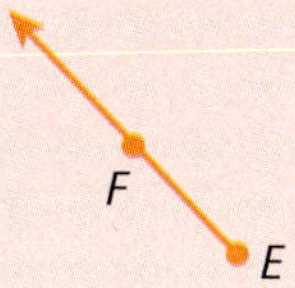

d) 

8 Indique as semirretas representadas nas figuras.

a) 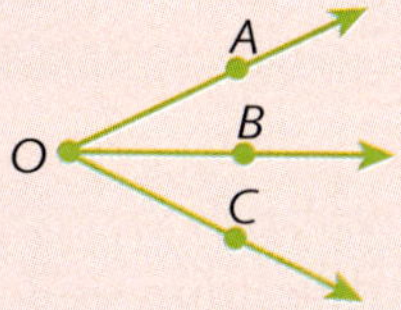

b) 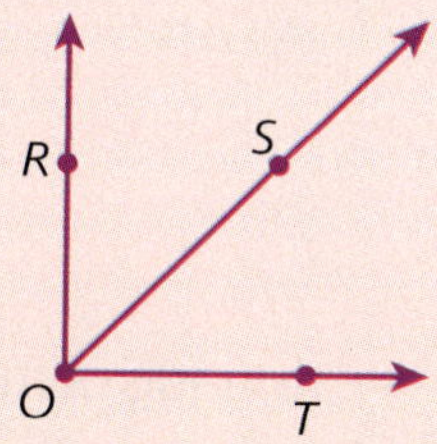

9 Observe a figura e determine:

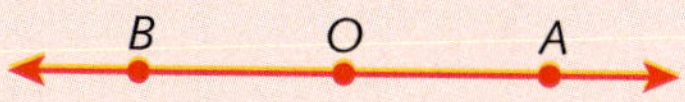

a) as semirretas de origem no ponto O;
b) o ponto comum das semirretas $\overrightarrow{OA}$ e $\overrightarrow{OB}$.

10 Trace as semirretas:
a) $\overrightarrow{AB}$;
b) $\overrightarrow{RS}$;
c) $\overrightarrow{MN}$.

11 Determine os segmentos de reta representados nas figuras.

a) 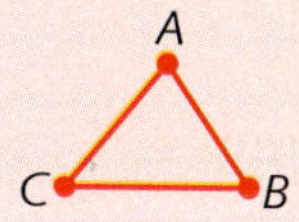

b) 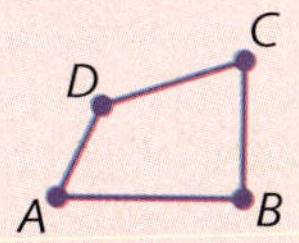

12 Nas figuras, quais são os pares de segmentos consecutivos?

a) 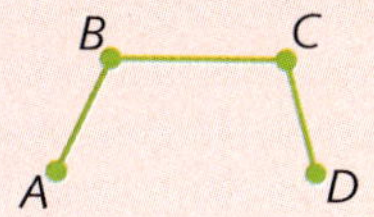

b) 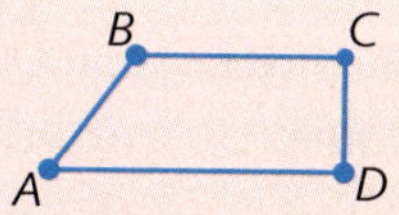

13 Observe a figura abaixo e classifique os pares de segmentos em:
(1) colineares;
(2) consecutivos;
(3) consecutivos e colineares;
(4) não consecutivos e não colineares.

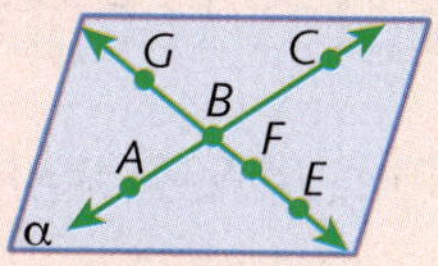

a) $\overline{GB}$ e $\overline{FE}$
b) $\overline{BF}$ e $\overline{FE}$
c) $\overline{BF}$ e $\overline{BC}$
d) $\overline{GB}$ e $\overline{BA}$
e) $\overline{CB}$ e $\overline{BA}$
f) $\overline{CB}$ e $\overline{FE}$
g) $\overline{AB}$ e $\overline{BC}$
h) $\overline{FB}$ e $\overline{BA}$

14 Determine três pares de segmentos adjacentes na figura do exercício anterior.

Reprodução proibida. Art.184 do Código Penal e Lei 9.610 de 19 de fevereiro de 1998.

ILUSTRAÇÕES: LUIZ RUBIO

Medida de um segmento de reta

Consideremos os segmentos de reta abaixo.

LUIZ RUBIO

Com o auxílio de um compasso, podemos verificar quantas vezes o segmento $\overline{CD}$ "cabe" no segmento $\overline{AB}$.

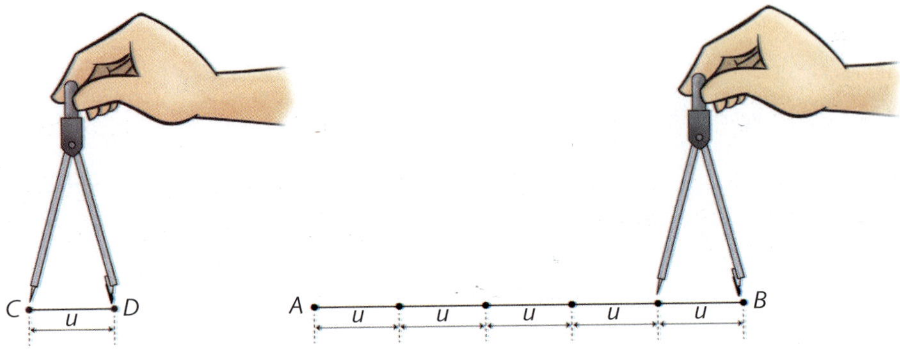

GEORGE TUTUMI

Considerando o segmento $\overline{CD}$ como unidade de medida, concluímos que a medida do segmento $\overline{AB}$ é igual a cinco unidades de medida.

Assim, podemos dizer que a medida do segmento $\overline{AB}$ é $5u$ e indicamos:

med($\overline{AB}$) $= 5u$ ou $AB = 5u$.

> Medir um segmento significa compará-lo com outro segmento, utilizado como unidade de medida.

Segmentos congruentes

Consideremos os segmentos de reta $\overline{AB}$ e $\overline{CD}$ e o segmento u, tomado como unidade de medida.

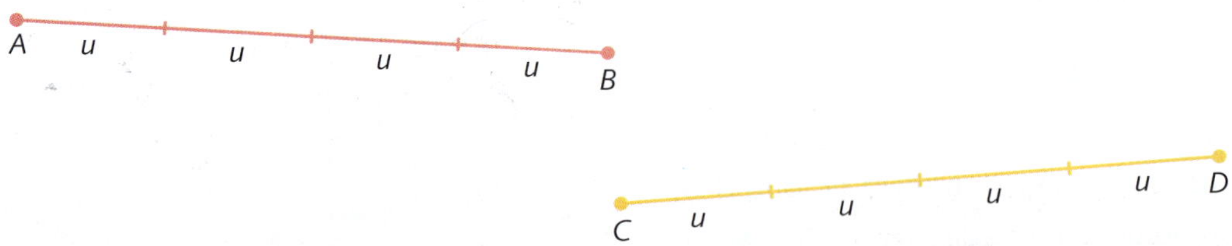

LUIZ RUBIO

Observe que os segmentos $\overline{AB}$ e $\overline{CD}$ têm medidas iguais a $4u$; por isso, são chamados de **segmentos congruentes**.

> Dois segmentos são congruentes quando têm medidas iguais na mesma unidade.

Reprodução proibida. Art.184 do Código Penal e Lei 9.610 de 19 de fevereiro de 1998.

Observações

1 A **régua numerada** é um instrumento muito utilizado em medições. O **centímetro (cm)** e o **milímetro (mm)** são as unidades mais comumente usadas.

2 Denomina-se **ponto médio** de um segmento $\overline{AB}$ um ponto M de $\overline{AB}$ tal que $\overline{AM} \cong \overline{MB}$ ou med($\overline{AM}$) = med($\overline{MB}$).

EXERCÍCIOS

15 Com o compasso, determine a medida dos segmentos abaixo. Tome como unidade de medida o segmento $\vdash\!\!\!-\!\!\!-\!\!\!\dashv_u$.

a) 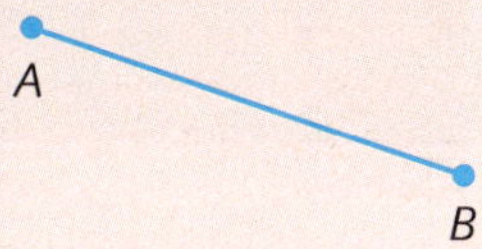

b) 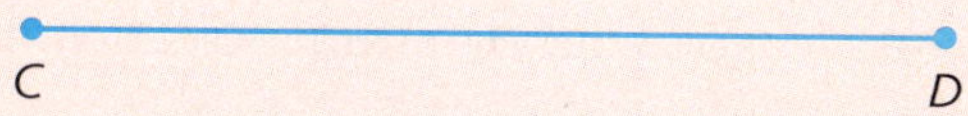

c) 

16 Dada a figura abaixo e considerando o segmento $\vdash\!\!\dashv_u$ como unidade, responda:

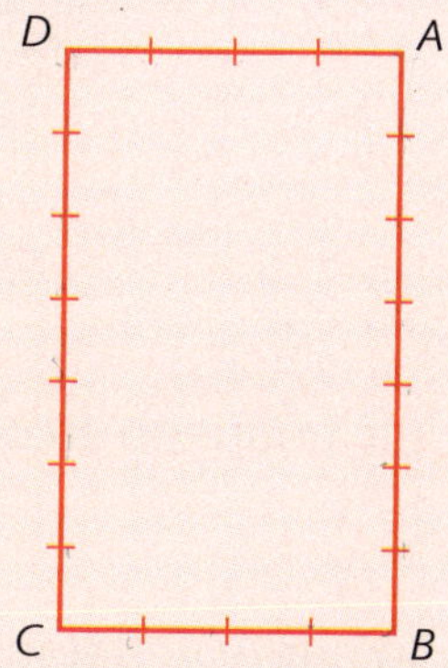

a) Qual é a medida de $\overline{AB}$?

b) Qual é a medida de $\overline{CD}$?

c) Qual é a medida de $\overline{BC}$?

d) Quais são os pares de segmentos congruentes?

e) Qual é o perímetro (soma das medidas dos lados) da figura?

17 Sabendo que $\overline{AD} \cong \overline{BC} \cong \overline{FG} \cong \overline{EH}$, identifique outros segmentos congruentes.

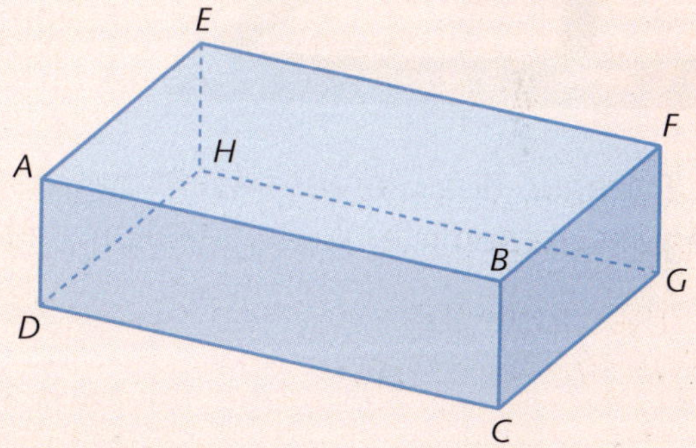

18 Identifique os segmentos de reta congruentes, tomando como unidade o segmento $\vdash\!\!\dashv_u$.

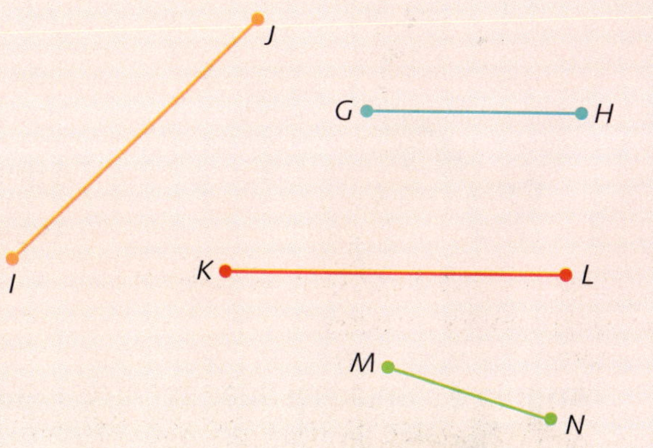

Reprodução proibida. Art.184 do Código Penal e Lei 9.610 de 19 de fevereiro de 1998.

ILUSTRAÇÕES: LUIZ RUBIO

3 Ângulos

A ideia de ângulo está presente em vários objetos, construções e situações do cotidiano. Veja:

WONG YU LIANG/SHUTTERSTOCK

AFRICA STUDIO/SHUTTERSTOCK

LISEYKINA/SHUTTERSTOCK

SERG ZASTAVKIN/SHUTTERSTOCK

R.ASHRAFOV/SHUTTERSTOCK

Traçando duas semirretas de mesma origem, determinamos no plano que as contém duas regiões. As semirretas reunidas com cada uma dessas regiões determinam dois ângulos.

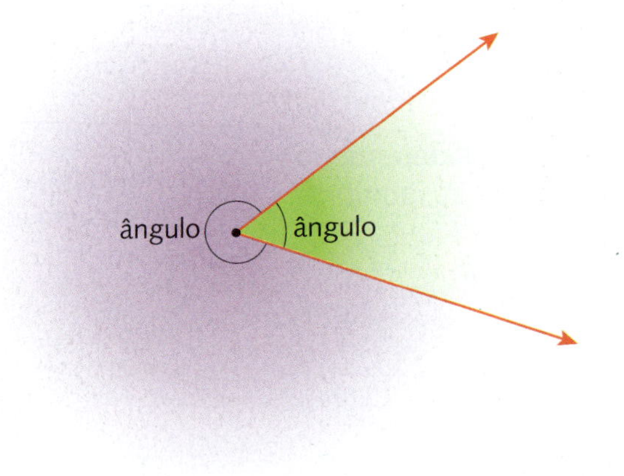

Identificaremos o ângulo com o qual vamos trabalhar com um pequeno arco. Observe:

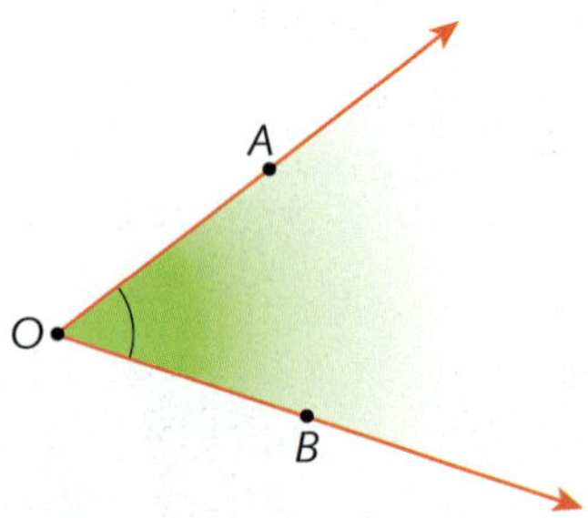

- Indicamos esse ângulo por $A\widehat{O}B$ (lemos: "ângulo *AOB*"), $B\widehat{O}A$ ou $\widehat{O}$.
- A origem *O* é o vértice do ângulo.
- As semirretas $\overrightarrow{OA}$ e $\overrightarrow{OB}$ são os lados do ângulo.

ILUSTRAÇÕES: LUIZ RUBIO

> **Ângulo** é a união de duas semirretas que têm a mesma origem com uma das regiões do plano por elas limitada.

Reprodução proibida. Art.184 do Código Penal e Lei 9.610 de 19 de fevereiro de 1998.

Lizandra trabalha em um aeroporto como controladora de voo. Na tela do radar, ela percebe um segmento girando em torno do centro do visor, o que lhe dá a ideia de um ângulo descrito por um giro.

MAKHNACH_S/SHUTTERSTOCK

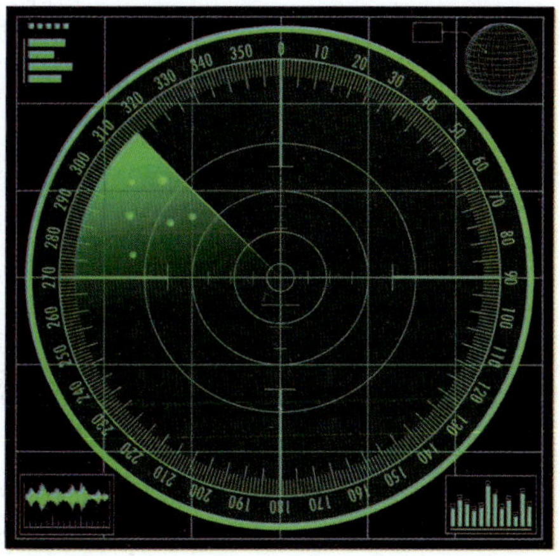

Representação de tela de radar.

Medida de um ângulo

O **grau** é uma das unidades de medida de ângulo mais utilizada e o seu símbolo é **°**.

A medida do ângulo correspondente a uma volta completa é 360°. Veja:

ângulo de uma volta

A medida do ângulo de meia-volta é 180°. Ele é denominado **ângulo raso**.

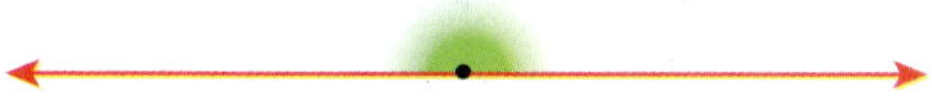

ângulo de meia-volta

ILUSTRAÇÕES: LUIZ RUBIO

LUKIYANOVA NATALIA FRENTA/SHUTTERSTOCK

Catedral e torre na Praça dos Milagres, em Pisa, Itália. Em 1173, quando três dos oito andares da torre de Pisa estavam prontos, notou-se que ela apresentava ligeira inclinação, em razão de um afundamento do terreno.

Podemos medir um ângulo utilizando um instrumento chamado transferidor.

GOIR/SHUTTERSTOCK

transferidor de 180°

OLEKSANDR KOSTIUCHENKO/SHUTTERSTOCK

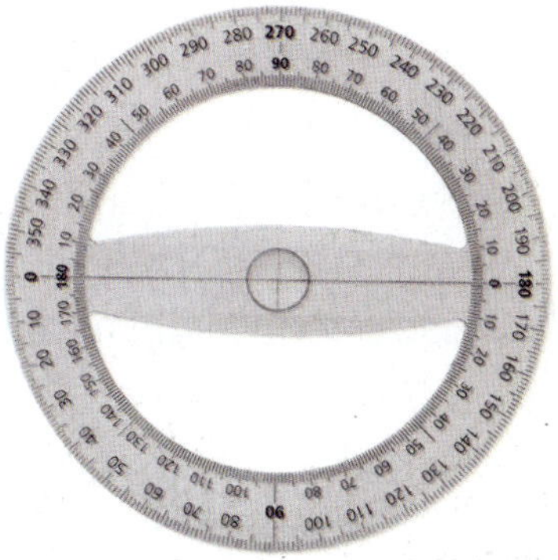

transferidor de 360°

Reprodução proibida. Art.184 do Código Penal e Lei 9.610 de 19 de fevereiro de 1998.

Utilizando um transferidor, vamos medir o ângulo $A\widehat{O}B$ abaixo. Acompanhe o procedimento:

1º) Devemos fazer o vértice do ângulo coincidir com o centro do transferidor.

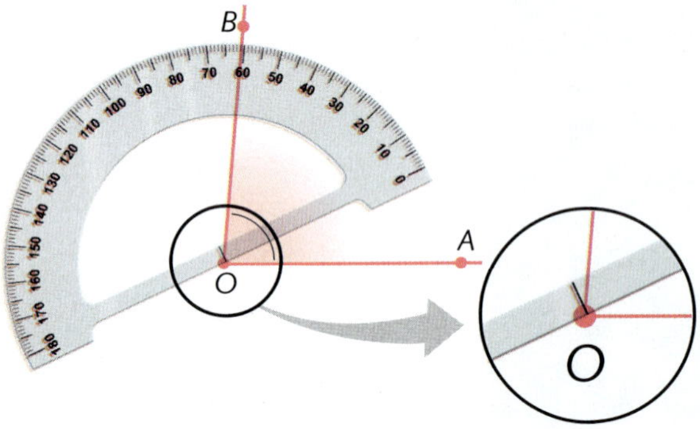

2º) Alinhamos um dos lados do ângulo com a linha do transferidor, chamada linha de terra, que indica 0°.

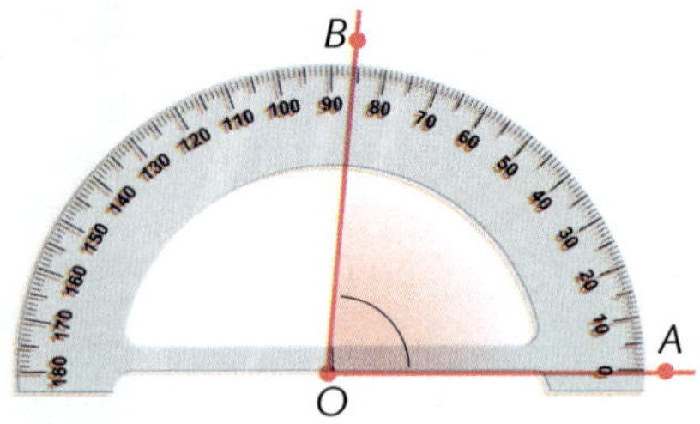

3º) Verificamos a medida do ângulo. A medida do ângulo é o valor indicado no transferidor, que está alinhado com o outro lado do ângulo. No exemplo ao lado, o ângulo mede 85°.

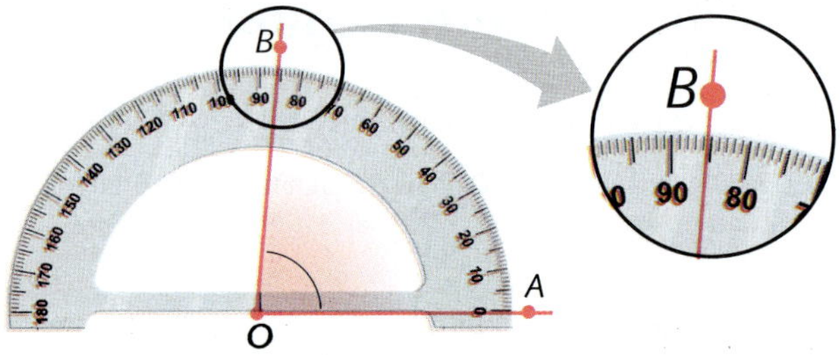

NILSON CARDOSO

Reprodução proibida. Art. 184 do Código Penal e Lei 9.610 de 19 de fevereiro de 1998.

Ângulo reto, ângulo agudo e ângulo obtuso

Um ângulo é reto quando sua medida é igual a 90°. Um ângulo de $\frac{1}{4}$ de volta é um ângulo reto.

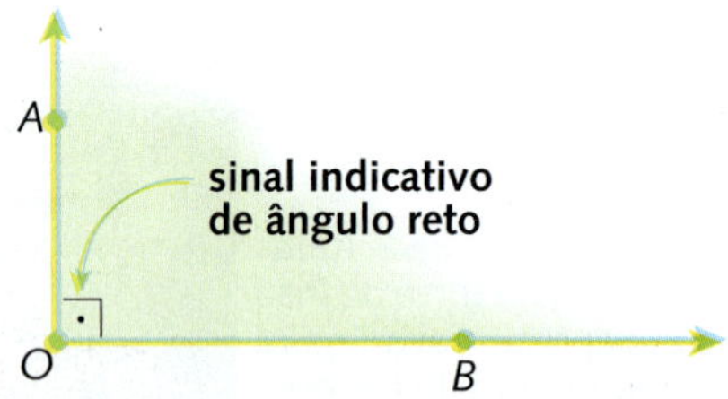

Um ângulo é agudo quando sua medida é menor que 90°.

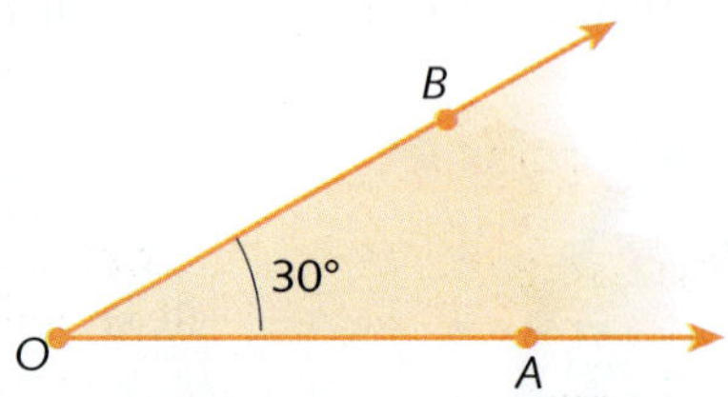

Um ângulo é obtuso quando sua medida é maior que 90° e menor que 180°.

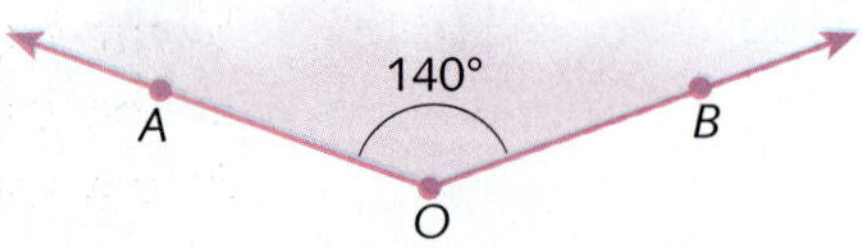

ILUSTRAÇÕES: LUIZ RUBIO

EXERCÍCIOS

19 Indique os ângulos e os respectivos lados.

a)

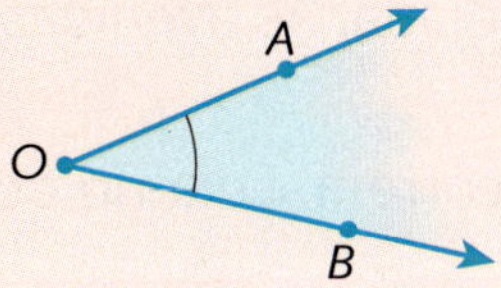

b)

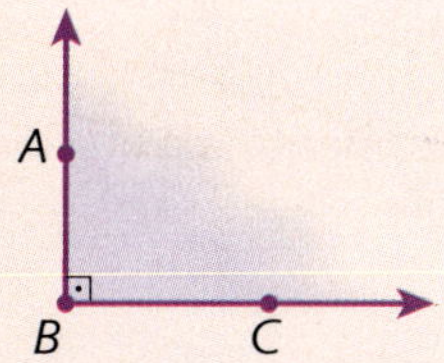

20 Classifique os ângulos abaixo em agudo, obtuso, reto ou raso.

a)

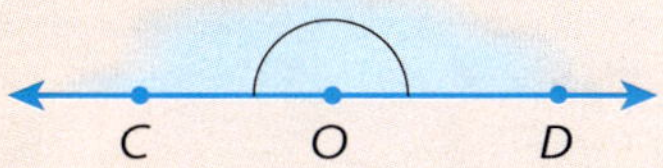

b)

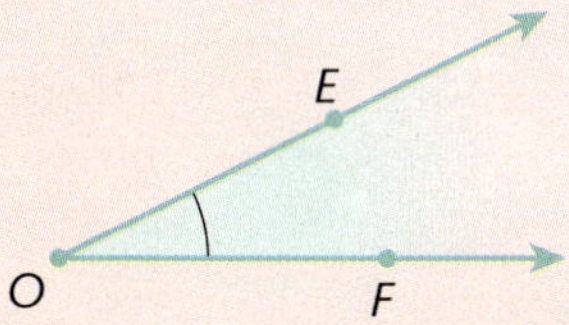

c)

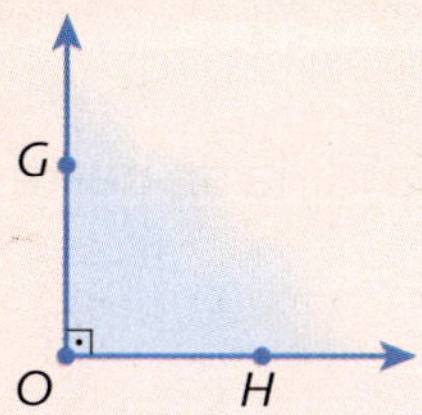

21 Observe a figura e determine:

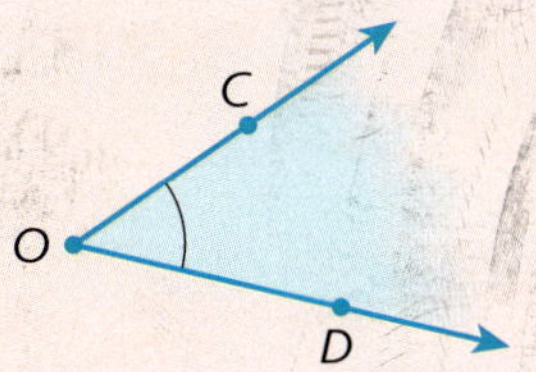

a) o ângulo;
b) o vértice do ângulo;
c) as semirretas que formam o ângulo.

22 Determine, com o transferidor, a medida dos ângulos dos esquadros.

a)  b) 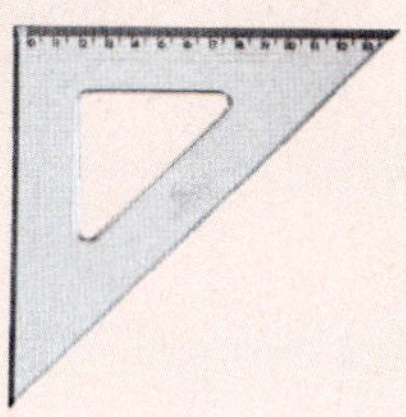

23 Observe as figuras e determine três ângulos diferentes em cada uma delas.

a)

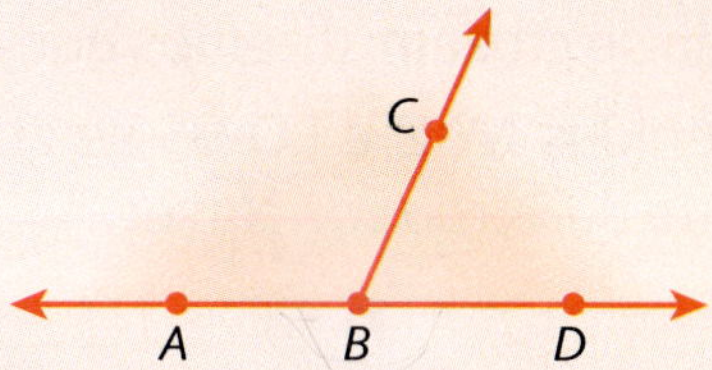

b)

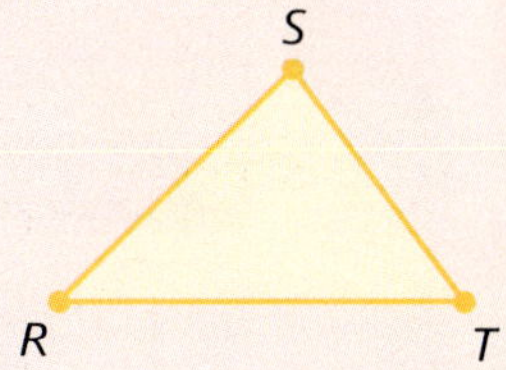

24 Na figura, há dois ângulos retos, um agudo e um obtuso. Determine-os.

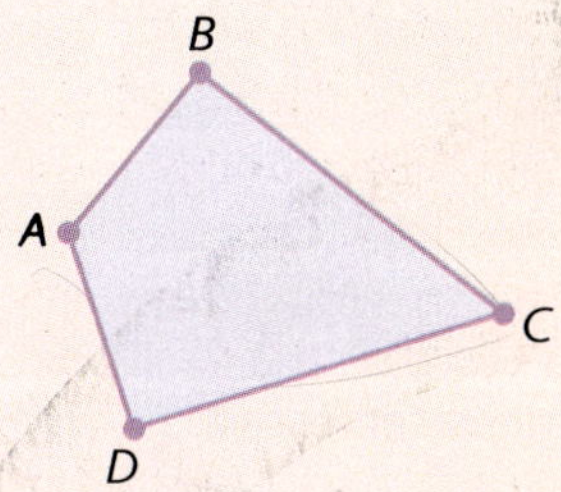

25 Observe a ilustração de uma sala de projeção.

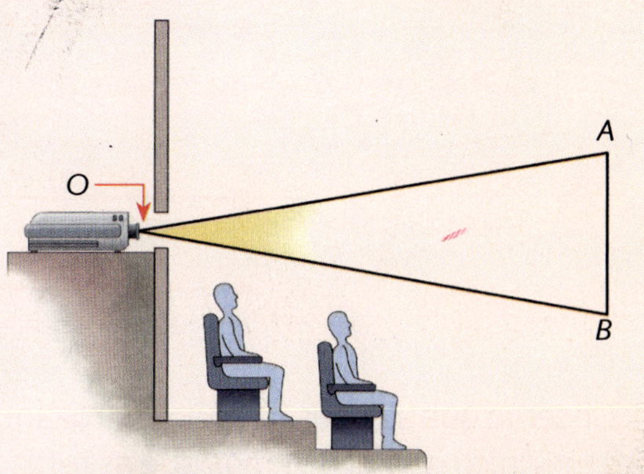

GEORGE TUTUMI

Com o transferidor, determine a medida dos ângulos $A\hat{O}B$ e $O\hat{A}B$.

26 Com régua e transferidor, trace:

a) um ângulo agudo $A\hat{O}B$ de 25°;
b) um ângulo reto $C\hat{O}D$;
c) um ângulo obtuso $M\hat{N}P$ de 140°;
d) um ângulo raso $D\hat{E}F$.

ILUSTRAÇÕES: ANDERSON DE ANDRADE PIMENTEL

FOTOS: FERNANDO FAVORETTO/CRIAR IMAGEM

Reprodução proibida. Art.184 do Código Penal e Lei 9.610 de 19 de fevereiro de 1998.

4 Posições entre duas retas no plano

Palmas, no Tocantins, a "caçula das capitais", é uma cidade planejada. As avenidas JK, LO-03 e LO-05 não se cruzam; dizemos que essas avenidas são paralelas.

Já as avenidas NS 2 e LO-05 se cruzam; dizemos que elas concorrem. Leia no boxe abaixo o significado do verbo **concorrer**.

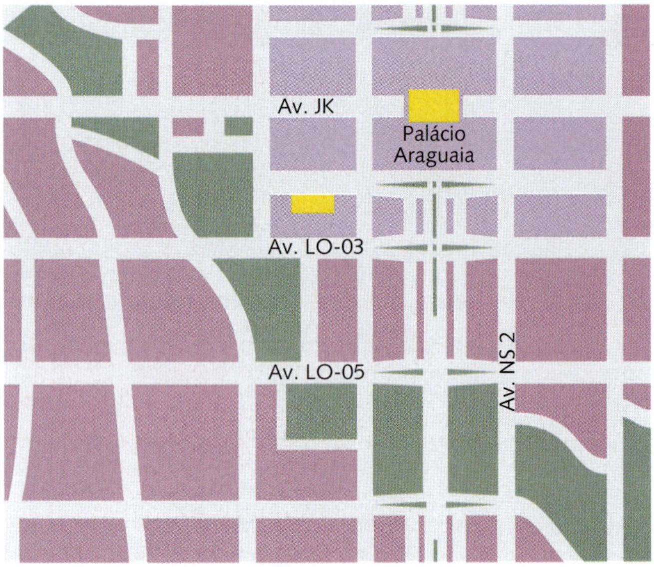

Imagem ilustrativa sem escala.

> **concorrer**
> dirigir-se simultaneamente ao mesmo lugar ou ponto; acorrer, afluir.

GERALDO GOMES/OPÇÃO BRASIL IMAGENS

Vista aérea da cidade de Palmas (TO).

Considerando que as ruas ilustradas no trecho desse mapa nos dão a ideia de partes de retas, podemos representá-las com retas. Veja:

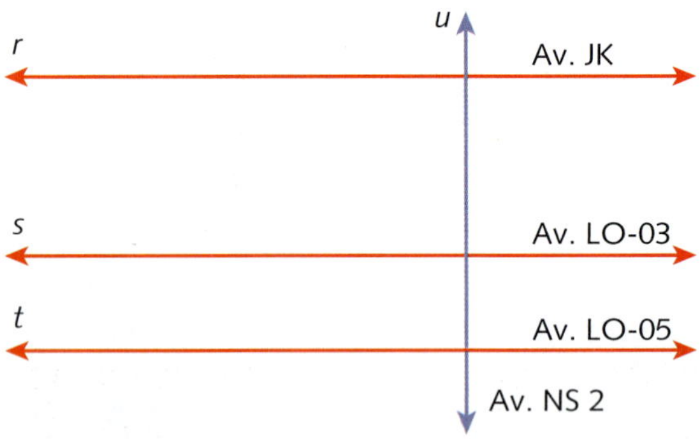

Observe que as retas *r* e *s* não se cruzam nem se aproximam uma da outra. As retas *u* e *r* se cruzam em um único ponto. Dizemos que as retas *r* e *s* são paralelas e que as retas *u* e *r* são concorrentes.

Retas paralelas sempre estão em um mesmo plano e não apresentam pontos em comum, ou seja, nunca se cruzam.

Indicamos: $r \parallel s$

Retas concorrentes sempre estão em um mesmo plano e apresentam um ponto em comum.

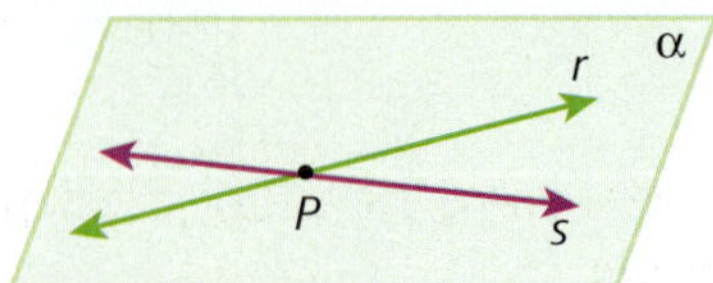

Indicamos: $r \times s$

ILUSTRAÇÕES: LUIZ RUBIO

Reprodução proibida. Art.184 do Código Penal e Lei 9.610 de 19 de fevereiro de 1998.

Observações

1 Em relação a um plano, podemos classificar a posição de uma reta destas maneiras:

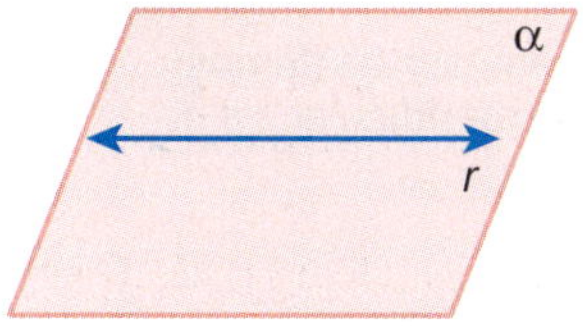

reta horizontal

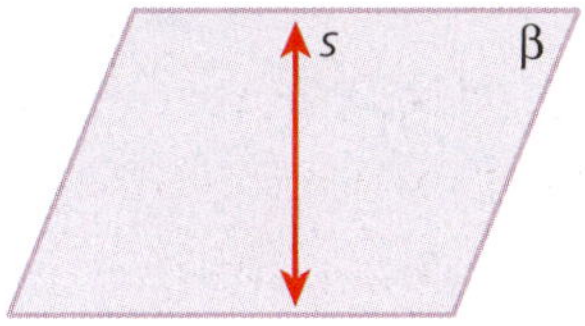

reta vertical

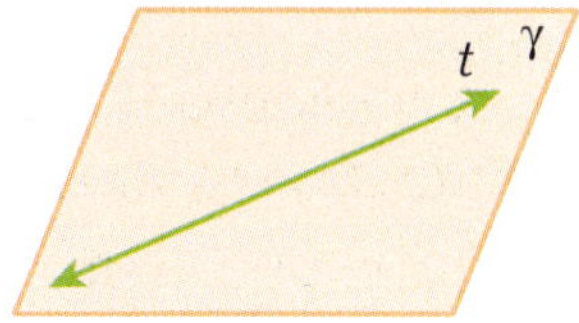

reta inclinada

ILUSTRAÇÕES: LUIZ RUBIO

2 Duas retas que não estão em um mesmo plano, ou seja, que não são coplanares, são chamadas de **retas reversas**.

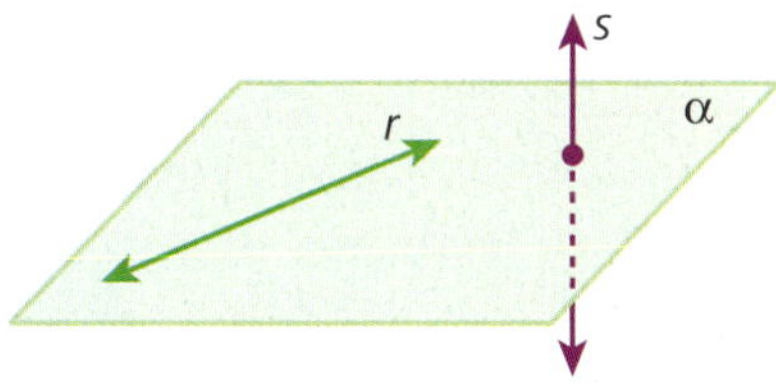

r e *s* são retas reversas.

Reprodução proibida. Art.184 do Código Penal e Lei 9.610 de 19 de fevereiro de 1998.

Construção de um ângulo com o transferidor

Vamos construir um ângulo de 50° utilizando um transferidor.

1º) Traçamos uma semirreta $\overrightarrow{OA}$.

2º) Centramos o transferidor em *O* e posicionamos a linha que indica 0° com a semirreta $\overrightarrow{OA}$.

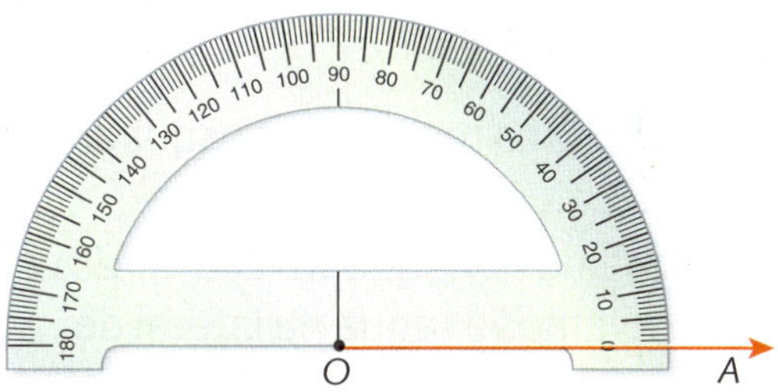

3º) Marcamos o ponto *B* em 50° junto à escala do transferidor.

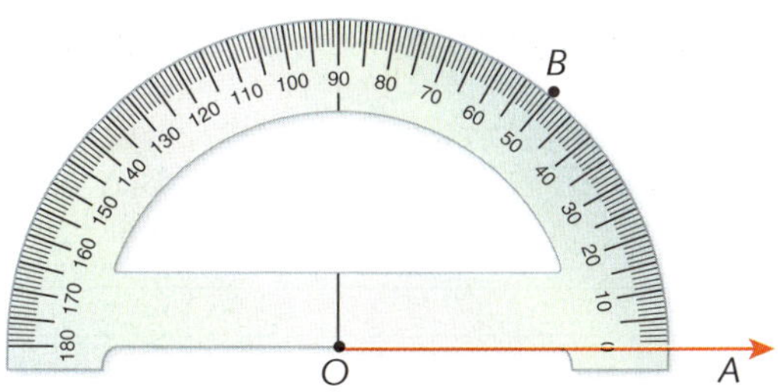

4º) Retiramos o transferidor e traçamos a semirreta $\overrightarrow{OB}$.

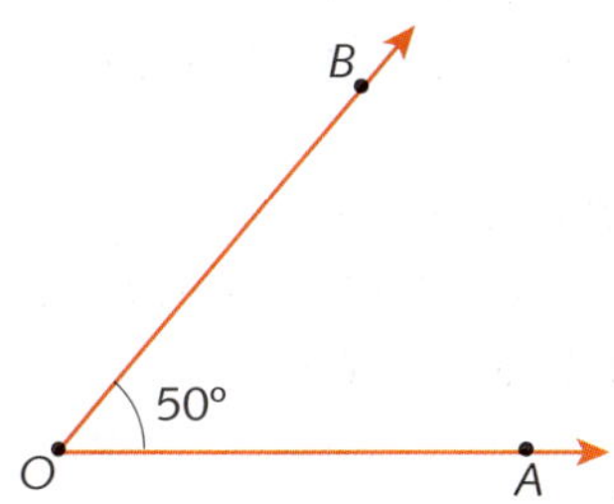

ILUSTRAÇÕES: LUIZ RUBIO

Agora que já estudamos os ângulos, podemos classificar as retas concorrentes em perpendiculares e oblíquas.

Retas concorrentes perpendiculares são as que, quando se cruzam, formam ângulos retos.

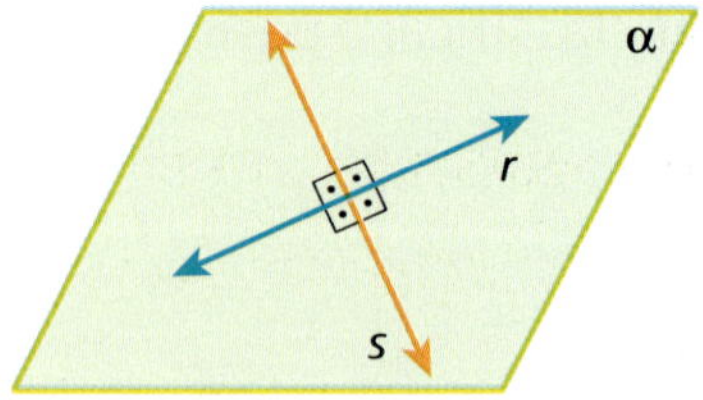

Indicamos: $r \perp s$ (lemos: "*r* é perpendicular a *s*").

Retas concorrentes oblíquas são as que, quando se cruzam, não formam ângulos retos.

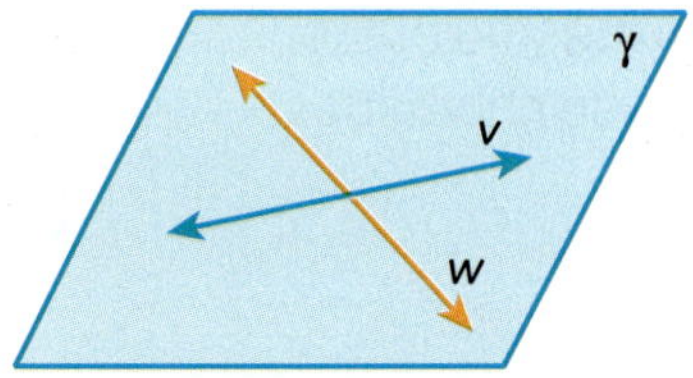

ILUSTRAÇÕES: LUIZ RUBIO

Construção geométrica de retas paralelas com régua e esquadro

Os esquadros são utilizados para traçar alguns ângulos e também para traçar retas paralelas e retas perpendiculares.

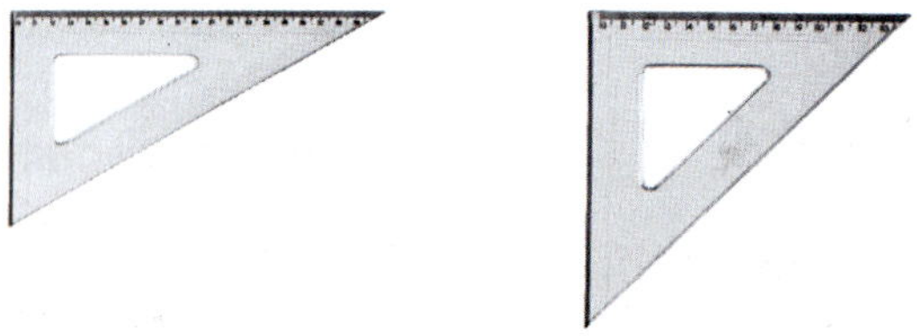

esquadros

Utilizando uma régua e um esquadro, vamos traçar uma reta *s* paralela à reta *r*.

1º) Alinhamos o esquadro com a reta *r* e apoiamos a régua na lateral do esquadro, mantendo-a fixa, conforme a figura.

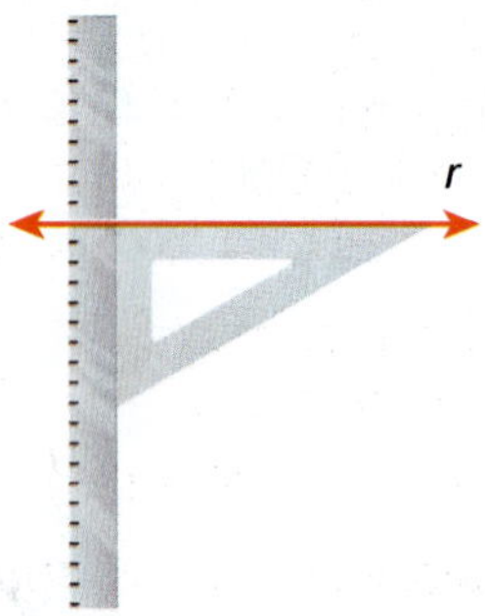

2º) Deslizamos o esquadro sobre a régua e traçamos uma reta paralela à reta *r*.

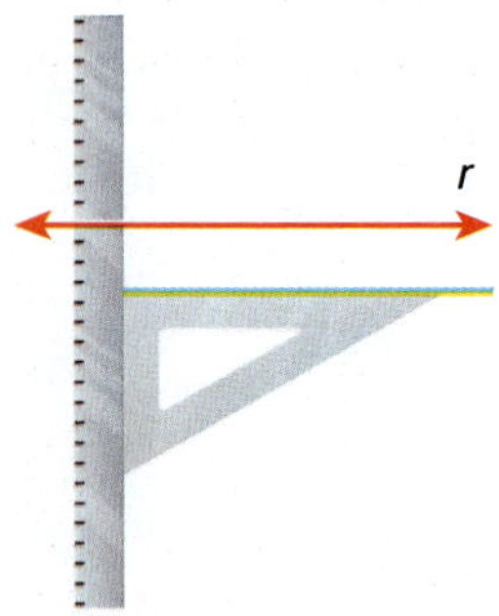

3º) Completamos a figura e escrevemos a letra *s*.

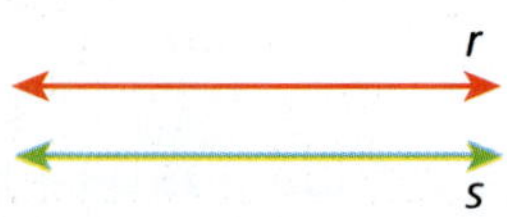

ILUSTRAÇÕES: NILSON CARDOSO

Reprodução proibida. Art.184 do Código Penal e Lei 9.610 de 19 de fevereiro de 1998.

Construção geométrica de retas perpendiculares com régua e esquadro

Vamos, agora, traçar uma reta *t* perpendicular à reta *r*.

1º) Alinhamos a régua com a reta *r*.

2º) Apoiamos o esquadro sobre a régua e traçamos uma reta, determinando um ângulo reto.

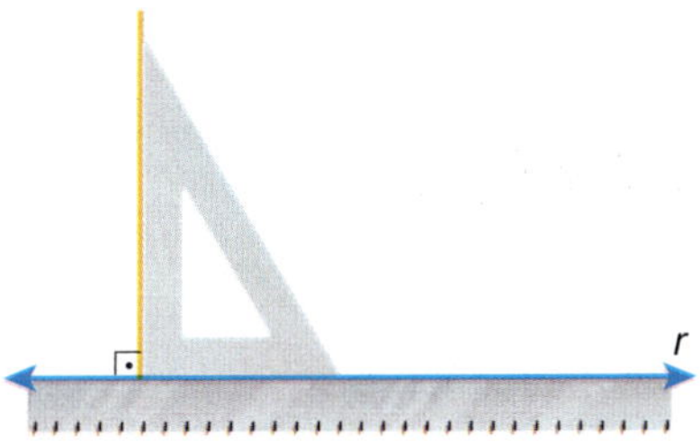

3º) Completamos a figura, prolongando a reta traçada, a que denominamos *t*, que é perpendicular à reta *r*.

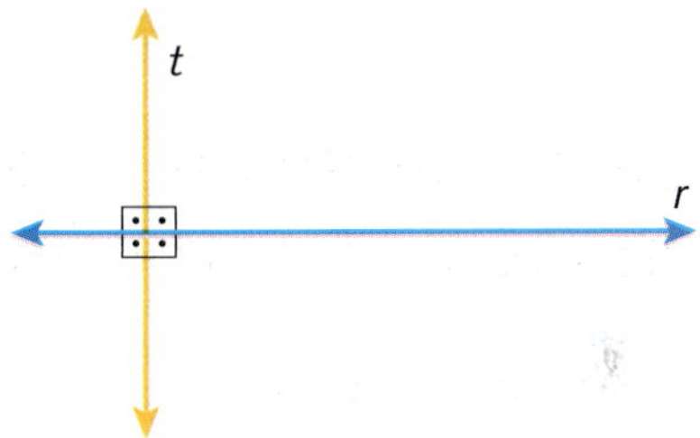

ILUSTRAÇÕES: NILSON CARDOSO

Reprodução proibida. Art.184 do Código Penal e Lei 9.610 de 19 de fevereiro de 1998.

EXERCÍCIOS

27 Observe as figuras e relacione as retas paralelas e as concorrentes.

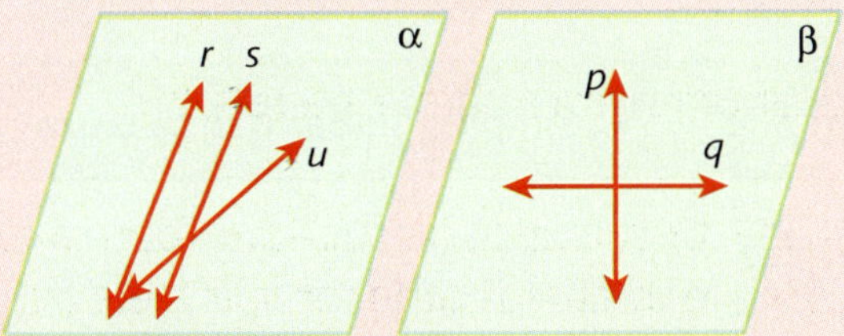

28 Identifique na figura:

a) dois pares de ruas paralelas;

b) dois pares de avenidas concorrentes.

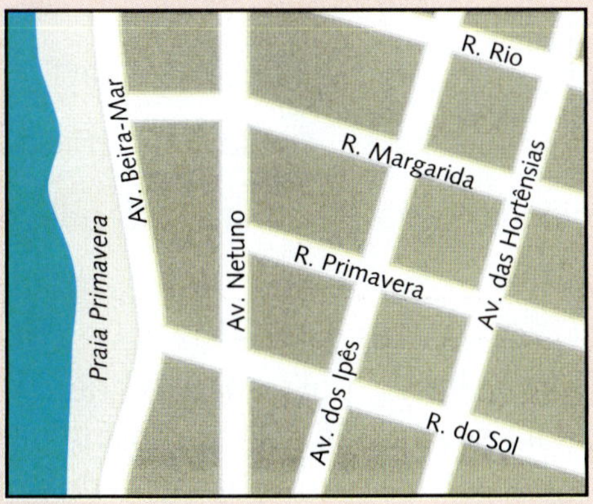

29 Nos planos laterais de uma quadra de *squash* (esporte praticado em quadra fechada, cujo nome se refere à "bola apertável" usada no jogo), foram traçadas as retas *r*, *s* e *t*.

MAODOLTEE/SHUTTERSTOCK

Classifique os pares de retas em concorrentes ou reversas.

a) *r* e *t*   b) *s* e *t*   c) *r* e *s*

30 Identifique as alternativas corretas.

a) Se duas retas não apresentam nenhum ponto comum, são paralelas ou reversas.

b) Retas concorrentes não se cruzam.

c) Duas retas concorrentes apresentam apenas um ponto comum.

ILUSTRAÇÕES: ANDERSON DE ANDRADE PIMENTEL

5 Polígonos

Observe o mosaico abaixo.

Podemos identificar nesse mosaico algumas figuras geométricas. Veja:

O contorno de cada uma dessas figuras geométricas é formado apenas por segmentos de reta. Eles formam uma **linha poligonal**.

Observe, agora, este outro mosaico:

Veja as figuras que o compõem:

O contorno de cada uma dessas figuras geométricas não é constituído apenas por segmentos de reta. Eles formam uma linha não poligonal.

As linhas poligonais podem ser assim classificadas:

	Não simples (linhas se cruzam)	Simples (linhas não se cruzam)
Abertas	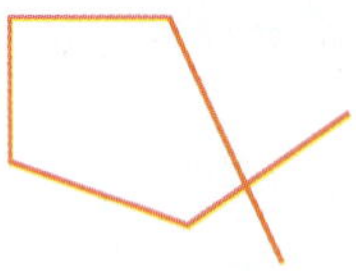 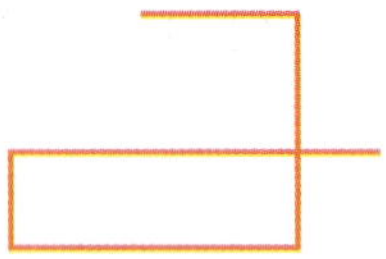	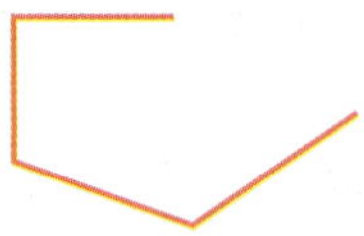 
Fechadas	 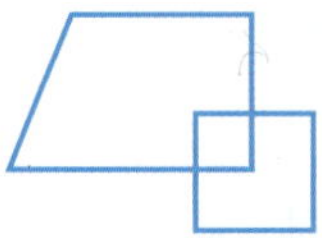	 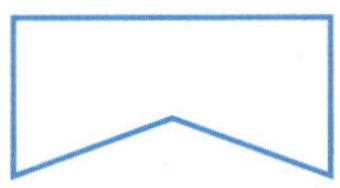

Em cada uma das figuras abaixo, vemos a região interna de uma linha poligonal plana fechada e simples.

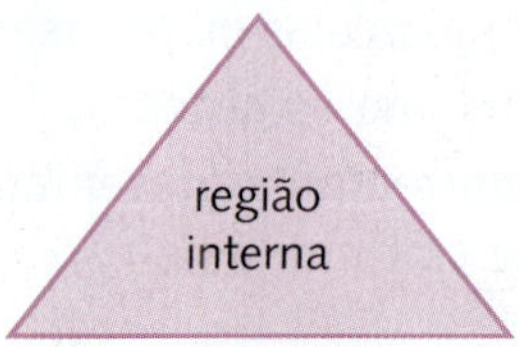

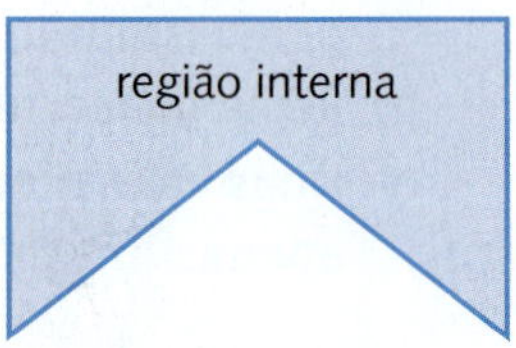

Uma linha poligonal fechada simples com sua região interna forma uma figura geométrica plana chamada de **polígono**.

ILUSTRAÇÕES: LUIZ RUBIO

Reprodução proibida. Art.184 do Código Penal e Lei 9.610 de 19 de fevereiro de 1998.

Polígonos convexos e polígonos não convexos

Os polígonos podem ser classificados em **convexos** ou **não convexos**. Veja:

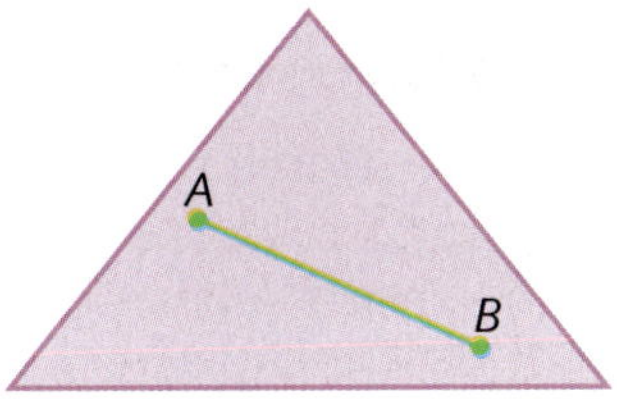

polígono convexo

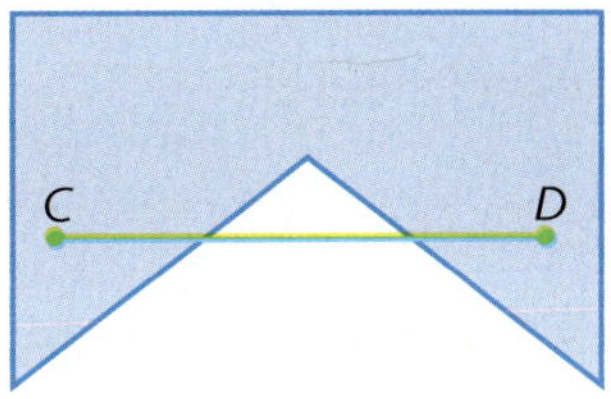

polígono não convexo

Observe como podemos distinguir cada um desses tipos:

- Tomamos dois pontos quaisquer (*A* e *B*, por exemplo) no interior de um polígono. Se o segmento $\overline{AB}$ sempre está contido em sua região interna, trata-se de um **polígono convexo**.
- Tomamos dois pontos quaisquer (*C* e *D*, por exemplo) no interior de um polígono. Se o segmento $\overline{CD}$ apresenta algum ponto fora de sua região interna, trata-se de um **polígono não convexo**.

Veja outros exemplos:

polígonos convexos

polígonos não convexos

A partir de agora, vamos trabalhar apenas com os polígonos convexos.

Elementos de um polígono

Observe o polígono representado na figura ao lado.

Nesse polígono, temos:

- 5 lados:
  $\overline{AB}$, $\overline{BC}$, $\overline{CD}$, $\overline{DE}$, $\overline{EA}$
- 5 vértices:
  A, B, C, D, E
- 5 ângulos internos:
  $E\widehat{A}B$, $A\widehat{B}C$, $B\widehat{C}D$, $C\widehat{D}E$ e $D\widehat{E}A$
- 5 diagonais:
  $\overline{AC}$, $\overline{AD}$, $\overline{BD}$, $\overline{BE}$, $\overline{CE}$

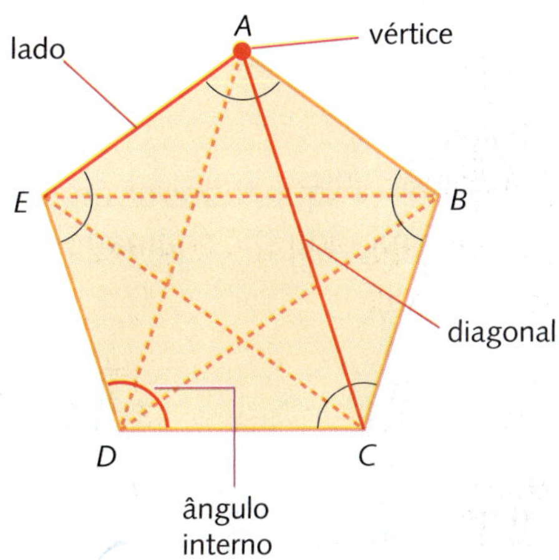

ILUSTRAÇÕES: LUIZ RUBIO

Reprodução proibida. Art.184 do Código Penal e Lei 9.610 de 19 de fevereiro de 1998.

Classificação dos polígonos

Um polígono (do grego *poli*, que significa "muitos", e *gonos*, que significa "ângulos") recebe o nome de acordo com o número de lados ou ângulos internos. Observe alguns exemplos:

Número de lados	Nome	Representação geométrica
3	triângulo	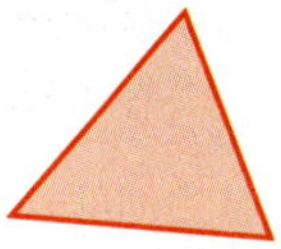
4	quadrilátero	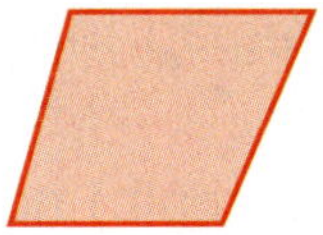
5	pentágono	
6	hexágono	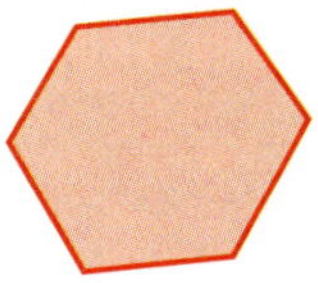
7	heptágono	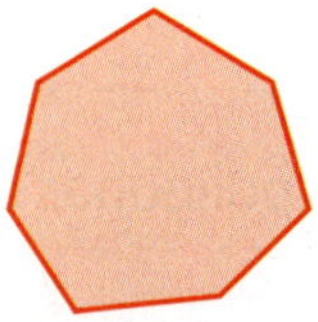
8	octógono	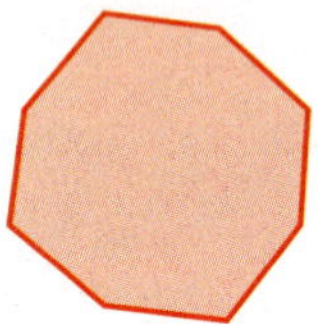

Número de lados	Nome	Representação geométrica
9	eneágono	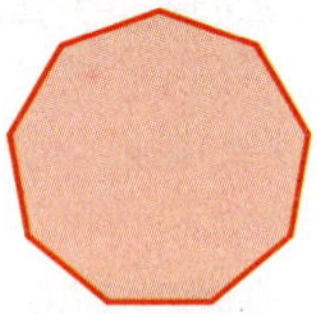
10	decágono	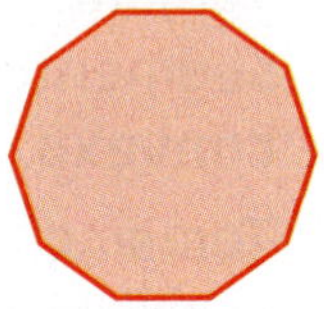
11	undecágono	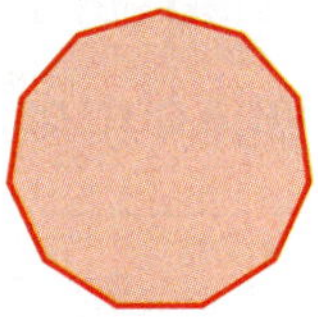
12	dodecágono	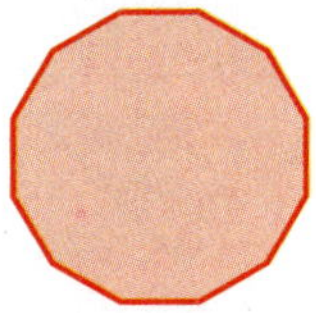
15	pentadecágono	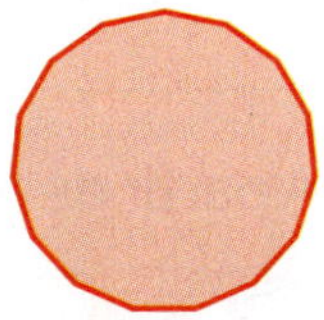
20	icoságono	

Os polígonos em que todos os ângulos internos apresentam a mesma medida e todos os lados têm a mesma medida são chamados de **polígonos regulares**. Veja:

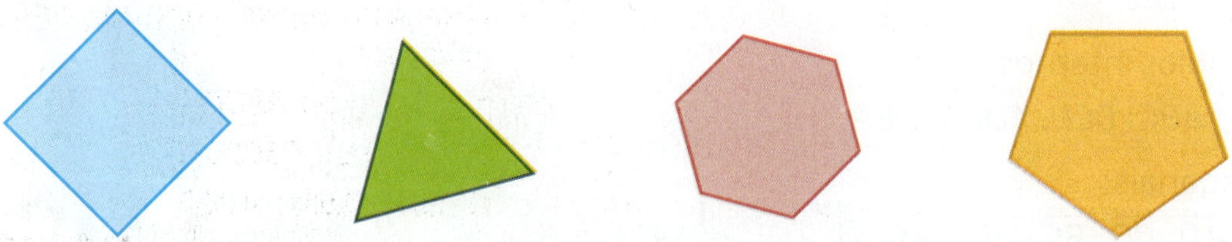

ILUSTRAÇÕES: LUIZ RUBIO

Reprodução proibida. Art.184 do Código Penal e Lei 9.610 de 19 de fevereiro de 1998.

EXERCÍCIOS

31 Classifique cada uma das linhas abaixo em aberta simples, aberta não simples, fechada simples ou fechada não simples.

a) 

d) 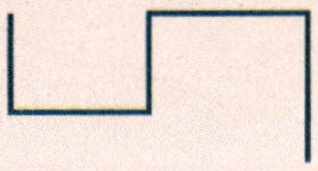

b) 

e) 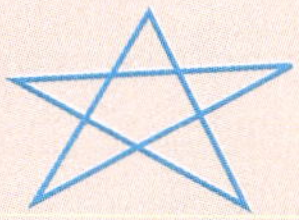

c) 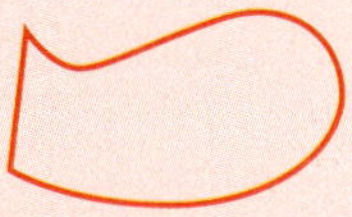

f) 

32 O que são linhas poligonais?

33 Classifique cada uma das linhas poligonais abaixo em aberta simples, aberta não simples, fechada simples ou fechada não simples.

a) 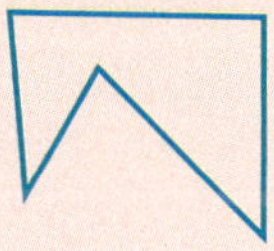

c) 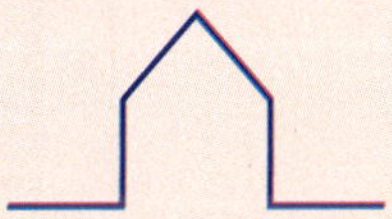

b) 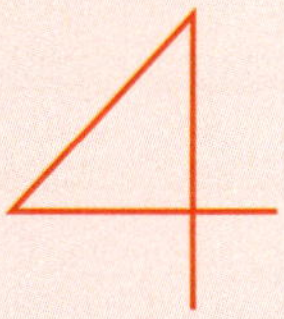

d) 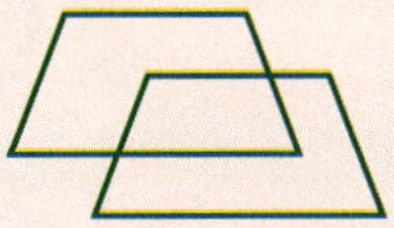

34 O que são polígonos?

35 Classifique cada um dos polígonos em convexo ou não convexo.

a) 

c) 

b) 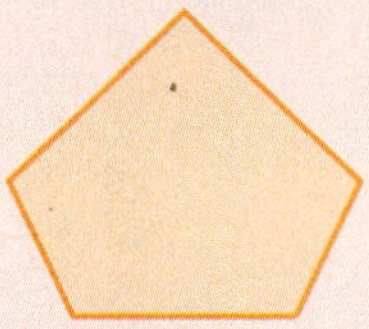

d) 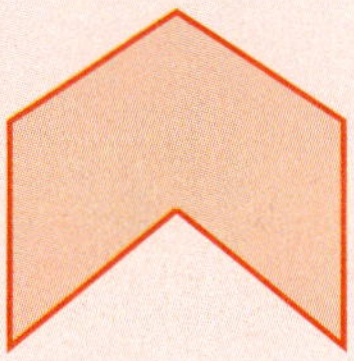

36 Identifique as alternativas corretas.

a) Podemos construir um polígono de dois lados.

b) Em todo polígono, o número de lados é igual ao número de vértices.

c) O polígono com 20 vértices chama-se icoságono.

37 Entre as figuras abaixo, identifique o polígono.

a) 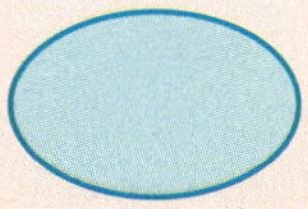

c) 

b) 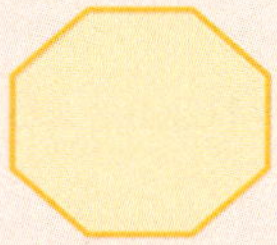

d) 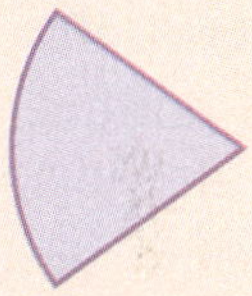

38 Nas figuras a seguir, identifique o polígono e represente seus lados, vértices, ângulos e diagonais.

a) 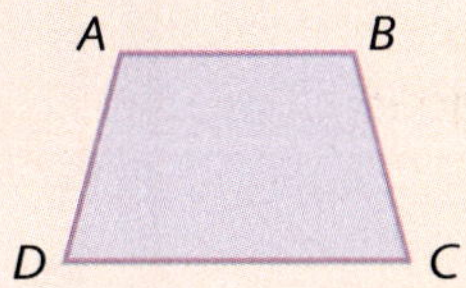

b) 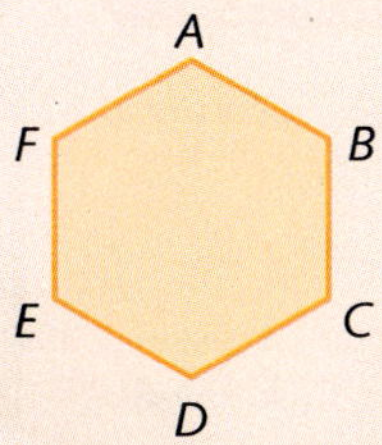

39 Em cada item, determine o nome do polígono, de acordo com o número de lados.

a) 3 lados	e) 11 lados	i) 8 lados
b) 5 lados	f) 15 lados	j) 10 lados
c) 7 lados	g) 4 lados	k) 12 lados
d) 9 lados	h) 6 lados	l) 20 lados

40 Com uma régua, construa os seguintes polígonos:

a) pentágono *ABCDE*;

b) octógono *ABCDEFGH*;

c) quadrilátero *ABCD*.

Conteúdo digital
• Vídeo: Composição de polígonos

Reprodução proibida. Art.184 do Código Penal e Lei 9.610 de 19 de fevereiro de 1998.

ILUSTRAÇÕES: ANDERSON DE ANDRADE PIMENTEL

Lendo e aprendendo

Simetria axial

Observe:

ANDERSON DE ANDRADE PIMENTEL

As figuras acima apresentam simetria em relação ao eixo representado, que é chamado de **eixo de simetria**.

Duas figuras geométricas são simétricas axiais quando admitem um eixo de simetria entre elas.

Em uma figura simétrica, o eixo de simetria divide a figura em duas partes, que poderiam ser superpostas, ou seja, se recortássemos a figura e a dobrássemos no eixo de simetria, as duas partes coincidiriam.

Os pontos P', A' e Z' da figura ao lado são simétricos de P, A e Z em relação ao eixo e.

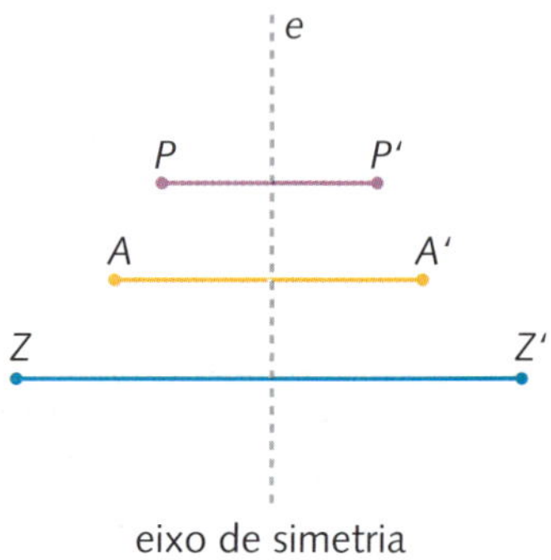

- Observe um processo para a construção de uma figura simétrica.

DOUGLAS FRANCHIN

Na natureza, na arte e no cotidiano, estamos rodeados de figuras simétricas, como a cabeça da coruja e o desenho de Leonardo da Vinci reproduzidos ao lado.

MARK BRIDGER/SHUTTERSTOCK

Coruja-de--celeiro.

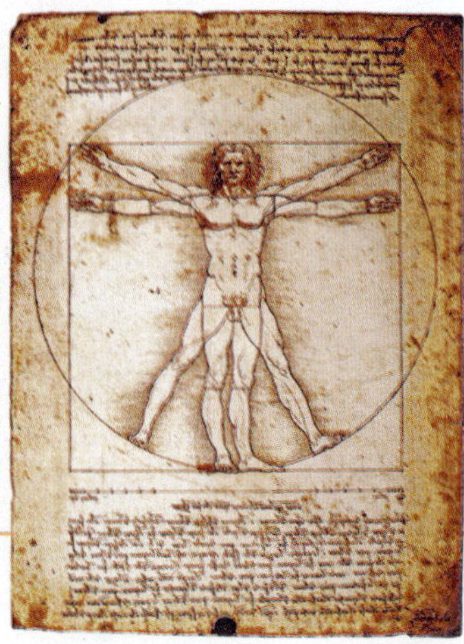

LEONARDO DA VINCI – GALERIA DA ACADEMIA, VENEZA

O homem vitruviano (c. 1490), desenho de Leonardo da Vinci.

Reprodução proibida. Art.184 do Código Penal e Lei 9.610 de 19 de fevereiro de 1998.

6 Triângulos

Na tela ao lado, o artista húngaro Victor Vasarely dispôs diversos triângulos a fim de criar a ilusão de um objeto não plano.

Um triângulo é um polígono que tem três lados. Observe o triângulo *ABC* abaixo.

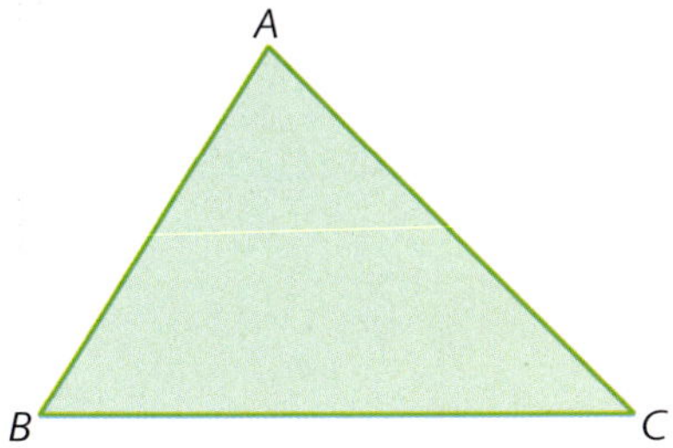

Triângulo *ABC* ou △*ABC*

Sharp (1977), de Victor Vasarely.

© VASARELY, VICTOR/AUTVIS, BRASIL, 2017

Os triângulos podem ser classificados com base nas medidas de seus lados e nas medidas dos seus ângulos internos.

De acordo com a medida de seus lados, os triângulos podem ser classificados em equilátero, escaleno ou isósceles. Veja:

▸ Triângulo equilátero

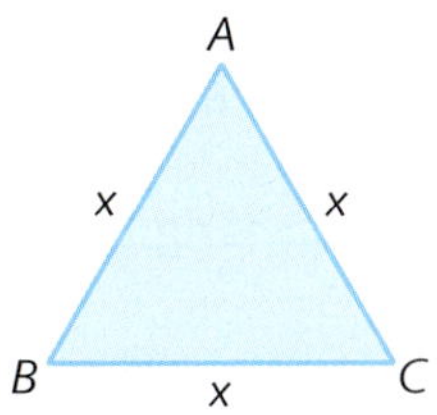

Os três lados têm medidas iguais.
$AB = BC = CA$

▸ Triângulo escaleno

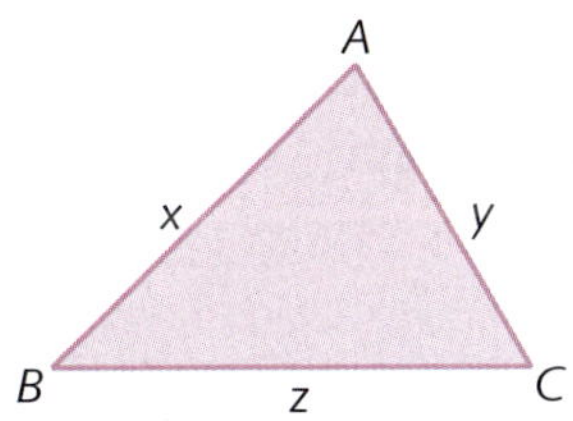

As medidas dos três lados são diferentes.

▸ Triângulo isósceles

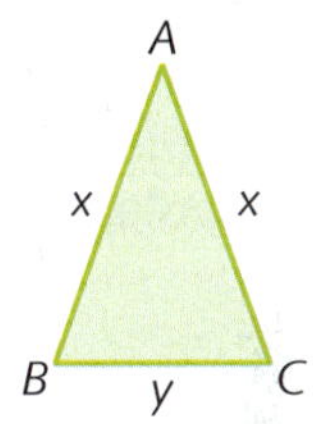

Possui dois lados com medidas iguais.
$AB = AC$

De acordo com a medida de seus ângulos, os triângulos podem ser classificados em acutângulo, obtusângulo ou retângulo. Veja:

▸ Triângulo acutângulo

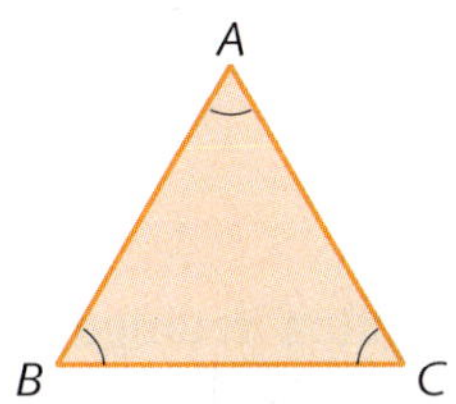

Os três ângulos internos são agudos.

▸ Triângulo obtusângulo

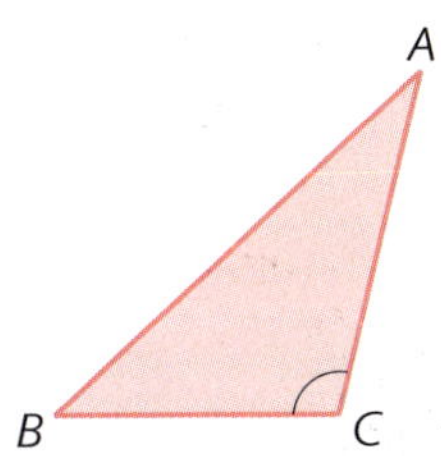

Possui um ângulo interno obtuso e dois ângulos agudos.

▸ Triângulo retângulo

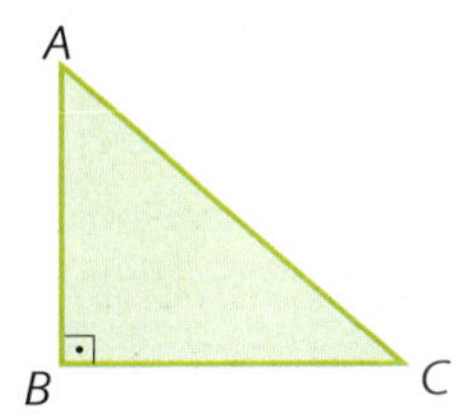

Possui um ângulo reto e dois agudos.

ILUSTRAÇÕES: LUIZ RUBIO

Observação

Um triângulo que possui os três ângulos congruentes é denominado **triângulo equiângulo**. Mas um triângulo é equiângulo se e somente se for equilátero.

Reprodução proibida. Art.184 do Código Penal e Lei 9.610 de 19 de fevereiro de 1998.

EXERCÍCIOS

41 Utilizando uma régua, meça os lados dos triângulos e classifique-os em equilátero, escaleno ou isósceles.

a) 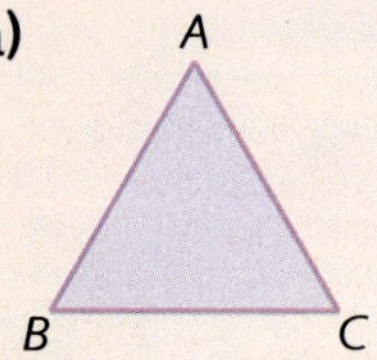

d) 

b) 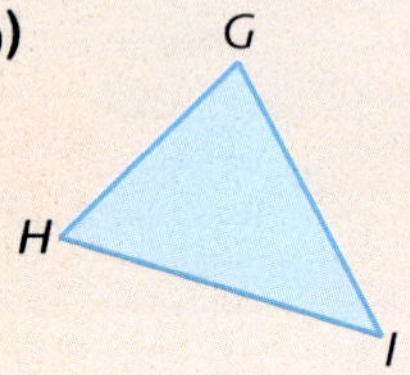

e) 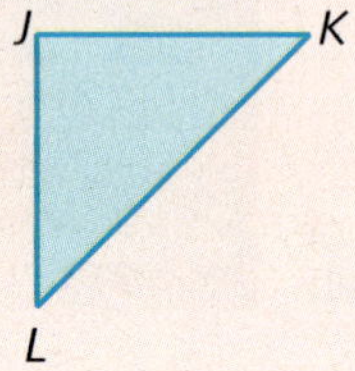

c) 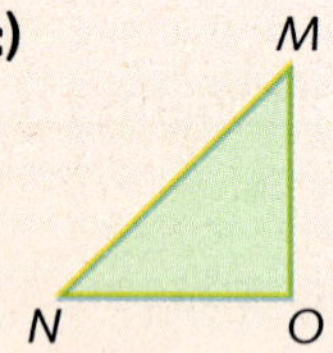

f) 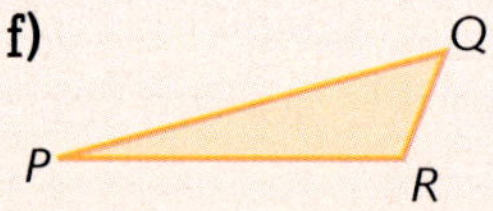

42 Classifique cada triângulo abaixo em acutângulo, obtusângulo ou retângulo.

a) 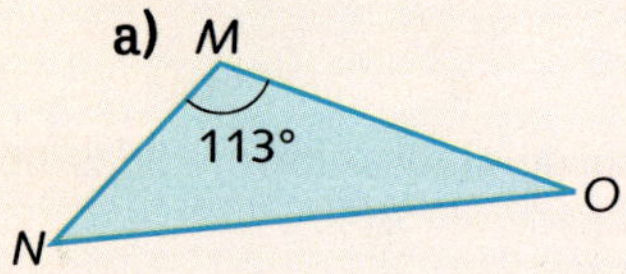

c) 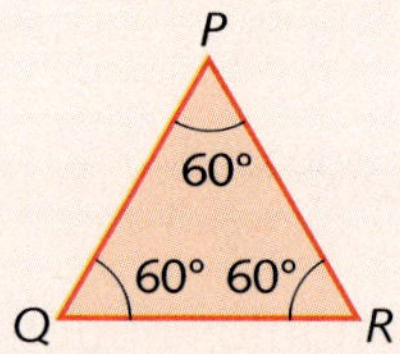

b) 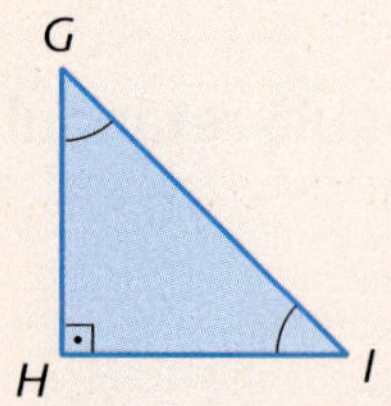

d) 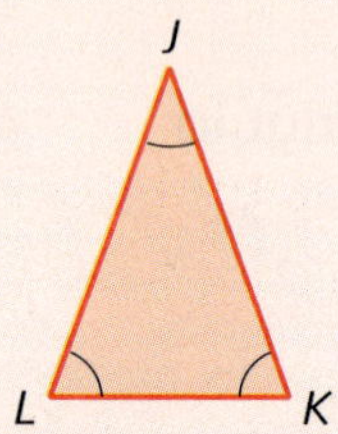

43 Desenhe três triângulos quaisquer. Troque-os com os de um colega para que cada um de vocês meça os ângulos internos dos três triângulos desenhados pelo outro. A seguir, calculem a soma das medidas dos ângulos internos de cada triângulo. Comparem os seis resultados. O que vocês observaram?

44 Quantos triângulos há em cada figura? Identifique todos os triângulos e indique cada um deles.

a) 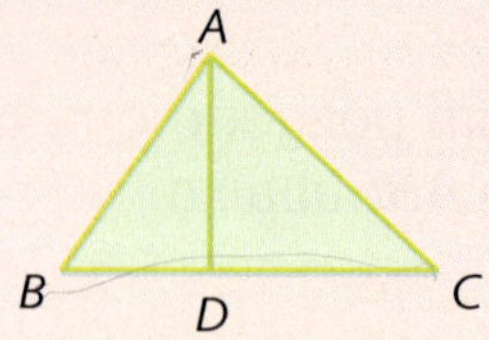

b) 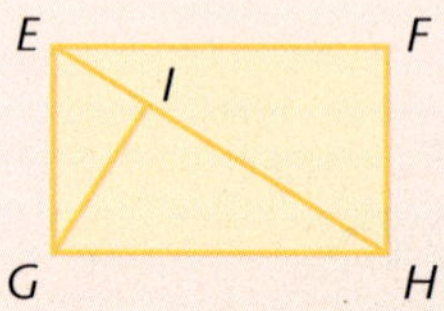

c) 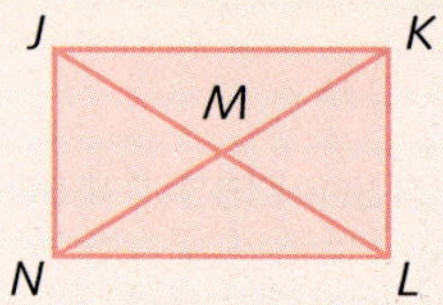

45 Classifique as afirmativas em verdadeiras (V) ou falsas (F).

a) Todo triângulo equilátero é também isósceles.

b) Um triângulo obtusângulo apresenta dois ângulos agudos.

c) É possível traçar um triângulo obtusângulo equilátero.

d) O triângulo equilátero apresenta lados com a mesma medida.

46 Observe a figura. Identifique quatro pares de triângulos com as mesmas medidas.

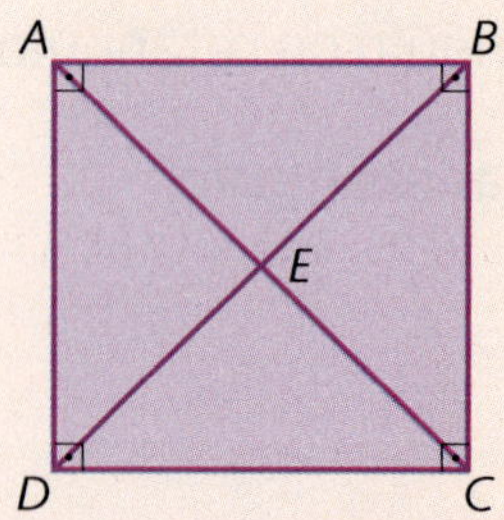

47 Desenhe três triângulos retângulos. Troque-os com os de um colega para que cada um de vocês meça os ângulos internos dos três triângulos desenhados pelo outro. A seguir, calculem a soma das medidas dos ângulos agudos de cada triângulo. Comparem os seis resultados. O que vocês podem concluir dessa atividade?

ILUSTRAÇÕES: LUIZ RUBIO

Reprodução proibida. Art.184 do Código Penal e Lei 9.610 de 19 de fevereiro de 1998.

7 Quadriláteros

Quadrilátero é um polígono que têm quatro lados. Na tela ao lado, o artista brasileiro Luiz Sacilotto dispõe diversos quadriláteros a fim de criar a ilusão de linhas curvas. Observe:

Veja o quadrilátero *ABCD* abaixo:

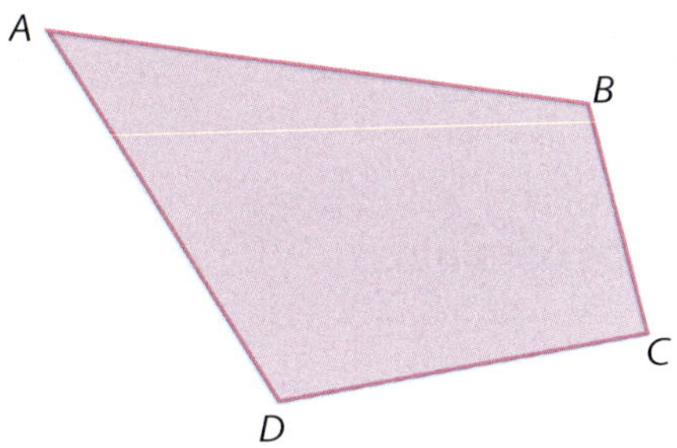

VALTER SACILOTTO – COLEÇÃO PARTICULAR

Concreção 8457 (1984), de Luiz Sacilotto.

Conteúdo digital
• Animação: Quadriláteros

De acordo com algumas características, os quadriláteros podem ser classificados em:

Paralelogramos

Paralelogramo são quadriláteros que têm dois pares de lados paralelos.

- $\overline{AB} \,//\, \overline{CD}$
- $\overline{AD} \,//\, \overline{BC}$

Vamos destacar três importantes paralelogramos: o retângulo, o losango e o quadrado.

Retângulo

Retângulo é o paralelogramo que tem os quatro ângulos retos.

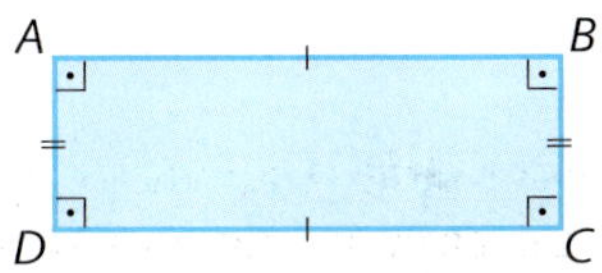

Losango

Losango é o paralelogramo que tem os quatro lados congruentes.

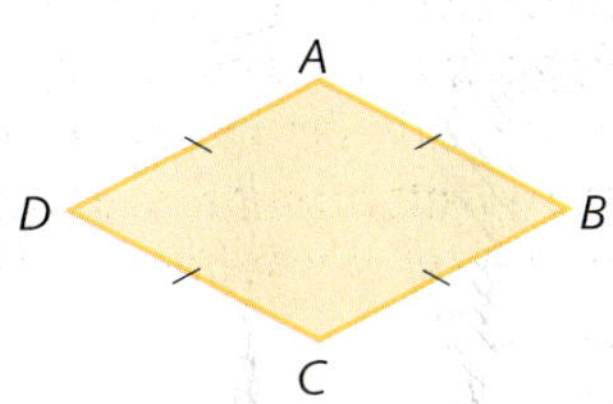

ILUSTRAÇÕES: ANDERSON DE ANDRADE PIMENTEL

Reprodução proibida. Art.184 do Código Penal e Lei 9.610 de 19 de fevereiro de 1998.

Quadrado

Quadrado é o paralelogramo que tem os quatro lados congruentes e os quatro ângulos são retos.

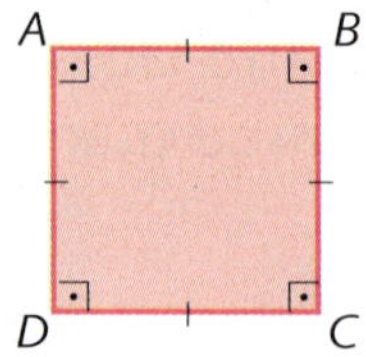

Esse paralelogramo é retângulo e também losango, pois apresenta todos os ângulos retos e todos os lados com medidas iguais.

Trapézios

Trapézio é o quadrilátero que tem apenas um par de lados paralelos.

- $\overline{AB} // \overline{CD}$

Vamos destacar a seguir os trapézios retângulo, isósceles e escaleno.

Trapézio retângulo

É aquele que tem dois ângulos retos.

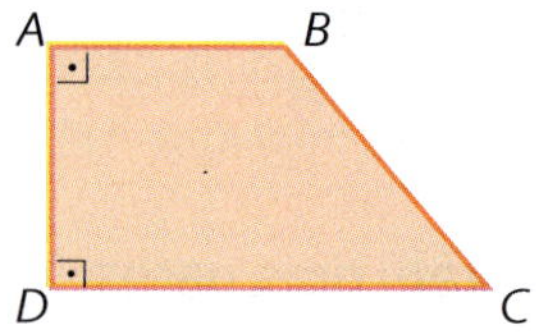

$\overline{AB} // \overline{CD}$
$\text{med}(\hat{A}) = \text{med}(\hat{D}) = 90°$

Trapézio isósceles

É aquele que tem os lados não paralelos congruentes.

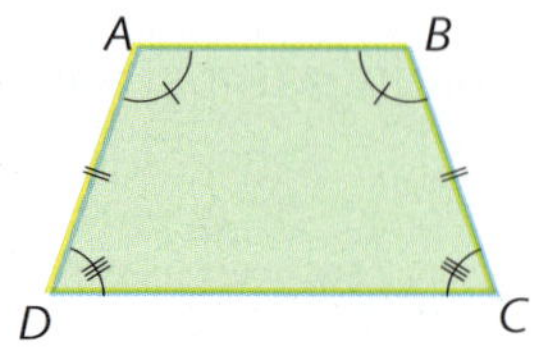

$\text{med}(\hat{A}) = \text{med}(\hat{B})$
$\text{med}(\hat{C}) = \text{med}(\hat{D})$
$\overline{AD} \cong \overline{BC}$

Trapézio escaleno

É aquele que tem as medidas dos lados não paralelos diferentes.

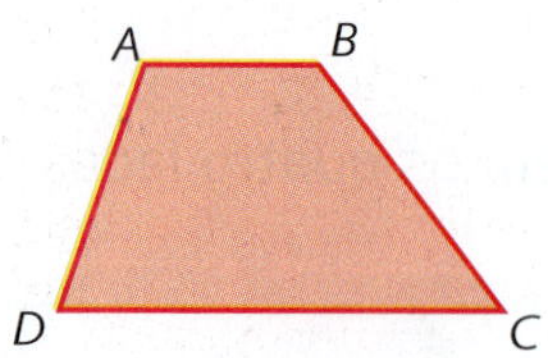

$\text{med}(\overline{AD}) \neq \text{med}(\overline{BC})$

Reprodução proibida. Art.184 do Código Penal e Lei 9.610 de 19 de fevereiro de 1998.

ILUSTRAÇÕES: LUIZ RUBIO

EXERCÍCIOS

48 Classifique cada um dos quadriláteros a seguir em paralelogramo ou trapézio.

a) 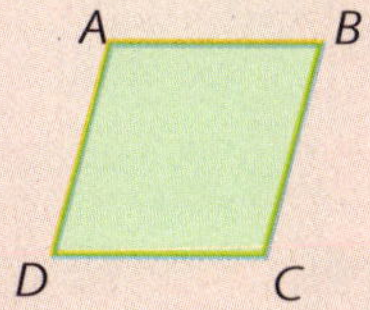

c) 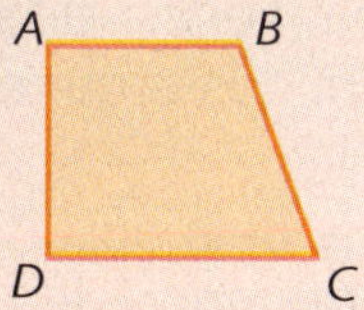

b) 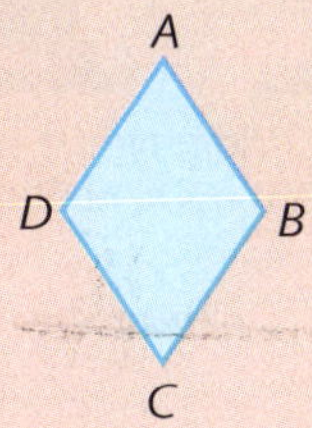

d) 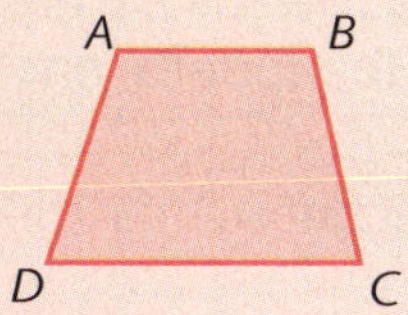

49 Escreva o nome dos paralelogramos.

a) 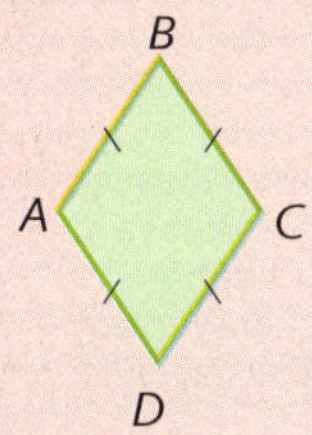

c) 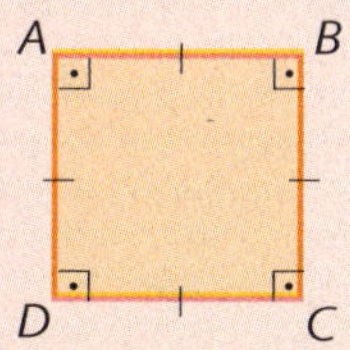

b) 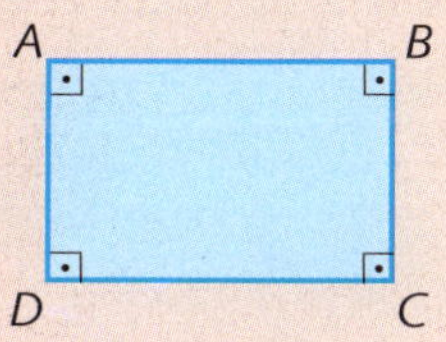

d) 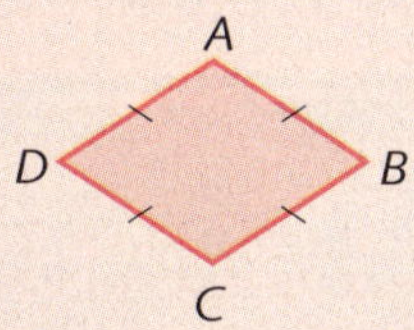

50 Escreva o nome de cada um dos trapézios.

a) 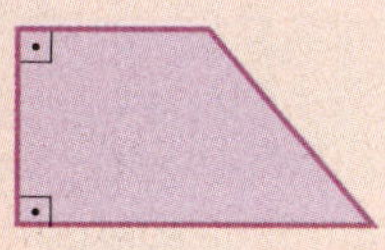

c) 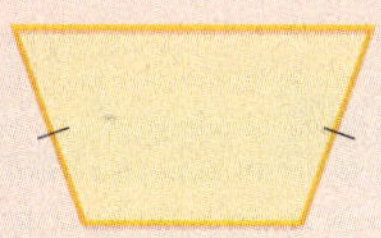

b) 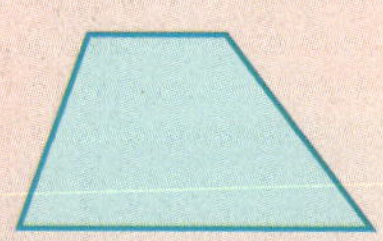

d) 

51 Responda às questões.

a) Qual é o quadrilátero que tem quatro ângulos retos e quatro lados congruentes?

b) Qual é o trapézio que apresenta dois ângulos retos?

c) Qual é o quadrilátero que tem os lados opostos paralelos?

d) Qual é o nome dos pontos de intersecção dos lados consecutivos de um quadrilátero?

52 O pintor suíço Paul Klee (1879-1940) foi um mestre da arte abstrata. Observe este quadro e responda às questões:

PAUL KLEE – ACERVO GALERIA ROSENGART, LUCERNA

Aldeia da montanha (outonal) (1934), tela de Paul Klee.

a) Cite algumas das figuras geométricas que aparecem no quadro.

b) Classifique as figuras citadas no item anterior.

53 Com régua e esquadro, construa:

a) um quadrado *ABCD* de lado 2 centímetros;

b) um trapézio *EFGH*, tal que $\text{med}(\hat{E}) = \text{med}(\hat{F}) = 90°$, $\text{med}(\overline{EH}) = 1{,}5$ centímetro e $\text{med}(\overline{FG}) = 3$ centímetros.

54 Desenhe três quadriláteros quaisquer. Troque-os com os de um colega para que cada um de vocês meça os ângulos internos dos três quadriláteros desenhados pelo outro. A seguir, calculem a soma das medidas dos ângulos internos de cada quadrilátero. Comparem os seis resultados. O que vocês observaram?

Reprodução proibida. Art.184 do Código Penal e Lei 9.610 de 19 de fevereiro de 1998.

ILUSTRAÇÕES: LUIZ RUBIO

Um pouco de história

Oscar Niemeyer, o gênio das formas

Oscar Ribeiro de Almeida de Niemeyer Soares nasceu no Rio de Janeiro, em 15 de dezembro de 1907, e faleceu na mesma cidade, em 5 de dezembro de 2012. Ele é considerado um dos arquitetos mais influentes do mundo contemporâneo.

O "gênio das formas" é reconhecido pela beleza, pela ousadia e pela leveza de seus projetos. O Museu de Arte Contemporânea, no Rio de Janeiro (RJ), o Palácio do Itamaraty, em Brasília (DF), o Museu Oscar Niemeyer, em Curitiba (PR), e o Auditório Ibirapuera, em São Paulo (SP), são marcas de sua genialidade.

MÁRCIO MERCANTE/AGÊNCIA O DIA/ ESTADÃO CONTEÚDO

Oscar Niemeyer, o arquiteto do século XX, no Rio de Janeiro (RJ).

Acompanhe na linha do tempo abaixo alguns acontecimentos importantes da vida e da obra do arquiteto.

(Linha do tempo sem escala.)

- **1907** – Nasceu, no Rio de Janeiro.
- **1934** – Obteve o diploma de engenheiro arquiteto no Rio de Janeiro.
- **1951** – Projetou o Parque do Ibirapuera e o Edifício Copan, em São Paulo.
- **1957/58** – Projetou o Palácio da Alvorada, em Brasília, e os principais prédios da capital brasileira.
- **1999** – Projetou o Monumento Comemorativo aos 500 anos do Descobrimento, em São Vicente (SP).
- **2007** – Completou 100 anos de idade.
- **2010** – Projetou a Cidade Administrativa Presidente Tancredo Neves, em Minas Gerais.
- **2012** – Faleceu, no Rio de Janeiro.

LUIZ RUBIO

É possível observar formas que lembram figuras geométricas em obras de Oscar Niemeyer.

WAGNER SANTOS/WORLD PICTURES/KEYSTONE BRASIL

Monumento aos Direitos Humanos, no Centro Cultural Oscar Niemeyer, em Goiânia (GO), 2014. A lateral vermelha lembra um triângulo.

JUNIOR ROZZO/ROZZO IMAGENS

Vista lateral do Auditório Ibirapuera, em São Paulo (SP). A forma da construção lembra um triângulo.

Museu Oscar Niemeyer

O Museu Oscar Niemeyer é formado por dois prédios. O primeiro foi projetado pelo arquiteto em 1967 e segue o estilo da época. O segundo foi inaugurado em 2002. Por causa de sua forma, o edifício é conhecido como "Museu do Olho".

RICARDO CAVALCANTI/KINO

Museu Oscar Niemeyer, em Curitiba(PR). Na fachada lateral, há uma grande estrutura de vidro na qual podem ser observadas formas que lembram paralelogramos.

Reprodução proibida. Art.184 do Código Penal e Lei 9.610 de 19 de fevereiro de 1998.

8 Circunferência e círculo

Circunferência

Na tela ao lado, o artista russo Wassily Kandinsky faz uma composição com figuras que lembram circunferências, círculos e retas.

WASSILY KANDINSKY – MUSEU DE ARTE DA FILADÉLFIA, ESTADOS UNIDOS

Círculos em um círculo (1923), de Wassily Kandinsky.

> Uma circunferência é uma linha plana fechada em um plano cujos pontos estão à mesma distância de um ponto fixo chamado de centro.

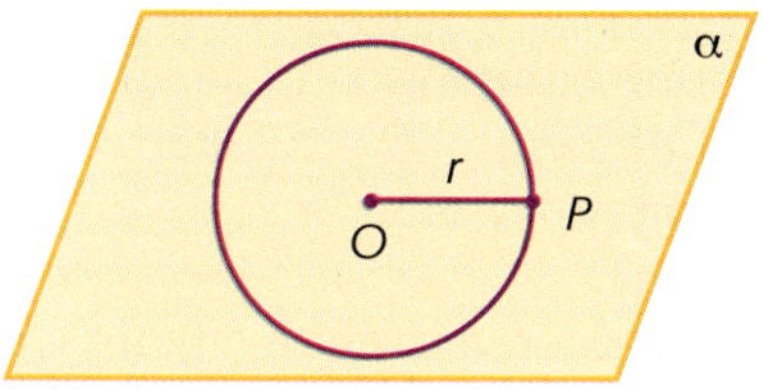

O ponto O é o centro da circunferência.

O segmento $\overline{OP}$ é o raio (r) da circunferência.

Indica-se: $C(O, r)$ (lemos: "circunferência de centro O e raio de medida r").

Lembre-se:

- **Raio** é um segmento que une o centro a qualquer ponto da circunferência. Indicamos por r a medida do raio.
- **Diâmetro** é um segmento que passa pelo centro e une dois pontos da circunferência. Indicamos por d a medida do diâmetro.

Considerando as definições de raio e de diâmetro, podemos relacionar suas medidas assim: $d = 2r$

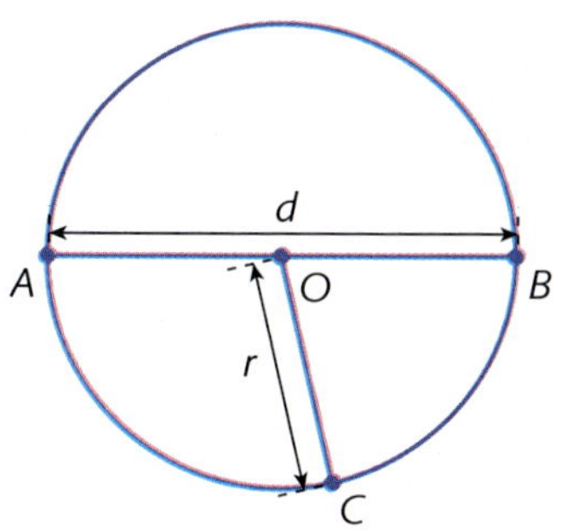

$\overline{OA}$, $\overline{OB}$ e $\overline{OC}$ são raios da circunferência. $\overline{AB}$ é um diâmetro da circunferência.

ILUSTRAÇÕES: LUIZ RUBIO

Reprodução proibida. Art.184 do Código Penal e Lei 9.610 de 19 de fevereiro de 1998.

Curiosidade

Traçando uma circunferência

Observe outro processo utilizado para traçar uma circunferência: com um barbante do tamanho do raio desejado, traçamos a circunferência.

GEORGE TUTUMI

Círculo

Círculo é uma figura geométrica plana formada por uma circunferência e toda a sua **região interna**.

> **Região interna**
> é a área do plano limitada pela circunferência.

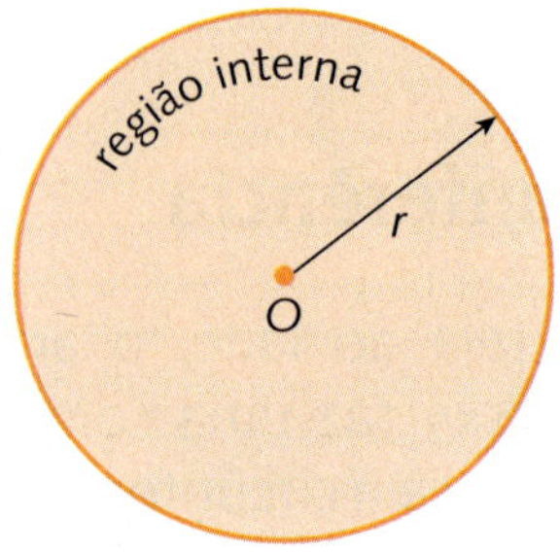

círculo de centro *O* e raio de medida *r*

Cuidado!

A circunferência é apenas o contorno, ao passo que o círculo corresponde ao contorno mais os pontos internos.

EXERCÍCIOS

55 Com uma régua, determine, em centímetro, a medida do raio e do diâmetro de cada uma das circunferências abaixo.

a) 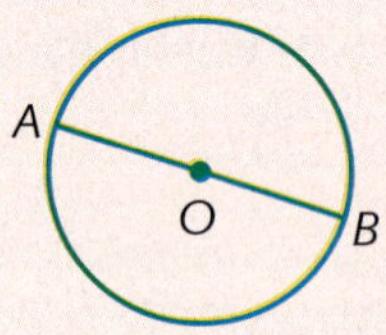

b) 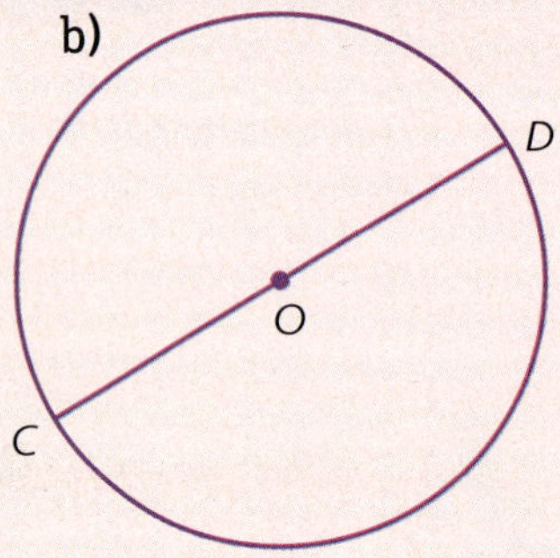

56 Com um compasso, trace uma circunferência de centro *O* e diâmetro de medida 5 centímetros.

57 Qual é a diferença entre círculo e circunferência?

58 Copie as frases no caderno, completando-as.

a) Se o raio de uma circunferência mede 5 centímetros, seu diâmetro mede ■.

b) Uma circunferência com 16 centímetros de diâmetro tem ■ de raio.

Reprodução proibida. Art.184 do Código Penal e Lei 9.610 de 19 de fevereiro de 1998.

Trabalhando em equipe

Forme dupla com um colega e façam as atividades a seguir.

1 Respondam: o giro que o ponteiro das horas faz em uma hora corresponde a quantos graus?

2 Identifiquem as figuras que apresentam simetria axial. Depois, desenhem a simetria correta das figuras que não a apresentam.

a) 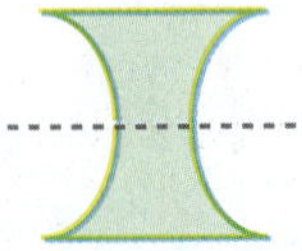

b) 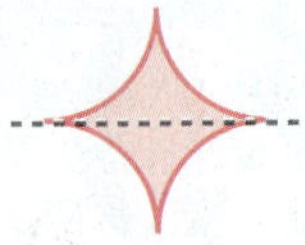

c) 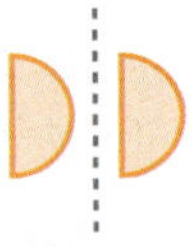

d) 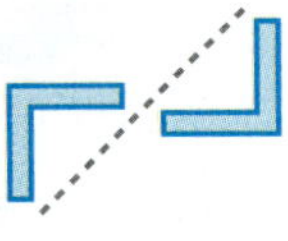

e) 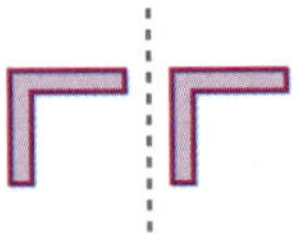

f) 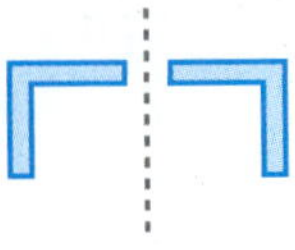

ILUSTRAÇÕES: LUIZ RUBIO

Trabalhando os conhecimentos adquiridos

Autoavaliação

1 Ponto, reta e plano foram os três primeiros conceitos que estudamos neste capítulo. Como representamos cada um deles?

2 Quais são as posições entre duas retas no plano?

3 Complete cada uma das sentenças.

a) Ângulos agudos são aqueles que apresentam medidas ■.

b) Ângulos retos medem ■.

c) Ângulos obtusos são aqueles que apresentam medidas ■.

4 Complete os textos dos itens a seguir.

a) Os triângulos são polígonos que apresentam três lados, três ângulos e três vértices. Com relação à medida dos lados, são classificados em ■, ■ e ■. Com relação às medidas de seus ângulos, são classificados em ■, ■ e ■.

b) Quadriláteros que apresentam um par de lados paralelos são chamados ■; os que têm dois pares de lados paralelos são os ■.

c) São paralelogramos o ■, o ■ e o ■.

5 Explique o que é uma circunferência usando as palavras **centro** e **raio**.

Reprodução proibida. Art.184 do Código Penal e Lei 9.610 de 19 de fevereiro de 1998.

28

1 Observe a figura e responda às questões.

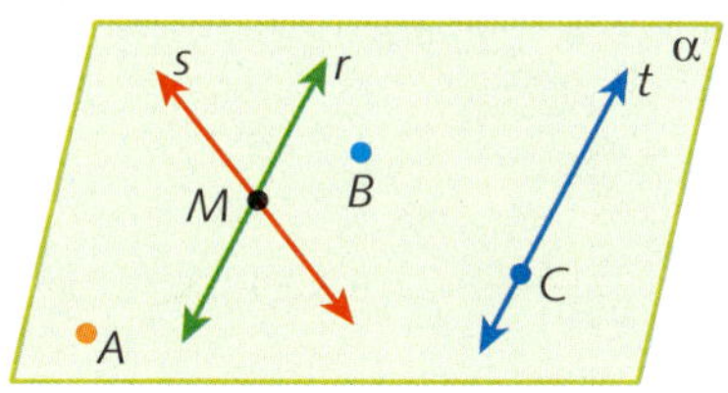

a) Quais são os pontos situados no plano α?

b) Quais são as retas situadas no plano α?

c) Qual é o ponto que pertence à reta t?

d) Qual é o ponto comum às retas r e s?

e) Como classificamos as retas r e s?

2 Quantos segmentos de reta podemos determinar na figura?

3 Observe a figura e responda às questões.

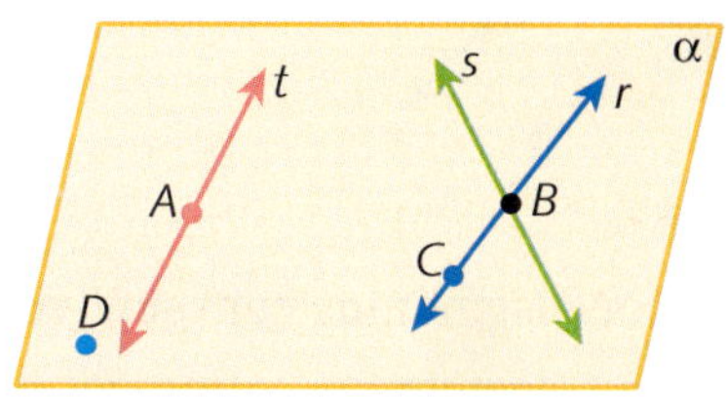

a) Quais são os pontos pertencentes à reta r?

b) Qual é o ponto comum às retas r e s?

c) Quais são as retas contidas no plano α?

DESAFIO

Utilizando o segmento 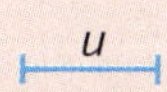 como unidade, identifique os lados congruentes do polígono.

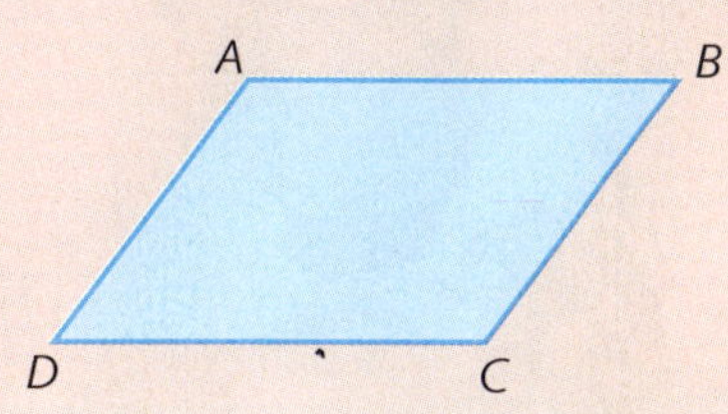

ILUSTRAÇÕES: LUIZ RUBIO

ILUSTRAÇÕES: ANDERSON DE ANDRADE PIMENTEL

1 Classifique as retas em paralelas, concorrentes oblíquas ou concorrentes perpendiculares.

a)

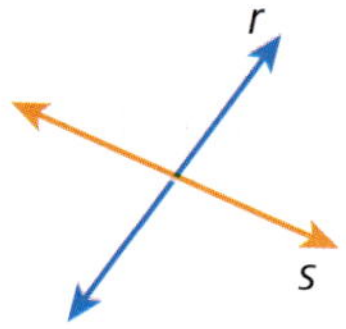

b)

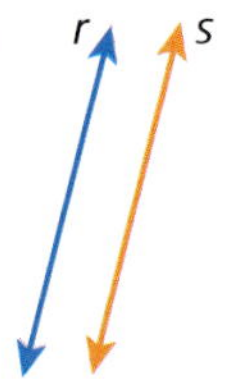

c)

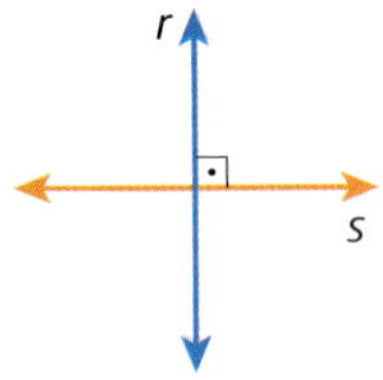

d)

e)

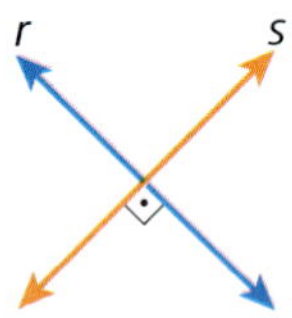

2 Trace:

a) dois segmentos consecutivos;
b) dois segmentos colineares e não consecutivos;
c) dois segmentos adjacentes.

EDUARDO FRANCISCO

3 O giro de uma volta completa de um dos ponteiros de um relógio corresponde a um ângulo de quantos graus?

SERGEY MELNIKOV/SHUTTERSTOCK

4 Determine o nome, o número de vértices e o número de lados de cada um dos polígonos abaixo.

a)

b)

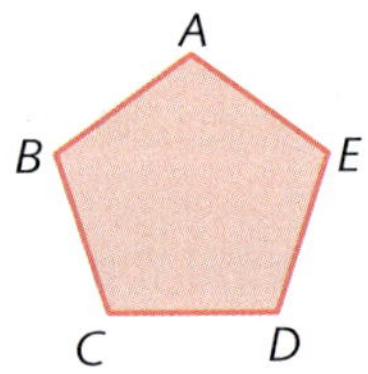

c)

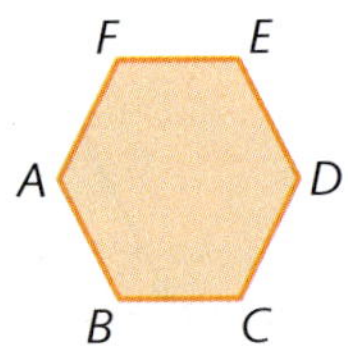

DESAFIO

Observe a figura, em que: $AB = 2 \cdot CD$, $AB = \frac{4}{3} \cdot BC$ e $AD = 18u$.

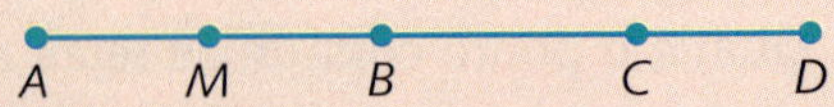

Determine:

a) AB;
b) BC;
c) CD;
d) AM, sendo M o ponto médio de $\overline{AB}$.

Reprodução proibida. Art.184 do Código Penal e Lei 9.610 de 19 de fevereiro de 1998.

1 No caderno, copie as retas r e s e os pontos P e Q na mesma posição em que estão aqui. Em seguida, utilizando régua e esquadro, trace uma reta paralela a r pelo ponto P e uma reta perpendicular a s pelo ponto Q.

a)

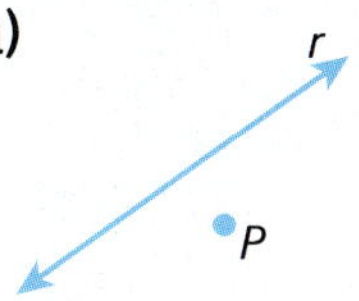

b)

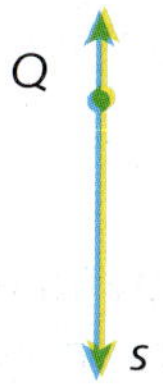

2 **(Enem)** Na construção civil, é muito comum a utilização de ladrilhos ou azulejos com a forma de polígonos para o revestimento de pisos ou paredes. Entretanto, não são todas as combinações de polígonos que se prestam a pavimentar uma superfície plana, sem que haja falhas ou superposições de ladrilhos, como ilustram as figuras:

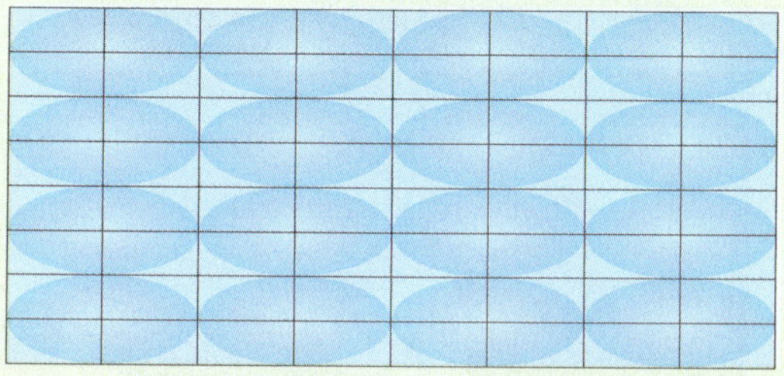

figura 1: Ladrilhos retangulares pavimentando o plano

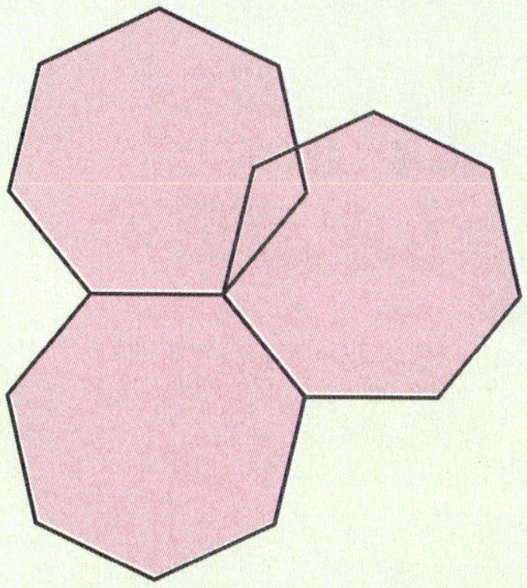

figura 2: Heptágonos regulares não pavimentam o plano (há falhas ou superposição)

ILUSTRAÇÕES: ANDERSON DE ANDRADE PIMENTEL

A tabela traz uma relação de alguns polígonos regulares, com as respectivas medidas de seus ângulos internos.

Nome	Triângulo	Quadrado	Pentágono
Figura	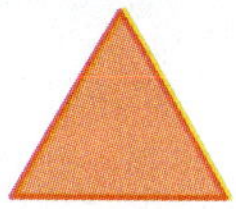	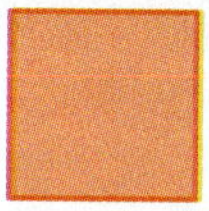	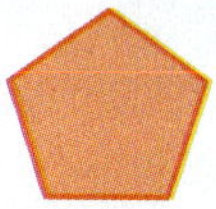
Ângulo interno	60°	90°	108°
Nome	Hexágono	Octógono	Eneágono
Figura		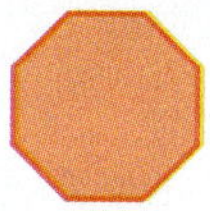	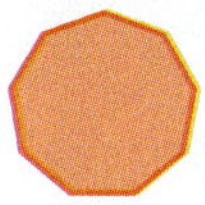
Ângulo interno	120°	135°	140°

Se um arquiteto deseja utilizar uma combinação de dois tipos diferentes de ladrilhos entre os polígonos da tabela, sendo um deles octogonal, o outro tipo escolhido deverá ter a forma de um:

a) triângulo.
b) quadrado.
c) pentágono.
d) hexágono.
e) eneágono.

DESAFIO

No caderno, marque um ponto A e construa várias circunferências, com raio de medida 3 centímetros, que passem por ele.

Determine a figura geométrica formada pelos centros das circunferências.

EDUARDO FRANCISCO

Reprodução proibida. Art.184 do Código Penal e Lei 9.610 de 19 de fevereiro de 1998.

CAPÍTULO 10

Medidas de comprimento e de tempo

É hora de observar e discutir

O atleta jamaicano Usain Bolt é detentor de recordes mundiais nos 100 metros rasos e 200 metros rasos, bem como no revezamento 4×100 metros. Em 2016, deu os 41 passos em direção à vitória, na prova dos 100 metros, no Rio de Janeiro, com o tempo de 9,81 segundos.

- Se você participasse de uma prova de 100 metros rasos, precisaria dar quantos passos para concluí-la? Qual é o tamanho aproximado do seu passo, em centímetro?
- Com base no texto acima, responda: na sua opinião, Bolt levaria quanto tempo para concluir a prova de 200 metros rasos? A distância da prova e o tempo para percorrê-la estão relacionados? Como?

CAMERON SPENCER/GETTY IMAGES

Usain Bolt durante a final da prova de 100 metros rasos nos Jogos Olímpicos do Rio de Janeiro (RJ), 2016. Ele conquistou a medalha de ouro e tornou-se tricampeão da prova.

Trocando ideias

No dia a dia, usamos medidas em muitas situações. Há diversos tipos de medida: de massa, de capacidade, de tempo, de temperatura, de comprimento, de superfície, de espaço ocupado por algo etc. Observe alguns exemplos de perguntas relacionadas a medidas:

OLEKSIY MAKSYMENKO PHOTOGRAPHY/ ALAMY/GLOW IMAGES

Qual é a **largura** desse carro?

INIGOCIA/SHUTTERSTOCK

Qual foi o melhor **tempo** obtido pelo ciclista?

VALDIS SKUDRE/SHUTTERSTOCK

Qual é a **altura** desse prédio?

CHRISTIAN PETERSEN/GETTY IMAGES

Qual é a **duração** dessa partida?

Todas as perguntas se referem a alguma destas **grandezas**: **comprimento** ou **tempo**.

Para medir uma grandeza, nós a comparamos com outra grandeza da mesma espécie, tomada como **unidade de medida**.

- Que grandeza e que unidade de medida estão relacionadas a cada situação acima?

Neste capítulo, vamos estudar as medidas de **comprimento** e de **tempo** e também a relação entre diferentes unidades de medida.

Reprodução proibida. Art.184 do Código Penal e Lei 9.610 de 19 de fevereiro de 1998.

1 Metro

A primeira grandeza que vamos estudar será o **comprimento**, cuja unidade-padrão é o **metro**. Observe algumas situações que envolvem medidas em metro:

2º BBM/ASCOM CBM-MT

Uma sucuri de aproximadamente 6 metros de **comprimento** foi capturada por bombeiros em Várzea Grande, na região metropolitana de Cuiabá (MT).

SUPHATTHRA CHINA/SHUTTERSTOCK

Algumas piscinas apresentam placas que indicam sua **profundidade**. Nessa piscina a placa indica que a profundidade é de 0,90 metros.

GREGORY BOISSY/AFP

Gabriel Medina durante a final da 14ª edição do Billabong Pro Tahiti, em Teahupoo, Tahiti, 2014. O surfista enfrentou ondas de 4 metros de **altura** e, aos 20 anos de idade, conquistou o primeiro título brasileiro nesse campeonato.

Reprodução proibida. Art.184 do Código Penal e Lei 9.610 de 19 de fevereiro de 1998.

A palavra *metro* vem do grego *métron* e significa "o que mede".

O metro é a unidade-padrão para medir comprimentos no **Sistema Internacional de Unidades** (SI). O símbolo de metro é **m**.

> **Sistema Internacional de Unidades**
> É utilizado para padronizar unidades de medida em todo o mundo.

Um pouco de história

O sistema métrico decimal

Na Antiguidade, cada povo utilizava uma unidade de medida, o que dificultava as trocas de produtos entre pessoas de sociedades diferentes. Com o desenvolvimento do comércio, tornou-se cada vez mais difícil a troca de informações e as negociações.

Por causa dessa dificuldade, em 1789, a Academia de Ciências da França unificou o sistema de medidas no país com base em padrões precisos, científicos e simples. Dessa forma, foi criado o **sistema métrico decimal**, instituído oficialmente em junho de 1799. Ele recebeu esse nome porque, com base em uma unidade-padrão, as demais são obtidas por meio da multiplicação ou da divisão dessa unidade por 10, por 100, por 1 000 etc.

O Sistema Internacional de Unidades (SI), aprovado em 1960 e utilizado hoje em quase todos os países, é a versão atualizada do sistema métrico decimal.

Reprodução proibida. Art.184 do Código Penal e Lei 9.610 de 19 de fevereiro de 1998.

Múltiplos e submúltiplos do metro

Além da unidade fundamental de comprimento (o metro), há seus múltiplos e submúltiplos.

Observe o quadro abaixo, que apresenta os múltiplos (unidades maiores que o metro) e os submúltiplos (unidades menores que o metro) do metro que fazem parte do SI.

	Quadro de unidades						
	Múltiplos			**Unidade fundamental**	**Submúltiplos**		
Unidade	quilômetro	hectômetro	decâmetro	metro	decímetro	centímetro	milímetro
Símbolo	km	hm	dam	m	dm	cm	mm
Relação com o metro	1 000 m	100 m	10 m	1 m	0,1 m	0,01 m	0,001 m

Para medidas extremamente pequenas, como a de seres microscópicos, em que é necessária muita precisão, utilizamos o submúltiplo do metro chamado **micrômetro**.

> **Micrômetro**
> Milionésima parte de um metro.

$$1 \text{ micrômetro} = 1\,\mu\text{m} = 0{,}000001 \text{ m}$$

Para distâncias extremamente grandes, como distância entre estrelas e planetas, utilizamos a **unidade astronômica** (UA), que equivale a aproximadamente 150 bilhões de metros.

Lendo e aprendendo

O pé, a polegada, a jarda e a milha

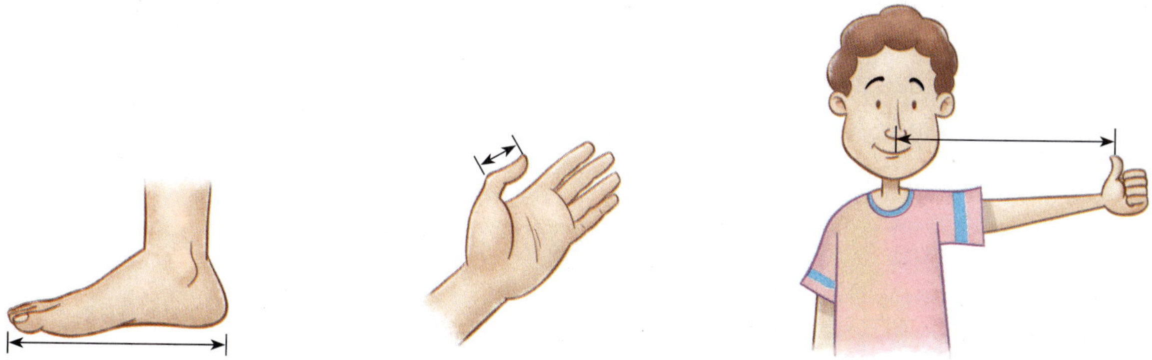

pé polegada jarda

O pé, a polegada, a jarda e a milha não fazem parte do sistema métrico decimal e são unidades de medida usadas em países de língua inglesa. Observe as relações dessas unidades com o metro:

- 1 pé = 30,48 cm
- 1 polegada = 2,54 cm
- 1 jarda = 91,44 cm
- 1 milha terrestre = 1 609 m
- 1 milha marítima = 1 852 m

Verifique que:

- 1 pé = 12 polegadas
- 1 jarda = 3 pés

Reprodução proibida. Art. 184 do Código Penal e Lei 9.610 de 19 de fevereiro de 1998.

EXERCÍCIOS

1 Qual é a necessidade do uso do SI?

2 Qual é a unidade de medida mais adequada para medir:

a) o comprimento de uma rua?

b) a distância entre duas cidades?

c) o comprimento de uma caneta?

d) a espessura de um livro?

e) a espessura de uma ponta de grafite?

3 Consultando as informações acima, calcule o valor correspondente em metro de:

a) 25 milhas terrestres;

b) 25 milhas marítimas.

4 Em um prédio foram utilizados tubos de aço de 4 polegadas para montar a tubulação de incêndio. A quantos centímetros correspondem 4 polegadas? (1 polegada = 2,54 cm)

5 Quantas polegadas correspondem a uma jarda?
(1 polegada = 2,54 cm; 1 jarda = 91,44 cm)

2 Leitura das medidas de comprimento

A leitura das medidas de comprimento pode ser feita com o auxílio do quadro de unidades.

Observe, neste exemplo, como fazemos para ler a medida 15,048 m.

1º) Elaboramos o quadro de unidade de medida.

km	hm	dam	m	dm	cm	mm

2º) Escrevemos o número no quadro de unidades, localizando o último algarismo da parte inteira sob a sua respectiva unidade.

km	hm	dam	m	dm	cm	mm
		1	5,	0	4	8

Observe que cada algarismo corresponde a uma unidade de comprimento.

3º) Lemos a parte inteira acompanhada da unidade de medida do seu último algarismo. Da mesma forma, lemos a parte decimal acompanhada da unidade de medida do último algarismo: "quinze metros e quarenta e oito milímetros".

Observe os exemplos a seguir:

- 2,05 km ⟶ Lemos: "dois quilômetros e cinco decâmetros".
- 64,106 dam ⟶ Lemos: "sessenta e quatro decâmetros e cento e seis centímetros".
- 0,007 m ⟶ Lemos: "sete milímetros".

Cuidado!

Os símbolos das unidades de medida são escritos com letras minúsculas e sem ponto. Não há plural para os símbolos dessas unidades. Por isso, escrevemos:

Reprodução proibida. Art. 184 do Código Penal e Lei 9.610 de 19 de fevereiro de 1998.

3 Transformação das unidades de medida de comprimento

No sistema métrico decimal, a transformação de unidades de comprimento segue esta regra:

> Cada unidade de comprimento equivale a 10 vezes a unidade imediatamente inferior.

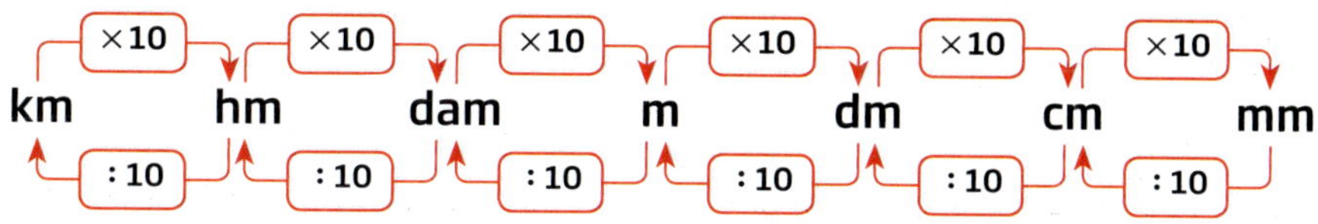

Observe a seguir exemplos de transformação de unidades de medida.

- Transformar 16,584 hm em metro.

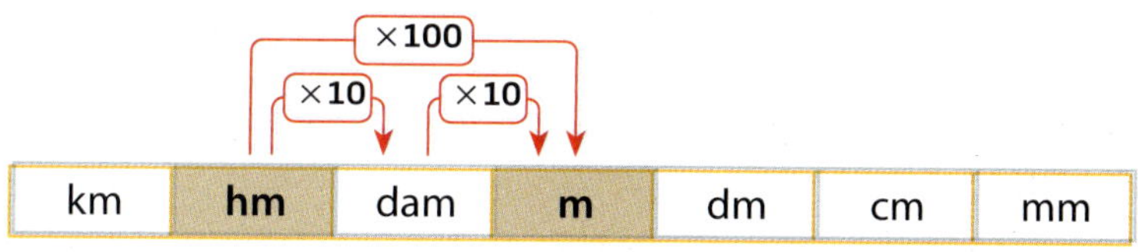

Para transformar hectômetro em metro (**duas posições à direita**), devemos **multiplicar por 100** ($10 \cdot 10$).

$$16{,}584 \cdot 100 = 1658{,}4$$

Ou seja: 16,584 hm = 1 658,4 m.

- Transformar 1,463 dam em centímetro.

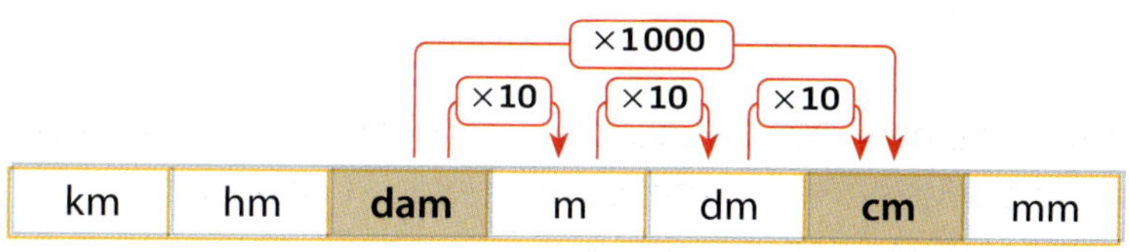

Para transformar decâmetro em centímetro (**três posições à direita**), devemos **multiplicar por 1 000** ($10 \cdot 10 \cdot 10$).

$$1{,}463 \cdot 1000 = 1463$$

Ou seja: 1,463 dam = 1 463 cm.

- Transformar 176,9 m em decâmetro.

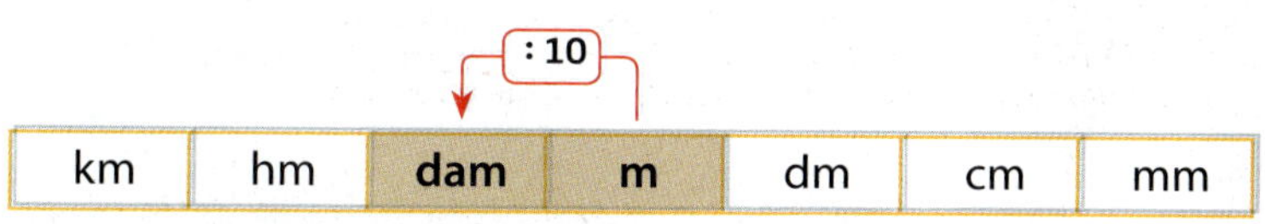

Para transformar metro em decâmetro (**uma posição à esquerda**), devemos **dividir por 10**.

$$176{,}9 : 10 = 17{,}69$$

Ou seja: 176,9 m = 17,69 dam.

Reprodução proibida. Art.184 do Código Penal e Lei 9.610 de 19 de fevereiro de 1998.

▸ Transformar 978 m em quilômetro.

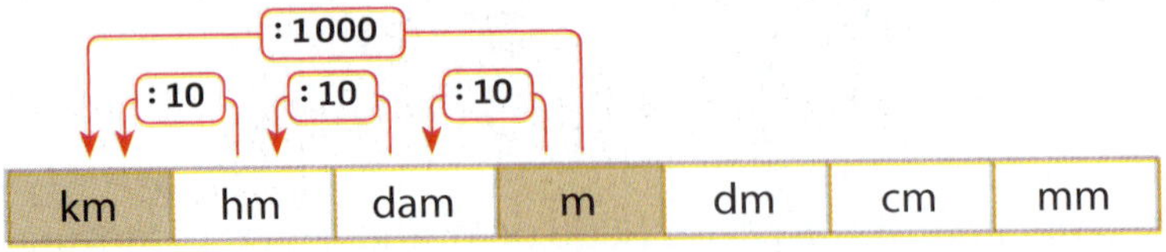

Para transformar metro em quilômetro (**três posições à esquerda**), devemos **dividir por 1 000**.

$$978 : 1000 = 0{,}978$$

Ou seja: 978 m = 0,978 km.

Observação

Para resolver uma expressão formada por termos em diferentes unidades, devemos inicialmente transformá-los em uma mesma unidade e, a seguir, efetuar as operações.

Exemplo

Efetue a expressão e dê o resultado em metro.

1,6 km + 30 dam + 654 cm = 1 600 m + 300 m + 6,54 m = 1 906,54 m

Reprodução proibida. Art.184 do Código Penal e Lei 9.610 de 19 de fevereiro de 1998.

Curiosidade

Conhecendo as medidas do Antonov An-225 Mriya

O maior avião do mundo, o Antonov An-225 Mriya, pousou pela primeira vez no Aeroporto Internacional de Viracopos, em Campinas (SP), vindo de Houston, nos Estados Unidos. A aeronave mede 84 m de comprimento, tem 88,4 m de envergadura (distância entre a ponta das asas) e pesa 175 toneladas sem carga e combustível. Com seis turbinas, o An-225 pode carregar até 250 toneladas no compartimento de cargas. Além disso, pode transportar itens nas partes externas e superior da fuselagem.

Observe alguns comparativos desse avião:

ERICSON GUILHERME LUCIANO

PAULO LOPES/FUTURA PRESS

Dados obtidos em: <http://www.g1.globo.com>. Acesso em: 9 maio 2017.

Conteúdo digital
• Animação:
Quais são os animais mais barulhentos?

EXERCÍCIOS

6 Escreva como se leem as medidas abaixo.

a) 3,24 m
b) 0,008 m
c) 3,4 cm
d) 57,8 hm
e) 0,725 dam
f) 8,5 km

7 Escreva a representação simplificada de cada uma das medidas abaixo.

a) dezesseis metros
b) quinze quilômetros e vinte decâmetros
c) seis metros e doze milímetros
d) seis decímetros e quatro milímetros

8 Paula mediu com uma régua graduada em centímetro o comprimento da tampa da sua caneta. Sabendo que nessa régua cada centímetro está dividido em dez partes (milímetros), responda às questões.

JUNIOR ROZZO

a) Qual é o comprimento da tampa da caneta em centímetro?
b) Qual é o comprimento da tampa da caneta em milímetro?

9 Transforme:

a) 0,73 km em metro;
b) 0,36 hm em centímetro;
c) 8,15 m em milímetro.

10 Transforme:

a) 3,4 dam em quilômetro;
b) 2,14 cm em hectômetro;
c) 20 mm em metro.

11 Expresse as medidas em metro.

a) 18 km
b) $\frac{1}{2}$ mm
c) $\frac{3}{8}$ dam
d) $\frac{1}{5}$ dm

12 Expresse as medidas em quilômetro.

a) 15 000 m
b) $2\frac{3}{4}$ dam
c) $4\frac{3}{8}$ hm
d) $\frac{3}{10}$ m

13 Calcule, em metro, o valor das expressões.

a) $2\frac{2}{5}$ dam + $1\frac{3}{4}$ hm
b) 2,4 km + 82 hm + 12,5 dam
c) $\frac{7}{8}$ km + $\frac{1}{2}$ hm + 7 dm

14 O atleta brasileiro Thiago Braz, com a marca de 6,03 m, é o recordista olímpico de salto com vara. Renaud Lavillenie, atleta francês, é o recordista mundial, com 6,16 m. Qual é a diferença, em centímetro, entre essas duas marcas?

KYODO NEWS/GETTY IMAGES

Thiago Braz durante apresentação nos Jogos Olímpicos do Rio de Janeiro (RJ), 2016.

15 As maiores ondas surfáveis do mundo ocorrem no Havaí e atingem até 10,85 m de altura. Quantas vezes um surfista com 175 cm de altura cabe nessas ondas?

MANA PHOTO/SHUTTERSTOCK

O surfista Evan Valiere durante o Billabong Pipe Masters, em Pipeline, Havaí.

Conteúdo digital
• Atividade: Unidades de medida de comprimento

Reprodução proibida. Art.184 do Código Penal e Lei 9.610 de 19 de fevereiro de 1998.

4 Perímetro de um polígono

Na figura ao lado, temos a representação de uma mesa do tênis de mesa com a indicação das dimensões oficiais. Qual é a medida do comprimento da linha branca que contorna a mesa?

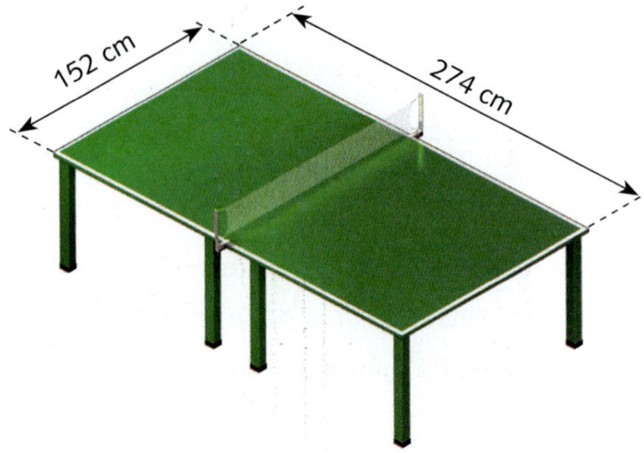

Para responder a essa pergunta, devemos adicionar as medidas dos lados da mesa:

152 cm + 274 cm + 152 cm + 274 cm = 852 cm

Portanto, a linha branca que contorna a mesa tem 852 cm de comprimento.

A medida do comprimento do **contorno** da mesa corresponde ao **perímetro** da mesa.

> A soma das medidas de todos os lados de um polígono chama-se **perímetro**.

Perímetro do retângulo

Sendo b a medida da base ou medida do comprimento e h a medida da altura ou medida da largura, temos:

perímetro = $b + h + b + h = 2 \cdot b + 2 \cdot h = 2 \cdot (b + h)$

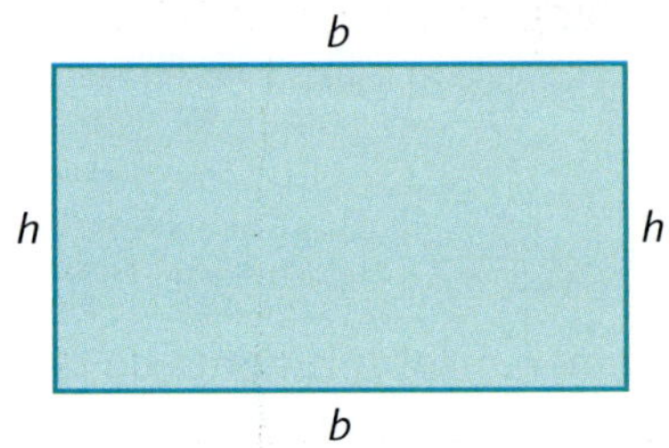

Perímetro dos polígonos regulares

Sendo ℓ a medida do lado do polígono regular e P o perímetro do polígono regular, temos:

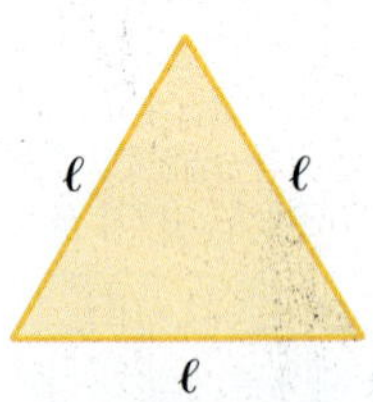

triângulo equilátero
$P = \ell + \ell + \ell$
$P = 3 \cdot \ell$

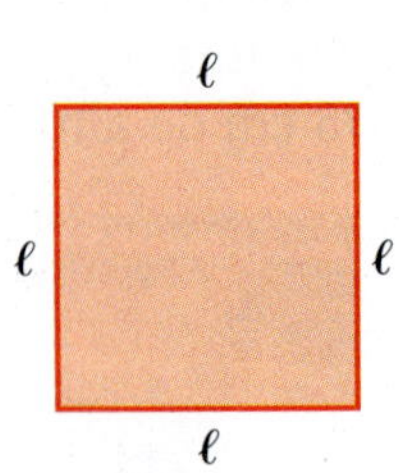

quadrado
$P = \ell + \ell + \ell + \ell$
$P = 4 \cdot \ell$

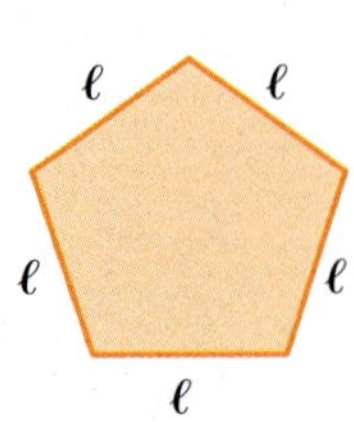

pentágono
$P = \ell + \ell + \ell + \ell + \ell$
$P = 5 \cdot \ell$

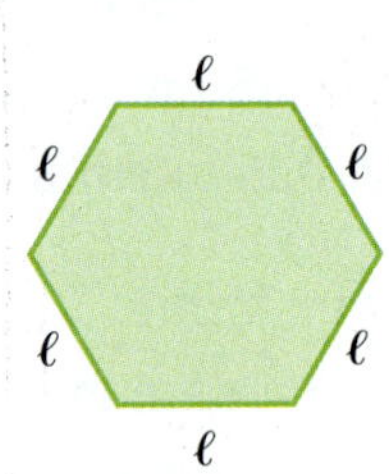

hexágono
$P = \ell + \ell + \ell + \ell + \ell + \ell$
$P = 6 \cdot \ell$

> Para um polígono regular de n lados, temos:
> $P = n \cdot \ell$

ILUSTRAÇÕES: ANDERSON DE ANDRADE PIMENTEL

Reprodução proibida. Art.184 do Código Penal e Lei 9.610 de 19 de fevereiro de 1998.

EXERCÍCIOS

16 Calcule o perímetro dos polígonos abaixo.

a)

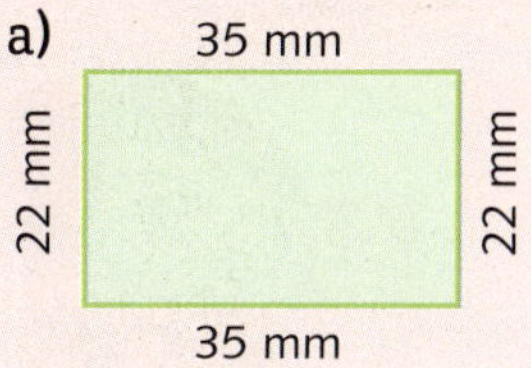

b)

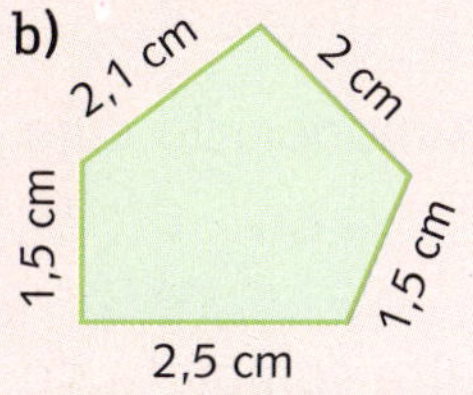

17 Calcule o perímetro de um quadrado de 13 cm de lado.

18 Calcule o perímetro de um retângulo com 2,5 m de base e 1,4 m de altura.

19 Determine, em milímetro, o perímetro de um hexágono regular de 5,6 cm de lado.

20 O perímetro de um quadrado é 2 dam. Calcule a medida do lado desse polígono em decímetro.

21 Um retângulo tem 36,8 m de comprimento e sua largura corresponde a $\frac{3}{4}$ da medida de seu comprimento. Calcule o perímetro do retângulo em decâmetro.

22 O perímetro de um retângulo é 60 cm, e a medida de sua base é o dobro da medida de sua altura. Determine as medidas da base e da altura do retângulo.

23 Quanto mede, em centímetro, o lado de um pentágono regular cujo perímetro é 1,12 m?

24 Um terreno quadrado de $\frac{3}{5}$ hm de lado vai ser cercado com quatro voltas de arame. Quantos metros de arame serão necessários?

25 Quantos metros de fita branca são necessários, aproximadamente, para marcar todas as linhas-limite de uma quadra de tênis oficial (conforme medidas indicadas na figura)?

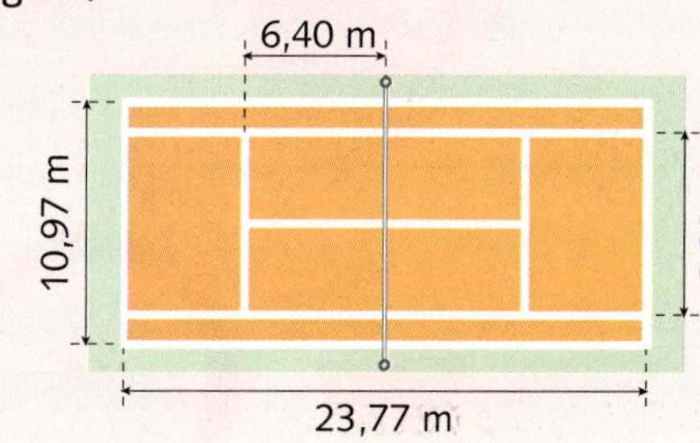

ILUSTRAÇÕES: ANDERSON DE ANDRADE PIMENTEL

Reprodução proibida. Art.184 do Código Penal e Lei 9.610 de 19 de fevereiro de 1998.

Lendo e aprendendo

Instrumentos de medida de comprimento

▸ Instrumentos do dia a dia

1

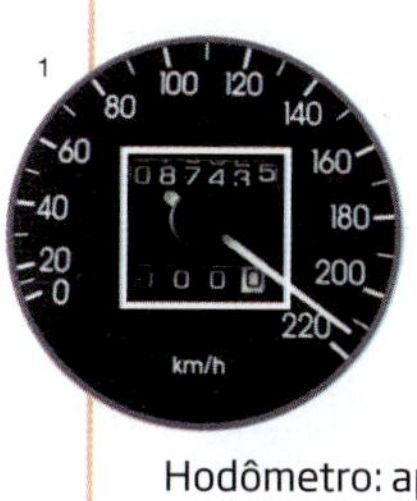

Hodômetro: aparelho usado para medir a distância percorrida.

2

Fita métrica.

3

Trena.

4

Metro de carpinteiro.

▸ Instrumentos de precisão

Micrômetro: instrumento utilizado para medir as dimensões lineares de um objeto. Ele apresenta graduação em centésimo de milímetro.

5

Paquímetro: instrumento utilizado para medir a distância entre lados opostos de um objeto. Ele é feito de aço inoxidável.

6

▸ Instrumentos que utilizam ondas

Sonar: aparelho que mede distâncias através de ondas sonoras de alta frequência.

7

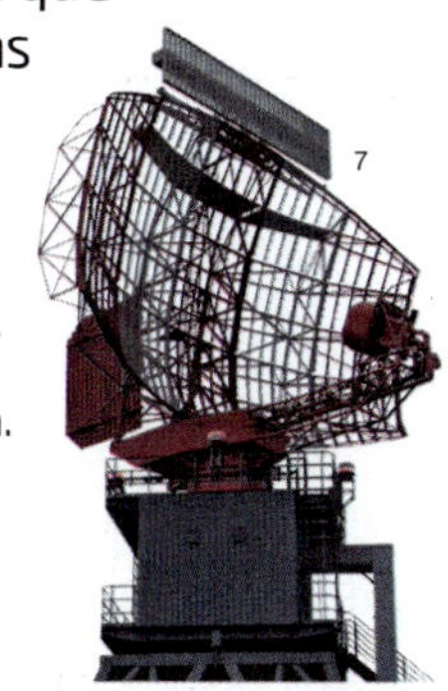

8

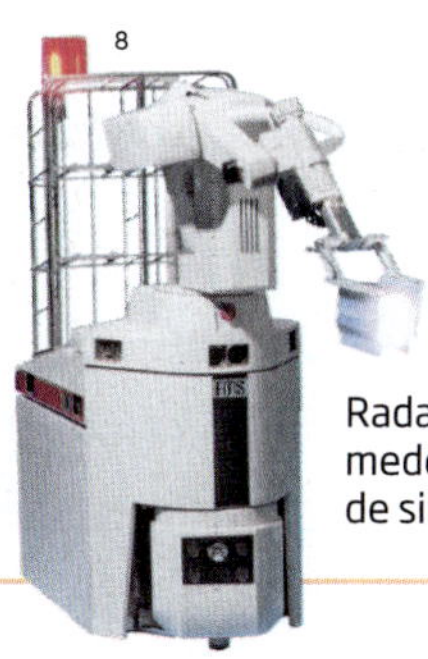

Radar: aparelho que mede distâncias através de sinais de rádio.

CRÉDITOS DAS FOTOS: 1. ADRIAN LUCKI/SHUTTERSTOCK; 2. JIRI HERA/SHUTTERSTOCK; 3. HSAGENCIA/SHUTTERSTOCK; 4. ALES VELUSCEK/GETTY IMAGES; 5. GYVAFOTO/SHUTTERSTOCK; 6. WITTAYA BUDDA/SHUTTERSTOCK; 7. HUGH THRELFALL/ALAMY/GLOW IMAGES; 8. ROGER RESSMEYER/CORBIS/VCG/GETTY IMAGES

5 Comprimento da circunferência

Na ilustração ao lado, Catarina brinca em um monociclo cujo pneu tem 40 cm de diâmetro.

DOUGLAS FRANCHIN

- A quantos centímetros corresponde cada volta completa do monociclo?

  É possível responder experimentalmente a essa pergunta seguindo o procedimento abaixo:

  1º) Envolva o pneu com um barbante bem ajustado. Marque, no barbante, o início e o fim dessa volta.

DOUGLAS FRANCHIN

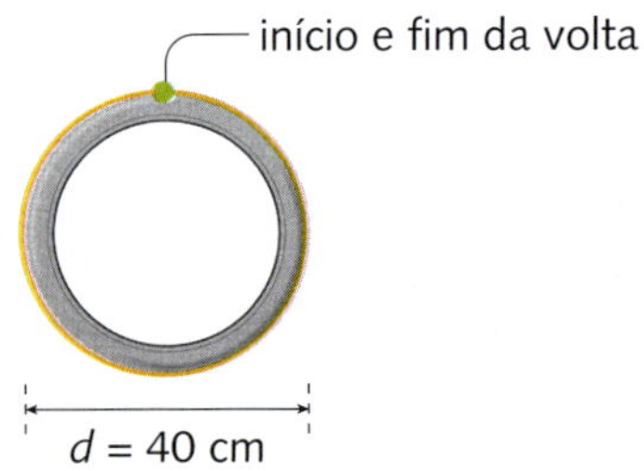

  2º) Estique o barbante e meça o comprimento.

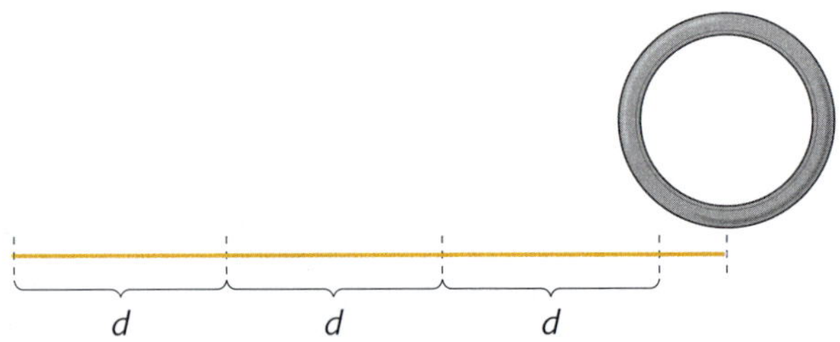

ANDERSON DE ANDRADE PIMENTEL

Você obterá a medida do comprimento da circunferência correspondente ao pneu.

Ao medir o barbante, você encontrará aproximadamente 125,6 cm, valor um pouco superior ao triplo da medida do diâmetro do pneu.

Agora, vamos aprender como determinar a medida desse comprimento por um processo não experimental.

Para isso, precisamos conhecer uma antiga descoberta matemática: o número **pi** (π).

> Quando dividimos a medida do comprimento de qualquer circunferência pela medida do seu diâmetro, obtemos sempre o mesmo resultado: 3,141592...
>
> Esse número é chamado de **pi** (π, no alfabeto grego).

Reprodução proibida. Art.184 do Código Penal e Lei 9.610 de 19 de fevereiro de 1998.

Ou seja, a relação entre a medida do comprimento (C) e a medida do diâmetro (d) da circunferência é:

$$\frac{C}{d} = \pi$$

Logo:

$$\frac{C}{d} = \pi \Rightarrow C = d \cdot \pi \Rightarrow C = 2 \cdot r \cdot \pi \Rightarrow \boxed{C = 2\pi \cdot r}$$

A medida do diâmetro é o dobro da medida do raio ($d = 2r$).

Por meio dessa fórmula, podemos determinar a medida do comprimento de qualquer circunferência.

Agora, vamos conferir a medida do comprimento do pneu obtida experimentalmente:

$$C = 2\pi \cdot r \Rightarrow C = 2 \cdot 3{,}14 \cdot (20 \text{ cm}) \Rightarrow C = 125{,}6 \text{ cm}$$

Observação

Costuma-se considerar: $\pi = 3{,}14$.

Reprodução proibida. Art.184 do Código Penal e Lei 9.610 de 19 de fevereiro de 1998.

EXERCÍCIOS

26 Determine a medida do diâmetro de uma circunferência cujo raio mede:

a) 1,25 cm;   b) $\frac{3}{4}$ dam.

27 Determine a medida do raio de uma circunferência cujo diâmetro mede:

a) 7 cm;   b) 0,016 km.

28 Calcule a medida do comprimento de cada uma das circunferências.

a)
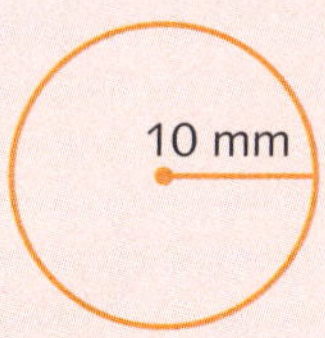

b)
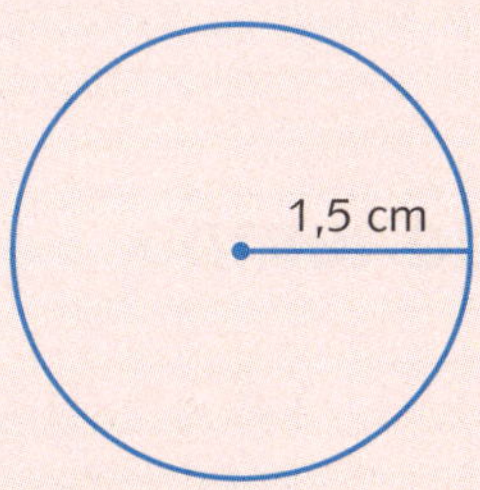

ANDERSON DE ANDRADE PIMENTEL

29 O que é o π (pi)? Como o obtemos?

30 A medida do diâmetro externo de um DVD (*digital versatile disc*) é 12 cm. Qual é a medida do comprimento da circunferência externa desse DVD?

31 A medida do diâmetro da roda de uma moto é 60 cm. Qual é a medida do seu comprimento? Que distância, em quilômetro, um motoqueiro terá percorrido após a roda da moto ter dado 2 000 voltas inteiras?

32 Em um relógio de forma circular o ponteiro maior mede 18 cm.

ERASHOV/SHUTTERSTOCK

Responda:

a) Que distância a extremidade desse ponteiro percorre em uma hora?

b) Que distância essa extremidade percorre em 10 minutos?

33 O comprimento da circunferência máxima em volta do Sol é, aproximadamente, 4 373 000 km. Determine a medida do diâmetro e do raio do Sol.

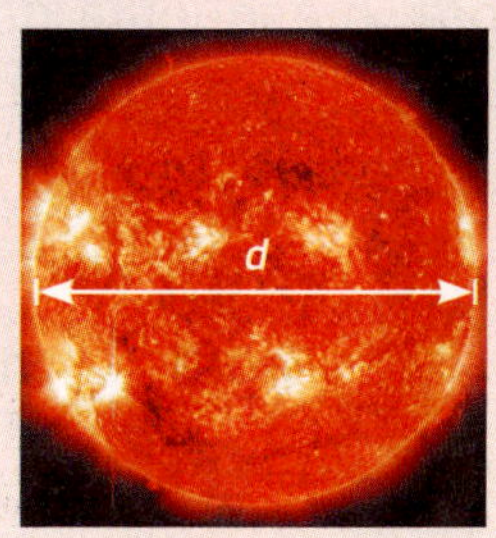

SDO/GODDARD SPACE FLIGHT CENTER/NASA

6 Segundo

O Sol foi o primeiro relógio usado pelo ser humano. O intervalo de tempo natural decorrido entre as sucessivas passagens do Sol sobre determinado **meridiano** dá origem ao dia solar.

Meridiano
Qualquer um dos círculos máximos da esfera terrestre que passam pelos polos.

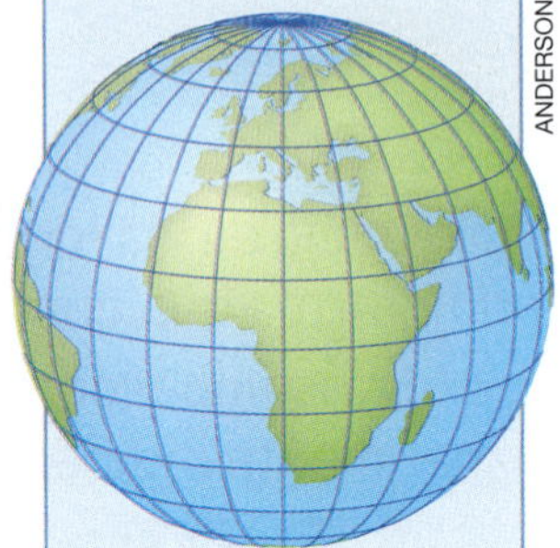
ANDERSON DE ANDRADE PIMENTEL

> O **segundo** (s) é o tempo equivalente a $\frac{1}{86\,400}$ do dia solar médio.

As medidas de tempo não pertencem ao sistema métrico decimal.

As horas, os minutos e os segundos formam um **sistema sexagesimal**, já que uma hora representa 60 minutos e um minuto representa 60 segundos.

Quando medimos intervalos de tempo menores que um segundo, utilizamos décimos, centésimos e milésimos de segundo, que fazem parte do sistema decimal.

Múltiplos e submúltiplos do segundo

Observe o quadro:

	Quadro de unidades						
	Múltiplos			Unidade fundamental	Submúltiplos		
Unidade	dia	hora	minuto	segundo	décimo de segundo	centésimo de segundo	milésimo de segundo
Símbolo	d	h	min	s	–	–	–
Relação com o segundo	86 400 s	3 600 s	60 s	1 s	0,1 s	0,01 s	0,001 s

Transformações das unidades de tempo

Observe as relações entre as unidades de tempo:

- $1\ min = 60\ s$
- $1\ h = 1 \cdot 60\ min = 60\ min = 60 \cdot 60\ s = 3\,600\ s$
- $1\ d = 24\ h = 24 \cdot 60\ min = 1\,440\ min = 1\,440 \cdot 60\ s = 86\,400\ s$

Veja, agora, o esquema de transformações entre as principais unidades de medida de tempo.

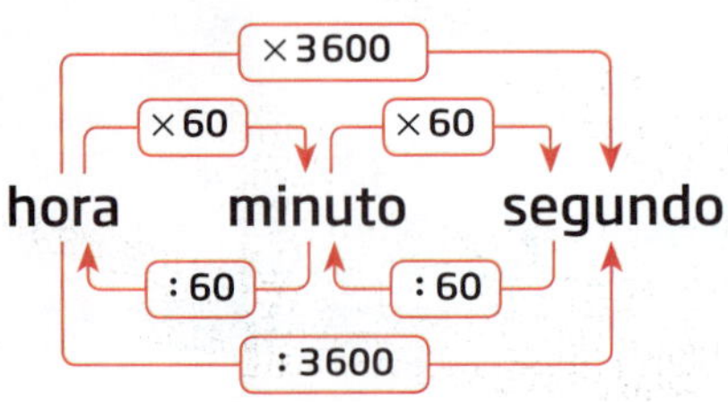

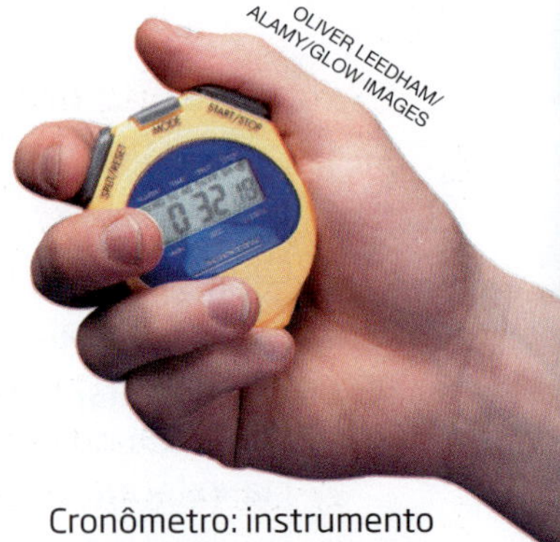
OLIVER LEEDHAM/ ALAMY/GLOW IMAGES

Cronômetro: instrumento de precisão para medir intervalos de tempo.

Reprodução proibida. Art.184 do Código Penal e Lei 9.610 de 19 de fevereiro de 1998.

Leitura das unidades de tempo

Devemos ler cada unidade de medida de tempo separadamente.

Exemplos

- 2 h 50 min 3 s → Lemos: "duas horas, cinquenta minutos e três segundos".
- 3 d 6 h 40 min → Lemos: "três dias, seis horas e quarenta minutos".
- 9,90 s ou 9 s 90 → Lemos: "nove segundos e noventa centésimos de segundo".

Cuidado!

Nunca escreva 2,40 h para representar 2 h 40 min, pois o sistema de medidas de tempo não é decimal.
Observe:

$$2{,}40\text{ h} = 2\text{ h} + \frac{40}{100}\text{ h} = 2\text{ h e } 24\text{ min}$$

$$\frac{4\cancel{0}}{10\cancel{0}} \cdot 6\cancel{0}\text{ min} = 24\text{ min}$$

Curiosidade

Outras unidades de medida de tempo

mês comercial = 30 dias
ano comercial = 360 dias
ano normal = 365 dias e 6 horas
ano bissexto = 366 dias
semana = 7 dias

quinzena = 15 dias
bimestre = 2 meses
trimestre = 3 meses
quadrimestre = 4 meses
semestre = 6 meses

biênio = 2 anos
lustro ou quinquênio = 5 anos
década = 10 anos
século = 100 anos
milênio = 1 000 anos

Lendo e aprendendo

O mais longo voo movido a biocombustível da história da aviação

Em julho de 2012, uma companhia holandesa realizou o mais longo voo de uma aeronave movida a **biocombustível** da história da aviação. Saindo do aeroporto Amsterdam-Schipol, na Holanda, às 6 h 15 min (horário de Brasília), o Boeing 777-200 da empresa pousou no Rio de Janeiro às 17 h 55 min (horário de Brasília) especialmente para a Conferência Rio+20.

O voo teve duração de 11 h 40 min.

Biocombustível
Combustível de origem vegetal – como o etanol – que pode substituir a gasolina ou ser adicionado a ela.

CHRIS PARYPA PHOTOGRAPHY/SHUTTERSTOCK

O Boeing 777-200 foi abastecido com combustível sustentável feito de óleo de cozinha usado.

Reprodução proibida. Art.184 do Código Penal e Lei 9.610 de 19 de fevereiro de 1998.

EXERCÍCIOS

34 Qual é a unidade-padrão de tempo?

35 A quantos minutos correspondem 2,50 h?

36 Quantas horas há em uma quinzena?

37 No Grande Prêmio de Fórmula 1 da Rússia de 2017, o vencedor foi Valtteri Bottas, com o tempo de 1 h 28 min 8,743 s. O segundo colocado, Sebastian Vettel, recebeu a bandeirada 0,617 s após o vencedor. Qual foi o tempo de prova de Sebastian Vettel?

CLIVE MASON/GETTY IMAGES

Carros pilotados por Bottas e Vettel durante o Grande Prêmio de Fórmula 1, em Sochi, Rússia, 2017.

38 Um relógio marca 11 h 30 min, mas está atrasado três quartos de hora. Que horas são?

DOUGLAS FRANCHIN

Agora responda:

- Você já deve ter ouvido a frase "Tempo é dinheiro". Você sabe explicar o significado dela?
- Cite um exemplo de economia de dinheiro com o aproveitamento do tempo.

39 Uma mangueira despeja 0,2 litro de combustível, por segundo, no tanque de um automóvel. Quanto tempo leva, em minuto, para encher um tanque de 60 litros?

DOUGLAS FRANCHIN

40 Um Boeing partiu do Rio de Janeiro (RJ) para Madri, na Espanha, sem escalas, às 17 h 15 min de determinado dia. Observe o mapa de fusos horários.

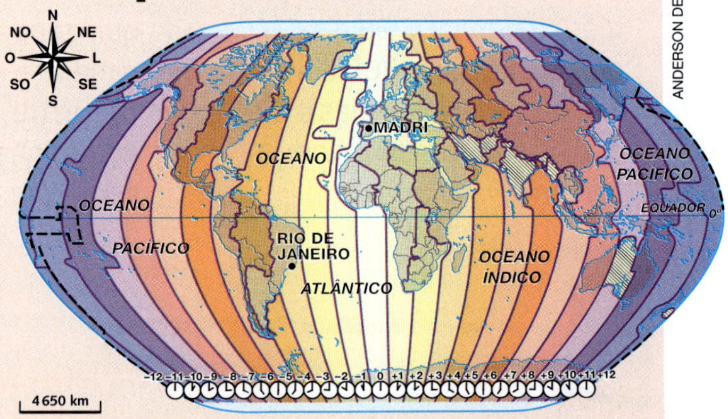

ANDERSON DE ANDRADE PIMENTEL

Sabendo que a duração do voo é 9 h 30 min, qual é o horário previsto para a chegada desse Boeing a Madri?

41 O segundo tempo do jogo entre Corinthians e Ponte Preta, no dia 7 de maio de 2017, teve 3 minutos de acréscimo. Esse tempo em segundos é igual a:

a) 60 segundos.

b) 100 segundos.

c) 120 segundos.

d) 160 segundos.

e) 180 segundos.

Lendo e aprendendo

Os 50 m livre da natação

A prova dos 50 m livre é a mais rápida da natação e, assim como os 100 m livre, pode ser feita em qualquer estilo, porém o *crawl* é o preferido pelos atletas por permitir maior velocidade. A prova pode ser disputada em piscina longa ou curta. A longa, de 50 m, é chamada de piscina olímpica, e a curta, denominada semiolímpica, mede 25 m.

O recorde mundial masculino, de 20,91s, pertence ao brasileiro Cesar Cielo.

Veja, no gráfico abaixo, as marcas dos dez últimos recordista mundiais dos 50 m livre em piscina longa.

TIMOTHY CLARY/AFP

Cesar Cielo.

RECORDISTAS MUNDIAIS DOS 50 M LIVRE EM PISCINA LONGA. (em segundo)

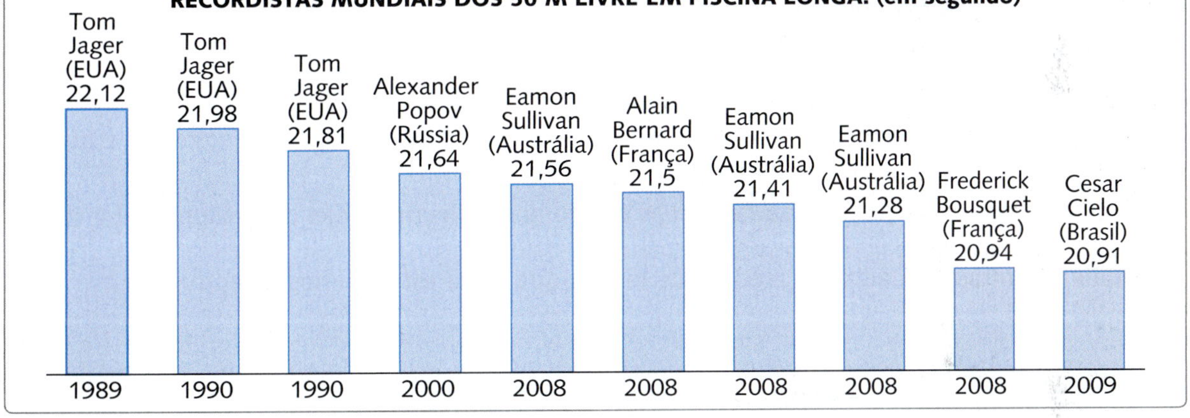

ERICSON GUILHERME LUCIANO

Dados obtidos em: <http://www.acervoglobo.com.br>. Acesso em: 18 mar. 2017.

Reprodução proibida. Art.184 do Código Penal e Lei 9.610 de 19 de fevereiro de 1998.

Trabalhando em equipe

Forme dupla com um colega. No **Lendo e aprendendo** acima, conhecemos os recordes mundiais de grandes atletas da natação nos 50 m livre. Dois deles foram:

- o de Tom Jager, em 1989 - 22,12 s;
- o de Cesar Cielo, em 2009 - 20,91 s.

1 Expressem, em segundo, a diferença entre as marcas dos dois atletas.

2 Com uma calculadora, determinem a velocidade média de cada atleta.

A velocidade média é calculada com base na seguinte fórmula:

$$\text{velocidade média} = \frac{\text{distância percorrida}}{\text{tempo}}$$

A unidade da velocidade média é o metro por segundo (m/s).

Trabalhando os conhecimentos adquiridos

Autoavaliação

1 Sandro e Maria, alunos do 6º ano, mediram o comprimento e a largura dos tampos de suas carteiras escolares. Utilizando como unidade de medida seus respectivos palmos, eles encontraram medidas diferentes. Explique por que isso aconteceu.

2 Por que nosso sistema métrico é denominado decimal?

3 Escolha a palavra do quadro abaixo que completa corretamente cada texto. Depois, reescreva as frases, substituindo cada ■ pela palavra correta.

perímetro	centímetro	hodômetro	ano-luz
jarda	metro	radar	

a) O ■ é um submúltiplo do metro, ou seja, é uma unidade menor que o metro.

b) O ■ é usado para medir a distância percorrida.

c) A medida do contorno de uma figura geométrica plana é o ■ dessa figura.

d) A ■ é uma unidade de medida que não pertence ao sistema métrico decimal e é utilizada em países de língua inglesa.

e) Há instrumentos de medida de comprimento que utilizam ondas: um exemplo é o ■.

4 Quais foram as unidades de medida de tempo que você estudou neste capítulo?

Reprodução proibida. Art.184 do Código Penal e Lei 9.610 de 19 de fevereiro de 1998.

31

1 Escreva como se leem as seguintes medidas:

a) 2,57 km;

b) 36,8 dam;

c) $2\frac{1}{4}$ dm.

2 Efetue e dê os resultados em metro.

a) $\frac{1}{10}$ hm + $\frac{1}{20}$ km b) $\frac{3}{4}$ dam + $\frac{1}{2}$ hm

3 Um navio partiu do Rio de Janeiro (RJ), passou por Recife (PE) e pela Ilha da Madeira e chegou a Lisboa, em Portugal, percorrendo 6 480 milhas marítimas. Quantos quilômetros o navio percorreu?

DOUGLAS FRANCHIN

4 Uma peça de tecido tem 20,4 m de comprimento. Quero transformá-la em 20 retalhos de mesmo comprimento cada um. Quantos centímetros de comprimento terá cada retalho?

5 A espessura média de uma unha normal é 0,75 mm. A quantos micrômetros corresponde essa medida?

6 Uma torre tem 54 m de altura. A escada que conduz ao alto da torre tem 300 degraus. Expresse, em centímetro, a medida da altura de um degrau.

DESAFIO

Em marcha, o passo de Rubens mede, em média, 75 cm, e o de Carlos, 0,6 m. Em um percurso de 0,3 km, quantos passos Carlos dá a mais que Rubens?

1 Uma tartaruga percorreu, em um dia, 6,05 hm. No dia seguinte, percorreu mais 0,72 km e, no terceiro dia, mais 12 500 cm. Qual foi a distância que a tartaruga percorreu nos três dias?

2 23,73 dam foram convertidos para várias unidades diferentes. Das conversões abaixo, assinale a única que está errada.

a) 23 730 cm
b) 237,3 m
c) 2,373 hm
d) 0,02373 km

3 No teste de aptidão de um concurso da Polícia Militar de determinado estado, o candidato deve percorrer uma distância de 2 400 m em 12 minutos. Que alternativa indica esses valores de distância e tempo em quilômetro e hora, respectivamente?

a) 2,4 km e 2 h
b) 4,2 km e 0,2 h
c) 0,24 km e 0,2 h
d) 4,2 km e 2 h
e) 2,4 km e 0,2 h

4 Considere um mapa em que 1 cm corresponde a 200 000 cm da distância real. Se, no mapa, a distância entre duas cidades for de 25 cm, qual será a distância real em quilômetro?

5 Para cada prego de 30 mm que uma máquina fabrica, perde-se 0,2 cm de arame. Quantos pregos podem ser fabricados com um rolo de arame de 64 m de comprimento?

6 Uma máquina é capaz de engarrafar 1440 litros de refrigerante em 10 horas de funcionamento. Sabendo que cada garrafa tem 0,2 litro de capacidade, quantas garrafas estarão cheias em $3\frac{1}{4}$ horas?

ABID KATIB/GETTY IMAGES

7 Diego iniciou um treinamento de salto em altura. Na primeira semana, atingiu a marca de 1,86 m; na segunda semana, melhorou em 10% sua marca. Quantos centímetros ele saltou na segunda semana?

8 A soma das dimensões de um terreno retangular é 200 m. A maior dimensão do terreno excede a menor em 40 m. Quais são as dimensões do terreno?

9 Um terreno retangular mede 54 m de comprimento por 76 m de largura. Calcule a quantidade de arame farpado, em metro, necessária para cercá-lo com três voltas.

10 Uma sala tem 7,5 m de comprimento e 4,5 m de largura, com duas portas de 80 cm. Para cercar toda a sala, quantos metros de rodapé são necessários?

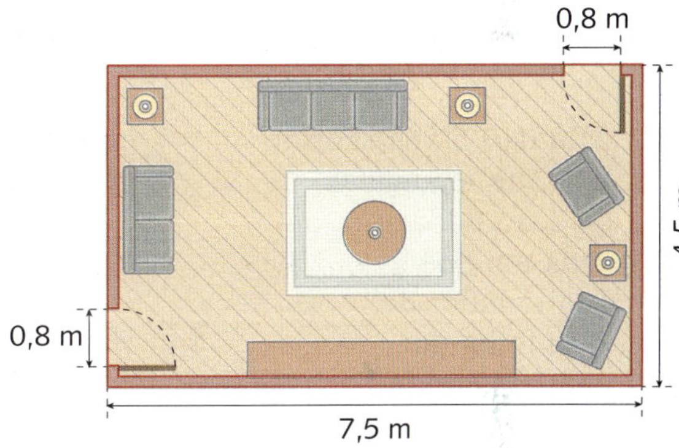

ANDERSON DE ANDRADE PIMENTEL

DESAFIO

Roberto quer igualar as pontas do cadarço de um sapato para, então, dar o laço. Se uma das pontas mede 7 cm, e a outra, 4 cm, quanto ele deve puxar na ponta menor para igualar as duas pontas?

DOUGLAS FRANCHIN

Conteúdo digital
• Animação: Grandezas e medidas

Reprodução proibida. Art.184 do Código Penal e Lei 9.610 de 19 de fevereiro de 1998.

1 Uma hora tem quantos segundos?

2 Um dia tem quantos segundos?

3 A que fração do ano comercial correspondem dez dias?

4 Uma semana tem quantas horas?

5 Um semestre tem quantos minutos?

6 Um ano bissexto tem quantas horas?

7 Um relógio marca 10 h 10 min 16 s. Que horas o relógio registrará daqui a 4000 segundos?

8 Um avião decolou de Fortaleza às $8\frac{3}{4}$ h e aterrissou em Salvador às $11\frac{1}{2}$ h. Quanto tempo o avião voou?

9 **(Obmep)** Márcia cortou uma tira retangular de 2 cm de largura de cada um dos quatro lados de uma folha de papel medindo 12 cm por 20 cm. Qual é o perímetro do pedaço de papel que sobrou?

DOUGLAS FRANCHIN

a) 48 cm
b) 50 cm
c) 52 cm
d) 54 cm
e) 56 cm

10 **(Obmep)** Quando João vai para a escola a pé e volta de ônibus, ele gasta uma hora e quinze minutos; quando vai e volta de ônibus, ele gasta meia hora. Para cada meio de transporte, o tempo gasto na ida é igual ao tempo gasto na volta. Quanto tempo ele gasta quando vai e volta a pé?

a) uma hora e meia
b) uma hora e quarenta e cinco minutos
c) duas horas
d) duas horas e quinze minutos
e) duas horas e meia

11 **(Obmep)** Oito vasos iguais, encaixados, formam uma pilha de 36 cm de altura, como na figura. Dezesseis vasos iguais aos primeiros, também encaixados, formam outra pilha de 60 cm de altura. Qual é a altura de cada vaso?

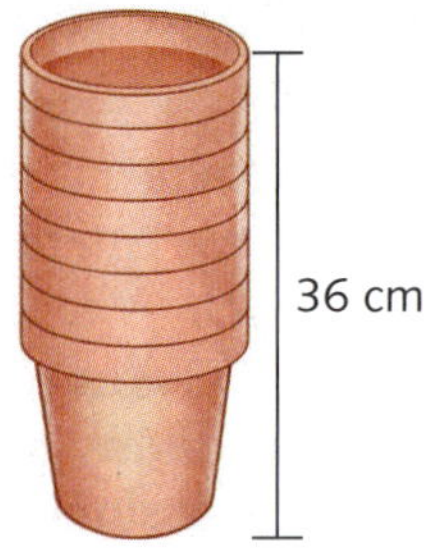

a) 15 cm
b) 16 cm
c) 18 cm
d) 20 cm
e) 22 cm

12 **(OBM)** Carla recortou o hexágono representado ao lado nas quatro partes: um triângulo, dois retângulos e um paralelogramo.

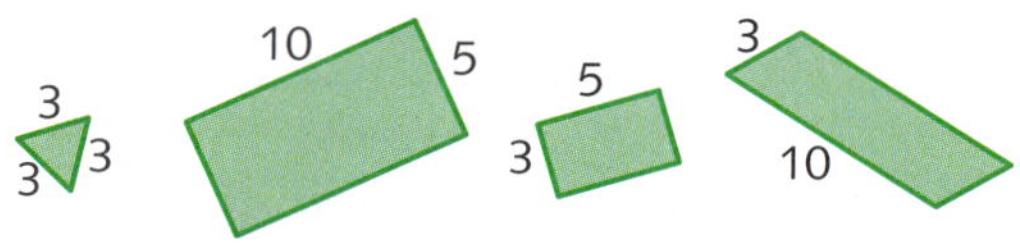

As medidas dessas figuras são dadas em centímetro. Qual é o perímetro do hexágono? Nota: perímetro de uma figura é a medida do comprimento da linha que contorna a figura.

a) 15 cm
b) 18 cm
c) 26 cm
d) 39 cm
e) 81 cm

ILUSTRAÇÕES: ANDERSON DE ANDRADE PIMENTEL

DESAFIO

No planeta Yozu, os dias têm 10 horas, e as horas têm 10 minutos. É costume nesse planeta a prática de um esporte chamado *yets*. Uma partida de *yets* dura 2 horas e 5 minutos. Se uma partida de *yets* começou às 9 h 6 min, a que horas ela terminará?

DOUGLAS FRANCHIN

Reprodução proibida. Art.184 do Código Penal e Lei 9.610 de 19 de fevereiro de 1998.

1 **(Enem)** Um mecânico de uma equipe de corrida necessita que as seguintes medidas realizadas em um carro sejam obtidas em metros:

a) distância a entre os eixos dianteiro e traseiro;

b) altura b entre o solo e o encosto do piloto.

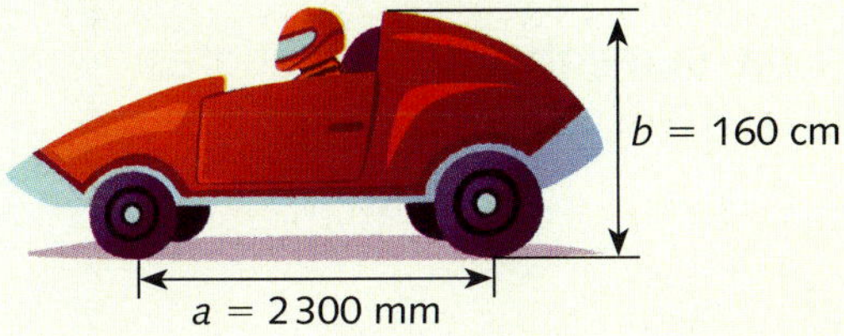

Ao optar pelas medidas a e b em metros, obtêm-se, respectivamente:

a) 0,23 e 0,16.
b) 2,3 e 1,6.
c) 23 e 16.
d) 230 e 160.
e) 2 300 e 1 600.

2 **(Enem)** O dono de uma oficina mecânica precisa de um pistão das partes de um motor, de 68 mm de diâmetro, para o conserto de um carro. Para conseguir um, esse dono vai até um ferro-velho e lá encontra pistões com diâmetros iguais a 68,21 mm; 68,102 mm; 68,001 mm; 68,02 mm e 68,012 mm.

Para colocar o pistão no motor que está sendo consertado, o dono da oficina terá de adquirir aquele que tenha o diâmetro mais próximo do que precisa.

Nessa condição, o dono da oficina deverá comprar o pistão de diâmetro:

a) 68,21 mm.
b) 68,102 mm.
c) 68,02 mm.
d) 68,012 mm.
e) 68,001 mm.

3 **(Obmep)** Uma formiguinha andou sobre a borda de uma régua, da marca de 6 cm até a marca de 20 cm. Ela parou para descansar na metade do caminho. Em que marca ela parou?

a) 11 cm
b) 12 cm
c) 13 cm
d) 14 cm
e) 15 cm

ILUSTRAÇÕES: DOUGLAS FRANCHIN

Reprodução proibida. Art.184 do Código Penal e Lei 9.610 de 19 de fevereiro de 1998.

4 **(Enem)**

Em 2010, um caos aéreo afetou o continente europeu, devido à quantidade de fumaça expelida por um vulcão na Islândia, o que levou ao cancelamento de inúmeros voos.

Cinco dias após o início desse caos, todo o espaço aéreo europeu acima de 6 000 metros estava liberado, com exceção do espaço aéreo da Finlândia. Lá, apenas voos internacionais acima de 31 mil pés estavam liberados.

Disponível em: <http://www1.folha.uol.com.br>. Acesso em: 21 abr. 2010 (adaptado).

Considere que 1 metro equivale a aproximadamente 3,3 pés.

Qual a diferença, em pés, entre as altitudes liberadas na Finlândia e no restante do continente europeu cinco dias após o início do caos?

a) 3 390 pés
b) 9 390 pés
c) 11 200 pés
d) 19 800 pés
e) 50 800 pés

DESAFIO

(Enem) O atletismo é um dos esportes que mais se identificam com o espírito olímpico. A figura ilustra uma pista de atletismo. A pista é composta por oito raias e tem largura de 9,76 m. As raias são numeradas do centro da pista para a extremidade e são construídas de segmentos de retas paralelas e arcos de circunferência. Os dois semicírculos da pista são iguais.

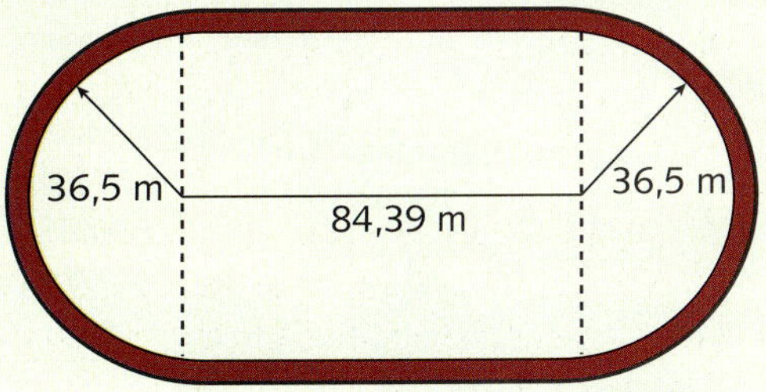

ANDERSON DE ANDRADE PIMENTEL

BIEMBENGUT, M. S. *Modelação matemática como método de ensino-aprendizagem de Matemática em cursos de 1º e 2º graus*. Dissertação de mestrado. IGCE/Unesp, Rio Claro, 1990 (adaptado).

Se os atletas partissem do mesmo ponto, dando uma volta completa, em qual das raias o corredor estaria sendo beneficiado?

a) 1 b) 4 c) 5 d) 7 e) 8

CAPÍTULO 11

Medidas de superfície e de volume

É hora de observar e discutir

As instalações da empresa Glaskoch Westfalian, na Alemanha, são inovadoras e possui fachada de vidro com as seguintes medidas: 40 m × 40 m × 7 m.

- Qual é a altura desse prédio?
- Qual é a área de cada uma das fachadas laterais?
- Esse prédio tem a forma de um paralelepípedo. Calcule o volume de um paralelepípedo com as dimensões desse prédio.

LEONARDO/KUBEILE LIFE & STYLE PR

Instalações da empresa Glaskoch Westfalian, em Bad Driburg, Alemanha.

Trocando ideias

- Observe as palavras nos quadros e descubra, nas perguntas abaixo, a(s) palavra(s) que está(ão) oculta(s).

área	metros cúbicos	metros quadrados	volume

PHOTOGRAPHEE.EU/SHUTTERSTOCK

Qual é a _____ do piso dessa sala?

Qual é o _____ deste bloco de gelo?

ANDREY EREMIN/SHUTTERSTOCK

Quantos _____ podem ser transportados neste caminhão?

JAROSLAV PACHY SR/SHUTTERSTOCK

BOUYBIN/SHUTTERSTOCK

Quantos _____ de azulejo foram necessários para revestir essa piscina?

Reprodução proibida. Art.184 do Código Penal e Lei 9.610 de 19 de fevereiro de 1998.

1 Metro quadrado

Luís colocou um tapete no chão, um tampo de vidro sobre a mesa e uma cortina na janela da sala de seu apartamento. O tapete, o tampo de vidro e a cortina são **superfícies** que podem ser medidas. A medida de uma superfície é denominada **área**. Assim, podemos medir a superfície do tapete, do tampo de vidro e da cortina.

DOUGLAS FRANCHIN

Para medir comprimentos, utilizamos como unidade de medida um comprimento e, para medir superfícies, devemos utilizar como unidade de medida uma superfície.

Reprodução proibida. Art.184 do Código Penal e Lei 9.610 de 19 de fevereiro de 1998.

Na figura ao lado, utilizando como unidade de medida de superfície o , podemos afirmar que a medida da superfície da figura é igual a 6 , ou seja, a área dela é 6 .

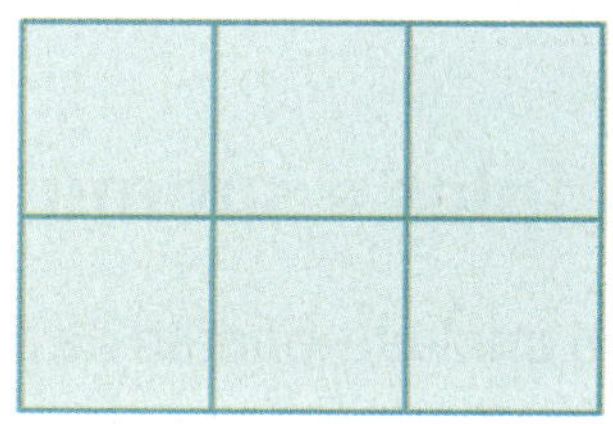

Na mesma figura, utilizando como unidade de área o 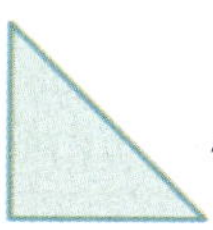, podemos afirmar que a área da figura é 12 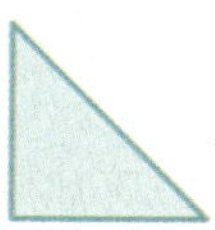.

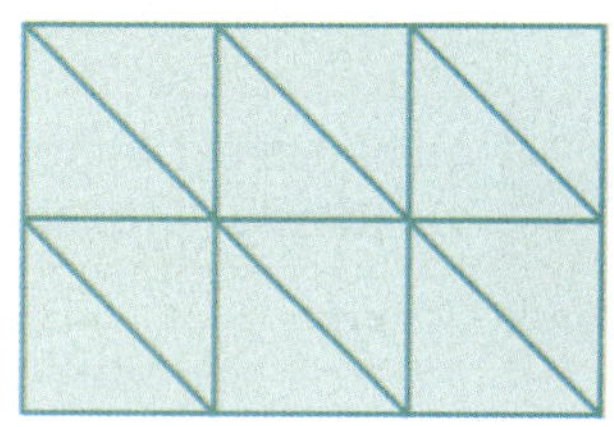

ILUSTRAÇÕES: LUIZ RUBIO

Podemos utilizar outras unidades de medida de superfície. No Sistema Internacional de Unidades (SI), a unidade-padrão de medida de superfície é o **metro quadrado** (m^2). O metro quadrado corresponde à medida da superfície de um quadrado de lados medindo 1 metro.

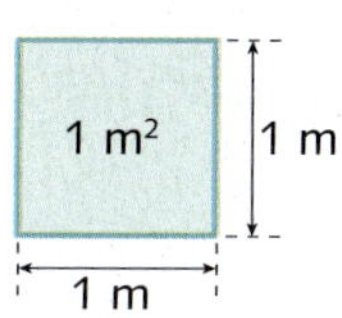

1 metro quadrado

Além do metro quadrado, utilizamos, no dia a dia, outras unidades de medida de superfície.

Uma delas é o **centímetro quadrado** (cm^2). O centímetro quadrado corresponde à medida da superfície de um quadrado de lados medindo 1 centímetro.

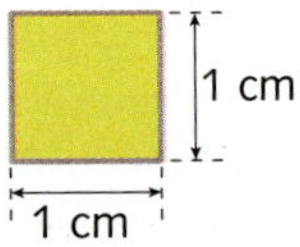

A área da figura abaixo é 8 cm^2.

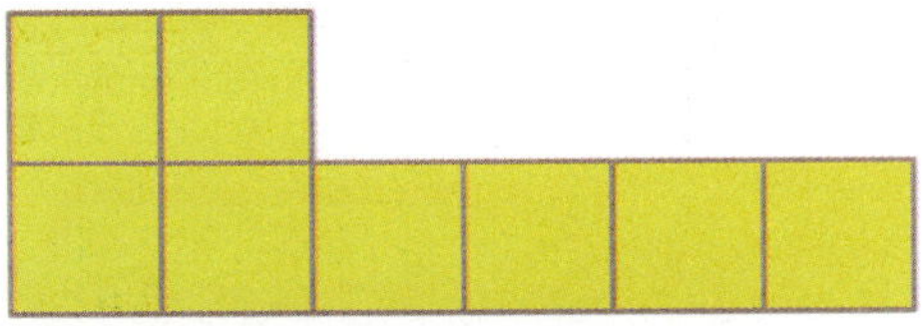

ILUSTRAÇÕES: LUIZ RUBIO

Outra medida de área muito utilizada no dia a dia é o **quilômetro quadrado** (km^2), que corresponde à superfície de um quadrado com 1 km de lado. A área do estado do Rio Grande do Sul, representado no mapa ao lado, é de aproximadamente 281 731 km^2.

ANDERSON DE ANDRADE PIMENTEL

Elaborado com base em: Graça Maria Lemos Ferreira. *Atlas geográfico*: espaço mundial. 4. ed. São Paulo: Moderna, 2013. p. 161.

Múltiplos e submúltiplos do metro quadrado

Além da unidade-padrão de área (o metro quadrado), há seus múltiplos e submúltiplos.

Observe, no quadro abaixo, todos os múltiplos e submúltiplos do metro quadrado que fazem parte do SI.

	Quadro de unidades						
	Múltiplos			Unidade fundamental	Submúltiplos		
Unidade	quilômetro quadrado	hectômetro quadrado	decâmetro quadrado	**metro quadrado**	decímetro quadrado	centímetro quadrado	milímetro quadrado
Símbolo	km^2	hm^2	dam^2	$\mathbf{m^2}$	dm^2	cm^2	mm^2
Relação com o metro quadrado	1 000 000 m^2	10 000 m^2	100 m^2	**1 m^2**	0,01 m^2	0,0001 m^2	0,000001 m^2

O decâmetro quadrado, o hectômetro quadrado e o quilômetro quadrado são utilizados para medir grandes superfícies; já o decímetro quadrado, o centímetro quadrado e o milímetro quadrado são usados na medição de pequenas superfícies.

Observe que cada unidade de medida de superfície equivale a 100 vezes a unidade imediatamente inferior.

Exemplos

- 1 dam^2 = 100 m^2
- 1 m^2 = 100 dm^2

Reprodução proibida. Art.184 do Código Penal e Lei 9.610 de 19 de fevereiro de 1998.

2 Leitura das medidas de superfície

A leitura das medidas de superfície é feita de modo semelhante à das medidas de comprimento. No entanto, devem-se utilizar dois algarismos em cada unidade do quadro. Se houver apenas um algarismo na casa, completa-se com zero.

Exemplos

- Leia a medida: 15,76 m^2.

km^2	hm^2	dam^2	m^2	dm^2	cm^2	mm^2
			15,	76		

Observe que cada grupo de dois algarismos corresponde a uma unidade de medida de superfície.

Lemos: "quinze metros quadrados e setenta e seis decímetros quadrados".

- Leia a medida: 189,3 m^2.

km^2	hm^2	dam^2	m^2	dm^2	cm^2	mm^2
		1	89,	30		

Acrescentamos um zero para completar a casa.

Lemos: "cento e oitenta e nove metros quadrados e trinta decímetros quadrados".

- Leia a medida: 0,938 dam^2.

km^2	hm^2	dam^2	m^2	dm^2	cm^2	mm^2
		0,	93	80		

Acrescentamos um zero para completar a casa.

Lemos: "nove mil, trezentos e oitenta decímetros quadrados".

Reprodução proibida. Art.184 do Código Penal e Lei 9.610 de 19 de fevereiro de 1998.

EXERCÍCIOS

1 Qual é a diferença entre superfície e área?

2 Escreva como se leem as medidas.

a) 13 km^2
b) 4,58 cm^2
c) 3,4 m^2
d) 0,7 hm^2
e) 0,017 dm^2
f) 100,5 dam^2
g) 7,13 hm^2
h) 0,0018 m^2
i) 8,873 km^2

3 Se a área de 1 □ é 1 cm^2, determine, no caderno, a área das figuras abaixo.

LUIZ RUBIO

3 Transformação das unidades de medida de superfície

Na transformação de unidades de medida de superfície, no sistema métrico decimal, nos lembrar de que:

> Cada unidade de medida de superfície equivale a 100 vezes a unidade imediatamente inferior.

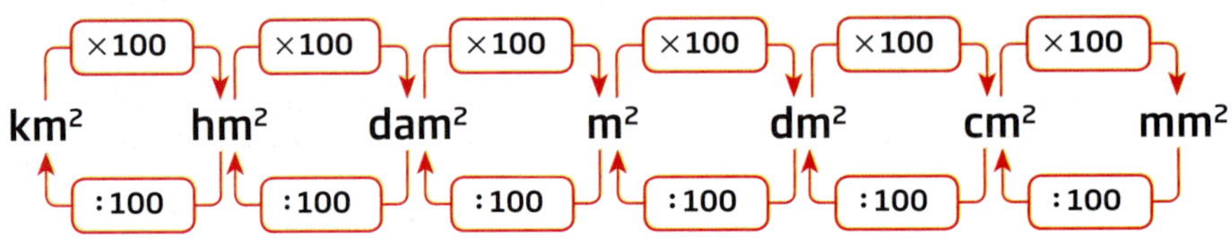

Observe os exemplos a seguir:

- Transformar 18,124 dam^2 em metro quadrado.

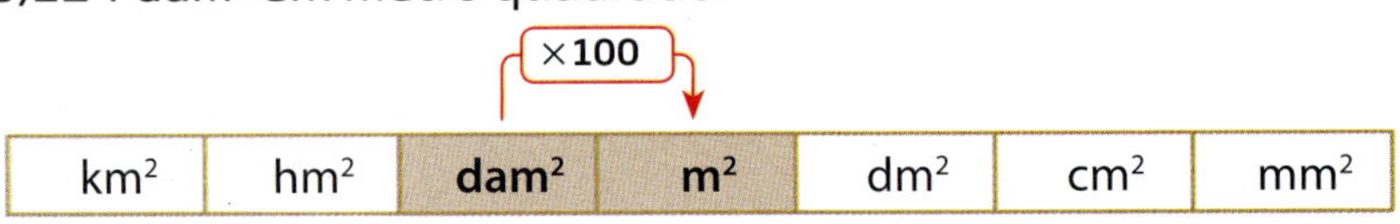

Para transformar decâmetro quadrado em metro quadrado (**uma posição à direita**), devemos **multiplicar por 100**.

$$18{,}124 \cdot 100 = 1\,812{,}4$$

Ou seja: 18,124 dam^2 = 1 812,4 m^2.

- Transformar 2,49 m^2 em milímetro quadrado.

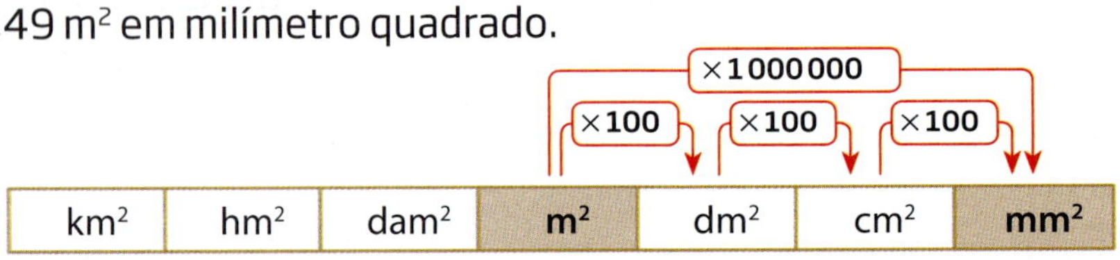

Para transformar metro quadrado em milímetro quadrado (**três posições à direita**), devemos **multiplicar por 1 000 000** (100 · 100 · 100).

$$2{,}49 \cdot 1\,000\,000 = 2\,490\,000$$

Ou seja: 2,49 m^2 = 2 490 000 mm^2.

- Transformar 793,2 dam^2 em quilômetro quadrado.

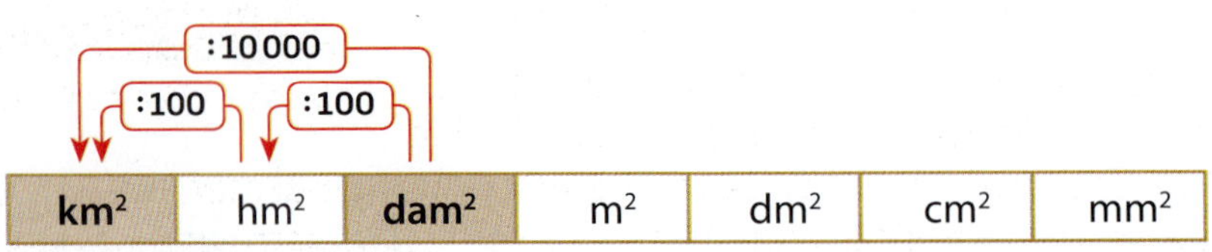

Para transformar decâmetro quadrado em quilômetro quadrado (**duas posições à esquerda**), devemos **dividir por 10 000**.

$$793{,}2 : 10\,000 = 0{,}07932$$

Ou seja: 793,2 dam^2 = 0,07932 km^2.

Reprodução proibida. Art.184 do Código Penal e Lei 9.610 de 19 de fevereiro de 1998.

EXERCÍCIOS

4 Transforme:

a) $5\ m^2$ em decímetro quadrado;
b) $17\ km^2$ em decâmetro quadrado;
c) $18{,}36\ dam^2$ em metro quadrado;
d) $8{,}37\ dm^2$ em milímetro quadrado;
e) $0{,}013\ dam^2$ em decímetro quadrado;
f) $3{,}1416\ m^2$ em centímetro quadrado.

5 Transforme:

a) $520\ dm^2$ em metro quadrado;
b) $500\ dam^2$ em quilômetro quadrado;
c) $2{,}14\ m^2$ em decâmetro quadrado;
d) $0{,}036\ mm^2$ em centímetro quadrado;
e) $100{,}4\ m^2$ em hectômetro quadrado;
f) $6{,}8\ cm^2$ em metro quadrado.

6 Expresse cada medida em metro quadrado.

a) $\frac{1}{4}\ dm^2$
b) $\frac{1}{2}\ km^2$
c) $1\frac{3}{4}\ dam^2$
d) $\frac{6}{5}\ hm^2$

7 Um operário deve pintar uma parede de $12{,}5\ m^2$. Ele já pintou $345\ dm^2$. Expresse, em decâmetro quadrado, a área que falta pintar.

8 Calcule, em metro quadrado, o valor de cada expressão.

a) $6{,}4\ dam^2 + 0{,}35\ hm^2$
b) $64\ m^2 + 48\ m^2 : 25$
c) $\frac{3}{4}\ dm^2 - \frac{3}{5}\ cm^2$
d) $0{,}45\ hm^2 + 0{,}316\ dam^2$
e) $\frac{1}{8}$ de $0{,}64\ km^2$
f) $2{,}3\ hm^2 - 30\ dam^2$

9 Determine:

a) $40\ m \cdot 25\ m$
b) $17{,}28\ m^2 : 1{,}44\ m$
c) $84\ m^2 : 0{,}12\ m^2$
d) $37\ cm \cdot 21\ cm$

10 Na divisão de $17\ m^2$ por $5\ m$, pede-se:

a) o quociente;
b) o resto.

11 Um galpão é formado por um *hall* de entrada e três depósitos, conforme mostra a figura ao lado.

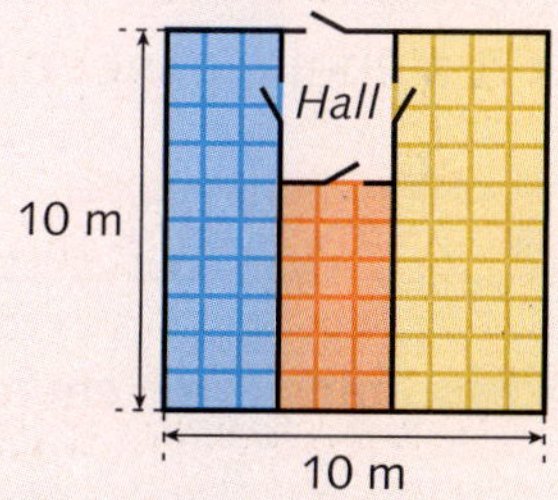

ANDERSON DE ANDRADE PIMENTEL

a) Determine a área de cada quadradinho da figura, em metro quadrado, sabendo que o *hall* de entrada tem $12\ m^2$.
b) Determine a área de cada um dos depósitos, em metro quadrado.

Conteúdo digital
• Atividade: Área

Reprodução proibida. Art.184 do Código Penal e Lei 9.610 de 19 de fevereiro de 1998.

Lendo e aprendendo

A Lagoa Rodrigo de Freitas

DANNY LEHMAN/CORBIS DOCUMENTARY/GETTY IMAGES

Lagoa Rodrigo de Freitas, no Rio de Janeiro (RJ).

Com 2,4 km² de medida de superfície, a Lagoa Rodrigo de Freitas é cercada por vários bairros cariocas (Lagoa, Ipanema, Leblon, Gávea e Jardim Botânico), emoldurada por montanhas e abraçada pelo Cristo Redentor.

Em seu entorno há um estádio de remo (Estádio de Remo da Lagoa), uma ciclovia pavimentada, com 7,5 km de extensão, diversos equipamentos de lazer e quiosques de alimentação, que oferecem itens da gastronomia regional e internacional. Estima-se que o perímetro atual da lagoa seja de 7,2 km.

Por tudo o que oferece – incluindo um magnífico pôr do sol –, a Lagoa Rodrigo de Freitas é sempre muito procurada por moradores da cidade e turistas.

Elaborado com base em: <oglobo.globo.com/rio/no-coracao-da-zona-sul-historia-da-lagoa-rodrigo-de-freitas-13906205> e <www.oriodejaneiro.com/lagoa-htm/>. Acesso em: 29 mar. 2017.

4 Medidas agrárias

As medidas agrárias são usadas para calcular a extensão da superfície de campos, plantações, pastos, sítios, fazendas etc. A unidade fundamental é o **are** (a). Há ainda um múltiplo, o **hectare** (ha), e um submúltiplo, o **centiare** (ca).

Unidade agrária	Equivalência de valor
hectare (ha)	100 a
are (a)	1 a
centiare (ca)	0,01 a

Veja as relações entre as unidades agrárias e o metro quadrado:

$1\ ha = 1\ hm^2 = 10\,000\ m^2$

$1\ a = 1\ dam^2 = 100\ m^2$

$1\ ca = 1\ m^2$

Em alguns estados brasileiros, também é usada outra unidade de medida agrária, o **alqueire**, cujo valor é variável. Veja alguns exemplos:

- 1 alqueire paulista = $24\,200\ m^2$
- 1 alqueire mineiro = $48\,400\ m^2$
- 1 alqueire do norte = $27\,225\ m^2$

EXERCÍCIOS

12 Transforme em are.

a) 6,7 ha b) 205 ca c) 85 km^2

13 Transforme em hectare.

a) 150 ca b) 82 m^2 c) 506 dam^2

14 Transforme em centiare.

a) 0,36 ha b) 20,6 a c) 3,4 m^2

15 Transforme em metro quadrado.

a) $\frac{1}{4}$ a b) $\frac{2}{5}$ ha c) 9,31 a d) 0,0016 ha

16 Calcule em metro quadrado.

a) 0,012 ha + 8,4 a

b) 92 dm^2 + 0,3 a

17 Luís comprou 10 alqueires paulistas de terra. Depois vendeu 60% da área. Com quantos metros quadrados ele ficou?

18 Um terreno tem 100 ha. Uma plantação de café ocupa $\frac{2}{5}$ do terreno. Quantos metros quadrados correspondem à plantação?

Reprodução proibida. Art.184 do Código Penal e Lei 9.610 de 19 de fevereiro de 1998.

Lendo e aprendendo

Reserva de 25 milhões de hectares

O Parque Nacional da Chapada dos Guimarães localiza-se na porção centro-sul do estado do Mato Grosso e abrange áreas dos municípios de Cuiabá e de Chapada dos Guimarães, ocupando uma área de 32 630 ha.

O parque faz parte da Reserva da Biosfera do Pantanal, área com mais de 25 milhões de hectares que engloba parte dos estados de Mato Grosso, Mato Grosso do Sul e Goiás.

Elaborado com base em: <www.icmbio.gov.br/parnaguimaraes/guia-do-visitante.html> e <www.mma.gov.br/informma/item/1019-unesco-declara-pantanal-reserva-da-biosfera>. Acesso em: 29 mar. 2017.

ALL CANADA PHOTOS/ALAMY/GLOW IMAGES

Cachoeira Véu de Noiva, no Parque Nacional da Chapada dos Guimarães (MT).

5 Área das principais figuras planas

Vamos aprender a determinar a área das principais figuras planas.

Retângulo

Considere um retângulo com 4 cm de medida da base e 3 cm de medida da altura.

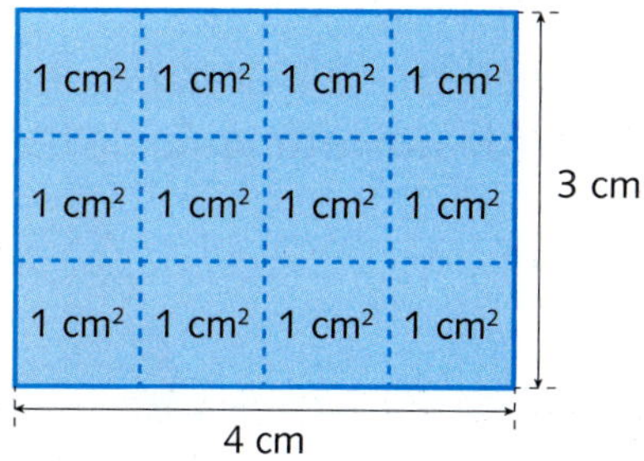

Vamos considerar como unidade de medida um quadrado de 1 cm de lado, cuja superfície mede 1 cm^2.

Veja na figura ao lado que esse quadrado "cabe" exatamente 12 vezes no retângulo.

Assim, verificamos que o retângulo tem 12 cm^2 de área. Essa medida também pode ser obtida mediante a multiplicação de 4 cm por 3 cm, isto é, por meio da multiplicação da medida da base pela medida da altura.

Logo, para um retângulo de base de medida *b* e altura de medida *h*, podemos escrever:

área do retângulo = medida da base · medida da altura

$$A_{\text{retângulo}} = b \cdot h$$

Exemplo

Determine a área de um retângulo com 10 cm de base e 6 cm de altura.

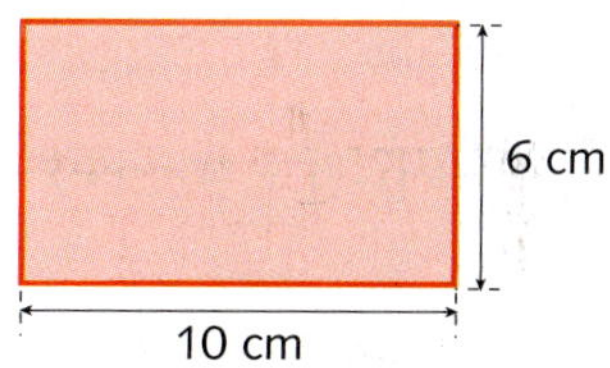

Solução

$A_{\text{retângulo}} = b \cdot h = 10 \text{ cm} \cdot 6 \text{ cm} = 60 \text{ cm}^2$

Quadrado

O quadrado é um caso particular de retângulo, cujos lados têm a mesma medida. Assim, para um quadrado de lado de medida ℓ, temos:

área do quadrado = medida do lado · medida do lado

$$A_{\text{quadrado}} = \ell \cdot \ell = \ell^2$$

Exemplo

Determine a área de um quadrado cuja medida é 8 cm.

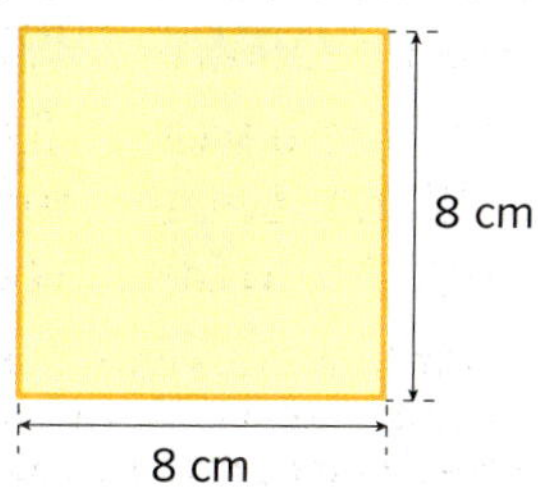

Solução

$A_{\text{quadrado}} = \ell^2 = (8 \text{ cm})^2 = 64 \text{ cm}^2$

Reprodução proibida. Art.184 do Código Penal e Lei 9.610 de 19 de fevereiro de 1998.

ILUSTRAÇÕES: ANDERSON DE ANDRADE PIMENTEL

Paralelogramo

Considere um paralelogramo de base de medida b e altura de medida h.

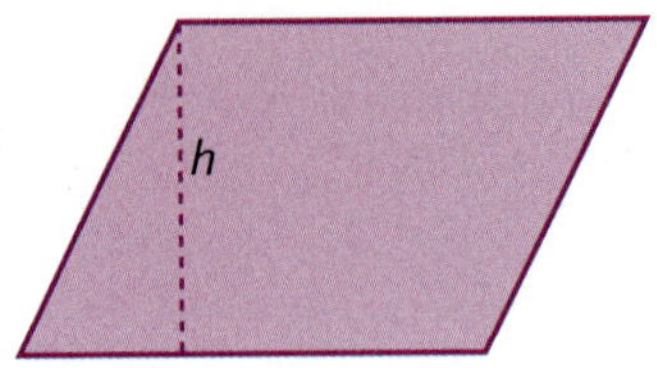

Observe que a área de um paralelogramo de base de medida b e altura de medida h é igual à área de um retângulo de base de medida b e altura de medida h:

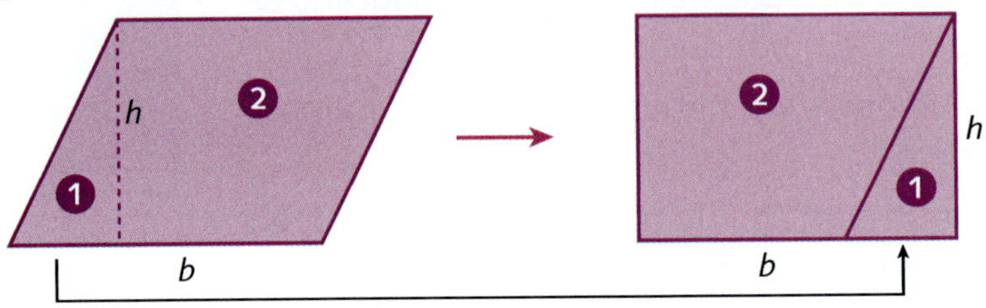

Logo:

> área do paralelogramo = medida da base · medida da altura
>
> $A_{paralelogramo} = b \cdot h$

Exemplo

Determine a área de um paralelogramo com 9 cm de base e 7 cm de altura.

Solução

$A_{paralelogramo} = b \cdot h = 9\text{ cm} \cdot 7\text{ cm} = 63\text{ cm}^2$

Reprodução proibida. Art.184 do Código Penal e Lei 9.610 de 19 de fevereiro de 1998.

Triângulo

Considere um triângulo de base de medida b e altura de medida h.

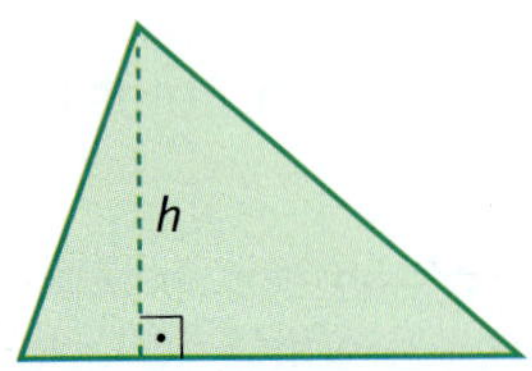

Observe que dois triângulos congruentes de base de medida b e altura de medida h formam um paralelogramo de base de medida b e altura de medida h.

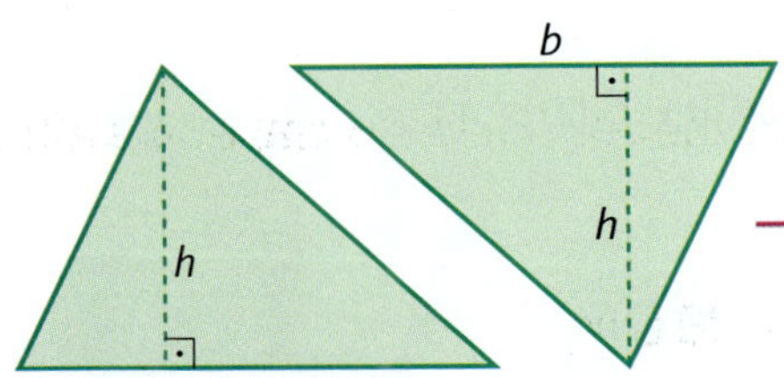

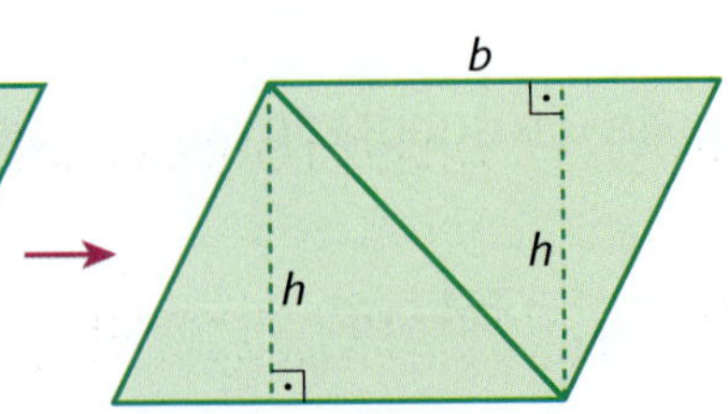

ILUSTRAÇÕES: ANDERSON DE ANDRADE PIMENTEL

Assim, a área de um triângulo cuja base mede *b* e cuja altura mede *h* é igual à metade da área de um paralelogramo cujas medidas da base e da altura são, respectivamente, *b* e *h*.

Logo:

$$\text{área do triângulo} = \frac{\text{medida da base} \cdot \text{medida da altura}}{2}$$

$$A_{\text{triângulo}} = \frac{b \cdot h}{2}$$

Exemplo

Determine a área de um triângulo com 10 cm de base e 8 cm de altura.

Solução

$$A_{\text{triângulo}} = \frac{b \cdot h}{2} = \frac{10\ \text{cm} \cdot 8\ \text{cm}}{2} = 40\ \text{cm}^2$$

Trapézio

Considere um trapézio de base menor de medida *b*, base maior de medida *B* e altura de medida *h*.

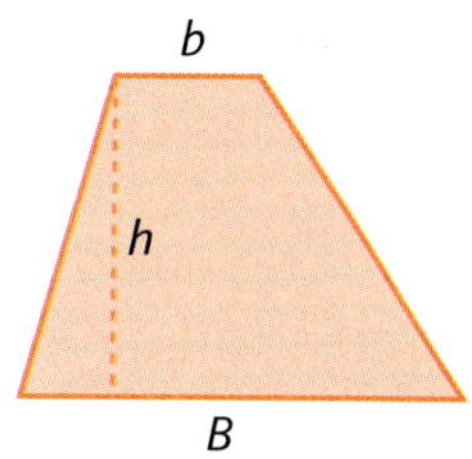

Observe que dois trapézios congruentes de base maior de medida *B*, base menor de medida *b* e altura de medida *h* formam um paralelogramo de base de medida $(B + b)$ e altura de medida *h*.

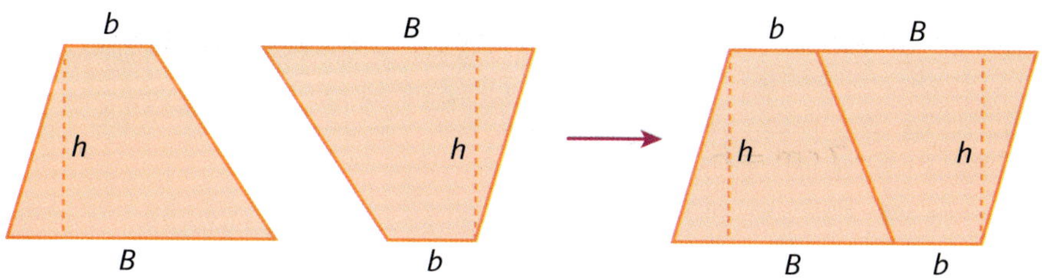

ILUSTRAÇÕES: ANDERSON DE ANDRADE PIMENTEL

Assim, a área de um trapézio de base maior de medida *B*, base menor de medida *b* e altura de medida *h* é igual à metade da área de um paralelogramo cujas medidas da base e da altura são, respectivamente, $(B + b)$ e *h*.

Logo:

$$\text{área do trapézio} = \frac{(\text{medida da base maior} + \text{medida da base menor}) \cdot \text{medida da altura}}{2}$$

$$A_{\text{trapézio}} = \frac{(B + b) \cdot h}{2}$$

Exemplo

Determine a área de um trapézio cujas bases medem 8 cm e 6 cm, e cuja altura mede 4 cm.

Solução

$$A_{\text{trapézio}} = \frac{(B + b) \cdot h}{2} = \frac{(8\ \text{cm} + 6\ \text{cm}) \cdot 4\ \text{cm}}{2} = 28\ \text{cm}^2$$

Reprodução proibida. Art.184 do Código Penal e Lei 9.610 de 19 de fevereiro de 1998.

Losango

Considere um losango com diagonal maior de medida D e diagonal menor de medida d.

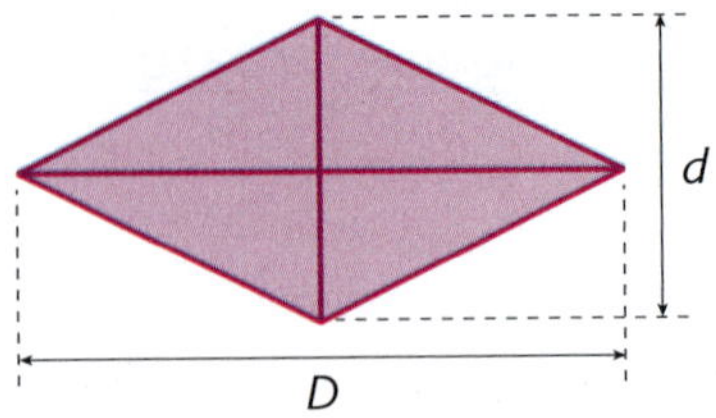

Transformando o losango em um retângulo, temos:

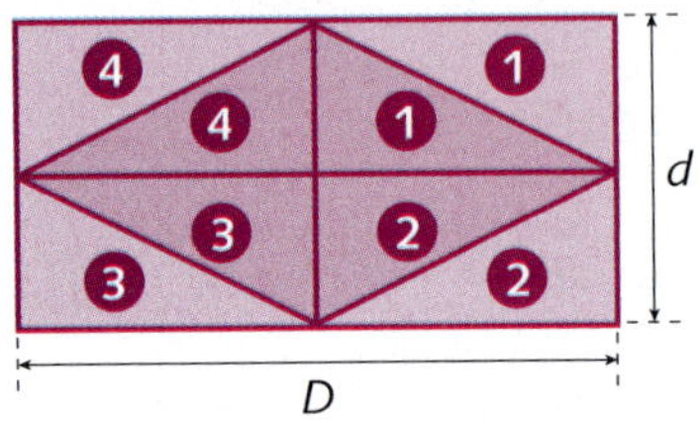

Observe que a área de um losango cujas medidas das diagonais são D e d é igual à metade da área do retângulo cujas medidas da base e da altura são, respectivamente, D e d.

Logo:

$$\text{área do losango} = \frac{\text{medida da diagonal maior} \cdot \text{medida da diagonal menor}}{2}$$

$$A_{\text{losango}} = \frac{D \cdot d}{2}$$

Exemplo

Determine a área de um losango cujas diagonais medem 8 cm e 6 cm.

Solução

$$A_{\text{losango}} = \frac{D \cdot d}{2} = \frac{8\text{ cm} \cdot 6\text{ cm}}{2} = 24\text{ cm}^2$$

Círculo

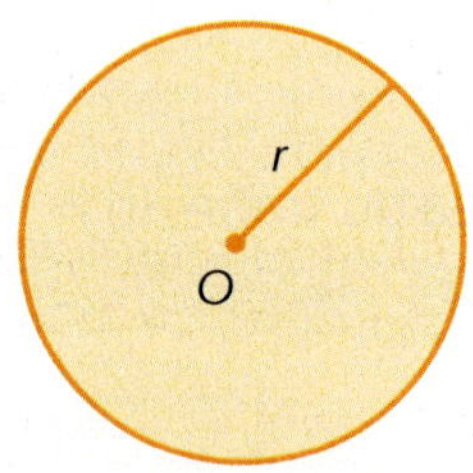

Considere um círculo de centro O e raio de medida r.

Dividindo o círculo em partes iguais e cada vez menores, obtemos setores cada vez mais parecidos com triângulos.

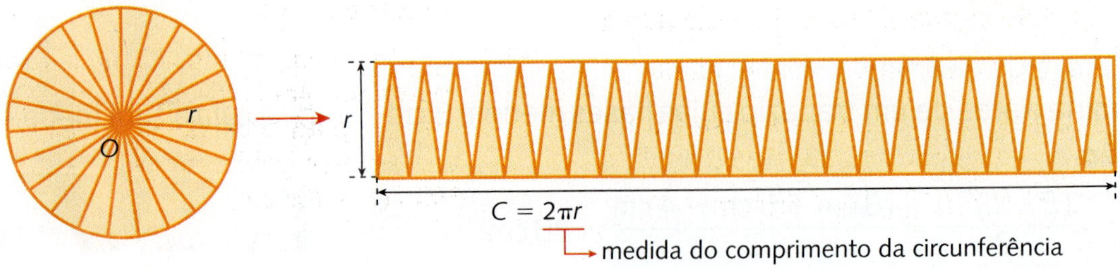

Reprodução proibida. Art.184 do Código Penal e Lei 9.610 de 19 de fevereiro de 1998.

ILUSTRAÇÕES: ANDERSON DE ANDRADE PIMENTEL

Podemos verificar que a área do círculo corresponde à metade da área de um retângulo de base de medida $2\pi r$ e altura de medida r. Assim: $A_{\text{círculo}} = \dfrac{\cancel{2}\pi \cdot r \cdot r}{\cancel{2}} = \pi \cdot r^2$

Logo:

$$A_{\text{círculo}} = \pi r^2$$

Exemplo

Calcule a área de um círculo cujo raio mede 4 cm. (Considere $\pi = 3{,}14$.)

Solução

$A_{\text{círculo}} = \pi \cdot r^2 = 3{,}14 \cdot (4\text{ cm})^2 = 3{,}14 \cdot 16\text{ cm}^2 = 50{,}24\text{ cm}^2$

EXERCÍCIOS

Nas atividades a seguir, quando necessário, considere $\pi = 3{,}14$.

19 Calcule a área de cada figura.

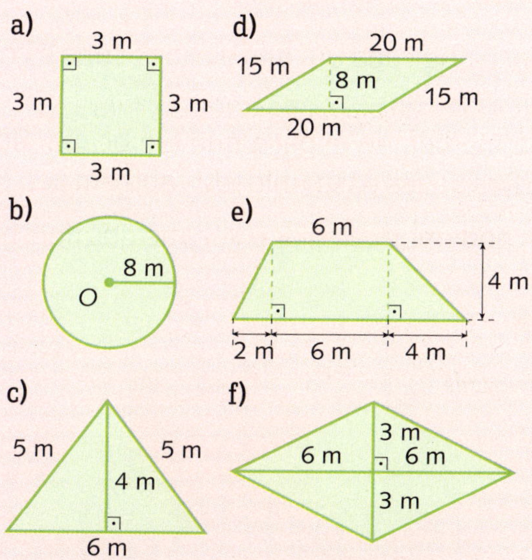

20 Calcule a área de um retângulo de 20 cm de comprimento por 8 cm de largura.

21 Calcule a área de um azulejo quadrado com 20 cm de lado.

22 Um paralelogramo tem 30 cm de base. A medida de sua altura é $\frac{3}{5}$ da medida da base. Qual é a área do paralelogramo?

23 Um triângulo tem 10 cm de base e a medida da sua altura é o dobro da medida da base. Qual é a área do triângulo?

24 Calcule a área de cada figura.

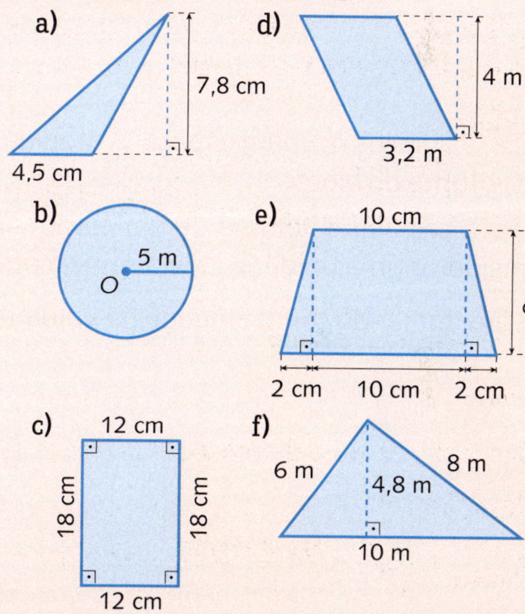

25 Calcule a área de um losango cujas diagonais medem 15 cm e 12 cm.

26 Calcule a área de um trapézio cujas bases medem 20 cm e 12 cm, e cuja altura mede 8 cm.

27 Calcule a área de um círculo cujo diâmetro mede 3,6 cm.

28 Há três janelas de vidro fumê em cada andar de um prédio de 12 andares. Quantos metros quadrados de vidro foram utilizados nesse prédio se cada janela mede 350 cm × 120 cm?

ILUSTRAÇÕES: ANDERSON DE ANDRADE PIMENTEL

Reprodução proibida. Art.184 do Código Penal e Lei 9.610 de 19 de fevereiro de 1998.

6 Metro cúbico

Paulo tem dois blocos coloridos em seu quarto. Veja:

GEORGE TUTUMI

Esses blocos ocupam espaço. A medida do espaço que cada um dos blocos ocupa é chamada de **volume** do bloco.

Para calcular o volume de um corpo, ou seja, a medida do espaço que ele ocupa, devemos considerar uma unidade de volume e contar quantas vezes essa unidade cabe em seu interior.

Assim, tomando como unidade de volume o , podemos calcular o volume dos dois blocos.

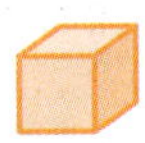

unidade de volume

O volume desse bloco é 20 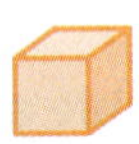.

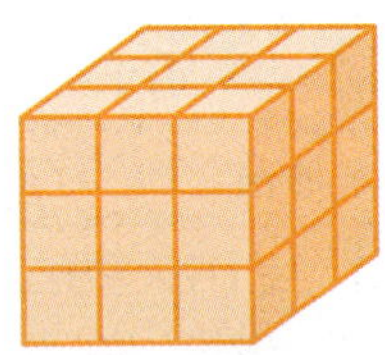

O volume desse bloco é 27 .

Podemos utilizar outras unidades de volume. No SI de Unidades, a unidade-padrão de volume é o **metro cúbico** (m^3), que corresponde ao espaço ocupado por um cubo com arestas de 1 metro de comprimento.

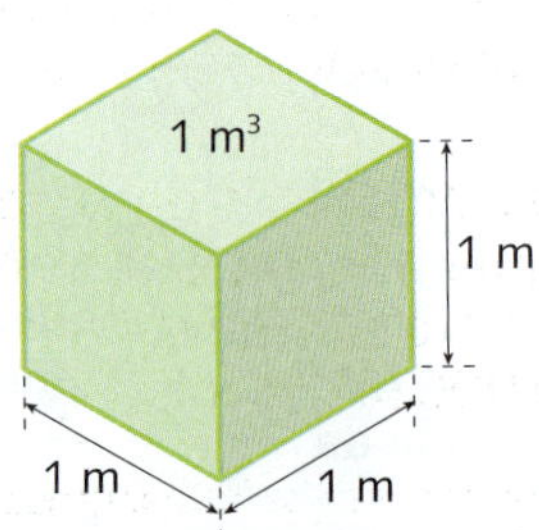

1 metro cúbico

ILUSTRAÇÕES: LUIZ RUBIO

Reprodução proibida. Art.184 do Código Penal e Lei 9.610 de 19 de fevereiro de 1998.

Múltiplos e submúltiplos do metro cúbico

Além do metro cúbico (unidade-padrão de volume), há seus múltiplos e submúltiplos.

Observe, no quadro abaixo, os múltiplos e submúltiplos do metro cúbico que fazem parte do SI.

	Quadro de unidades						
	Múltiplos			Unidade fundamental	Submúltiplos		
Unidade	quilômetro cúbico	hectômetro cúbico	decâmetro cúbico	**metro cúbico**	decímetro cúbico	centímetro cúbico	milímetro cúbico
Símbolo	km^3	hm^3	dam^3	$\mathbf{m^3}$	dm^3	cm^3	mm^3
Relação com o metro cúbico	1 000 000 000 m^3	1 000 000 m^3	1 000 m^3	**1 m^3**	0,001 m^3	0,000001 m^3	0,000000001 m^3

Observe que cada unidade de medida de volume equivale a 1 000 vezes a unidade imediatamente inferior.

Exemplos

- 1 dam^3 = 1 000 m^3
- 1 m^3 = 1 000 dm^3

Reprodução proibida. Art.184 do Código Penal e Lei 9.610 de 19 de fevereiro de 1998.

Curiosidade

O Canal do Panamá

O Canal do Panamá é um canal marítimo com 82 km de extensão que liga o Oceano Atlântico ao Oceano Pacífico, no Panamá. O canal é considerado um ponto importante para o comércio internacional em razão da grande redução do percurso feito pelos navios, e seus principais usuários são os Estados Unidos e a China. Ele começou a ser construído em 1881 e foi concluído em 1914.

O canal contém três eclusas para os navios atravessarem. Nelas, a água funciona como um elevador.

Por exemplo, quando o navio chega ao canal pelo Oceano Atlântico, entra na comporta com a água no mesmo nível do oceano. Os portões são fechados e as válvulas de enchimento são abertas, elevando o navio 26 m, até o nível do Lago de Gatun. Depois, as válvulas são fechadas e os portões superiores são abertos. Assim, o navio sai da comporta para o lago e segue para as outras comportas, onde acontece o processo inverso de descida até o nível do Oceano Pacífico.

Em junho de 2016 foi inaugurada a ampliação do Canal do Panamá, com a construção de uma hidrovia que permite a passagem de navios muito maiores. As novas comportas têm, aproximadamente, 430 000 m^3 de volume.

FRANS LANTING/MINT IMAGES/GETTY IMAGES

Canal do Panamá.

Elaborado com base em: <http:// www1.folha.uol.com.br/folha/turismo/americacentral/panama-canal.shtml> e <www.mundoporterra.com.br/educacional/canal-do-panama/>. Acesso em: 29 mar. 2017.

7 Leitura das medidas de volume

A leitura das medidas de volume segue o mesmo procedimento aplicado às medidas lineares. Devem-se utilizar, porém, três algarismos em cada unidade do quadro. Se alguma casa não apresenta três algarismos, deve ser completada com com zero(s).

Exemplos

- Leia a medida: 75,84 m³.

km³	hm³	dam³	m³	dm³	cm³	mm³
			75,	840		

Observe que cada grupo de três algarismos corresponde a uma unidade de volume.

→ Acrescentamos um zero para completar a casa.

Lemos: "setenta e cinco metros cúbicos e oitocentos e quarenta decímetros cúbicos".

- Leia a medida: 0,0064 dam³.

km³	hm³	dam³	m³	dm³	cm³	mm³
		0,	006	400		

→ Acrescentamos dois zeros para completar a casa.

Lemos: "seis mil e quatrocentos decímetros cúbicos".

8 Transformação das unidades de medida de volume

Na transformação de unidades de medida de volume, no sistema métrico decimal, devemos nos lembrar de que:

> Cada unidade de medida de volume equivale a 1 000 vezes a unidade imediatamente inferior.

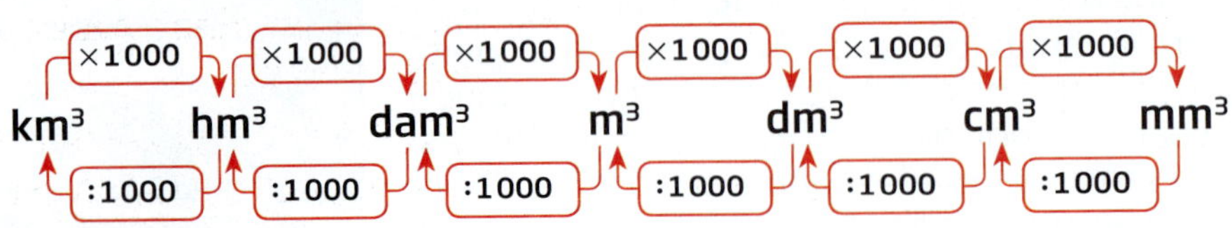

Observe os exemplos a seguir:

- Transformar 3,27 m³ em decímetro cúbico.

×1000

km³	hm³	dam³	**m³**	**dm³**	cm³	mm³

Para transformar metro cúbico em decímetro cúbico (**uma posição à direita**), devemos **multiplicar por 1 000**.

$$3{,}27 \cdot 1\,000 = 3\,270$$

Ou seja: 3,27 m³ = 3 270 dm³.

Reprodução proibida. Art.184 do Código Penal e Lei 9.610 de 19 de fevereiro de 1998.

▸ Transformar 4 568,7 cm^3 em metro cúbico.

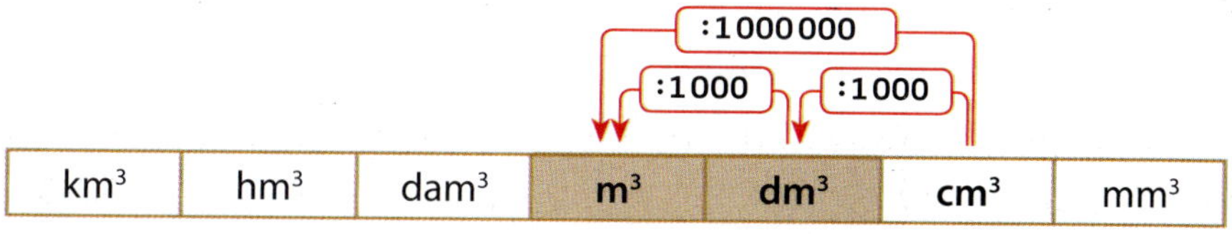

Para transformar centímetro cúbico em metro cúbico (**duas posições à esquerda**), devemos **dividir por 1 000 000**.

$$4\,568{,}7 : 1\,000\,000 = 0{,}0045687$$

Ou seja: 4 568,7 cm^3 = 0,0045687 m^3.

EXERCÍCIOS

29 Utilizando a unidade de volume indicada ao lado, calcule e registre o volume dos blocos a seguir.

unidade de volume

a)

b)

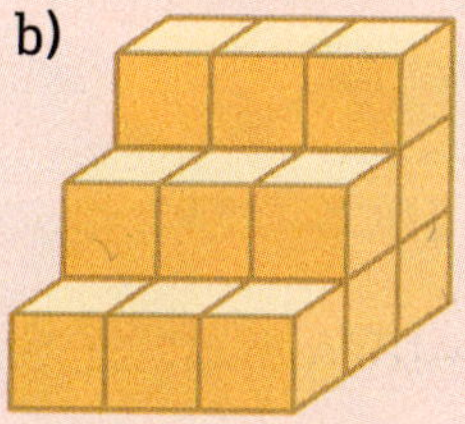

c)

d)

LUIZ RUBIO

30 Escreva como se leem as medidas.

a) 18 m^3

b) 8,4 km^3

c) 0,14 dam^3

d) 0,6 cm^3

e) 1800 mm^3

f) 0,5 m^3

31 Escreva a representação simplificada de cada uma das medidas abaixo.

a) doze centímetros cúbicos

b) três metros cúbicos e quinze decímetros cúbicos

c) seis centímetros cúbicos e doze milímetros cúbicos

d) quinze hectômetros cúbicos e cem metros cúbicos

32 Transforme:

a) 6 m^3 em decímetro cúbico;

b) 3,632 m^3 em centímetro cúbico;

c) 50 cm^3 em milímetro cúbico;

d) 65 dm^3 em metro cúbico;

e) 0,95 dm^3 em milímetro cúbico;

f) 0,75 m^3 em decâmetro cúbico.

33 Expresse, em metro cúbico, os valores de cada expressão.

a) $7{,}48\ dam^3 - (4\,050\ dm^3 + 15{,}14\ m^3)$

b) $3\,540\ dm^3 + 340\,000\ cm^3$

c) $\frac{3}{8}\ dm^3 + 0{,}000038\ dam^3 : 100$

d) $1450{,}4\ dm^3 + 0{,}22\ dam^3 \cdot 0{,}02$

34 Determine:

a) $25\ m^2 \cdot 4\ m$

b) $8\ m \cdot 0{,}04\ m \cdot 0{,}1\ m$

c) $16\ m^3 : 4\ m$

d) $0{,}1\ m \cdot 0{,}1\ m \cdot 0{,}1\ m$

e) $20\ m^3 : 5\ m^2$

Reprodução proibida. Art.184 do Código Penal e Lei 9.610 de 19 de fevereiro de 1998.

35 Quantas vezes 100 dm³ cabem em 10 m³?

36 O hidrômetro é o instrumento utilizado para medir o consumo de água. A unidade de medida utilizada pelo hidrômetro é o metro cúbico (m^3).

Em outubro, no momento da leitura, um hidrômetro registrava 2 850 m^3. No mês seguinte, na nova leitura, ele registrava 3 480 m^3. Qual foi o consumo, em decímetro cúbico, nesse período?

Agora responda:

- A água é essencial à vida animal e vegetal. Qual é o valor mensal gasto com água e esgoto em sua residência? Você acha esse valor alto?
- Que medidas você sugere para reduzir o consumo de água de uma residência?

JUNIOR ROZZO

Hidrômetro.

9 Volume do paralelepípedo retângulo e do cubo

Observe como determinar o volume do paralelepípedo retângulo e do cubo.

Paralelepípedo retângulo

Vamos considerar um paralelepípedo retângulo com estas dimensões: 3 cm de comprimento, 2 cm de largura e 3 cm de altura.

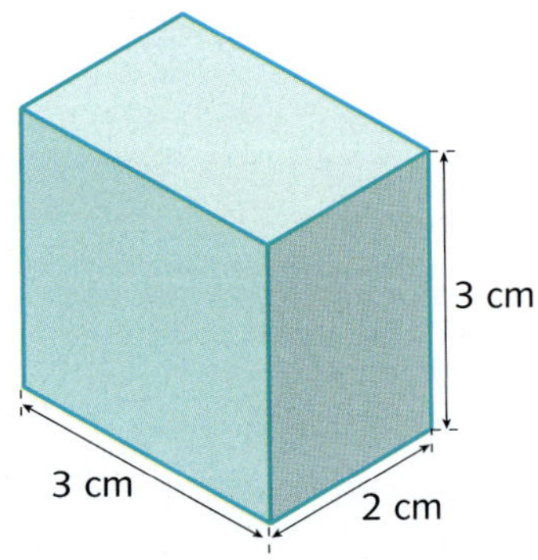

Para determinar o volume desse paralelepípedo retângulo, utilizamos como unidade de volume um cubo com aresta de medida 1 cm, cujo volume é 1 cm^3.

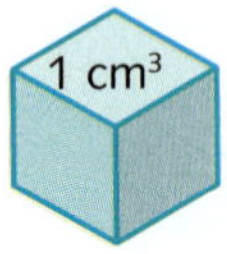

O cubo "cabe" exatamente 18 vezes no paralelepípedo retângulo. Observe a figura abaixo:

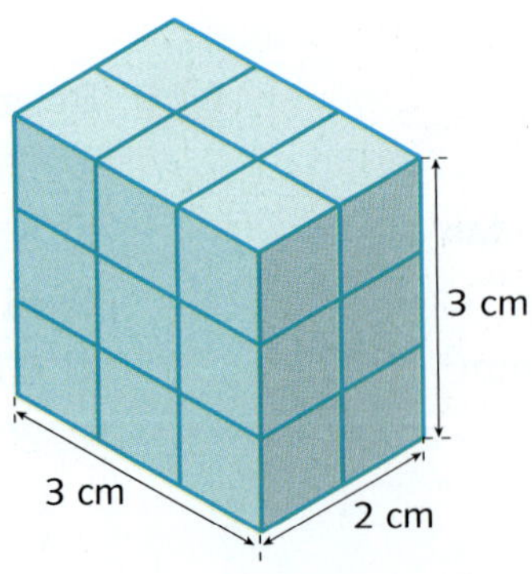

ILUSTRAÇÕES: ANDERSON DE ANDRADE PIMENTEL

Reprodução proibida. Art.184 do Código Penal e Lei 9.610 de 19 de fevereiro de 1998.

Assim, verificamos que o volume desse paralelepípedo retângulo é 18 cm^3. Essa medida também pode ser determinada pela multiplicação: 3 cm · 2 cm · 3 cm, isto é, por meio da multiplicação das medidas do comprimento, da largura e da altura.

Para um paralelepípedo retângulo com comprimento de medida c, largura de medida ℓ e altura de medida h, temos:

medida do volume do paralelepípedo = medida do comprimento · medida da largura · medida da altura

$$V_{paralelepípedo} = c \cdot \ell \cdot h$$

Exemplo

Determine a medida do volume de um paralelepípedo retângulo com 6 m de comprimento, 2 m de largura e 3 m de altura.

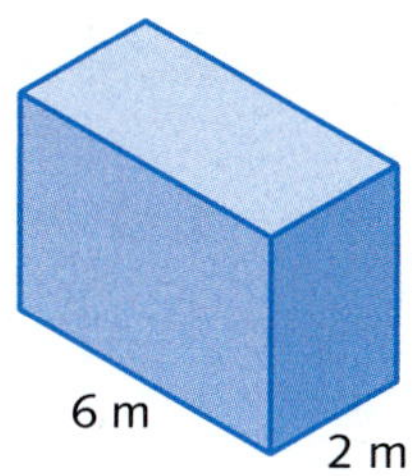

Solução

$V_{paralelepípedo} = c \cdot \ell \cdot h = 6\text{ m} \cdot 2\text{ m} \cdot 3\text{ m} = 36\text{ m}^3$

Reprodução proibida. Art.184 do Código Penal e Lei 9.610 de 19 de fevereiro de 1998.

Cubo

O cubo é um caso particular de paralelepípedo retângulo, pois tem todas as arestas com a mesma medida. Assim, considerando um cubo cuja aresta mede a, temos:

medida do volume do cubo = medida da aresta · medida da aresta · medida da aresta

$$V_{cubo} = a \cdot a \cdot a = a^3$$

Exemplo

Determine a medida do volume de um cubo cuja aresta mede 3 cm.

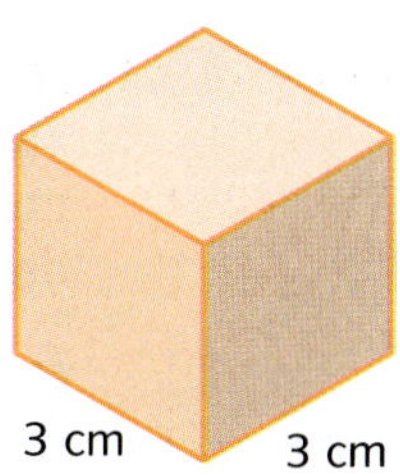

Solução

$V_{cubo} = a^3 = (3\text{ cm})^3 = 27\text{ cm}^3$

ILUSTRAÇÕES: ANDERSON DE ANDRADE PIMENTEL

Trabalhando em equipe

Forme dupla com um colega e façam as atividades relacionadas à situação abaixo.

Raquel viu que o hidrômetro de sua casa, no mês de março, marcava 468 m^3.

No mês seguinte, ela verificou de novo o hidrômetro, que dessa vez marcava 494 m^3.

1 Qual foi o consumo de água, em metro cúbico, na casa de Raquel?

2 Sabendo que 1 dm^3 corresponde a 1 litro, quantos litros de água Raquel consumiu?

3 Pesquisem na cidade em que vocês moram a tarifa cobrada pela água e digam quanto Raquel pagaria se morasse na mesma cidade que vocês.

EXERCÍCIOS

37 Determine a medida do volume de um cubo com 6 m de aresta.

38 Quantos decímetros cúbicos há em uma caixa-d'água de forma cúbica com 0,4 m de aresta?

39 $\frac{3}{5}$ da medida da aresta de uma caixa cúbica correspondem a 6 dm. Qual é a medida do volume da caixa?

40 Determine a medida do volume dos sólidos.

a)

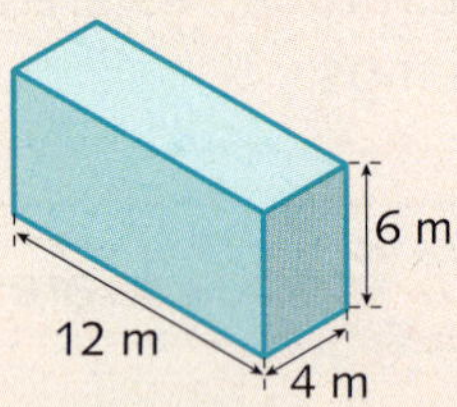

b)

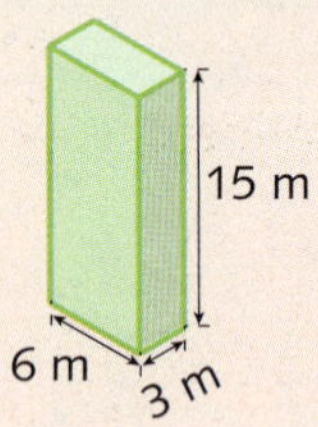

41 Determine a medida do volume de uma sala de dimensões: 10 m de comprimento, 8,5 m de largura e 2,4 m de altura.

42 Calcule a medida do volume, em metro cúbico, de um paralelepípedo retângulo cujas dimensões medem: 4 m, 34 dm e 250 cm.

43 Calcule a medida do volume do sólido.

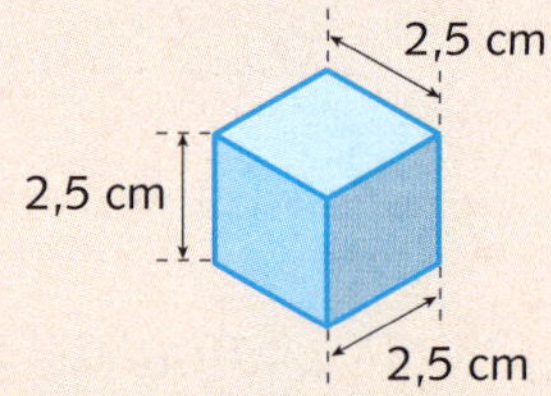

44 Determine, em milímetro cúbico, a medida do volume de uma caixa de fósforos cujas dimensões são: 5 cm de comprimento, 3,5 cm de largura e 1,6 cm de altura.

45 Qual é a medida do volume, em metro cúbico, desta lata de tinta?

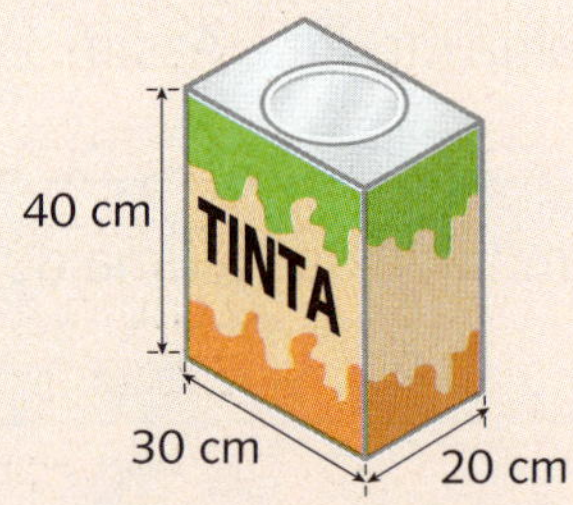

46 Um tanque tem 828 m^3 de volume, 80 dm de largura e 11,5 m de altura. Qual é a medida do comprimento do tanque?

47 A área da base de um paralelepípedo é 29 m^2. A altura mede 300 cm. Calcule a medida do volume do paralelepípedo em decímetro cúbico.

48 Lucas presenteou seu amigo com uma bola de basquete de 24 cm de diâmetro. Que medida de volume deve ter a menor caixa de presente, de forma cúbica, para embalar a bola?

ILUSTRAÇÕES: ANDERSON DE ANDRADE PIMENTEL

Reprodução proibida. Art.184 do Código Penal e Lei 9.610 de 19 de fevereiro de 1998.

Trabalhando em equipe

(OBM) Uma lata de tinta, com a forma de um paralelepípedo retangular reto, tem as dimensões, em centímetros, mostradas na figura.

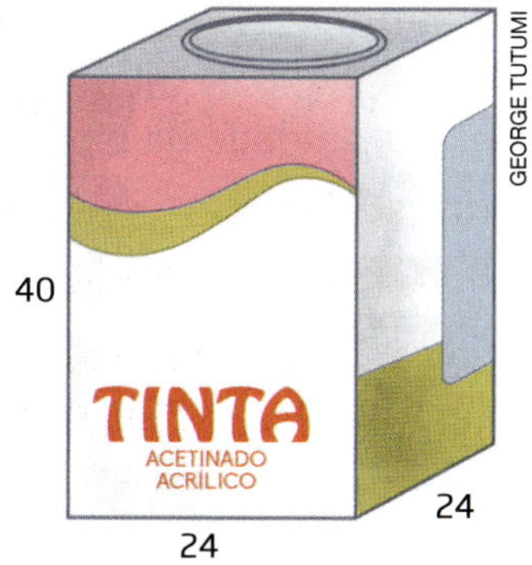

GEORGE TUTUMI

Será produzida uma nova lata, com os mesmos formato e volume, de tal modo que as dimensões de sua base sejam 25% maiores que as da lata atual.

Para obter a altura da nova lata, a altura da lata atual deve ser reduzida em:

a) 14,4%.
b) 20,0%.
c) 32,0%.
d) 36,0%.
e) 64,0%.

Interpretação e identificação dos dados	• Analise o enunciado e responda: a lata de tinta tem o formato de que sólido geométrico? • Como é feito o cálculo do volume desse sólido? • 25% correspondem a que fração irredutível?
Plano de resolução	• Calcule o volume do paralelepípedo da figura. • Calcule a medida da base da nova embalagem. • Considerando as informações encontradas nos itens anteriores, elabore um esquema que represente um possível processo de resolução do problema.
Resolução	• Junte-se a um colega. • Cada integrante da dupla deve apresentar seu plano de resolução ao outro. • Discutam as estratégias que cada integrante desenvolveu e, em seguida, partam para a execução do processo de resolução. *Observação* Resolvam o problema de forma coletiva, mas façam o registro individual no caderno.
Verificação	• Releiam o problema e verifiquem se todas as condições do enunciado foram satisfeitas.
Apresentação	• Calculem a área total da superfície da lata de tinta original e da nova lata. Em seguida, indiquem a lata que gera maior gasto de material para ser confeccionada.

Reprodução proibida. Art.184 do Código Penal e Lei 9.610 de 19 de fevereiro de 1998.

Trabalhando os conhecimentos adquiridos

Autoavaliação

1 Copie as informações abaixo substituindo cada ■ pelo valor adequado, de acordo com a unidade de medida indicada em cada caso.

a)

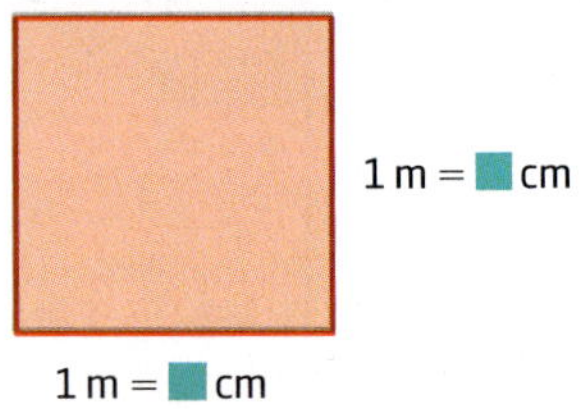

$1\ m^2 = (■ \times ■)\ cm^2$

$1\ m^2 = ■\ cm^2$

b)

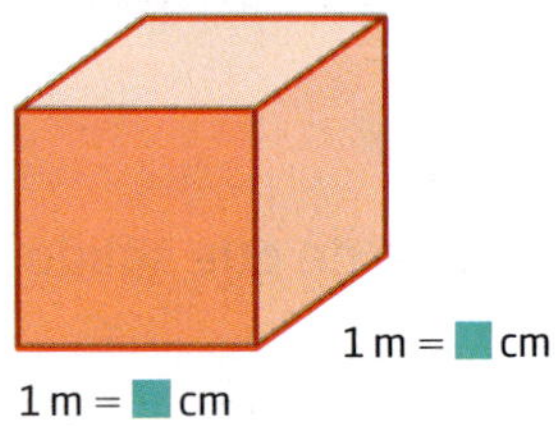

$1\ m^3 = (■ \times ■ \times ■)\ cm^3$

$1\ m^3 = ■\ cm^3$

2 Qual é a função das medidas agrárias?

3 Explique como devemos calcular a área de um retângulo.

4 O que é o volume de um corpo?

35

1 Determine o volume dos sólidos.

a)

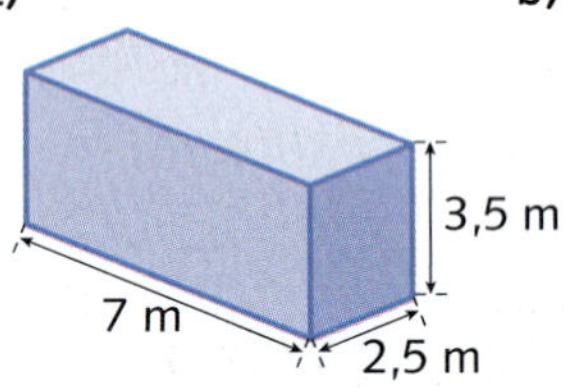

b)

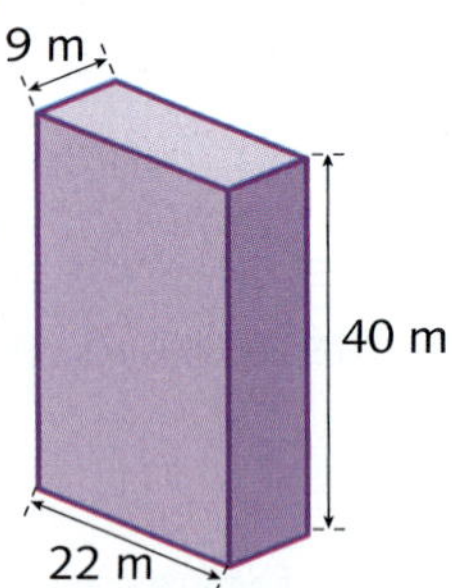

2 **(Obmep)** A figura a seguir representa um tangram, quebra-cabeça chinês formado por 5 triângulos, 1 paralelogramo e 1 quadrado. Sabendo que a área do tangram a seguir é 64 cm², qual é a área, em cm², da região sombreada?

a) 7,6

b) 8

c) 10,6

d) 12

e) 21,3

3 Dois salões, *A* e *B*, cada um com área de 180 m², foram revestidos com pisos cerâmicos de 20 cm de comprimento por 20 cm de largura (salão *A*) e 20 cm de comprimento por 30 cm de largura (salão *B*). Quantas unidades de piso foram utilizadas a mais no salão *A*?

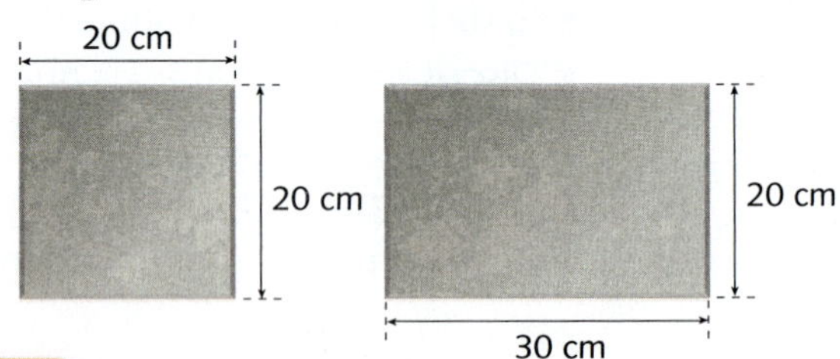

GEORGE TUTUMI

DESAFIO

Uma caixa de papelão tem dimensões internas de 50 cm de comprimento por 32 cm de largura por 40 cm de altura.

Sabendo disso, responda aos itens:

- Quantas caixinhas de 200 cm³ podem ser transportadas nessa caixa de papelão?
- Que medida essas caixinhas podem ter de forma que se forem colocadas todas na caixa grande não sobre espaço vazio?

ILUSTRAÇÕES: ANDERSON DE ANDRADE PIMENTEL

Reprodução proibida. Art.184 do Código Penal e Lei 9.610 de 19 de fevereiro de 1998.

1 Calcule a área da região verde nas figuras.

a)

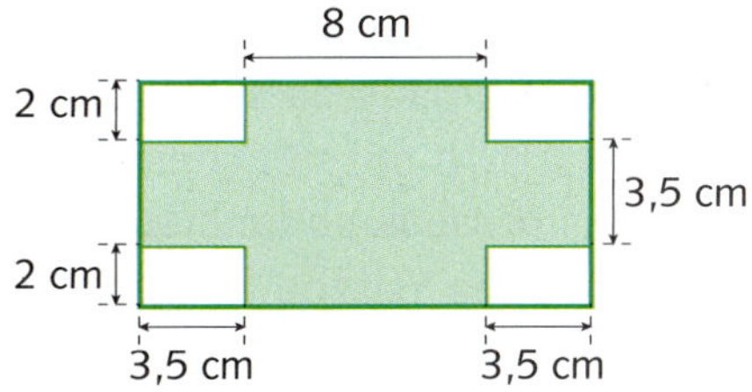

b)

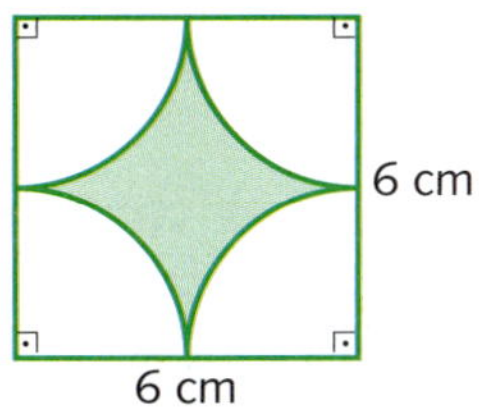

2 Na divisão de 37 m^2 por 5 m^2, pede-se:

a) o quociente; b) o resto.

3 Qual é a área de um quadrado que tem 60 m de perímetro?

4 Um terreno tem 8,4 hm de frente por 24 dam de fundo. Quantos hectares mede esse terreno?

5 Uma sala retangular mede 16 m de comprimento por 6 m de largura. Calcule quantas dúzias de mosaicos quadrados de 20 cm de lado são necessários para ladrilhar a sala.

6 Determine a área da figura.

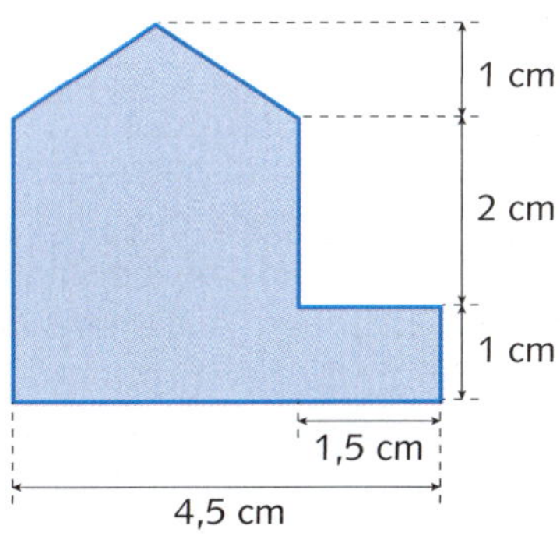

7 As paredes de um banheiro têm 24 m^2 de área. A porta do banheiro mede 2 m de altura por 0,5 m de largura. Calcule quantos azulejos de 100 cm^2 de área são necessários para o revestimento dessas paredes.

8 Qual é a medida do raio de um círculo cuja área é igual a 16% da área do círculo ao lado?

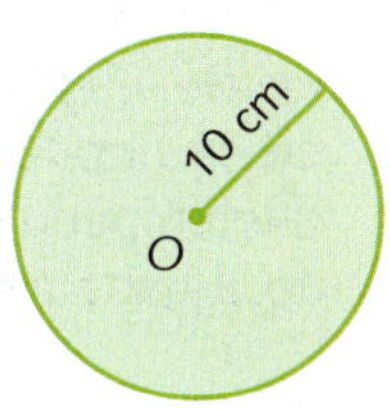

9 Um vitral é composto de 60 peças triangulares, cada uma com 24 cm de base e 15 cm de altura. Qual é a área total do vitral?

10 Um retângulo tem 16 m de comprimento e 9 m de largura. Determine a medida do lado do quadrado cuja área seja equivalente à do retângulo.

11 Quantos centímetros quadrados de papelão são necessários para fabricar uma caixa de 10 cm de altura por 15 cm de largura por 20 cm de comprimento?

12 Observe a planta baixa de um apartamento:

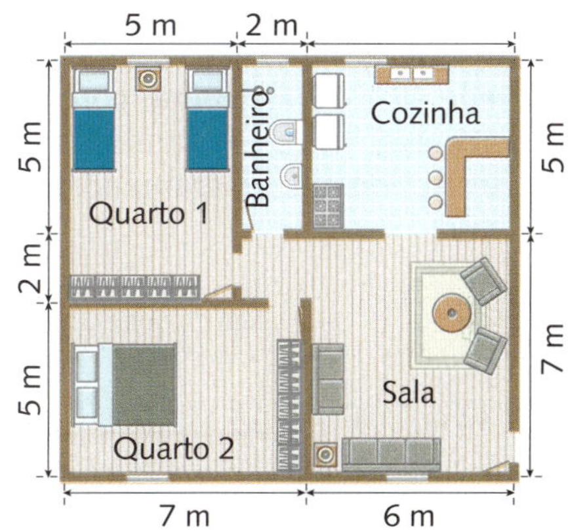

a) Qual é a área total do apartamento (AP)?

b) Qual é a área do quarto 1 ($Q1$)?

c) Qual é a área do quarto 2 ($Q2$)?

d) Qual é a área do banheiro (B)?

e) Qual é a área da cozinha (C)?

f) Qual é a área da sala (S)?

g) Por que a área ($Q1 + Q2 + B + C + S$) é menor que a área (AP)?

Conteúdo digital
- Simulador: Planta baixa

DESAFIO

Um negociante comprou uma fazenda de 27,5 ha por R$ 5 000,00 o hectare. Por quanto ele deve revender a fazenda para ter um lucro de R$ 600,00 em cada hectômetro quadrado?

Agora, responda:

- Por que devemos fazer uma avaliação do preço de um imóvel antes de comprá-lo?
- Por que em alguns bairros o preço do metro quadrado é mais caro do que em outros?

Reprodução proibida. Art.184 do Código Penal e Lei 9.610 de 19 de fevereiro de 1998.

ILUSTRAÇÕES: ANDERSON DE ANDRADE PIMENTEL

1 Em uma medalha de 4 cm de diâmetro foram utilizados 5 gramas de metal por centímetro quadrado. Qual é a massa, em grama, da medalha?

(Considere $\pi = 3{,}14$.)

BILLION PHOTOS/SHUTTERSTOCK

2 No centro de um gramado em forma de trapézio há uma piscina circular cujo raio mede 15 m. Determine, com aproximação de centésimos e em metro quadrado, a área correspondente ao gramado.

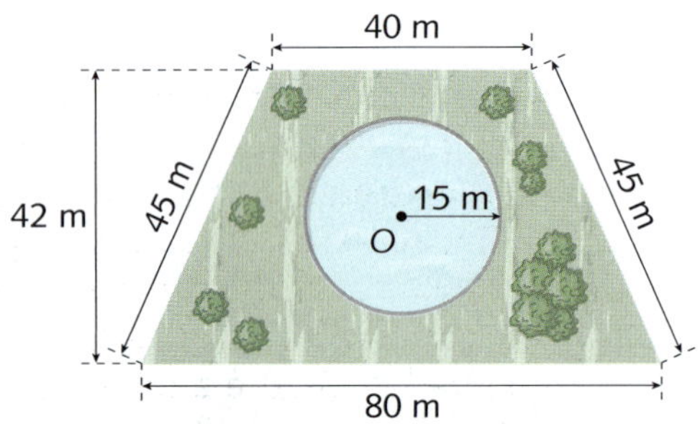

3 Qual é a área da região azul na figura?

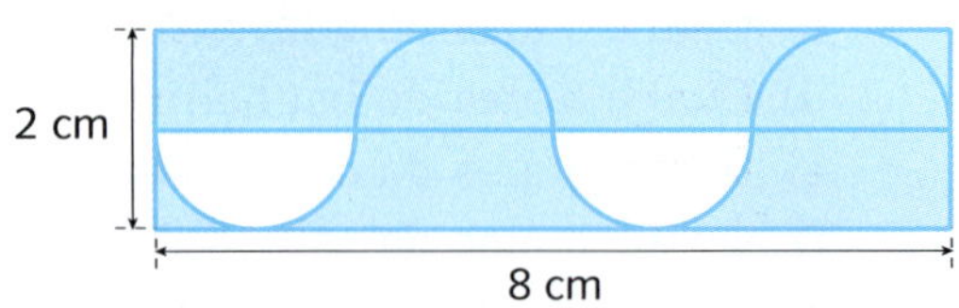

4 Determine a área do piso que circunda a piscina circular, de acordo com suas medidas.

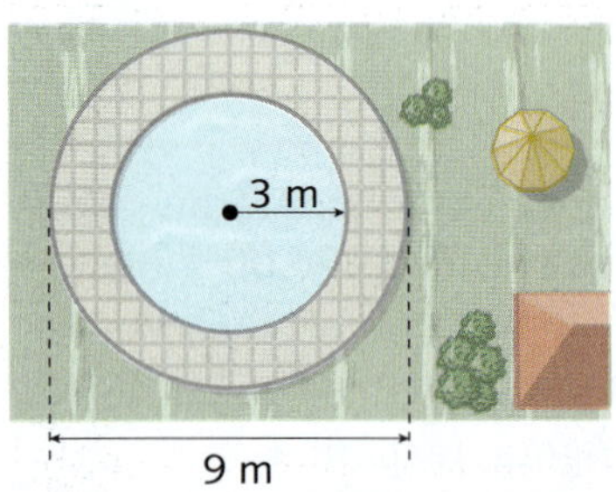

5 Para ladrilhar o piso de uma sala de formato retangular e medidas 6,4 m por 9,6 m, foram comprados ladrilhos quadrados de 20 cm de lado.

a) Quantos ladrilhos foram usados?

b) Quanto foi gasto, se o metro quadrado de ladrilho custou R$ 20,00?

6 **(Enem)** A capacidade mínima, em BTU/h, de um aparelho de ar-condicionado, para ambientes sem exposição ao sol, pode ser determinada da seguinte forma:

- 600 BTU/h por m^2, considerando-se até duas pessoas no ambiente;
- para cada pessoa adicional nesse ambiente, acrescentar 600 BTU/h;
- acrescentar mais 600 BTU/h para cada equipamento eletrônico em funcionamento no ambiente.

Será instalado um aparelho de ar-condicionado em uma sala sem exposição ao sol, de dimensões 4 m × 5 m, em que permaneçam quatro pessoas e possua um aparelho de televisão em funcionamento.

A capacidade mínima, em BTU/h, desse aparelho de ar-condicionado deve ser:

a) 12 000.   d) 13 800.

b) 12 600.   c) 13 200.

c) 13 200.

7 Uma caixa-d'água, cuja base retangular tem área de 308 dm^2, mede 123 cm de altura. A caixa estava cheia e dela foram retirados 3 m^3 de água. Quantos centímetros cúbicos de água restaram?

8 Um botijão de gás tem 13,5 m^3 de volume interno ou capacidade. Em uma casa, consomem-se 500 dm^3 de gás por dia. Qual é a duração, em dias, desse botijão?

9 Eclusa é um canal construído em águas de um rio com grande desnível para possibilitar a navegabilidade, a subida ou a descida de embarcações. A câmara de uma eclusa tem 200 m de comprimento e 18 m de largura. A vazão aproximada da água durante o esvaziamento da câmara é de 2 700 m^3 por minuto. Quanto tempo é necessário para uma embarcação descer 15 metros?

DESAFIO

Um paralelepípedo *A* tem 20 cm de comprimento, 15 cm de largura e 8 cm de altura. Se duplicarmos as medidas das arestas desse paralelepípedo *A*, vamos obter um paralelepípedo *B*. Quantas vezes o paralelepípedo *A* cabe no paralelepípedo *B*?

ILUSTRAÇÕES: ANDERSON DE ANDRADE PIMENTEL

Reprodução proibida. Art.184 do Código Penal e Lei 9.610 de 19 de fevereiro de 1998.

1 **(Enem)** Uma fábrica produz barras de chocolates no formato de paralelepípedos e de cubos, com o mesmo volume. As arestas da barra de chocolate no formato de paralelepípedo medem 3 cm de largura, 18 cm de comprimento e 4 cm de espessura.

Analisando as características das figuras geométricas descritas, a medida das arestas dos chocolates que têm o formato de cubo é igual a:

a) 5 cm. c) 12 cm. e) 25 cm.
b) 6 cm. d) 24 cm.

2 **(Enem)** A siderúrgica "Metal Nobre" produz diversos objetos maciços utilizando o ferro. Um tipo especial de peça feita nessa companhia tem o formato de um paralelepípedo retangular, de acordo com as dimensões indicadas na figura que segue.

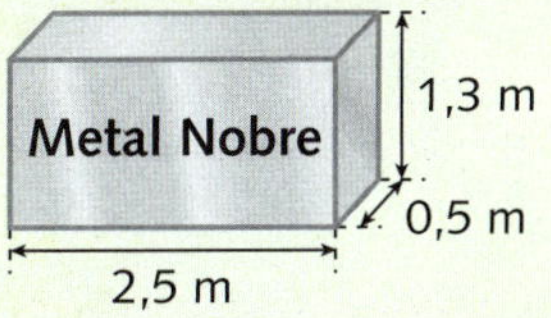

O produto das três dimensões indicadas na peça resultaria na medida da grandeza:

a) massa. d) capacidade.
b) volume. e) comprimento.
c) superfície.

3 **(Enem)** Alguns objetos, durante a sua fabricação, necessitam passar por um processo de resfriamento. Para que isso ocorra, uma fábrica utiliza um tanque de resfriamento, como mostrado na figura.

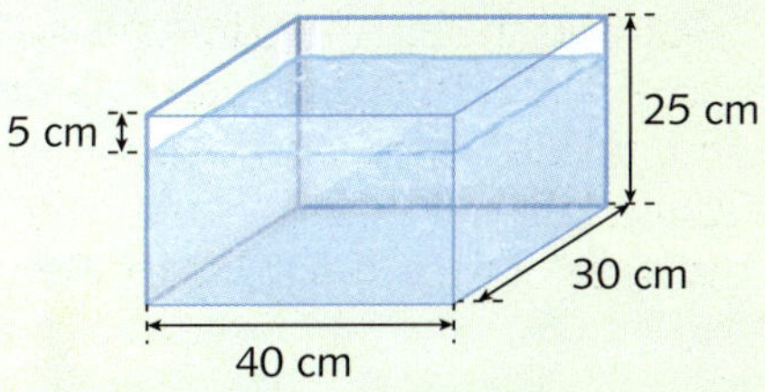

O que aconteceria com o nível da água se colocássemos no tanque um objeto cujo volume fosse de 2 400 cm³?

a) O nível subiria 0,2 cm, fazendo a água ficar com 20,2 cm de altura.
b) O nível subiria 1 cm, fazendo a água ficar com 21 cm de altura.
c) O nível subiria 2 cm, fazendo a água ficar com 22 cm de altura.
d) O nível subiria 8 cm, fazendo a água transbordar.
e) O nível subiria 20 cm, fazendo a água transbordar.

4 **(Enem)** Um porta-lápis de madeira foi construído no formato cúbico, seguindo o modelo ilustrado ao lado. O cubo de dentro é vazio. A aresta do cubo maior mede 12 cm e a do cubo menor, que é interno, mede 8 cm.

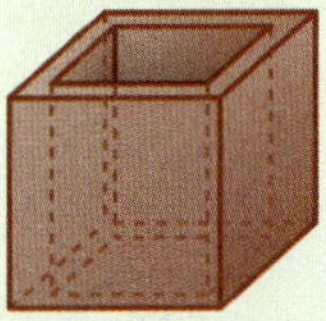

O volume de madeira utilizado na confecção desse objeto foi de:

a) 12 cm³. c) 96 cm³. e) 1728 cm³.
b) 64 cm³. d) 1216 cm³.

5 **(Obmep)** Juliana cortou uma tira de papel de 4 cm por 12 cm e a dobrou do modo indicado na figura, obtendo assim um quadrado. Em seguida, ela cortou o quadrado diagonalmente, como mostra a figura. Com os pedaços obtidos, ela montou dois novos quadrados. Qual é a diferença entre as áreas desses quadrados?

a) 9 cm²
b) 12 cm²
c) 16 cm²
d) 18 cm²
e) 32 cm²

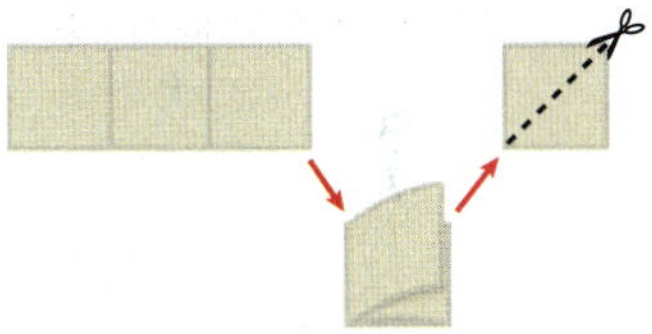

6 No recipiente abaixo, o nível da água sobe 1,5 cm quando é inserida nele uma esfera metálica. Qual é a medida do volume da esfera, em centímetro cúbico?

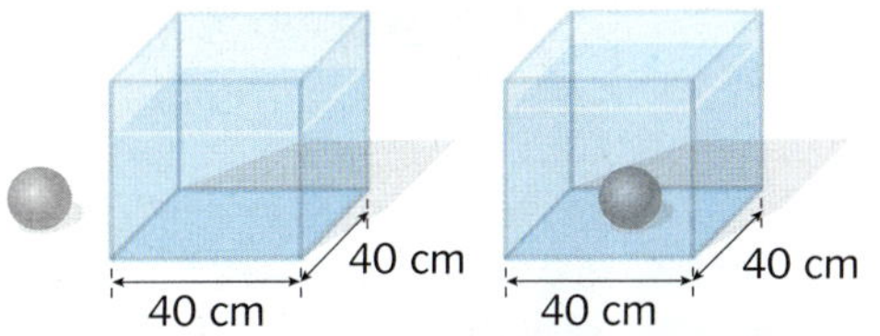

DESAFIO

Uma betoneira transporta 10 m³ de cimento.

Na primeira obra foram descarregados 40% desse total. Na segunda obra, 20% do que sobrou. Quantos decímetros cúbicos restaram na betoneira?

Reprodução proibida. Art.184 do Código Penal e Lei 9.610 de 19 de fevereiro de 1998.

ILUSTRAÇÕES: ANDERSON DE ANDRADE PIMENTEL

JOLIN/SHUTTERSTOCK

CAPÍTULO 12

Medidas de capacidade e de massa

ADRIATICFOTO/SHUTTERSTOCK

Ingredientes de boa qualidade e na medida certa são importantes para o bom resultado de uma receita.

É hora de observar e discutir

Há várias formas de medir a quantidade de ingredientes necessária para preparar bolos e outros alimentos. Observe os ingredientes de uma receita de pão.

Pão da vovó Erivalda

Ingredientes	Quantidade
leite de coco	1 vidro
óleo de girassol	150 mililitros
ovos	4 unidades
farinha de trigo	1 xícara (de chá)
manteiga	2 colheres (de sopa)
sal	$1\frac{1}{2}$ colher (de chá)
fermento	15 gramas

Algumas quantidades são determinadas por unidades de medida não padronizadas, como *colher* ou *xícara*; outras, por unidades de medida padronizadas.

- Que ingredientes da receita estão indicados com uma unidade de medida padronizada?
- Qual é a unidade de medida padronizada mais adequada para medir a quantidade de farinha de trigo da receita?
- Compare as quantidades de leite de coco e óleo de girassol da receita. Qual é a maior? Explique.

Trocando ideias

- O que significa **capacidade de um recipiente**?
- E **massa de um corpo**?

ASIA IMAGES GROUP/SHUTTERSTOCK

THOMAS BARRAT/SHUTTERSTOCK

O volume de gás no interior do balão corresponde à sua capacidade.

TATIANA POPOVA/SHUTTERSTOCK

3 quilogramas correspondem à massa da melancia.

FOTOS: XTOCK/SHUTTERSTOCK

56,7 quilogramas correspondem à massa da mulher.

O volume do interior de um recipiente que pode ser preenchido, por exemplo, com água corresponde à sua capacidade.

BIORAVEN/SHUTTERSTOCK

Usamos o termo **capacidade** para definir o volume do interior de um recipiente.
Massa é uma grandeza: quantidade de matéria em um corpo.

Neste capítulo, vamos estudar as medidas de **capacidade** e de **massa**.

Reprodução proibida. Art.184 do Código Penal e Lei 9.610 de 19 de fevereiro de 1998.

1 Litro

Ao encher um recipiente com líquido, verificamos que ele ocupa toda a forma do recipiente. Por isso, dizemos que a **capacidade** do recipiente corresponde à quantidade de líquido que é necessária para preenchê-lo. Ou seja, a **capacidade** corresponde ao volume interno de um recipiente.

A capacidade dos recipientes de alguns produtos que utilizamos no dia a dia é indicada nos rótulos. Observe as embalagens de água abaixo.

FOTOS: CARLOS LUVIZARI

A unidade-padrão de medida de capacidade admitida no Sistema Internacional de Unidades (SI) é o **litro**.

> O **litro** (ℓ) é a medida de capacidade de um cubo que tem 1 dm de aresta.

Assim:

$$1\ \ell = 1\ \text{dm}^3$$

O símbolo do litro pode ser ℓ ou L.

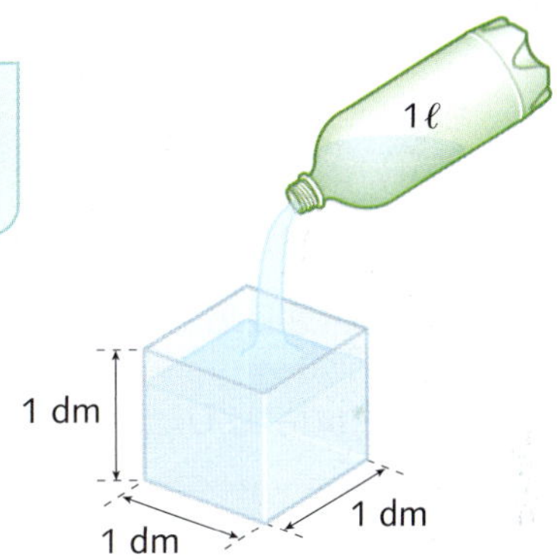

LUIZ RUBIO

Reprodução proibida. Art.184 do Código Penal e Lei 9.610 de 19 de fevereiro de 1998.

Múltiplos e submúltiplos do litro

Além da unidade-padrão de capacidade, há seus múltiplos e submúltiplos.

Observe, no quadro abaixo, os múltiplos e submúltiplos do litro que fazem parte do SI.

	Quadro de unidades						
	Múltiplos			Unidade fundamental	Submúltiplos		
Unidade	quilolitro	hectolitro	decalitro	**litro**	decilitro	centilitro	mililitro
Símbolo	kℓ	hℓ	daℓ	**ℓ**	dℓ	cℓ	mℓ
Relação com o litro	1 000 ℓ	100 ℓ	10 ℓ	**1 ℓ**	0,1 ℓ	0,01 ℓ	0,001 ℓ

Observe no Quadro de unidades que cada unidade de medida de capacidade equivale a 10 vezes a unidade imediatamente inferior.

Exemplos

- 1 daℓ = 10 ℓ
- 1 ℓ = 10 dℓ

Algumas relações importantes

Por definição, vimos que: $1\ \ell = 1\ dm^3$.

Como $1\ \ell = 1000\ m\ell$ e $1\ dm^3 = 1000\ cm^3$, então:

$$1\ \ell = 1\ dm^3$$

transformando

$$1000\ m\ell = 1000\ cm^3$$

: 1000

$$\mathbf{1\ m\ell = 1\ cm^3}$$

Como $1\ k\ell = 1000\ \ell$ e $1\ m^3 = 1000\ dm^3$, então:

$$1\ \ell = 1\ dm^3$$

$\times 1000$

$$1000\ \ell = 1000\ dm^3$$

transformando

$$\mathbf{1\ k\ell = 1\ m^3}$$

2 Leitura das medidas de capacidade

A leitura das medidas de capacidade segue o mesmo procedimento aplicado à leitura das medidas de comprimento.

Exemplos

- Vamos ler a medida: 5,278 daℓ.

kℓ	hℓ	daℓ	ℓ	dℓ	cℓ	mℓ
		5,	2	7	8	

Lemos: "cinco decalitros e duzentos e setenta e oito centilitros".

- Vamos ler a medida: 0,015 kℓ.

kℓ	hℓ	daℓ	ℓ	dℓ	cℓ	mℓ
0,	0	1	5			

Lemos: "quinze litros".

Reprodução proibida. Art.184 do Código Penal e Lei 9.610 de 19 de fevereiro de 1998.

EXERCÍCIOS

1 O que é capacidade?

2 Com uma garrafa de 1 ℓ de água, quantos copinhos de 200 mℓ podemos encher?

TARASYUK IGOR/SHUTTERSTOCK

3 Escreva como se leem as medidas abaixo.

a) 7,86 ℓ
b) 1,32 daℓ
c) 0,008 hℓ
d) 900 kℓ
e) 57,4 dℓ
f) 3,9 cℓ
g) 316,4 ℓ
h) 9,68 dℓ

4 Escreva a representação simplificada das seguintes medidas:

a) cinquenta e seis litros;
b) nove hectolitros e trinta e dois litros;
c) treze litros e cinco mililitros.

3 Transformação das unidades de medida de capacidade

Para transformar unidades de medida de capacidade no sistema métrico decimal, devemos nos lembrar de que:

> Cada unidade de medida de capacidade equivale a 10 vezes a unidade imediatamente inferior.

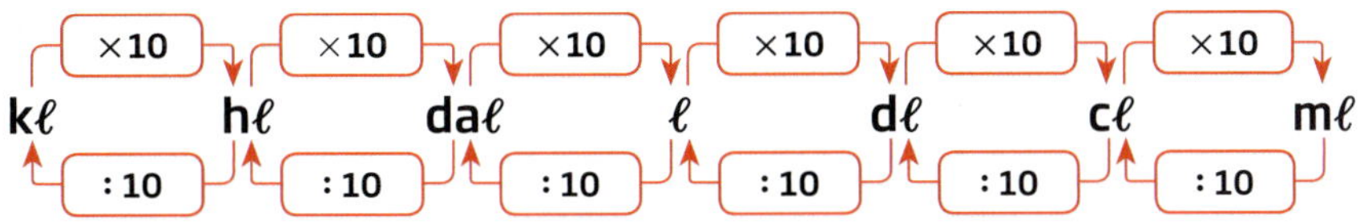

Observe os exemplos a seguir:

- Transformar 7,42 ℓ em mililitro.

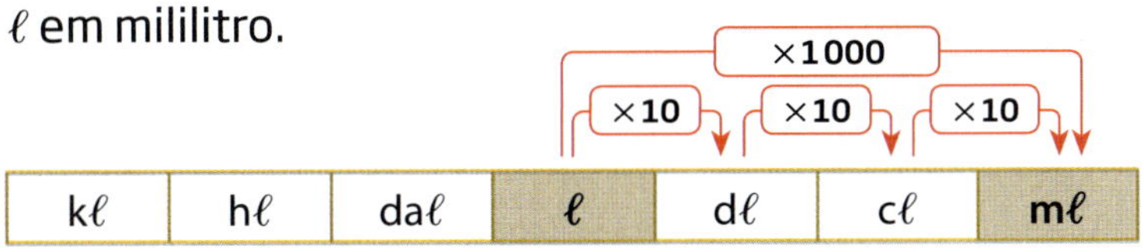

Para transformar litro em mililitro (**três posições à direita**), devemos **multiplicar por 1 000** $(10 \cdot 10 \cdot 10)$.

$$7{,}42 \cdot 1\,000 = 7\,420$$

Ou seja: 7,42 ℓ = 7 420 mℓ.

- Transformar 56 cℓ em hectolitro.

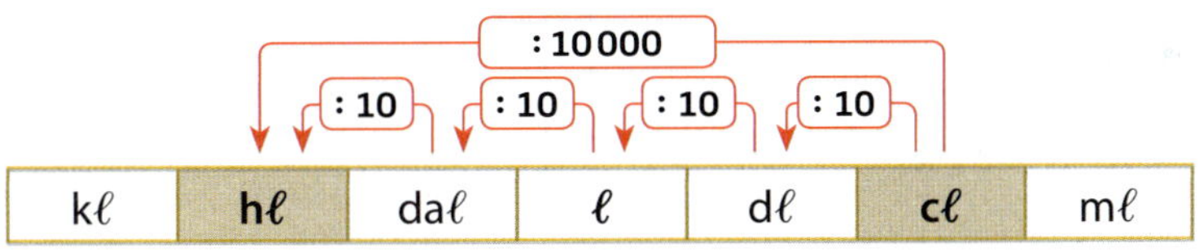

Para transformar centilitro em hectolitro (**quatro posições à esquerda**), devemos **dividir por 10 000**.

$$56 : 10\,000 = 0{,}0056$$

Ou seja: 56 cℓ = 0,0056 hℓ.

EXERCÍCIOS

5 Transforme:

a) 38,9 ℓ em decilitro;
b) 9,17 kℓ em decilitro;
c) 5,6 ℓ em mililitro;
d) 74,5 hℓ em litro.

6 Determine, em litro, o resultado das expressões.

a) $\frac{1}{2}$ daℓ + $\frac{3}{4}$ hℓ b) $\frac{3}{5}$ cℓ + $\frac{1}{4}$ dℓ

7 Transforme em litro.

a) 56 dm^3
b) 60 cm^3
c) 0,36 m^3
d) 8,2 m^3
e) 600 mm^3
f) 15,600 cm^3

8 Calcule cada uma das operações expressando o resultado em litro.

a) 0,6 m^3 + 10 daℓ + 1 hℓ
b) 16 kℓ − 13 400 dm^3
c) 4 560 cℓ + 215,25 dℓ − 0,05 m^3

Reprodução proibida. Art.184 do Código Penal e Lei 9.610 de 19 de fevereiro de 1998.

Lendo e aprendendo

Aprenda a controlar o consumo de água

O hidrômetro, instalado em sua casa, é o aparelho utilizado para medir o consumo de água. Você poderá conferir sua conta, controlar a água consumida e descobrir possíveis vazamentos registrando a leitura do aparelho regularmente. Uma torneira gotejando, por exemplo, desperdiça 40 ℓ de água por dia. Com um filete de água correndo, o desperdício é ainda maior: de 130 ℓ por dia.

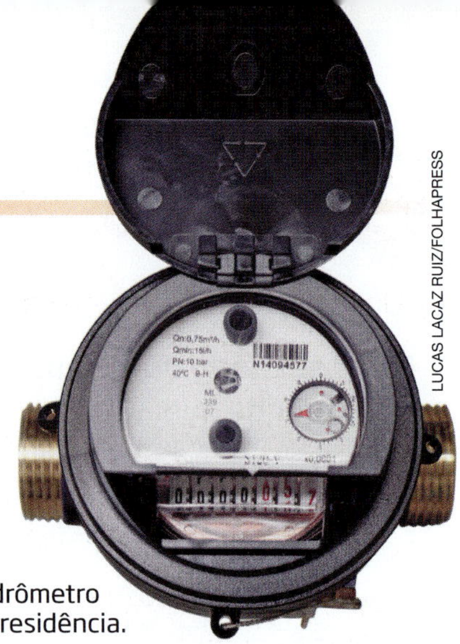
LUCAS LACAZ RUIZ/FOLHAPRESS

Hidrômetro de residência.

Como economizar água no dia a dia

Mantenha a torneira fechada enquanto escova os dentes. A economia obtida com essa medida é de 11,5 ℓ (casa) e 79 ℓ (apartamento).

Use a vassoura para varrer a calçada, e não a mangueira, pois, na lavagem de áreas externas, o desperdício chega a 279 ℓ de água a cada intervalo de 15 minutos.

Tome banhos de no máximo 5 minutos, mantendo o registro fechado ao se ensaboar.
A economia é de 90 ℓ (casa) e 162 ℓ (apartamento).

Regue as plantas com um regador ou mangueira com esguicho-revólver pela manhã ou à noite, para evitar a evaporação. A economia é de 96 ℓ.

Mantenha a torneira fechada ao ensaboar a louça. A economia é de 97 ℓ (casa) e 223 ℓ (apartamento). Faça o mesmo quando desfolhar verduras e hortaliças, descascar frutas e legumes, cortar aves, carnes, peixes etc.

Ao lavar roupas no tanque, mantenha a torneira fechada enquanto ensaboa e esfrega a roupa, pois, a cada intervalo de 15 minutos, a torneira aberta gasta 270 ℓ de água (o dobro da quantidade de água gasta em um ciclo completo de lavagem em uma máquina de lavar roupas com capacidade de 5 kg).

ILUSTRAÇÕES: GEORGE TUTUMI

Elaborado com base em: <http://site.sabesp.com.br/uploads/file/bonus/GUARDIAO_DICAS_A4_CAPITAL_E_INTERIOR_web.pdf>. Acesso em: 29 mar. 2017.

Reprodução proibida. Art.184 do Código Penal e Lei 9.610 de 19 de fevereiro de 1998.

4 Quilograma

Observe as situações a seguir.

GEORGE TUTUMI

Andreia comprou 350 gramas de presunto.

EDUARDO FRANCISCO

Lucas verificou em uma balança que estava com 54 quilogramas.

GEORGE TUTUMI

Pedro comprou um veículo de 1150 quilogramas de massa.

Massa é a quantidade de matéria de um corpo.

O grama (g) e o quilograma (kg) são as unidades mais usadas para medir a massa de um corpo.

A unidade-padrão de medida de massa no SI é o **quilograma**.

O quilograma foi definido, por volta de 1889, como "a massa de um decímetro cúbico de água pura à temperatura de 4,44 °C".

LUIZ RUBIO

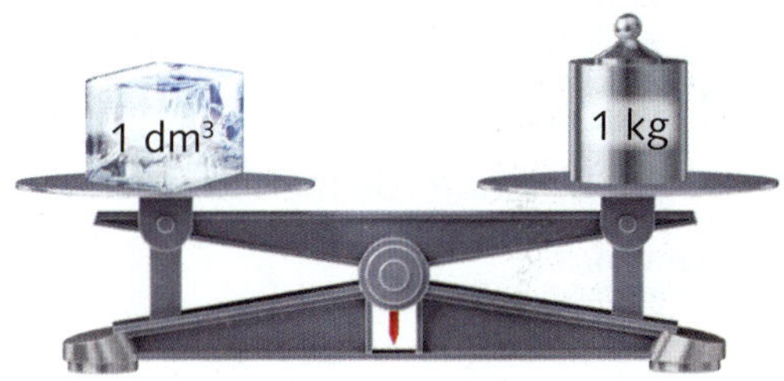

Na prática, porém, usamos o grama como unidade de referência para obter seus múltiplos e submúltiplos.

1 quilograma é o mesmo que 1 000 gramas.

$1\ kg = 1\,000\ g$

GEORGE TUTUMI

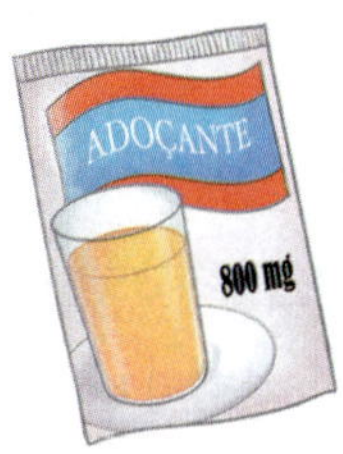

A milésima parte do grama é o miligrama (mg).

$1\ mg = 0{,}001\ g$

ou

$1\ g = 1\,000\ mg$

Reprodução proibida. Art.184 do Código Penal e Lei 9.610 de 19 de fevereiro de 1998.

Curiosidade

A balança

A balança é o instrumento utilizado para medir a massa de um corpo.

Veja alguns tipos de balança.

IVONNE WIERINK/SHUTTERSTOCK

Balança de cozinha comum.

SANAPADH/ISTOCK PHOTOS/GETTY IMAGES

Balança de cozinha eletrônica.

BILLION PHOTOS/SHUTTERSTOCK

Balança pediátrica eletrônica.

Múltiplos e submúltiplos do grama

Observe, no quadro abaixo, os múltiplos e submúltiplos do grama que fazem parte do SI.

	Quadro de unidades						
	Múltiplos			**Unidade**	**Submúltiplos**		
Unidade	**quilograma**	hectograma	decagrama	grama	decigrama	centigrama	miligrama
Símbolo	**kg**	hg	dag	g	dg	cg	mg
Relação com o grama	**1 000 g**	100 g	10 g	1 g	0,1 g	0,01 g	0,001 g

Observe no quadro que cada unidade de medida de massa equivale a 10 vezes a unidade imediatamente inferior.

Exemplos

- 1 dag = 10 g
- 1 g = 10 dg

Observação

Outras unidades de medida de massa são usadas no dia a dia.

Exemplos

- A arroba (símbolo: @) é utilizada para medir massa de carne bovina e de algodão. Uma arroba equivale a 15 kg.
- A tonelada (símbolo: t) é utilizada para medir grandes massas. Uma tonelada equivale a 1 000 kg.
- O quilate é utilizado para medir a massa de metais e pedras preciosas. Um quilate equivale a 0,2 g.

Reprodução proibida. Art.184 do Código Penal e Lei 9.610 de 19 de fevereiro de 1998.

Algumas relações importantes

Podemos relacionar as medidas de massa às medidas de volume e de capacidade.

Como vimos, para a água pura (destilada) a uma temperatura de 4,44 °C, é válida a equivalência ao lado.

$1\ kg \Leftrightarrow 1\ dm^3$

Com base nessa equivalência, obtemos algumas relações importantes. Veja:

- Como $1\ \ell = 1\ dm^3$ pela definição, e $1\ kg \Leftrightarrow 1\ dm^3$, então: **$1\ kg \Leftrightarrow 1\ \ell$**
- Como $1\ k\ell = 1\,000\ \ell$, $1\ m^3 = 1\,000\ dm^3$ e $1\ t = 1\,000\ kg$, então:

$$1\ kg \Leftrightarrow 1\ dm^3 \Leftrightarrow 1\ \ell$$

×1000

$$1\,000\ kg \Leftrightarrow 1\,000\ dm^3 \Leftrightarrow 1\,000\ \ell$$

transformando

$1\ t \Leftrightarrow 1\ m^3 \Leftrightarrow 1\ k\ell$

- Como $1\ \ell = 1\,000\ m\ell$, $1\ dm^3 = 1\,000\ cm^3$ e $1\ kg = 1\,000\ g$, então:

$$1\ kg \Leftrightarrow 1\ dm^3 \Leftrightarrow 1\ \ell$$

transformando

$$1\,000\ g \Leftrightarrow 1\,000\ cm^3 \Leftrightarrow 1\,000\ m\ell$$

: 1000

$1\ g \Leftrightarrow 1\ cm^3 \Leftrightarrow 1\ m\ell$

5 Leitura das medidas de massa

A palavra **grama**, empregada no sentido de "unidade de medida de massa de um corpo", é um substantivo masculino. Por isso, ao escrever e pronunciar essa unidade, seus múltiplos e submúltiplos, faça a concordância corretamente.

Exemplos

- 2 kg ⟶ Lemos: "dois quilogramas".
- 500 mg ⟶ Lemos: "quinhentos miligramas".
- 801 g ⟶ Lemos: "oitocentos e um gramas".

A leitura das medidas de massa segue o mesmo procedimento aplicado à leitura das medidas lineares.

Exemplos

- Vamos ler a medida: 64,132 hg.

kg	hg	dag	g	dg	cg	mg
6	4,	1	3	2		

Lemos: "sessenta e quatro hectogramas e cento e trinta e dois decigramas".

- Vamos ler a medida: 0,026 g.

kg	hg	dag	g	dg	cg	mg
			0,	0	2	6

Lemos: "vinte e seis miligramas".

Reprodução proibida. Art.184 do Código Penal e Lei 9.610 de 19 de fevereiro de 1998.

EXERCÍCIOS

9 Identifique e registre no caderno a massa, em quilograma, dos produtos abaixo.

JUNIOR ROZZO/ROZZO IMAGENS

10 Qual é o instrumento utilizado para medir a massa de um corpo?

11 Indique a melhor unidade para expressar a massa de:

a)  VLAD09/SHUTTERSTOCK

b)  TATIANA POPOVA/SHUTTERSTOCK

c)  CEM CANBAY/AGE FOTOSTOCK/KEYSTONE BRASIL

12 Explique como chegamos, para a água pura a 4,44 °C, à relação de equivalência entre o litro e o quilograma:

$$1\ \ell \Leftrightarrow 1\ \text{kg}$$

13 Escreva como se leem as medidas abaixo.

a) 18 kg
b) 8,36 hg
c) 0,052 g
d) 105,6 dag
e) 1,07 dg
f) 0,5 cg

14 Escreva a representação simplificada das seguintes medidas:

a) oitenta e cinco mil gramas;
b) dezessete decagramas e oito centigramas.

15 O que é tonelada?

16 O que é quilate?

6 Transformação das unidades de medida de massa

Para transformar unidades de medida de massa no sistema métrico decimal, devemos nos lembrar de que:

> Cada unidade de medida de massa equivale a 10 vezes a unidade imediatamente inferior.

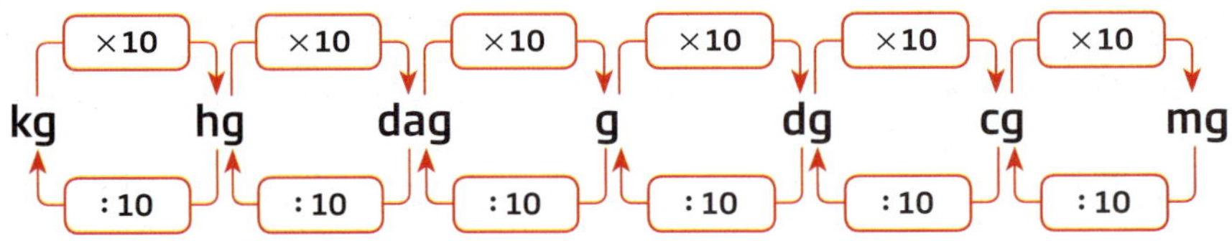

Observe os exemplos a seguir:

- Transformar 9,387 kg em decagrama.

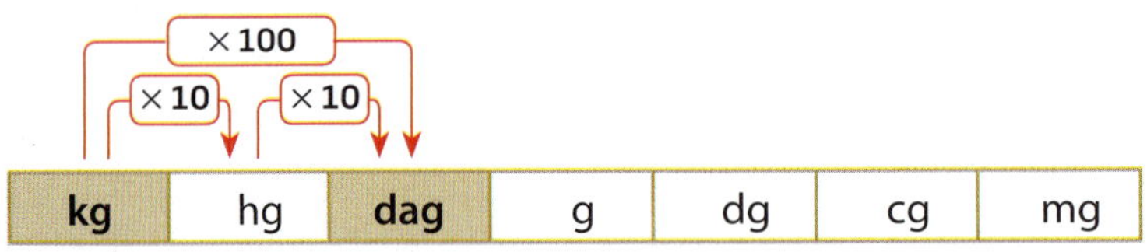

Para transformar quilograma em decagrama (**duas posições à direita**), devemos **multiplicar por 100** (10 · 10).

$$9{,}387 \cdot 100 = 938{,}7$$

Ou seja: 9,387 kg = 938,7 dag.

- Transformar 2 345,9 mg em grama.

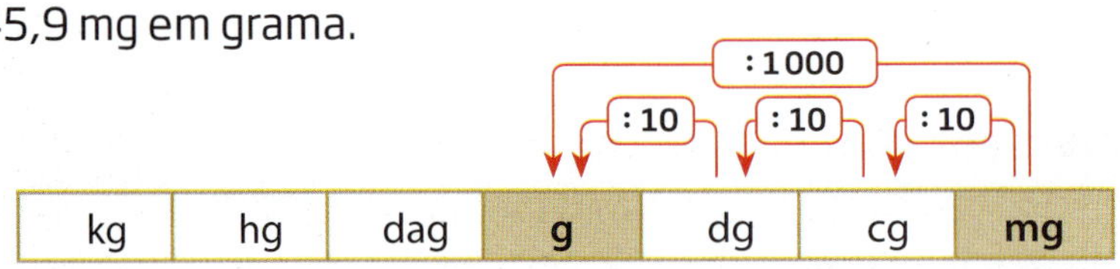

Para transformar miligrama em grama (**três posições à esquerda**), devemos **dividir por 1 000**.

$$2\,345{,}9 : 1000 = 2{,}3459$$

Ou seja: 2 345,9 mg = 2,3459 g.

- Transformar 6 954 dg em quilograma.

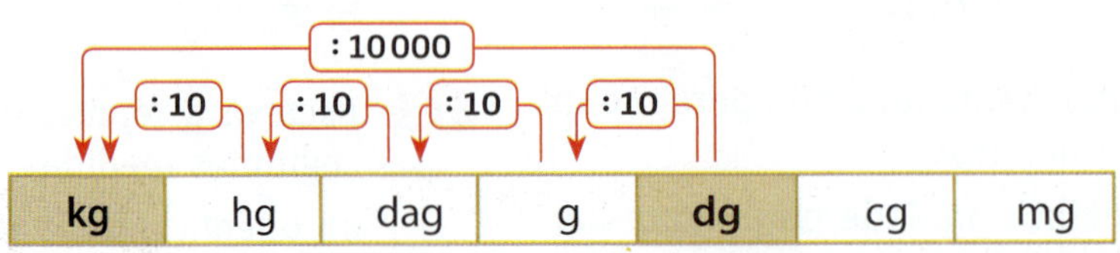

Para transformar decigrama em quilograma (**quatro posições à esquerda**), devemos **dividir por 10 000**.

$$6\,954 : 10\,000 = 0{,}6954$$

Ou seja: 6 954 dg = 0,6954 kg.

Reprodução proibida. Art.184 do Código Penal e Lei 9.610 de 19 de fevereiro de 1998.

EXERCÍCIOS

17 Transforme:
a) 3,5 kg em grama;
b) 0,035 hg em centigrama;
c) 4,86 dg em miligrama.

18 Transforme:
a) 4,6 g em quilograma;
b) 35 cg em hectograma;
c) 45,2 dg em decagrama.

19 Transforme em grama.
a) $\frac{4}{5}$ kg
b) $7\frac{1}{2}$ dg
c) $\frac{3}{8}$ hg
d) 10^5 mg

20 Efetue as seguintes operações expressando os resultados em grama.
a) 3,5 kg + (5,6 hg − 48 dag)
b) 720 cg − 1000 mg + 8,2 dg

21 As medidas foram obtidas na determinação de diferentes volumes de água destilada a 4,44 °C. Determine, em grama, a massa correspondente.
a) 7,5 cm^3
b) 2 m^3
c) 1,5 dm^3
d) 1400 mm^3

22 Transforme em quilograma.
a) 6 toneladas
b) 2,4 toneladas
c) 0,036 tonelada
d) $\frac{3}{4}$ tonelada

23 Transforme em tonelada.
a) 60 kg
b) 2,5 kg
c) 3000 g
d) 104 kg

24 Quantos gramas há em um diamante de 26 quilates?

Lendo e aprendendo

Peso bruto, peso líquido e tara

Veja o significado destas denominações:

- **peso bruto** – massa de um produto com a sua embalagem;
- **peso líquido** – massa de um produto sem a sua embalagem;
- **tara** – massa da embalagem de um produto.

A balança rodoviária é utilizada para medir a massa de caminhões. Para calcular o peso líquido da carga, desconta-se a massa do caminhão do valor indicado na balança rodoviária.

O peso líquido de um caminhão com carga medido em balança rodoviária corresponde à massa do produto transportado. A tara é a massa do caminhão vazio.

JEAN PIERRE COPITET/BIOSPHOTO/AFP

Caminhão durante pesagem em balança rodoviária.

Trabalhando em equipe

Conteúdo digital
• Animação: O corpo humano

Forme dupla com um colega e respondam às questões.

1 O que é um dinamômetro?

2 Por que o peso na Lua é menor que o peso na Terra?

3 Durante a missão da Apollo 15, o astronauta James Irwin usava um traje espacial que tinha massa igual a 84 kg na Terra. Que massa esse traje espacial teria na Lua?

NASA/SCIENCE SOURCE/GETTY IMAGES

Astronauta Buzz Aldrin em solo lunar durante a missão Apollo 11, 1969.

Reprodução proibida. Art.184 do Código Penal e Lei 9.610 de 19 de fevereiro de 1998.

Trabalhando os conhecimentos adquiridos

Autoavaliação

1 Qual é a unidade-padrão de capacidade estudada neste capítulo? Qual é a relação dessa unidade com o decímetro cúbico (dm^3)?

2 Uma caixa tem formato de paralelepípedo e capacidade de 1000 ℓ. Quais podem ser suas dimensões, em metro? Dê pelo menos dois exemplos.

3 Qual é a unidade de medida mais adequada para determinar a massa de cada animal listado abaixo: tonelada, quilograma, grama ou miligrama?

a) Elefante.
b) Gato.
c) Formiga.
d) Baleia.

GEORGE TUTUMI
Ilustração sem escala, cores-fantasia.

39

1 Luzia distribuiu 900 g de balas em 20 saquinhos. Qual é a massa de cada saquinho, em centigrama?

DOUGLAS FRANCHIN

2 Uma piscina tem a forma de um paralelepípedo retangular e mede 5 m de comprimento, 4 m de largura e 3 m de profundidade. Outra piscina, com o mesmo formato e a mesma capacidade, tem o dobro da medida do comprimento e a metade da medida da largura da primeira. Determine a profundidade da segunda piscina.

DOUGLAS FRANCHIN

3 Um metro cúbico de areia tem 2800 kg. Qual é a massa da areia contida em uma caixa de dimensões 6 m × 4,5 m × 1,2 m?

4 Um caminhão, com capacidade de 8 toneladas, está carregado com 5200 kg. Quantos quilos faltam para o caminhão completar sua capacidade?

ERICSON GUILHERME LUCIANO

5 Um petroleiro transporta 60000 toneladas. Quantos barris de 120 kg podem ser enchidos com o petróleo transportado por esse petroleiro?

NIEUWLAND PHOTOGRAPHY/ SHUTTERSTOCK

DESAFIO

Um aquário tem as seguintes dimensões: 1,8 m de comprimento, 0,0005 km de largura e 0,04 dam de altura. Calcule a medida do volume contido no aquário quando o nível da água está a 5 cm da altura máxima.

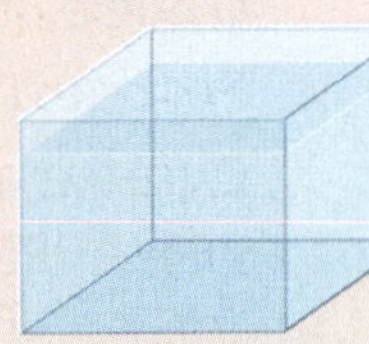
ERICSON GUILHERME LUCIANO

1 De um depósito que continha 9,6 daℓ de água retirou-se 0,4 hℓ. Quantos centilitros restaram?

2 Quantos litros há em meio metro cúbico?

3 A parte interna de um *freezer* horizontal mede: 1,6 m de comprimento, 60 cm de largura e $\frac{1}{2}$ m de altura. Qual é a capacidade do *freezer* em litro?

EDUARDO FRANCISCO

4 O dono de uma indústria farmacêutica importou 10 frascos, de 5 ℓ cada, de um produto. Ele pretende revender esse produto em frascos de 20 cm^3. Quantos frascos esse empresário formará para vender?

5 Uma caixa-d'água de base quadrada mede 2,05 m de lado e 10,50 m de altura. A caixa está cheia. Quantos litros de água estão contidos na caixa?

6 A caixa-d'água de uma casa tem a forma de um cubo de aresta 1,2 m e está cheia. Supondo que, nessa casa, o consumo diário de água seja de 432 ℓ, quantos dias serão necessários para esvaziar a caixa-d'água?

a) 2 dias

b) 4 dias

c) 5 dias

d) 11 dias

e) 12 dias

7 Um posto da bacia de Campos, no estado do Rio de Janeiro, produz 75 000 ℓ de petróleo por dia. Quantos barris de 100 ℓ podem ser enchidos nesse posto diariamente?

RICARDO FUNARI/BRAZIL PHOTOS/ LIGHTROCKET/GETTY IMAGES

Vista aérea de plataforma de petróleo da Petrobras na Bacia de Campos (RJ), 2015.

8 De um depósito com 240 ℓ de água foi retirado $\frac{1}{2}$ e depois $\frac{1}{3}$ do que sobrou no depósito. Com o restante da água encheram-se garrafas de 0,5 ℓ. Determine quantas garrafas foram obtidas.

9 Um depósito de água em forma de paralelepípedo retângulo tem as seguintes dimensões: 2 m de comprimento, 120 cm de largura e 0,80 dam de altura. O depósito está cheio de água. Calcule quantas latas de 20 ℓ de capacidade podem ser enchidas com a água do reservatório.

10 A diferença de volume entre dois frascos é de 210 cℓ, e o menor frasco corresponde a $\frac{3}{11}$ do maior. Quantos centímetros cúbicos há em cada um?

DESAFIO

O dono de um laboratório importa 50 ℓ de uma vacina concentrada. Em seguida, dilui o medicamento em 670 ℓ de água destilada e o armazena em ampolas de 2 mℓ cada uma. Quantas ampolas podem ser produzidas dessa forma?

Conteúdo digital
• Jogo: Vazamento de petróleo

Reprodução proibida. Art.184 do Código Penal e Lei 9.610 de 19 de fevereiro de 1998.

1 Um cubo de 0,60 m de aresta está com $\frac{3}{4}$ de sua capacidade preenchida. Qual é a capacidade total desse cubo?

ERICSON GUILHERME LUCIANO

2 Quantos centímetros cúbicos de água são necessários para completar $\frac{4}{5}$ de um aquário cuja capacidade é 8 daℓ?

3 Um poço de paredes verticais tem como abertura um quadrado de 9 dm de lado, e sua capacidade é de 16,2 hℓ. Determine sua profundidade, em centímetro.

4 Paulo despejou o conteúdo de uma garrafa de 1,5 ℓ de suco em um recipiente de forma cúbica de 1 dm de aresta. Quantos mililitros transbordaram?

DOUGLAS FRANCHIN

5 Uma vasilha tem capacidade de 20 ℓ e está vazia. Colocam-se 17,5 ℓ e mais uma pedra na vasilha, enchendo-a até a borda. Calcule o volume dessa pedra, em decímetro cúbico.

6 Se 1 cm^3 de uma solução farmacêutica custa R$ 5,40, qual é o preço de 5 cℓ dessa solução?

7 Uma lata vazia pesa 1,6 kg e, cheia de água pura, 120 hg. Qual é a capacidade dessa lata, em litro?

8 A que fração da tonelada correspondem 15 kg?

9 Uma barra de ferro tem 2 m de comprimento, 0,9 dm de largura e 25 mm de espessura. Calcule a massa da barra sabendo que cada decímetro cúbico de ferro tem 7,2 kg.

10 Uma joalheria suíça lapidou um diamante maciço, obtendo um anel de 150 quilates. Peça única no mundo, o anel teve o preço calculado na base de 5 milhões de reais por grama. Qual é o valor desse anel?

SHAWISH JEWELLERY/REX/ZUMA PRESS/GLOW IMAGES

11 Com 1 t de manteiga, quantas embalagens de 200 g (peso líquido) podemos encher?

12 A embalagem de um remédio contém 50 comprimidos. Determine, em grama, a massa do conjunto embalagem mais comprimidos sabendo que cada comprimido tem 250 mg e a embalagem corresponde a 50 g.

13 Um recipiente contém água destilada e está cheio com 55 000 g. Se retirarmos metade da água nele contida, ficará com 35 000 g.

a) Qual é a massa do recipiente vazio?

b) Quantas vezes usaremos uma lata de 5 ℓ para esvaziá-lo?

DESAFIO

Um reservatório em forma de paralelepípedo retangular mede 7 m de comprimento por 4 m de largura por 0,5 m de altura e contém $\frac{3}{5}$ de petróleo. Completa-se o reservatório com água. Sabendo que 1 ℓ de água pesa 1 kg e 1 ℓ de petróleo pesa 0,8 kg, determine:

a) o volume do petróleo;

b) o volume da água;

c) a massa da água;

d) a massa da mistura.

Reprodução proibida. Art.184 do Código Penal e Lei 9.610 de 19 de fevereiro de 1998.

1 **(Enem)** Os hidrômetros são marcadores de consumo de água em residências e estabelecimentos comerciais. Existem vários modelos de mostradores de hidrômetros, sendo que alguns deles possuem uma combinação de um mostrador e dois relógios de ponteiro. O número formado pelos quatro primeiros algarismos do mostrador fornece o consumo em m³, e os dois últimos algarismos representam, respectivamente, as centenas e dezenas de litros de água consumidos. Um dos relógios de ponteiros indica a quantidade em litros, e o outro em décimos de litros, conforme ilustrados na figura a seguir.

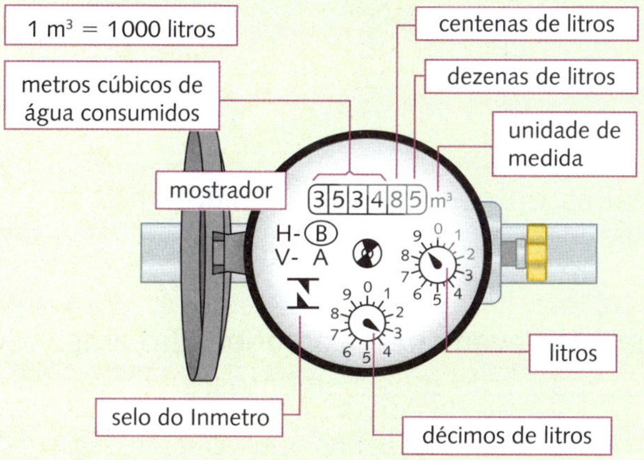

Disponível em: <www.aguasdearacoiaba.com.br> (adaptado).

Considerando as informações indicadas na figura, o consumo total de água registrado nesse hidrômetro, em litros, é igual a:

a) 3 534,85.
b) 3 544,20.
c) 3 534 850,00.
d) 3 534 859,35.
e) 3 534 850,39.

2 **(Obmep)** Há, em virtude da demanda crescente de economia de água, equipamentos e utensílios como, por exemplo, as bacias sanitárias ecológicas, que utilizam 6 litros de água por descarga em vez dos 15 litros utilizados por bacias sanitárias não ecológicas, conforme dados da Associação Brasileira de Normas Técnicas (ABNT).

Qual será a economia diária de água obtida por meio da substituição de uma bacia sanitária não ecológica, que gasta cerca de 60 litros por dia com a descarga, por uma bacia sanitária ecológica?

a) 24 litros
b) 36 litros
c) 40 litros
d) 42 litros
e) 50 litros

3 **(Enem)**

Café no Brasil

O consumo atingiu o maior nível da história no ano passado: os brasileiros beberam o equivalente a 331 bilhões de xícaras.

Veja, ed. 2 158, 31 mar. 2010.

Considere que a xícara citada na notícia seja equivalente a, aproximadamente, 120 mℓ de café. Suponha que em 2010 os brasileiros bebam ainda mais café, aumentando o consumo em $\frac{1}{5}$ do que foi consumido no ano anterior.

De acordo com essas informações, qual a previsão mais aproximada para o consumo de café em 2010?

a) 8 bilhões de litros
b) 16 bilhões de litros
c) 32 bilhões de litros
d) 40 bilhões de litros
e) 48 bilhões de litros

4 **(OBM)** Numa loja de ferragens, vários produtos são vendidos pelo peso. Um prego, três parafusos e dois ganchos pesam 24 g. Dois pregos, cinco parafusos e quatro ganchos pesam 44 g. Juquinha comprou 12 pregos, 32 parafusos e 24 ganchos. Quanto pesou sua compra?

a) 200 g
b) 208 g
c) 256 g
d) 272 g
e) 280 g

DESAFIO

A peça de madeira tem massa de 0,84 g por centímetro cúbico. Qual é sua massa total?

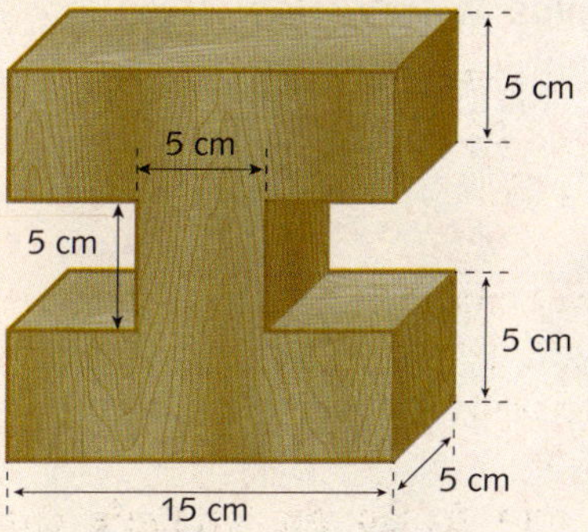

Reprodução proibida. Art. 184 do Código Penal e Lei 9.610 de 19 de fevereiro de 1998.

Conjuntos

1. Noção de conjunto e elemento

No dia a dia, encontramos vários tipos de conjunto. Por exemplo: o conjunto de alunos de uma sala de aula, o conjunto de fotos de um álbum, o conjunto de atletas de uma equipe de voleibol.

Então, podemos imaginar um **conjunto** como grupo ou coleção de objetos.

Os componentes de um conjunto são chamados de **elementos**.

Exemplo

- Conjunto das capitais dos estados brasileiros da região Nordeste.
  Elementos: São Luís, Teresina, Fortaleza, Natal, João Pessoa, Recife, Maceió, Aracaju, Salvador.

2. Representação de conjuntos

Podemos representar um conjunto de duas maneiras: entre chaves ou por diagramas.

Representação entre chaves

Nesse caso, utilizamos duas chaves, entre as quais escrevemos uma propriedade característica dos elementos do conjunto ou nomeamos cada um de seus elementos.

Exemplos

- $A = \{$números naturais pares entre 1 e 9$\}$ ou $A = \{2, 4, 6, 8\}$
- $B = \{$letras da palavra "arara"$\}$ ou $B = \{a, r\}$

Observe que os conjuntos são geralmente indicados por letras **maiúsculas** do nosso alfabeto: *A, B, C, D, ..., X, Y, Z*.

Se os elementos de um conjunto forem letras, deverão ser representados por letras **minúsculas** do nosso alfabeto: *a, b, c, d, ..., x, y, z*, como no exemplo do conjunto $B = \{a, r\}$.

Representação por diagramas

Escrevemos os elementos do conjunto no interior de uma linha fechada simples.

Exemplos

- $A = \{$números naturais pares entre 1 e 9$\}$

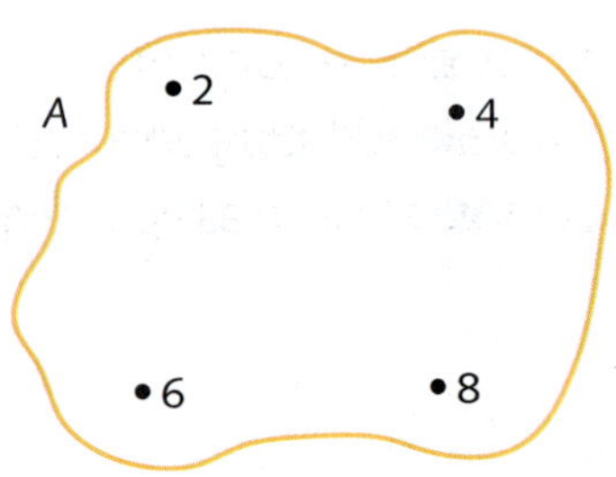

- $B = \{$letras da palavra "arara"$\}$

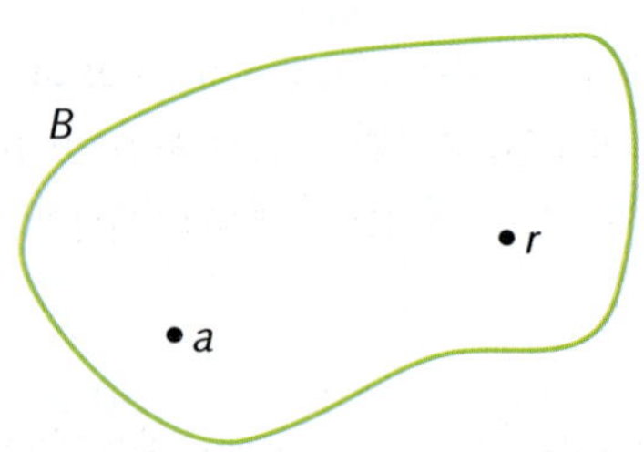

Reprodução proibida. Art.184 do Código Penal e Lei 9.610 de 19 de fevereiro de 1998.

ANDERSON DE ANDRADE PIMENTEL

Observações

1. Em um conjunto, não devemos repetir os elementos iguais.

Exemplo

$\{a, a, r, a\} = \{a, r\}$

2. Os elementos podem ser dispostos em qualquer ordem nos conjuntos.

Exemplo

$\{a, b, c\} = \{b, c, a\} = \{c, a, b\}$

3. O número de elementos de um conjunto A, por exemplo, é indicado por $n(A)$.

Exemplo

$A = \{0, 1, 2, 5, 7\}$, em que $n(A) = 5$

3. Conjunto unitário e conjunto vazio

- Conjunto unitário é aquele que apresenta apenas um elemento.

Exemplo

$K = \{$consoantes da palavra *ana*$\} = \{n\}$

- Conjunto vazio é aquele que não contém elementos e pode ser assim representado: $\{\ \}$ ou $\varnothing$.

Exemplo

$B = \{$planetas de nosso sistema solar cujo nome começa com a letra $z\} = \varnothing$ ou $\{\ \}$

Reprodução proibida. Art.184 do Código Penal e Lei 9.610 de 19 de fevereiro de 1998.

Cuidado!

O conjunto $\{\varnothing\}$ não representa o conjunto vazio, e sim um conjunto unitário.

4. Conjunto finito e conjunto infinito

Considere o conjunto A dos números naturais menores que 5:

$$A = \{0, 1, 2, 3, 4\}$$

Esse conjunto contém cinco elementos, ou seja, $n(A) = 5$.

Um conjunto que apresenta uma quantidade definida de elementos é chamado de **conjunto finito**.

Agora, considere o conjunto B dos números naturais maiores que 5:

$$B = \{6, 7, 8, 9, ...\}$$

Note que não podemos determinar a quantidade de elementos desse conjunto.

Um conjunto com quantidade indefinida de elementos é denominado **conjunto infinito**.

Na representação de um conjunto com infinitos elementos, usamos reticências após alguns deles.

Exemplo

$P = \{0, 2, 4, 6, 8, ...\}$ ← conjunto dos números naturais pares

Cuidado!

A presença de reticências nem sempre significa que um conjunto é infinito.

Exemplo

$M = \{1, 2, 3, ..., 48, 49, 50\}$ é um conjunto finito, sendo $n(M) = 50$.

As reticências aqui substituem os elementos situados entre 3 e 48.

5. Conjuntos iguais

Dois ou mais conjuntos são iguais se possuem os mesmos elementos.

Exemplo

$A = B$

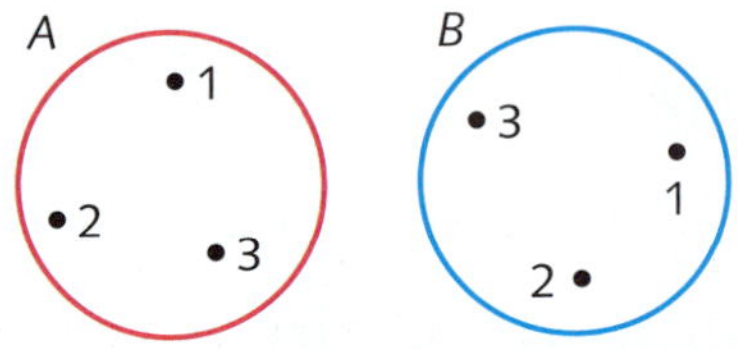

ANDERSON DE ANDRADE PIMENTEL

Observação

Para demonstrar que dois conjuntos são diferentes, usamos o símbolo $\neq$.

Exemplos

- $\{1, 3, 5\} \neq \{1, 3\}$
- $\{9\} \neq \{99\}$

6. Relação de pertinência

A relação entre um elemento e um conjunto é denominada **relação de pertinência**. Utilizamos os símbolos $\in$ (pertence) e $\notin$ (não pertence) nas relações de pertinência.

Exemplo

Sendo $M = \{1, 2\}$, podemos afirmar que:

- $1 \in M$ → Lemos: "um pertence a *M*".
- $2 \in M$ → Lemos: "dois pertence a M".
- $5 \notin M$ → Lemos: "cinco não pertence a M".

7. Relação de inclusão

Considere os conjuntos $A = \{a, e, o\}$ e $B = \{a, e, i, o, u\}$.

Perceba que todos os elementos do conjunto *A* também pertencem ao conjunto *B*. Nesse caso, dizemos que o conjunto *A* **está contido** no conjunto *B* e indicamos assim: $A \subset B$ → Lemos: "*A* está contido em *B*".

Como *A* está contido em *B*, podemos também afirmar que *B* **contém** *A*: $B \supset A$ → Lemos: "*B* contém *A*".

Os símbolos $\supset$ e $\subset$ são chamados de **sinais de inclusão** e relacionam dois conjuntos.

Usamos os símbolos $\not\supset$ (não contém) e $\not\subset$ (não está contido) como negações de $\supset$ (contém) e $\subset$ (está contido).

Reprodução proibida. Art.184 do Código Penal e Lei 9.610 de 19 de fevereiro de 1998.

Exemplos

- $\{a, b, c\} \not\subset \{b, c, d, e, f\}$
- $\{0, 1, 2, 3\} \not\supset \{1, 4\}$

Cuidado!

A afirmação $\{1\} \in \{1, 2, 3\}$ é falsa, pois a relação de pertinência ocorre somente entre um elemento e um conjunto, e $\{1\}$ não é elemento, mas um conjunto unitário. Seriam corretas as afirmações: $\{1\} \subset \{1, 2, 3\}$ e $1 \in \{1, 2, 3\}$.

Observação

Se dois conjuntos, *A* e *B*, **são iguais**, podemos afirmar que: $A \subset B$ e $B \subset A$.

8. Subconjuntos

Considere os conjuntos $A = \{1, 2, 3\}$ e $B = \{1, 2, 3, 4, 5\}$.

Observe que **todos** os elementos do conjunto *A* são também elementos do conjunto *B*. Então, dizemos que *A* é **subconjunto** de *B* ou que *A* está contido em *B*.

Um conjunto *A* é **subconjunto** de um conjunto *B* se todos os elementos de *A* são também elementos de *B*.

Indicamos essa relação como: $A \subset B$

Reprodução proibida. Art.184 do Código Penal e Lei 9.610 de 19 de fevereiro de 1998.

Observações

1. Todo conjunto é subconjunto de si próprio, ou seja, $A \subset A$.
2. O conjunto vazio é subconjunto de qualquer conjunto, ou seja, para qualquer conjunto *A*, podemos afirmar que: $\varnothing \subset A$.
3. O símbolo $\subset$ relaciona um subconjunto e o conjunto que o contém.

9. Representação simbólica de subconjuntos de $\mathbb{N}$

Um número pode ser representado por uma letra minúscula do alfabeto. Assim, podemos ter: número *x*, número *y*, número *z*, entre outros.

Observe estas notações:

- O número *x* representa um número natural: $x \in \mathbb{N}$

  Lemos: "*x* pertence a $\mathbb{N}$".

- O número *x* representa um número natural ímpar: $x \in \mathbb{N} \mid x$ é ímpar

  Lemos: "*x* pertence a $\mathbb{N}$ tal que *x* é ímpar".

O símbolo | significa "tal que".

- O número *x* representa um número natural menor que 8: $x \in \mathbb{N} \mid x < 8$

  Lemos: "*x* pertence a $\mathbb{N}$ tal que *x* é menor que oito".

Veja a seguir como representar alguns subconjuntos de $\mathbb{N}$ pela nomeação ou pela propriedade de seus elementos.

- Conjunto P dos números pares:
  $P = \{0, 2, 4, 6, 8, ...\}$ ou $P = \{x \in \mathbb{N} \mid x \text{ é par}\}$
- Conjunto I dos números ímpares:
  $I = \{1, 3, 5, 7, 9, ...\}$ ou $I = \{x \in \mathbb{N} \mid x \text{ é ímpar}\}$
- Conjunto A dos números naturais menores que 4:
  $A = \{0, 1, 2, 3\}$ ou $A = \{x \in \mathbb{N} \mid x < 4\}$
- Conjunto B dos números naturais maiores que 10:
  $B = \{11, 12, 13, ...\}$ ou $B = \{x \in \mathbb{N} \mid x > 10\}$
- Conjunto C dos números naturais maiores que 5 e menores que 10:
  $C = \{6, 7, 8, 9\}$ ou $C = \{x \in \mathbb{N} \mid 5 < x < 10\}$
- Conjunto D dos números naturais maiores ou iguais a 7 e menores que 11:
  $D = \{7, 8, 9, 10\}$ ou $D = \{x \in \mathbb{N} \mid 7 \leq x < 11\}$

10. Conjunto das partes

Seja o conjunto $A = \{1, 2, 3\}$. Observe a relação de todos os subconjuntos de A:

- vazio: $\varnothing$
- unitários: $\{1\}, \{2\}, \{3\}$
- com dois elementos: $\{1, 2\}, \{1, 3\}, \{2, 3\}$
- com três elementos: $\{1, 2, 3\}$

O conjunto formado por todos esses subconjuntos é denominado **conjunto das partes de *A*** e é assim representado:

$P(A) = \{\varnothing, \{1\}, \{2\}, \{3\}, \{1, 2\}, \{1, 3\}, \{2, 3\}, \{1, 2, 3\}\}$

$P(A)$ → conjunto das partes de *A*

> Dado um conjunto *A*, denomina-se **conjunto das partes de *A*** aquele formado por todos os subconjuntos de *A*.

11. Diagrama de Venn

Já vimos que, em uma representação por diagrama, devemos escrever os elementos do conjunto no interior de uma linha fechada simples.

Quando essa linha é uma circunferência, o diagrama recebe o nome de **diagrama de Euler**, em homenagem a Leonhard Euler (1707-1783).

O inglês John Venn (1834-1883) desenvolveu diversos estudos sobre a representação de dois ou mais conjuntos em um diagrama. Esse diagrama, utilizado para facilitar a visualização das relações e operações entre conjuntos, é conhecido como **diagrama de Venn**.

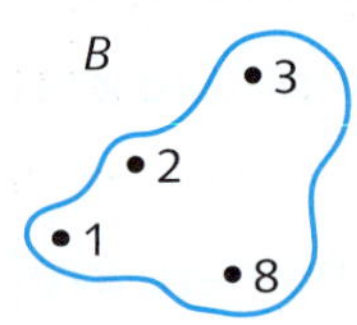

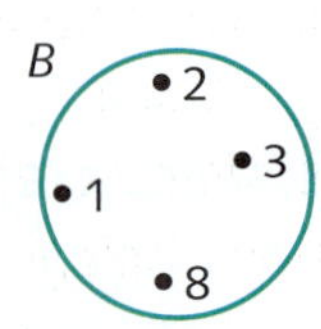

diagrama de Euler

ANDERSON DE ANDRADE PIMENTEL

Reprodução proibida. Art.184 do Código Penal e Lei 9.610 de 19 de fevereiro de 1998.

Veja a representação de alguns conjuntos no diagrama de Venn:

Vamos considerar os conjuntos $A = \{1, 6\}$ e $B = \{1, 2, 3, 4, 6\}$:

Observe que o conjunto A é subconjunto de B.

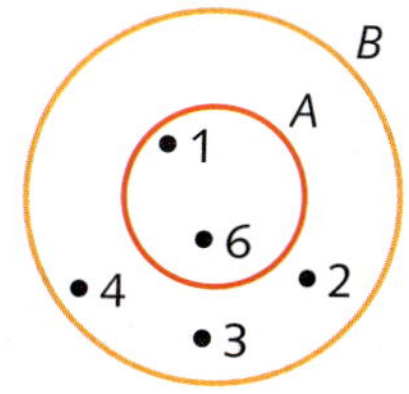

Vamos considerar os conjuntos $C = \{1, 5, 7, 8\}$ e $D = \{1, 2, 5, 9\}$:

Verifique que os elementos 1 e 5 pertencem aos dois conjuntos.

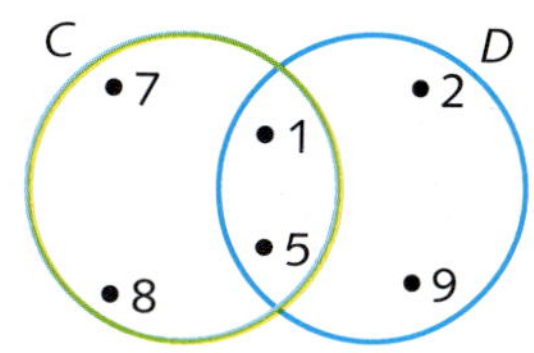

Vamos considerar os conjuntos $E = \{2, 3, 7\}$ e $F = \{1, 4, 8\}$:

Perceba que não existe nenhum elemento que pertença aos dois conjuntos.

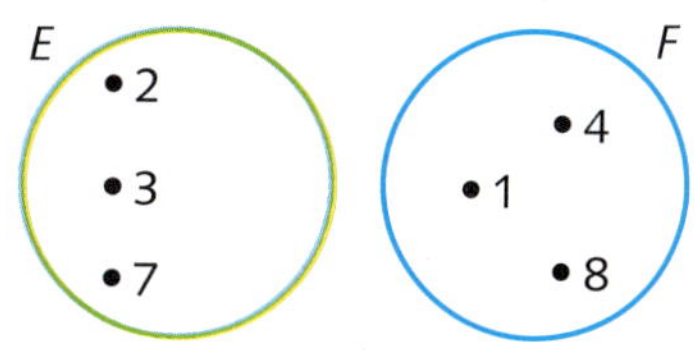

Vamos considerar os conjuntos $G = \{1, 2, 3, 6\}$, $H = \{2, 3, 4, 5\}$ e $I = \{2, 5, 6, 8\}$:

Note que:

- o elemento 2 pertence aos três conjuntos;
- os elementos 2 e 3 pertencem aos conjuntos G e H;
- os elementos 2 e 5 pertencem aos conjuntos H e I;
- os elementos 2 e 6 pertencem aos conjuntos G e I.

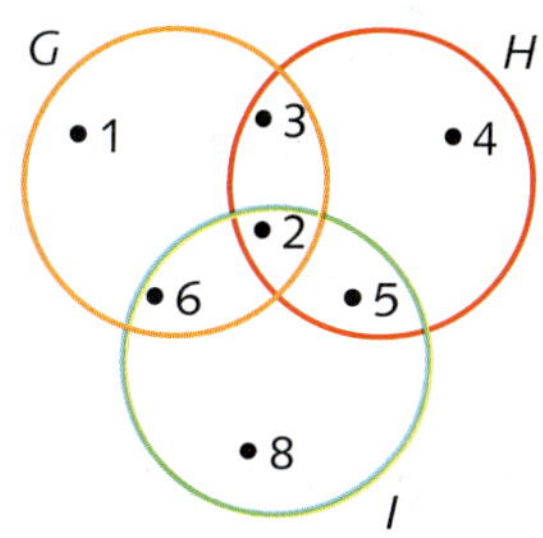

12. Conjunto universo (U)

Ao desenvolver um assunto ou resolver uma questão matemática, admitimos a existência de um conjunto U ao qual pertencem todos os elementos utilizados em tal assunto ou questão. Esse conjunto recebe o nome de **conjunto universo**, representado por U.

Exemplo

Vamos considerar um problema que envolva os conjuntos $A = \{1, 2, 3, 4\}$, $B = \{7, 8, 9\}$ e os elementos 6 e 10. Dispondo-os em um diagrama, temos a figura ao lado. Podemos indicar o conjunto universo usado no problema por:

$$U = \{1, 2, 3, 4, 6, 7, 8, 9, 10\}$$

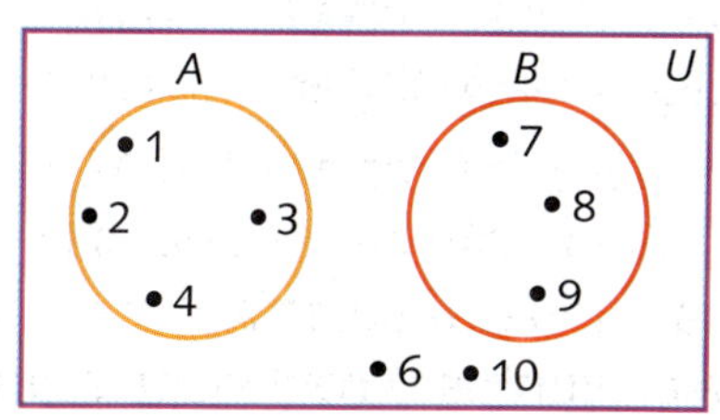

Reprodução proibida. Art.184 do Código Penal e Lei 9.610 de 19 de fevereiro de 1998.

ILUSTRAÇÕES: ANDERSON DE ANDRADE PIMENTEL

13. União de conjuntos

Considere os conjuntos $A = \{0, 1, 3, 6, 8\}$ e $B = \{1, 2, 4, 5, 6\}$.

Determinando um conjunto C, formado por todos os elementos que pertencem ao conjunto A e ao conjunto B, obtemos:

$$C = \{0, 1, 2, 3, 4, 5, 6, 8\}$$

← Os elementos 1 e 6 devem constar uma só vez.

Portanto, realizamos a operação de união ou reunião entre os conjuntos A e B. O resultado dessa operação é o conjunto C, denominado **conjunto união**. Observe:

$$A \cup B = C$$

→ Lemos: "*A* união *B* é igual a *C*".

Assim, no exemplo dado:

$$\{0, 1, 3, 6, 8\} \cup \{1, 2, 4, 5, 6\} = \{0, 1, 2, 3, 4, 5, 6, 8\}$$

Observações

1 A união do conjunto vazio com qualquer outro conjunto é igual a esse outro conjunto: $A \cup \varnothing = A$

2 A união dos conjuntos dos números racionais naturais e dos números racionais fracionários positivos origina o conjunto dos números racionais absolutos:

$\{\text{naturais}\} \cup \{\text{fracionários positivos}\} = \mathbb{Q}+$

→ racionais absolutos

Em diagrama:

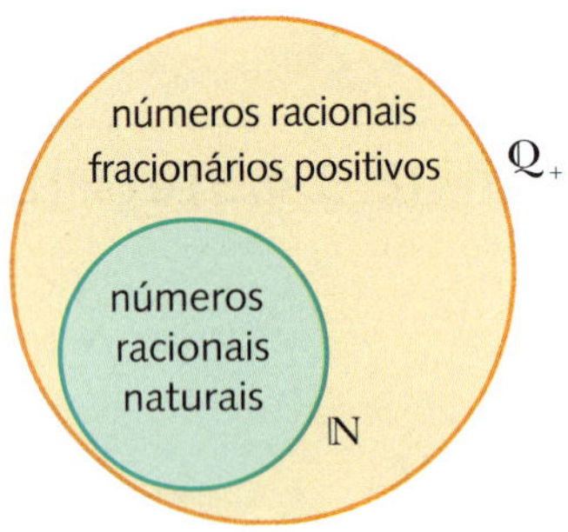

ANDERSON DE ANDRADE PIMENTEL

$\mathbb{N} \subset \mathbb{Q}_+$

↑ O conjunto dos números racionais naturais está contido no conjunto dos números racionais absolutos.

14. Intersecção de conjuntos

Considere os conjuntos $A = \{1, 2, 3, 4, 5, 6\}$ e $B = \{2, 3, 4, 6, 7\}$.

Determinando um conjunto C, formado por todos os elementos que pertencem ao conjunto A e também ao conjunto B, obtemos:

$$C = \{2, 3, 4, 6\}$$

Portanto, realizamos a operação de **intersecção** entre os conjuntos A e B. O resultado dessa operação é o conjunto C, denominado **conjunto intersecção**. Veja:

$$A \cap B = C$$

→ Lemos: "*A* intersecção *B* é igual a *C*".

Assim, no exemplo dado: $\{1, 2, 3, 4, 5, 6\} \cap \{2, 3, 4, 6, 7\} = \{2, 3, 4, 6\}$

Reprodução proibida. Art.184 do Código Penal e Lei 9.610 de 19 de fevereiro de 1998.

Observações

1 Quando $A \cap B = \varnothing$, dizemos que A e B são **disjuntos**.

2 A intersecção do conjunto vazio com qualquer outro conjunto é igual ao conjunto vazio: $A \cap \varnothing = \varnothing$

15. Diferença de conjuntos

Considere os conjuntos $A = \{1, 2, 3, 5, 7\}$ e $B = \{0, 1, 3, 4, 7\}$.

Determinando um conjunto C, formado por todos os elementos que pertencem ao conjunto A e não pertencem ao conjunto B, obtemos:

$$C = \{2, 5\}$$

Portanto, realizamos a operação **diferença** entre os conjuntos A e B. O resultado dessa operação é o conjunto C, denominado **diferença entre *A* e *B***. Observe:

$$A - B = C$$

Lemos: "*A* menos *B* é igual a *C*".

Assim, no exemplo dado: $\{1, 2, 3, 5, 7\} - \{0, 1, 3, 4, 7\} = \{2, 5\}$

Cuidado!

É importante verificar que, em geral, $A - B \neq B - A$.

Exemplo

Considerando $A = \{0, 1, 3, 5\}$ e $B = \{1, 3, 4, 7, 9\}$:

$A - B = \{0, 5\}$

$B - A = \{4, 7, 9\}$

$A - B \neq B - A$

16. Complementar de um conjunto

Considere os conjuntos $A = \{1, 2, 3, 5, 7, 8\}$ e $B = \{2, 5, 7\}$.

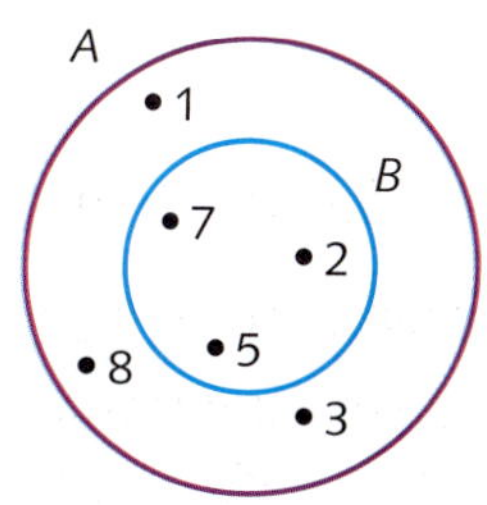

ANDERSON DE ANDRADE PIMENTEL

Perceba que $B \subset A$. Nesse caso, denominamos **complementar de *B* em relação a *A*** o conjunto formado pelos elementos que pertencem ao conjunto A e não pertencem ao conjunto B. Assim:

$$\overline{B} = A - B = \{1, 3, 8\}$$

notação do conjunto complementar de B

Observe, agora, os seguintes conjuntos:

$U = \{0, 1, 2, 3, 4, 5, 6, 7, 8, 9, 10, ...\}$ ← números naturais

$P = \{0, 2, 4, 6, 8, 10, 12, ...\}$ ← números pares

$I = \{1, 3, 5, 7, 9, 11, 13, ...\}$ ← números ímpares

Podemos dizer que P é complementar de I em relação a U e que I é complementar de P em relação a U.

Reprodução proibida. Art.184 do Código Penal e Lei 9.610 de 19 de fevereiro de 1998.

17. Aplicações práticas

Vamos resolver um problema com a aplicação das operações com conjuntos.

Considere esta situação:

Em uma escola foi realizada uma pesquisa entre os 900 alunos para identificar os jornais mais lidos por eles. Obteve-se este resultado:

Pesquisa	
Número de alunos	**Jornal**
500	*A*
280	*B*
75	*A* e *B*

Dados obtidos pelos professores.

Nessas condições, determine:

a) quantos alunos leem **somente** o jornal *A*;

b) quantos alunos leem **somente** o jornal *B*;

c) quantos alunos **não leem nenhum** desses jornais.

Solução

Para resolver esse problema, vamos utilizar um diagrama de Venn. Os conjuntos *A* e *B* representam os leitores dos dois jornais.

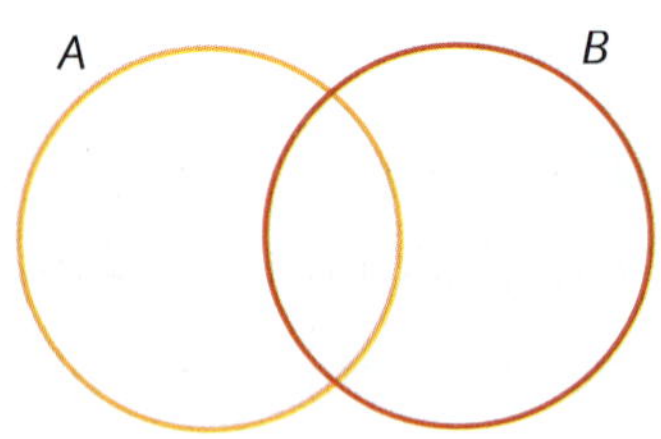

Inicialmente, vamos colocar na intersecção dos dois conjuntos o número de alunos que leem os **dois jornais**.

$A \cap B$ tem 75 elementos.

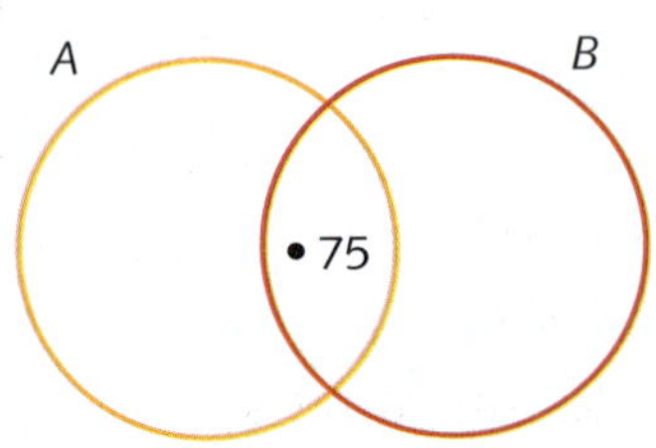

ILUSTRAÇÕES: ANDERSON DE ANDRADE PIMENTEL

Reprodução proibida. Art.184 do Código Penal e Lei 9.610 de 19 de fevereiro de 1998.

Como 500 alunos leem o jornal *A*, para saber quantos alunos leem somente o jornal *A* devemos determinar a quantidade de elementos do conjunto $A - B$.

$$500 - 75 = 425$$

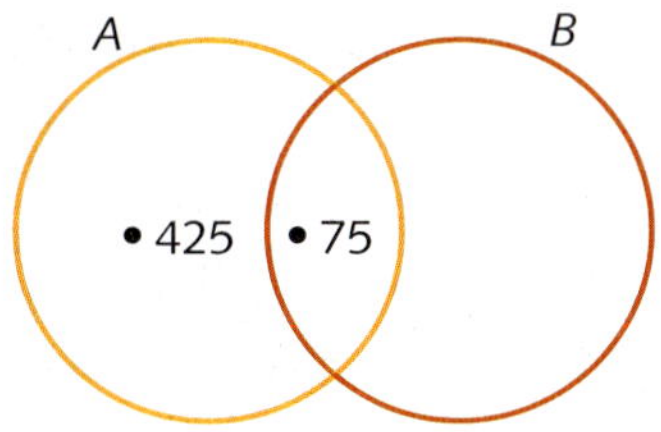

Como 280 alunos leem o jornal *B*, para saber quantos alunos leem somente o jornal *B* devemos determinar a quantidade de elementos do conjunto $B - A$.

$$280 - 75 = 205$$

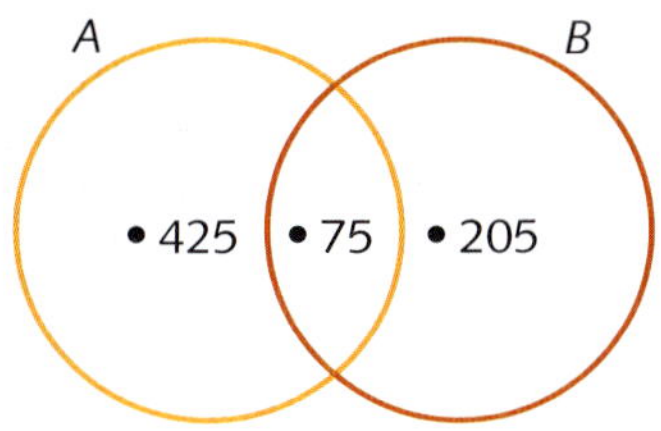

Para saber quantos alunos leem os dois jornais, devemos calcular o número de elementos do conjunto $A \cup B$.

$$425 + 75 + 205 = 705$$

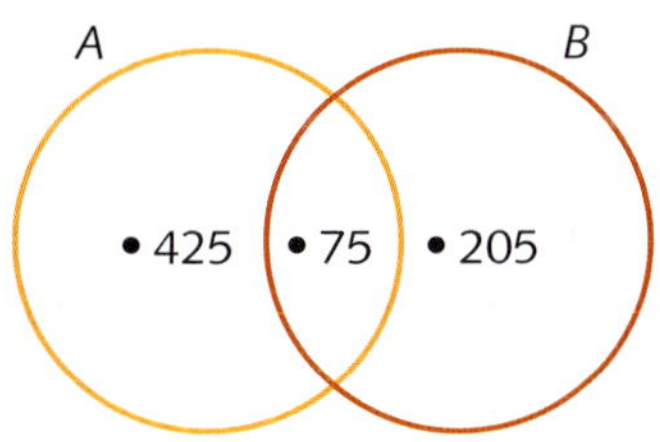

Como na escola estudam 900 alunos (conjunto universo *U*) e 705 deles leem jornais, podemos afirmar que 195 alunos não leem nenhum desses jornais, pois:

$$900 - 705 = 195$$

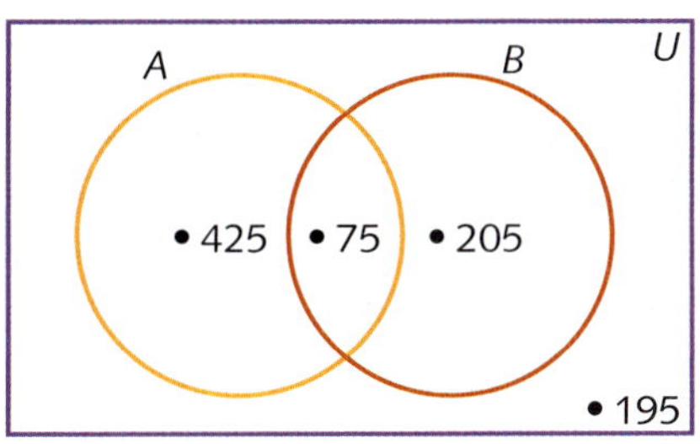

Logo, a resposta de cada item é:

a) 425 alunos leem somente o jornal *A*;

b) 205 alunos leem somente o jornal *B*;

c) 195 alunos não leem nenhum desses jornais.

ILUSTRAÇÕES: ANDERSON DE ANDRADE PIMENTEL

Reprodução proibida. Art.184 do Código Penal e Lei 9.610 de 19 de fevereiro de 1998.

Testes, vestibulares e concursos

Números naturais e sistemas de numeração

1 **(Uece)** Dado um número de dois algarismos, forma-se um novo número de três algarismos colocando "1" à direita do número original. O novo número é:

a) dez vezes o número original, mais um;
b) cem vezes o número original, mais um;
c) cem vezes o número original;
d) o número original, mais um.

2 **(Uece)** O número de algarismos, contados com as repetições, necessários para numerar as 96 páginas de um livro é igual a:

a) 180 b) 181 c) 182 d) 183

3 Leibniz, um eminente matemático do século XVII, foi um grande defensor do sistema de base dois, também chamado de sistema binário. É desse pensador a seguinte frase: "Um é o suficiente para derivar tudo do nada". Qual das opções corresponde, no sistema binário, ao numeral 21?

a) 11011
b) 10001
c) 11001
d) 11110
e) 10101
f) 11111

4 **(CMF-CE)** Seu Joaquim pediu para seu filho preencher um cheque e entregar a Manoel pela compra de três vacas. A primeira vaca custava dez mil e onze reais. A segunda vaca custava mil cento e um reais. A terceira vaca custava mil e dez reais. O valor do cheque era:

a) onze mil, duzentos e três reais;
b) doze mil, cento e vinte dois reais;
c) treze mil e um reais;
d) trinta mil, trezentos e um reais.

5 **(CMF-CE)** Para realizar uma visita ao parque botânico de Caucaia-CE, a escola "Viva Feliz" utilizou um ônibus escolar no qual viajaram cinquenta e oito alunos, dos quais vinte e dois eram do sexo masculino e quarenta e oito estavam sentados. Sabe-se que três alunos do sexo masculino viajaram em pé. Então, o número de alunos do sexo feminino que viajaram em pé foi:

a) 10 b) 8 c) 6 d) 7 e) 9

6 **(CMF-CE)** Estudando os numerais, observamos quanto é importante conhecermos as definições de valor absoluto e de valor relativo. Por exemplo, considere o numeral 243 506. A diferença entre o valor relativo do algarismo quatro e a sexta parte do valor relativo do algarismo seis, acrescido do valor absoluto do algarismo três, é:

a) 43 999
b) 40 002
c) 43 505
d) 40 001
e) 43 502

7 **(CMF-CE)** Na escola "Viva o Verde", a brincadeira do momento é jogar *Zoom* na hora do intervalo das aulas. As peças do jogo possuem os seguintes nomes, valores e numerações:

	Nome	Valor	Numeração
Peças	Mega *Zoom*	5 pontos	80 até 99
	Hiper *Zoom*	4 pontos	60 até 79
	Super *Zoom*	3 pontos	40 até 59
	Zoom	2 pontos	1 até 39

O aluno João Pedro, um grande jogador, coleciona apenas as peças cuja numeração é um múltiplo de 7. Como sua coleção está completa, ele acumulou:

a) 52 pontos;
b) 50 pontos;
c) 48 pontos;
d) 46 pontos;
e) 44 pontos.

8 **(FEI-SP)** Um teste de literatura com cinco alternativas em que uma única é verdadeira, referindo-se à data de nascimento de um famoso escritor, apresenta as seguintes alternativas:

A) século XIX;
B) século XX;
C) antes de 1980;
D) depois de 1830;
E) nenhuma das anteriores.

Pode-se garantir que a resposta correta é:

a) A
b) B
c) C
d) D
e) E

Reprodução proibida. Art.184 do Código Penal e Lei 9.610 de 19 de fevereiro de 1998.

9 Considerando o numeral 23 485, podemos afirmar que ele representa:

a) 234 centenas e 85 dezenas;

b) 23 milhares e 485 dezenas;

c) 3 485 milhares;

d) 234 centenas e 85 unidades;

e) 348 milhares.

10 **(Enem)** O gráfico a seguir apresenta o gasto militar dos Estados Unidos, no período de 1988 a 2006.

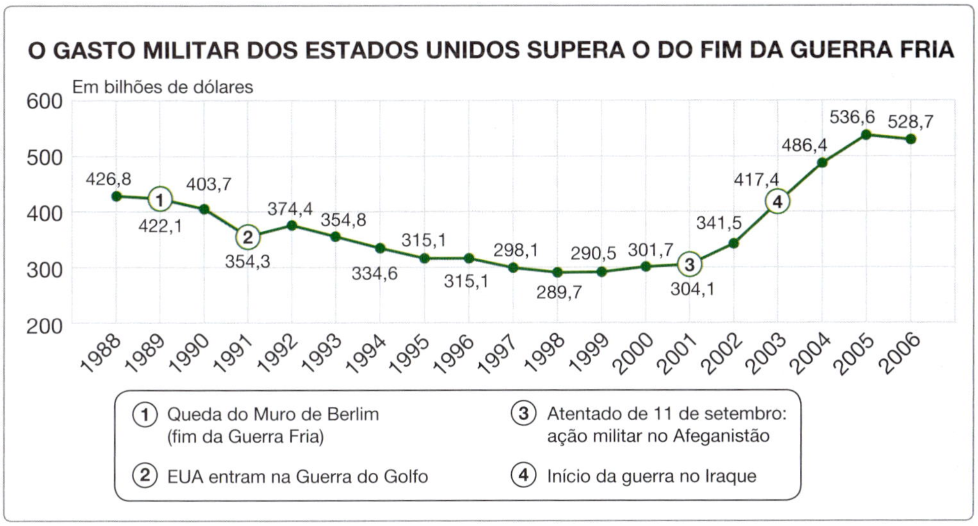

Almanaque Abril 2008. Editora Abril.

Com base no gráfico, o gasto militar no início da guerra no Iraque foi de:

a) U$ 4.174.000,00

b) U$ 41.740.000,00

c) U$ 417.400.000,00

d) U$ 41.740.000.000,00

e) U$ 417.400.000.000,00

Reprodução proibida. Art.184 do Código Penal e Lei 9.610 de 19 de fevereiro de 1998.

11 **(Obmep)** A tabela apresenta as cinco seleções de futebol feminino mais bem classificadas no ano de 2010, segundo a Fifa. Cada X na tabela significa que a seleção na linha correspondente está mais bem classificada do que a seleção na coluna correspondente; por exemplo, a Alemanha está mais bem classificada do que o Brasil. Qual é a seleção que ocupa a quarta posição?

a) Alemanha

b) Brasil

c) EUA

d) Japão

e) Suécia

Fifa 2010 Futebol feminino	Alemanha	Brasil	EUA	Japão	Suécia
Alemanha		X		X	X
Brasil				X	X
EUA	X	X		X	X
Japão					
Suécia				X	

Operações com números naturais

12 **(Urca-CE)** João e Paulo são irmãos. Quando João nasceu, o pai deles, Eduardo, tinha 21 anos. Quatro anos depois do nascimento de João, nasceu Paulo. Se hoje a soma das idades de João e de Paulo é 50 anos, a idade de Eduardo, hoje, é:

a) 42 b) 44 c) 46 d) 48 e) 50

13 A soma dos três termos de uma subtração é 140. O subtraendo excede o resto em 20 unidades. Assim, podemos dizer que:

a) a terça parte do minuendo é 20;
b) a quinta parte do subtraendo é 4;
c) o subtraendo é igual a 45;
d) o resto é igual a 20;
e) a terça parte do subtraendo é igual à metade do resto.

14 **(OBM)** Em um tanque há 4000 bolinhas de pingue-pongue. Um menino começou a retirar as bolinhas, uma por uma, com velocidade constante, quando eram 10 horas. Após 6 horas, havia no tanque 3520 bolinhas. Se o menino continuasse no mesmo ritmo, quando o tanque ficaria com 2000 bolinhas?

a) às 11 h do dia seguinte;
b) às 23 h do mesmo dia;
c) às 4 h do dia seguinte;
d) às 7 h do dia seguinte;
e) às 9 h do dia seguinte.

15 O resto de uma divisão é 6, e o divisor tem um só algarismo. Então, os possíveis divisores são:

a) 7 e 8
b) 7, 8 e 9
c) 6, 7, 8 e 9
d) 7, 8, 9 e 10
e) 6, 7, 8, 9 e 10

16 **(OBM)** Em maio, o valor total da conta de telefone celular de Esmeralda foi R$ 119,76, sem os impostos. Esse valor corresponde aos itens: chamadas, acesso à internet, envio de mensagens. Se ela gastou R$ 29,90 com acesso à internet e R$ 15,50 com o serviço de envio de mensagens, quanto foi que ela gastou com chamadas?

a) R$ 74,36
b) R$ 74,46
c) R$ 84,36
d) R$ 89,86
e) R$ 104,26

17 **(Obmep)** Um salão de festas comporta 700 pessoas, entre convidados e garçons. Um garçom atende no máximo 10 convidados e todo convidado deve ser atendido por um garçom. Qual é o número máximo de pessoas que podem ser convidadas para uma festa nesse salão?

a) 584
b) 612
c) 624
d) 636
e) 646

18 **(OBM)** Dos números a seguir, qual é o único que pode ser escrito como produto de quatro naturais consecutivos?

a) 712
b) 548
c) 1026
d) 1456
e) 1680

19 **(CMF-CE)** As idades de duas pessoas somam 80 anos. Subtraindo 15 anos da idade da mais velha e acrescentando a idade da mais nova, as idades tornam-se iguais. A idade de cada uma delas é, respectivamente:

a) 60 anos e 20 anos;
b) 55 anos e 25 anos;
c) 50 anos e 30 anos;
d) 45 anos e 35 anos.

20 **(CMF-CE)** Numa subtração, quando somamos 20 unidades ao minuendo e subtraímos 12 unidades do subtraendo, o resto aumentará de:

a) 8 unidades;
b) 12 unidades;
c) 20 unidades;
d) 32 unidades.

Figuras geométricas espaciais

21 **(UEFS-BA)** O número de vértices de um poliedro convexo de sete faces, sendo duas pentagonais e cinco quadrangulares, é:

a) 7 b) 10 c) 14 d) 17 e) 20

22 **(CMF-CE)** O aluno Miguel é curioso no estudo dos sólidos simples. Durante sua caminhada de retorno para casa, ao término da aula, ele encontrou um paralelepípedo conforme a figura e, então, resolveu identificar o número de vértices (V), somando-o ao número de faces (F) e, finalmente, subtraiu o número de arestas (A). Assim, a expressão $V + F - A$ é igual a:

a) 2
b) 3
c) 4
d) 5
e) 16

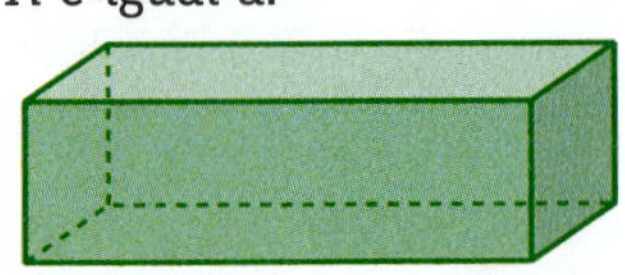

ILUSTRAÇÃO: ANDERSON DE ANDRADE PIMENTEL

Reprodução proibida. Art.184 do Código Penal e Lei 9.610 de 19 de fevereiro de 1998.

23 As cinco alternativas representam planificações de um cubo. Sabendo que, nos dados, os pontos das faces opostas têm soma igual a 7, identifique a única opção que representa a planificação do dado.

a)
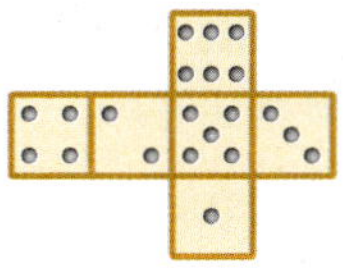

b)
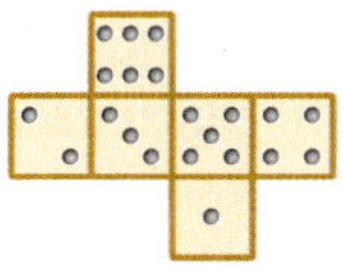

c)
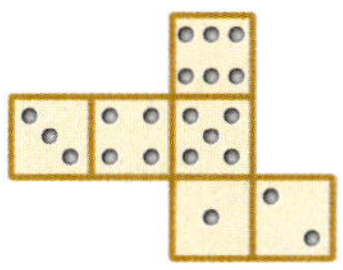

d)
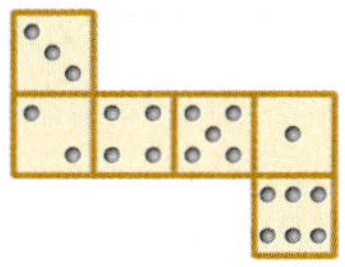

e)
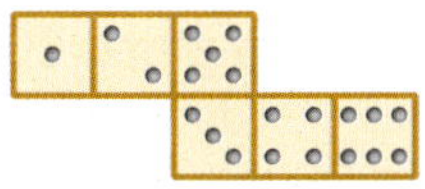

24 Qual é o número de faces de um hexaedro?

a) 4
b) 5
c) 6
d) 7
e) 8

Múltiplos e divisores

25 **(Unifor-CE)** Três números primos, a, b, c, são tais que $a < b < c$ e $a \cdot b \cdot c = 1001$. É verdade que:

a) $a + b = 18$
b) $a + c = 24$
c) $b + c = 28$
d) $c - b = b - a$
e) $a \cdot b = 55$

26 **(Unifor-CE)** Se o máximo divisor comum dos números $A = 2^3 \cdot 3^3$, $B = 2^3 \cdot 3^s \cdot 7$ e $C = 2^t \cdot 3^4$ é igual a 12, então:

a) $t = 3$
b) $t = 2$
c) $s = 2$
d) $t = 1$
e) $s = 0$

27 **(Uece)** Se n é um número primo positivo e S_n a soma de todos os números primos positivos e menores ou iguais a n (por exemplo, $S_5 = 2 + 3 + 5 = 10$), o valor de S_{23} é igual a:

a) 98
b) 99
c) 100
d) 101

28 **(UVA-CE)** Dois satélites vasculham a superfície de um planeta distante que enviam mensagens codificadas para a Terra. Um deles emite um sinal a cada 15 minutos; e o outro, a cada 12 minutos. Se, num dado instante, os dois sinais foram emitidos simultaneamente, pergunta-se: qual o menor intervalo de tempo em que novamente os dois sinais voltarão a ser emitidos ao mesmo tempo?

a) 50 minutos;
b) 1 hora;
c) 90 minutos;
d) 2 horas.

29 **(CMF-CE)** Duas estradas se encontram formando um T e têm 2940 metros e 1680 metros, respectivamente, de extensão. O ponto de encontro divide a estrada menor em duas partes iguais. Pretende-se colocar postes de alta-tensão ao longo das estradas, de modo que exista um poste em cada extremidade do trecho considerado e um poste no encontro das duas estradas. Exige-se que a distância entre cada dois postes seja a mesma e a maior possível. A quantidade de postes a serem utilizados é:

a) 10
b) 11
c) 12
d) 13

30 **(CMF-CE)** Os alunos Tiago e Igor receberam um desafio matemático de encontrar o maior número pelo qual podemos dividir 52 e 73 para encontrar, respectivamente, restos 7 e 13. Se eles calcularam corretamente, encontraram o número:

a) 5
b) 15
c) 13
d) 52
e) 73

31 **(UFJF-MG)** A quantidade de números naturais existentes entre 100 e 300, inclusive, que são divisíveis por 3 e 2, é:

a) 34
b) 67
c) 101
d) 134

32 **(Mackenzie-SP)**

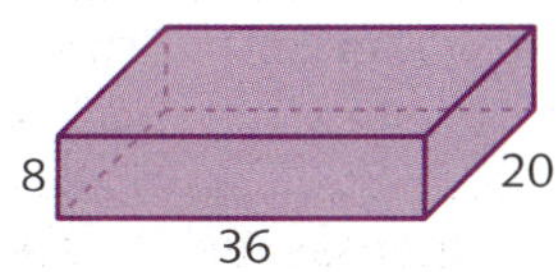

O número mínimo de cubos de mesmo volume e dimensões inteiras, que preenchem completamente o paralelepípedo retângulo da figura, é:

a) 64
b) 90
c) 48
d) 125
e) 100

ILUSTRAÇÕES: ANDERSON DE ANDRADE PIMENTEL

Reprodução proibida. Art.184 do Código Penal e Lei 9.610 de 19 de fevereiro de 1998.

Frações

33 **(CMF-CE)** Dois alunos do clube de Matemática do Colégio Educar fizeram uma experiência e colocaram um refrigerante até a metade de um copo (figura 1). Em seguida, acrescentaram mais refrigerante até atingir a metade do que restava de vazio no copo (figura 2). Finalmente, colocaram mais um pouco de refrigerante até atingir a nova metade do que ainda havia de vazio no copo (figura 3).

figura 1 figura 2 figura 3

Dessa forma, a fração do copo que representa a quantidade total de refrigerante colocada é:

a) $\frac{2}{3}$ b) $\frac{3}{4}$ c) $\frac{7}{8}$ d) $\frac{5}{3}$ e) $\frac{4}{5}$

34 **(Enem)** A população mundial está ficando mais velha, os índices de natalidade diminuíram e a expectativa de vida aumentou. No gráfico seguinte, são apresentados dados obtidos por pesquisa realizada pela Organização das Nações Unidas (ONU), a respeito da quantidade de pessoas com 60 anos ou mais em todo o mundo. Os números da coluna da direita representam as faixas percentuais. Por exemplo, em 1950 havia 95 milhões de pessoas com 60 anos ou mais nos países desenvolvidos, número entre 10% e 15% da população total nos países desenvolvidos.

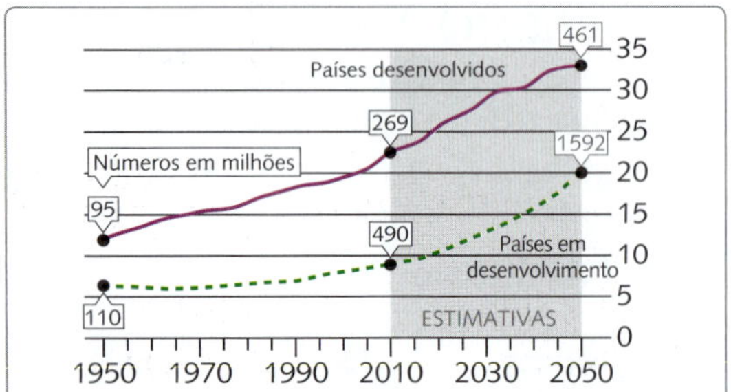

Fonte: "Perspectivas da População Mundial", ONU, 2009.

Disponível em: <http://www.economist.com>. Acesso em: 9 jul. 2009 (adaptado).

Em 2050, a probabilidade de se escolher, aleatoriamente, uma pessoa com 60 anos ou mais de idade, na população dos países desenvolvidos, será um número mais próximo de:

a) $\frac{1}{2}$ b) $\frac{7}{20}$ c) $\frac{8}{25}$ d) $\frac{1}{5}$ e) $\frac{3}{25}$

35 **(UFPB)** O triatlo é uma competição esportiva composta das etapas: natação, ciclismo e corrida, realizadas nessa ordem. Sobre uma prova de triatlo, disputada por 90 atletas, considere as seguintes informações:

I. Exatamente 10 atletas abandonaram a prova na etapa de natação.

II. Apenas $\frac{3}{4}$ dos atletas que disputaram a segunda etapa passaram para a terceira etapa.

III. Apenas 20% dos atletas que participaram da última etapa não concluíram a prova.

Com base nessas informações, é correto afirmar que o número de atletas que completaram a prova foi:

a) 24 b) 48 c) 46 d) 32 e) 44

36 **(Unifor-CE)** Um pacote tem 48 balas: algumas de hortelã e as demais de laranja. Se a terça parte do dobro do número de balas de hortelã excede a metade do de laranjas em 4 unidades, então nesse pacote há:

a) 20 balas de hortelã;
b) 26 balas de laranja;
c) duas balas de laranja a mais que de hortelã;
d) igual número de balas dos dois tipos;
e) duas balas de hortelã a mais que de laranja.

37 **(Unifor-CE)** Calculando os $\frac{3}{4}$ dos $\frac{2}{5}$ dos $\frac{7}{3}$ de 120, obtém-se:

a) 95 b) 87 c) 84 d) 12 e) 16,8

38 **(Unifor-CE)** O gráfico abaixo informa a quantidade de calorias gastas por uma pessoa, no período de 1 hora, quando faz determinada atividade.

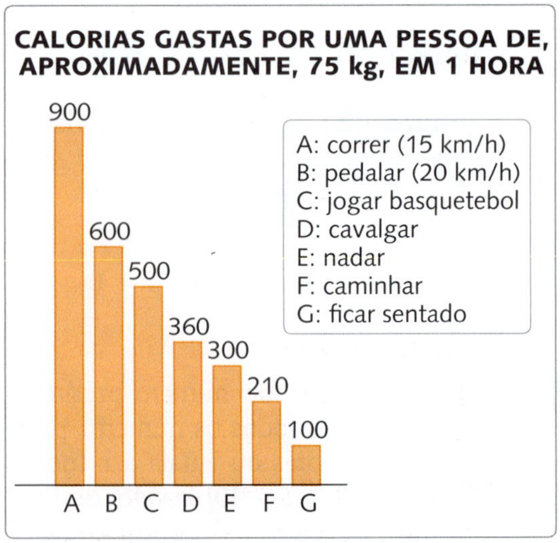

A imagem e os dados do gráfico acima foram obtidos em: <http://www.viverbem.fmb.unesp.br>.

ILUSTRAÇÕES: ANDERSON DE ANDRADE PIMENTEL

Reprodução proibida. Art.184 do Código Penal e Lei 9.610 de 19 de fevereiro de 1998.

Baseado nos dados do gráfico, é verdade afirmar que:

a) A razão entre as quantidades de calorias gastas ao ficar sentado e ao jogar basquetebol é de $\frac{2}{5}$.

b) A razão entre as quantidades de calorias gastas ao cavalgar e ao correr é de $\frac{1}{5}$.

c) A razão entre as quantidades de calorias gastas ao nadar e ao pedalar é de $\frac{1}{2}$.

d) A razão entre as quantidades de calorias gastas ao nadar e ao jogar basquetebol é de $\frac{2}{5}$.

e) A razão entre as quantidades de calorias gastas ao pedalar e ao correr é de $\frac{1}{3}$.

Reprodução proibida. Art.184 do Código Penal e Lei 9.610 de 19 de fevereiro de 1998.

39 **(CMF-CE)** Na Escola Caminho Feliz, o aluno Lucas leu 20 páginas da revista *Galileu* e sua amiga Rita leu 36 páginas da revista *Veja*. Desse modo, Lucas leu $\frac{2}{5}$ da *Galileu* e Rita, $\frac{4}{5}$ da *Veja*. Assim, podemos concluir corretamente que o número de páginas da *Galileu* e da *Veja* são, respectivamente:

a) 50 e 15
b) 8 e 34
c) 50 e 45
d) 8 e 28
e) 4 e 17

Números decimais

40 **(Unifor-CE)** Sobre as igualdades

I. $0,757575... = \frac{25}{33}$

II. $2,5333... = \frac{114}{25}$

III. $1,444... = \frac{13}{9}$

é correto afirmar que:

a) somente I é verdadeira;
b) somente II é verdadeira;
c) somente III é verdadeira;
d) somente I e III são verdadeiras;
e) I, II e III são verdadeiras.

41 **(CMF-CE)** Na lanchonete da Escola "Pai João", um sanduíche custa R$ 1,30 e um suco custa R$ 0,80. Na compra de uma promoção (um sanduíche e um suco), há um desconto de quarenta centavos. A aluna Talita comprou cinco promoções e um suco, pagando com uma nota de cinquenta reais. Assim, ela receberá de troco:

a) R$ 41,50
b) R$ 39,50
c) R$ 38,70
d) R$ 40,70
e) R$ 40,50

42 **(Fuvest-SP)** Qual desses números é igual a 0,064?

a) $\left(\frac{1}{80}\right)^2$
b) $\left(\frac{1}{8}\right)^2$
c) $\left(\frac{2}{5}\right)^3$
d) $\left(\frac{1}{800}\right)^2$
e) $\left(\frac{8}{10}\right)^3$

43 **(OBM)** Podemos afirmar que $0,1^2 + 0,2^2$ é igual a:

a) $\frac{1}{20}$
b) $\frac{1}{10}$
c) $\frac{1}{5}$
d) $\frac{1}{4}$
e) $\frac{1}{2}$

44 **(PUC-SP)** Felício e Jandira pretendem viajar e foram a uma casa de câmbio, onde receberam as seguintes informações: com os 3 060 reais de que dispunha, Felício poderia comprar 1 500 dólares e, com os 3 250 reais de Jandira, seria possível comprar 1 250 euros. Com base nessas informações, é correto afirmar que, nesse dia, a cotação do euro em relação ao dólar era de:

a) 1,2745
b) 1,2736
c) 1,2625
d) 1,1274
e) 1,1235

45 **(Unifor-CE)** Efetuando $\frac{0,2 \cdot 3,4 - 0,001}{2 - 1,6}$ obtém-se:

a) 0,1675
b) 1,675
c) 1,6975
d) 16,975
e) 16,9975

46 Qual é o número decimal pelo qual devemos multiplicar o número 485 para obter 0,0485?

a) 0,001
b) 0,0001
c) 0,1
d) 0,01
e) 0,00001

47 Dados $a = (1{,}2 : 0{,}5)^2$ e $b = (1{,}2 \cdot 0{,}5)^2$, calcule o valor de $a + b$.

a) 0,0612 c) 612 e) 61,2

b) 0,612 d) 6,12

48 **(Fuvest-SP)** O Índice de Massa Corporal (IMC) é o número obtido pela divisão da massa de um indivíduo adulto, em quilogramas, pelo quadrado da altura, medida em metros. É uma referência adotada pela Organização Mundial da Saúde para classificar um indivíduo adulto, com relação ao seu peso e altura, conforme a tabela abaixo.

IMC	Classificação
até 18,4	Abaixo do peso
de 18,5 a 24,9	Peso normal
de 25,0 a 29,9	Sobrepeso
de 30,0 a 34,9	Obesidade Grau 1
de 35,0 a 39,9	Obesidade Grau 2
a partir de 40,0	Obesidade Grau 3

Levando em conta esses dados, considere as seguintes afirmações:

I. Um indivíduo adulto de 1,70 m e 100 kg apresenta Obesidade Grau 1.

II. Uma das estratégias para diminuir a obesidade na população é aumentar a altura média de seus indivíduos por meio de atividades físicas orientadas para adultos.

III. Uma nova classificação que considere obesos somente indivíduos com IMC maior que 40 pode diminuir os problemas de saúde pública.

Está correto o que se afirma somente em:

a) I. c) III. e) I e III.

b) II. d) I e II.

Porcentagem

49 **(PUC-RJ)** Uma inflação mensal de 2% acumula durante quatro meses uma inflação de, aproximadamente:

a) 7% c) 8,25% e) 12%

b) 9% d) 10%

50 **(OBM)** Usuários da internet com 18 anos de idade ou mais foram entrevistados sobre a utilização de 4 redes sociais. Eles foram divididos em grupos de faixa etária e a porcentagem de utilização de cada rede social dentro de cada grupo pode ser vista na tabela a seguir:

Serviço / Faixa etária	Facebook	Twitter	Linkedin	Google+	Não usam essas redes
55 anos ou mais	20%	12%	32%	16%	20%
45 a 54 anos	19%	17%	25%	17%	22%
35 a 44 anos	21%	19%	17%	20%	23%
25 a 34 anos	23%	22%	13%	19%	23%
18 a 24 anos	17%	30%	13%	28%	12%

Sabe-se ainda que as porcentagens de usuários da internet com 18 anos de idade ou mais estão divididas conforme o gráfico a seguir:

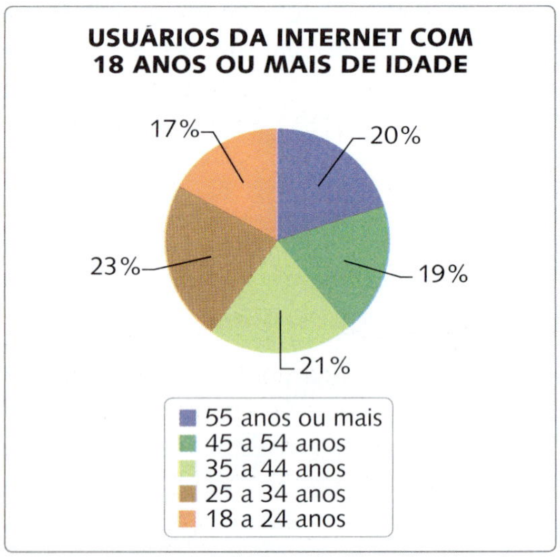

ANDERSON DE ANDRADE PIMENTEL

Entre os usuários da internet com 18 anos de idade ou mais, qual é a porcentagem daqueles que têm 55 anos ou mais e que usam o Linkedin?

a) 32% + 20%

b) 32% − 20%

c) 32% × 20%

d) 32% $ 20%

e) $\frac{32\% + 20\%}{2}$

Reprodução proibida. Art. 184 do Código Penal e Lei 9.610 de 19 de fevereiro de 1998.

51 **(CMF-CE)** A escola "Estrela Azul", cumprindo uma das determinações do Ministério da Educação, ministra 800 horas/aula para a 4ª série do Ensino Fundamental. Sabendo-se que o número máximo de faltas permitidas a um aluno é de 25% desse total, pergunta-se: quantas faltas ainda, no máximo, poderia ter o aluno que já tinha faltado 145 horas/aula?

a) 200
b) 125
c) 55
d) 65
e) 75

52 **(Cefet-CE)** Um produto sofreu um aumento de 25%. Em seguida, devido a variações no mercado, seu preço teve que ser reduzido também em 25%, passando a custar R$ 225,00. O preço desse produto, antes do aumento, era, em reais:

a) R$ 225,00
b) R$ 240,00
c) R$ 260,00
d) R$ 300,00

53 **(Obmep)** Em 2009 uma escola tinha 320 alunos esportistas, dos quais 45% jogavam vôlei. Em 2010 essa porcentagem diminuiu para 25%, mas o número de jogadores de vôlei não se alterou. Qual era o número de alunos esportistas em 2010?

a) 480 b) 524 c) 560 d) 576 e) 580

GEORGE TUTUMI

54 **(Unifor-CE)** Três laboratórios produzem certo medicamento. A tabela abaixo mostra, para certo mês, o número de unidades produzidas desse medicamento e a porcentagem de venda dessa produção.

Laboratório	Número de unidades produzidas	Porcentagem de venda da produção
Unilab	5 000	70
Fortlab	7 000	80
Riolab	8 000	x

Se, nesse mês, os três laboratórios venderam um total de 13 900 unidades desse medicamento, então o valor de x é:

a) 80 b) 75 c) 70 d) 60 e) 65

55 **(Unifor-CE)** Comparam-se, por meio de porcentagens, dois cursos, A e B, que preparam alunos para o exame vestibular. Se A aprovou 96 de seus 640 alunos e B aprovou 72 de seus 450 alunos, é correto afirmar que o percentual de aprovação de A é:

a) 24% superior ao de B;
b) igual ao de B;
c) 3% inferior ao de B;
d) 1% superior ao de B;
e) 1% inferior ao de B.

56 **(CMF-CE)** Um comerciante vendeu três objetos que custaram, respectivamente, quarenta reais, sessenta reais e oitenta reais. Ganhou, com a venda do primeiro objeto, seis reais; com a venda do segundo, nove reais; e doze reais, com a venda do terceiro. O objeto que rendeu maior percentual de lucro foi:

a) o primeiro objeto;
b) o segundo objeto;
c) o terceiro objeto;
d) os três objetos apresentaram o mesmo lucro.

57 **(Uece)** Renato contratou um empréstimo de R$ 1400,00, para pagar um mês depois, com juros de 15% ao mês. Ao final do mês, não podendo pagar o total, deu por conta apenas R$ 750,00 e, para o restante, firmou um novo contrato nas mesmas bases do anterior, o qual foi pago integralmente um mês depois. O valor do último pagamento foi:

a) R$ 889,00
b) R$ 939,00
c) R$ 989,00
d) R$ 1009,00

58 **(OBM)** Por conta de uma erupção de um vulcão, 10% dos voos de um aeroporto foram cancelados. Dos voos restantes, 20% foram cancelados pela chuva. Que porcentagem do total de voos desse aeroporto foram cancelados?

a) 28% b) 30% c) 35% d) 38% e) 70%

Possibilidades e Estatística

59 **(OBM)** Numa caixa havia várias bolas, sendo 5 azuis, 4 amarelas, 3 vermelhas, 2 brancas e 1 preta. Renato retirou 3 bolas da caixa. Sabendo que nenhuma delas era azul, nem amarela, nem preta, podemos afirmar a respeito dessas 3 bolas que:

Reprodução proibida. Art.184 do Código Penal e Lei 9.610 de 19 de fevereiro de 1998.

a) são da mesma cor;
b) são vermelhas;
c) uma é vermelha e duas são brancas;
d) uma é branca e duas são vermelhas;
e) pelo menos uma é vermelha.

60 **(Enem)** Todo o país passa pela primeira fase de campanha de vacinação contra a gripe suína (H1N1). Segundo um médico infectologista do Instituto Emílio Ribas, de São Paulo, a imunização "deve mudar", no país, a história da epidemia. Com a vacina, de acordo com ele, o Brasil tem a chance de barrar uma tendência do crescimento da doença, que já matou 17 mil no mundo. A tabela apresenta dados específicos de um único posto de vacinação.

Campanha de vacinação contra a gripe suína		
Datas da vacinação	**Público-alvo**	**Quantidade de pessoas vacinadas**
8 a 19 de março	Trabalhadores da saúde e indígenas	42
22 de março a 2 de abril	Portadores de doenças crônicas	22
5 a 23 de abril	Adultos saudáveis entre 20 e 29 anos	56
24 de abril a 7 de maio	População com mais de 60 anos	30
10 a 21 de maio	Adultos saudáveis entre 30 e 39 anos	50

Disponível em: <http://img.terra.com/br>. Acesso em: 26 abr. 2010 (adaptado).

Escolhendo-se aleatoriamente uma pessoa atendida nesse posto de vacinação, a probabilidade de ela ser portadora da doença crônica é:

a) 8%
b) 9%
c) 11%
d) 12%
e) 22%

61 **(OBM)** Num relógio digital, as horas são exibidas por meio de quatro algarismos. Por exemplo, ao mostrar 00:00 sabemos que é meia-noite e ao mostrar 23:59 sabemos que falta um minuto para meia-noite. Quantas vezes por dia os quatro algarismos mostrados são todos pares?

a) 60 b) 90 c) 105 d) 180 e) 240

62 **(UFC-CE)** Três bolas, *A*, *B* e *C*, foram pintadas: uma de verde, uma de amarelo e uma de azul, não necessariamente nessa ordem. Leia atentamente as declarações abaixo:

I. *B* não é azul.
II. *A* é azul.
III. *C* não é amarela.

Sabendo-se que **apenas uma** das declarações acima é **verdadeira**, podemos afirmar corretamente que:

a) a bola *A* é verde, a bola *B* é amarela e a bola *C* é azul;
b) a bola *A* é verde, a bola *B* é azul e a bola *C* é amarela;
c) a bola *A* é amarela, a bola *B* é azul e a bola *C* é verde;
d) a bola *A* é amarela, a bola *B* é verde e a bola *C* é azul;
e) a bola *A* é azul, a bola *B* é verde e a bola *C* é amarela.

63 **(OBM)** O gráfico abaixo mostra o faturamento mensal das empresas *A* e *B* no segundo semestre de 2001.

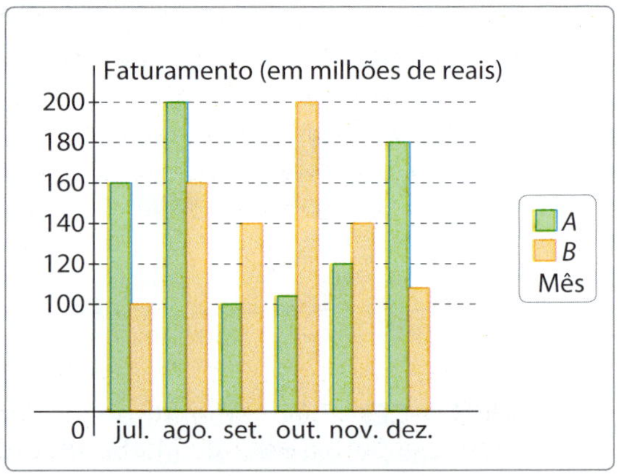

ANDERSON DE ANDRADE PIMENTEL

Com base nesse gráfico, podemos afirmar que:

a) houve um mês em que o faturamento da empresa *A* foi o dobro do faturamento da empresa *B*;
b) no mês de julho, a diferença de faturamentos foi maior que nos demais meses;
c) a empresa *B* foi a que sofreu a maior queda de faturamento entre dois meses consecutivos;
d) no semestre, o faturamento total de *A* foi maior que o de *B*;
e) a diferença entre os faturamentos totais do semestre excedeu os 20 milhões de reais.

Reprodução proibida. Art.184 do Código Penal e Lei 9.610 de 19 de fevereiro de 1998.

64 **(FGV-SP)** Os vértices de um cubo são pintados de azul ou de vermelho. A pintura dos vértices é feita de modo que cada aresta do cubo tenha pelo menos uma de suas extremidades pintada de vermelho.

O menor número possível de vértices pintados de vermelho nesse cubo é:

a) 2
b) 3
c) 4
d) 6
e) 8

65 **(OBM)** Um menino joga três dados e soma os números que aparecem nas faces voltadas para cima. O número dos diferentes resultados dessa adição é:

a) 12
b) 18
c) 216
d) 16
e) 15

66 **(UPE)** Rita tem três dados: um branco, um azul e um vermelho. Quantas são as formas de ela obter soma seis no lançamento simultâneo dos três dados?

a) 9
b) 10
c) 12
d) 18
e) 24

67 **(OBM)** Rosinha ganhou vários morangos e jabuticabas, pelo menos 5 de cada tipo. Ela quer comer 5 dessas frutas, uma de cada vez, sem comer duas jabuticabas seguidamente. Ela forma uma fileira com as frutas, antes de comê-las. Quantas fileiras diferentes ela pode fazer?

a) 13
b) 14
c) 15
d) 16
e) 20

68 No gráfico a seguir está indicada a quantidade de calorias queimadas na prática de alguns esportes durante 1 hora. Identifique o esporte que apresenta a menor quantidade de calorias queimadas.

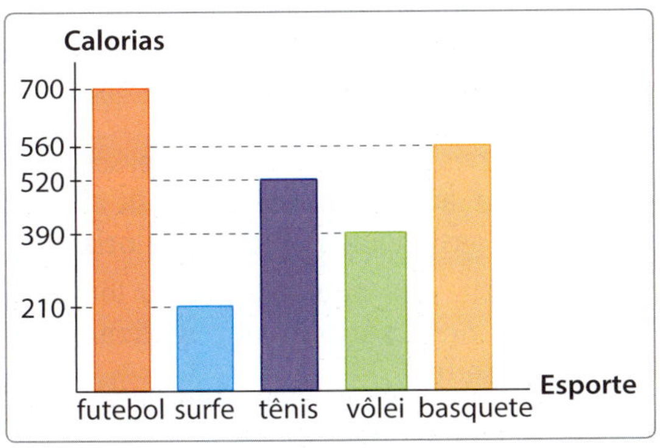

a) futebol;
b) surfe;
c) tênis;
d) vôlei;
e) basquete.

Figuras geométricas planas

69 **(UFJF-MG)** Um quadrado de cartolina foi recortado, produzindo um retângulo, um quadrado e doze triângulos retângulos, que estão representados a seguir, com suas medidas em centímetros.

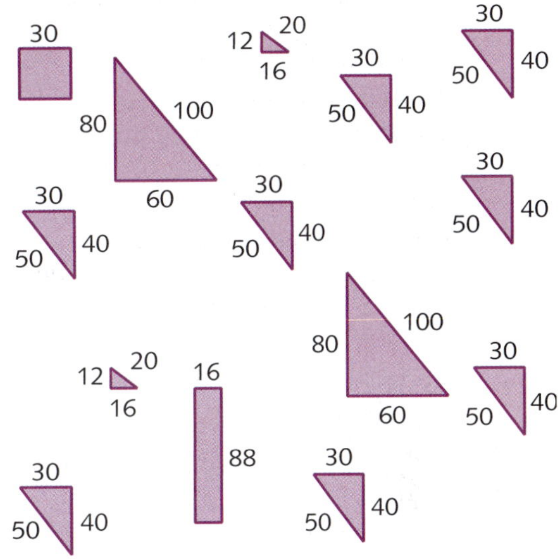

Então, a medida do lado do quadrado original era, em centímetros, igual a:

a) 90 b) 100 c) 110 d) 120 e) 130

70 Qual é o nome dado a um polígono de 15 lados?

a) pentágono;
b) pentagonal;
c) pentadecágono;
d) pentagrama;
e) pentaminó.

71 **(UFC-CE)** Coloque **V** nas afirmações verdadeiras e **F** nas afirmações falsas.

( ) Dado um ponto *M* num plano, existe uma única reta passando por *M* e contida no plano.

( ) Dados dois pontos distintos *P* e *Q* no espaço, existe um plano que os contém.

( ) Existe um único plano que contém três pontos não colineares.

( ) Três pontos quaisquer num plano determinam sempre três retas contidas nesse plano.

A sequência correta de letras, de cima para baixo, é:

a) V, V, F, F;
b) V, F, F, V;
c) F, V, V, F;
d) F, F, V, V.

Reprodução proibida. Art.184 do Código Penal e Lei 9.610 de 19 de fevereiro de 1998.

ILUSTRAÇÕES: ANDERSON DE ANDRADE PIMENTEL

72 A capa deste livro tem a forma de um:

a) retângulo;
b) rombo;
c) quadrado;
d) trapézio;
e) paralelepípedo.

73 Todo polígono é uma linha poligonal:

a) fechada simples;
b) fechada não simples;
c) aberta simples;
d) aberta não simples.

74 Identifique a afirmação correta:

a) Todo retângulo é um quadrado.
b) Todo retângulo é um losango.
c) Todo triângulo isósceles é um triângulo equilátero.
d) Todo quadrado é um retângulo.

75 Quantos vértices possui um icoságono?

a) 8
b) 10
c) 12
d) 15
e) 20

76 A figura a seguir representa, por meio de segmentos de retas e pontos, as ruas e os cruzamentos de uma cidade. Com base nas informações nela contidas, identifique a opção que apresenta duas ruas que formam um ângulo reto:

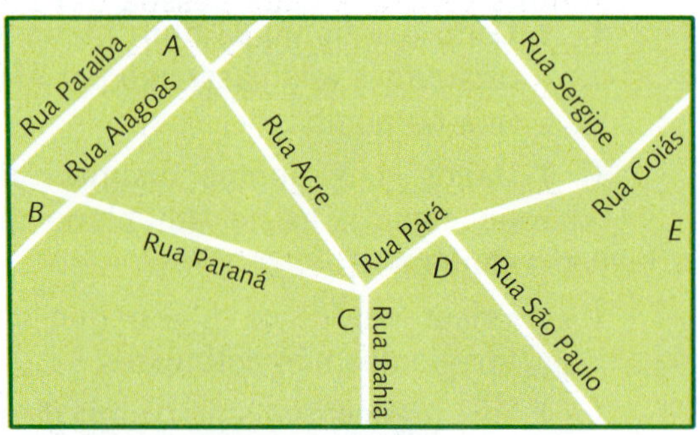

a) Paraíba e Alagoas;
b) Acre e Paraná;
c) Pará e Bahia;
d) Sergipe e São Paulo;
e) Pará e São Paulo.

ILUSTRAÇÕES: ANDERSON DE ANDRADE PIMENTEL

77 Na figura, as marcas iguais indicam que os lados são paralelos. Quantos trapézios há na figura?

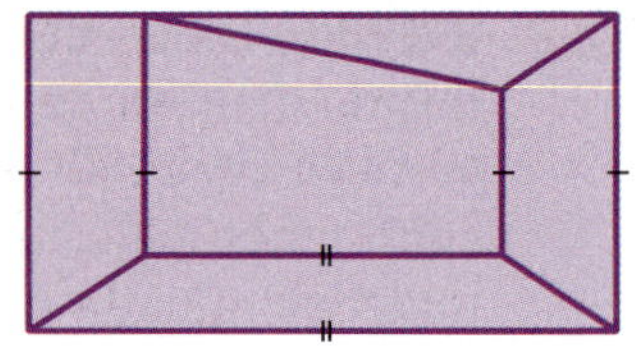

a) 2
b) 3
c) 4
d) 5
e) 6

Medidas de comprimento e de tempo

78 **(CMF-CE)** A aluna Viviane, da Escola Parque, quando está de férias, costuma bronzear-se uma hora, doze minutos e vinte e cinco segundos, diariamente. Quantos segundos ela ficará exposta aos raios solares, durante três dias?

a) 12105
b) 13135
c) 12035
d) 13035
e) 12125

79 **(Enem)**

Você pode adaptar atividades do seu dia a dia de uma forma que possa queimar mais calorias do que as gastas normalmente, conforme a relação seguinte:

- Enquanto você fala ao telefone, faça agachamentos: 100 calorias gastas em 20 minutos.
- Meia hora de supermercado: 100 calorias.
- Cuidar do jardim por 30 minutos: 200 calorias.
- Passear com o cachorro: 200 calorias em 30 minutos.
- Tirar o pó dos móveis: 150 calorias em 30 minutos.
- Lavar roupas por 30 minutos: 200 calorias.

Disponível em: <http://www.cyberdiet.terra.com.br>. Acesso em: 27 abr. 2010 (adaptado).

Uma pessoa deseja executar essas atividades, porém, ajustando o tempo para que, em cada uma, gaste igualmente 200 calorias.

A partir dos ajustes, quanto tempo a mais será necessário para realizar todas as atividades?

a) 50 minutos
b) 60 minutos
c) 80 minutos
d) 120 minutos
e) 170 minutos

Reprodução proibida. Art.184 do Código Penal e Lei 9.610 de 19 de fevereiro de 1998.

80 **(CMF-CE)** João precisava cercar seu curral. Se fizesse um muro de tijolos, cada metro de perímetro a ser construído custaria R$ 10,00. Se fizesse com arame farpado, gastaria R$ 4,00 para cada metro de perímetro a ser construído. O perímetro do curral era de 60 m. João decidiu gastar R$ 360,00 e cercar parte com muro e parte com arame farpado. Sobre o comprimento do muro a ser construído, podemos afirmar que:

a) era maior que 18 m e menor que 25 m;

b) era igual ao perímetro do curral;

c) era menor que 18 m;

d) era maior que 25 m.

81 **(OBM)** Juliana cortou a folha quadriculada, representada abaixo, ao longo da linha mais grossa. Ela obteve dois pedaços com diferentes perímetros. Qual é a diferença entre esses perímetros?

a) 8 cm

b) 9 cm

c) 18 cm

d) 34 cm

e) 36 cm

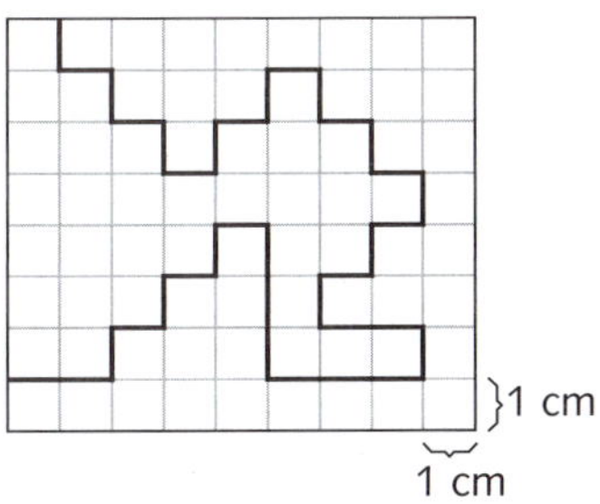

82 **(OBM)** Numa certa cidade, o metrô tem todas as suas 12 estações em linha reta. A distância entre duas estações vizinhas é sempre a mesma. Sabe-se que a distância entre a terceira e a sexta estações é igual a 3300 metros. Qual é o comprimento dessa linha?

a) 8,4 km c) 9,9 km e) 9,075 km

b) 12,1 km d) 13,2 km

83 **(UFPB)** Um maratonista percorreu um total de 155 km, em cinco dias de treino. Considerando que, a partir do segundo dia, o percurso diário foi o dobro do dia anterior, conclui-se que, nos três primeiros dias desse treinamento, o total percorrido foi:

a) 30 km c) 25 km e) 20 km

b) 40 km d) 35 km

84 **(CMF-CE)** O perímetro de um quadrado cujo lado mede um metro é:

a) 400 cm c) 40 cm

b) 4 cm d) 4000 cm

Medidas de superfície e de volume

85 **(OBM)** Um quadrado de área 1 foi dividido em quatro retângulos congruentes, conforme indicado no desenho à esquerda. Em seguida, os quatro retângulos foram reagrupados de maneira a formar um quadrado, com um buraco quadrado no centro, conforme indica o desenho à direita. A área do buraco é igual a:

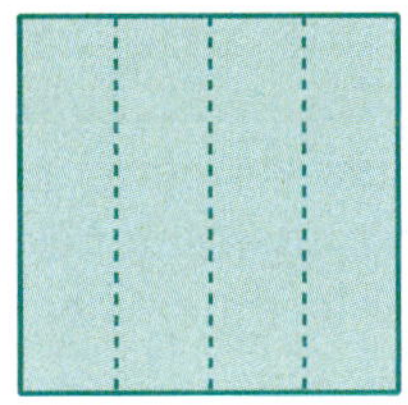

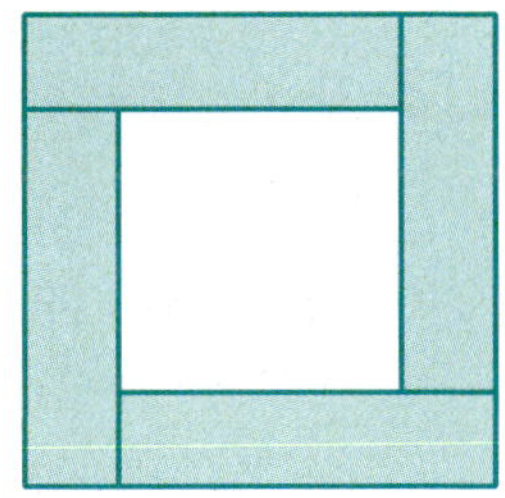

a) $\frac{1}{2}$ b) $\frac{9}{16}$ c) $\frac{16}{25}$ d) $\frac{3}{4}$ e) 1

86 **(CMF-CE)** A equipe ALFA, de alunos do Colégio Signos, recebeu a tarefa de calcular a área do campo de futebol do colégio. Sabe-se que o comprimento é o triplo de sua largura, e que, para cercar esse campo de formato retangular com 3 voltas de arame, foram gastos 720 m de arame. Daí, concluímos que o campo tem uma área de:

a) 2100 m² d) 2700 m²

b) 2500 m² e) 2800 m²

c) 2400 m²

87 **(CMF-CE)** Uma sala tem 80 dm de comprimento; 0,7 dam de largura e 0,05 hm de altura. Os móveis ocupam um vinte avos do volume da sala e cada pessoa deve dispor de 7 m³ de ar para sua respiração. A quantidade de pessoas que, nessas condições, podem permanecer na sala é:

a) 35 b) 36 c) 37 d) 38

88 A área colorida na figura é:

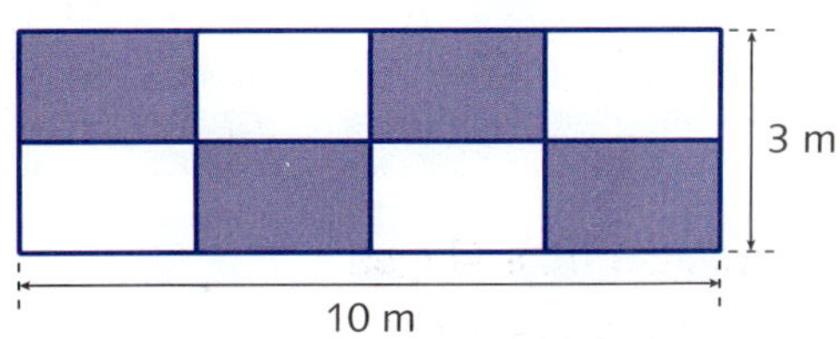

a) 12 m² d) 21 m²

b) 15 m² e) 24 m²

c) 18 m²

Reprodução proibida. Art.184 do Código Penal e Lei 9.610 de 19 de fevereiro de 1998.

ILUSTRAÇÕES: ANDERSON DE ANDRADE PIMENTEL

89 **(UCPEL-RS)** A soma de todas as arestas de um cubo é igual a 72 cm. Então, o volume desse cubo é igual a:

a) 40 cm^3
b) 216 cm^3
c) 100 cm^3
d) 120 cm^3
e) 144 cm^3

Medidas de capacidade e de massa

90 Um caminhão comporta uma carga de até 2,3 toneladas (1 tonelada equivale a 1000 kg). Se uma caixa de certo material pesa 18,5 kg, a maior quantidade dessas caixas que o caminhão comporta é:

a) 12
b) 124
c) 125
d) 130
e) 1240

91 Uma piscina contém 40 kℓ de água. Admitindo que a água seja pura, sua massa, em tonelada, é:

a) 40000
b) 4000
c) 400
d) 40
e) 4

92 **(CMF-CE)** O aluno Luiz é considerado um "bamba" na matemática. Carlos, seu pai, satisfeito com o excelente resultado do último bimestre, resolveu presenteá-lo com uma caixa de bombons. Mas pediu que ele utilizasse uma balança com seus pesos para descobrir quanto pesava a caixa de bombons, em quilos. Luiz colocou os pesos nos pratos conforme a figura abaixo, equilibrando a balança, e verificou que a caixa pesa, em kg:

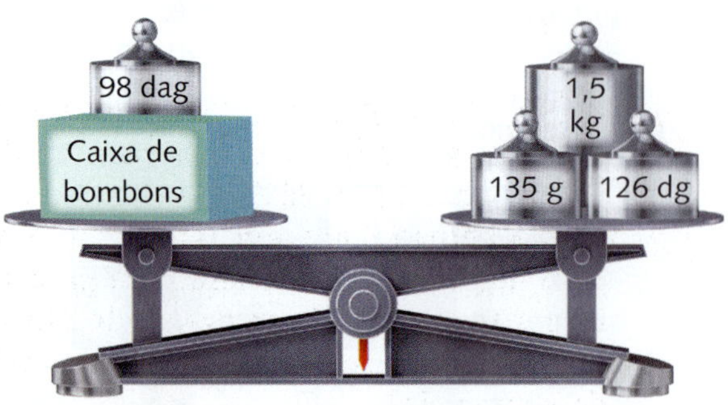

LUIZ RUBIO

a) 0,6378
b) 0,6767
c) 0,6766
d) 0,6676
e) 0,6366

93 Quantos centímetros cúbicos há em um decalitro?

a) 100
b) 10000
c) 1000
d) 100000
e) 1000000

94 Um reservatório tem as seguintes dimensões: 500 cm de comprimento, 18 dm de largura e 0,8 m de altura. Se esse reservatório contém 5000 ℓ, para enchê-lo faltam:

a) 7200 ℓ
b) 2700 ℓ
c) 2200 ℓ
d) 2000 ℓ
e) 220 ℓ

95 **(Unesp)** Um determinado medicamento deve ser administrado a um paciente três vezes ao dia, em doses de 5 mℓ cada vez, durante 10 dias. Se cada frasco contém 10 cm^3 do medicamento, o número de frascos necessários é:

a) 15
b) 1
c) 25
d) 2
e) 3

96 Um tanque tem a forma de um paralelepípedo retângulo, com as seguintes dimensões: 2,50 m de comprimento; 1,20 m de largura; 0,80 m de altura. A capacidade desse tanque, em litro, é:

a) 45
b) 240
c) 450
d) 2400
e) 4500

97 Um caminhão cuja carga máxima é 8,5 toneladas transporta 42 caixas de 210 kg cada uma. A carga excede em:

a) 32 kg
b) 320 kg
c) 330 kg
d) 33 kg
e) 332 kg

Reprodução proibida. Art.184 do Código Penal e Lei 9.610 de 19 de fevereiro de 1998.

98 O valor de $\frac{2}{3}$ do quilo de um produto é R$ 36,00. Um quilo e meio desse produto deve custar:

a) R$ 58,00
b) R$ 68,00
c) R$ 56,00
d) R$ 41,00
e) R$ 81,00

99 Com 23 sacas de soja, compra-se uma tonelada de adubo. Sabe-se que 1 saca corresponde a 60 kg. Um hectare produz em média 2148 kg de soja. O número de toneladas de adubo que se pode comprar com a produção de 345 ha de soja é:

a) 537
b) 12351
c) 32220
d) 716
e) 819

Conjuntos

100 **(CMF-CE)** A Escola Atual realizou uma brincadeira com seus alunos, quando eles operavam com os seguintes conjuntos: $A = \{2, 3, 6, 7\}$, $B = \{3, 4, 5, 6\}$ e $C = \{1, 2, 3, 4\}$. Podemos afirmar que:

a) $C \subset B$
b) $C \cap A = \{2, 3, 4\}$
c) $2 \in (A \cap B)$
d) $C \cap B = \{\varnothing\}$
e) $(A \cup B) \cap C = \{2, 3, 4\}$

101 **(UFRGS-RS)** Sendo $A = \{0, 1\}$ e $B = \{2, 3\}$, o número de elementos do conjunto $P(A) \cap P(B)$ é:

a) 0 b) 1 c) 2 d) 4 e) 8

102 **(FSA-SP)** Seja A um conjunto com 7 elementos. O número total de subconjuntos de A é:

a) 16
b) 128
c) 56
d) 100
e) 256

103 **(PUC-SP)** Dentre os inscritos em um concurso público, 60% são homens e 40% são mulheres. Já têm emprego 80% dos homens e 30% das mulheres. Qual a porcentagem dos candidatos que já têm emprego?

a) 60%
b) 40%
c) 30%
d) 24%
e) 12%

104 **(UFRN)** Se A, B e C são conjuntos tais que $C - (A \cup B) = \{6, 7\}$ e $C \cap (A \cup B) = \{4, 5\}$, então C é igual a:

a) $\{4, 5\}$
b) $\{6, 7\}$
c) $\{4, 5, 6\}$
d) $\{5, 6, 7\}$
e) $\{4, 5, 6, 7\}$

105 **(PUC-RS)** Dados os conjuntos $A = \{a, b, c\}$, $B = \{a, d\}$ e $C = \{a, b, d\}$, o conjunto X tal que $A \cup C = B \cup X$ e $B \cap X = \varnothing$ é:

a) $\{a\}$
b) $\{b\}$
c) $\{c\}$
d) $\{a, b\}$
e) $\{b, c\}$

106 **(UFRN)** A parte colorida do diagrama corresponde a:

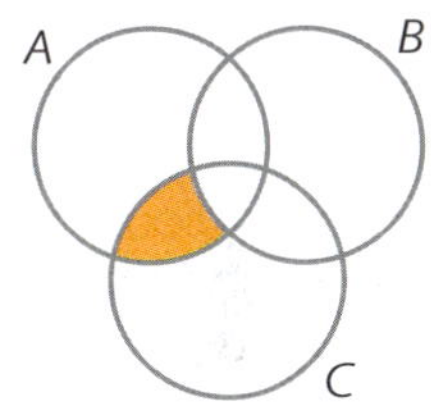

ANDERSON DE ANDRADE PIMENTEL

a) $(A \cap B) - B$
b) $(A \cap C) - B$
c) $(B \cap C) - A$
d) $(A \cap C) - A$
e) $(A \cap B) - C$

107 **(Fuvest-SP)** Depois de n dias de férias, um estudante observa que:

- choveu 7 vezes de manhã ou à tarde;
- quando chove de manhã não chove à tarde;
- houve 5 tardes sem chuva;
- houve 6 manhãs sem chuva.

Podemos afirmar então que n é igual a:

a) 7
b) 8
c) 9
d) 10
e) 11

108 **(OBM)** Em Cajumirim, 20% das famílias que têm gatos (pelo menos um) também têm cachorros e 25% das famílias que têm cachorros também têm gatos. Como 20% das famílias não têm nem gato nem cachorro, qual é o percentual de famílias que possuem as duas espécies de bichos de estimação?

a) 5
b) 10
c) 20
d) 25
e) 50

Reprodução proibida. Art.184 do Código Penal e Lei 9.610 de 19 de fevereiro de 1998.

Respostas

CAPÍTULO 1

Página 18

2 **a)** Cd **b)** M **c)** O **d)** C

4 **a)** sete
b) até nove
c) não
d) não

5 alternativas **a** e **f**

Página 21

8 **a)** I, V, X, L, C, D e M
b) I, X, C e M
c) Não, pois XL vale 40 e LX vale 60.
d) Seu valor é multiplicado por 1 000.

9 **a)** CXLVI
b) DXXIII
c) DCLII
d) DCCXCVI
e) DCCCLXIX
f) CMLXXIII
g) MXLVII
h) MMDCLXXIII
i) $\overline{\text{IV}}$DXXXVI
j) $\overline{\text{V}}$DCLXXXIX
k) $\overline{\text{X}}$CDXCIX
l) $\overline{\text{MMM}}$ ou $\overline{\overline{\text{III}}}$

10 não

11 **a)** 30 **b)** 108 **c)** 605 **d)** 1 200

12 **a)** Luís XV
b) Ano XXXIV
c) Capítulo XX
d) Século XXI
e) Papa Pio XII
f) Dom Pedro II
g) Papa Bento XVI
h) Dom João VI
i) Papa João Paulo II

13 **a)** 89
b) 461
c) 585
d) 749
e) 876
f) 919
g) 1 452
h) 2 630
i) 224
j) 11 136
k) 4 000 107
l) 944

14 **a)** Roma
b) Grécia 806 × 950 Roma

Página 24

17 **a)** zero **b)** 1 **c)** sim

18 **a)** 200 e 198
b) 1 002 e 1 000
c) 10 000 e 9 998
d) 50 001 e 49 999

19 **a)** 14, 15 e 16
b) 98, 99 e 100
c) 697, 698 e 699

20 $y + 2$

21 $k + 8$

22 997

23 10 002

24 29

25 $a, a + 2, a + 4$

Página 26

26 **a)** $54 < 76 < 82$
b) $18 < 26 < 32$
c) $7 < 9 < 14$

27 **a)** $78 > 49 > 18$
b) $49 > 34 > 13$
c) $103 > 98 > 42$

28 $a \neq c$

29 **a)** Cinco é maior que três.
b) Oito é diferente de dez.
c) Sete é igual a sete.
d) Quinze é menor que vinte.
e) a é menor ou igual a b.
f) m é maior ou igual a n.

30 Paulo

31 **a)** 6, 7, 8, 9, ...
b) 8, 9, 10, 11, ...
c) 0, 1, 2
d) 0, 1, 2, 3, 4, 5, 6

Página 27

33 **a)** 2 **b)** 4 **c)** 5

34 **a)** *C* **b)** *D* **c)** *A* **d)** *E*

35 alternativas **b**, **c**, **d** e **f**

Página 29

37 26 números naturais

38 17 números naturais

39 **a)** 46 números naturais
b) 87 algarismos

40 90 números naturais

41 900 números naturais

42 28 horas extras

43 49

44 391 algarismos

45 1 392 algarismos

46 2 412 algarismos

47 144 páginas

Página 34

48 **a)** 36
b) 257
c) 7 009
d) 284
e) 3 518
f) 2 910

49 base 6

50 base 24

51 **a)** 753
b) 8 560
c) 10 070
d) 2 600 098
e) 30 400 730

52 268, 286, 628, 682, 826 e 862

53 base 100

54 base 60

55 **a)** 578
b) 7 895
c) 25 438
d) 508 503
e) 3 040 050

56 **a)** quatro
b) 9
c) 6
d) 9
e) duas

57 176 limões

58 **a)** duas décadas e dois anos
b) cinco décadas
c) seis décadas e nove anos

59 375 pontos

61 **a)** base 6
b) base 4
c) base 10
d) base 8

62 **a)** duas semanas e um dia
b) oito semanas
c) 31 semanas

63 **a)** 77 **b)** 3 **c)** 350 **d)** 8

64 **a)** 8 000 + 900 + 50 + 7
b) 60 000 + 8 000 + 5

Página 39

65 **a)** trezentos e quarenta e cinco
b) oito mil novecentos e cinquenta
c) três milhões, quatrocentos e trinta e sete mil e oito
d) cinco milhões e cinquenta mil
e) dezoito milhões, quinhentos e quarenta mil e trinta e cinco
f) noventa e cinco milhões, treze mil e seiscentos

66 **a)** 530 080
b) 912 300
c) 90 016 008
d) 2 012 100 000
e) 100 250 000 050

Reprodução proibida. Art.184 do Código Penal e Lei 9.610 de 19 de fevereiro de 1998.

67 sete milhões, seiscentos e cinquenta e quatro mil trezentos e vinte e um

68
- oitenta e seis reais
- cento e sete reais
- oitocentos e cinquenta reais
- duzentos e vinte e dois reais

69 Cento e quarenta e cinco milhões; sessenta e sete milhões; *Tyrannosaurus rex*.

71 **a)** dois bi **b)** sessenta e três mi

Página 41 – Trabalhando os conhecimentos adquiridos 1

2 1876: MDCCCLXXVI
1879: MDCCCLXXIX

3 **a)** Antecessor: 518; sucessor: 520
b) Antecessor: 998; sucessor: 1 000
c) 1 002
d) 456, 465, 564, 645 e 654

Desafio: **a)** 1 234
b) 4 321
c) 24

Página 42 – Trabalhando os conhecimentos adquiridos 2

1 **a)** 26 **d)** 408
b) 1 499 **e)** 481
c) 94 **f)** 798

2 16, 18, 61, 68, 81 e 86

3 **a)** 64 321
b) 12 346
c) 64 132
d) 43 216

5 64 números

6 863 números

7 R$ 894,00

8 **a)** São Paulo, Minas Gerais e Rio de Janeiro
b) Bahia
c) 15 276 566

Desafio: 308 páginas

Página 43 – Trabalhando os conhecimentos adquiridos 3

1 **a)** 15 **b)** 20 **c)** 41 **d)** 160

2 432 algarismos

3 3 310 algarismos

4 **a)** 10 503 **b)** 7 000 071

5 **a)** 6 **d)** 2
b) 2 **e)** 500
c) 9

6 **a)** 800; 8 000 **b)** 0; 3 000

7 340 000

Desafio: alternativa **e**

Página 44 – Trabalhando os conhecimentos adquiridos 4

1 **a)** novecentos e vinte e quatro mil quinhentos e onze
b) cento e sessenta mil
c) duzentos e seis milhões, oitenta e um mil
d) nove trilhões, quatrocentos e sessenta bilhões e oitocentos milhões
e) cem milhões

2 **a)** 9 **d)** 7 000 000
b) 3 **e)** 4
c) 9 **f)** 3

3 seiscentos e dezessete milhões, sessenta e cinco mil trezentos e vinte

4 17 005 000 090

5 2 000

7 **a)** 64 321 **c)** 64 132
b) 12 346 **d)** 43 216

Desafio: 5 000

Página 45 – Trabalhando os conhecimentos adquiridos 5

1 alternativa **b**

2 alternativa **c**

3 alternativa **c**

Desafio: alternativa **a**

CAPÍTULO 2

Página 50

1 **a)** 145 **d)** 3 001
b) 953 **e)** 23 662
c) 11 497 **f)** 20 000

2 **a)** adição **c)** 150
b) 100 e 50

3 **a)** 11 563 **c)** 75 395
b) 18 538 **d)** 36 059

4 576 784 quilômetros quadrados

5 **a)** 21 050 463 **b)** 5 547 808

6 64 anos

7 2 664

8 1 650

9 **a)** 16 681 pontos
b) não
c) Júlio

10 150 401 369 quilômetros quadrados. Sim, aproximadamente 70% da superfície da Terra é coberta por água.

Página 52

11 **a)** 80 **b)** 80

12 **a)** 80 **b)** 60

13 110

Página 54

16 **a)** 103
b) 57
c) Não tem solução nos naturais.
d) 183
e) Não tem solução nos naturais.
f) 4 667

17 **a)** zero
b) 2
c) não

18 32 anos

19 **a)** 57 603 **c)** 38 583
b) 51 055 **d)** 11 111

21 45 032 metros quadrados

22 R$ 275,00

23 Sim

24 **a)** 160 **b)** 709 **c)** 873 **d)** 2 156

25 A = 8, B = 5 e C = 2

26 180

27 170 anos; 17 décadas

28 1 076 756 000 000 de dólares

Página 59

29 504 pontos

30 4 887

31 45

32 alternativas **a**, **d**, **f**

33 **a)** $20 - 8 = 12 \Leftrightarrow 12 + 8 = 20$
b) $85 - 34 = 51 \Leftrightarrow 51 + 34 = 85$

34 35 unidades

35 **a)** 12 **e)** 14
b) 317 **f)** 169
c) 195 **g)** 132
d) 1 101 **h)** 27

36 2 308

38 30

Página 61

39 **a)** 8 **d)** 4
b) 53 **e)** 317
c) 6 **f)** 10

40 **a)** $8 - 3 + 4 - (5 - 1) = 5$
b) $15 - (8 + 7) + 8 = 8$
c) $9 - 8 + 7 - 6 + 3 = 5$
d) $35 + 15 - (20 + 18) = 12$
e) $19 - (8 + 5) - (4 - 3) = 5$
f) $200 - (120 + 80) +$
$+ 70 - (20 + 50) = 0$

41 15

42 **a)** $(180 + 45) - (210 - 107) = 122$
b) $(315 - 285) + 72 = 102$

43 480 pares

Reprodução proibida. Art. 184 do Código Penal e Lei 9.610 de 19 de fevereiro de 1998.

Página 66

44 a) $4 \cdot 8$ c) $3 \cdot 1$ e) $4 \cdot a$
b) $5 \cdot 4$ d) $6 \cdot 9$ f) $5 \cdot 0$

45 a) $3 + 3 + 3 + 3$
b) $10 + 10$
c) $a + a + a + a + a$
d) $n + n + n + n + n + n$
e) $7 + 7 + 7$
f) $0 + 0 + 0 + 0$

46 multiplicação; fatores; 432

47 25 tijolos

48 a) 560 f) 55 165
b) 8 055 g) 58 794
c) 85 850 h) 284 800
d) 21 538 i) 5 736 423
e) 18 717 j) 105 280

49 a) 400 b) 1 500 c) 48 d) 85

50 a) 84 vagas b) 80 automóveis

51 a) 170 e) 0
b) 8 500 f) 59 000
c) 0 g) 10 430
d) 174 000 h) 750 000
- Para multiplicar um número por 10, 100, 1 000, ..., basta acrescentar à direita desse número um, dois, três, ... zeros. Observamos também que, se um dos fatores da multiplicação for zero, o produto também será zero.

52 4 914

53 4 140 litros

54 395 metros

55 280 quilômetros

56 a) 111 d) 444 g) 777
b) 222 e) 555 h) 888
c) 333 f) 666
- 99 900

57 111 000 litros

58 6 formas diferentes

59 24 maneiras diferentes

60 30; 9; 3

Página 70

61 a) comutativa
b) elemento neutro
c) distributiva
d) distributiva
e) associativa
f) comutativa
g) distributiva

62 a) 60; comutativa
b) 60; elemento neutro
c) 300; associativa

63 comutativa

64 a) 3 700 d) 13 700
b) 2 600 e) 75 000
c) 120

65 distributiva; 510

66 a) 1 b) elemento neutro

67 a) $5 \cdot 8 + 5 \cdot 2$ e) $10 \cdot 20 + 10 \cdot 30$
b) $a \cdot b - a \cdot c$ f) $b \cdot 7 - c \cdot 7$
c) $m \cdot 5 + n \cdot 5$ g) $5 \cdot a - c \cdot a$
d) $8 \cdot 4 - 3 \cdot 4$

68 a) $15 \cdot x$ c) $11 \cdot p$ e) $7 \cdot b$
b) $9 \cdot m$ d) $5 \cdot y$ f) $35 \cdot c$

69 a) verdadeira; comutativa
b) verdadeira; associativa

70 a) $5 \cdot (9 + 4) = 5 \cdot 13 = 65$
b) $5 \cdot 9 + 5 \cdot 4 = 45 + 20 = 65$
- $5 \cdot (9 + 4) = 5 \cdot 9 + 5 \cdot 4$

Página 73

71 a) 5 b) 5 c) 2; 18

72 a) divisão b) 120 c) 5 d) 24

73 a) 13 e) 106 i) 456
b) 23 f) 95 j) 48
c) 890 g) 36 k) 2 356
d) 5 h) 1 254 l) 504

74 a) 135 c) 800 e) 809
b) 403 d) 3 100 f) 750

75 indeterminado; $0 \cdot x = 0$, para qualquer valor de x

76 A divisão é impossível. Não existe nenhum número natural que, multiplicado por zero, dê 8.

77 775 sacos

78 alternativas **b**, **c**, **d**

79 80 metros quadrados

80 R$ 190,00

81 1 018 caixas

82 144 horas; seis dias

83 3 metros por hora

84 500 segundos

Página 75

85 663

86 254

87 alternativas **e**, **f**, **g**

88 O quociente fica multiplicado por oito.

89 a) 6 d) 16 g) 91
b) 8 e) 128 h) 1 462
c) 12 f) 7

90 108

91 64 e 15 625

Página 76

92 a) 29 e) 72 i) 3
b) 44 f) 25 j) 1
c) 27 g) 36
d) 28 h) 17

93 a) $(6 + 6 + 6) : 6 = 3$
b) $6 + [(6 - 6) \cdot 6] = 6$
c) $[(6 \cdot 6) + 6] : 6 = 7$
d) $(6 \cdot 6) + (6 : 6) = 37$ ou $(6 : 6) + (6 \cdot 6) = 37$
e) $[(6 + 6) \cdot 6] + 6 = 78$
f) $(6 \cdot 6 \cdot 6) - 6 = 210$
g) $\{[6 \cdot (6 + 6)]\} : 6 = 12$ ou $\{[6 \cdot (6 : 6)]\} + 6 = 12$
h) $\{[6 + (6 \cdot 6)]\} \cdot 6 = 252$

Página 79

94 a) 2 e 7 f) 178 e 90
b) 3 e 12 g) 65 e 27
c) 56 e 36 h) 122 e 80
d) 104 e 70 i) 290 e 18
e) 58 e 90

95 110

96 15

97 $528 - 132 = 396$; $396 - 132 = 264$; $264 - 132 = 132$; $132 - 132 = 0$. Logo, o número 132 cabe exatamente 4 vezes no número 528.

98 1, 2, 3 e 4

99 $7 + 8 + 9 = 24$

100 755

101 37 498

102 33 e 600

103 493

104 a) 15 b) 11 c) 20

105 a) 14 grupos b) 15 alunos

106 10

107 quatro viagens

Página 82

108 a) $3 \cdot 3 \cdot 3 \cdot 3 = 81$
b) $4 \cdot 4 \cdot 4 = 64$
c) $5 \cdot 5 = 25$
d) $2 \cdot 2 \cdot 2 \cdot 2 \cdot 2 = 32$
e) $10 \cdot 10 \cdot 10 = 1\,000$
f) $1 \cdot 1 \cdot 1 \cdot 1 \cdot 1 \cdot 1 = 1$

109 a) 169 b) 256 c) 343 d) 243

110 a) nove elevado ao cubo
b) sete elevado ao quadrado
c) dez elevado à quarta potência
d) três elevado à sexta potência
e) treze elevado à quinta potência
f) duzentos elevado à sétima potência

111 a) 1 g) 225 m) 0
b) 10 000 h) 128 n) 512
c) 121 i) 1 024 o) 169
d) 1 024 j) 36 p) 196
e) 256 k) 27 q) 289
f) 2 401 l) 400 r) 1 296

112 $2^1 = 2$ $3^1 = 3$
$2^0 = 1$ $3^0 = 1$

113 7

Reprodução proibida. Art.184 do Código Penal e Lei 9.610 de 19 de fevereiro de 1998.

114 a) $6 \cdot 10^5$ c) $8 \cdot 10^9$
b) $45 \cdot 10^5$ d) $87 \cdot 10^2$

115 $10 \cdot 10 \cdot 10 = 1\,000 = 10^3$

116 a) 100 000 d) 800
b) 100 e) 52 000
c) 10 000 000

117 a) $7 \cdot 10 + 8$
b) $9 \cdot 10^2 + 3 \cdot 10 + 8$
c) $4 \cdot 10^3 + 7 \cdot 10 + 8$
d) $4 \cdot 10^3 + 4 \cdot 10^2 + 8 \cdot 10 + 9$
e) $1 \cdot 10 + 3$
f) $7 \cdot 10^3 + 9 \cdot 10^2 + 5 \cdot 10 + 2$
g) $6 \cdot 10^4$
h) $4 \cdot 10^4 + 1 \cdot 10^3 + 5 \cdot 10^2 + 2 \cdot 10$

Página 86

118 a) 8^{12} c) 10^3 e) 8^{m-n}
b) 5^{12} d) a^{13} f) 6^6

119 a) 2^{15} c) 3^0 e) 2^{14}
b) a^{12} d) 9^8 f) 10^{10}

120 a) $2^2 \cdot 5^2 \cdot 7^2$ c) $m^{15} \cdot n^{18}$
b) $2^{12} \cdot 3^3 \cdot 5^6$ d) $5^2 \cdot 11^4$

121 a) 1 000 000 d) 625
b) 100 e) 1
c) 1 f) 0

122 a) a^9 c) 5^{27} e) 1
b) a^{35} d) k^{24} f) 9^{108}

123 192; 320

Página 87

124 a) radiciação c) 3
b) 64 d) 4

125 a) 6 c) 5; 5
b) 10 d) 10; 10; 1 000

126 a) 12 c) 16
b) 11 d) 13

127 a) raiz quadrada de dezesseis
b) raiz cúbica de vinte e sete
c) raiz quadrada de cento e quarenta e quatro
d) raiz quarta de dezesseis
e) raiz quinta de mil e vinte e quatro
f) raiz sexta de quinze mil seiscentos e vinte e cinco

128 a) 1 369 c) 12 321
b) 2 809 d) 10 000

Página 88

129 a) 6 b) 7 c) 0 d) 56

130 90

131 $(x \cdot 3 + 1) \cdot 3 + x = 9x + 3 + x = 10x + 3$

Página 90 – Trabalhando os conhecimentos adquiridos 6

1 7 dias

2 a) zero
b) não existe

3 Deve aparecer uma mensagem de erro, pois não é possível dividir 8 por 0.

4 3 680 quilogramas

Desafio: alternativa **c**

Página 91 – Trabalhando os conhecimentos adquiridos 7

1 a) 1 088
b) 2^7 bolinhas = 128 bolinhas
c) 13

2 a) 63; 64 e 65 c) 87 e 89
b) 102; 104 e 106

3 $1 + 2 = 3$; $4 + 6 = 10$

4 a) 1 024
b) O resultado fica quadruplicado.
c) 3125

5 a) 19 c) 1 865 metros
b) 000

6 51 milhões de watts

Desafio: 1 806

Página 92 – Trabalhando os conhecimentos adquiridos 8

1 a) 157 b) 945 c) 1 871 d) 4

2 a) R$ 385,00 c) R$ 2 060,00
b) 600 tijolos d) R$ 1 600,00

3 a) 100 b) 196

4 4; 25; 64; 121 e 225

5 a) 114
b) nove cédulas de cada valor

6 60 litros

7 R$ 26,00

8 Clóvis: R$ 1 093,00

Desafio: 25

Página 93 – Trabalhando os conhecimentos adquiridos 9

1 a) três maçãs
b) tubo: 30 gramas; comprimido: 1 grama

2 a) 25 e 36 b) 169; 196 e 225

3 a) 5 b) 15

4 512; 2 048

5 alternativa **b**

6 alternativa **b**

7 alternativa **d**

Desafio: 5 050

CAPÍTULO 3

Página 102

1 a) esfera d) prisma
b) cone e) prisma
c) cilindro f) pirâmide

2 a) Exemplo de resposta: ambos são sólidos geométricos; o prisma é um poliedro e o cilindro é um corpo redondo.
b) Exemplo de resposta: ambos são sólidos geométricos; a pirâmide é um poliedro e o cone é um corpo redondo.

3 a) 5 faces, 8 arestas, 5 vértices
b) 6 faces, 12 arestas, 8 vértices

4 esfera

5 a) 5 faces; 9 arestas; 6 vértices; 2 triângulos; 3 quadriláteros
b) quadrilátero

6 A relação de Euler vale para os poliedros regulares (ou poliedros de Platão).

7 256

Página 106

8 não

10 alternativa **b**

12 alternativas **a**, **c** e **d**

Página 110 – Trabalhando os conhecimentos adquiridos 10

1 alternativa **d**

2 alternativa **a**

3 alternativa **c**

Desafio: alternativa **c**

Página 111 – Trabalhando os conhecimentos adquiridos 11

1 alternativa c

4 As vistas são iguais.

5 cilindro

6 Não, pois os poliedros regulares têm as faces formadas por figuras idênticas.

7 alternativa **e**

Desafio: alternativa **c**

CAPÍTULO 4

Página 116

1 0, 17, 34, 51 e 68

2 a) 46, 69, 92 e 115
b) São os quatro primeiros múltiplos de 23, fora o zero e ele próprio.

3 a) 0, 15, 30 e 45 d) 56, 63, 70 e 77
b) 18, 27 e 36 e) 160, 176 e 192
c) 33, 44, 55 e 66

4 135 e 144

5 a) não d) 147 e 504
b) não e) 286, 312 e 338
c) sim f) 10

6 sim; 3199

Reprodução proibida. Art.184 do Código Penal e Lei 9.610 de 19 de fevereiro de 1998.

Página 118

7 alternativas **a**, **b**, **d**

8 **a)** 1, 2, 3, 5, 6, 10, 15 e 30
b) 12, 18 e 24
c) 1 e 5
d) 2, 4, 8, 10, 20 e 40

9 **a)** ele próprio
b) 1
c) sim
d) sim, com exceção do próprio zero
e) os números ímpares

10 **a)** 998
b) 32, 16 e 8
c) 12, 16 e 24

11 6 e 8

12 989

13 43

14 **a)** V **b)** F **c)** V **d)** F

16 **a)** sim **c)** sim **e)** não
b) não **d)** sim

18 Não existe.

Página 121

20 **a)** 100 **c)** 100 **e)** 102
b) 102 **d)** 100

21 alternativas **b**, **c**, **e**

22 alternativas **a**, **c**, **d**

23 **a)** não **b)** 1, 4 e 7

24 8

25 1532, 1572 e 1764

26 **a)** 1023 **b)** 995 **c)** 120 **d)** 996

27 **a)** 0, 2, 4, 6 e 8 **d)** 0 e 5
b) 0, 3, 6 e 9 **e)** 0 e 6
c) 2 e 6

28 **a)** 2 **b)** 2 **c)** 5

29 Não é divisível por 4, mas é divisível por 5.

30 Adicionar três algarismos iguais é o mesmo que multiplicar o algarismo por 3; logo, encontramos um múltiplo de 3.

31 **a)** 9876 **c)** 9873
b) 9874 **d)** 9875

Página 124

32 999990

34 **a)** 660, 768 e 960
b) 450, 660 e 960

35 alternativa **d**

36 992

37 $A = 3, B = 0$

38 $A = 2, B = 0$

39 22

40 444444444

41 54, 63, 72 ou 81 carros em miniatura

Página 127

42 alternativas **b**, **c**, **d**, **f**

43 2, 3, 5, 7, 11, 13, 17, 19, 23 e 29

44 **a)** $14 = 2 \cdot 7$ **d)** $42 = 2 \cdot 3 \cdot 7$
b) $35 = 5 \cdot 7$ **e)** $50 = 2 \cdot 5 \cdot 5$
c) $70 = 2 \cdot 5 \cdot 7$ **f)** $100 = 2 \cdot 2 \cdot 5 \cdot 5$

45 **a)** 1 e ele próprio
b) 2
c) 97
d) 101

46 323 não é um número primo, pois é divisível por 1, 17, 19 e 323.

47 $21 + 25 + 27 + 33 + 35 + 39 + 45 + 49 = 274$

48 163 e 181

49 9797

Página 132

50 **a)** $2^5 \cdot 3$ **d)** $2^2 \cdot 3^2 \cdot 5 \cdot 7$
b) $2^2 \cdot 3^4$ **e)** $2 \cdot 5 \cdot 7 \cdot 41$
c) 2^{10} **f)** $5^2 \cdot 11 \cdot 13$

51 **a)** 84 **b)** 360 **c)** 112 **d)** 1078

52 1, 2, 5 e 10

53 **a)** 1, 2, 5, 10, 25 e 50
b) 1, 2, 3, 5, 6, 9, 10, 15, 18, 30, 45 e 90
c) 1, 2, 3, 4, 6, 8, 9, 12, 16, 18, 24, 32, 36, 48, 72, 96, 144 e 288
d) 1, 2, 4, 8, 16, 31, 62, 124, 248 e 496
e) 1, 2, 3, 4, 5, 6, 8, 9, 10, 12, 15, 18, 20, 24, 25, 30, 36, 40, 45, 50, 60, 72, 75, 90, 100, 120, 150, 180, 200, 225, 300, 360, 450, 600, 900 e 1800
f) 1, 2, 4, 5, 8, 10, 16, 20, 25, 32, 40, 50, 80, 100, 125, 160, 200, 250, 400, 500, 800, 1000, 2000 e 4000
• 496

54 **a)** 12 divisores **c)** 24 divisores
b) 12 divisores

55 **a)** 6 **b)** 23 **c)** 45 **d)** 66

56 **a)** 1400 **c)** 24
b) 7 **d)** 1400

57 Não, pois o expoente do 3 é um número ímpar.

58 2

59 3

60 Suponhamos Q um "quadrado perfeito" (existe X inteiro tal que $X^2 = Q$) que seja número par, ou seja, existe um inteiro k tal que $Q = 2k$. Assim, temos $X^2 = 2k$; logo, a raiz de Q (ou seja, X) é dada por $X = \sqrt{2k}$. Como se trata de uma relação de inteiros, $2k$ precisa ser também um quadrado perfeito; logo, $2k$ é um inteiro e, para que seja um quadrado perfeito, requer $k = 2y^2$, ou seja, $X = \sqrt{4y^2} = 2y$, portanto um número par.

Página 135

61 **a)** 1, 2, 3, 4, 6, 8, 12 e 24
b) 1, 2, 4, 5, 8, 10, 20 e 40
c) 1, 2, 4 e 8
d) 8

62 **a)** 50 **b)** 16 **c)** 72 **d)** 20

63 **a)** 8 **b)** 20 **c)** 10 **d)** 96

64 6

65 **a)** 9 **b)** 50 **c)** 60 **d)** 6

66 sim

67 1

68 8 e 9

69 28

70 6

71 26 e 13

72 Os números 4 e 6 não são primos entre si.

Página 139

73 **a)** 0, 15, 30, 45, 60, ...
b) 0, 20, 40, 60, 80, ...
c) 0, 60, 120, 180, 240, ...
d) 60

74 **a)** 12 **b)** 20 **c)** 45 **d)** 100

75 **a)** 270 **b)** 720 **c)** 1320 **d)** 1500

76 **a)** 840

77 o produto desses números

78 120

79 **a)** 360 **c)** 1800
b) 1080 **d)** 200

80 72

81 25

82 72 e 126

Página 141

84 $a = 2, b = 2$

85 13 e 10

86 36 metros

87 21 barras; 5 metros

88 18 minutos

89 17 e 8

90 $a = 8, b = 2, c = 7$

91 13 horas

92 24 dias

93 817

94 1800, 2700 e 3600

Página 142 – Trabalhando os conhecimentos adquiridos 12

1 0, 13, 26, 39, ...

2 0, 36, 72 e 108

Reprodução proibida. Art.184 do Código Penal e Lei 9.610 de 19 de fevereiro de 1998.

3 1, 2, 3, 4, 5, 6, 8, 10, 12 e 15

4 **a)** 136, 200, 104 e 520
b) 300, 216 e 420
c) 440, 2000 e 11024
d) 1430, 7667 e 9372
e) 144, 312, 924 e 16344

Desafio: 990

Página 143 – Trabalhando os conhecimentos adquiridos 13

1 2

2 429

3 $a = 8, b = 0$

4 $a = 3$ e $b = 1$ ou $a = 4$ e $b = 9$ ou $a = 8$ e $b = 5$

5 135

6 108

7 414

8 80 e 85

9 1260

10 Não, pois não é divisível por 9.

11 9870

12 996

13 12

14 3

15 98730

16 9820

17 Não voltará a tomar todos juntos, pois isso ocorreria após 72 horas, que é o mmc (36, 12, 8); porém, o anti-inflamatório terminará após 56 horas do início do tratamento.

Desafio: 37 miniaturas

Página 144 – Trabalhando os conhecimentos adquiridos 14

1 **a)** $2^3 \cdot 3^2 \cdot 5^2$
b) $2^5 \cdot 5^2 \cdot 7$
c) 2^{12}

2 49005

3 1, 2, 3, 4, 5, 6, 8, 10, 12, 15, 16, 20, 24, 30, 40, 48, 60, 80, 120 e 240

4 48 divisores

5 primos: 2 e 5; compostos: 4, 10, 20, 25, 50 e 100

6 126 e 168

7 480

8 1, 2, 3, 5, 6, 10, 15 e 30

9 64, 32 e 16

10 9

11 2

12 10

13 Não é primo, pois é divisível por 1, 29, 31 e 899.

14 alternativa **d**

15 $2^3 \cdot 3^3 \cdot 5^2$

16 **a)** 224 **b)** 12 divisores

17 30 divisores

18 $2^7 \cdot 3^3 \cdot 5 \cdot 7$

19 324

20 Não, pois o fator 5 do número *A* está elevado a um expoente menor que o fator 5 do número *B*.

21 220

22 315

23 90

24 756

25 900

26 3

27 270 divisores

Desafio: alternativa **b**

Página 145 – Trabalhando os conhecimentos adquiridos 15

2 117

3 11 e 12

4 sim

5 $a = 4, b = 2$

6 2708

7 **a)** 24 metros **b)** 31 partes

8 30

9 2 de março; 16 horas

10 17

11 2 e 3

12 304 rosas

13
- alternativa **e**
- alternativa **c**

Desafio: 152 e 95. Os quatro menores quocientes possíveis são: 1, 1, 1 e 2

CAPÍTULO 5

Página 151

1 **a)** $\frac{2}{5}$ **b)** $\frac{5}{8}$ **c)** $\frac{5}{9}$ **d)** $\frac{4}{8}$ **e)** $\frac{18}{36}$ **f)** $\frac{3}{5}$

3 **a)** $\frac{7}{24}$; $\frac{12}{24}$ **b)** $\frac{5}{7}$; $\frac{7}{7}$ **c)** $\frac{3}{3}$; $\frac{6}{12}$

4 $\frac{4}{27}$; $\frac{23}{27}$

Página 152

5 **a)** três sétimos
b) cinco centésimos
c) nove meios
d) duzentos e doze centésimos
e) nove treze avos
f) quinze milésimos
g) um sexto
h) sete duzentos avos
i) cinco nonos
j) quatro décimos
k) três dezessete avos
l) um quinhentos avos
m) onze oitavos
n) vinte cinquenta e um avos
o) cinquenta dezesseis avos
p) dezenove décimos de milésimos
q) sete quinze avos
r) oito sétimos

Página 154

6 alternativas **a**, **c**, **d**

7 alternativas **a**, **c**, **d**

8 **a)** 6 **b)** 7 **c)** 20 **d)** 1 **e)** 4 **f)** 10

9 alternativas **b**, **c**

10 $\frac{30}{30}$

Página 156

11 **a)** $\frac{5}{4}$ **b)** $\frac{7}{3}$ **c)** $\frac{21}{9}$

12 **a)** $\frac{11}{5}$ **b)** $\frac{137}{10}$ **c)** $\frac{181}{20}$ **d)** $\frac{31}{7}$ **e)** $\frac{917}{100}$ **f)** $\frac{2001}{1000}$

13 **a)** $2\frac{1}{5}$ **b)** $6\frac{6}{17}$ **c)** $2\frac{1}{4}$ **d)** $4\frac{5}{8}$ **e)** $10\frac{5}{12}$ **f)** $4\frac{3}{25}$

14 **a)** $\frac{19}{12}$ ou $1\frac{7}{12}$ **b)** $\frac{70}{24}$ ou $2\frac{22}{24}$

15 **a)** $\frac{10}{5}$ **b)** $\frac{30}{6}$ **c)** $\frac{50}{10}$

Página 160

17 **a)** $\frac{1}{3}, \frac{2}{6}, \frac{3}{9}, \frac{4}{12}, \ldots$
b) $\frac{3}{5}, \frac{6}{10}, \frac{9}{15}, \frac{12}{20}, \ldots$
c) $\frac{4}{3}, \frac{8}{6}, \frac{12}{9}, \frac{16}{12}, \ldots$
d) $\frac{5}{9}, \frac{10}{18}, \frac{15}{27}, \frac{20}{36}, \ldots$

18 **a)** $\frac{15}{20}$ **b)** $\frac{2}{12}$ **c)** $\frac{18}{27}$ **d)** $\frac{15}{50}$

19 $\frac{25}{35}$

20 $\frac{54}{99}$

21 $\frac{2}{3}, \frac{4}{6}, \frac{6}{9}$

22 $\frac{24}{64}$

23 **a)** 20 **b)** 18 **c)** 20 **d)** 45 **e)** 1 **f)** 4

24 7

25 **a)** 1 **b)** 40 **c)** 50 **d)** 40

26 $\frac{3}{4}$

27 $\frac{78}{24}$

28 $x = 7, y = 28$

Reprodução proibida. Art.184 do Código Penal e Lei 9.610 de 19 de fevereiro de 1998.

Página 162

29 a) $\frac{1}{3}$ c) $\frac{2}{5}$ e) 4
b) $\frac{1}{5}$ d) $\frac{3}{10}$ f) $\frac{9}{10}$

30 a) $\frac{5}{4}$ c) $\frac{5}{3}$ e) 7
b) $\frac{2}{25}$ d) $\frac{25}{36}$ f) $\frac{3}{5}$
alternativa **f**

31 a) $\frac{1}{4}$ c) $\frac{1}{8}$ e) $\frac{3}{4}$
b) $\frac{3}{5}$ d) $\frac{5}{6}$ f) $\frac{2}{7}$

32 $\frac{7}{16}; \frac{1}{4}$

Página 163

33 a) $\frac{6}{12}, \frac{4}{12}, \frac{3}{12}$
b) $\frac{6}{12}, \frac{9}{12}, \frac{10}{12}$
c) $\frac{40}{20}, \frac{14}{20}, \frac{11}{20}$
d) $\frac{10}{8}, \frac{9}{8}, \frac{48}{8}$
e) $\frac{42}{72}, \frac{15}{72}, \frac{40}{72}$
f) $\frac{70}{100}, \frac{45}{100}, \frac{44}{100}$
g) $\frac{100}{120}, \frac{105}{120}, \frac{132}{120}$
h) $\frac{700}{1000}, \frac{80}{1000}, \frac{9}{1000}$

Página 165

34 a) $\frac{2}{5} < \frac{5}{7}$ c) $\frac{16}{3} < \frac{14}{2}$
b) $5\frac{2}{5} = \frac{27}{5}$ d) $\frac{16}{35} < \frac{1}{2}$

35 a) $\frac{3}{4} < \frac{9}{4} < \frac{17}{4}$ c) $\frac{1}{8} < \frac{1}{3} < \frac{1}{2}$
b) $\frac{1}{3} < \frac{5}{3} < \frac{7}{3}$

36 a) $\frac{17}{4} > \frac{9}{4} > \frac{3}{4}$ b) $\frac{4}{3} > \frac{1}{2} > \frac{5}{12} > \frac{1}{6}$

37 a) $\frac{7}{10} < \frac{7}{8} < \frac{7}{5} < \frac{7}{3}$
b) $\frac{1}{8} < \frac{2}{15} < \frac{7}{20} < \frac{11}{12}$

38 a) $\frac{8}{9} > \frac{7}{9} > \frac{4}{9} > \frac{1}{9}$
b) $\frac{11}{2} > \frac{11}{4} > \frac{11}{7} > \frac{11}{9}$

39 Luís

Página 167

40 a) $\frac{7}{9}$ c) $\frac{156}{35}$ e) $\frac{97}{70}$ g) $\frac{65}{9}$
b) $\frac{19}{20}$ d) $\frac{4}{3}$ f) $\frac{207}{110}$ h) $\frac{123}{40}$

41 a) $\frac{1}{2}$ c) $\frac{159}{56}$ e) $\frac{1}{5}$ g) $\frac{7}{12}$
b) $\frac{31}{72}$ d) $\frac{3}{4}$ f) $\frac{31}{30}$ h) $\frac{114}{35}$

42 $\frac{158}{35}$

43 $\frac{7}{4}$ litro $= 1\frac{3}{4}$ litro

44 a) 9 b) 11

Página 170

45 a) $\frac{6}{7}$ b) $\frac{12}{5}$ c) $\frac{48}{7}$ d) 16

46 a) $\frac{7}{12}$ c) $\frac{1}{3}$ e) $\frac{3}{5}$ g) 0
b) $\frac{22}{13}$ d) $\frac{7}{3}$ f) 1 h) $\frac{9}{4}$

47 a) $\frac{8}{7}$ b) $\frac{5}{3}$ c) 45 d) 90

48 a) 15 c) 96 e) $\frac{13}{8}$
b) $\frac{4}{9}$ d) $\frac{1}{4}$ f) $\frac{1}{4}$

49 a) $\frac{3}{7}$ c) $\frac{3}{40}$ e) $\frac{4}{21}$
b) 1 d) $\frac{1}{4}$ f) 2

50 a) $\frac{7}{5}$ b) $\frac{5}{4}$ c) 14 d) 1000

Página 173

51 a) 8 d) $\frac{1}{6}$ g) 25
b) 160 e) $\frac{1}{8}$ h) $\frac{3}{40}$
c) $\frac{12}{5}$ f) $\frac{35}{4}$ i) $\frac{5}{4}$

52 $\frac{1}{4}$

53 a) $\frac{10}{21}$ b) 25 c) $\frac{44}{21}$ d) 6

54 $\frac{2}{15}$

55 O valor da fração fica dividido (ou multiplicado) por esse número.

56 O valor fica multiplicado por 10.

Página 176

57 a) $\frac{9}{25}$ d) $\frac{16}{25}$ g) 1
b) $\frac{1}{16}$ e) $\frac{49}{4}$ h) $\frac{1}{256}$
c) $\frac{8}{3}$ f) $\frac{8}{27}$ i) 1

58 a) $\frac{3}{8}$ c) $\frac{1}{9}$ e) $\frac{5}{4}$
b) $\frac{4}{5}$ d) $\frac{7}{10}$ f) $\frac{12}{13}$

59 a) $\frac{29}{24}$ c) $\frac{143}{60}$ e) $\frac{14}{15}$ g) $\frac{49}{12}$
b) $\frac{33}{8}$ d) $\frac{167}{45}$ f) $\frac{3}{140}$ h) $\frac{2}{5}$

60 a) $\frac{25}{27}$ e) 22 i) 2
b) $\frac{343}{90}$ f) $\frac{27}{50}$ j) $\frac{1073}{352}$
c) $\frac{21}{25}$ g) $\frac{1}{3}$ k) 1
d) $\frac{236}{33}$ h) $\frac{7}{4}$

Página 178

61 130
62 1 800 litros
63 120 quilômetros
64 2 ovos
65 3 250 quilogramas
66 12 alunos
67 30 laranjas

Página 179

68 20 quilômetros
69 R$ 840,00
70 150 000 litros
71 70 metros

Página 180

72 185 convidados
73 27 volumes
74 154 pontos
75 2 000 watts
76 2 000 metros

Página 181

77 $\frac{19}{35}$
78 30 revistas
79 R$ 360 000,00
80 120 processos
81 105 minutos ou 1 hora e 45 minutos
82 1 320 árvores

Página 182

83 R$ 1 000,00
84 R$ 81,00
85 13 horas e 20 minutos ou 800 minutos
86 6 dias
87 18 dias
88 8 horas

Página 185 – Trabalhando os conhecimentos adquiridos 16

1 $\frac{1}{4}$

2 $\frac{3}{8}$

3 $\frac{37}{40}$

4 a) $\frac{2}{5} < \frac{5}{7}$ d) $\frac{16}{3} < \frac{14}{2}$
b) $5\frac{2}{5} = \frac{27}{5}$ e) $\frac{16}{35} < \frac{1}{2}$
c) $\frac{6}{7} > \frac{4}{9}$ f) $3\frac{5}{8} > 2\frac{1}{9}$

5 a) $\frac{9}{5}$ c) $\frac{37}{17}$ e) $\frac{74}{7}$
b) $\frac{40}{3}$ d) $\frac{403}{100}$ f) $\frac{101}{10}$

6 a) $15\frac{1}{8}$ d) $70\frac{2}{7}$ g) $20\frac{1}{50}$
b) $7\frac{17}{18}$ e) $18\frac{5}{26}$ h) $27\frac{29}{33}$
c) $11\frac{8}{9}$ f) $6\frac{2}{39}$

Reprodução proibida. Art.184 do Código Penal e Lei 9.610 de 19 de fevereiro de 1998.

7 a) 15 b) 65 c) 9 d) 12

8 a) $\frac{1}{3}$ c) $\frac{2}{25}$ e) $\frac{41}{64}$

b) $\frac{1}{6}$ d) $\frac{1}{5}$ f) $\frac{5}{7}$

9 $\frac{37}{111}$

10 $\frac{2}{3}$

11 $\frac{37}{45}$

12 $\frac{4}{9}$

13 Não, pois não podemos cancelar parcelas de uma adição.

Desafio: $\frac{16}{24} = \frac{2}{3}$

Página 186 – Trabalhando os conhecimentos adquiridos 17

3 $5\frac{4}{7}$

4 $\frac{12}{12}$

5 $\frac{44}{110}$

6 $\frac{18}{42}$

7 a) $\frac{7}{8} > \frac{5}{6} > \frac{3}{4}$ c) $3 > 2\frac{1}{4} > \frac{11}{5}$

b) $\frac{12}{15} > \frac{7}{10} > \frac{1}{6}$ d) $\frac{7}{1} > \frac{7}{2} > \frac{7}{4} > \frac{7}{12}$

8 Não, pois: $\frac{4}{5} = \frac{20}{25}$ e $\frac{20}{25} > \frac{8}{25}$

9 Pedro

10 $\frac{17}{24}$

11 Não, pois R$ 3 000,00 + + R$ 2 000,00 + R$ 1 500,00 = = R$ 6 500,00, ou seja, mais do que o total a ser dividido.

$\frac{1}{2} + \frac{1}{3} + \frac{1}{4} = \frac{13}{12}$

12 Não, pois as partes em que a figura foi dividida não são iguais.

13 $\frac{3}{5}$

Desafio: $\frac{4}{9} = \frac{20}{45}; \frac{5}{9} = \frac{45}{81}$

Página 187 – Trabalhando os conhecimentos adquiridos 18

1 1

2 $\frac{11}{30}$

3 20 copos

4 $\frac{7}{12}; \frac{5}{12}$

5 4 metros

6 $1\frac{1}{40}$

7 $\frac{78}{24}$

8 2 500

9 840 quilômetros

10 360

11 312 quilômetros

12 840 sacas

Desafio: 15 pedaços

Página 188 – Trabalhando os conhecimentos adquiridos 19

1 a) $\frac{49}{12}$ b) $\frac{1}{5}$ c) $\frac{9}{2}$ d) $\frac{19}{8}$

2 a) $\frac{637}{100}$ b) $\frac{59}{60}$ c) $\frac{165}{28}$ d) $\frac{2}{5}$

3 a) $\frac{1}{7}$ b) $\frac{2225}{32}$

4 $\frac{16}{3}$

5 a) $\frac{1}{36}$ b) 4 c) $\frac{34}{3}$ d) $\frac{5}{3}$

6 a) 336 b) $\frac{3}{14}$ c) 480 d) $\frac{1}{7}$

7 a) $\frac{4}{3}$ c) $\frac{14}{3}$ e) $\frac{5}{3}$

b) 24 d) $\frac{2}{7}$ f) $\frac{13}{30}$

8 a) 60 b) 15 c) 1 d) 10

9 a) $\frac{19}{4}$ b) $\frac{1}{2}$ c) 6

10 $\frac{1}{16}$

11 a) $\frac{1}{64}$ b) $\frac{1}{64}$ c) $\frac{2}{3}$ d) $\frac{8}{5}$

12 a) $\frac{82}{25}$ b) 0 c) $\frac{59}{24}$ d) $\frac{9}{2}$

13 a) $\frac{11}{9}$ b) $\frac{6}{7}$

Desafio: 21

Página 189 – Trabalhando os conhecimentos adquiridos 20

1 40 quilômetros

2 140 litros

3 70 galões

4 56 litros

5 R$ 105,00

6 $\frac{1}{4}$

7 alternativa **c**

Desafio: $\frac{8}{35}$

CAPÍTULO 6

Página 197

1 a) sete décimos

b) trezentos e dezessete milésimos

c) quinze décimos de milésimos

d) cinco inteiros e sessenta e nove centésimos

e) vinte e oito centésimos

f) sete inteiros e trinta e oito milésimos

g) oito milésimos

h) doze inteiros e cinco décimos de milésimos

2 a) 7,6 d) 12,6

b) 0,0036 e) 20,4

c) 0,78

3 a) $\frac{76}{100}$ e) $\frac{1722}{100}$

b) $\frac{10005}{10000}$ f) $\frac{5006}{100}$

c) $\frac{25}{1000}$ g) $\frac{19}{1000}$

d) $\frac{127}{10}$ h) $\frac{8765}{10000}$

4 a) 0,02 d) 0,75

b) 0,013 e) 0,057

c) 0,0017 f) 30,6

5 $\frac{1}{25}$

Página 198

6 a) ≠ c) ≠ e) = g) ≠

b) = d) = f) = h) =

7 a) 7 unidades b) 60 centésimos

Página 199

8 a) < c) >

b) > d) <

9 a) $0{,}07 < 0{,}75 < 0{,}8$

b) $1{,}197 < 2{,}3 < 2{,}35$

c) $3{,}1416 < 3{,}143 < 3{,}2$

10 a) $3{,}8 > 3{,}08 > 0{,}38$

b) $2{,}2 > 2{,}14 > 2$

c) $6{,}13 > 1{,}36 > 0{,}36$

11 Pedro = 2,13 metros;

Léo = 2,04 metros;

Jorge = 2 metros;

Paulo = 1,83 metro;

Ivo = 1,79 metro

Página 200

12 a) 4,4 f) 2,8

b) 22,716 g) 1,4322

c) 21,326 h) 0,006

d) 10 i) 0,955

e) 20,98 j) 510,2

13 2,375 litros

14 0,04 metro

Página 201

15 a) 8,4 f) 0,512

b) 10 g) 2,268

c) 0,001 h) 3,6

d) 24,576 i) 0,000032

e) 6,25 j) 0,16

16 a) 63,2 e) 12

b) 6 702 f) 90

c) 0,05 g) 90

d) 314,5 h) 121 400

Reprodução proibida. Art. 184 do Código Penal e Lei 9.610 de 19 de fevereiro de 1998.

17 a) 7,28 b) 48,024

18 a) 10,76 c) 0,284
b) 0,058 d) 3,9

19 0,045

20 3,8775

21 a) 7,006652
b) 0,49

22 15,656 metros

23 R$ 24,93

24 678 metros quadrados

25 139,7 centímetros

Página 204

26 a) 1,5 e) 5
b) 11,25 f) 12,38
c) 2,0425 g) 0,005
d) 40 h) 36,04

27 a embalagem de 1,5 litro;
R$ 4,80 : 1,25 = R$ 3,84 e
R$ 5,40 : 1,50 = R$ 3,60

28 a) 0,376 e) 0,00056
b) 0,006 f) 0,0382
c) 0,0002 g) 0,0906
d) 1,524 h) 5,764

29 880 embalagens

30 a) 80 c) 46
b) 26 000 d) 79 360

31 R$ 90,30; R$ 9,70; R$ 3,20

32 a) 32 b) 2 000

Página 206

33 a) 14 b) 15

34 a) 1,4 c) 0,1 e) 0,3 g) 1,7
b) 0,7 d) 6,6 f) 0,1 h) 1,4

35 a) 2,83 e) 4,08
b) 0,92 f) 497,22
c) 0,29 g) 66,15
d) 3,80 h) 53,33

36 a) 0,294 c) 3,478
b) 1,785 d) 108,400

37 0,870

Página 208

38 a) 0,4; decimal exato
b) 0,0375; decimal exato
c) $1,\overline{6}$; dízima periódica simples
d) $5,\overline{36}$; dízima periódica simples
e) $4,\overline{6}$; dízima periódica simples
f) $0,77\overline{27}$; dízima periódica composta
g) $0,1\overline{6}$; dízima periódica composta
h) $0,08\overline{6}$; dízima periódica composta
i) $0,1\overline{3}$; dízima periódica composta
j) 0,25; decimal exato
k) 0,03125; decimal exato
l) $13,\overline{25}$; dízima periódica simples

39 a) dízima periódica simples
b) dízima periódica simples
c) dízima periódica composta
d) decimal exato
e) decimal exato
f) dízima periódica composta

40 a) 0,666... c) 5,1555...
b) 0,1818... d) 171,111...

Página 210

41 a) 0,008 e) 0,49
b) 1,44 f) 0,216
c) 1 g) 0,0081
d) 2,744 h) 0,00001

42 a) 0,8 b) 2,3 c) 1,3 d) 3,2

43 a) 8,615125 c) 0,02
b) 3,8

44 a) 1,85 c) 2,8 e) 0,25
b) 40 d) 3 f) 4,6

45 a) 0,8 d) 3,68
b) 21,6 e) 862,6111...
c) 2,14

Página 211

46 100 milésimos

47 2 400 alunos

48 R$ 26,40

49 1 430 metros

50 50

51 627 metros quadrados

52 400,2 kWp

53 4 000 metros

54 a) 0,222222222 c) 0,555555555
b) 0,444444444
• 0,72

56 a) 700 MW c) 13 300 MW
b) 6 300 MW

57 a) gasolina: 181 litros; etanol: 212 litros
b) gasolina: 5,52 quilômetros por litro; etanol: 4,72 quilômetros por litro
c) gasolina: R$ 1,51; etanol: R$ 1,64
d) gasolina

Página 213 – Trabalhando os conhecimentos adquiridos 21

1 5,86 metros

2 a) 121,6 c) 37
b) 508 d) 54 000

3 a) 0,45 b) 0,17 c) 0,01 d) 0,6

4 a) 5,14 b) 3,16 c) 1,98 d) 0,792

Desafio: 72 décimos

Página 214 – Trabalhando os conhecimentos adquiridos 22

1 a) 1,5 c) 40
b) 0,6 d) 1

2 248,91 metros

3 1

4 a) 7,23 > 7,2 > 7,198
b) 0,042 > 0,04 > 0,039
c) 1,121 > 1,112 > 1,1035

5 a) $\frac{36}{25}$ c) $\frac{25}{4}$
b) $\frac{4}{625}$ d) $\frac{1}{80}$

6 a) 0,002 b) 30,49 c) 0,02

7 0,0625

8 a) 0,0336 b) 19

9 a) 4,664 b) $\frac{1}{135}$

10 8

11 0,0001

12 6,12

13 a) Sim, diminuirá o valor de 1 pacote de biscoito.
b) Não, o total é R$ 25,34.
c) Tirando um iogurte, o total fica R$ 23,50, e o troco é R$ 1,50.

Desafio: 0,2

Página 215 – Trabalhando os conhecimentos adquiridos 23

1 76,5 quilowatts-hora

2 R$ 700,00

3 18 viagens

4 a) 25,6 gramas
b) 8 pães

5 5,25

6 R$ 4,40

7 R$ 0,25

8 alternativa **a**

9 alternativa **e**

10 alternativa **a**

Desafio: 32,3 e 23,2

CAPÍTULO 7

Página 221

1 a) 10 partes de 100 partes usaram mais vezes cartões de crédito em relação ao ano anterior.
b) 6 partes de 100 partes da população aumentaram naquela região.
c) 19 partes de 100 partes dos pesquisadores brasileiros aumentaram o número de artigos publicados em um ano.
d) Houve um aumento de R$ 57,00, que equivale a 6,5% do salário de 2016.
e) 39 partes de 100 partes dos consumidores vão gastar menos nesta Páscoa.

Reprodução proibida. Art.184 do Código Penal e Lei 9.610 de 19 de fevereiro de 1998.

2 a) 5% b) 17% c) 60% d) 220% e) 3750% f) 50% g) 75% h) 2,5% i) 6,4%

3 a) 0,52 b) 0,61 c) 0,01 d) 0,98 e) 2,35 f) 0,015

4 a) 0,38 b) 0,06 c) 1,14 d) 4,6 e) 0,97 f) 0,01

Página 222

5 a) 14 laranjas b) 360 alunos c) 19,2 metros d) R$ 900,00 e) 300 tijolos f) 190

6 R$ 2 400,00

8 R$ 65,00

Página 223

9 14 gols

10 R$ 426,00; R$ 1 846,00

11 R$ 422,40

12 177,87 bilhões de litros

13 R$ 1 200,00

14 a) 10 200 b) 33,288

Página 224

15 5 000 entrevistados

16 R$ 90,00

17 2 milhões de eleitores

18 R$ 400,00

19 a) 60%
b) Não

20 120 alunos

21 R$ 350,00

Página 226

22 16%

23 70%

24 25%

25 Odontologia: 15%; Turismo: 25%

26 a) verde: $\frac{42}{100}$; azul: $\frac{18}{100}$;
amarela: $\frac{40}{100}$
b) verde: $\frac{21}{50}$; azul: $\frac{9}{50}$;
amarela: $\frac{2}{5}$
c) verde: 42%; azul: 18%;
amarela: 40%

27 25%

28 a) 75% b) 50% c) 80% d) 12 anos

29 5%

Página 228 – Trabalhando os conhecimentos adquiridos 24

1 R$ 22,80

2 R$ 136,00

3 R$ 489,60

4 R$ 1 148,00

5 R$ 368,00; R$ 222,00 e R$ 1 739,00

6 a) 8
b) 60
c) 500

7 1,35

Desafio: 28%

Página 229 – Trabalhando os conhecimentos adquiridos 25

1 alternativa **a**

2 alternativa **d**

3 480

4 R$ 7,20; R$ 367,20

5 alternativa **c**

Desafio: 0,75%

CAPÍTULO 8

Página 234

1 Porque ela observou o aspecto das nuvens no céu. Ela não poderia afirmar com certeza, mas havia uma grande possibilidade.

2 a) pouco provável
b) muito provável

3

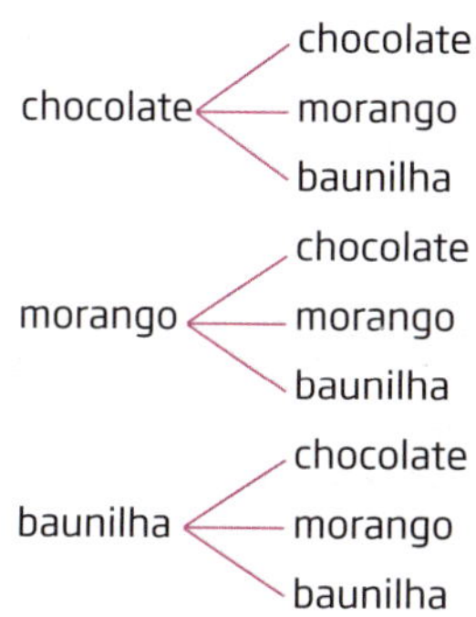

4 O caminho mais provável é o D, pois se trata da menor distância a ser percorrida pelo motorista.

5 24 números

7 0 + 6; 1 + 5; 2 + 4; 3 + 3; 4 + 2; 5 + 1; 6 + 0

Página 240

11 a) França
b) 50 médicos

12 a) 2,2 trilhões de dólares
b) 2 vezes
c) 3 900 bilhões de dólares

Página 244 – Trabalhando os conhecimentos adquiridos 26

1 soma 5: em quatro casos (1 + 4, 2 + 3, 3 + 2, 4 + 1);
soma 10: em apenas um caso (4 + 6)

2 Ana, pois as fichas azuis estão bem mais próximas da "chegada".

Desafio: a) abril; janeiro
b) 16 909 postos

Página 245 – Trabalhando os conhecimentos adquiridos 27

1 a) calor
b) As possibilidades são iguais.
c) ficha vermelha

2 a) 40 quilômetros
b) Ele ficou parado.
c) 140 quilômetros

3 alternativa **e**

4 a) abril; 4 641 milhões de dólares
b) junho; 675 milhões de dólares de saldo

CAPÍTULO 9

Página 251

1 a) reta b) plano c) ponto d) plano e) reta

3 Não é diferente; é a mesma reta.

4 a) $\overleftrightarrow{MN}$ b) infinitas c) uma única d) colinares

6 seis retas

Página 253

7 a) $\overrightarrow{AB}$ b) $\overrightarrow{CD}$ c) $\overrightarrow{EF}$ d) $\overrightarrow{MN}$

8 a) $\overrightarrow{OA}$, $\overrightarrow{OB}$, $\overrightarrow{OC}$ b) $\overrightarrow{OR}$, $\overrightarrow{OS}$, $\overrightarrow{OT}$

9 a) $\overrightarrow{OA}$ e $\overrightarrow{OB}$ b) ponto O

11 a) $\overline{AB}$, $\overline{BC}$ e $\overline{CA}$ b) $\overline{AB}$, $\overline{BC}$, $\overline{CD}$ e $\overline{DA}$

12 a) $\overline{AB}$ e $\overline{BC}$, $\overline{BC}$ e $\overline{CD}$
b) $\overline{AB}$ e $\overline{BC}$, $\overline{BC}$ e $\overline{CD}$, $\overline{CD}$ e $\overline{DA}$, $\overline{DA}$ e $\overline{AB}$

13 a) 1 b) 3 c) 2 d) 2 e) 3 f) 4 g) 3 h) 2

14 $\overline{AB}$ e $\overline{BC}$, $\overline{GB}$ e $\overline{BF}$, $\overline{BF}$ e $\overline{FE}$

Página 255

15 a) med($\overline{AB}$) = 2u
b) med($\overline{CD}$) = 4u
c) med($\overline{EF}$) = 3u

16 a) 7u
b) 7u
c) 4u
d) $\overline{AB}$ e $\overline{CD}$, $\overline{AD}$ e $\overline{BC}$
e) 22u

Reprodução proibida. Art.184 do Código Penal e Lei 9.610 de 19 de fevereiro de 1998.

17 $\overline{AB} \cong \overline{EF} \cong \overline{DC} \cong \overline{HG}$; $\overline{AE} \cong \overline{BF} \cong \overline{CG} \cong \overline{DH}$

18 $\overline{AB} \cong \overline{GH}$; $\overline{EF} \cong \overline{IJ} \cong \overline{KL}$; $\overline{CD} \cong \overline{MN}$

Página 259

19 a) ângulo: $A\hat{O}B$; lados $\overrightarrow{OA}$ e $\overrightarrow{OB}$
b) ângulo: $A\hat{B}C$; lados $\overrightarrow{BA}$ e $\overrightarrow{BC}$

20 a) raso b) agudo c) reto

21 a) $C\hat{O}D$ b) O c) $\overrightarrow{OC}$ e $\overrightarrow{OD}$

22 a) 60°, 90° e 30°
b) 45°, 90° e 45°

23 a) $A\hat{B}C$, $C\hat{B}D$ e $A\hat{B}D$
b) $R\hat{S}T$, $S\hat{T}R$ e $S\hat{R}T$

24 ângulos retos: $A\hat{B}C$ e $A\hat{D}C$;
ângulo agudo: $B\hat{C}D$;
ângulo obtuso: $B\hat{A}D$

25 med($A\hat{O}B$) = 20° e med($O\hat{A}B$) = 80°

Página 263

27 paralelas: *r* e *s*;
concorrentes: *r* e *u*, *s* e *u*, *p* e *q*

29 a) concorrentes
b) reversas
c) reversas

30 alternativas **a**, **c**

Página 267

31 a) aberta não simples
b) aberta simples
c) fechada simples
d) aberta simples
e) fechada não simples
f) fechada não simples

32 São linhas formadas por segmentos de reta consecutivos e não colineares.

33 a) fechada simples
b) aberta não simples
c) aberta simples
d) fechada não simples

34 São linhas poligonais fechadas simples.

35 a) convexo c) côncavo
b) convexo d) côncavo

36 alternativas **b**, **c**

37 alternativa **b**

38 a) quadrilátero *ABCD*;
lados: $\overline{AB}$, $\overline{BC}$, $\overline{CD}$, $\overline{DA}$;
vértices: *A*, *B*, *C*, *D*; ângulos: $\hat{A}$, $\hat{B}$, $\hat{C}$, $\hat{D}$; diagonais: $\overline{AC}$, $\overline{BD}$
b) hexágono *ABCDEF*; lados: $\overline{AB}$, $\overline{BC}$, $\overline{CD}$, $\overline{DE}$, $\overline{EF}$, $\overline{FA}$; vértices: *A*, *B*, *C*, *D*, *E*, *F*; ângulos: $\hat{A}$, $\hat{B}$, $\hat{C}$, $\hat{D}$, $\hat{E}$, $\hat{F}$; diagonais: $\overline{AC}$, $\overline{AD}$, $\overline{AE}$, $\overline{BD}$, $\overline{BE}$, $\overline{BF}$, $\overline{CE}$, $\overline{CF}$, $\overline{DF}$

39 a) triângulo g) quadrilátero
b) pentágono h) hexágono
c) heptágono i) octógono
d) eneágono j) decágono
e) undecágono k) dodecágono
f) pentadecágono l) icoságono

Página 270

41 a) $\triangle ABC$; equilátero
b) $\triangle GHI$; escaleno
c) $\triangle MNO$; isósceles
d) $\triangle DEF$; isósceles
e) $\triangle JKL$; isósceles
f) $\triangle PQR$; escaleno

42 a) obtusângulo c) acutângulo
b) retângulo d) acutângulo

44 a) 3 triângulos: $\triangle ABC$; $\triangle ABD$; $\triangle ACD$
b) 4 triângulos: $\triangle EFH$; $\triangle EGH$; $\triangle EGI$; $\triangle GHI$
c) 8 triângulos: $\triangle JNK$; $\triangle KLN$; $\triangle JKM$; $\triangle LMN$; $\triangle JMN$; $\triangle KLM$; $\triangle JKL$; $\triangle JNL$

45 alternativas **a**, **b**, **d**

46 Exemplo de resposta:
$\triangle AEB$ e $\triangle BEC$;
$\triangle CED$ e $\triangle DEA$;
$\triangle ABC$ e $\triangle BCD$;
$\triangle CDA$ e $\triangle DAB$

Página 273

48 a) paralelogramo
b) paralelogramo
c) trapézio
d) trapézio

49 a) losango
b) retângulo
c) quadrado
d) losango

50 a) trapézio retângulo
b) trapézio escaleno
c) trapézio isósceles
d) trapézio isósceles

51 a) quadrado
b) trapézio retângulo
c) paralelogramo
d) vértices

52 a) Respostas possíveis: triângulos e quadriláteros.
b) Respostas possíveis: triângulos retângulos, paralelogramos (quadrados e retângulos) e trapézios retângulos.

Página 276

55 a) $r = 1$ centímetro; $d = 2$ centímetros
b) $r = 2$ centímetros; $d = 4$ centímetros

57 Circunferência é o contorno. Círculo é o contorno mais os pontos internos.

58 a) 10 centímetros
b) 8 centímetros

Página 277 – Trabalhando os conhecimentos adquiridos 28

1 a) *A*, *B*, *C* e *M*
b) *r*, *s* e *t*
c) *C*
d) *M*
e) As retas são concorrentes.

2 10 segmentos de reta: $\overline{AB}$, $\overline{AC}$, $\overline{AD}$, $\overline{AE}$, $\overline{BC}$, $\overline{BD}$, $\overline{BE}$, $\overline{CD}$, $\overline{CE}$ e $\overline{DE}$

3 a) *B* e *C*
b) *B*
c) *r*, *s* e *t*

Desafio: lados congruentes: $\overline{AB}$ e $\overline{CD}$, $\overline{AD}$ e $\overline{BC}$

Página 278 – Trabalhando os conhecimentos adquiridos 29

1 a) concorrentes oblíquas
b) paralelas
c) concorrentes perpendiculares
d) paralelas
e) concorrentes perpendiculares

3 360 graus

4 a) quadrilátero; quatro vértices; quatro lados
b) pentágono; cinco vértices; cinco lados
c) hexágono; seis vértices; seis lados

Desafio: a) 8*u*
b) 6*u*
c) 4*u*
d) 4*u*

Página 279 – Trabalhando os conhecimentos adquiridos 30

2 alternativa **b**

Desafio: circunferência

CAPÍTULO 10

Página 285

2 a) metro
b) quilômetro
c) centímetro
d) centímetro

3 a) 40 225 m b) 46 300 m

4 10,16 cm

5 36 polegadas

Reprodução proibida. Art.184 do Código Penal e Lei 9.610 de 19 de fevereiro de 1998.

Página 289

6 a) três metros e vinte e quatro centímetros
b) oito milímetros
c) três centímetros e quatro milímetros
d) cinquenta e sete hectômetros e oito decâmetros
e) setecentos e vinte e cinco centímetros
f) oito quilômetros e cinco hectômetros

7 a) 16 m
b) 15,20 km
c) 6,012 m
d) 6,04 dm

8 a) 6 cm
b) 60 mm

9 a) 730 m
b) 3600 cm
c) 8150 mm

10 a) 0,034 km
b) 0,000214 hm
c) 0,02 m

11 a) 18000 m
b) 0,0005 m
c) 3,75 m
d) 0,02 m

12 a) 15 km
b) 0,0275 km
c) 0,4375 km
d) 0,0003 km

13 a) 199 m
b) 10725 m
c) 925,7 m

14 13 cm

15 6,2 vezes

Página 291

16 a) 114 mm b) 9,6 cm

17 52 cm

18 7,8 m

19 336 mm

20 50 dm

21 12,88 dam

22 medida da base: 20 cm; medida da altura: 10 cm

23 22,4 cm

24 960 m

25 146,28 m

Página 293

26 a) 2,5 cm
b) 1,5 dam

27 a) 3,5 cm b) 0,008 km

28 a) 62,8 mm b) 9,42 cm

29 Símbolo grego cujo valor aproximado é 3,14. Obtemos o valor de π quando dividimos a medida do comprimento de qualquer circunferência pela medida de seu diâmetro.

30 37,68 cm

31 188,4 cm; 3,768 km

32 a) 113,04 cm
b) 18,84 cm

33 $d = 1392675{,}1$ km;
$r = 696337{,}55$ km

Página 296

34 segundo

35 150 minutos

36 360 horas

37 2 h 10 s

38 12 h 15 min

39 5 minutos

40 6 h 45 min

41 Alternativa **e**

Página 298 – Trabalhando os conhecimentos adquiridos 31

1 a) dois quilômetros e cinquenta e sete decâmetros
b) trinta e seis decâmetros e oito metros
c) dois decímetros e vinte e cinco milímetros

2 a) 60 m
b) 57,5 m

3 12000,96 km

4 102 cm

5 750 micrômetros

6 18 cm

Desafio: 100 passos

Página 299 – Trabalhando os conhecimentos adquiridos 32

1 1450 m

2 alternativa **b**

3 alternativa **e**

4 50 km

5 2000 pregos

6 2340 garrafas

7 204,6 cm

8 30 m; 70 m

9 780 m

10 22,4 m

Desafio: 1,5 cm

Página 300 – Trabalhando os conhecimentos adquiridos 33

1 3600 segundos

2 86400 segundos

3 $\frac{1}{36}$

4 168 horas

5 259200 minutos

6 8784 horas

7 11 h 16 min 56 s

8 2 h 45 min

9 alternativa **a**

10 alternativa **c**

11 alternativa **a**

12 alternativa **d**

Desafio: Terminará às 2 h 1 min do dia seguinte.

Página 301 – Trabalhando os conhecimentos adquiridos 34

1 alternativa **b**

2 alternativa **e**

3 alternativa **c**

4 alternativa **c**

Desafio: alternativa **a**

CAPÍTULO 11

Página 307

1 Superfície é uma grandeza com duas dimensões; área é a medida dessa grandeza.

2 a) treze quilômetros quadrados
b) quatro centímetros quadrados e cinquenta e oito milímetros quadrados
c) três metros quadrados e quarenta decímetros quadrados
d) setenta decâmetros quadrados
e) cento e setenta milímetros quadrados
f) cem decâmetros quadrados e cinquenta metros quadrados
g) sete hectômetros quadrados e treze decâmetros quadrados
h) dezoito centímetros quadrados
i) oito quilômetros quadrados e oitocentos e setenta e três decâmetros quadrados

3 20 cm^2 e 21 cm^2

Página 309

4 a) 500 dm^2 d) 83700 mm^2
b) 170000 dam^2 e) 130 dm^2
c) 1836 m^2 f) 31416 cm^2

Reprodução proibida. Art.184 do Código Penal e Lei 9.610 de 19 de fevereiro de 1998.

5 a) 5,2 m^2
b) 0,05 km^2
c) 0,0214 dam^2
d) 0,00036 cm^2
e) 0,01004 hm^2
f) 0,00068 m^2

6 a) 0,0025 m^2
b) 500 000 m^2
c) 175 m^2
d) 12 000 m^2

7 0,0905 dam^2

8 a) 4 140 m^2
b) 65,92 m^2
c) 0,00744 m^2
d) 4 531,6 m^2
e) 80 000 m^2
f) 20 000 m^2

9 a) 1 000 m^2
b) 12 m
c) 700
d) 777 cm^2

10 a) 3 m
b) 2 m^2

11 a) cada quadradinho corresponde a 1 m^2
b) 30 m^2 (azul), 18 m^2 (laranja) e 40 m^2 (amarelo)

Página 310

12 a) 670 a
b) 2,05 a
c) 850 000 a

13 a) 0,015 ha
b) 0,0082 ha
c) 5,06 ha

14 a) 3 600 ca
b) 2 060 ca
c) 3,4 ca

15 a) 25 m^2
b) 4 000 m^2
c) 931 m^2
d) 16 m^2

16 a) 960 m^2
b) 30,92 m^2

17 96 800 m^2

18 400 000 m^2

Página 315

19 a) 9 m^2
b) 200,96 m^2
c) 12 m^2
d) 160 m^2
e) 36 m^2
f) 36 m^2

20 160 cm^2

21 400 cm^2

22 540 cm^2

23 100 cm^2

24 a) 17,55 cm^2
b) 78,5 m^2
c) 216 cm^2
d) 12,8 m^2
e) 96 cm^2
f) 24 m^2

25 90 cm^2

26 128 cm^2

27 10,1736 cm^2

28 151,20 m^2

Página 319

29 a) 8 
b) 18 
c) 10 
d) 14 

30 a) dezoito metros cúbicos
b) oito quilômetros cúbicos e quatrocentos hectômetros cúbicos
c) cento e quarenta metros cúbicos
d) seiscentos milímetros cúbicos
e) mil e oitocentos milímetros cúbicos
f) quinhentos decímetros cúbicos

31 a) 12 cm^3
b) 3,015 m^3
c) 6,012 cm^3
d) 15,000100 hm^3

32 a) 6 000 dm^3
b) 3 632 000 cm^3
c) 50 000 mm^3
d) 0,065 m^3
e) 950 000 mm^3
f) 0,00075 dam^3

33 a) 7 460,81 m^3
b) 3,88 m^3
c) 0,000755 m^3
d) 5,8504 m^3

34 a) 100 m^3
b) 0,032 m^3
c) 4 m^2
d) 0,001 m^3
e) 4 m

35 100 vezes

36 630 000 dm^3

Página 322

37 216 m^3

38 64 dm^3

39 1 000 dm^3

40 a) 288 m^3
b) 270 m^3

41 204 m^3

42 34 m^3

43 15,625 cm^3

44 28 000 mm^3

45 0,024 m^3

46 9 m

47 87 000 dm^3

48 13 824 cm^3

Página 324 – Trabalhando os conhecimentos adquiridos 35

1 a) 61,25 m^2
b) 7 920 m^2

2 alternativa **d**

3 1 500

Desafio:
- 320 caixinhas
- Exemplo de resposta: 5 cm de comprimento, 4 cm de largura e 10 cm de altura

Página 325 – Trabalhando os conhecimentos adquiridos 36

1 a) 84,5 cm^2
b) 7,74 cm^2

2 a) 7
b) 2 m^2

3 225 m^2

4 20,16 ha

5 200 dúzias

6 12 cm^2

7 2 300 azulejos

8 4 cm

9 10 800 cm^2

10 12 m

11 1 300 cm^2

12 a) 156 m^2
b) 35 m^2
c) 35 m^2
d) 10 m^2
e) 30 m^2
f) 42 m^2
g) Porque não foi considerada a área de circulação, que corresponde a 4 m^2.

Desafio: R$ 154 000,00

Página 326 – Trabalhando com os conhecimentos adquiridos 37

1 62,8 gramas

2 1 813,50 m^2

3 9,72 cm^2

ILUSTRAÇÕES: ANDERSON DE ANDRADE PIMENTEL

Reprodução proibida. Art.184 do Código Penal e Lei 9.610 de 19 de fevereiro de 1998.

4 35,325 m²

5 a) 1536 ladrilhos
b) R$ 1228,80

6 alternativa **d**

7 788400 cm³

8 27 dias

9 20 minutos

Desafio: 8 vezes

Página 327 – Trabalhando os conhecimentos adquiridos 38

1 alternativa **b**

2 alternativa **b**

3 alternativa **c**

4 alternativa **d**

5 alternativa **c**

6 2400 cm³

Desafio: 4800 dm³

Reprodução proibida. Art.184 do Código Penal e Lei 9.610 de 19 de fevereiro de 1998.

CAPÍTULO 12

Página 332

1 É o volume do interior de um recipiente.

2 5

3 a) sete litros e oitenta e seis centilitros
b) um decalitro e trinta e dois decilitros
c) oito decilitros
d) novecentos quilolitros
e) cinquenta e sete decilitros e quatro centilitros
f) três centilitros e nove mililitros
g) trezentos e dezesseis litros e quatro decilitros
h) nove decilitros e sessenta e oito mililitros

4 a) 56 ℓ
b) 9,32 hℓ
c) 13,005 ℓ

Página 333

5 a) 389 dℓ
b) 91700 dℓ
c) 5600 mℓ
d) 7450 ℓ

6 a) 80 ℓ
b) 0,031 ℓ

7 a) 56 ℓ
b) 0,06 ℓ
c) 360 ℓ
d) 8200 ℓ
e) 0,0006 ℓ
f) 0,0156 ℓ

8 a) 800 ℓ
b) 2600 ℓ
c) 17,125 ℓ

Página 337

9 açúcar: 1 kg
café: 0,50 kg
feijão: 0,38 kg

10 balança

11 a) g
b) kg
c) t

12 Sabemos que 1 kg ⇔ 1 dm³, pela definição de quilograma, e 1ℓ = 1 dm³. Logo: 1 kg ⇔ 1ℓ

13 a) dezoito quilogramas
b) oito hectogramas e trinta e seis gramas
c) cinquenta e dois miligramas
d) cento e cinco decagramas e seis gramas
e) um decigrama e sete miligramas
f) cinco miligramas

14 a) 85000 g
b) 17,008 dag

15 É uma unidade de medida que corresponde a 1000 kg.

16 É uma unidade de medida que corresponde a 0,2 g.

Página 339

17 a) 3500 g
b) 350 cg
c) 486 mg

18 a) 0,0046 kg
b) 0,0035 hg
c) 0,452 dag

19 a) 800 g
b) 0,75 g
c) 37,5 g
d) 100 g

20 a) 3580 g
b) 7,02 g

21 a) 7,5 g
b) 2000000 g
c) 1500 g
d) 1,4 g

22 a) 6000 kg
b) 2400 kg
c) 36 kg
d) 750 kg

23 a) 0,06 t
b) 0,0025 t
c) 0,003 t
d) 0,104 t

24 5,2 g

Página 340 – Trabalhando os conhecimentos adquiridos 39

1 4500 cg

2 3 m

3 90720 kg

4 2800 kg

5 500000 barris

Desafio: 315 ℓ

Página 341 – Trabalhando os conhecimentos adquiridos 40

1 5600 cℓ

2 500 ℓ

3 480 ℓ

4 2500 frascos

5 44126,25 ℓ

6 alternativa **b**

7 750 barris

8 160 garrafas

9 960 latas

10 2887,5 cm³ e 787,5 cm³

Desafio: 360000 ampolas

Página 342 – Trabalhando os conhecimentos adquiridos 41

1 162 ℓ

2 64000 cm³

3 200 cm

4 500 mℓ

5 2,5 dm³

6 R$ 270,00

7 10,4 ℓ

8 $\frac{3}{200}$

9 32,4 kg

10 150 milhões de reais

11 5000 embalagens

12 62,5 g

13 a) 15 kg
b) 8 vezes

Desafio: a) 8400 dm³
b) 5600 dm³
c) 5600 kg
d) 12320 kg

Página 343 – Trabalhando os conhecimentos adquiridos 42

1 alternativa **d**

2 alternativa **b**

3 alternativa **e**

4 alternativa **d**

Desafio: 735 g

TESTES, VESTIBULARES E CONCURSOS

1 alternativa **a**

2 alternativa **d**

3 alternativa **e**

4 alternativa **b**

5 alternativa **d**

6 alternativa **b**

7 alternativa **d**
8 alternativa **c**
9 alternativa **d**
10 alternativa **e**
11 alternativa **e**
12 alternativa **d**
13 alternativa **c**
14 alternativa **a**
15 alternativa **b**
16 alternativa **a**
17 alternativa **d**
18 alternativa **e**
19 alternativa **b**
20 alternativa **d**
21 alternativa **b**
22 alternativa **a**
23 alternativa **b**
24 alternativa **c**
25 alternativa **a**
26 alternativa **b**
27 alternativa **c**
28 alternativa **b**
29 alternativa **c**
30 alternativa **b**
31 alternativa **a**
32 alternativa **b**
33 alternativa **c**
34 alternativa **c**
35 alternativa **b**
36 alternativa **d**
37 alternativa **c**
38 alternativa **c**
39 alternativa **c**
40 alternativa **d**
41 alternativa **d**
42 alternativa **c**
43 alternativa **a**
44 alternativa **a**
45 alternativa **c**
46 alternativa **b**
47 alternativa **d**
48 alternativa **a**
49 alternativa **c**
50 alternativa **c**
51 alternativa **c**
52 alternativa **b**
53 alternativa **d**
54 alternativa **d**
55 alternativa **e**
56 alternativa **d**
57 alternativa **c**
58 alternativa **a**
59 alternativa **e**
60 alternativa **c**
61 alternativa **c**
62 alternativa **c**
63 alternativa **d**
64 alternativa **c**
65 alternativa **d**
66 alternativa **b**
67 alternativa **a**
68 alternativa **b**
69 alternativa **c**
70 alternativa **c**
71 alternativa **c**
72 alternativa **a**
73 alternativa **a**
74 alternativa **d**
75 alternativa **e**
76 alternativa **e**
77 alternativa **c**
78 alternativa **d**
79 alternativa **b**
80 alternativa **a**
81 alternativa **c**
82 alternativa **b**
83 alternativa **d**
84 alternativa **a**
85 alternativa **b**
86 alternativa **d**
87 alternativa **d**
88 alternativa **b**
89 alternativa **b**
90 alternativa **b**
91 alternativa **d**
92 alternativa **d**
93 alternativa **b**
94 alternativa **c**
95 alternativa **a**
96 alternativa **d**
97 alternativa **b**
98 alternativa **e**
99 alternativa **a**
100 alternativa **e**
101 alternativa **b**
102 alternativa **b**
103 alternativa **a**
104 alternativa **e**
105 alternativa **e**
106 alternativa **b**
107 alternativa **c**
108 alternativa **b**

Reprodução proibida. Art.184 do Código Penal e Lei 9.610 de 19 de fevereiro de 1998.

Sugestões de leitura

Em busca dos números perdidos

Michael Thomson
São Paulo: Melhoramentos, 2011.

Onde estarão os números? Lendo essa história, e participando dela, você vai descobrir o que aconteceu com os números e quem foi o culpado pelo sumiço deles. Suspense, aventura e questões desafiadoras para o leitor solucionar prendem a atenção do início ao fim.

REPRODUÇÃO

Medidas desesperadas: comprimento, área e volume

Kjartan Poskitt
São Paulo: Melhoramentos, 2006.

O autor utiliza uma linguagem diferente e bem-humorada para abordar os conteúdos matemáticos. Por meio de uma proposta criativa e instigante, que facilita a aprendizagem de assuntos vistos na escola e também fora dela, o leitor aprende e se diverte. Com esse jeito especial de explorar as ideias matemáticas, o autor apresenta medidas antigas e atuais, além de área, perímetro, volume, ângulos e figuras geométricas.

REPRODUÇÃO

Matemática mortífera

Kjartan Poskitt
São Paulo: Melhoramentos, 2010.

Nessa obra, o autor, mais uma vez, explora o universo da Matemática de maneira divertida e irreverente. Os personagens Jimmy Dedão, Charlie Serra de Cadeia e seus amigos gângsteres vivem situações que mostram como a Matemática pode ser realmente mortífera. Lendo esse livro, você pode aprender muito sobre potenciação, semelhança de triângulos, simetria e muitos outros assuntos matemáticos. Vai conhecer ainda alguns matemáticos famosos que foram realmente durões.

REPRODUÇÃO

O homem que calculava

Malba Tahan
Rio de Janeiro: Record, 2015.

Malba Tahan era o pseudônimo usado pelo professor Júlio César de Mello e Souza, apaixonado por Matemática, autor de vários livros de contos e lendas orientais e criador do personagem Beremiz Samir, "o homem que calculava". O livro narra as aventuras de Beremiz, vividas durante uma viagem a Bagdá, e suas habilidades matemáticas para resolver situações aparentemente sem solução, que, muitas vezes, livram o sábio e seu amigo da morte certa. Um livro fundamental e divertido para todos os leitores.

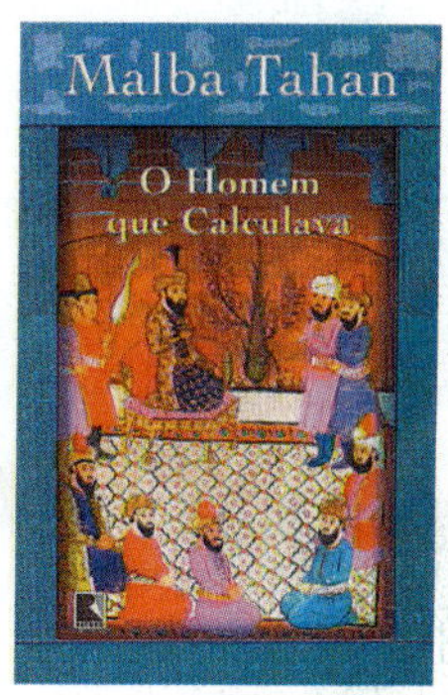

REPRODUÇÃO

Bibliografia

AABOE, Asger. *Episódios da história antiga da Matemática*. Rio de Janeiro: Sociedade Brasileira de Matemática, 1984.

ALMANAQUE Abril 2013: Brasil. São Paulo: Abril, 2013.

BERLONQUIN, Pierre. *100 jogos geométricos*. Lisboa: Gradiva, 2005.

BOLT, Brian. *Actividades matemáticas*. Lisboa: Gradiva, 1991.

BOYER, Carl Benjamin. *História da Matemática*. Trad. Elza F. Gomide. São Paulo: Edgard Blücher; Edusp, 2010.

BRASIL. Ministério da Educação. *Parâmetros curriculares nacionais*: Matemática. Brasília: MEC; SEF, 1998.

CARVALHO, Dione Lucchesi de. *Metodologia do ensino da Matemática*. São Paulo: Cortez, 2009.

CENTURIÓN, Marilia. *Conteúdo e metodologia da matemática*: números e operações. São Paulo: Scipione, 1998.

DANTE, Luiz Roberto. *Didática da resolução de problemas de Matemática*. São Paulo: Ática, 2002.

DICIONÁRIO Enciclopédico Tudo. São Paulo: Nova Cultural, 1979.

EVES, Howard. *Introdução à história da Matemática*. Campinas: Unicamp, 2004.

GARDNER, Martin. *Matemática, magia e mistério*. Trad. Jorge Lima. Lisboa: Gradiva, 1991.

GIMENEZ, Joaquim; LINS, Rômulo C. *Perspectivas em aritmética e álgebra para o século XXI*. Campinas: Papirus, 1997.

GUELLI, Oscar. *Contando a história da Matemática*. São Paulo: Ática, 1999.

GUNDLACH, Bernard H. *Números e numerais*. São Paulo: Atual, 2005. (Tópicos de História da Matemática para uso em sala de aula).

IFRAH, Georges. *História universal dos algarismos*. Trad. Alberto Munõz e Ana Beatriz Katinsky. Rio de Janeiro: Nova Fronteira, 1997.

______________. *Os números*: a história de uma grande invenção. Rio de Janeiro: Globo, 1998.

IMENES, Luiz Márcio. *A numeração indo-arábica*. São Paulo: Scipione, 1990. (Vivendo a Matemática).

KAMII, Constance. *Reinventando a Aritmética*: implicações da teoria de Piaget. Campinas: Papirus, 1995.

KARLSON, Paul. *A magia dos números*. Rio de Janeiro: Globo, 1961.

LIMA, Elon lages. *Meu professor de Matemática e outras histórias*. Rio de Janeiro: Sociedade Brasileira de Matemática, 2004.

MARANHÃO, Maria Cristina S. *Matemática*. São Paulo: Cortez, 1994. (Magistério).

PÓLYA, George. *A arte de resolver problemas*. Trad. Heitor Lisboa de Araújo. Rio de Janeiro: Interciência, 2006.

RAMOS, Luzia Faraco. *O que fazer primeiro?* São Paulo: Ática, 2001. (A descoberta da Matemática).

REVISTA do professor de Matemática. São Paulo: Sociedade Brasileira de Matemática.

ROSA NETO, Ernesto. *Didática da Matemática*. São Paulo: Ática, 2010.

TAHAN, Malba. *As maravilhas da Matemática*. Rio de Janeiro: Bloch, 1987.

______________. *Matemática divertida e curiosa*. Rio de Janeiro: Record, 2012.

______________. *O homem que calculava*. Rio de Janeiro: Record, 2001.

ZARO, Milton. *Matemática experimental*. São Paulo: Ática, 1996.

ZUNINO, Delia Lerner. *A Matemática na escola*: aqui e agora. Porto Alegre: Artmed, 2003.

Lista de Siglas

Cefet-CE: Centro Federal de Educação Tecnológica do Ceará
CMF-CE: Colégio Militar de Fortaleza
Enem: Exame Nacional do Ensino Médio
FEI-SP: Faculdade de Engenharia Industrial
FSA-SP: Fundação Santo André
FGV-SP: Fundação Getúlio Vargas
Fuvest-SP: Fundação Universitária para o Vestibular
Mackenzie-SP: Universidade Presbiteriana Mackenzie
OBM: Olimpíada Brasileira de Matemática
Obmep: Olimpíada Brasileira de Matemática das Escolas Públicas
PUC-RJ: Pontifícia Universidade Católica do Rio de Janeiro
PUC-RS: Pontifícia Universidade Católica do Rio Grande do Sul
PUC-SP: Pontifícia Universidade Católica de São Paulo
Saresp: Sistema de Avaliação e Rendimento do Estado de São Paulo
UCPEL-RS: Universidade Católica de Pelotas
Uece: Universidade Estadual do Ceará
UEFS-BA: Universidade Estadual de Feira de Santana
UEL-PR: Universidade Estadual de Londrina
UFC-CE: Universidade Federal do Ceará
UFJF-MG: Universidade Federal de Juiz de Fora
UFPB: Universidade Federal da Paraíba
UFRGS-RS: Universidade Federal do Rio Grande do Sul
UFRN: Universidade Federal do Rio Grande do Norte
Unesp: Universidade Estadual Paulista
Unifor-CE: Universidade de Fortaleza
UPE: Universidade de Pernambuco
Urca-CE: Universidade Regional do Cariri
UVA-CE: Universidade Estadual Vale do Acaraú